图 6-4 按下按钮时，产生一个中断，RPi2 的绿色 ACT 板载 LED 亮起；请查看图中设备的右下角，并与图 6-3 进行比较

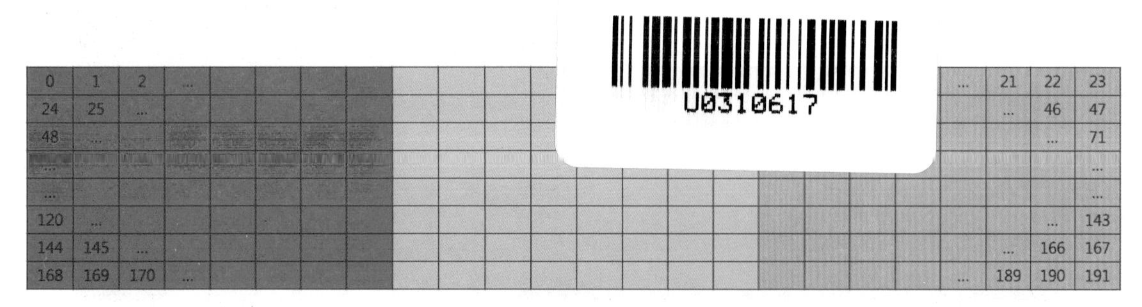

图 6-7 LED 缓冲器组成。每个单元对应于阵列中的单个字节，用于控制 Sense HAT 扩展板的 LED。缓冲区被分成 3 个区块，分别对应每个颜色通道：红色、绿色和蓝色

图 6-8　LED 阵列驱动为均匀的红色。在这种情况下，每个 LED 的左下角部分亮起

图 6-9　LED 阵列驱动为均匀的绿色。每个 LED 的中心部分负责提供绿色通道

图 6-10　所有 LED 像素都被驱动为蓝色。在这种情况下，只有每个 SMD LED 的右侧片段处于活动状态

图 6-11　使用操纵杆控制 LED 阵列。将 SenseHatIO 应用程序部署到设备时，位于（0,0）处的像素为红色。可以使用操纵杆更改其位置和颜色（见图 6-1）

图 7-17　LED 阵列上显示的频谱直方图

图 7-18　LED 阵列动态闪烁变化

物联网核心技术丛书

Programming for the Internet of Things

Using Windows 10 IoT Core and Azure IoT Suite

物联网程序设计

基于微软的物联网解决方案

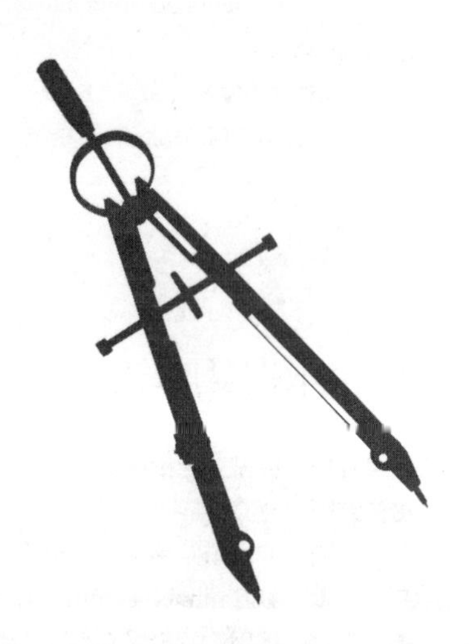

[美] 大卫·博里基（Dawid Borycki）著
史鑫 译

机械工业出版社
China Machine Press

图书在版编目（CIP）数据

物联网程序设计：基于微软的物联网解决方案 /（美）大卫·博里基（Dawid Borycki）著；史鑫译．—北京：机械工业出版社，2019.5

（物联网核心技术丛书）

书名原文：Programming for the Internet of Things: Using Windows 10 IoT Core and Azure IoT Suite

ISBN 978-7-111-62642-8

I. 物…　II. ① 大…　② 史…　III. ① 互联网络 – 应用　② 智能技术 – 应用　IV. ① TP393.4　② TP18

中国版本图书馆 CIP 数据核字（2019）第 087368 号

本书版权登记号：图字　01-2017-5819

物联网程序设计：基于微软的物联网解决方案

出版发行：机械工业出版社（北京市西城区百万庄大街 22 号　邮政编码：100037）

责任编辑：赵亮宇　　责任校对：殷　虹

印　　刷：北京市荣盛彩色印刷有限公司　　版　　次：2019 年 6 月第 1 版第 1 次印刷

开　　本：186mm×240mm　1/16　　印　　张：34.5（含 0.25 印张彩插）

书　　号：ISBN 978-7-111-62642-8　　定　　价：139.00 元

凡购本书，如有缺页、倒页、脱页，由本社发行部调换

客服热线：（010）88379426　88361066　　投稿热线：（010）88379604

购书热线：（010）68326294　　读者信箱：hzit@hzbook.com

Foreword · 译者序

物联网技术的出现，模糊了物理世界和数字世界的边界，逐渐改变着人们的工作和生活方式，我们的日常生活也随之变得越来越数字化。物联网技术的四个关键组件包括：设备和传感器、连接、数据处理和可视化界面，近十年来，嵌入式处理器的成本下降、处理能力上升，以及无线网络和人工智能等关键技术的进步，直接促进了物联网产业的蓬勃发展。在可以预见的不远的将来，物联网应用的规模会越来越大，越来越和人类生活有更紧密的联系。

普通消费者对物联网最直接的感知可能在于智能家居行业的发展，但智能家居只是物联网垂直领域中的一个。在实际的行业应用中、物联网和传统领域的碰撞与结合催生了很多新的领域，例如智慧城市、智能医疗、车联网、智慧农业、智能制造等。物联网的发展带动着这些领域一起进行数字化转型，转型的速度可能比我们感受到的还要快，许多内容已经逐步渗透到了我们的日常生活之中。这些都为广大开发者提供了更多更好的机会。

本书是一本简单易上手的物联网应用编程指南。作者在书中介绍了物联网编程的各个方面，涵盖了物联网编程基础、设备程序编写、云端解决方案定制化等几大方面，涉及设备输入输出、音频图像处理、设备连接、机器学习、数据存储、数据可视化等众多内容。本书主要依赖微软的技术栈。微软为物联网开发者提供了一整套从语言、工具到云端平台的一站式解决方案。在本书中，你将会接触跨平台的 C#、C++ 开发，安装和编写 Windows 10 IoT 应用程序，并在云端部署和运行 Azure IoT 套件。如果你对微软的技术栈有一定的了解，那么阅读本书可以让你学会物联网技术的精髓。如果你有一定的物联网技术或嵌入式开发技术基础，那么阅读本书可以让你更加深刻地理解云平台在物联网中扮演的角色。如果你是一名物联网技术的初学者，可能需要一定的 C# 语言基础，才能更好地参照作者的思路学习和实践。本书不是一本高阶书籍，按照我个人的理解，这是一本偏向于工程应用的实战指南，面向新手和进阶用户。总之，这是一本很好的学习和参考书籍，值得你反复阅读。

在承接本书的翻译工作时，我在微软开发平台事业部工作，主要为物联网开发者提供一流的开发体验。我清楚地知道，中国有着物联网技术发展最好的土壤，中国的物联网技术发展日新月异。本着降低物联网技术学习的门槛，让更多的中文读者有更加丰富的参考技术书目，我努力完成了本书的翻译。物联网技术面广、术语繁杂，有些内容实际没有统一或对应的中文译文。在对这些术语的处理过程中，我尽可能地做到使其符合中文语言习惯。在本书的出版过程中，华章公司的关敏、赵亮宇编辑付出了辛勤的劳动，在此向她们表示感谢。

最后，希望读到这本书的你能从中获益。

史　鑫

2019 年 4 月于微软雷德蒙德总部

Preface · 前言

近些年，物联网（IoT）、大数据、机器学习和人工智能已成为非常热门的话题。物联网被定义为设备互联的全球网络。这些设备可以像植入式葡萄糖连续监测仪或可穿戴设备一样小，也可以像信用卡大小的计算机一样大，如 Raspberry Pi。随着此类设备数量的不断增加，它们产生的数据量也将迅速增加，并将出现新的技术挑战。

第一个挑战与存储有关。小型设备具有物理约束，不能存储大型数据集。第二个挑战是大数据的量超出了传统算法的计算能力范围，需要不同的基于统计的方法。这些方法可以由人工智能的一个分支——机器学习提供。因此，物联网、大数据、机器学习和人工智能是紧密相关的概念。通常，设备是端，它通过网络将数据发送到云，在云中存储和处理数据以获得全新的见解，而这些见解依靠以前的技术是很难获得的。这些见解有助于理解和优化智能设备监控的流程。

虽然这种描述听起来很吸引人，但我们要实施自定义 IoT 解决方案，所需要学习的新技术很多，多到令人生畏。幸运的是，Microsoft 创建了 Windows 10 IoT Core 和 Azure IoT Suite，使你能够快速编写自定义 IoT 解决方案。它们的功能仅受你的想象力限制。在本书中，许多项目将会逐步呈现。通过完成这些项目，你不仅可以获得设备编程的基础知识，而且还可以编写代码来彻底改变设备和机器人，让它们为你工作！

本书分三个主要部分来帮助读者掌握物联网编程。每部分都包含适当的细节，具体内容包括如何准备开发环境、从传感器读取数据、与其他配件通信、构建人工视觉、构建电机、构建听力系统，以及将机器学习和人工智能融入设备。本书还展示了如何设置远程遥测和预测性维护功能，如 Azure IoT 解决方案，以及如何从头开始构建自定义物联网解决方案。

本书读者对象和所需技能

本书面向学生、程序员、工程师、爱好者、设计师、科学家和研究人员，他们希望利用现有的编程技能开发定制设备和传感器的软件，并使用云来存储、处理和可视化远程传感器读数。

我们假设你了解 C# 编程的基础知识，并且有丰富的 Windows 编程经验。因此，本书没有专门讨论 C# 语言或编程基础知识。本书不需要你了解音频和图像处理、机器学习或 Azure 的知识，这些主题将在对应章节中详细介绍。

工具和所需硬件

在本书中，使用 Windows 10 和 Visual Studio 2015/2017 作为开发环境。我们使用的大多数硬件组件都来自 Adafruit Industries 提供的用于 Raspberry Pi 的 Microsoft IoT Pack。本书中出现的其他硬件，如相机、Raspberry Pi 的扩展板、通信适配器或电机，都将在相关章节中进行描述。

本书的组织结构

本书分为基础知识、设备编程和 Azure IoT Suite 三个部分。

第一部分介绍嵌入式编程的基础知识，并讨论它们与桌面、Web 和移动应用程序编程的区别，还将展示如何配置编程环境，编写“Hello，world！”程序，并运行在 Windows 10 IoT Core 上。此外，还会介绍有关 UWP 线程模型和 XAML 标记的几个用于声明 UI 的基本概念。大多数有经验的开发人员可以跳过这部分内容，直接进入第二部分。

第二部分介绍如何用 Windows 10 IoT Core 和 UWP 进行设备编程。首先展示如何从多个传感器获取数据并控制设备。随后，将解释如何从麦克风和摄像头获取并处理信号。然后，将展示如何使用各种通信协议，包括串行通信、蓝牙、Wi-Fi 和 AllJoyn，使物联网模块能够与其他设备通信。此外，还会展示如何控制电机并使用 Microsoft Cognitive Services（微软认知服务）和 Azure Machine Learning（Azure 机器学习）为我们使用的设备添加智能。

第三部分聚焦于云计算，将展示如何使用两个预配置的 Azure IoT 解决方案进行远程设备遥测和预测性维护。在最后一章中，将介绍从头开始构建自定义物联网解决方案的详细过程。该过程展示了物联网编程的本质，包括如何将远程传感器的数据传输到云，在云中存储、处理和呈现。此外，该部分还会解释如何直接向 Windows 10 上运行的移动应用程序报告异常传感器读数。

本书有 6 个附录，补充了一些其他的材料，包括如何使用 Visual Basic 和 JavaScript（附录 A）、实现 LED 闪烁、Raspberry Pi 的 HDMI 模式（附录 D）、位编码（附录 C）、代码共享策略（附录 D）、Visual C++ / Component Extensions 相关介绍（附录 E）以及如何为物联网开发设置 Visual Studio 2017（附录 F）。这些附录可在线获取，网址为 https://aka.ms/IoT/downloads，也可在华章公司网站下载：www.hzbook.com。

关于附带内容

书中添加了配套代码以丰富你的学习体验。可以从以下网址下载本书的配套代码：

https://aka.ms/IoT/downloads

也可以从 GitHub 下载代码：

https://github.com/ProgrammingForTheIoT

源代码放在相应章节和附录的子文件夹中。为了提高图书的可读性，在书中很多地方都会直接参考配套代码，而不是显示完整的代码。在阅读本书时打开配套代码是个不错的主意。

致谢

如果没有 Devon Musgrave 的支持，这本书今天就不会存在。关于我的这本图书，他热情地给出回应，进行了初步审阅并提供了写作指导。

我很感谢 Chaim Krause 彻底检查了本书中讨论的每一个项目，并找到了很多问题，有些甚至是非常细微的问题。我也非常感谢 Kraig Brockschmidt，他对每一章都进行了全面的评审。他丰富的经验和宝贵的意见大大提高了本书的质量。最后，感谢 Traci Cumbay，他的编辑工作非常出色。

非常感谢 Kate Shoup 管理本书的制作过程。还要感谢 Kim Spilker 带领大家直至这本书完成。

最后，特别感谢我的妻子 Agnieszka 和女儿 Zuzanna 在本书写作过程中给予我的一如既往的支持。

目录 · Contents

第三部分 Azure IoT Suite

PART 1 · 第一部分

基础知识

这部分介绍了使用 Windows 10 IoT Core 进行物联网编程的基本知识。第 1 章定义了嵌入式设备，描述了它们的作用，并展示了这些设备如何组成物联网，解释了为什么嵌入式编程具有挑战性，以及它与桌面、Web 和移动编程的区别。

第 2 章介绍了通用 Windows 平台（UWP）和 Windows IoT Core，并展示了使用这些工具进行嵌入式设备快速软件开发的优势和局限性。该章还将展示如何安装和配置开发环境，并使用 UWP 上提供的所选编程模型为 Windows IoT 设备编写“Hello,world!”项目。

第 3 章深入研究异步编程，这是物联网编程的关键内容之一。该章向读者展示了有界面模式和无界面模式之间的区别，并且描述了 UWP 应用程序的 IBackgroundTask 接口和异步编程模式，还讨论了定时器和线程同步。

第 4 章介绍了使用 XAML 设计用于 Windows IoT 核心设备的用户界面（UI）的最重要方面，包括用于定义 UI 布局的控件（Grid、StackPanel、RelativePanel）、控件样式和格式以及事件和数据绑定。

第 1 章 · CHAPTER 1

嵌入式设备编程

嵌入式设备（ED）可作为各种工具的控制单元，例如智能家居、汽车引擎、机器人和医疗设备等。这些控制单元使用专门设计的软件与各类传感器交换数据。嵌入式设备将复杂的算法应用于传感器数据，以监测、控制和自动化特定的过程。本章定义了嵌入式设备，讨论了它们的作用，展示了连接这些智能设备所带来的可能性，还描述了嵌入式设备的结构、为其编程的一些概念，以及可能出现的常见问题和挑战。

1.1 什么是嵌入式设备

嵌入式设备是用于自动化特定过程的专用计算系统。与通用计算机不同，通用计算机具有一些标准的外围设备（用于显示、存储、通信的输入 / 输出设备），嵌入式设备是为特定目的而设计的。因此，嵌入式设备的输入和输出设备可能与通用计算机中的输入和输出设备大不相同。嵌入式设备无须键盘或显示器即可正常工作，但如果是笔记本电脑或台式机，没有这些组件是无法正常工作的。

虽然专用和通用计算机的外围设备不同，但它们的核心部件类似：包括中央处理单元（CPU 或微处理器）和内存。微处理器执行计算机程序，该程序包括从存储器中取出的指令。然后，CPU 执行的过程中将控制专用硬件。嵌入式设备和硬件的这种组合称为嵌入式系统。

1.1.1 专用固件

与典型的计算系统相比，嵌入式设备通常专用于控制特定硬件，因此，其外形和加工能力是根据特殊系统量身定制的，并且嵌入式设备中不一定必须同时运行多个程序。嵌入式设备中运行的专门设计的软件称为固件。固件功能通常不是通用的，它只用来执行为特定硬件设计的任务。通常，固件在开发期间由工厂或制造商加载到设备中。

可以在微波炉中看到固件特性的示例。内置于微波炉中的嵌入式设备通过键盘或触摸屏来让用户控制食物的加热时间和加热温度。与对于多数计算机来说可以通用的键盘不同，不同型号或由不同制造商生产的微波炉，其输入组件之间存在很大差异。因此，用于特定微波炉制造商的嵌入式设备不能推广到所有微波炉。此外，不同的微波炉也配备有不同的固有传感器和电子元件。因此，每个型号都有自己的特定固件，并将根据硬件功能和系统的用途进行调整。

固件的生命周期与计算机系统的典型应用程序完全不同。存储在嵌入式设备存储器中的固件在设备打开时激活，只要设备通电就会工作。在此期间，固件使用外围设备与传感器以及输入 / 输出（I/O）设备进行通信。这些外围设备构成嵌入式设备的固有部分与其环境之间的接口。最常见的外围设备包括：

- 串行通信接口（SCI）
- 串行外设接口（SPI）
- 内部集成电路（I^2C）
- 以太网
- 通用串行总线（USB）
- 通用输入 / 输出（GPIO）
- 显示串行接口（DSI）

通常，嵌入式设备不需要全尺寸显示。在极端情况下，嵌入式设备甚至可以只有一个单像素显示器，由一个用作指示器的 LED 组成。这种 LED 的颜色或闪烁频率可以传达错误信息或编码监控值。

1.1.2　微控制器的存储器

通常情况下，嵌入式设备必须非常小并且节能。为了节省空间和资源，CPU、存储器和外设集成在一个芯片中，称为微控制器。

微控制器的存储器分为两个主要部分：只读存储器（ROM）和随机存取存储器（RAM）。ROM 用于存储固件，RAM 用于存储由软件组件使用的变量。ROM 是非易失性的，可以使用其他开发工具或编码器进行修改。一旦嵌入式设备上电，立即加载固件就需要非易失性存储器。例如，当启动无线路由器时，它会开始执行存储在 ROM 中的固件，而连接设置（包括凭据、频段和服务集标识符（SSID））则在 RAM 中进行管理（通常，在设备启动后，它们会从某些非易失性存储器加载到 RAM）。

存储器配置类似于在其他计算机系统中使用的场景。计算机中的 ROM 存储特殊程序，称为基本输入 / 输出系统（BIOS）或统一可扩展固件接口（UEFI）。通常，BIOS 在计算机打开后立即运行，同时初始化硬件并加载操作系统，然后操作系统创建进程（程序实例）及其线程。

嵌入式设备存储器还由附加的非易失性存储器补充，称为电可擦除可编程 ROM（EEPROM）。写入 EEPROM 非常慢，其主要目的是存储设备校准参数，这些参数在断电后恢复到RAM。存储在EEPROM中的数据取决于应用和设备类型，但通常包含用于将从传感器获取的原始数据转换为表示物理参数（例如温度、湿度、地理定位或三维空间中的设备方向）的值的校准参数。EEPROM作为闪存的基础，用于现代记忆棒和固态硬盘（SSD）。这些较新的设计比EEPROM的速度更快。图1-1显示了存储器类型的摘要。

图1-1 对于不同的用途，需要不同类型的存储器

EEPROM存储器通常用于存储大量数据。以大集合访问数据可能很慢，尤其是对于I/O操作。因此，为了改善I/O，处理器还使用存储寄存器——可快速访问以获得少量快速存储器。寄存器对于微控制器尤其重要，因为它们控制外设，本章后面会涉及这些内容。

根据应用的不同，设备之间的性能、功能和外设可能会有很大差异。例如，控制汽车引擎的嵌入式设备的处理性能必须远高于消费类电子设备（如小型收音机）中的微控制器的处理性能。对车辆进行准确无误的控制比对消费类电子产品的控制更为关键。

1.2 嵌入式设备无处不在

嵌入式设备无处不在，而且往往因为它们非常隐蔽，我们甚至都没有注意到它们的存在。在汽车领域，车辆模块内的众多内部和外部传感器不断监控整个系统，来自这些传感器的数据通过外围设备传输到适当的嵌入式设备，嵌入式设备持续分析这些数据以跟踪车辆牵引力、控制发动机或显示外部温度或车辆位置等。在金融领域，嵌入式设备控制自动柜员机（ATM），使得银行客户能够自动进行金融交易。医疗检测设备也由嵌入式设备管理，这类嵌入式设备控制光束的位置以产生图像或传递疾病的信息。智能楼宇、气象站和安全设备配备了专门设计的微控制器，可从传感器或摄像机图像中获取数据；然后，经过数字信号和图像处理技术对其进行检测，以监控温度或湿度，还可检测未经授权的访问或优化资源的使用。

嵌入式设备正在成为个人医疗保健系统的重要组成部分，例如包含心率和血压的传感器或无创血糖监测系统的可穿戴嵌入式设备，可以连续读取穿戴者的健康参数，实时处理数据，并将这些数据传输给穿戴者的医生。这些可穿戴的嵌入式设备通过提供穿戴者健康状况的详细信息，可以显著改善诊断的准确性和治疗效果。

嵌入式设备通过远程读取电表简化了能源使用的监控。来自控制监管驱动因素的嵌入式设备的信息可以优化配电。

小型、美观、智能的设备不仅限于上述这些十分重要且略显严肃的应用，它们也可以带来很多欢乐，例如Kinect和HoloLens就是同时具有商业前景和有趣应用程序的设备。Kinect

是一款运动控制器，配备运动传感器和摄像头，可识别复杂的手势并跟踪人物，你可能在Xbox主机游戏里见过它。HoloLens通过提供增强现实来进一步推动这些发展，从而显著增强用户的感知。Kinect和HoloLens的核心元素是多个传感器和摄像头，可分析环境并处理来自语音、手势或视线的输入数据。

嵌入式设备可用于人工智能系统中，自动执行人们日常的操作，使我们的生活更轻松、更美好。嵌入式设备将数据作为输入对其进行处理，做出决策，并实现控制算法和纠正程序。它们不仅可以自动化特定流程，还可以预测故障、疾病、事故或天气变化。

嵌入式设备可以轻松检测出超过阈值的传感器读数，并执行预测分析甚至预防性报警，如防止食物过热、防止汽车发动机损坏。由于微芯片现在可以有效地运行非常先进的软件来实现复杂的控制和诊断算法，因此嵌入式设备可以执行过程自动化和预测分析，从而显著降低使用特定系统的风险，减少过程成本和时间，并提高效率。

现在已经有很多嵌入式设备的应用程序。与此同时，也有很多嵌入式设备尚未被开发，这就是构建新设备的机会。这些机会大多产生于将智能设备连接到由硬件单元组成的高级网络中。

1.3 连接嵌入式设备：物联网

互联网前身ARPANET的创建是为了挖掘孤立的通用计算机系统的潜力。连接工作站可加速数据通信和数据共享。此外，新的软件版本可以在连接的计算机之间快速分发，并且计算可以在多个系统上并行运行。这些优势很快被证明非常有用，并被转化为公共网络，后来发展成为互联计算机网络之一的因特网。如今，因特网是帮助人们沟通、共享文件、分发信息以及自动化和简化许多日常流程的基本工具。简而言之，通用计算机的功能在通过因特网互联时极大地放大了。

类似的想法催生了物联网，即分布式嵌入式设备的网络。嵌入式设备在隔离系统中非常有用，但当它们连接到包含许多硬件单元的全局检测或监视系统中时，其能力将得到极大增强。这种连接将会产生很多优势，因为这样的连接可以提供大量信息，这些信息包含给定业务流程或受监控系统的状态，然后，通过大数据分析这些信息可以获得全新的结论，而这些结论无法从单个智能设备、传感器或通过手动监控给定的流程来获得。

从某种意义上说，物联网可连接各种设备。这些设备从传感器获取数据，然后通过使用本地或全球通信网络在桌面或移动的其他计算机系统之间分发这些信息。根据应用程序的性质，用户只需要一个嵌入式设备即可从物联网中受益。物联网网格中设备的数量、类型和功能可以根据特定要求、流程或系统进行定制，但新设备并不总是必要的；物联网可以由现有设备和传感器组成，如MyDriving应用程序（可参见http://aka.ms/iotsampleapp, https://channel9.msdn.com/Shows/Visual-Studio-Toolbox/MyDriving-Sample-Application）。

由于数据传输速率提升、传感器和设备小型化以及可使用高级控制和诊断算法处理大量数据的微控制器等技术的快速进步，物联网设备正在成为自动化和机器人技术的关键部分。尽管单个物联网设备可以处理来自所连接的传感器的读数并执行适当的操作，但单个设备无法始终存储大量数据。与此同时，对来自许多物联网设备的信息的分析变得具有挑战性，尤其是在大型物联网网格的情况下。

当前和未来的物联网应用不仅依赖于嵌入式设备本身，还依赖于从使用该设备获取的数据中提取宝贵见解的能力。连接智能设备带来了新的可能性，并在处理和分析大量数据方面带来了新的挑战。每个设备可以与不同的传感器集成，因此使用不同的通信协议。组合智能设备需要复杂的采集、存储和处理方法，这些方法使用共享系统上的统计模型对来自不同设备的数据进行统一和处理。

这样的集中处理单元通过暴露统一接口来执行高级分析，并将之前未被开发的数据转换成清晰、可读的报告，以便呈现、累积和过滤所获取和处理过的数据。因此，物联网通常由一个中央存储器和处理系统组成，使用户能够连接他们的设备并轻松处理，更重要的是，能够理解来自这些智能单元的数据。此功能由 Microsoft Azure IoT Suite 提供，在第三部分中对此进行了详细介绍。

图 1-2 显示了 Microsoft Azure IoT Suite 作为集成了不同传感器的物联网设备的中央管理系统的示例。

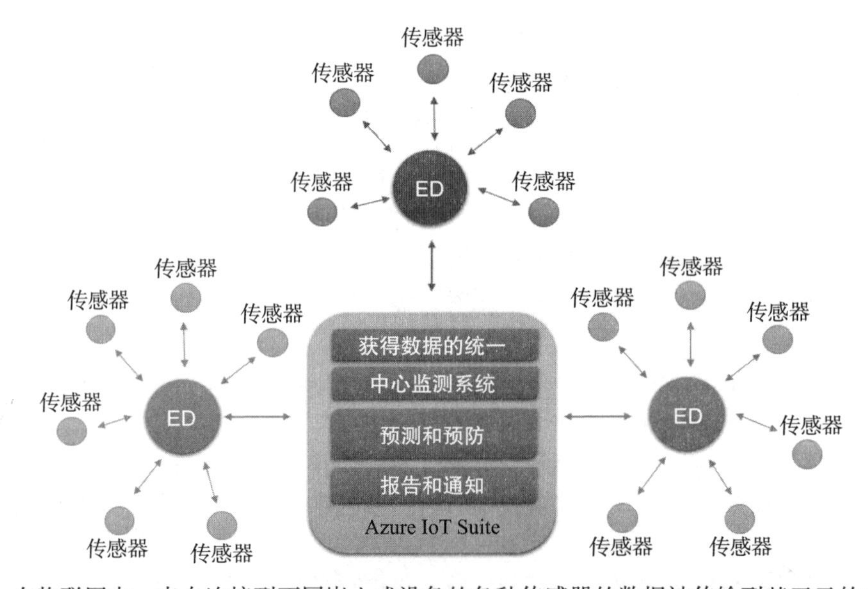

图 1-2　在物联网中，来自连接到不同嵌入式设备的各种传感器的数据被传输到基于云的中央系统

用最基本的术语来说，物联网中包括多种类型的设备和传感器，而互联网指的是连接和管理这些设备的集中式系统。该系统使用商业智能技术进一步处理来自传感器的未开发数据，以生成清晰、可读的信息，从而简化决策制定，实现预测和预防性分析，并自动化许多业务流程。

智能电网是一个通过物联网简化业务流程的实际示例。首先，机电仪表被电子仪表（嵌入式设备）取代，电子仪表不仅可以测量电能使用情况并提供更清晰的显示，还可以记录其他参数以支持时间计费或预付费电表。电子仪表大大增强了测量仪表的功能，然而，电表联网前仍然需要人工读取传感器数据，电表联网后则可以远程获得读数并将它们存储在中央处理系统中。由此产生的结果是，发电站不仅可以自动获取和处理数据，还可以计费、优化电能分配、维护网络或预测故障。

1.4 嵌入式设备的基础

CPU执行的软件如何与外围设备交互、从传感器获取数据并与其他设备通信？回答这个问题需要了解几个硬件和软件概念。

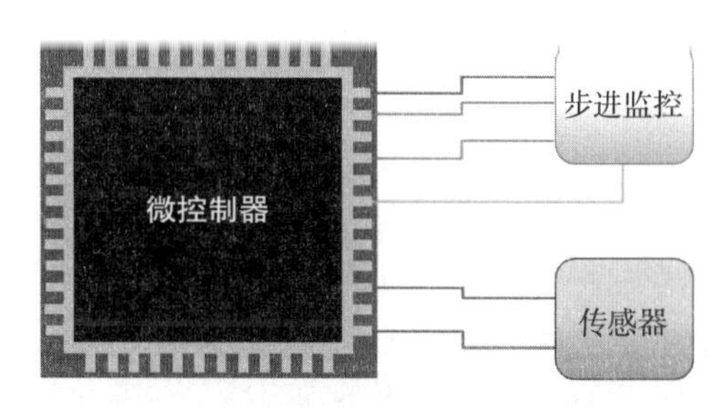

图1-3　外设连接到微控制器引脚

从硬件的角度来看，微控制器通过物理连接器连接到外围设备，这些物理连接器的引脚会暴露在外壳上（见图1-3）。该过程的原理不同于特定传输协议和用于传输数据的介质（例如，电线、光纤或自由空间通信信道），其工作方式如下：

1）微控制器和外围设备之间的有线连接携带电信号，这些信号将信息位编码为物理量，例如电压或电流。

2）使用适当的模数转换器将这些物理可观测量转换为数字值。

3）在使用数模转换器将数字值发送到外设之前，将数字值转换回物理量。

通过软件访问可接收二进制数据（读操作），并知道如何将数据发送到外设（写操作）。通常，从外设接收到的信号数字表示是使用数据总线在设备之间分发的。适当的数据分发需要用到地址总线，该地址总线携带有关物理存储器中二进制数据的物理位置的信息。通常，有两种使用数据和地址总线读取和写入外设的方法——端口映射I/O和存储器映射I/O。

- 在端口映射I/O中，CPU使用单独的地址总线来寻址本地存储器和外设中的数据。有专门的读/写指令用于在微控制器和外设之间传输数据（见图1-4）。从硬件角度来看，使用单独的地址总线可简化寻址。但是从软件的角度来看，使用端口映射I/O访问外设非常复杂，因为它不仅需要读取或写入数据到存储器寄存器，还需要适当的I/O指令与外设来接收和发送二进制数据。
- 存储器映射I/O保留RAM的某些部分用于通信，因此固件虚拟访问I/O设备的方式与访问存储器寄存器的方式相同，即使用单个地址总线（见图1-5）。这种方法自然简化了软件的编写。但是，使用单个地址总线来控制存储器和外设会将软件复杂性转移到较低的级别，然而，地址解码和编码需要更复杂的模式。此外，用户可用的内存量略有减少。在Windows桌面上，可以使用Task Manager检查此类硬件保留内存的

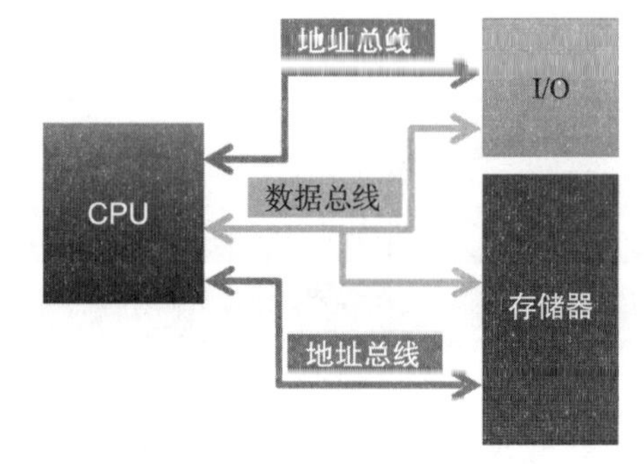

图1-4　在端口映射I/O中，两个独立的地址总线指向存储器和外设中的物理位置，存储器和I/O设备必须单独访问

数量（见图 1-6）。

寄存器是 RAM 的构建块，并且根据微控制器的类型，可以是 8 位、16 位、24 位、32 位或 64 位。一些寄存器由微控制器的制造商定义并制造，用于在处理器和外设之间进行数据交换，从而减少用户的 RAM 使用量（见图 1-6）。这种专门设计的寄存器的每一位都映射到物理 I/O 端口，这些端口构成了微控制器的物理引脚。

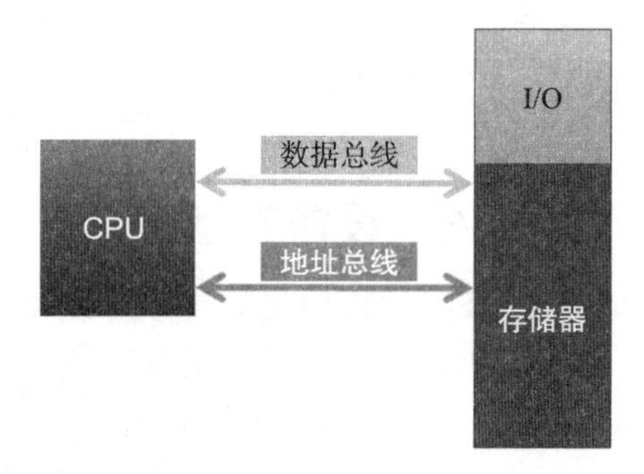

图 1-5 在存储器映射 I/O 中，单个地址总线指向存储器和外设中的物理位置；不需要额外的 I/O 指令

分配给特定引脚的逻辑位值由电压电平或电流强度控制，它们定义了引脚的 off(0) 和 on(1) 状态。由于这些引脚映射到存储器寄存器，因此任何电压或电流变化都会自动反映到存储器寄存器中。因此，固件通过读取由其地址标识的适当存储器寄存器来访问从外围设备接收的数据，该存储器寄存器指向其在存储器中的位置。数据以相同的方式（即通过修改存储在寄存器中的值）发送回外设。该过程需要在诸如电压或电流的物理量和二进制表示之间进行转换。

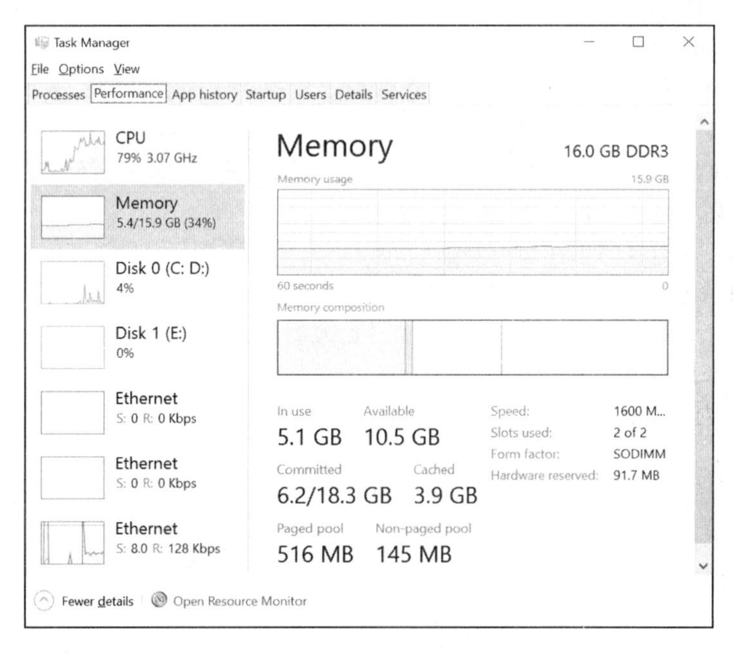

图 1-6 在使用存储器映射 I/O 的计算机系统中，硬件保留内存减少了可用于应用程序的总内存；在此示例中，硬件使用大约 92 MB 内存

在某些情况下，该方法可能会降低整体内存访问速度，因为在 CPU 和外设之间转换和传输物理信号可能比 RAM 使用的内部机制慢。此外，一些存储器被保留用于通信并且用户不

可访问。使用端口映射 I/O（其中物理引脚未映射到存储器寄存器）有时可能更为可取。CPU 使用其他命令发送请求并从外围设备接收数据。传输的数据存储在单独的地址空间中，但需要额外的物理引脚来启动通信。这些特定的通信方法取决于微控制器制造商。程序员需要知道与特定外设和通信协议相关的存储器寄存器的地址（参见第 6 章）。

嵌入式设备的软件不需要不断地从寄存器读取值以获得传感器的状态更新，而是当发生事件时自动通知固件。为此，微控制器使用了中断机制，这是每当引脚改变其物理状态时产生的信号。CPU 执行中断处理程序，该处理程序是与给定中断相关联的软件功能。这允许固件对外部事件做出反应，而无须无休止地读取寄存器值。这种编程方式类似于高级应用程序编程中已知的基于事件的方法。在这种情况下，每个用户请求或操作（如按下按钮）都会生成一个事件，该事件又会运行相关的事件处理程序。此过程中实现的逻辑响应用户请求。

1.5 嵌入式设备编程与桌面、Web 和移动编程

尽管嵌入式系统与桌面、Web 和移动应用程序的编程有许多相似之处，例如使用相同的语言和类似的开发工具，但嵌入式设备编码需要与硬件元素直接交互，所以嵌入式设备编程与桌面、Web 和移动编程仍有不同。下面从用户界面、硬件抽象层、鲁棒性、资源和安全性等方面进行具体的比较。

1.5.1 相似之处及用户互动

中断和中断处理与桌面和移动编程中的事件和事件处理非常相似。但是，每种技术都使用不同的命名方法，这种命名方法与特定编程范围的内部机制匹配。在桌面和移动应用程序中，事件与用户操作相关，例如按下按钮或滚动列表。此类操作会生成一个事件，该事件可以通过事件处理程序进行处理。事件也可以由硬件或系统相关问题触发，以指示例如电池电量低、无线连接断开或外部设备的连接 / 断开等情况。事件处理程序可用于响应由硬件或操作系统触发的用户操作或事件。

类似地，在为移动系统（Android、iOS）或 Web 平台（ASP.NET）开发的“模型 – 视图 – 控制器”应用程序中，从其他应用程序或服务传入的每个用户操作或查询都被定义为请求或操作。每个请求都由请求处理程序模块处理，该模块将特定操作映射到类的适当方法，从而实现控制器。控制器解释请求，更新应用程序的状态（模型），并通过呈现视图来生成相应的响应。

因此，在所有情况下，软件响应用户请求或外部信号并处理它们，以采取适当的动作或产生相应的响应。但是，在桌面、Web 和移动编程中，这些请求主要由用户生成。物联网中断通常由与传感器相关的外部信号（电信号）产生，因此，嵌入式设备编程与生成事件的源不同于桌面、Web 和移动编程。这并不意味着嵌入式设备根本不响应用户请求。物联网设备可以配备触摸屏等输入系统，用户可以通过触摸屏配置嵌入式设备。因此，物联网还可以实现用户界面（UI）。

在随后的章节中，为了区分网中可能的事件源，每当讨论处理通过 UI 生成的用户请求的方法时，将使用“事件”这个名词；每次处理传感器相事件时，都会用“中断”指代。

1.5.2 硬件抽象层

乍一看，嵌入式设备编程的某些方面类似于桌面、Web 和移动应用程序开发技术，但还有更多的关键差异。这些差异主要源于典型的高级编程不需要与硬件进行底层交互。由于硬件相关方面是在操作系统或硬件驱动程序中实现的，因此程序员通常不会直接访问它们。

普通计算机或智能手机是嵌入式设备的高级版本。移动系统和桌面系统的内部功能基于与物联网设备相同的概念，即 CPU 使用类似技术与外围设备通信。软件开发人员在软件开发任务中隐式地使用它们，例如访问硬盘驱动器上的文件，通过网络发送序列化数据，或者只是在屏幕上显示消息。

然而，传统的计算机系统是标准化的，并且使用了包含硬件抽象层的操作系统。软件的开发过程因为采用了编程框架和方便的应用程序编程接口而显著地简化了，这些框架和接口提供了大量算法实现、数据结构和执行常见操作的功能。

嵌入式设备编程类似于编写设备驱动程序，它将硬件操作映射到操作系统功能。然而，嵌入式设备软件不仅提供这样的中间层，还可以用于控制硬件单元。嵌入式设备开发意味着将硬件、驱动程序、操作系统和应用程序的角色组合到一个固件中，因此边界更加模糊。

在通用计算机系统中，硬件抽象提供了统一的层，允许客户购买任何类型的键盘、鼠标、显示器、存储器等，而不必担心它们的潜在差异。对于嵌入式设备开发，几乎可以使用任何类型的设备而无须任何中间层。

1.5.3 鲁棒性

嵌入汽车安全系统的计算设备、电子稳定程序（ESP）提供了嵌入式设备鲁棒性的一个良好示例。ESP 通过检测牵引力的损失来控制车辆的稳定性。它分析来自各种硬件单元的数据，感知车轮的速度和加速度。预测转向不足或转向过度所需的数据的分析过程可能非常复杂，需要持续的数据处理和噪声处理。

在实际应用中，由于某些基本的物理效应，传感器读数会受到固有电子电路产生的噪声的影响。因此，传感器读数可能会随时间变化。程序员必须考虑这些噪声影响，通常是通过随时间累积读数并使用统计测量值（如均值或中值）进行处理。根据应用的不同，这种处理可能需要更先进的控制算法来过滤不正确的读数并提供稳定并且可预测的硬件单元控制。这对于安全攸关的应用尤为重要。基于这个原因，固件应该是鲁棒且无差错的，以便快速响应变化的、受噪声影响的传感器读数。

对于特定的应用程序（如 ESP），物联网软件需要进行优化，以便快速响应，因为有时几毫秒的延迟可能造成非常关键的影响，而在典型的桌面、Web 或移动应用程序中，这种延迟可能会被用户忽视。

1.5.4 资源

物联网设备通常非常小，以便装入它们将控制或监控的系统主体。嵌入式设备可以像硬币或信用卡一样小，这意味着与典型的计算机或智能手机相比，它们通常具有有限的存储空间和处理能力。控制嵌入式设备的软件必须小心地使用硬件资源，避免浪费内存和 CPU 时间。这个问题对于高级编程也很重要，但对于典型的计算机系统来说可能并不那么重要，因为典型的计算机系统配备了大量的内存和强大的处理能力。

1.5.5　安全

如图 1-3 所示，在物联网设备上，可以通过监视物理引脚信号来访问外设和 CPU 之间传输的数据。示波器可以用于这种针对嵌入式设备的逆向工程中，但这需要能直接接触嵌入式设备，所以通常不太可能。另一方面，当将嵌入式设备连接到网络（尤其是无线网络）时，数据被截获的可能性会显著增加。

对于任何类型的编程，安全性都是一个重要问题，但连接到无线网络的物联网设备最容易丢失数据。因此，需要使用加密算法保护通过网络传输的数据。

连接的嵌入式设备会处理和收集敏感数据并控制关键硬件。通常，它们直接受到例如来自因特网的网络攻击。因此，物联网安全就成了一个非常重要的问题。

连接的嵌入式设备会收集的数据也包括私人信息。例如，家庭自动化电子设备收集用户的日常生活习惯——例如用户离开房间和回来的时间、用户观看的电视频道等。它还可以追踪安全摄像头捕获的图像。当然，这些设备都有访问代码。因此，如果家庭自动化没有得到妥善保护，这些数据都可能被盗。更糟糕的是，这些设备可以用来控制用户的房子或监视用户的行动。此外，还存在攻击者远程控制运行在用户汽车上的物联网设备的危险。例如，攻击者可以在用户开车时禁用制动或转向系统。

这两个例子证明了物联网安全的重要性。可以通过采用适当的过滤以及验证和加密传输的数据来保护物联网系统。此外，必须检查文件系统和物联网系统的其他组件的内部一致性。

1.6　Windows 10 IoT Core 和通用 Windows 平台的优势

对物联网设备编程时会出现一些关键问题，为开发智能设备的软件带来挑战。这些问题通常可以分为以下几种类别：

- 必须使用微控制器制造商提供的开发工具、编译器链和编程环境。
- 使用低级编程语言和工具。
- 调试困难。
- 缺乏模式和最佳实践。
- 缺乏社区支持。
- 使用跨平台库和工具进行 UI 开发。
- 需要控制多种多样的传感器和硬件单元。
- 必须从头开始编写加密算法来保护通信协议。

Windows 10 IoT Core 和通用 Windows 平台（Universal Windows Platform，UWP）解决了这些问题。前者是 Windows 10 中最紧凑的版本，专为物联网需求量身定制，而后者是访问 Windows 10 功能的 API，从而简化了嵌入式编程。

UWP 提供统一的 API 和一组编程工具，这些工具与 Web、移动系统或桌面编程的工具完全相同。UWP 编程工具遵循一次编写，处处运行的准则。也就是说，这种方法提供了编程工具和技术，使你能够使用单一编程语言和环境编写应用程序，然后将应用程序部署到多个设备，包括物联网、智能手机，桌面和企业服务器。通过使用相同的工具集，可以定位到其他平台。

UWP 还实现了许多全面的算法和功能。

- 简化对传感器的访问。
- 执行稳定的计算。
- 使用最少的代码编写高级功能。
- 普适的数据查询。
- 使用加密算法进行安全数据传输。
- 支持许多其他物联网应用程序和库，如信号和图像处理、编写人工智能算法以及与中央处理系统交互，统一未开发数据并将其转换为可读报告。

最后，可以使用包括 C# 和 JavaScript 在内的多种高级和流行的编程语言来使用 UWP，从而显著简化软件开发过程。UWP 提供了一组 UI 控件，可以无缝集成到物联网设备的软件中。这将问题重重的基于本机的固件开发转变为愉快的普通应用开发。

Windows 10 IoT Core 以及更广泛的 UWP 功能会在本书后续章节中介绍。它们会允许你快速开发物联网应用程序、准备概念验证解决方案，并为构建和编写功能有限的自定义设备提供机会。使用 Windows 10 IoT Core 和 UWP，开发物联网设备的可能性仅仅受到用户想象力的限制。

1.7 总结

本章介绍了物联网和嵌入设备的基本理论，讨论了关于物联网的最重要的概念，在桌面、Web 或移动平台的软件开发过程中，你通常不会考虑这些概念。本章指出了嵌入式程序员面临和必须解决的几个常见挑战及问题，还介绍了 Windows 10 IoT Core 和（Azure IoT Suite）如何帮助你开发物联网解决方案。

CHAPTER 2 · 第 2 章

嵌入式设备上的 UWP

物联网设备通常没有全尺寸显示屏来展示一个典型的 Hello World 程序。一般来说，物联网设备只有一些 LED 屏幕或者像素阵列。在极端的情况下，甚至只有一个 LED 灯来显示信息。所以，在嵌入式编程的世界里，我们通过打开和关闭 LED 来表达“你好”。

本章将展示如何使用 C# 或 C++ 语言控制的 UWP 来触发 LED。此处只使用这两种语言，因为在本书中所有的应用程序都将使用 C# 语言实现。稍后将使用 C++ 语言来实现 Windows 运行时组件（Windows Runtime Component），对接原生代码。

下面首先介绍 Windows 10 IoT Core，并指导你完成所有软件和硬件组件的安装和配置过程；然后解释一个 LED 电路；在编写完代码之后，将向你展示用于远程设备管理和访问其内容的工具和实用程序。

2.1 什么是 Windows 10 IoT Core

Windows 10 IoT Core 是为嵌入式设备设计和优化的 Windows 10 的嵌入式版本，实现了平台、硬件和软件抽象层，简化了物联网设备应用程序开发的过程。直到最近，物联网开发还只能使用一些原生编程技术。但是，由于 Windows 10 IoT Core 的出现，每个高级软件开发人员现在都可以使用适用于所有 Windows 10 平台的 UWP 编程接口对嵌入式设备进行编程。

Windows 10 IoT Core 中实现的硬件、平台和软件抽象层由本地驱动程序组成，可以使用任何 UWP 编程语言（包括 C#、C++、Visual Basic 或 JavaScript）进行访问。Windows 10 IoT Core 还支持 Python 和 Node.js，因此，可以使用高级编程语言轻松访问微控制器接口和相应的功能。Windows 10 IoT Core 可以很好地执行大多数底层的程序（通常会迫使你使用陈旧或低级别的编程结构）。

> .NET Micro Framework
>
> Windows 10 IoT Core 从 .NET Micro Framework（NMF）发展而来，它是 Microsoft .NET Framework 的简洁版本。Windows 10 IoT Core 和 NMF 的原理非常相似。每个设备都包括一个物联网设备的执行系统，以便在环境中执行嵌入式软件，从而提供丰富、友好的编程界面，以实现快速、安全、可靠的应用程序开发。

2.2 UWP 的功能

所有的 Windows 10 平台都使用一个通用组件，它实现了统一的内核和通用的应用程序模型。通用 Windows 平台包含适用于每个 UWP 设备的统一应用程序编程接口，因此，使用此核心组件开发的应用程序可以在任何 Windows 10 设备上运行，包括台式机、移动设备、平板电脑、HoloLens、Xbox、Surface Hub 和物联网设备。但是，Windows 及其 API 的核心部分不包含专门为特定平台或其他平台设计的某些特定功能。这是因为某些硬件平台提供了其他设备上不具备的功能。例如，物联网设备可以控制某些在桌面或移动设备上不可用的自定义传感器。UWP 核心部分中所有编程接口的实现将是多余的，因此，为了针对特定平台，UWP 提供了为特定设备设计的软件开发工具包（SDK）扩展（例如，可以扩展成访问专门在物联网平台上提供的功能）。图 2-1 显示了 UWP 的核心部分和 SDK 扩展之间的关系。

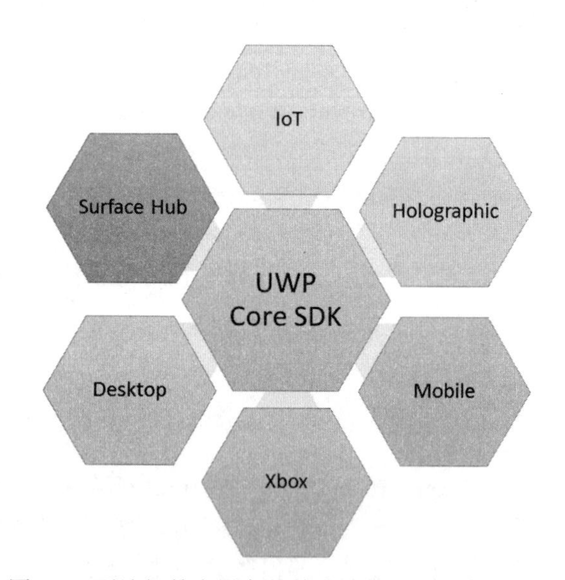

图 2-1 要访问特定设备的特定功能，可以参考适当的 SDK 扩展：IoT、Holographic、Mobile、Xbox、Desktop 或 Surface Hub

UWP 的重要优势在于，即使 UWP 项目引用了扩展 SDK，应用程序仍然可以部署到不支持特定扩展集的平台。条件编译不是必需的。但是，程序员仍然需要确保应用程序不访问不可用的功能。要检查某个特定的 API 是否适用于当前平台，请使用 Windows.Foundation.Metadata 命名空间中定义的 ApiInformation 类的静态方法。下面的代码可以用来检查是否存在特定类型的 Windows.Phone.Devices.Power.Battery。代码在桌面平台上运行时会返回 false，如果使用此代码的应用程序在 Windows Phone 上运行，则会返回 true，如下所示。

```
var typeName = "Windows.Phone.Devices.Power.Battery";
var canIReadBatteryLevelOfMyWindowsPhone = Windows.Foundation.Metadata.
```

```
        ApiInformation.IsTypePresent(typeName);
    System.Diagnostics.Debug.WriteLine("Can I access a battery level of my Windows
    Phone: " + canIReadBatteryLevelOfMyWindowsPhone);
```

由于每个 Windows 10 设备上都有统一的编程接口，而且抽象层可以免除开发人员编写自己的本地驱动程序（例如映射内存寄存器），所以 Windows 10 IoT Core 还提供了软件开发工具包，可用于其他 UWP 设备。物联网开发人员可以轻松执行各种编程任务，例如创建丰富和自适应的用户界面、处理手势和语音输入以及将设备连接到网络和云服务等。

这种方法相较其他解决方案有几个优点。首先，Windows 10 IoT Core 程序员可以从通用 Windows 平台核心部分已经实现的功能中受益。这缩短了开发时间，显著提高了软件功能。其次，UWP 应用程序可以兼容运行 Windows 10 IoT Core 的新型原型设备。最后，应用程序可以通过相同的分发渠道（即 Windows 应用商店）获利。

Windows 10 IoT Core 是快速原型开发的一个很好的工具，但是在某些情况下，原生代码的解决方案可能更可取。这并不意味着 Windows 10 IoT Core 和 UWP 在物联网开发方面的功能不完善，但对于特殊情况，例如对时间要求极高的应用程序，你可能希望避免信号和数据在 Windows 10 IoT Core 提供的组件中来回处理带来的额外的时间。在这种情况下，你会使用原生代码来实现，降低可用性和灵活性，以提高性能。

2.3　工具的安装和配置

请确保你已经拥有了本书所需的所有软件工具。以下是必需的工具和组件。

- 一台安装了 Windows 10 的开发机器，并且打开了开发者模式。
- Visual Studio 2015 Update 1 或更高的版本作为集成开发环境（IDE）。
- Windows IoT Core 项目模板。
- Windows 10 IoT Core Dashboard。
- 物联网设备。

2.3.1　Windows 10

Windows IoT Core 的应用程序开发需要在安装了 Windows 10（版本 10.0. 10240 或更高）的 PC 上开始。Windows 10 的安装很简单，在这里不详细描述。

如果你的开发机器上已经安装了 Windows 10，则应验证其版本，并在必要时进行升级。要验证系统版本，可从命令提示符运行 winver 命令或在开始菜单中搜索它（见图 2-2）。

验证 Windows 版本后，还需要在开发机器上启用开发者模式。可以通过使用 Windows Application 应用程序来执行此操作，该应用程序可以通过在 Start 菜单中搜索来执行。要启用开发者模式，请转到设置的 UPDATE & SECURITY 部分，然后在 For developers 选项卡上选择 Developer mode，如图 2-3 所示。

图 2-2　winver 应用程序会告诉你设备上 Windows 10 的内部版本号

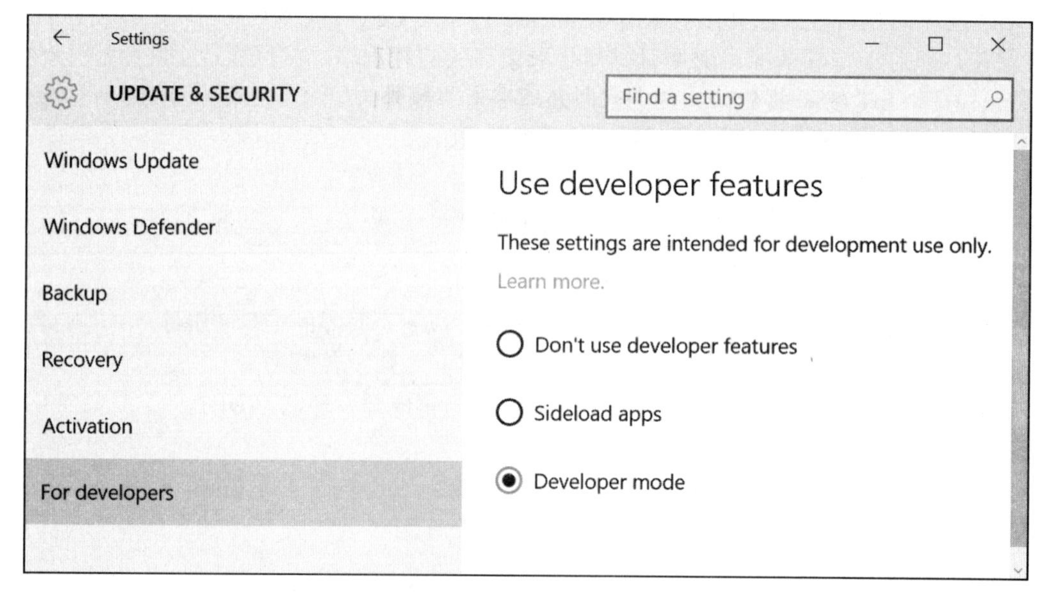

图 2-3　通过 Settings 中的 UPDATE & SECURITY 在 Windows 10 中启用开发者模式

2.3.2　Visual Studio 2015 或更高版本

Windows IoT Core 开发机器还应包含 Visual Studio 2015 Update 1（或更高版本）作为集成开发环境。可通过 https://www.visualstudio.com/vs/ 下载 3 种不同的版本：社区版、专业版和企业版。社区版是免费的，另外 2 个需要许可证，但可以在试用期内免费使用。在本书中，使用了 Visual Studio 2015 社区版。在附录 F 中，还展示了如何设置 Visual Studio 2017 RC 以进行物联网开发。本书中介绍的方面与 Visual Studio 2017 RC 兼容。

Visual Studio 2015 的安装过程是自动的。但是，UWP 的 SDK 可能不包含在默认的 Visual Studio 2015 安装中。因此，在 Visual Studio 2015 安装期间，请确保已选中 Windows and Web Development 节点下的 Tools（1.3.2）and Windows 10 SDK（10.0.10586）复选框，如图 2-4 所示。

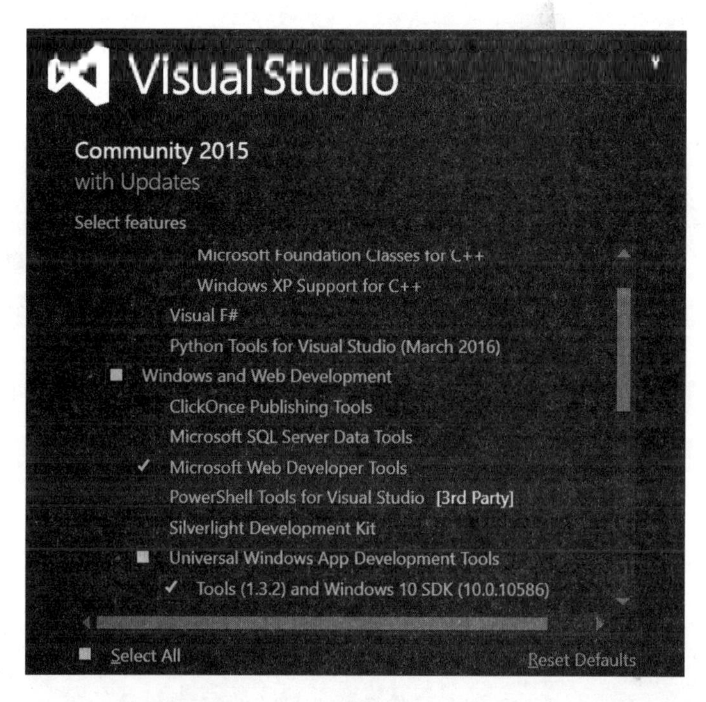

图 2-4 Windows IoT Core 开发需要通用 Windows 应用程序开发工具。此图显示了 Visual Studio 2015 社区版本 Update 2 的安装程序，其中包含版本 1.3.2 中的通用 Windows 应用程序开发工具和版本为 10586 的 Windows 10 SDK

2.3.3 Windows IoT Core 项目模板

微软提供了用于开发物联网应用程序而无须任何形式的用户界面的项目模板。这就是所谓的无界面（Headless）应用程序——与带 UI 的有界面（Headed）应用程序相对应。在第 3 章中，将更详细地介绍无界面应用程序。

无界面应用程序的物联网项目模板可以通过以下步骤作为 Visual Studio 2015 的扩展来安装：

1）在 Visual Studio 2015 中，转到 Tools → Extensions and Updates 选项。

2）在 Extensions and Updates 对话框中，展开 Online 节点，并在对话框右上角的搜索框中输入 IoT。

3）在搜索结果中，找到 Windows IoT Core Project Templates，如图 2-5 所示，然后单击 Download 按钮，项目模板就开始下载了。

4）下载项目模板后，Visual Studio Extension（VSIX）安装程序将显示许可条款界面，单击 Install 按钮。

5）安装程序将确认扩展已成功安装。单击 Close 按钮，然后重新启动 Visual Studio 2015。

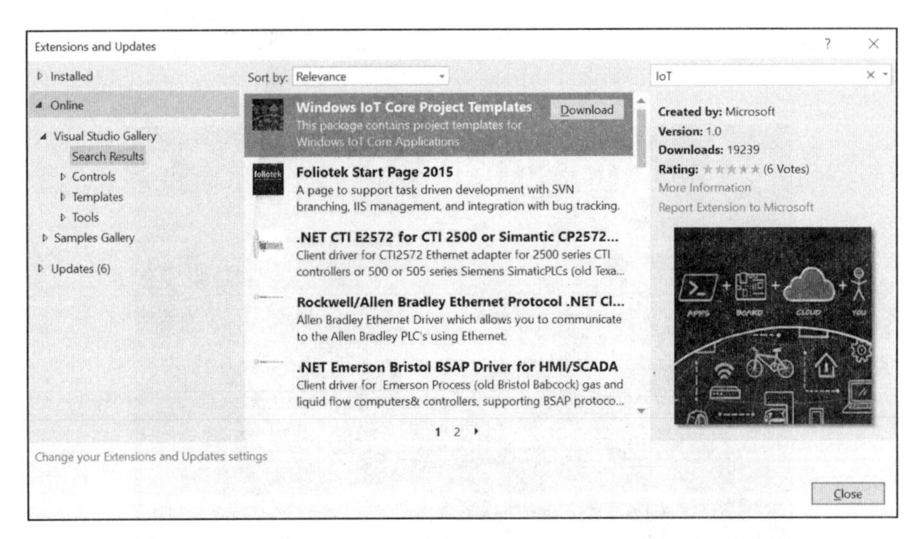

图 2-5　Visual Studio 2015 中的 Extensions and Updates 对话框

2.3.4　Windows 10 IoT Core Dashboard

安装完 Visual Studio 2015 之后，需要下载并安装 Windows 10 IoT Core Dashboard。此应用程序有助于设置全新的（或者管理和配置已有的）连接到本地网络的 Windows 10 IoT Core 设备。该应用程序可用于开发机和物联网设备。

首先，从 http://bit.ly/iot_dashboard 下载 Dashboard 的安装程序，然后运行刚刚下载的安装程序，在出现的第一个安全警告对话框中单击 Install 按钮。这将启动 Dashboard 的下载和安装过程，你将看到安装 Windows 10 IoT Core Dashboard 的对话框，在此之后可能会显示另一个安全警告（如果出现第二个警告，请单击 Run 按钮）。当安装并准备好使用仪表板时，将看到它的欢迎首页，如图 2-6 所示。

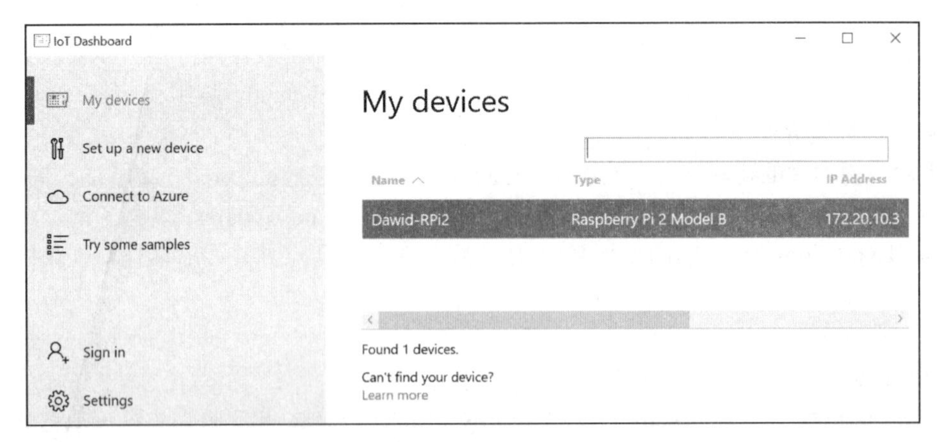

图 2-6　Windows 10 IoT Core Dashboard 中的设备列表展示了一个已发现的设备。请注意，My devices 列表在这个阶段很可能是空的

2.4　配置设备

现在你已经拥有了适合开发环境的所有必要软件，下面来配置一个新的物联网设备。

2.4.1　用于 RPi2 和 RPi3 的 Windows 10 IoT 核心入门套件

在撰写本章时，Windows 10 IoT Core 可用于 4 个开发板（参阅表 2-1 以进行比较）：

- Raspberry Pi 2（RPi2）
- Raspberry Pi 3（RPi3）
- MinnowBoard MAX
- Qualcomm DragonBoard 410c

这里选择 RPi2，因为它是由 Adafruit（http://bit.ly/iot_pack）准备的 Windows 10 IoT 入门套件中的开发板。这个包提供了一个非常方便的方式来开始物联网编程，因为它包含所有必要的工具。经过验证的兼容组件，将为电路的组装和 Windows IoT 设备软件的开发带来便利。这是非常重要的，特别是在开发的早期阶段，因为在发生任何故障时，都可以排除与某些硬件组件（如电线、LED 或传感器）相关的基本问题。当然，你不必使用 RPi2 的入门套件，而是可以获得 RPi2 和其他组件，但是需要确保硬件组件与 RPi2 和 Windows 10 IoT Core 兼容。可以在 http://bit.ly/iot_compatibility_list 找到微软认证的与 Windows 10 IoT Core 兼容的硬件组件（如 Micro SD 卡、传感器等）的列表。当想要使用不同的 Micro SD 卡时，兼容性是十分重要的。在这种情况下，至少需要一个 Class 10 的 Micro SD 卡。请注意，可以使用包含 RPi3 的此入门套件的更新版本，而不是 RPi2 的入门套件。但是，PRi3 没有内置 ACT LED。这需要你使用外部 LED 电路来运行一些示例应用程序，在后面的章节中将会进行介绍。此外，RPi3 的入门套件不包含外部 Wi-Fi 模块。

表 2-1　支持 Windows 10 IoT Core 的开发板的硬件信息列表

Board	RPi2	RPi3	MinnowBoard MAX	Qualcomm DragonBoard 410c
Architecture	ARM	ARM	x64	ARM
CPU	Quad-core ARM® Cortex® A7	Quad-core ARM® Cortex® A8	64-bit Intel® Atom™ E38xx Series SoC	Quad-core ARM® Cortex® A53
RAM	1 GB	1 GB	1 or 2 GB	1 GB
On-board WiFi	−	+	−	+
On-board Bluetooth	−	+	−	+
On-board GPS	−	−	−	+
HDMI	+	+	−	+
USB ports	4	4	2	2
Ethernet port	+	+	+	+

除了 RPi2（或 RPi3）之外，RPi2/3 的 Microsoft IoT Pack（见图 2-7）包含以下组件、电线和传感器：

- RPi2/3 保护外壳，在 http://bit.ly/rpi_case 上可以找到关于将开发板装入保护外壳的详细说明。

- ❑ 带有微型 USB 电缆的 5V 2A 电源。
- ❑ 无焊料面包板，用于电路组装。
- ❑ 以太网电缆。
- ❑ USB Wi-Fi 模块。
- ❑ 带有 Windows IoT Core 的 8 GB 微型 SD 卡（RPi3 的情况下为 16 GB 卡）。
- ❑ 公 / 母跳线。
- ❑ 母 / 公跳线。
- ❑ 2 个电位器。
- ❑ 3 个轻触开关。
- ❑ 10 个电阻。
- ❑ 1 个电容。
- ❑ 6 个 LED。
- ❑ 1 个光电池。
- ❑ 温度和气压传感器。
- ❑ 颜色传感器。

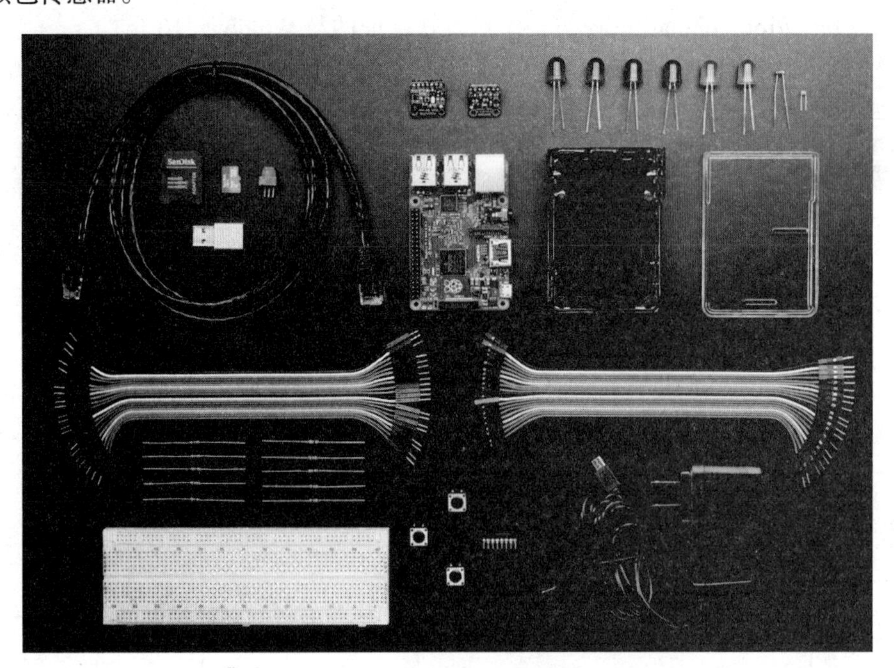

图 2-7 RPi2 的 Windows 10 IoT 核心入门套件的内容。RPi3 的入门套件与此非常相似（来源：http://www.adafruit.com）

你将使用上述元器件来组装由 LED 和电阻构成的电路，并将编写 UWP 程序来控制它们。但是在这之前，需要将 Windows 10 IoT Core 部署到 RPi2（或 RPi3）设备并做一些基本配置。Windows 10 IoT Core 已经预先加载到了 Windows 10 IoT Starter Pack 附带的 Micro SD 卡中，但我们更愿意介绍 Windows 10 IoT Core 的安装和部署，因为 IoT Starter Pack 可能不包含最新版本的 Windows 10 IoT Core。另外，如果需要更换 Micro SD 卡，则可能需要重新部署 Windows 10 IoT Core。

2.4.2　安装 Windows 10 IoT Core

在 RPi2（或 RPi3）上安装 Windows 10 IoT Core 的最简单方法是通过 IoT Dashboard 安装。将兼容的 Micro SD 卡插入 PC 读卡器之后，IoT Dashboard 的 New Device 选项卡上提供的向导将使此过程自动完成。随后，选择设备类型，输入设备名称（此处将其设置为 Dawid-RPi2）和新的管理员密码，选择 Wi-Fi 网络连接（如果可用），接受软件许可条款，然后单击 Download and install 按钮（见图 2-8）。IoT Dashboard 将开始写入你的 SD 卡，并显示当前进度，如图 2-9 所示。镜像部署服务和管理工具将 Windows 10 IoT Core 镜像写入 SD 卡（见图 2-10）。IoT Dashboard 将显示如图 2-11 所示的确认窗口。

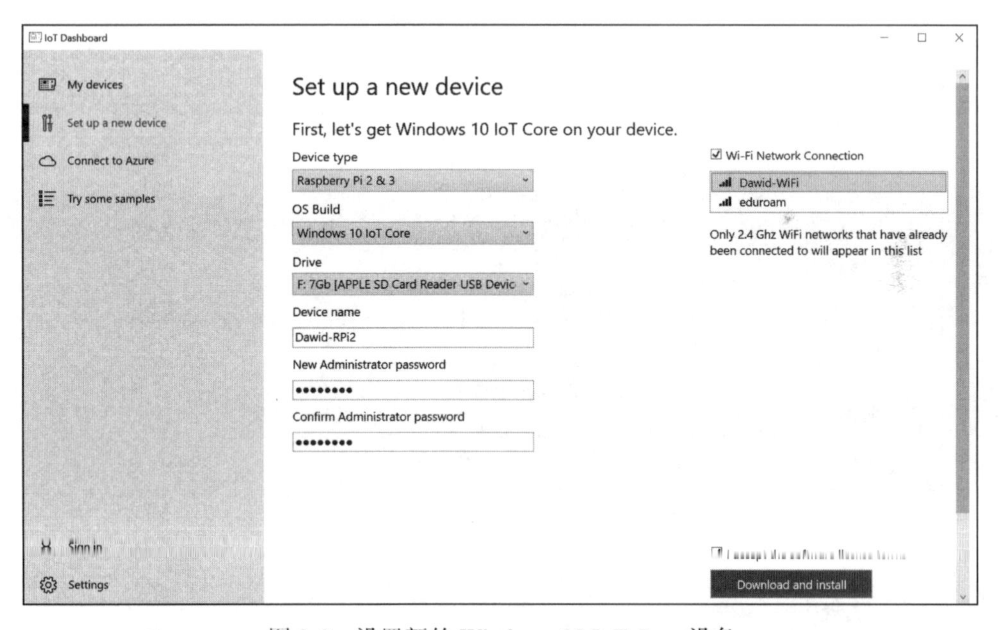

图 2-8　设置新的 Windows 10 IoT Core 设备

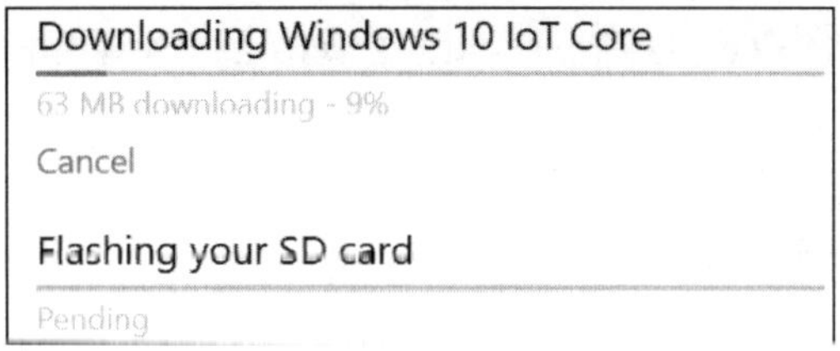

Downloading Windows 10 IoT Core

63 MB downloading - 9%

Cancel

Flashing your SD card

Pending

图 2-9　SD 卡准备中

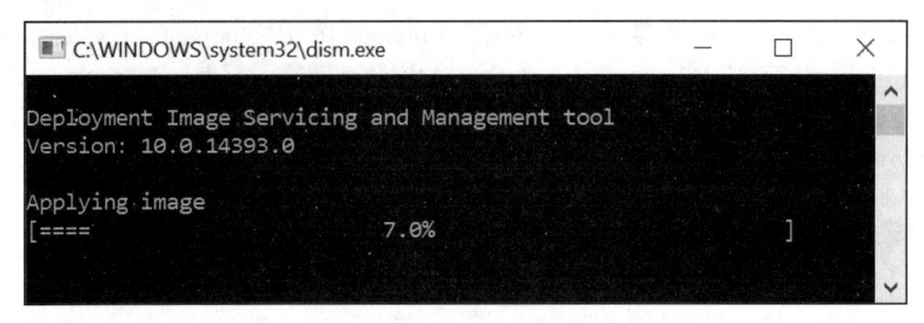

图 2-10 部署映像服务和管理工具正在将 Windows 10 IoT Core 镜像写入 SD 卡

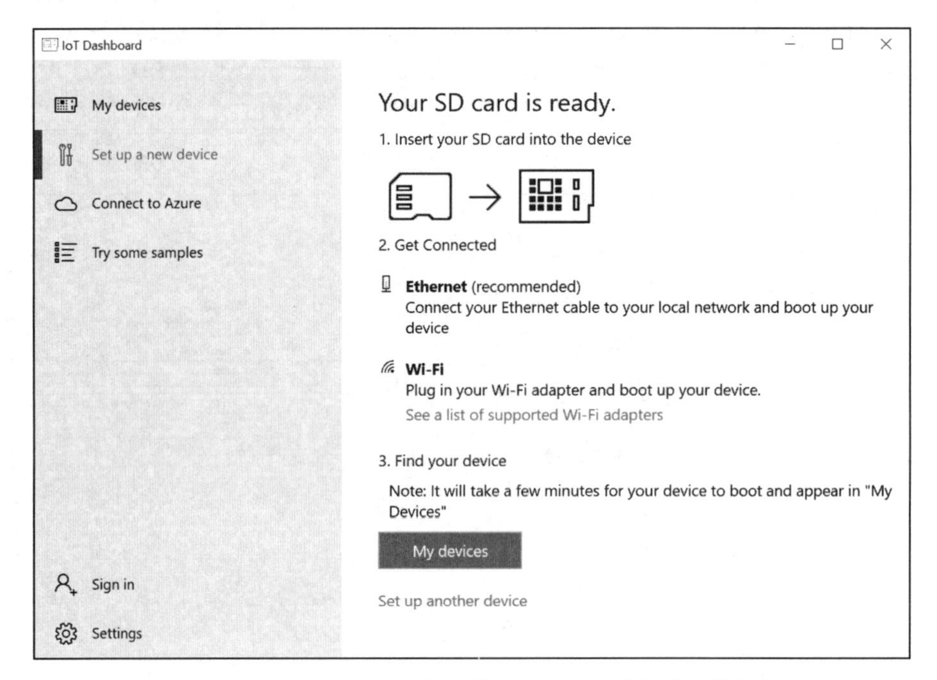

图 2-11 IoT Dashboard 提示镜像部署成功并提示后续操作

2.4.3 配置开发板

你可以在图 2-12 和图 2-13 中分别看到 Raspberry Pi 2 Model B V 1.1 的顶部和底部视图。该开发板的主要部分是 Broadcom BCM2836 芯片，该芯片集成了 900MHz 四核 ARM Cortex-A7 CPU 和 VideoCore IV 3D 图形核心以及 1GB 的 RAM 存储器。RPi2 配备以下端口：

- 4 个 USB A 型接口。
- 1 个用于电源的微型 USB 接口。
- 1 个局域网（LAN）适配器。
- 1 个 HDMI 接口。
- 1 个 3.5 mm 音频插孔和复合视频（A/V）。

- 40 个 GPIO 引脚。
- 1 个 Micro SD 卡插槽，位于电路板的背面（见图 2-13）。

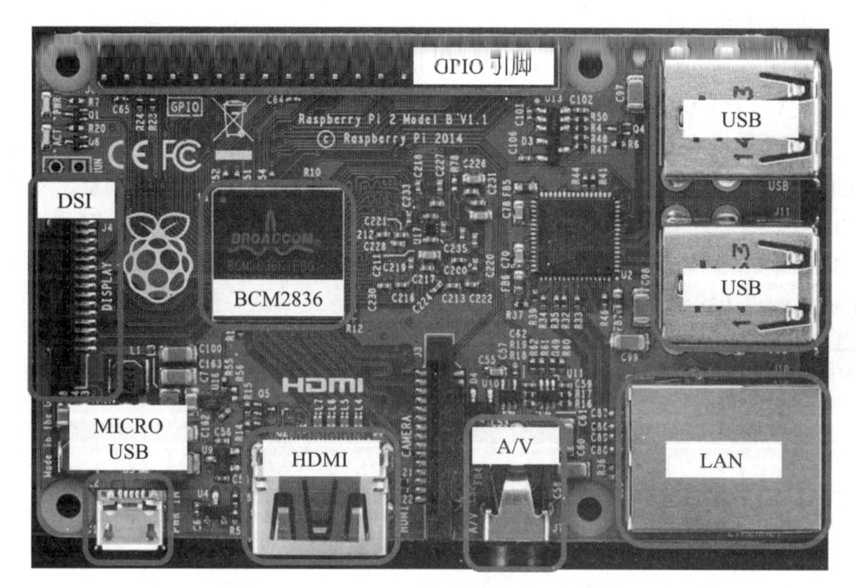

图 2-12　RPi2 的顶视图。CSI 接口位于 HDMI 和 A/V 端口之间

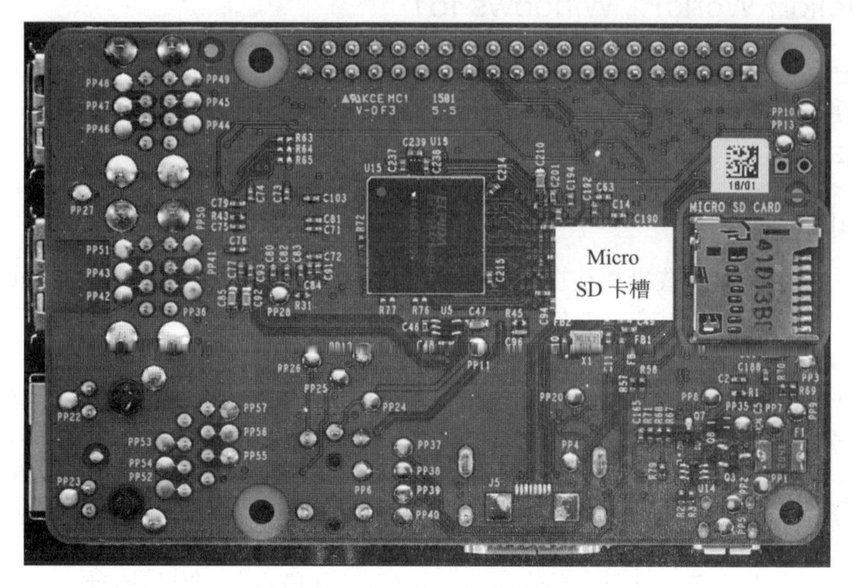

图 2-13　RPi2 的底视图

RPi2 和 RPi3 还包括一个摄像机串行接口（CSI）和一个显示串行接口（DSI）。但是在编写本章时，Windows 10 IoT Core 还不支持 DSI 接口。

为了准备和运行 RPi2（或 RPi3），请完成以下步骤：

1）将带有 Windows 10 IoT Core 的 Micro SD 卡插入 RPi2 SD 卡槽。

2）将 5V/2A 的 Micro-B USB 电源插入电路板。RPi2 将自动启动 Windows 10 IoT Core，这可能需要一两分钟的时间。

3）将以太网电缆连接到与开发 PC 相同的本地网络，或将 USB Wi-Fi 模块插入 Raspberry Pi 其中一个 USB-A 接口。

RPi2 开发板已经准备就绪。接下来，需要运行 IoT Dashboard 并切换到 My devices 选项卡。IoT Dashboard 将自动发现可用的物联网设备，如图 2-14 所示。请注意，如果在安装期间选择了 Wi-Fi 连接（请参阅图 2-8），则你的物联网设备将自动连接到此网络。此外，第一次启动设备时要耐心等待，这可能需要更长时间。如果你的物联网设备仍然不可用，则需要重新连接电源来重启 RPi2 或 RPi3。

图 2-14　检测到的物联网设备列表

2.5 “Hello，World!” Windows IoT

在已经安装了所有软件工具，并且成功配置了物联网设备的情况下，可以编写第一个嵌入式 UWP 应用程序——“Hello，World！”应用程序，通过电路来控制连接到 RPi2（或 RPi3）的 LED。

2.5.1 电路连接

要控制一个 LED，首先需要连接一个电路。你可以将 RPi2（或 RPi3）的 Windows 10 IoT Core 入门套件中附送的其中一个 LED 连接到物联网设备的相应 GPIO 引脚。对于开发板，微控制器的物理引脚通常可以扩展，以此来简化无焊引脚的连接（有关详细信息，请参阅第 1 章和图 1-3）。引脚的扩展接头通过印刷电路板（PCB）上的物理电路迹线连接到单片机引脚。你可以通过分析 RPi2 开发板或相应的 PCB 设计，目视检查这些迹线。

1. LED、电阻和电阻色环

每个 LED 都有指定工作电流，必须小心不要超过最大阈值，以免损坏 LED。LED 电路的输入电流由电阻器调节。推荐电阻的大小通常可以在 LED 制造商提供的数据表中查找到。

Windows 10 IoT Core 入门套件内的 LED 功率较低，因此将使用 560Ω 的电阻来控制电流。包含在 Windows 10 IoT Core 的入门套件中的电阻使用 4 个色环表示电阻大小，垂直环绕电阻的彩色条纹称为色环。前 3 个色环表示实际电阻，最后一个色环与其他色环有间隔，表示电阻容差，即与制造商声明的值有多少偏差。

电阻值使用两个有效数字（第一和第二色环）和乘数（第三色环）进行编码。表 2-2 显示了每个颜色的含义。例如，绿 – 蓝 – 棕 – 金色环表示的电阻值为 $R = 56 \times 10^1 = 560\Omega$，容差为 ±5%。棕 – 黑 – 橙 – 金色环表示的电阻值为 $R = 10 \times 10^3 = 10k\Omega$，容差为 ±5%。更多详细信息请参阅 http://bit.ly/electronic_color_code。

表 2-2 电阻色环和电阻值对照表

颜 色	有效数值	乘 数	容 差
黑	0	10^0	不适用
棕	1	10^1	±1%
红	2	10^2	±2%
橙	3	10^3	不适用
黄	4	10^4	±5%
绿	5	10^5	±0.5%
蓝	6	10^6	±0.25%
紫	7	10^7	±0.1%
灰	8	10^8	±0.05%
白	9	10^9	不适用
金	不适用	10^{-1}	±5%
银	不适用	10^{-2}	±10%
无色	不适用	不适用	±20%

LED 较长的引脚称为阳极（正极），而较短的引脚称为阴极（负极）。由于电荷从正极流向负极，所以电阻应该连接到 LED 的较长的引脚。随后将电阻和较短的 LED 引脚连接到 RPi2 的 GPIO 引脚。控制微控制器的 LED 方式有以下两种：低电平有效状态和高电平有效状态。

2. 低电平有效状态和高电平有效状态

GPIO 引脚可以具有 0（低）或 1（高）的逻辑（数字）值。第一个典型地对应于 0V 或更小的电压，而第二个表示高于某个阈值的电压电平。实际上，模拟电压信号易受噪声影响，所以信号在低值或高值附近随机振荡。为了确保模拟电压信号表示有效的低电平和有效的高电平，使用下拉（低电平状态）和上拉（高电平状态）电阻。因此，有两种方式可将电流引流通过 LED：

- 低电平有效状态：通过电阻将较长的 LED 引脚连接到电源引脚，电压为 3.3 V，第二个 LED 引脚连接到 GPIO 引脚。当 GPIO 引脚驱动为低电平状态时，电流从电源引脚通过电阻流向 LED。
- 高电平有效状态：将 LED 的阴极连接到地（GND），阳极连接到 GPIO 引脚。GPIO 引脚驱动为高电平状态会导致电流波动。

3. RPi2 引脚

在将 LED 电路配置为低电平有效或高电平有效状态之前，需要熟悉 RPi2 引脚，通过 40

个引脚扩展接头来连接外设，可参见图 2-12 和下面的图 2-15。此接头的每个引脚都从 1 开始编号。(按图 2-12）具有奇数编号的引脚位于接头底部的一排，这意味着引脚编号 1 位于接头的左下角（第二行中的第一个引脚），引脚编号 2 位于引脚编号 1 的正上方。因此，第 40 个引脚位于最右侧，第一行最末端。

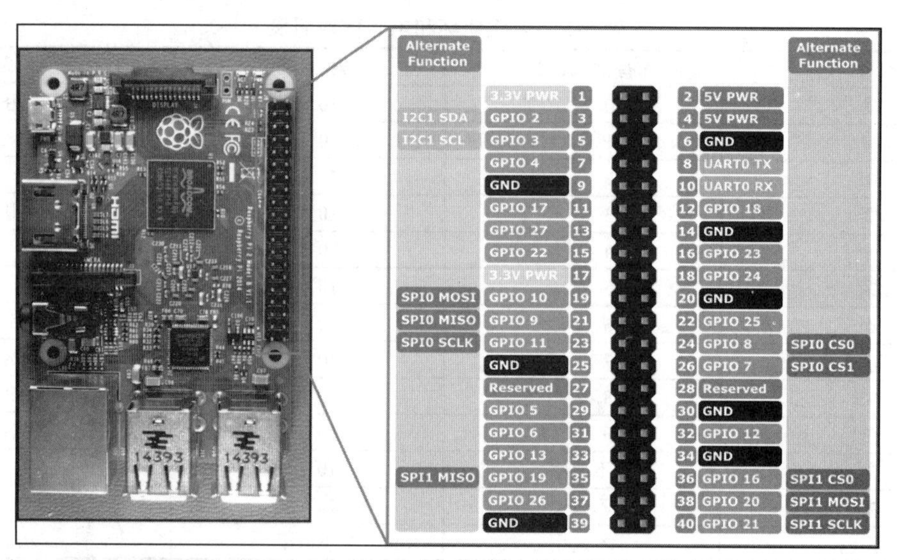

图 2-15　RPi2 的引脚映射图（来源：Windows 开发人员中心（http://windowsondevices.com）。可以在 http://pinout.xyz/ 找到这个图的可交互式版本）

RPi2 的所有物理引脚可以分为 6 组，分配到以下扩展引脚：

- 3.3V 电源引脚：1，17。
- 5V 电源引脚：2，4。
- I^2C 总线引脚：3，5。
- 接地（GND）引脚：6，9，14，20，25，30，34 和 39。
- SPI 总线引脚：19，21，23，24 和 26。
- 制造商保留的引脚：8，10，27 和 28。

另外，用户还可以使用 17 个 GPIO 引脚。表 2-3 总结了 GPIO 端口编号和初始状态（在启动之后）。

表 2-3　RPi2 的 GPIO 端口分配

引脚编号	GPIO 编号	初始状态	引脚编号	GPIO 编号	初始状态
7	4	高电平	18	24	低电平
11	17	低电平	12	25	低电平
12	18	低电平	29	5	高电平
13	27	低电平	31	6	高电平
15	22	低电平	32	12	低电平
16	23	低电平	33	13	低电平

（续）

引脚编号	GPIO 编号	初始状态	引脚编号	GPIO 编号	初始状态
35	19	低电平	38	20	低电平
36	16	低电平	40	21	低电平
37	26	低电平			

两个附加的 GPIO 端口 35 和 47 控制 RPi2 板上的两个 LED 的状态。这些 LED 位于 RPi2 的 DSI 接口上方（见图 2-12）。GPIO 端口 35 控制红色指示灯（PWR），而第二个端口控制绿色指示灯（ACT）。在本章中，只使用外部 LED。请注意，RPi3 上的 ACT 指示灯不可用。

如图 2-15 所示，部分引脚可以有一个额外功能。例如，引脚 3 和 5（分别为 GPIO 2 和 3）也可以提供对 I^2C 接口的访问。2.5.2 节中探讨了这个问题。

根据 RPi2 引脚，可以通过将外部 LED 的较短引脚连接到扩展接头（GPIO 5）上的引脚 29，并通过电阻将较长的 LED 连接到引脚 1（3.3 V 电源）。在高电平有效状态下，将阴极连接到 GPIO 引脚。

请注意，LED 可以在无须编写实际软件的情况下供电。可以将第二个 LED 引脚连接到其中一个 GND 引脚。LED 将立即打开，RPi2 将仅作为 3.3 V 电源使用。

在高电平有效配置中，LED 较短的引脚可以接地，例如接入引脚 6。较长的 LED 引脚接至电阻和 GPIO 引脚，初始状态为 0（下拉）。然后通过将选定的 GPIO 端口驱动为高电平有效状态来驱动 LED。

4. 无须焊接的面包板连接

Windows 10 IoT Core 入门套件包含面包板，该面包板支持电子元件的原型布线，无须焊接。该面包板由两个电源轨道组成，还包含 610 个连接点，排列成一个阵列，可参见图 2-7 的底部。这个阵列的每一行标记了字母 A ～ J，列从 0 开始编号。这些标记有助于定位面包板上的连接点。

要将 LED 电路组装在低电平有效状态，请弯曲电阻器的两个支脚，并使用两根母 / 公跳线。图 2-16 显示了使用开源工具 Fritzing 制作的连接图（可从 fritzing.org 下载）。表 2-4 显示了面包板连接信息，图 2-17 显示了实际的连接图。

表 2-4　低电平有效 LED 电路连接信息

组　件	引脚或端子	面包板连接点	引脚编号
LED	短引脚	F 行，30 列	—
	长引脚	F 行，31 列	—
电阻	引脚 1	H 行，31 列	—
	引脚 2	H 行，35 列	—
第一根跳线（图 2-16 和图 2-17 中的紫色线）	公	J 行，35 列	—
	母	—	1（或 17）
第二根跳线（图 2-16 和图 2-17 中的黄色线）	公	J 行，30 列	—
	母	—	29（或初始高电平 7，31）

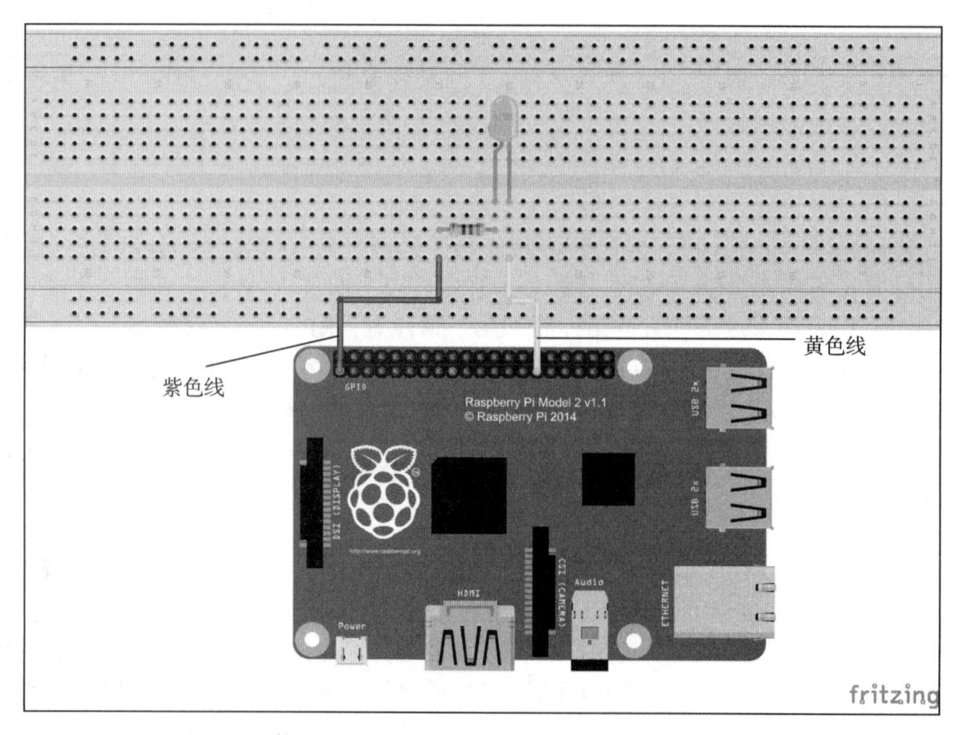

图 2-16　使用 Fritzing 绘制的低电平有效状态的 LED 电路

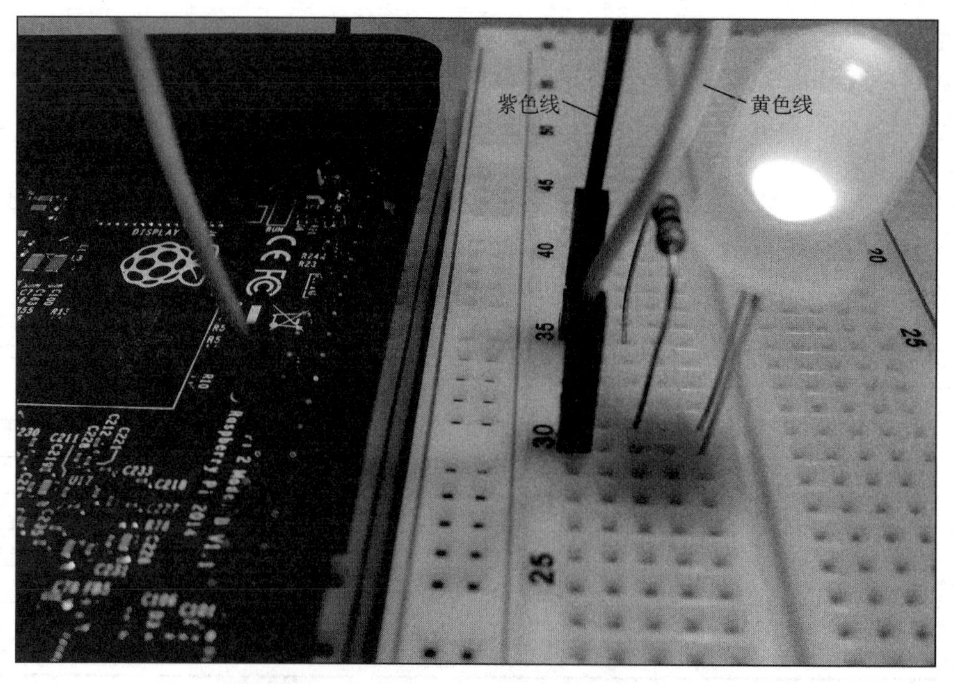

图 2-17　低电平有效 LED 实际电路图

通常，对于低电平有效状态，需要选择最初处于高电平状态的 GPIO 引脚。这可确保在访问引脚时没有电流。相反，在高电平有效状态下，可以使用在物联网设备加电并且没有电流时处于低电平状态的引脚。高电平有效电路组件可以按照图 2-18、表 2-5 和图 2-19 所示进行配置。将此配置与低电平有效状态进行比较。

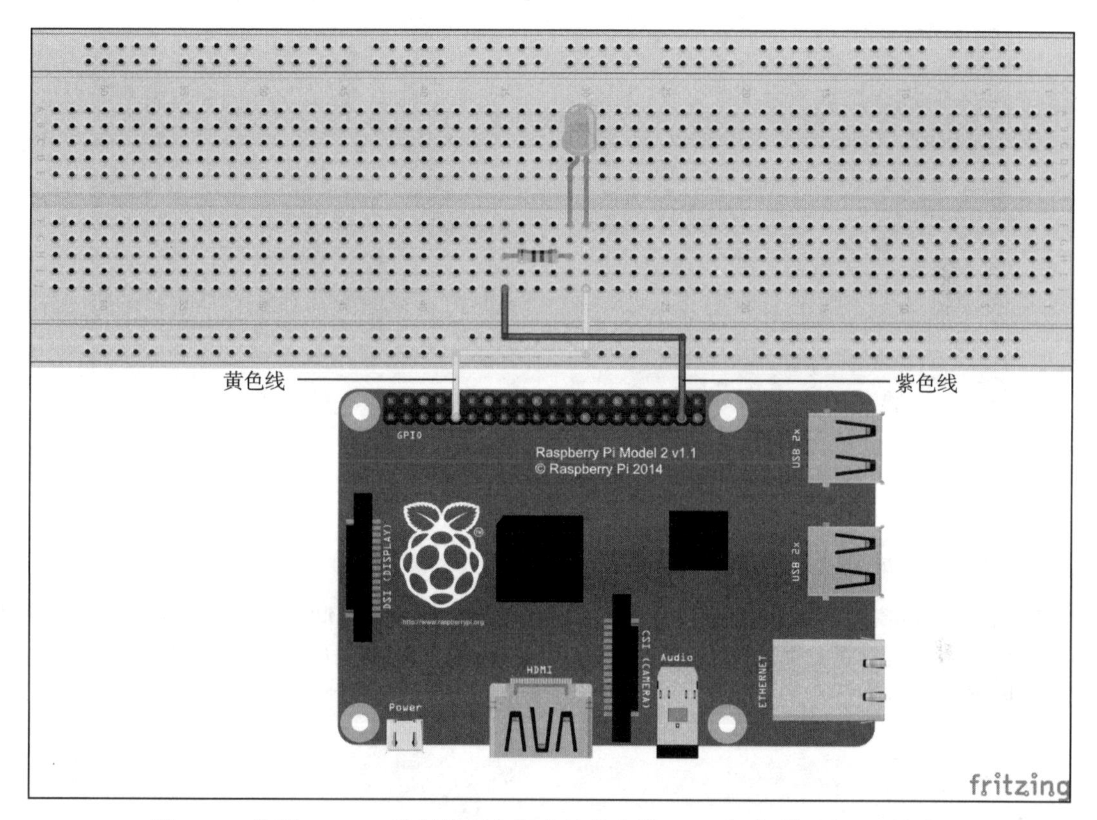

图 2-18　使用 Fritzing 绘制的高电平有效状态的 LED 电路（与图 2-16 比较）

表 2-5　高电平有效 LED 电路连接信息

组　　件	引脚或端子	面包板连接点	引 脚 编 号
LED	短引脚	F 行，30 列	—
	长引脚	F 行，31 列	—
电阻	引脚 1	H 行，31 列	—
	引脚 2	H 行，35 列	—
第一根跳线（图 2-18 和图 2-19 中的紫色线）	公	J 行，35 列	—
	母	—	37（或初始低电平引脚，例如 11，12）
第二根跳线（图 2-18 和图 2-19 中的黄色线）	公	J 行，30 列	—
	母	—	9（或其他接地 GND 引脚，例如 6，14）

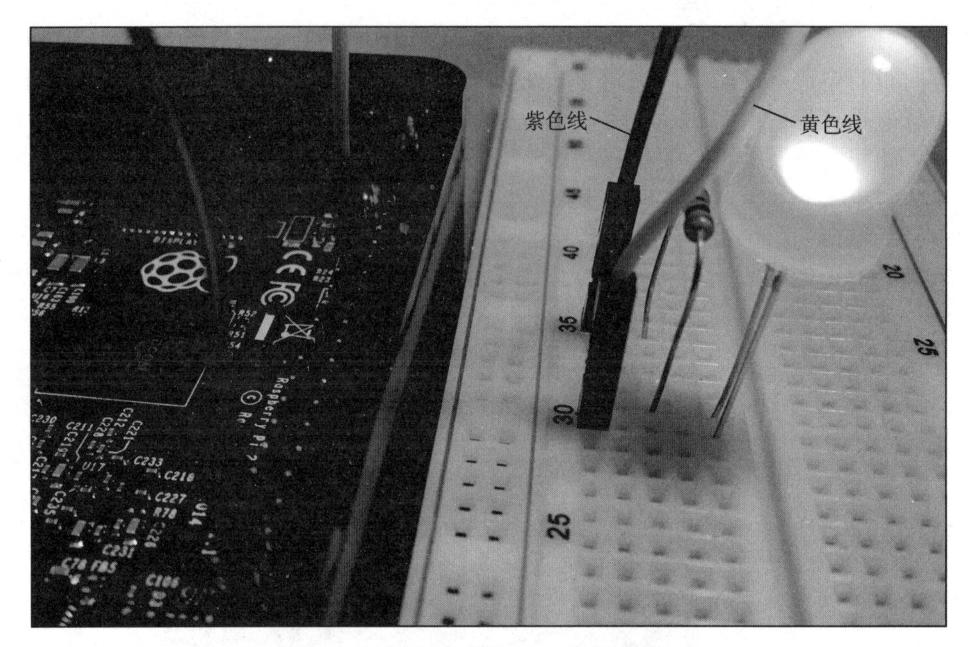

图 2-19　高电平有效 LED 实际电路图

2.5.2　使用 C# 和 C++ 打开和关闭 LED

你现在已经准备好编写 UWP 应用程序，该应用程序将为以低电平有效配置连接的 LED 供电。可以使用 UWP 上提供的几种编程模型中的任何一种来完成此任务。以下任何一种方式均可用来实现应用程序的逻辑层：

- ❑ C#
- ❑ C++
- ❑ Visual Basic
- ❑ JavaScript

根据所选语言的不同，用户界面可以使用 XAML（C#、C++ 和 Visual Basic）或者 HTML/CSS（JavaScript）来编写。在本节中，使用 C# 和 C++。Visual Basic 和 JavaScript 的示例可以在附录 A 中找到。

1. C#/ XAML

按照以下步骤使用 C#/XAML 编程语言为 Windows IoT 设备编写第一个 UWP 应用程序：

1）打开 Visual Studio 2015（或更高版本）并选择 File → New → Project。

2）在 New Project 对话框中：

a. 在搜索框中输入 Visual C#，如图 2-20 所示。

b. 选择 Blank App（Universal Windows）Visual C# 项目模板。

c. 将项目名称更改为 HelloWorldIoTCS，然后单击 OK 按钮。

d. 在 New Universal Windows Project 对话框中，将 Target Version 和 Minimum Version 设

置为 Windows 10 (10.0; Build 10586)（见图 2-21）。新的空白项目已经创建。

目标平台版本和最低平台版本

目标平台版本指定可用于应用程序的 UWP API。值越高，可以使用的 API 越新。类似地，最低平台版本指定应用程序可以运行的最低 UWP 版本。

注意　在后面的章节中，如果没有特别说明，将把目标平台版本设置为 Windows 10 (10.0; Build 10586)。

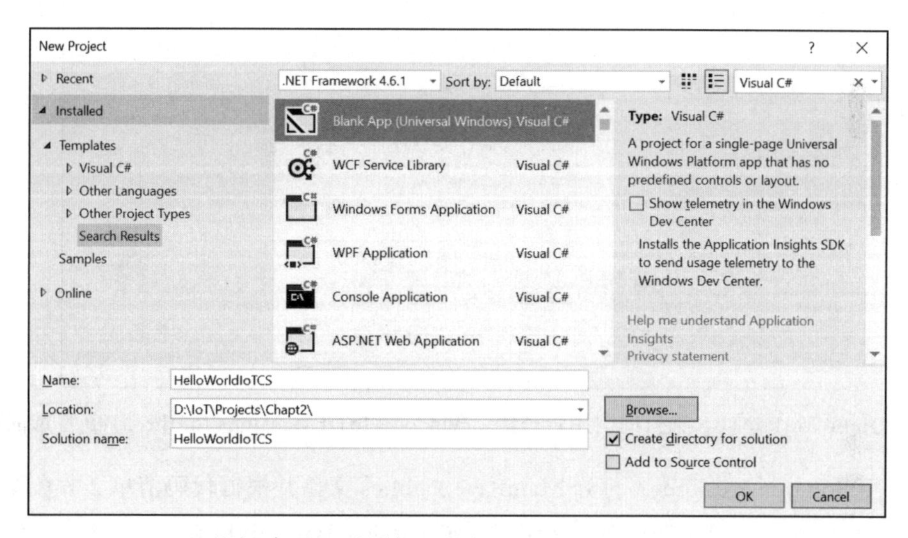

图 2-20　Visual Studio 2015 的新建项目对话框。选择 Blank App（Universal Windows）Visual C# 项目模板

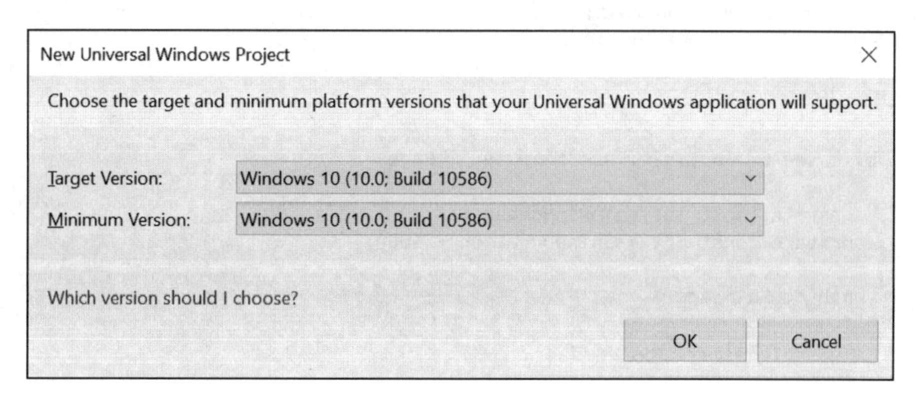

图 2-21　Visual Studio 2015 的 New Universal Windows Project 对话框中允许配置 Windows 10 的目标版本和最低支持版本

3）依次单击 View → Solution Explorer 打开解决方案资源管理器（Solution Explorer）。

4）在 Solution Explorer 中，展开 HelloWorldIoTCS 节点，然后右击 References 选项。从弹出的菜单中选择 Add Reference 命令，打开 Reference Manager 窗口。

5）在 Reference Manager 窗口中，选择 Universal Windows 选项卡，然后选择 Extension 选项卡。

6）选中 Windows IoT Extensions for the UWP 复选框，如图 2-22 所示，然后单击 OK 按钮关闭 Reference Manager 窗口。

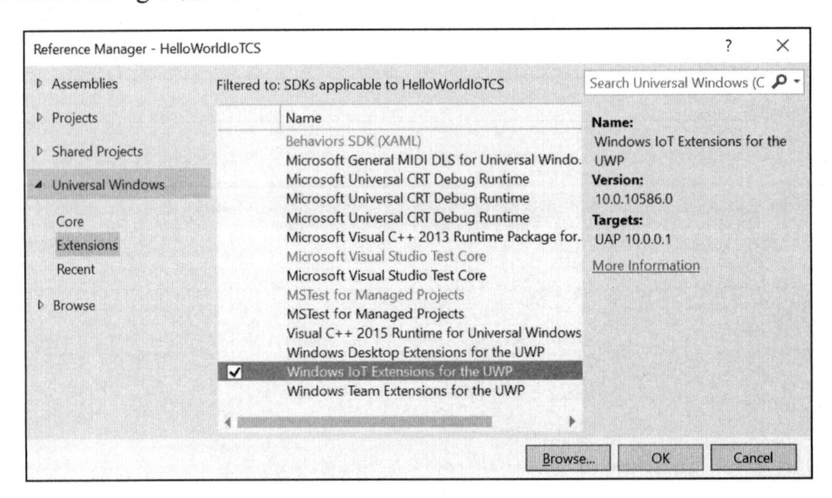

图 2-22 HelloWorldIoTCS 项目的引用管理器。Windows IoT Extensions for the UWP 复选框被选中

7）使用 Solution Explorer，打开 MainPage.xaml.cs 文件并根据代码清单 2-1 修改其内容。

代码清单 2-1 使用 GpioController 驱动一个 LED

```
using System.Threading.Tasks;
using Windows.Devices.Gpio;
using Windows.UI.Xaml.Controls;
using Windows.UI.Xaml.Navigation;

namespace HelloWorldIoTCS
{
    public sealed partial class MainPage : Page
    {
        private const int gpioPinNumber = 5;
        private const int msShineDuration = 5000;

        public MainPage()
        {
            InitializeComponent();
        }

        protected override void OnNavigatedTo(NavigationEventArgs e)
        {
            base.OnNavigatedTo(e);
```

```
            BlinkLed(gpioPinNumber, msShineDuration);
        }

        private GpioPin ConfigureGpioPin(int pinNumber)
        {
            var gpioController = GpioController.GetDefault();

            GpioPin pin = null;
            if (gpioController != null)
            {
                pin = gpioController.OpenPin(pinNumber);
                if (pin != null)
                {
                    pin.SetDriveMode(GpioPinDriveMode.Output);
                }
            }

            return pin;
        }

        private void BlinkLed(int gpioPinNumber, int msShineDuration)
        {
            GpioPin ledGpioPin = ConfigureGpioPin(gpioPinNumber);

            if(ledGpioPin != null)
            {
                ledGpioPin.Write(GpioPinValue.Low);

                Task.Delay(msShineDuration).Wait();

                ledGpioPin.Write(GpioPinValue.High);
            }
        }
    }
}
```

8）在 Project 菜单下，选择 HelloWorldIoTCS Properties。

9）在 HelloWorldIoTCS 属性对话框中，选择 Debug 选项卡（见图 2-23）并执行以下操作：

a. 从 Platform 下拉列表框中选择 Active（ARM）。

b. 在 Start options 组中，从 Target device 下拉列表框中选择 Remote Machine，然后单击 Find 按钮。你的物联网设备将会被自动检测并显示出来，如图 2-24 所示。如果没有出现，则需要手动提供其名称或 IP 地址。可以通过 Windows 10 IoT Core Dashboard 获取这些值（见图 2-14）。

c. 单击 Select 按钮并关闭项目属性窗口。

10）在 Visual Studio 2015 上方，找到配置工具栏，如图 2-25 所示。使用下拉列表框，将配置设置为 Debug，将平台设置为 ARM，将调试目标设置为 Remote Machine。

11）运行应用程序。使用 Debug 菜单的 Start Debugging 选项，或单击配置工具栏中的 Remote Machine 按钮。

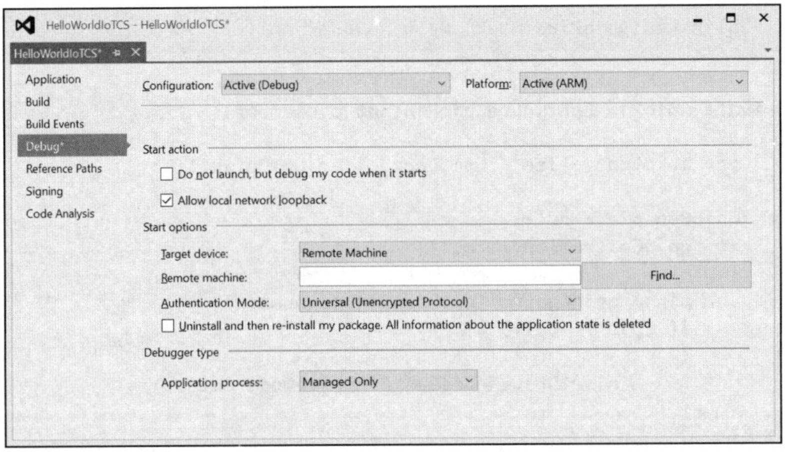

图 2-23　项目属性窗口的 Debug 选项卡。注意，需要从 Platform 下拉列表框中选择 Active (ARM)

在执行上述操作之后，UWP 应用程序将自动部署到 RPi2 设备，然后执行。随后，LED 将闪烁 5s。你可以随时通过选择 Debug → Stop Debugging 命令来中断应用程序的执行。

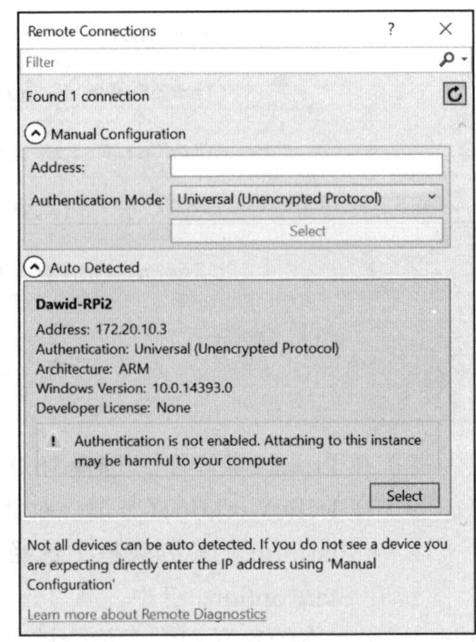

图 2-24　发现的物联网设备

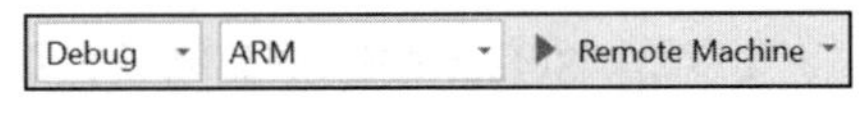

图 2-25　配置工具栏

上述解决方案中有几点需要注意。首先，HelloWorldIoTCS 项目由以下元素组成：

- project.json：该文件将项目依赖关系、框架和运行时指定为 JSON 对象。每个依赖项都包含 NuGet 包的名称 – 版本对。默认情况下，只有一个这样的包：Microsoft.NETCore.UniversalWindPlatform。在框架集合下，可以指定项目所针对的框架。对于 UWP，使用 uap10.0 框架（通用应用程序平台）。运行时包含运行时标识符（RID）的列表。通常可以使用此处指定的任何值：http://bit.ly/runtimes。但是对于此处使用的 UWP 项目模板，只有 Windows 10 RID，并且不需要其他 RID 来完成本书中开发的示例。开发跨平台 .NET Core 应用程序时，将需要用到其他 RID，例如 ASP.NET Core MVC Web 应用程序或 Web 服务。
- Package.appxmanifest：这是一个应用程序清单文件。该 XML 文件包含发布、显示和更新应用程序所需的信息，并定义了功能和应用程序要求。
- Assets 文件夹：包含此项目资产。

- App.xaml 和 App.xaml.cs 文件：实现了 App 类。
- MainPage.xaml 和 MainPage.xaml.cs：实现应用程序的主页（默认）视图。

自动生成的 App 类的默认实现显示出 MainPage 类中实现的视图，MainPage 类派生自 Page 类，并使用两个文件实现默认的应用程序视图：MainPage.xaml 和 MainPage.xaml.cs。MainPage.xaml 声明用户界面，而 MainPage.xaml.cs 实现与视图相关的逻辑。因此，MainPage.xaml.cs 通常称为代码隐藏（code-behind）。

第 3 章中解释了 UWP IoT 应用程序的视图和入口之间的切换机制。现在，先把注意力转向 MainPage.xaml.cs，因为应用程序逻辑只包含在这个文件中。此外，当前的应用程序实现了一个空的 UI，它不包含任何视觉元素。

在代码清单 2-1 中给出的 MainPage 类，声明了两个常量字段：gpioPinNumber 和 msShineDuration。第一个定义了用于控制 LED 状态的 GPIO 端口的引脚号，第二个确定 LED 将发光多长时间。在这个例子中，假定 LED 电路按照表 2-4 组装，因此，为 gpioPinNumber 赋值 5。

负责点亮 LED 的程序在 BlinkLed 方法中实现。这是在 Page.OnNavigatedTo 事件处理程序的重写实现下调用的。在 BlinkLed 方法中，有两个逻辑控制部分。第一个调用 ConfigureGpioPin 方法，该方法获取对物联网设备的默认 GPIO 控制器的引用。这个对象的抽象表示是 Windows.Devices.GpioController 类。

GpioController 类公开了几个成员，用于简化访问 GPIO 接口。特别地，静态方法 GetDefault 返回嵌入式设备的默认 GPIO 控制器。此处使用代码清单 2-1 中的这个方法来访问 RPi2 GPIO 控制器。获得表示默认 GPIO 控制器的 GpioController 类的实例之后，通过调用 OpenPin 方法打开所选的 GPIO 端口。成功调用此方法将返回 GpioPin 类的一个实例，作为 GPIO 端口的抽象表示形式。

最通用的 OpenPin 方法接受两个输入参数：pinNumber 表示 GPIO 引脚号，sharingMode 定义 GPIO 端口的共享模式。该共享模式由 Windows.Devices.Gpio.GpioSharingMode 枚举的值之一定义。也就是说，这个类型公开了两个值：Exclusive 和 SharedReadOnly。在独占模式下，编程人员可以写入或读取 GPIO 端口，而在第二种情况下，写入操作是不允许的。在共享模式下，程序员可以使用几个引用相同 GPIO 端口的实例。如果 GPIO 引脚在独占模式下访问，这种情况是不允许的——尝试打开 GPIO 端口将导致异常。

代码清单 2-1 中使用的第二个版本的 OpenPin 方法只需要 GPIO 引脚号，并以独占模式打开 GPIO 引脚。

随后使用 GpioPin 类的实例方法 SetDriveMode 将 GPIO 切换到输出模式。可用的 GPIO 驱动模式由在 GpioPinDriveMode 枚举中实现的值表示。

配置 GPIO 驱动模式后，只需将 GPIO 端口设置为低电平状态。这会使得电流通过 LED 电路。只要控制 GPIO 引脚设置为高电平状态，LED 电路就会通电。这会在使用 MainPage 类的 msShineDuration 成员指定的延迟之后自动发生。这个延迟是使用 Task 类的 Delay 静态方法实现的，在第 3 章中会详细介绍。

当 LED 连接到 RPi2 并处于高电平有效状态时，上述过程将会不一样。也就是说，要打开 LED，必须将 GPIO 引脚设置为高电平状态，然后写入低电平以断开电流。BlinkLed 方法采用代码清单 2-2 中的形式，根据表 2-3，需要将 gpioPinNumber 的值更新为 26。

代码清单 2-2 使用高电平有效连接并配置的 LED 闪烁程序。请注意，代码清单 2-1 中的 GpioPinValue.High 和 GpioPinValue.Low 状态是相反的

```
private void BlinkLed(int gpioPinNumber, int msShineDuration)
{
    GpioPin ledGpioPin = ConfigureGpioPin(gpioPinNumber);

    if(ledGpioPin != null)
    {
        ledGpioPin.Write(GpioPinValue.High);

        Task.Delay(msShineDuration).Wait();

        ledGpioPin.Write(GpioPinValue.Low);
    }
}
```

默认情况下，用户可用的 GPIO 端口处于高电平或低电平输入模式，可参见表 2-3。这些模式分别对应于逻辑有效（高电平）或无效（低电平）输入 GPIO 端口，分别表示为 GpioPinDriveMode.InputPullUp 和 GpioPinDriveMode.InputPullDown。

当将具有其他功能的物理引脚配置为 GPIO 时，如果不调用 Dispose 方法释放 GpioPin 的实例，则无法访问这些备用功能。

最后一个注意事项与 UWP 的 Windows IoT 扩展有关。通过引用它们，可以访问特定于 GPIO，或者说特定于 IoT 的 UWP API。右击 Solution Explorer 中 UWP 项目里的 Windows IoT Extentions，就可以找到此 SDK。如果使用默认配置安装 Visual Studio，则 UWP 10.0.10586 的 Windows IoT 扩展位于文件夹 %ProgramFiles(x86)%\Windows Kits\10\Extension SDKs\WindowsIoT\10.0.10586.0 中。

打开这个文件夹后，里面包含一个 Include\winrt 子文件夹。这个文件夹里有一组接口定义语言（IDL）和 C++ 头文件。例如，windows.devices.gpio.idl 和 windows.devices.gpio.h 访问用于连接 GPIO 的底层操作系统功能，在前面的示例中隐式地使用了这些功能。这个例子说明可以使用 C++ 访问底层的 Windows API。下一节将介绍如何使用 C++ 来实现 LED 闪烁功能，其中使用 Windows API 的休眠功能来实现延迟。而且，第 8 章展示了如何使用 C++ 来实现用于原生代码接口的 Windows 运行时组件。可以在 MSDN 中找到 Kenny Kerr 的一篇文章，里面包含 C++ 和 Windows 运行时组件一些细节的讨论，网址是 http://bit.ly/cpp_winrt。

2. C++ / XAML

下面将展示如何用 C++ 应用程序来实现 LED 的电路的控制。可参照以下步骤：

1）通过 File → New → Project 命令创建一个使用 Visual Studio 2015 的新项目。

2）在 New Project 对话框中（见如图 2-26）执行以下操作：

a. 在搜索框中输入 Visual C++。

b. 选择 Blank App（Universal Windows）Visual C++ 项目模板，并将 Target 和 Minimum

Versions 设置为 Windows 10 (10.0;Build 10586)（见图 2-21）。

c. 将项目名称更改为 HelloWorldIoTCpp，然后单击 OK 按钮。

3）为 UWP 添加对 Windows IoT Extentions 的引用，具体做法和上一节描述的一致（见图 2-22）。

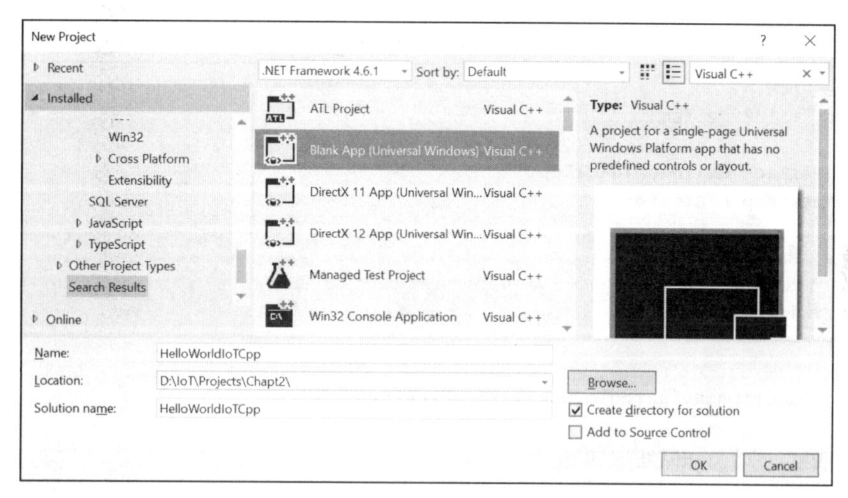

图 2-26　Visual Studio 2015 的 New Project 对话框。高亮部分显示了用于 Visual C++ 项目模板的空白应用程序（UWP）

4）根据代码清单 2-3 中的加粗部分修改 MainPage.xaml.h。

代码清单 2-3　MainPage 类声明

```
#pragma once

#include "MainPage.g.h"

using namespace Windows::UI::Xaml::Navigation;
using namespace Windows::Devices::Gpio;

namespace HelloWorldIoTCpp
{
    public ref class MainPage sealed
    {
    public:
        MainPage();

    protected:
        void OnNavigatedTo(NavigationEventArgs ^e) override;

    private:
        const int pinNumber = 5;
        const int msShineDuration = 2000;

        GpioPin ^ConfigureGpioPin(int pinNumber);
```

```
        void BlinkLed(int ledPinNumber, int msShineDuration);
    };
}
```

5）在 MainPage.xaml.cpp 文件中，插入代码清单 2-4 中的代码片段。

代码清单 2-4　MainPage 实现

```
#include "pch.h"
#include "MainPage.xaml.h"

using namespace HelloWorldIoTCpp;
using namespace Platform;

MainPage::MainPage()
{
    InitializeComponent();
}

void MainPage::OnNavigatedTo(NavigationEventArgs ^e)
{
    __super::OnNavigatedTo(e);

    BlinkLed(pinNumber, msShineDuration);
}

GpioPin ^MainPage::ConfigureGpioPin(int pinNumber)
{
    auto gpioController = GpioController::GetDefault();

    GpioPin ^pin = nullptr;

    if (gpioController != nullptr)
    {
        pin = gpioController->OpenPin(pinNumber);
        if (pin != nullptr)
        {
            pin->SetDriveMode(GpioPinDriveMode::Output);
        }
    }

    return pin;
}

void MainPage::BlinkLed(int ledPinNumber, int msShineDuration)
{
    GpioPin ^ledGpioPin = ConfigureGpioPin(ledPinNumber);

    if (ledGpioPin != nullptr)
    {
        ledGpioPin->Write(GpioPinValue::Low);
```

```
        Sleep(msShineDuration);

        ledGpioPin->Write(GpioPinValue::High);
    }
}
```

6）编译应用程序并将其部署到物联网设备：

a. 打开 HelloWorldIoTCpp 属性窗口并选择 Configuration Properties 节点下的 Debugging 选项卡。

b. 从 Platform 下拉列表框中选择 ARM。

c. 从 Debugger to launch 下拉列表框中选择 Remote Machine 以启动一个下拉列表。

d. 将 Authentication Type 更改为 Universal (Unencrypted Protocol)，然后使用 Machine Name 中的 <Locate...> 选项找到你的物联网设备（见图 2-27）。

e. 单击 Apply 按钮并关闭项目属性窗口。

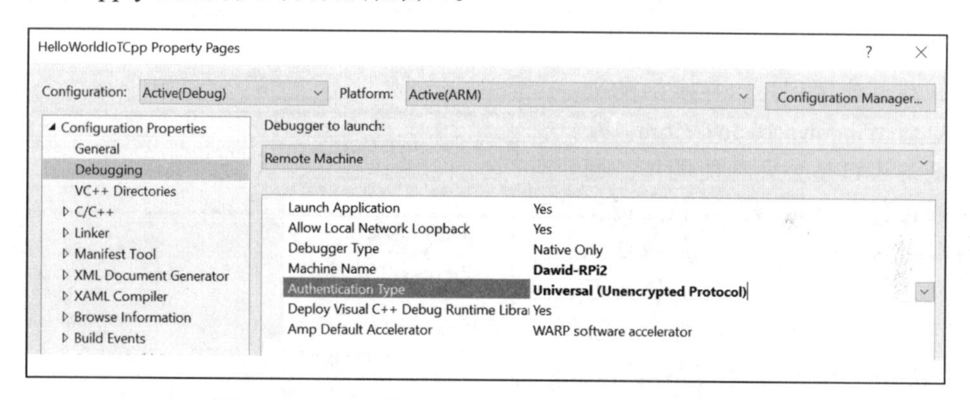

图 2-27　C++ 通用 Windows 项目的远程计算机配置

7）运行应用程序。

如前一节所述，应用程序将自动部署到物联网设备并执行。应用程序实现相同的功能——LED 发光的时间由 msShineDuration 成员的值决定，参见代码清单 2-3。

C++ 和 C# 实现之间的主要区别在于默认的应用程序视图（即 MainPage）现在在三个（C++）而不是两个（C#）文件中实现。也就是说，C++ 项目包括 MainPage.xaml、MainPage.xaml.h 和 MainPage.xaml.cpp。第一个文件 MainPage.xaml 中定义了 UI，而另外两个实现了逻辑（代码隐藏）。头文件 MainPage.xaml.h 包含 MainPage 类的声明，其定义存储在 MainPage.xaml.cpp 中。

与 C++ 语言的组件扩展（CX）相关的附加符号（例如“^”）允许从通用 Windows 平台编程接口访问对象，这将在附录 E 中解释。

通过使用 C++ 作为编程语言，不仅可以访问 UWP API，还可以访问底层 Windows API。比如在代码清单 2-4 中，为了实现后续对 GpioPin 类 Write 方法的调用之间的延迟，使用了在 Windows API 中声明的 Sleep 函数。

2.6　实用工具和程序

嵌入式设备通常在远程位置工作。要远程管理这样的设备，可以使用多个工具和实用程序，包括 Device Portal 和 Windows IoT Remote Client，而且可以用 SSH 连接并使用命令行管理设备。

要访问存储在设备 SD 卡上的文件，可以使用文件传输协议（FTP）。在本节中，将展示如何使用 Device Portal 和 Windows IoT Remote Client，以及如何使用免费的 FTP 和 SSH 客户端连接到 Windows 10 IoT Core 设备。

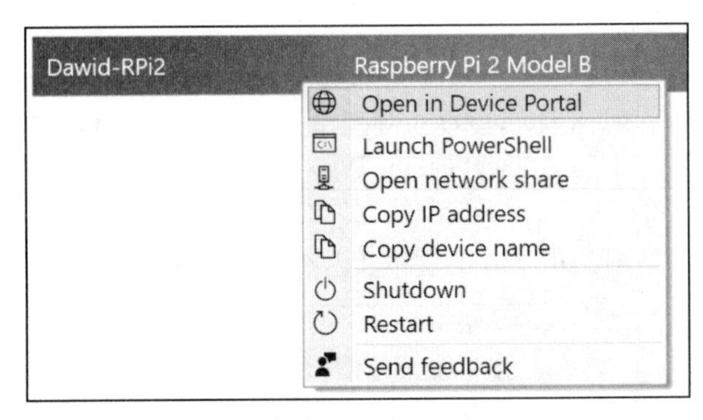

图 2-28　IoT Dashboard 中物联网设备的快捷菜单

2.6.1　Device Portal

Device Portal 是一个基于 Web 的实用程序，可用于配置物联网设备、安装或卸载其应用程序、显示活动进程以及更新 Windows 10 IoT Core。基本上，设备入口是公开功能的层，通常可以通过任务管理器或控制面板在桌面版本的 Windows 10 中访问这些功能。当然，并不是所有的任务管理器和控制面板的功能都可以在 Device Portal 中使用，只有那些与 Windows 10 IoT Core 相关的功能可用。简单地说，可以通过 Device Portal 用户远程管理设备。有趣的是，一个非常类似的 Device Portal 可用于全息平台（HoloLens），甚至桌面 Windows 10（从其周年纪念版开始）。

Windows Security

Microsoft Edge

The server 172.20.10.3 is asking for your user name and password. The server reports that it is from Windows Device Portal.

Warning: Your user name and password will be sent using basic authentication on a connection that isn't secure.

administrator

OK　Cancel

图 2-29　Windows Device Portal 登录页面

要访问 Device Portal，请使用 IoT Dashboard。转至 My devices 列表并右击你的物联网设备，然后，如图 2-28 所示，从快捷菜单中选择 Open in Device Portal 命令。Device Portal 将在默认浏览器中打开并要求你提供凭据（见图 2-29）。输入管理员的登录名和密码（之前在通过 IoT Core Dashboard 安装 Windows 10 IoT Core 时配置的值）。

成功登录 Device Portal 后，将看到如图 2-30 所示的界面。默认情况下，它显示 Home 选项卡，包含有关设备的基本信息，并允许配置设备首选项，如名称、密码和显示设置。可以在 Device Portal 的选项卡中进行导航，以查看可用的功能。稍后将用到 Device Portal 里的一些特定功能。

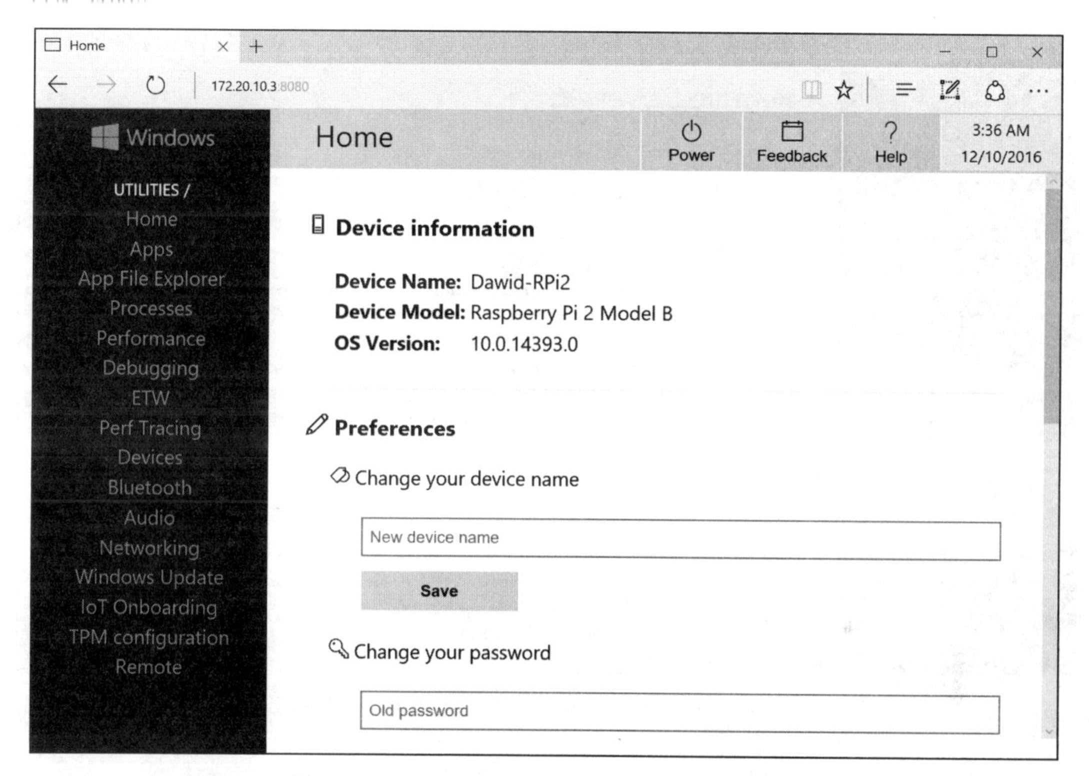

图 2-30　Windows Device Portal 的 Home 选项卡

2.6.2　Windows IoT 远程客户端

从 Windows 10 IoT Core 周年纪念版开始，可以使用 Windows IoT 远程客户端（Windows IoT Remote Client）远程控制你的物联网设备。这是一个小应用程序，可以从 Windows 应用商店下载并安装在开发 PC、平板电脑或手机上。当你使用远程客户端在 PC、平板电脑或手机与物联网设备之间建立连接时，物联网设备会将其当前屏幕传输到 Windows IoT 远程客户端应用程序。通过这种方式，可以从另一个 UWP 设备（桌面或移动设备）预览在远程物联网设备上运行的 UWP 应用程序。

要建立这样的连接，首先需要使用 Device Portal 启用 Windows IoT 远程服务器（Windows IoT Remote Server）。如图 2-31 所示，只需在 Remote 选项卡上选中 Enable Windows IoT Remote Server 复选框，然后，只需运行 Windows IoT 远程客户端，即可从下拉列表中选择你的设备，或者输入其 IP 地址（见图 2-32）。单击 Connect 按钮后，将看到物联网设备屏幕，如图 2-33 所示。

请注意，Windows IoT 远程客户端的工作原理与远程桌面客户端类似，因此，可以使用台式 PC（键盘和鼠标）或移动（触摸屏）的输入设备来控制远程物联网应用程序。这提供了一种非常方便的方式来测试你的应用程序，而无须将物理输入设备连接到物联网设备。

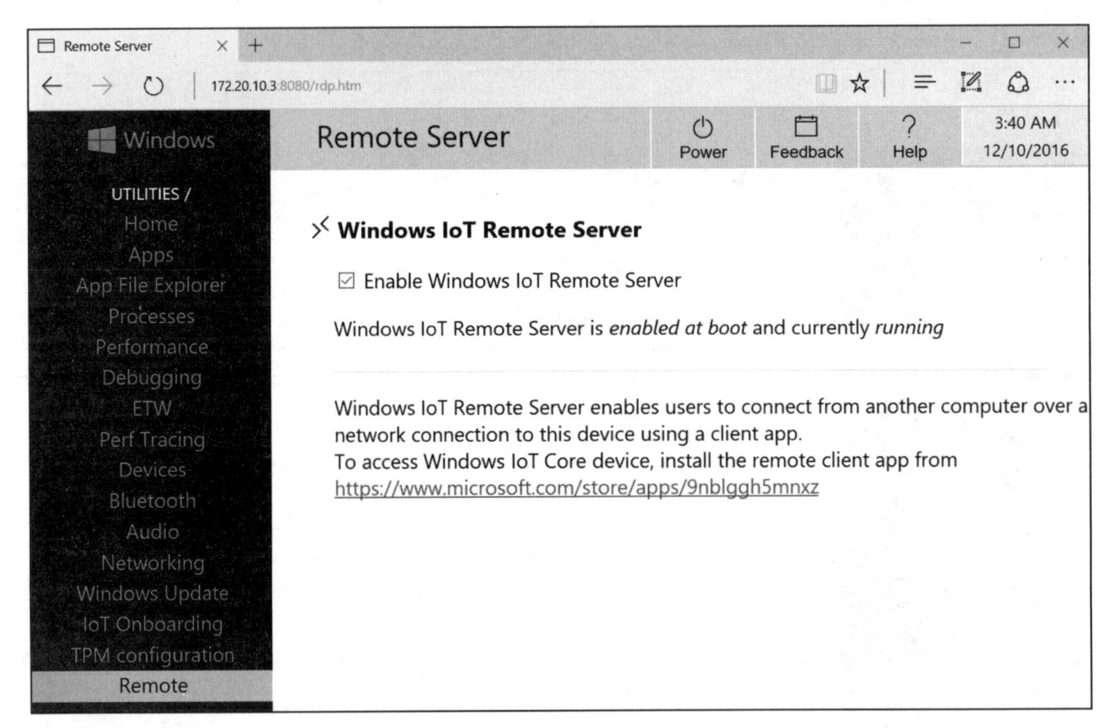

图 2-31　使用 Device Portal 启用 Windows IoT 远程服务器

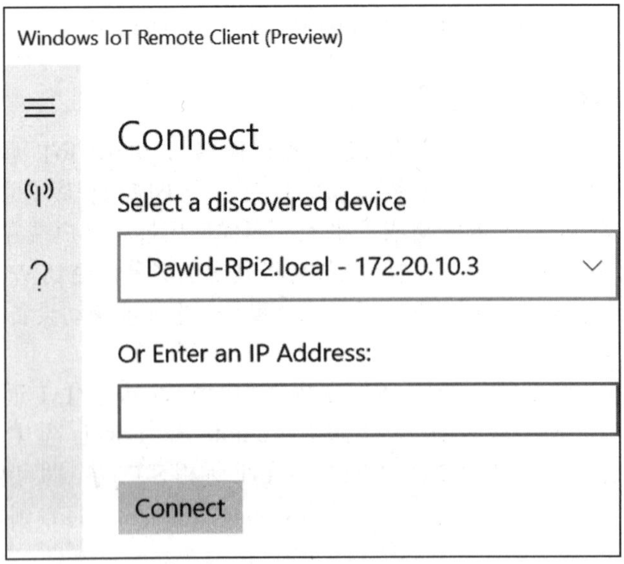

Windows IoT Remote Client (Preview)

Connect

Select a discovered device

Dawid-RPi2.local - 172.20.10.3

Or Enter an IP Address:

Connect

图 2-32　使用 Windows IoT 远程客户端连接到远程物联网设备

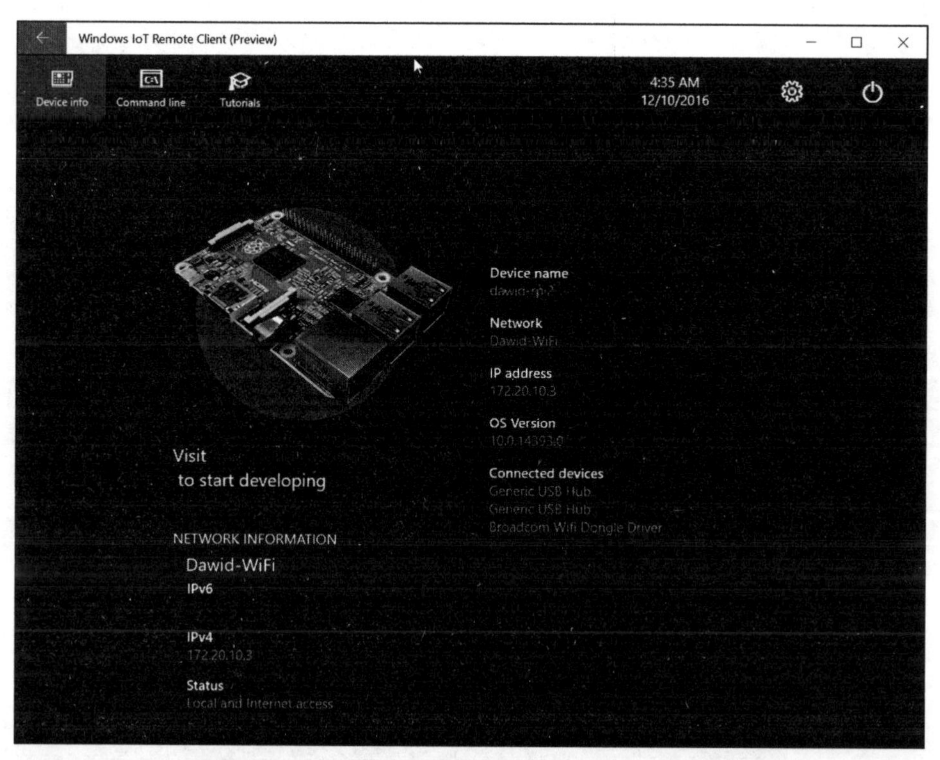

图 2-33　Windows IoT 远程客户端正在显示 Raspberry Pi 2 Model B 上运行的默认 Windows 10 IoT Core 应用程序

2.6.3　SSH

可以使用 Putty 应用程序进行 SSH 连接。Putty 是最流行的 Windows SSH 客户端之一。可以从 http://www.putty.org/ 下载这个轻量级的应用程序。

按照以下步骤使用 Putty 终端连接到 Windows 10 IoT Core：

1）下载并运行 Putty SSH 客户端。

2）如图 2-34 所示，在 Putty 的主窗口中，输入物联网设备的主机名（或 IP 地址），然后单击 Open 按钮。

3）出现安全警告。单击 Yes 按钮。

4）输入你的凭证。

5）输入以下命令，列出 SD 卡的内容（见图 2-35）：

```
cd C:\

dir
```

使用 SSH 协议连接到 Windows 10 IoT Core 时，可以使用与桌面命令提示符中类似的命令。例如，要显示活动进程的列表，可以输入 tlist。要调查网络连接，可以使用 netstat 命令工具。

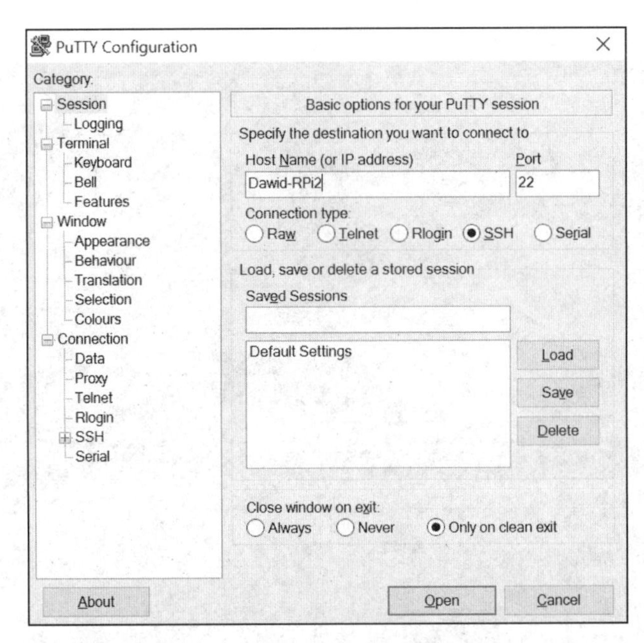

图 2-34　Putty 应用程序

```
Dawid-RPi2 - PuTTY
login as: administrator
administrator@Dawid-RPi2's password:

C:\Data\Users\administrator>cd c:\

c:\>dir
 Volume in drive C is MainOS
 Volume Serial Number is 6C08-8720

 Directory of c:\

07/16/2016  06:33 AM    <JUNCTION>     CrashDump [\??\Volume{44bf8d3c-4b62-11e6-
80cb-e41d2d000cf0}\]
07/16/2016  06:33 AM    <JUNCTION>     Data [\??\Volume{44bf8f5d-4b62-11e6-80cb-
e41d2d000cf0}\]
07/16/2016  06:33 AM    <DIR>          EFI
07/16/2016  06:33 AM    <JUNCTION>     EFIESP [\??\Volume{44bf8a37-4b62-11e6-80c
b-e41d2d000cf0}\]
07/16/2016  06:36 AM    <DIR>          Program Files
07/16/2016  06:33 AM    <DIR>          Program Files (x86)
07/16/2016  06:33 AM    <DIR>          PROGRAMS
07/16/2016  06:36 AM    <DIR>          SystemData
07/16/2016  06:36 AM    <DIR>          Users
12/10/2016  04:17 AM    <DIR>          Windows
               0 File(s)              0 bytes
              10 Dir(s)     616,235,008 bytes free

c:\>
```

图 2-35　使用 SSH 客户端应用程序获取的 Windows 10 IoT Core 设备的文件夹结构

2.6.4　FTP

默认情况下，Windows 10 IoT Core 上的 FTP 服务器处于禁用状态。要启用它，可以使用 SSH 连接，在其中运行以下命令：

```
start c:\Windows\System32\ftpd.exe
```

该命令会启动 FTP 服务器。可以输入 tlist | more 命令来确认该服务正在运行。该命令显示活动进程的列表。按空格键转到此列表的下一页，或按 Enter 键显示下一行。

可以随时输入 kill <PID> 命令来停止 FTP 服务器，其中 <PID> 是进程标识符，显示在进程名称左侧的进程列表中。

要与你的物联网设备建立 FTP 连接，需要有一个 FTP 客户端应用程序，这里使用 WinSCP，它是 Windows 上一个免费的 FTP / SFTP 客户端。可以从以下网址下载该应用：https://winscp.net/eng/download.php。

安装并运行此应用程序后，将看到一个配置窗口（见图 2-36）。在此窗口执行以下步骤：

1）从 File protocol 下拉列表框中选择 FTP。

2）提供运行 Windows 10 IoT Core 的嵌入式设备的 IP 地址（主机名）和连接凭证。使用 administrator 作为登录名；密码采用之前使用 IoT Dashboard 配置的值。

3）单击 Login 按钮连接到物联网设备。

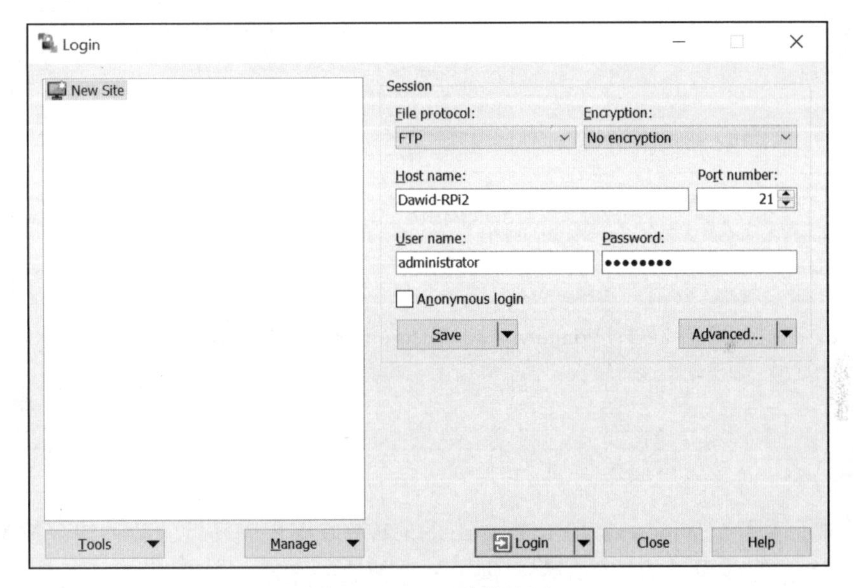

图 2-36　FTP 连接配置

4）在连接过程中，出现安全警告，单击 Yes 按钮确认。

5）出现物联网设备 SD 卡的内容（见图 2-37）。

Windows 10 IoT Core 设备的文件夹结构类似于桌面 Windows 版本的典型文件夹结构。典型的 Windows 磁盘的文件夹列表还包含以下元素：

- EFI
- Program Files
- Program Files (x86)
- Users
- Windows

远程连接到 Windows 10 IoT Core 设备便于传输文件。例如，可以轻松地使用 FTP 下载日志文件，这些日志文件可以存储传感器读数、设备状态等。本书使用此功能截取屏幕截图并将其传输到我们的 PC。

还需要注意的是，在 WinSCP 应用程序中，可以使用 Files 菜单中的可用选项在远程计算机和本地计算机之间复制文件。

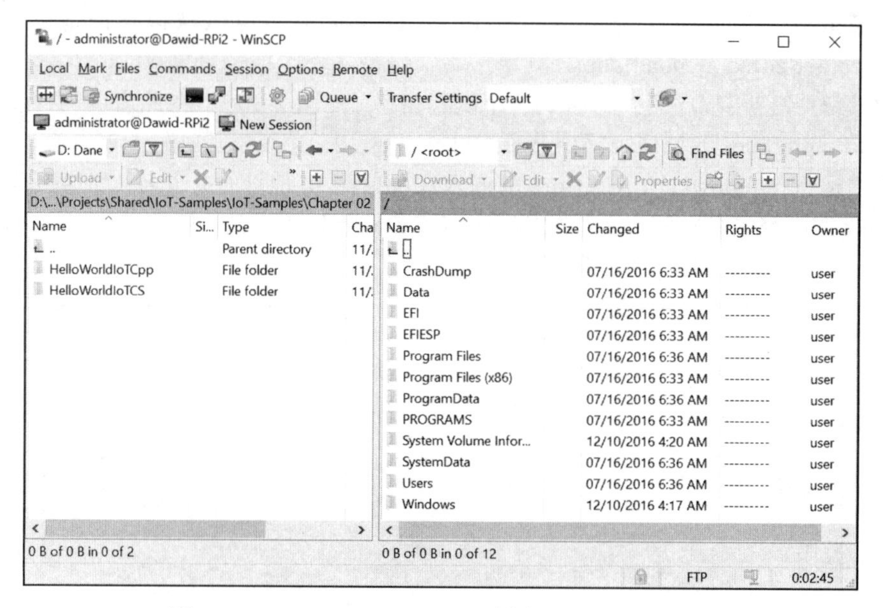

图 2-37 Windows 10 IoT Core 设备上 SD 卡的内容

2.7 总结

本章探讨了适用于 Windows 10 IoT Core 的 UWP 应用程序开发的两种编程技术，并用示例证明了 UWP 为智能设备的软件编程提供了一个便捷的途径。

根据你选择的编程语言，会有一些额外的功能可供使用。例如，使用 C++ 不仅可以访问 UWP 编程接口，还可以访问底层 Windows API。

使用 C++ 进行嵌入式软件开发具有额外的优势。或者说，可以轻松地将 UWP 与本地库进行集成。这在需要集成遗留代码（legacy code）的情况下非常有用，例如，一些已有的本地 C/C++ 库。在第 8 章将会进一步探讨这种使用场景。

CHAPTER 3 · 第 3 章

Windows IoT 编程精粹

RPi2 和 RPi3 都配备了高清媒体接口（HDMI），针对传输音频和视频数据而设计。因此，可以将 RPi2 或 RPi3 连接到与 HDMI 兼容的外部显示器，这样就可以开发具有用户界面的应用程序。可以在后台处理从传感器接收的海量数据，然后使用 XAML 或 HTML/CSS 控件进行可视化。

UWP 包含大量 API 和语言特定的扩展来执行后台操作。但是，开发多线程应用程序会带来更多的复杂性。例如，如果不使用线程同步技术，则无法从后台线程访问 UI 元素。

本章将首先介绍如何配置 RPi2 / RPi3 的 HDMI 接口，然后介绍 Windows 10 IoT 设备的有界面和无界面模式。这两种模式之间的主要区别在于无界面模式的应用程序没有任何类型的 UI。而且，正如在本章中所展示的，有界面和无界面应用程序使用不同的入口点，所以操作系统以不同的方式执行。通常来说，无界面应用程序常作为后台任务运行。

本章还将介绍工作线程创建、管理和同步的最常见的类。当部署交互式 LED 灯的应用程序时，这部分内容就很重要了。

本章的目的不是完整地描述 .NET Framework UWP 应用程序的线程模型，而是要解释最常见的一些线程的概念。如果你对 .NET Framework 线程模型的细节感兴趣，请参考 Jeffrey Richter 的书《CLR via C#》。

3.1 将 RPi2 连接到外部显示器并进行引导配置

把 RPi2 连接到外部显示器很简单。在将 RPi2 开机之前，使用适当的线缆将 RPi2 的 HDMI 接口连接到显示器或电视机。在开机之前连接 HDMI 是一个关键点，因为 Broadcom 微控制器会在 HDMI 线缆断开时禁用 HDMI 接口。

连接外部显示器后，会自动调整分辨率和屏幕参数，并在所连接的屏幕上看到熟悉的Windows 10徽标。如果显示出现问题，则可能需要更改RPi2的引导配置。该配置存储在MicroSD卡上的config.txt文件中。config.txt的默认内容如下所示：

```
gpu_mem=32                    # set ARM to 480Mb DRAM, VC to 32Mb DRAM
framebuffer_ignore_alpha=1    # Ignore the alpha channel for Windows.
framebuffer_swap=1            # Set the frame buffer to be Windows BGR compatible.
disable_overscan=1            # Disable overscan
init_uart_clock=16000000      # Set UART clock to 16Mhz
hdmi_group=2                  # Use VESA Display Mode Timing over CEA
arm_freq=900
arm_freq_min=900
force_turbo=1
```

要调整显示配置，请将hdmi_group的值从2改为1，或者添加额外的设置hdmi_mode，并根据显示器支持的屏幕分辨率设置其值。附录B中列出了hdmi_mode的可用值。还可以使用Home选项卡中的Display Resolution和Display Orientation下拉列表框更改屏幕分辨率和方向，如图3-1所示。但是，如果在更改显示设置后设备不能正常唤醒（由于配置不兼容），则可以通过编辑config.txt文件来恢复设备。

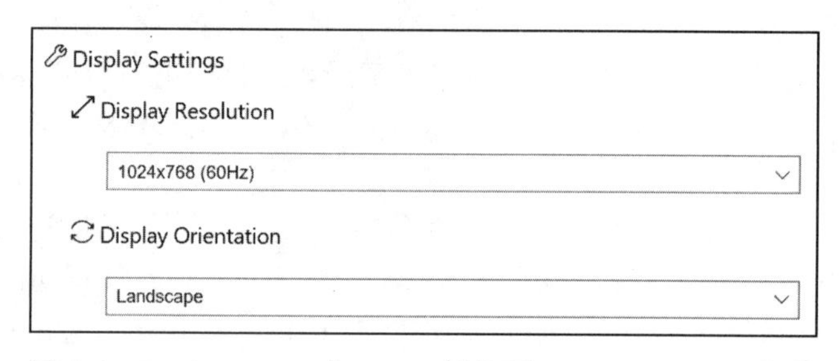

图3-1 Device Portal中Home标签下Display Settings部分

可以使用RPi2的引导配置来更改其他设备参数。举例来说，gpu_mem对应配置了Broadcom微控制器的图形单元保留的RAM大小（以兆字节为单位），而init_uart_clock则配置通用异步接收器/发送器接口（UART）的频率。

这里没有详细描述其他配置模式，主要目的是说明可以通过配置config.txt文件来解决显示配置的潜在问题。

3.2 有界面和无界面模式

Windows 10 IoT Core的默认配置为有显示模式。在这种模式下，应用程序具有用户界面（UI）。特别是在RPi2启动时，会启动一个交互式应用程序（见图3-2）。它展示了基本的设备参数，如设备名称、IP地址和操作系统版本，还允许你配置设备，而且在Tutorials选项卡中可运行示例应用程序。

在有界面模式下，标准UWP UI堆栈处理处于活动状态。由于需要额外的UI堆栈处理，因此将 Windows 10 IoT Core 切换到无界面模式可节省系统资源。在无界面模式下，物联网应用程序作为后台任务运行，不会有 UI 调用。虽然无界面模式下的应用程序是非交互式的，但仍然可以访问 UWP 编程接口。

图 3-2 Windows 10 IoT Core 默认应用程序。此图是将 x86 架构的 Windows 10 IoT Core 运行在虚拟机中时截取的。在使用 RPi2 连接显示器的状态下，左上角的图标会有所不同

Windows 10 IoT Core 启动后，不允许用户在 UI 应用程序之间切换。一次只能启动一个带 UI 的应用程序。即使智能设备被配置成在有界面模式下工作，多个无界面应用程序也可以正常在后台运行。

可以使用 SSH 连接（请参阅第 2 章）和 setbootoption 命令来配置 Windows 10 IoT Core 的有界面和无界面模式。这个命令有两个参数——headed 和 headless，对应具体的设备运行模式。例如，要将物联网设备配置为有界面模式（见图 3-3），请执行以下步骤：

1）使用 SSH 连接到设备（请参阅 2.6 节）。

2）输入 setbootoption headless 命令。

3）通过输入 shutdown /r/t 0 命令重新启动设备。或者可以使用 Device Portal 或通过默认应用程序重新启动设备，即单击右上角的重新启动按钮，如图 3-2 所示。

```
Dawid-RPi2 - PuTTY
Microsoft Windows [Version 10.0.14393]
Copyright (c) Microsoft Corporation. All rights reserved.

C:\Data\Users\administrator>setbootoption headless
Set Boot Options
Success setting boot mode
Don't forget to reboot to get the new value
Hint: 'shutdown /r /t 0'

C:\Data\Users\administrator>
```

图 3-3 使用 setbootoption 命令行工具配置物联网设备模式

一般情况下，对于配备显示器的物联网设备，或者在编写通用 Windows 应用程序时，应选择有界面模式。相应地，

如果编写仅面向物联网平台的应用场景，或者应用需要连续运行，请选择无界面模式。当在开发机上测试应用程序时，有界面模式可以提高效率。基于此，我们一般使用有界面模式。

3.3 无界面应用

使用 C# 或 C++（或者使用 Visual Basic ；参见附录 A）编写的后台无界面应用程序在从 IBackgroundTask 接口派生的类型中实现。这个接口公开了一个 Run 方法，是这种无界面物联网应用程序的入口点。这个概念类似于 Program 类的 Main 方法，它是默认的应用程序入口点。但是，后台任务在 Windows 10 IoT Core 退出或崩溃时会自动重新启动。

本节将介绍如何使用 C# 和 C++ 的物联网项目模板实现 LED 闪烁示例应用程序。我们会将它们与第 2 章开发的示例应用程序进行比较。

3.3.1 C#

我们从 C# 编程语言开始。用 C# 编写一个后台程序的步骤如下：

1）打开 Visual Studio 2015 的 New Project 对话框。

2）在 New Project 对话框中执行以下操作：

a. 在搜索框中输入 IoT。

b. 选择 Background Application（IoT）Visual C# 项目模板。

c. 将项目名称更改为 IoTBackgroundAppCS，如图 3-4 所示。

3）引用 UWP 的 Windows IoT 扩展。按照 2.5.2 节中 C#/XAML 部分的步骤 4）～ 6）进行操作。

4）使用 Solution Explorer，打开 StartupTask.cs 文件并按照代码清单 3-1 修改它。

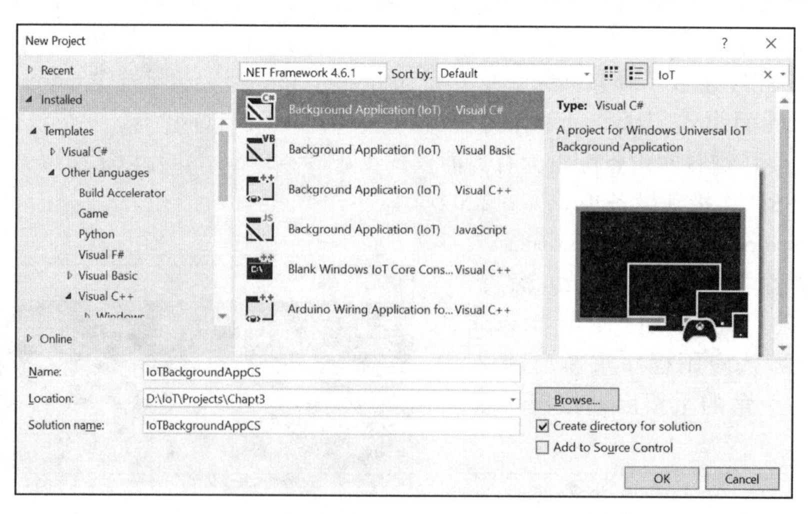

图 3-4　Visual Studio 2015 的 New Project 对话框，选中的是 Background Application (IoT) Visual C# 的项目模板

代码清单 3-1　C# Windows 10 IoT Core 后台应用程序

```
using System.Threading.Tasks;
using Windows.ApplicationModel.Background;
using Windows.Devices.Gpio;

namespace IoTBackgroundAppCS
{
    public sealed class StartupTask : IBackgroundTask
    {
        private const int gpioPinNumber = 5;
        private const int msShineDuration = 5000;

        public void Run(IBackgroundTaskInstance taskInstance)
        {
            BlinkLed(gpioPinNumber, msShineDuration);
        }

        private GpioPin ConfigureGpioPin(int pinNumber)
        {
            var gpioController = GpioController.GetDefault();

            GpioPin pin = null;

            if (gpioController != null)
            {
                pin = gpioController.OpenPin(pinNumber);
                if (pin != null)
                {
                    pin.SetDriveMode(GpioPinDriveMode.Output);
                }
            }

            return pin;
        }

        private void BlinkLed(int gpioPinNumber, int msShineDuration)
        {
            GpioPin ledGpioPin = ConfigureGpioPin(gpioPinNumber);

            if (ledGpioPin != null)
            {
                while(true)
                {
                    SwitchGpioPin(ledGpioPin);
                    Task.Delay(msShineDuration).Wait();
                }
            }
        }

        private void SwitchGpioPin(GpioPin gpioPin)
        {
            var currentPinValue = gpioPin.Read();
```

```
            GpioPinValue newPinValue = InvertGpioPinValue(currentPinValue);

            gpioPin.Write(newPinValue);
        }

        private GpioPinValue InvertGpioPinValue(GpioPinValue currentPinValue)
        {
            GpioPinValue invertedGpioPinValue;

            if (currentPinValue == GpioPinValue.High)
            {
                invertedGpioPinValue = GpioPinValue.Low;
            }
            else
            {
                invertedGpioPinValue = GpioPinValue.High;
            }

            return invertedGpioPinValue;
        }
    }
}
```

5）参考第2章“C#/ XAML”部分中步骤9）～10）将应用程序部署到你的物联网设备。

上述负责LED闪烁的代码与在IoTBackgroundAppCS应用程序（HelloWorldIoTCS项目）中使用的代码类似。但是，因为它省去了大部分不必要的功能，所以执行模式要简单得多，并且所有的实现都包含在一个类中。为了使用标准的UWP项目模板获得类似的结果，这里实际上使用了3个类：Program、App和MainPage（请参阅本章3.4节）。

原则上，使用无界面应用程序控制LED的应用程序逻辑可能与HelloWorldIoTCS项目中的完全相同，但是为了避免代码重复，我们用以下方法扩展了前面的例子。首先，使用GpioPin类的Read方法来获取GPIO引脚的当前值，然后反转这个值并写到GPIO端口，这样就可以根据以前的状态禁用或启用电流。

我们使用了两种方法来实现这个功能：InvertGpioPinValue和SwitchGpioPin。后者在无限循环内声明了一个延时，所以LED在开启和关闭状态之间不断切换。

3.3.2 C++

Visual C++项目模板不仅可用于编写后台无界面物联网应用程序，还可以使用Arduino的Wiring API。下面从编写后台应用程序开始来逐步了解这些功能。

1. 后台应用程序

可以使用C++实现Windows通用物联网后台应用程序，与上一节中使用的C#类似。实现步骤如下：

1）使用New Project对话框中Background Application（IoT）Visual C++项目模板创建新

的后台应用程序 IoTBackgroundAppCpp。可以按照图 3-4 找到这个模板。

2）引用 UWP 的 Windows IoT Extensions。

3）打开 StartupTask.h 文件，修改 StartupTask 类的声明，如代码清单 3-2 所示。

4）转到 StartupTask.cpp，并使用代码清单 3-3 更新 StartupTask 类的定义。

5）使用 2.5.2 节 C++ /XAML 部分的步骤 6）和步骤 7）中描述的方法将应用程序部署到你的物联网设备。

代码清单 3-2　StartupTask 类的声明

```
#pragma once
#include "pch.h"

using namespace Windows::Devices::Gpio;

namespace IoTBackgroundAppCpp
{
    [Windows::Foundation::Metadata::WebHostHidden]
    public ref class StartupTask sealed : public Windows::ApplicationModel::
         Background::IBackgroundTask
    {
    public:
        virtual void Run(Windows::ApplicationModel::Background::
         IBackgroundTaskInstance ^taskInstance);

    private:
        const int pinNumber = 5;
        const int msShineDuration = 2000;

        GpioPin ^ConfigureGpioPin(int pinNumber);
        void BlinkLed(int ledPinNumber, int msShineDuration);
        void SwitchGpioPin(GpioPin ^gpioPin);
        GpioPinValue InvertGpioPinValue(GpioPinValue currentPinValue);
    };
}
```

代码清单 3-3　StartupTask 类的定义

```
#include "pch.h"
#include "StartupTask.h"

using namespace IoTBackgroundAppCpp;
using namespace Platform;
using namespace Windows::ApplicationModel::Background;

void StartupTask::Run(IBackgroundTaskInstance ^taskInstance)
{
    BlinkLed(pinNumber, msShineDuration);
}

GpioPin ^StartupTask::ConfigureGpioPin(int pinNumber)
```

```
{
    auto gpioController = GpioController::GetDefault();

    GpioPin ^pin = nullptr;
    if (gpioController != nullptr)
    {
        pin = gpioController->OpenPin(pinNumber);

        if (pin != nullptr)
        {
            pin->SetDriveMode(GpioPinDriveMode::Output);
        }
    }

    return pin;
}
void StartupTask::BlinkLed(int ledPinNumber, int msShineDuration)
{
    GpioPin ^ledGpioPin = ConfigureGpioPin(ledPinNumber);

    if (ledGpioPin != nullptr)
    {
        while (true)
        {
            SwitchGpioPin(ledGpioPin);

            Sleep(msShineDuration);
        }
    }
}

void StartupTask::SwitchGpioPin(GpioPin ^gpioPin)
{
    auto currentPinValue = gpioPin->Read();

    GpioPinValue newPinValue = InvertGpioPinValue(currentPinValue);

    gpioPin->Write(newPinValue);
}

GpioPinValue StartupTask::InvertGpioPinValue(GpioPinValue currentPinValue)
{
    GpioPinValue invertedGpioPinValue;

    if (currentPinValue == GpioPinValue::High)
    {
        invertedGpioPinValue = GpioPinValue::Low;
    }
    else
    {
        invertedGpioPinValue = GpioPinValue::High;
    }
```

```
    return invertedGpioPinValue;
}
```

本节中开发的 C++ 后台应用程序与上一节中开发的应用程序完全相同——调整用于驱动 LED 电路的 GPIO 引脚的电流值，反复打开或关闭 LED 灯。

请注意，C++ 项目模板提供了更多的功能。除了 Background Application（IoT）项目模板之外，用户还可以使用两个额外的项目模板。分别是：

- Blank Windows IoT Core Console Application：该模板将生成一个简单的控制台应用程序，其中包含 main 入口点。这个项目的结构看起来和典型的嵌入式编程原生解决方案非常相似。
- Arduino Wiring Application for Windows IoT Core：此项目模板允许用户直接在 Windows 10 IoT Core 应用程序中使用现有的 Arduino 应用程序。

如果你对程序性能比较关注，或者熟悉 Arduino 平台，可能会对后一种项目模板感兴趣。本质上，Arduino Wiring 项目模板直接访问内存，以安全性为代价提高了性能。此外，Arduino Wiring API 简化了将现有的基于 Arduino 的解决方案移植到 RPi2（或 RPi3）和 MinnowBoard MAX 开发板的 Windows 10 IoT Core 上。现有的库和解决方案可以直接复制到使用合理的解决方案模板生成的 Windows 10 IoT Core 程序的源代码中。目前，许多现有的 Arduino 库可以在 Windows 10 IoT Core 平台上使用。

2. Arduino Wiring 应用

可按照以下步骤构建适用于 Windows IoT Core 项目模板的 Arduino Wiring C++ 应用程序：

1）打开 New Project 对话框。

2）选择适用于 Windows IoT Core 的 Visual C++ Arduino Wiring 应用程序，如图 3-4 所示。

3）将项目名称更改为 ArduinoWiringApp，然后单击 OK 按钮关闭 New Project 对话框。

4）在 Solution Explorer 中，双击 ArduinoWiringApp.ino 并根据代码清单 3-4 编辑它的内容。

代码清单 3-4　使用 Windows IoT Core 的 ArduinoWiring 应用程序控制 LED 电路

```
const uint8_t pinNumber = GPIO5;
const int msShineDuration = 500;

void setup()
{
    pinMode(pinNumber, OUTPUT);
}

void blinkLED()
{
    int currentPinValue = digitalRead(pinNumber);
    int newPinValue = !currentPinValue;

    digitalWrite(pinNumber, newPinValue);
}
```

```
void loop()
{
    blinkLED();

    delay(msShineDuration);
}
```

5）将设备控制器驱动程序更改为 Direct Memory Mapped Driver：

a. 登录到 Device Portal。

b. 导航到 Devices 选项卡（见图 3-5）。

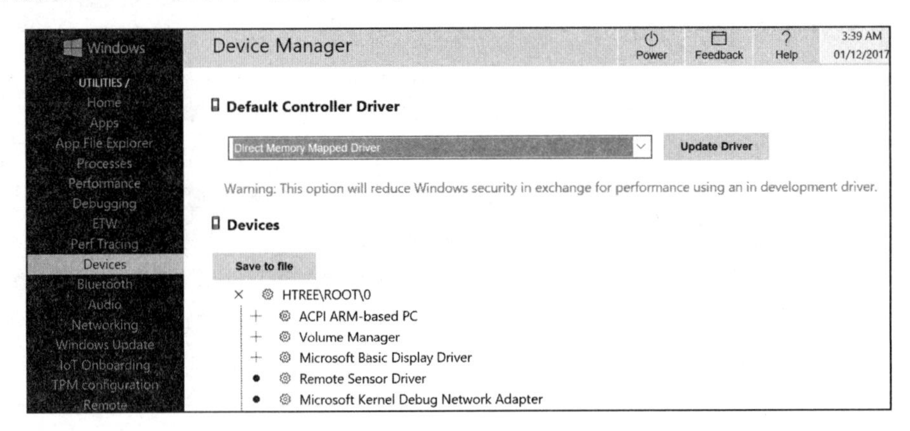

图 3-5　Device Portal 的 Devices 选项卡

c. 从 Default Controller Driver 下拉列表框中选择 Direct Memory Mapped Driver 选项。重新启动设备以使这些更改生效（见图 3-6）。

6）设备重新启动后，根据 2.5.2 节“C ++ / XAML”部分的步骤 6）和步骤 7）中描述的过程，将应用程序部署到你的物联网设备。

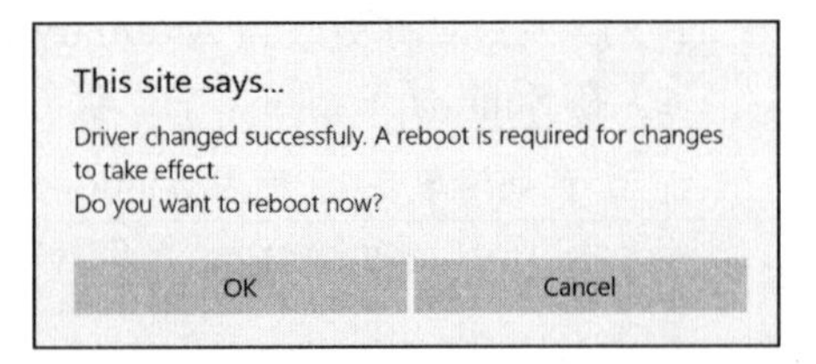

图 3-6　重启确认对话框

一般情况下，刚刚创建的 Arduino Wiring 应用程序由两个元素组成：

- setup 函数
- loop 函数

setup 函数仅在启动时调用，因此可以使用它来进行初始板配置，例如将 GPIO 管脚驱动模式配置成输出模式。loop 函数被重复调用以执行实际的 LED 电路控制。它是通过使用两个函数 digitalRead 和 digitalWrite 来实现的，这两个函数类似于 GpioPin 类的相应方法。具体来说，digitalRead 获取 GPIO 引脚的当前值，而 digitalWrite 则更新该引脚的值。

更严格地讲，代码清单 3-4 中的内容被称为 sketch 文件。其中定义的方法在 StartupTask 类（StartupTask.cpp 文件）中调用。StartupTask 实现了一个 Run 方法，如代码清单 3-5 所示，首先调用 setup 方法，然后在无限循环内重复调用 loop 函数。

代码清单 3-5 ArduinoWiringApp 的 StartupTask 类

```
using namespace Windows::ApplicationModel::Background;

// 这些函数应在 sketch 文件中定义
void setup();
void loop();

namespace ArduinoWiringApp
{
    [Windows::Foundation::Metadata::WebHostHidden]
    public ref class StartupTask sealed : public IBackgroundTask
    {
    public:
        virtual void Run(Windows::ApplicationModel::Background::
            IBackgroundTaskInstance^ taskInstance)
        {
            auto deferral = taskInstance->GetDeferral();

            setup();
            while (true)
            {
                loop();
            }

            deferral->Complete();
        }
    };
}
```

ArduinoWiringApp 使用 C 语言编程规范，因此，每个函数都必须在调用之前进行声明。在代码清单 3-4 中，blinkLED 函数是在循环函数之前定义的。否则，ArduinoWiringApp 的代码将无法编译。

通过比较代码清单 3-4 中的源代码和之前的示例的实现，会发现 Arduino Wiring 应用程序可以显著简化控制 LED 电路所需的代数量。

使用该模板创建的 Arduino Wiring 应用程序包括头文件 pins_arduino.h，该文件实现了针对 RPi2 和 MinnowBoard MAX 的引脚号映射。默认情况下，该项目为 RPi2 开发板编译。如果需要改变配置，可以使用 _M_IX86 或 _M_X64 预处理器指令，或者将平台更改为 x86 或 x64。请注意，代码清单 3-4 中的 GPIO5 声明来自 pins_arduino.h。

在 pins_arduino.h 文件的末尾，有以下声明：

```
static const uint8_t LED_BUILTIN = 41;
```

可以使用上面的映射来驱动 RPi2 开发板的绿色 LED。建议修改本章中的示例应用程序来控制内置 LED，而不是使用定制的 LED 电路。在其他情况下（C#、C++），可以简单地使用 LED_BUILTIN 常量或者使用一个 GPIO 数字 47 来进行 Arduino Wiring。

pins_arduino.h 文件位于 ArduinoWiringApp 的 External Dependencies 子文件夹下，是

Microsoft.IoT.Lightning SDK 的一部分。具体而言，该软件包包含一组 Provider，可以使用这些 Provider 通过直接内存映射驱动程序（DMAP）连接板载控制器总线。在这里使用这种功能来驱动 GPIO 引脚，使得 LED 闪烁。

Microsoft.IoT.Lightning SDK 也提供了更多的头文件。例如，ArduinoCommon.h 声明一个 OUTPUT 常量：

```
const UCHAR DIRECTION_OUT = 0x01;
#define OUTPUT DIRECTION_OUT
```

有趣的是，Microsoft.IoT.Lightning SDK 也可以作为 NuGet 包安装到 C# 项目中。然后，可以使用 Lightning Provider 替代默认的总线 Provider 类，以降低安全性为代价来提高性能。在第 10 章中将介绍如何使用 Microsoft.IoT.Lightning SDK。

3.3.3 小结

Windows 10 IoT Core 的后台应用程序有几个方面值得注意。最重要的是，C#、C++ 和 Visual Basic 后台应用程序的实现方式与常规 Windows 运行时（WinRT）或 UWP 应用程序的后台相同，即它们来自 IBackgroundTask 接口。这个接口实现了一个 Run 方法，可以将其解释为类似于 Program 类的静态 Main 方法或者 C 编程中的主函数。因此，从 IBackgroundTask 接口派生的类的 Run 方法构成了后台应用程序的入口点。这些应用程序在 Windows 10 IoT Core 崩溃或退出时会自动重新启动。这样的机制可确保后台应用程序独立并且持续地运行。

3.4 有界面应用程序的入口点

与其他 Windows 版本一样，只要用户或操作系统启动一个应用程序，无论是有界面的还是无界面的，Windows 10 IoT Core 都会创建一个进程。该进程被定义为应用程序的一个实例。在这个阶段，操作系统为进程分配运行应用程序所需的硬件和软件资源，即内存、处理器时间、对文件系统的访问等。Windows 还创建了该进程的第一个线程。该线程通常定义为主线程或 UI 线程，从入口点开始执行应用程序。无界面应用程序的入口点是 Run 方法。

通常，UWP 应用程序的入口点取决于用于应用程序开发的编程语言以及物联网设备模式。对于有界面的物联网设备，入口点与其他平台（桌面或移动设备）的 UWP 应用程序共享相同的结构。正如在本节后面将要看到的，XAML 应用程序的入口点是 Program 类的静态 Main 方法，而用于此目的的 WinJS（HTML）应用程序则使用匿名 JavaScript 函数，可参见附录 A。

1. C#/XAML

C#/XAML UWP 应用程序的入口点由 Visual Studio 2015 自动生成并存储在 App.g.i.cs 文件（C#）中，可以在 $ (ProjectDir)\obj\$ (PlatformName)\$ (Configuration) 文件夹中找到，这里 $ (ProjectDir)、$ (PlatformName) 和 $ (Configuration) 是 Visual Studio 编译指令的宏。

$ (ProjectDir) 包含项目目录的绝对路径，而 $ (PlatformName) 则依赖于活动的解决方案平台，$ (Configuration) 指定解决方案的配置。可以使用当前解决方案的 Configuration Manager 窗口来修改 $* (PlatformName) 和 $ (Configuration) 的值（请参阅第 2 章）。

在 C++ 应用程序中，入口点在两个文件中实现：App.g.h 和 App.g.cpp，这两个文件都位于 $ (ProjectDir) \ Generated Files 文件夹下。

我们将使用第 2 章中用 HelloWorldIoTCS 应用程序开发的 C#/XAML 来讨论应用程序的默认入口点。这个项目的 App.g.i.cs 的默认实现如代码清单 3-6 所示。这个文件由两个类组成：静态的 Program 类和 App 类的部分实现。但是，实际的入口点是 Program 类的静态 Main 方法。

Main 方法的声明包含一个语句，该语句调用了 Application 类中的静态 Start 方法。Application 类在 Windows.UI.Xaml 命名空间中声明，提供了应用程序激活、应用程序生命周期管理、应用程序资源和未处理的异常检测机制。具体来说，静态的 Start 方法初始化一个应用程序，并允许它使用 ApplicationInitializationCallback 实例化 Application 类。该回调在应用程序初始化期间被调用。ApplicationInitializationCallback 的实例可以通过使用 Application.Start 方法的参数传递。

代码清单 3-6　C# UWP 应用程序的默认入口点

```
namespace HelloWorldIoTCS
{
#if !DISABLE_XAML_GENERATED_MAIN
    /// <summary>
    /// Program class
    /// </summary>
    public static class Program
    {
        [global::System.CodeDom.Compiler.GeneratedCodeAttribute(
            "Microsoft.Windows.UI.Xaml.Build.Tasks"," 14.0.0.0")]
        [global::System.Diagnostics.DebuggerNonUserCodeAttribute()]
        static void Main(string[] args)
        {
            global::Windows.UI.Xaml.Application.Start((p) => new App());
        }
    }
#endif

    partial class App : global::Windows.UI.Xaml.Application
    {
        [global::System.CodeDom.Compiler.GeneratedCodeAttribute(
            "Microsoft.Windows.UI.Xaml.Build.Tasks"," 14.0.0.0")]
        private bool _contentLoaded;
        /// <summary>
        /// InitializeComponent()
        /// </summary>
        [global::System.CodeDom.Compiler.GeneratedCodeAttribute(
            "Microsoft.Windows.UI.Xaml.Build.Tasks"," 14.0.0.0")]
        [global::System.Diagnostics.DebuggerNonUserCodeAttribute()]
        public void InitializeComponent()
```

```
        {
            if (_contentLoaded)
                return;

            _contentLoaded = true;
#if DEBUG && !DISABLE_XAML_GENERATED_BINDING_DEBUG_OUTPUT
            DebugSettings.BindingFailed += (sender, args) =>
            {
                global::System.Diagnostics.Debug.WriteLine(args.Message);
            };
#endif
#if DEBUG && !DISABLE_XAML_GENERATED_BREAK_ON_UNHANDLED_EXCEPTION
            UnhandledException += (sender, e) =>
            {
                if (global::System.Diagnostics.Debugger.IsAttached)
                    global::System.Diagnostics.Debugger.Break();
            };
#endif
        }
    }
}
```

在自动生成入口点的情况下，应用程序使用 App 类来激活，该类从 Application 类派生。可以在 App.xaml 的代码隐藏中找到 App 类的默认实现。因此，根据编程语言，App 类在 App.xaml.cs（C#）、App.xaml.h 或 App.xaml.cpp（C++）中声明。

App 类的部分声明也存在于相应的 App.g.* 文件中，其中包括 InitializeComponent 方法的定义。这个方法一般由两个元素组成：

- 异常处理程序，处理运行时发生的任何未处理的异常。
- 事件处理程序，用于管理数据绑定错误具体内容可参阅第 4 章。

InitializeComponent 方法的默认声明以及 Program.Main 方法的自动生成，可以通过在 Project properties 窗口 Build 选项卡的 Conditional Compilation Symbols 文本框中使用适当的预处理器指令来指定或修改，如图 3-7 所示。具体来说，可以通过声明一个 DISABLE_XAML_GENERATED_MAIN 指令禁止生成默认的 Main 方法，那么就会产生以下错误导致项目无法编译：`CS5001: Program does not contain a static 'Main' method suitable for an entry point`（CS5001：程序不包含适用于入口点的静态“主”方法）。为了解决这个问题，可以编写自己的 Main 方法或重新启用默认入口点的自动生成。

此处通过 C# UWP 示例应用程序来讨论此问题。不过 C++ UWP 应用程序自动生成的代码的一般结构是相同的。包含入口点的文件因编程语言的关键字而异，但语义相同。基于这个原因，这里只描述了 C# 编程语言的默认 App 类。

代码清单 3-7 中包含 App 类声明的 App.xaml.cs 文件的内容。通过分析此实现的结构，可以了解第 2 章中开发的 XAML 应用程序的执行流程。你需要了解在应用程序运行之后会发生什么，哪个步骤会调用 OnNavigatedTo 方法，继而实际运行控制 LED 电路的代码。

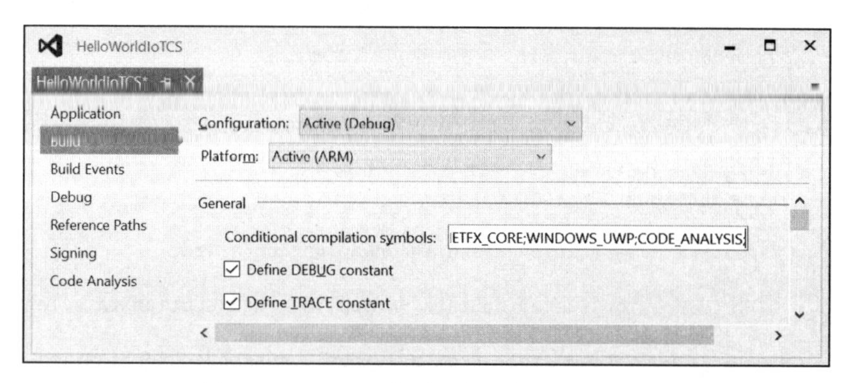

图 3-7　C# UWP 应用程序的条件编译符号

代码清单 3-7　自动生成的 App 类的实现

```
using System;
using Windows.ApplicationModel;
using Windows.ApplicationModel.Activation;
using Windows.UI.Xaml;
using Windows.UI.Xaml.Controls;
using Windows.UI.Xaml.Navigation;

namespace HelloWorldIoTCS
{
    sealed partial class App : Application
    {
        /// <summary>
        /// 初始化单例应用程序对象。
        /// 这是执行的第一行代码，
        /// 只能是 main() 或 WinMain() 的函数或与其等同的函数 </summary>
        public App()
        {
            this.InitializeComponent();
            this.Suspending += OnSuspending;
        }

        /// <summary>
        /// 用户正常启动应用程序时被调用。
        /// 其他入口点将会被调用，
        /// 例如在启动应用程序打开特定文件 </summary>
        /// <param name="e">Details about the launch request and process.</param>
        protected override void OnLaunched(LaunchActivatedEventArgs e)
        {

#if DEBUG
            if (System.Diagnostics.Debugger.IsAttached)
            {
                this.DebugSettings.EnableFrameRateCounter = true;
            }
#endif

            Frame rootFrame = Window.Current.Content as Frame;
```

```
    // 当 Window 窗口已有内容时，不要重复应用程序初始化，
    // 只需确保窗口处于活动状态
    if (rootFrame == null)
    {
        // 创建一个 Frame 作为导航上下文，并导航到第一页
        rootFrame = new Frame();

        rootFrame.NavigationFailed += OnNavigationFailed;

        if (e.PreviousExecutionState == ApplicationExecutionState.Terminated)
        {
            //TODO: Load state from previously suspended application
        }

        // 将 frame 放在当前窗口中
        Window.Current.Content = rootFrame;
    }
    if (e.PrelaunchActivated == false)
    {
        if (rootFrame.Content == null)
        {
            // 未还原导航栈时，
            // 导航到第一页，
            // 通过将所需信息作为导航参数进行配置来配置新页面
            rootFrame.Navigate(typeof(MainPage), e.Arguments);
        }
        // 确保当前窗口为激活状态
        Window.Current.Activate();
    }

/// <summary>
/// 导航到某个页面失败时调用
/// </summary>
/// <param name="sender">The Frame which failed navigation</param>
/// <param name="e">Details about the navigation failure</param>
void OnNavigationFailed(object sender, NavigationFailedEventArgs e)
{
    throw new Exception("Failed to load Page " + e.SourcePageType.FullName);
}

/// <summary>
/// 在暂停应用程序执行时调用。
/// 保存应用程序状态，内存的内容仍然完好无损，
/// 并且无须知道应用程序是否将终止或恢复
/// </summary>
/// <param name="sender">The source of the suspend request.</param>
/// <param name="e">Details about the suspend request.</param>
private void OnSuspending(object sender, SuspendingEventArgs e)
{
    var deferral = e.SuspendingOperation.GetDeferral();
    //TODO: Save application state and stop any background activity
    deferral.Complete();
```

```
        }
    }
}
```

代码清单 3-7 中的 App 类包含无参数构造函数，它调用 InitializeComponent 方法（在 App.g.i.cs 文件中定义），然后这个构造函数将处理程序附加到 Suspending 事件，后者在应用程序被暂停时调用。通常，应用程序可以由用户或操作系统暂停。无论是哪种情况，都可以使用 Suspending 事件来处理，如保存当前的应用程序状态或释放独占资源等。应用程序的状态可以使用 Application 类的 Resuming 事件或 OnLaunched 方法进一步恢复。每当应用程序由用户启动时，都会调用此方法。

一个自动生成版本的 OnLaunched 方法初始化了 Frame 类，然后使用其 Navigate 方法显示 MainPage 类中实现的视图。它会调用 MainPage.OnNavigatedTo 事件，在第 2 章中使用了该事件使 LED 闪烁。

Frame.Navigate 方法的第一个参数是从 Page 类派生的类型。XAML UWP 应用程序的每个视图都以这种方式实现，所以可以自由地更改 Frame.Navigate 方法的参数，用以显示不同的视图，该视图可以通过从 Page 类派生来实现。在第 4 章将深入研究视图设计的方法。

3.5　异步编程

有界面的应用程序可能需要连续显示后台操作的结果。例如，显示从各种传感器获取的值。为了实现这样的应用程序，可以使用适用于 UWP 应用程序的异步编程模式。在详细介绍之前，将先介绍线程的基本方面以及 C# 应用程序的 UWP 线程模型。从现在开始，大多数示例代码都将会使用 C# 实现。

3.5.1　工作线程和线程池

应用程序的主线程可以创建其他线程，这些线程被定义为工作线程。在物联网编程中，因为操作可能会产生延迟，我们通常使用工作线程来获取传感器读数。举例来说，这种情况可能在通信中断的情况下发生，例如当主线程控制的用户界面被阻塞，等待来自传感器的响应时。通过使用工作线程，可以确保 UI 响应用户请求。

为了简化使用 C# 和 Visual Basic 编写的工作线程启动异步操作，.NET Framework 提供了一个基于任务的异步模式（TAP）。此模式的关键是在 System.Threading.Tasks 命名空间中声明的 Task 类。

在 TAP 模式中，可以通过以下两种方式之一启动异步操作：

- 使用表示要执行的代码的参数实例化 Task 类并调用 Start 方法。
- 使用 Task.Run 静态方法。

无论使用哪种方式，异步操作都在线程池中排队，线程池是在启动 Windows 10 时预先创建的工作线程集。为了使得它们能够在后台执行操作，可以使用 ThreadPool 类的静态方法 RunAsync。后者在 Windows.System.Threading 命名空间中声明。

接下来将展示如何编写示例应用程序。该示例程序将模拟传感器读数。这些读数将作为异步操作实现，该操作将使用 Task 和 ThreadPool 类执行。步骤如下：

1）使用 Blank App（Universal Windows）Visual C# 项目模板创建新的 Visual C# 应用程序 ThreadingSample。

2）转到 MainPage.xaml 文件并根据代码清单 3-8 修改其内容。

代码清单 3-8 MainPage 视图的用户界面声明

```
<Page
    x:Class="ThreadingSample.MainPage"
    xmlns="http://schemas.microsoft.com/winfx/2006/xaml/presentation"
    xmlns:x="http://schemas.microsoft.com/winfx/2006/xaml"
    xmlns:local="using:ThreadingSample"
    xmlns:d="http://schemas.microsoft.com/expression/blend/2008"
    xmlns:mc="http://schemas.openxmlformats.org/markup-compatibility/2006"
    mc:Ignorable="d">

    <Page.Resources>
        <Style TargetType="Button">
            <Setter Property="Margin"
                    Value="10" />
            <Setter Property="HorizontalAlignment"
                    Value="Center" />
        </Style>

        <Style TargetType="StackPanel">
            <Setter Property="HorizontalAlignment"
                    Value="Center" />
            <Setter Property="VerticalAlignment"
                    Value="Top" />
            <Setter Property="Orientation"
                    Value="Vertical" />
        </Style>
    </Page.Resources>

    <StackPanel Background="{ThemeResource ApplicationPageBackgroundThemeBrush}">
        <Button x:Name="TaskButton"
                Click="TaskButton_Click"
                Content="Asynchronous operation (Task)" />

        <Button x:Name="ThreadPoolButton"
                Click="ThreadPoolButton_Click"
                Content="Asynchronous operation (ThreadPool)" />

        <Button x:Name="TimerButton"
                Click="TimerButton_Click"
                Content="Start Timer" />

        <Button x:Name="ThreadPoolTimerButton"
                Click="ThreadPoolTimerButton_Click"
                Content="Start ThreadPoolTimer" />
    </StackPanel>
</Page>
```

3）在 MainPage.xaml.cs 文件中，插入代码清单 3-9 中描述的语句。

代码清单 3-9 MainPage 视图的代码隐藏

```
using System;
using System.Diagnostics;
using System.Threading;
using System.Threading.Tasks;
using Windows.System.Threading;
using Windows.UI.Xaml;
using Windows.UI.Xaml.Controls;

namespace ThreadingSample
{
    public sealed partial class MainPage : Page
    {
        private Random randomNumberGenerator = new Random();
        private const int msDelay = 200;

        private const string debugInfoPrefix = "Random value";
        private const string numberFormat = "F2";
        private const string timeFormat = "HH:mm:fff";

        public MainPage()
        {
            InitializeComponent();
        }

        private void GetReading()
        {
            Task.Delay(msDelay).Wait();
            var randomValue = randomNumberGenerator.NextDouble();

            string debugString = string.Format("{0} | {1} : {2}",
                DateTime.Now.ToString(timeFormat),
                debugInfoPrefix,
                randomValue.ToString(numberFormat));

            Debug.WriteLine(debugString);
        }

        private void TaskButton_Click(object sender, RoutedEventArgs e)
        {
            var action = new Action(GetReading);
            Task.Run(action);

            // or alternatively
            // Task task = new Task(action);
            // task.Start();
        }

        private async void ThreadPoolButton_Click(object sender, RoutedEventArgs e)
        {
            var workItemHandler = new WorkItemHandler((arg) => { GetReading(); });
```

```
            await ThreadPool.RunAsync(workItemHandler);
        }

        private void TimerButton_Click(object sender, RoutedEventArgs e)
        {

        }

        private void ThreadPoolTimerButton_Click(object sender, RoutedEventArgs e)
        {

        }
    }
}
```

ThreadingSample 应用程序的用户界面由 4 个按钮组成。Asynchronous Operation (Task) 和 Asynchronous Operation (ThreadPool) 按钮启动异步操作。附加到第一个按钮的事件处理程序使用 Task 类，而第二个按钮使用 ThreadPool 类的静态 RunAsync 方法调用后台操作。

这两个按钮都会执行模拟来自传感器的读数的异步操作。为了模拟传感器行为，我们使用随机数生成器和延迟模拟特定传感器发送响应之前的延迟时间。生成的数字的值随后显示在 Visual Studio 2015 的 Output 窗口中（见图 3-8）。

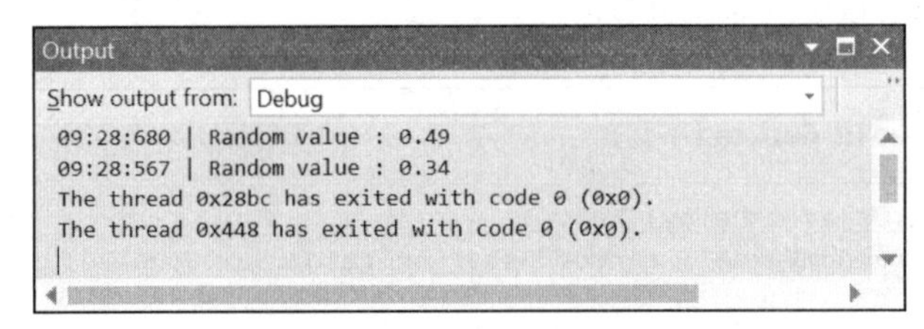

图 3-8 Visual Studio 2015 的输出窗口显示了 ThreadingSample 应用程序生成的结果

读者可以使用下一节中 MainPage 视图中声明的其他两个按钮。

3.5.2 计时器

许多物联网应用需要连续监控特定过程，以便必须在指定的时间间隔内在后台采集和处理来自传感器的数据。定时器提供了执行此类定期操作的便捷方法。UWP 包括两个实现计时器的类，分别是在 System.Threading 命名空间中声明的 Timer 类，以及在 Windows.System.Threading 命名空间中声明的 ThreadPoolTimer 类。

要实现 ThreadingSample 应用程序来模拟周期性传感器读数，请按如下方式修改 MainPage.xaml.cs 文件：

1）通过代码清单 3-10 中的私有成员和代码清单 3-11 中的方法补充 MainPage 类的定义。

代码清单 3-10 计时器管理的 MainPage 类的成员

```
private const string timerStopLabel = "Stop";
private const string timerStartLabel = "Start";
```

```
private TimeSpan timeSpanZero = TimeSpan.FromMilliseconds(0);
private TimeSpan timeSpanDelay = TimeSpan.FromMilliseconds(msDelay);

private Timer timer;
private ThreadPoolTimer threadPoolTimer;

private bool isTimerActive = false;
private bool isThreadPoolTimerActive = false;
```

代码清单 3-11　使用计时器模拟传感器读数

```
private void InitializeTimer()
{
    if(timer != null)
    {
        return;
    }
    else
    {
        var timerCallback = new TimerCallback((arg) => { GetReading(); });

        timer = new Timer(timerCallback, null, Timeout.InfiniteTimeSpan, timeSpanDelay);
    }
}

private void UpdateButtonLabel(Button button, bool isTimerActive)
{
    if(button != null)
    {
        var buttonLabel = button.Content as string;
        if(buttonLabel != null)
        {
            if(isTimerActive)
            {
                buttonLabel = buttonLabel.Replace(timerStartLabel, timerStopLabel);
            }
            else
            {
                buttonLabel = buttonLabel.Replace(timerStopLabel, timerStartLabel);
            }

            button.Content = buttonLabel;
        }
    }
}

private void UpdateTimerState()
{
    if(isTimerActive)
    {
        // 停止计时器
        timer.Change(Timeout.InfiniteTimeSpan, timeSpanDelay);
```

```
        }
        else
        {
            // 开启计时器
            timer.Change(timeSpanZero, timeSpanDelay);
        }

        isTimerActive = !isTimerActive;
    }

    private void StartThreadPoolTimer()
    {
        var timerElapsedHandler = new TimerElapsedHandler((arg) => { GetReading(); });

        threadPoolTimer = ThreadPoolTimer.CreatePeriodicTimer
           (timerElapsedHandler, timeSpanDelay);
    }

    private void StopThreadPoolTimer()
    {
        if(threadPoolTimer != null)
        {
            threadPoolTimer.Cancel();
        }
    }

    private void UpdateThreadPoolTimerState()
    {
        if (isThreadPoolTimerActive)
        {
            StopThreadPoolTimer();
        }
        else
        {
            StartThreadPoolTimer();
        }

        isThreadPoolTimerActive = !isThreadPoolTimerActive;
    }
```

2）在 MainPage 类的构造函数中，插入代码清单 3-12 中的粗体语句。

代码清单 3-12 计时器初始化

```
    public MainPage()
    {
        InitializeComponent();

        InitializeTimer();
    }
```

3）最后，根据代码清单 3-13 更新 TimerButton_Click 和 ThreadPoolTimerButton_Click 事件处理程序的定义。

代码清单 3-13 激活计时器

```
private void TimerButton_Click(object sender, RoutedEventArgs e)
{
    UpdateTimerState();

    UpdateButtonLabel(sender as Button, isTimerActive);
}

private void ThreadPoolTimerButton_Click(object sender, RoutedEventArgs e)
{
    UpdateThreadPoolTimerState();

    UpdateButtonLabel(sender as Button, isThreadPoolTimerActive);
}
```

上述解决方案中有几点需要额外说明。具体来说，当应用程序启动时，使用 InitializeTimer 方法初始化 Timer 类的实例，参见代码清单 3-12。此方法使用构造函数实例化 Timer 类，该构造函数有 4 个参数：

- 第 1 个参数 callback 允许设置回调函数，该函数定期调用。
- Timer 类的第 2 个参数将其他参数传递给回调函数。
- 第 3 个参数 dueTime 设置执行回调函数之前的延迟时间。
- 第 4 个参数 period 指定调用回调函数的时间间隔。

Timer 类的实例没有任何用于启动和停止计时器的公共成员。因此，Timer 类使用 dueTime 参数的无限时间间隔（Timeout.InfiniteTimeSpan）进行初始化。要启动计时器，可使用 Timer 类实例的 Change 方法动态地将 dueTime 值更改为 0，具体参考代码清单 3-11 中的 UpdateTimerState 方法。因此，GetReading 方法将会以 200 ms 的间隔被定期调用。当计时器处于活动状态时，Output 窗口将显示随机生成的数字，如图 3-9 所示。要停止计时器，请将 dueTime 设置回 Timeout.InfiniteTimeSpan。

我们可以使用 ThreadPoolTimer 类来实现类似的功能。要实例化此类，可以使用静态方法 CreatePeriodicTimer。在最简单的情况下，它接受两个参数：handler 和 period。第 1 个参数 handler 表示回调函数，该函数使用 period 参数指定的时间延迟定期调用。使用 CreatePeriodicTimer 创建的计时器立即开始调用回调函数，并可以通过调用 ThreadPoolTimer 类的实例的 Cancel 方法来停止，请参阅代码清单 3-11 中的 StopThreadPool - Timer 方法。

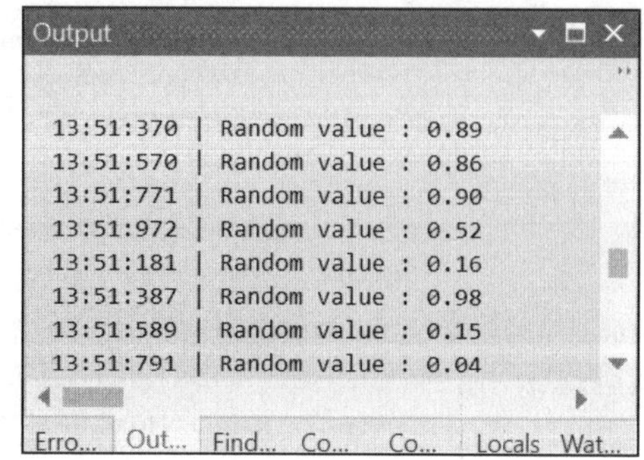

图 3-9 使用 Timer 类执行的定期后台操作

同样，我们无法动态修改句点参数的值。每次调用 StartThreadPoolTimer 方法时，都会创建一个新的 ThreadPoolTimer 实例。

在实际应用中，我们可能希望在屏幕上显示传感器读数。通过以下步骤在 ThreadingSample

应用中实现此功能：

1）打开 MainPage.xaml 文件并根据代码清单 3-14 更新其内容。

代码清单 3-14 ThreadingSample 项目中的 MainPage.xaml

```
<Page
    x:Class="ThreadingSample.MainPage"
    xmlns="http://schemas.microsoft.com/winfx/2006/xaml/presentation"
    xmlns:x="http://schemas.microsoft.com/winfx/2006/xaml"
    xmlns:local="using:ThreadingSample"
    xmlns:d="http://schemas.microsoft.com/expression/blend/2008"
    xmlns:mc="http://schemas.openxmlformats.org/markup-compatibility/2006"
    mc:Ignorable="d">
    <Page.Resources>
        <Style TargetType="Button">
            <Setter Property="Margin"
                    Value="10" />
            <Setter Property="HorizontalAlignment"
                    Value="Center" />
        </Style>

        <Style TargetType="StackPanel">
            <Setter Property="HorizontalAlignment"
                    Value="Center" />
            <Setter Property="VerticalAlignment"
                    Value="Top" />
            <Setter Property="Orientation"
                    Value="Vertical" />
        </Style>

        <Style TargetType="ProgressBar">
            <Setter Property="Height"
                    Value="20" />
            <Setter Property="Margin"
                    Value="5" />
            <Setter Property="Foreground"
                    Value="Orange" />
        </Style>
    </Page.Resources>

    <StackPanel Background="{ThemeResource ApplicationPageBackgroundThemeBrush}">
        <Button x:Name="TaskButton"
                Click="TaskButton_Click"
                Content="Asynchronous operation (Task)" />

        <Button x:Name="ThreadPoolButton"
                Click="ThreadPoolButton_Click"
                Content="Asynchronous operation (ThreadPool)" />

        <Button x:Name="TimerButton"
                Click="TimerButton_Click"
                Content="Start Timer" />
```

```
        <Button x:Name="ThreadPoolTimerButton"
                Click="ThreadPoolTimerButton_Click"
                Content="Start ThreadPoolTimer" />

        <ProgressBar x:Name="ProgressBar" />
    </StackPanel>
</Page>
```

2）在 MainPage.xaml.cs 文件中，修改代码清单 3-9 中的 GetReading 方法，如代码清单 3-15 所示。

代码清单 3-15 激活计时器

```
private void GetReading()
{
    Task.Delay(msDelay).Wait();
    var randomValue = randomNumberGenerator.NextDouble();

    string debugString = string.Format("{0} | {1} : {2}",
        DateTime.Now.ToString(timeFormat),
        debugInfoPrefix,
        randomValue.ToString(numberFormat));

    Debug.WriteLine(debugString);

    ProgressBar.Value = Convert.ToInt32(randomValue * 100);
}
```

3）部署并运行应用程序。

将上述更改引入 ThreadingSample 应用程序会将 ProgressBar 控件添加到 MainPage 视图中，请参见代码清单 3-14。它还修改了 GetReading 方法的定义，ProgressBar 控件显示的值会使用随机生成的值，如代码清单 3-15 所示。

启动应用程序并调用 GetReading 函数时，ProgressBar 控件将反映当前生成的随机值。但是在运行应用程序后，某些时候会抛出异常，给出类似“应用程序调用一个已为另一线程提供的接口”的提示。

上述问题是由于 UWP 线程模型中的一些特定设计而产生的，其中每个 UI 元素由主线程创建和控制。虽然主线程可以启动新线程或使用预先创建的工作线程来执行后台操作，但工作线程无法直接更新 UI 元素。相反，工作线程必须将适当的请求发送到主线程。

3.5.3 工作线程与 UI 同步

在有界面的模式中，主线程控制用户界面。来自工作线程的调用所做的 UI 更新的每个请求都被发送到主线程，然后主线程更新 UI 状态。因此，主线程也称为用户界面线程。

可以使用以下类之一将工作线程与 UI 线程同步：CoreDispatcher、SynchronizationContext 或 DispatcherTimer。

1. CoreDispatcher

CoreDispatcher 类实现用于处理控制消息和调度事件的机制。有一个 CoreDispatcher 一直在运行，以管理头部应用程序的每个控件。可以使用 DependencyObject 类的公共 Dispatcher 属性访问 CoreDispatcher 类的实例。后者是 XAML 属性系统的核心部分，因此许多类型的控件属性派生自 DependencyObject 类。

按照以下步骤访问 CoreDispatcher 并使用其成员安全地（基于多线程的情况）更新 ThreadingSample 应用程序中的 ProgressBar 控件的属性值：

1）导入 Windows.UI.Core 命名空间。在 MainPage.xaml.cs 文件的标头中包含以下语句：

```
using Windows.UI.Core;
```

2）在 MainPage 类中，定义 DisplayReadingValue 方法，请参考代码清单 3-16。

代码清单 3-16 用于设置控件属性的线程安全过程

```
private async void DisplayReadingValue(double value)
{
    if(Dispatcher.HasThreadAccess)
    {
        ProgressBar.Value = Convert.ToInt32(value);
    }
    else
    {
        var dispatchedHandler = new DispatchedHandler(() => {
            DisplayReadingValue(value); });

        await Dispatcher.RunAsync(CoreDispatcherPriority.Normal, dispatchedHandler);
    }
}
```

3）根据代码清单 3-17 修改 GetReading 方法的定义（如代码清单 3-9 所示）。

代码清单 3-17 在 ProgressBar 控件中显示模拟的传感器读数

```
private void GetReading()
{
    Task.Delay(msDelay).Wait();
    var randomValue = randomNumberGenerator.NextDouble();

    string debugString = string.Format("{0} | {1} : {2}",
        DateTime.Now.ToString(timeFormat),
        debugInfoPrefix,
        randomValue.ToString(numberFormat));

    Debug.WriteLine(debugString);
    //ProgressBar.Value = Convert.ToInt32(randomValue * 100);

    DisplayReadingValue(randomValue * 100);
}
```

该 CoreDispatcher 类中有 RunAsync 成员，允许你将所选操作排入队列，以便在 UI 线程上调用它。在代码清单 3-16 中，使用 RunAsync 方法更新 ProgressBar 控件的 Value 属性。要检查 UI 元素是否可以直接更新或通过 UI 线程更新，可参考 CoreDispatcher 的实例公开的公共的只读属性 HasThreadAccess。如果 UI 线程调用 DisplayReadingValue，则 HasThreadAccess 为 true，因此可以直接更新给定控件。相反地，当工作线程调用 DisplayReadingValue 方法时，CoreDispatcher 类实例的 HasThreadAccess 属性为 false。因此，DisplayReadingValue 执行 CoreDispatcher 类实例的 RunAsync 方法。

该 RunAsync 方法接受两个参数：priority 和 agileCallback。第一个用于配置使用 agileCallback 参数指定的操作的优先级。priority 可以具有 CoreDispatcherPriority 枚举值之一：Idle（空闲）、Low（低）、Normal（正常）或 High（高）。在代码清单 3-16 中，将优先级设置为 Normal，而对于 agileCallback 参数，我们传递一个匿名函数，该函数调用 DisplayReadingValue 方法。结果，UI 线程再次调用 DisplayReadingValue，但是，这次 Dispatcher.HasThreadAccess 为 true（因为在 UI 线程上调用了 DisplayReadingValue），因此可以安全地更新 ProgressBar.Value 属性。所以，按下任何可用按钮后，模拟的传感器读数将显示在主应用程序视图中，如图 3-10 所示。

Asynchronous operation (Task)

Asynchronous operation (ThreadPool)

Start Timer

Start ThreadPoolTimer

图 3-10　MainPage 视图的一个片段，显示使用 ProgressBar 控件显示的值的更改

2. SynchronizationContext

CoreDispatcher 类同步访问 UI 元素。从工作线程发送的每个 UI 请求都被排队并按顺序调用。还有另一种实现这种同步的方法。此解决方案使用在 System.Threading 命名空间中声明的 SynchronizationContext 类。

基本上，SynchronizationContext 是 CoreDispatcher 的替代品，我们可以互换地使用它们，使用哪一个取决于大家的喜好。如果之前使用过 Windows Forms 应用程序，则可能发现 SynchronizationContext 更受欢迎。

在下一个示例中，我们修改了 ThreadingSample 应用程序的源代码，其中使用 SynchronizationContext 进行 ProgressBar 控件的线程安全更新：

1）在 MainPage.xaml.cs 文件中，声明 SynchronizationContext 类型的私有成员，并在 MainPage 构造函数中初始化此变量，如代码清单 3-18 所示。

代码清单 3-18　获取对 SynchronizationContext 类实例的引用

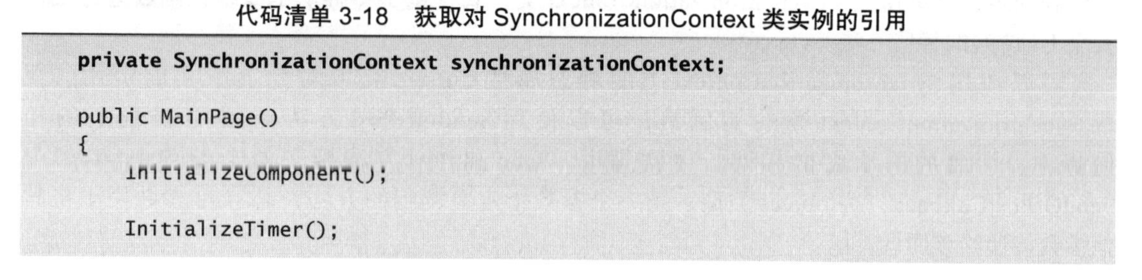

```
private SynchronizationContext synchronizationContext;

public MainPage()
{
    InitializeComponent();

    InitializeTimer();
```

```
    synchronizationContext = SynchronizationContext.Current;
}
```

2）根据代码清单 3-19，通过一个新的方法补充 MainPage 类的定义。

代码清单 3-19 使用同步上下文对控件属性进行线程安全访问

```
private void DisplayReadingValueUsingSynchronizationContext(double value)
{
    var sendOrPostCallback = new SendOrPostCallback((arg) =>
    {
        ProgressBar.Value = Convert.ToInt32(arg);
    });

    synchronizationContext.Post(sendOrPostCallback, value);
}
```

3）最后，根据代码清单 3-20 修改 GetReading 函数（参见代码清单 3-17）。

代码清单 3-20 使用同步上下文显示模拟传感器读数

```
private void GetReading()
{
    Task.Delay(msDelay).Wait();
    var randomValue = randomNumberGenerator.NextDouble();

    string debugString = string.Format("{0} | {1} : {2}",
        DateTime.Now.ToString(timeFormat),
        debugInfoPrefix,
        randomValue.ToString(numberFormat));

    Debug.WriteLine(debugString);

    //ProgressBar.Value = Convert.ToInt32(randomValue * 100);

    //DisplayReadingValue(randomValue * 100);

    DisplayReadingValueUsingSynchronizationContext(randomValue * 100);
}
```

部署并启动应用程序后，会看到该应用程序的执行方式与之前相同。唯一的区别是，对于线程同步，这里使用了 SynchronizationContext 类，它提供了一种从工作线程函数进行线程安全 UI 访问的替代方法。

可以使用 SynchronizationContext 类的静态属性 Current 获取对此上下文的引用。获取 SynchronizationContext 类的实例后，可以使用 Send 或 Post 方法调用 UI 线程上的任何操作。两者的语法完全相同。也就是说，Send 和 Post 方法接受两个参数：d 类型为 SendOrPostCallback，为 object 类型。第一个参数指定要调用的方法，而 state 参数用于将其他参数传递给该回调。

Send 和 Post 方法之间的唯一区别是第一个方法同步调度回调，而 Post 方法异步执行。

3. DispatcherTimer

DispatcherTimer 类实现了一个周期定时器与主线程调度相关的调度集成。因此，在 UI 线程上调用定期回调。也因此，前两节中描述的同步技术变得不必要了。但整个回调是在 UI 线程上调用的，因此它不能包含长操作，长操作最终会阻塞 UI。

我们将在下一节中探讨 DispatcherTimer 类。

3.6　使用 DispatcherTimer 闪烁 LED

本节介绍如何实现交互式 Windows 10 IoT 核心应用程序，该应用程序控制 RPi2 设备的内置绿色 ACT LED，并显示此 LED 灯是打开还是关闭。我们将声明 UI，其中包括按钮、滑块和椭圆控件。按钮用于启动和停止控制 LED 灯的异步操作，滑块用于配置 LED 灯的闪烁频率，椭圆的颜色反映 LED 灯的当前状态。也就是说，在 LED 灯关闭时，椭圆显示为灰色，在开启时显示为红色。

按照以下步骤实现用于控制 RPi2 设备的 LED 的交互式 UWP 应用程序：

1）使用 Blank App（Universal Windows）Visual C# 项目模板创建新项目 BlinkyApp。

2）引用 UWP 的 Windows IoT 扩展。

3）打开 MainPage.xaml 文件并使用代码清单 3-21 声明用户界面。

代码清单 3-21　主视图声明

```
<Page
    x:Class="BlinkyApp.MainPage"
    xmlns="http://schemas.microsoft.com/winfx/2006/xaml/presentation"
    xmlns:x="http://schemas.microsoft.com/winfx/2006/xaml"
    xmlns:local="using:BlinkyApp"
    xmlns:d="http://schemas.microsoft.com/expression/blend/2008"
    xmlns:mc="http://schemas.openxmlformats.org/markup-compatibility/2006"
    mc:Ignorable="d">

    <Page.Resources>
        <Thickness x:Key="DefaultMargin">10</Thickness>

        <Style TargetType="Ellipse">
            <Setter Property="Margin"
                    Value="{StaticResource DefaultMargin}" />
            <Setter Property="Height"
                    Value="100" />
            <Setter Property="Width"
                    Value="150" />
        </Style>

        <Style TargetType="Button">
            <Setter Property="Margin"
                    Value="{StaticResource DefaultMargin}" />
```

```
            <Setter Property="HorizontalAlignment"
                    Value="Center" />
        </Style>

        <Style TargetType="Slider">
            <Setter Property="Margin"
                    Value="{StaticResource DefaultMargin}" />
            <Setter Property="Minimum"
                    Value="100" />
            <Setter Property="Maximum"
                    Value="5000" />
            <Setter Property="StepFrequency"
                    Value="100" />
        </Style>
        <Style TargetType="TextBlock">
            <Setter Property="Margin"
                    Value="{StaticResource DefaultMargin}" />
            <Setter Property="HorizontalAlignment"
                    Value="Center" />
            <Setter Property="FontSize"
                    Value="20" />
        </Style>
    </Page.Resources>

    <StackPanel Background="{ThemeResource ApplicationPageBackgroundThemeBrush}">
        <Button x:Name="MainButton"
                Click="MainButton_Click" />

        <Ellipse x:Name="LedEllipse" />

        <Slider x:Name="Slider"
                ValueChanged="Slider_ValueChanged"/>

        <TextBlock Text="{Binding Value, ElementName=Slider}" />
    </StackPanel>
</Page>
```

4）根据代码清单 3-22 修改 MainPage.xaml.cs 文件的内容（此处使用的 GPIO 引脚编号对应于 RPi2 的内置 ACT LED。请注意，此示例与 RPi3 不兼容，因为 RPi3 没有 ACT LED。如果需要在 RPi3 上实现相同的功能，则需要一个外部 LED 电路）。

代码清单 3-22 BlinkyApp 的逻辑

```
using System;
using Windows.Devices.Gpio;
using Windows.UI;
using Windows.UI.Xaml;
using Windows.UI.Xaml.Controls;
using Windows.UI.Xaml.Controls.Primitives;
using Windows.UI.Xaml.Media;

namespace BlinkyApp
```

```
{
    public sealed partial class MainPage : Page
    {
        private const int ledPinNumber = 47;

        private GpioPin ledGpioPin;
        private DispatcherTimer dispatcherTimer;

        private const string stopBlinkingLabel = "Stop blinking";
        private const string startBlinkingLabel = "Start blinking";

public MainPage()
{
    InitializeComponent();

    ConfigureGpioPin();
    ConfigureMainButton();
    ConfigureTimer();
}

private void ConfigureMainButton()
{
    MainButton.Content = startBlinkingLabel;

    MainButton.IsEnabled = ledGpioPin != null ? true : false;
}

private void UpdateMainButtonLabel()
{
    var label = MainButton.Content.ToString();

    if (label.Contains(stopBlinkingLabel))
    {
        MainButton.Content = startBlinkingLabel;
    }
    else
    {
        MainButton.Content = stopBlinkingLabel;
    }
}

private void ConfigureGpioPin()
{
    var gpioController = GpioController.GetDefault();

    if (gpioController != null)
    {
        ledGpioPin = gpioController.OpenPin(ledPinNumber);

        if (ledGpioPin != null)
        {
            ledGpioPin.SetDriveMode(GpioPinDriveMode.Output);
```

```
                ledGpioPin.Write(GpioPinValue.Low);
            }
        }
    }

    private void Slider_ValueChanged(object sender,
       RangeBaseValueChangedEventArgs e)
    {
        var msDelay = Convert.ToInt32(Slider.Value);
        dispatcherTimer.Interval = TimeSpan.FromMilliseconds(msDelay);
    }
            private void ConfigureTimer()
            {
                dispatcherTimer = new DispatcherTimer();
                dispatcherTimer.Tick += DispatcherTimer_Tick;
            }

            private void DispatcherTimer_Tick(object sender, object e)
            {
                Color ellipseBgColor;
                GpioPinValue invertedGpioPinValue;

                var currentPinValue = ledGpioPin.Read();

                if (currentPinValue == GpioPinValue.High)
                {
                    invertedGpioPinValue = GpioPinValue.Low;
                    ellipseBgColor = Colors.Gray;
                }
                else
                {
                    invertedGpioPinValue = GpioPinValue.High;
                    ellipseBgColor = Colors.LawnGreen;
                }

                ledGpioPin.Write(invertedGpioPinValue);
                LedEllipse.Fill = new SolidColorBrush(ellipseBgColor);
            }

            private void UpdateTimer()
            {
                if(dispatcherTimer.IsEnabled)
                {
                    dispatcherTimer.Stop();
                }
                else
                {
                    dispatcherTimer.Start();
                }
            }

            private void MainButton_Click(object sender, RoutedEventArgs e)
```

```
            {
                UpdateTimer();

                UpdateMainButtonLabel();
            }
        }
    }
```

将 BlinkyApp 部署到 IoT 设备并运行，可以使用 Slider 控件动态控制闪烁频率。

为了定期打开或关闭 LED，BlinkyApp 使用 DispatcherTimer 类。可以使用无参数构造函数实例化此类。使用 Tick 事件设置回调函数，请参阅代码清单 3-22 中的 ConfigureTimer 方法。启动计时器后，将按 Interval 属性指定的时间间隔周期性地调用回调函数。在上面的示例中，使用 Slider 控件设置 Interval 属性，对应代码清单 3-22 中的 Slider_ValueChanged 函数。

在上面的示例中，回调函数（Tick 事件处理程序）更改 GPIO 引脚值并更新椭圆控件的颜色以反映当前 LED 灯的状态。调度程序计时器与 UI 线程集成，因此可以安全地更新椭圆控件（在线程安全意义上）。

可以使用 Start 和 Stop 成员启动和停止使用 DispatcherTimer 类实现的定期异步操作。这样的接口比 Timer 和 ThreadPoolTimer 类公开的接口更方便。

3.7　总结

本章介绍了 Windows 10 IoT 核心编程的基本方面。以讨论有界面和无界面模式开始，描述了 UI 和后台应用程序的入口点，展示了 Arduino Wiring API 的示例用法，并用于控制 RPi2 的 LED。此外，根据物联网设备的特点，描述了异步编程的基础知识。我们将在第 5 ～ 14 章中再次看到相关的内容。

第 4 章 · CHAPTER 4

有界面设备的用户界面设计

第 3 章中展示了如何为运行 Windows 10 IoT Core 的有界面设备开发的应用程序进行交互。这意味着可以构建用户界面与用户进行数据和消息的交换。与此同时，用户界面还可用于控制智能设备，可以使用标准或自定义 UWP 控件以简洁明了的方式呈现传感器读数。通过使用 XAML（C#、C++ 或 VB 应用程序）或 HTML（JavaScript 应用程序）访问这些控件。

本章将介绍使用 XAML 构建用户界面（UI）的所有细节，包括可视化设计器、XAML 命名空间、控件、样式、布局、事件和数据绑定。如果已经在其他编程环境（例如 WPF 或 UWP 应用程序）中使用过 XAML，可以选择跳过本章内容，从第 5 章继续。只需要了解本章中以下内容是物联网和 UWP 特别相关的要点：

- 在可视化设计器中对物联网设备进行预览
- RelativePanel 布局
- 自适应和状态触发器
- 已编译的数据绑定

4.1 UWP 应用程序的 UI 设计

在本章中，构建了几个示例应用程序来为设计 UWP 应用程序的用户界面提供 XAML 功能。这些示例和说明不仅限于有界面的物联网设备，还可用于其他 UWP 设备。之前构建的有界面应用程序基于通用 Windows 项目模板。因此，这些应用程序可以在任何运行 Windows 10 的设备上执行。可以通过在本地计算机上执行 BlinkyApp 来探索这种可能性。按照以下步骤开始：

1）在 Visual Studio 2015 中打开 BlinkyApp 项目。

2）导航到配置工具栏，并根据系统体系结构（32 位或 64 位）将平台更改为 x86 或 x64 体系结构。

3）使用配置工具栏的下拉列表，将目标设备更改为 Local Machine。

4）运行应用程序。

执行上述操作之后，BlinkyApp 会在本地机器上执行。但是，如图 4-1 所示，Start blinking 按钮处于非活动状态。这是因为桌面环境不允许你访问任何 GPIO 控制器。此时 GpioController 类的静态 GetDefault 方法返回 null。

尽管无法使用本地计算机测试与物联网硬件相关的功能，但仍然可以基于这种方式在开发机器上设计和测试用户界面。在此示例中，可以更改滑块位置以验证 TextBlock 控件中显示的数字是否适当地更改。我们使用开发机器截取了本章中创建的示例应用程序的屏幕显示。

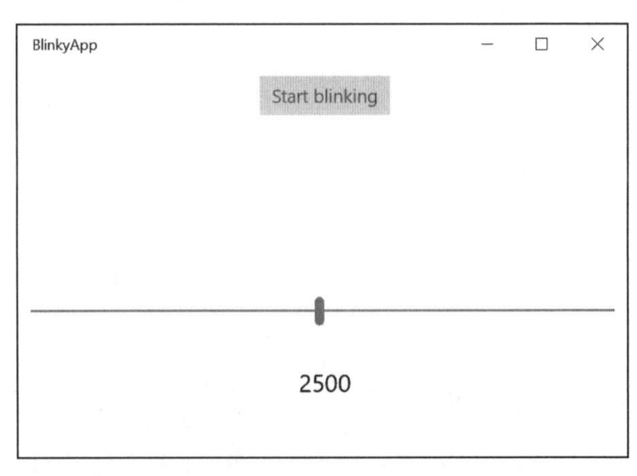

图 4-1　在 Windows 10 桌面平台上执行 BlinkyApp

4.2　可视化编辑器

在 Visual Studio 2015 中，可以使用可视化编辑器创建 UI。通过将控件从工具箱拖动到代表应用程序页面的画布，可以手动设计 UI。你可以使用属性窗口更新控件的外观以及页面本身，也可以通过编辑 XAML 标记语言来修改控件。使用属性窗口进行的每次更改都会自动反映在 XAML 标记中。同时，可视化编辑器允许你预览页面的外观，也就是说不需要运行应用程序来查看界面的效果。

要了解其工作原理，请使用 Blank Application（Universal Windows）Visual C# 创建一个名为 HeadedAppDesign 的新项目。创建项目后，双击 Solution Explorer 中的 MainPage.xaml 调出在图 4-2 中看到的设计器视图。

默认情况下，设计器视图分为两个窗格：设计窗格和 XAML 窗格。设计窗格显示程序页面（见图 4-2 的左侧部分），而 XAML 窗格则允许编辑 XAML 标记。设计窗格包含一个额外的设备工具栏，如图 4-3 所示，可以使用设备工具栏来配置页面预览。在下拉列表框中可以选择虚拟预览设备的屏幕大小。下拉列表框旁边的两个按钮控制屏幕方向（横向或纵向）。工具栏最右侧的按钮用于激活模态设备设置窗口，可以在其中配置虚拟设备的主题。总之，可以使用设备工具栏完整地控制基于各种设备的视图外观，可以针对不同屏幕的设备进行配置，这对设计 UWP 应用程序是非常有用的。

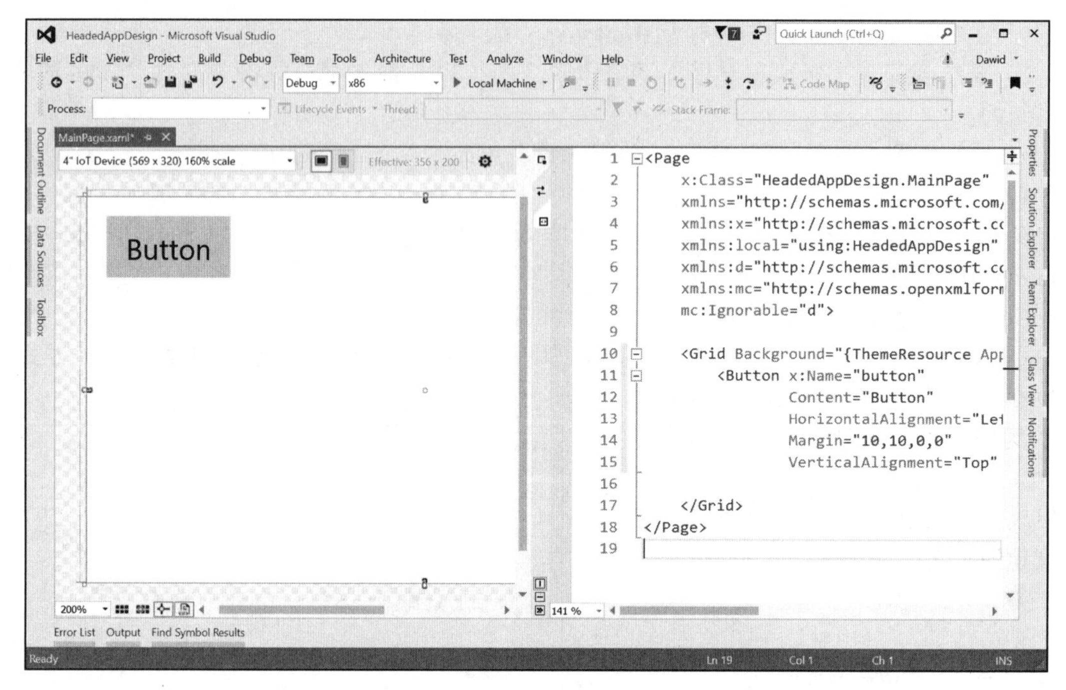

图 4-2　使用 Visual Studio 2015 的用户界面设计

图 4-3　使用设备工具栏在具有不同显示器的虚拟设备上预览页面

通过选择 View 菜单中的 Toolbox 选项可以激活工具箱。工具箱中列出了所有可用的 XAML 控件（见图 4-4）。可以将工具箱中可用的任何控件拖动到页面上，可以通过拖动页面上的一个按钮进行尝试，同时 XAML 标记将自动更新，并且看起来与代码清单 4-1 中所示的内容类似。

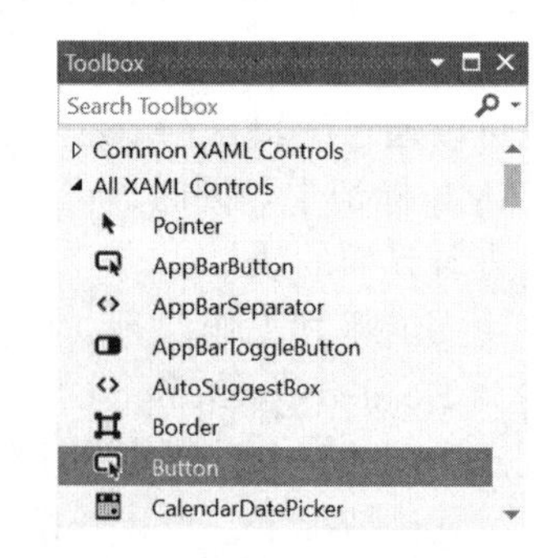

图 4-4　工具箱包含可用 XAML 控件的列表

请注意，首先，XAML 声明具有只有一个根元素（可能有一个或多个后代）的层次结构。在代码清单 4-1 中，根元素是 Page 对象。该对象构成了其他 UI 元素的容器。Page 元素只能有一个子对象，它通常是负责定义视图布局的控件，例如 Grid 或 StackPanel。它们都可以托管多个控件。

代码清单 4-1　MainPage 声明

```
<Page
    x:Class="HeadedAppDesign.MainPage"
    xmlns="http://schemas.microsoft.com/winfx/2006/xaml/presentation"
    xmlns:x="http://schemas.microsoft.com/winfx/2006/xaml"
```

```
    xmlns:local="using:HeadedAppDesign"
    xmlns:d="http://schemas.microsoft.com/expression/blend/2008"
    xmlns:mc="http://schemas.openxmlformats.org/markup-compatibility/2006"
    mc:Ignorable="d">

    <Grid Background="{ThemeResource ApplicationPageBackgroundThemeBrush}">
        <Button Content="Button"
                HorizontalAlignment="Left"
                Margin="10,10,0,0"
                VerticalAlignment="Top" />
    </Grid>
</Page>
```

根元素的声明包含几个 xmlns 属性。与 XML 相似，它们导入并绑定命名空间。

4.3　XAML 命名空间

在编程理论中，命名空间是组织源代码元素的一种方式。例如，类的声明和定义、结构、变量和枚举。命名空间允许你将代码组织到用途相关的集合中，并对其范围进行控制以避免造成名称冲突。

在 XAML 和 XML 中，命名空间由一个前缀限定，该前缀遵循 xmlns 属性。举例来说，以下属性

```
xmlns: local ="using: HeadedAppDesign"
```

导入名称空间 HeadedAppDesign 并将其映射到前缀 local:。因此，后续可以使用 local: 前缀访问 HeadedAppDesign 命名空间中声明的每个 UI 元素。

作为示例，按照以下步骤，通过在 HeadedAppDesign 项目中引入以下更改，定义覆盖默认 Button 元素的类：

1）通过选择 Project 菜单中的 Add Class 命令添加 MyButton.cs 文件。

2）在出现的 Add New Item 的对话框中选择 Class 元素，并在文本框中输入 MyButton.cs（见图 4-5）。

3）根据代码清单 4-2 修改 MyButton.cs 文件的内容。

代码清单 4-2　UI 元素定义

```
using Windows.UI.Xaml;
using Windows.UI.Xaml.Controls;

namespace HeadedAppDesign
{
    public class MyButton : Button
    {
        private const string defaultContent = "My content";
        private const double defaultMargin = 10.0;
```

```
            public MyButton()
            {
                Content = defaultContent;
                Margin = new Thickness(defaultMargin);
            }
        }
    }
```

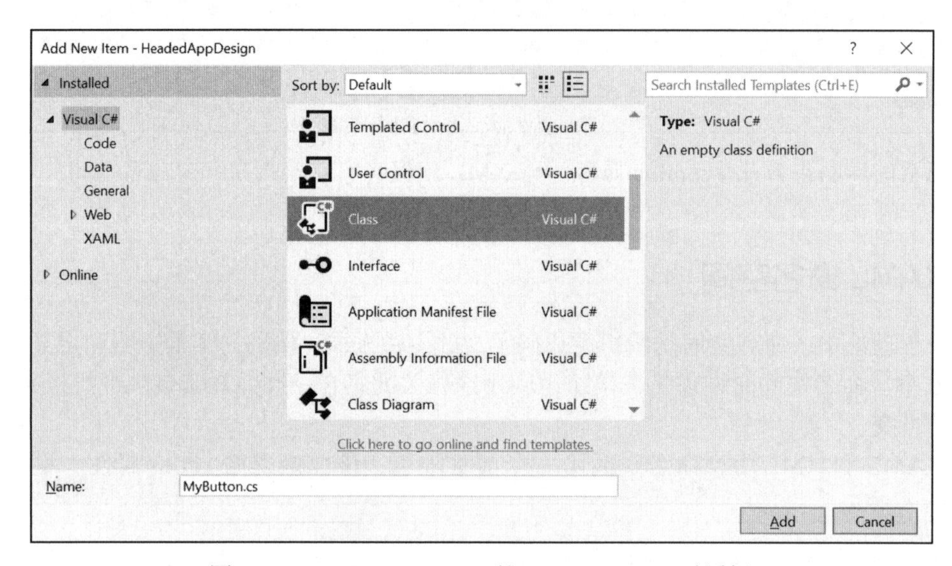

图 4-5　Visual Studio 2015 的 Add New Item 对话框

4）如代码清单 4-3 所示更新 MainPage.xaml 文件。

代码清单 4-3　使用前缀导入在关联的名称空间中已声明的 UI 元素

```
<StackPanel Background="{ThemeResource ApplicationPageBackgroundThemeBrush}">
    <Button x:Name="DefaultButton"
            Content="Button"
            HorizontalAlignment="Left"
            Margin="10,10,0,0"
            VerticalAlignment="Top" />

    <local:MyButton />
</StackPanel>
```

如代码清单 4-2 中所示，MyButton 类包含一个默认构造函数，该构造函数用于设置 Button 基类的两个属性，分别是 Content 和 Margin。第一个设置为 My content，第二个 Margin 向每个方向分配统一的值 10。按照代码清单 4-3 ，在 XAML 声明内声明 MyButton 类的实例，使得另一个 My Content 按钮出现在设备预览部分（见图 4-6）。

编译该项目后，会看到代码清单 4-2 中声明的 MyButton 控件出现在工具箱中。Visual Studio 自动将此定义识别为新的 UI 元素。所以，如果想添加 MyButton 控件的另一个实例，可以通过将 MyButton 控件拖动到特定页面上来实现。你可以自己进行尝试，本章中不再使用额外的 MyButton 实例。

代码清单 4-3 显示了如何使用 XAML 命名空间来声明 UI 元素。请注意，除了本地限定符之外，默认的 UWP 视图声明（请参见代码清单 4-1）还包含以下命名空间绑定——d:、mc: 和 x:。

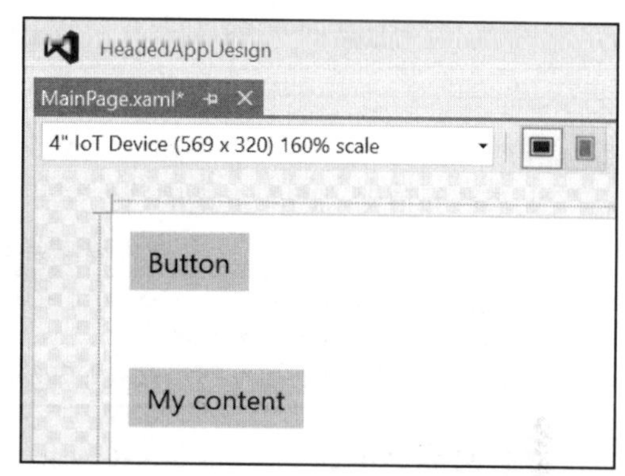

图 4-6　设备预览，展示使用本地前缀声明的按钮

绑定到 d: 前缀的名称空间包含支持可视化设计器工具的声明（前缀 d: 来自设计器名称空间）。设计相关的声明在运行期间可以被忽略。可以通过使用 mc:Ignorable 属性来指定。mc: 前缀是标记兼容性（markup compatibility）的首字母缩写，因此，相应名称空间中声明的对象支持 XAML 文件。

绑定到 x: 前缀的命名空间包含最常用的元素。例如，默认的 UWP 页面的 XAML 声明使用 x: 命名空间中的以下对象：

- x:Class：它定义了类，实现了与 XAML 声明关联的代码隐藏。
- x:Name：设置标识对象的唯一名称。该属性从代码隐藏或其他 XAML 声明中访问元素，例如，为了实现数据绑定。本章后面将解释这一点。

请注意，Page 元素的默认声明包含 xmlns 属性，该属性没有任何前缀。该属性导入默认的核心 XAML 名称空间。

4.4　控件的声明、属性和特性

XAML 中每个对象的声明，就像 HTML 和 XML 标记语言一样，由一对标签组成。开始标记由尖括号包围的元素名称组成，而结束标记在结束括号之前有一个额外的斜线。通过在开始和结束标记之间输入一个值来设置控件的 Content 属性，如代码清单 4-4 所示。

代码清单 4-4　按钮声明

```
<Button>Internet of Things</Button>
```

为了设置其他控件属性的值，可以使用适当的特性以扩充开始标签。代码清单 4-5 显示了 Button 控件的声明，其中字体大小设置为 22 px。

代码清单 4-5　使用开始标记属性进行字体大小配置

```
<Button FontSize="22">Internet of Things</Button>
```

开始标记可以有多个特性，如 Button 的 FontSize、Foreground 和 Content 属性（参见代码清单 4-6）。

代码清单 4-6　开始标记的多个特性

```
<Button FontSize="22"
        Foreground="White"
        Content="Internet of Things"></Button>
```

如代码清单 4-7 所示可以进一步简化代码清单 4-6 中的声明。简化语法并不适用于控件包含子元素的情况（例如，参阅代码清单 4-3 中的 StackPanel 声明）。

代码清单 4-7　缩短的按钮声明

```
<Button FontSize="22"
        Foreground="White"
        Content="Internet of Things" />
```

在代码清单 4-5、代码清单 4-6 和代码清单 4-7 的声明中，控件属性使用内联特性。或者可以使用属性元素语法修改控件属性，其中使用嵌套 XAML 标记定义 UI 元素的外观。代码清单 4-8 显示了这种语法的一个例子。

代码清单 4-8　属性元素语法

```
<Button>
    <Button.FontSize>22</Button.FontSize>
    <Button.Foreground>White</Button.Foreground>
    <Button.Content>Internet of Things</Button.Content>
</Button>
```

乍一看，属性元素语法似乎比特性语法复杂得多，但是属性元素语法是修改复杂类型属性的唯一方法，即那些不能由单个文字表示的属性。属性和特性语法可以组合，但不可互换。

在代码清单 4-9 中，显示了特性语法配置字体大小、前景和按钮内容的声明，而属性元素语法将背景更改为线性颜色渐变。

将代码清单 4-9 中的定义添加到 MainPage.xaml 文件中，位于 <local:MyButton /> 声明的下方。新按钮如图 4-7 所示，字体颜色变成白色，并且按钮背景充满了几个渐变。

代码清单 4-9　同时使用特性和属性元素语法

```
<Button FontSize="22"
        Foreground="White"
        Content="Internet of Things">
    <Button.Background>
        <LinearGradientBrush StartPoint="0,0"
                             EndPoint="1,0">
            <GradientStop Color="Yellow"
                          Offset="0.0" />
            <GradientStop Color="Red"
                          Offset="0.25" />
            <GradientStop Color="Blue"
                          Offset="0.75" />
            <GradientStop Color="LimeGreen"
                          Offset="1.0" />
        </LinearGradientBrush>
```

```
        </Button.Background>
    </Button>
```

你可能想知道如何快速了解特定控件的所有可用属性。答案很简单：所有控件属性及其值的列表可从 Properties 窗口中找到。你可以通过选择 Visual Studio 的 View → Properties Window 命令访问此对话框。激活 Properties 窗口后，可以单击可视化设计器的设备预览部分中的指定控件或 XAML 代码中的相应声明。代码清单 4-9 中声明的按钮的属性列表如图 4-8 所示。背景属性反映了图 4-7 中所示按钮的实际值。可以使用 Properties 窗口修改任何可用的控件属性。你可以尝试更新选定的属性并验证 XAML 代码是否进行了自动调整。

Internet of Things

图 4-7 使用代码清单 4-9 中的语句声明的按钮的外观

在初期使用 XAML 时，使用可视化工具的 UI 设计非常方便。当配置复杂属性时，也可能会倾向于在其中进行编辑。但是，随着经验更加丰富，你可能会选择手动编辑代码，因为这种方式是一种更快捷的定义 UI 的方式。可以简单地通过复制和粘贴代码的选定区域来移动标记语言的选定部分。视觉元素可以在代码隐藏中实例化，并且代码隐藏中实现的过程可以用来动态修改控件属性。

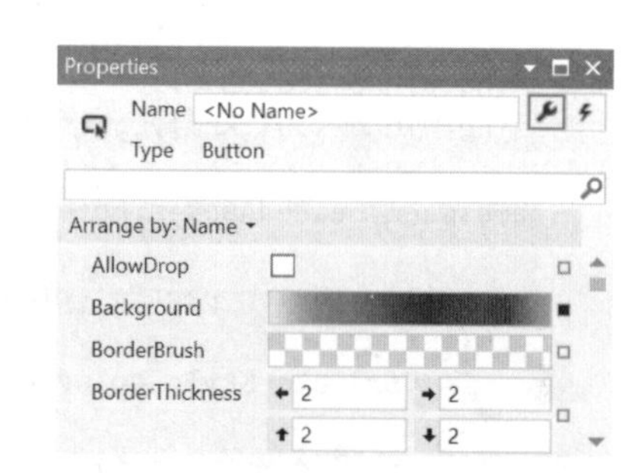

图 4-8 代码清单 4-9 中声明的按钮对应的属性值的属性窗口

4.5 Style 类

上一部分使用适当的属性独立定义控件特性。此方法适用于 UI 仅包含特定类型的一个控件并且每个特性具有唯一值的情况。但是，如果 XAML 标签共享相同的特性值，则特性声明的重复会增加代码复杂度并妨碍代码维护，因为在多次声明中都需要进行相同的更改。当然，这样的控制声明本身违反了基本的编程原则：不要重复自己（DRY）。

为了跨控件启用 XAML 声明的可重用性和特性共享，UWP 实现了 Style 类。后者在 Windows.UI.Xaml 命名空间中声明，并允许定义属性 setter，它可以在实现特定控件的类型的实例之间共享。

样式声明必须包含 TargetType 特性，它决定了目标控件的类型。将样式应用于不兼容的控件类型会引发 Windows.UI.Xaml.Markup .XamlParseException 类型的异常。

4.5.1 样式声明

样式通常在资源集合中声明，它是一组包括样式的可重用的定义。资源集合的范围可以限制为控件、视图或应用程序。

资源集合中的所有对象都由分配给其 x:Key 特性的值进行唯一标识。对于样式，不需要指定 x:Key 属性。这种样式声明将变为匿名，并将隐式应用于给定资源范围内的所有匹配控件。

在代码清单 4-10 中，展示了一个匿名样式的示例声明，该样式限制应用为 Button 类型的控件，并嵌入 MainPage 的资源集合中。

代码清单 4-10　样式声明

```
<Page.Resources>
    <Style TargetType="Button">
    </Style>
</Page.Resources>
```

也可以从代码隐藏中动态创建样式。例如，代码清单 4-11 展示了代码清单 4-10 中的样式声明的 C# 版本。只有通过为实现该控件的类的实例的 Style 属性分配适当的值，才能将代码隐藏中声明的样式显式应用于控件（请参见代码清单 4-12）。代码清单 4-11 包含 MainPage 类实现的其余部分。请注意，为了使这个代码清单可以编译，需要将 XAML 对象名称设置为 DefaultButton，如代码清单 4-3 所示。

代码清单 4-11　动态样式构造

```
using Windows.UI.Xaml;
using Windows.UI.Xaml.Controls;

namespace HeadedAppDesign
{
    public sealed partial class MainPage : Page
    {
        private Style coloredButtonStyle = new Style(typeof(Button));

        public MainPage()
        {
            InitializeComponent();
        }
    }
}
```

代码清单 4-12　构造函数的 MainPage 类，描述动态样式分配

```
public MainPage()
{
    InitializeComponent();
    DefaultButton.Style = coloredButtonStyle;
}
```

4.5.2　样式定义

样式定义是 Setter 类实例（属性设置器）的集合。它们中的每一个都可以通过更改 Setter 类实例的 Property 和 Value 特性来设置给定的控件属性。可以使用 Property 特性选择目标控件属性，然后使用 Value 特性设置其目标值。每个样式定义可以根据需要具有多个属性设置器。代码清单 4-13 中简化了物联网按钮声明，突出显示了代码清单 4-10 中声明的样式样例定义。在此示例中，只有 Content 属性设置为内联。

代码清单 4-13 还显示了 HeadedAppDesign 项目的 MainPage.xaml 的更新声明。当在本地项目中进行这些更改时，所有按钮的外观将相应进行更新。

代码清单 4-13　样式定义包含了一系列属性设置器

```
<Page x:Class="HeadedAppDesign.MainPage"
    xmlns="http://schemas.microsoft.com/winfx/2006/xaml/presentation"
    xmlns:x="http://schemas.microsoft.com/winfx/2006/xaml"
    xmlns:local="using:HeadedAppDesign"
    xmlns:d="http://schemas.microsoft.com/expression/blend/2008"
    xmlns:mc="http://schemas.openxmlformats.org/markup-compatibility/2006"
    mc:Ignorable="d">

    <Page.Resources>
        <Style TargetType="Button">
            <Setter Property="BorderThickness"
                    Value="0.5" />
            <Setter Property="BorderBrush"
                    Value="Black" />
            <Setter Property="FontSize"
                    Value="22" />
            <Setter Property="Margin"
                    Value="10,10,0,0" />
            <Setter Property="Foreground"
                    Value="White"/>
            <Setter Property="Background">
                <Setter.Value>
                    <LinearGradientBrush EndPoint="1,0"
                                         StartPoint="0,0">
                        <GradientStop Color="Yellow"
                                      Offset="0" />
                        <GradientStop Color="Red"
                                      Offset="0.25" />
                        <GradientStop Color="Blue"
                                      Offset="0.75" />
                        <GradientStop Color="LimeGreen"
                                      Offset="1" />
                    </LinearGradientBrush>
                </Setter.Value>
            </Setter>
        </Style>
    </Page.Resources>

    <StackPanel Background="{ThemeResource ApplicationPageBackgroundThemeBrush}">
        <Button x:Name="DefaultButton"
                Content="Button"
                HorizontalAlignment="Left"
                Margin="10,10,0,0"
                VerticalAlignment="Top" />

        <local:MyButton />
```

```
        <Button Content="Internet of Things" />

    </StackPanel>
</Page>
```

如果要通过使用代码隐藏过程来获得类似的结果，则需要多一点编码。代码清单 4-14 中显示了做了必要修改的 MainPage.xaml.cs 文件。可以通过运行应用程序来检查此代码的效果，因为它不会影响第一个按钮的外观（在设计窗格中）。后者分配了匿名样式，因此在 Visual Studio 的设计窗格中，可以看到与应用于物联网按钮相同的格式（它与第一个按钮的类型相同）。在运行应用程序后，代码隐藏将 coloredButtonStyle 应用于名为 DefaultButton 的控件，因此其视觉外观会发生变化，并且与图 4-9 类似。

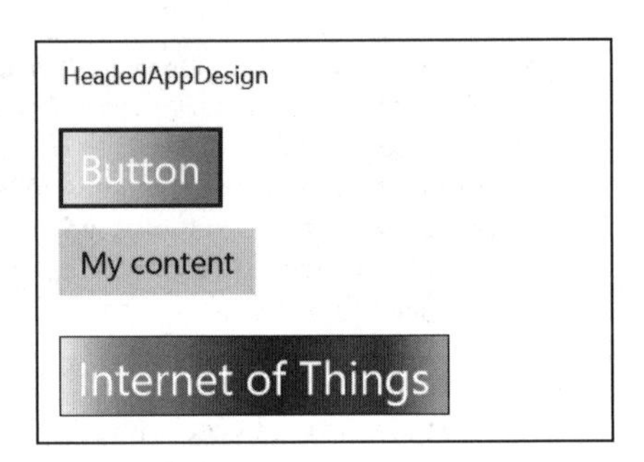

图 4-9　动态（顶部按钮；参见代码清单 4-14）和静态（底部按钮；参见代码清单 4-13）样式应用程序的效果

代码清单 4-14　代码隐藏中的样式定义

```
using Windows.UI;
using Windows.UI.Xaml;
using Windows.UI.Xaml.Controls;
using Windows.UI.Xaml.Media;

namespace HeadedAppDesign
{
    public sealed partial class MainPage : Page
    {
        private Style coloredButtonStyle = new Style(typeof(Button));

        public MainPage()
        {
            InitializeComponent();

            SetStylePropertySetters();

            button.Style = coloredButtonStyle;
        }
        private void SetStylePropertySetters()
        {
            coloredButtonStyle.Setters.Add(new Setter(BorderThicknessProperty, 0.5));
            coloredButtonStyle.Setters.Add(new Setter(BorderBrushProperty, Colors.Black));
            coloredButtonStyle.Setters.Add(new Setter(FontSizeProperty, 20));
            coloredButtonStyle.Setters.Add(new Setter(ForegroundProperty, Colors.White));
            coloredButtonStyle.Setters.Add(new Setter(MarginProperty,
                new Thickness(10, 10, 0, 0)));
            coloredButtonStyle.Setters.Add(new Setter(BackgroundProperty,
```

```
                GenerateGradient()));
        }

        private LinearGradientBrush GenerateGradient()
        {
            var gradientStopCollection = new GradientStopCollection();

            gradientStopCollection.Add(new GradientStop()
            {
                Color = Colors.Yellow,
                Offset = 0
            });

            gradientStopCollection.Add(new GradientStop()
            {
                Color = Colors.Orange,
                Offset = 0.5
            });

            gradientStopCollection.Add(new GradientStop()
            {
                Color = Colors.Red,
                Offset = 1.0
            });

            return new LinearGradientBrush(gradientStopCollection, 0.0);
        }
    }
}
```

虽然代码清单 4-13 中定义的匿名样式将自动应用于 HeadedAppDesign 应用程序的 MainPage 中声明的每个 Button 对象，但属性设置器可以在特定的按钮声明下重写。例如，当将代码清单 4-15 中高亮显示的声明添加到 MainPage.xaml 文件时，将创建一个字体大小为 12 px 和固定宽度为 190 px 的新按钮。

代码清单 4-15　在控制声明下重写一个样式

```
<StackPanel Background="{ThemeResource ApplicationPageBackgroundThemeBrush}">
    <Button x:Name="DefaultButton"
            Content="Button"
            HorizontalAlignment="Left"
            Margin="10,10,0,0"
            VerticalAlignment="Top" />

    <local:MyButton />

    <Button Content="Internet of Things" />

    <Button Content="Windows 10 IoT Core"
            FontSize="12"
            Width="190" />
</StackPanel>
```

你现在可能想知道如何恢复添加到 HeadedAppDesign 项目主视图的按钮的默认格式。可以通过更改代码清单 4-13 中的样式声明来创建一个非匿名样式，即显式地设置一个样式标识符。样式和其他资源的唯一标识符由分配给绑定到 x: 前缀的名称空间中定义的 Key 特性的值进行配置。代码清单 4-16 显示了在 MainPage 资源中声明的这种修改的按钮样式声明。进行此更改后，每个按钮的所有属性都将恢复为默认值。

代码清单 4-16　由唯一标识符补充的样式声明

```
<Style TargetType="Button"
       x:Key="ColoredButtonStyle">
```

使用唯一标识符来补充样式声明会将该样式转换为非匿名属性设置器。与匿名样式不同，它必须通过使用 Style 属性（代码清单 4-12 和代码清单 4-14）或 XAML 标记扩展来显式地分配给给定的控件。

但是，如何将样式应用于指定的控件？要通过适当地引用样式来实现。可以通过使用特定的标记扩展来完成此操作，这将在下一节中讨论。

4.5.3 StaticResource 和 ThemeResource 标记扩展

在 UI 声明解析期间，XAML 处理器将特性值转换为原始或复杂类型。为了禁用或修改此类默认解析，XAML 引入了标记扩展的概念。这些对象使用大括号进行声明，并指示 XAML 处理器以非标准方式处理特性值。

在核心和默认的 XAML 命名空间中实现了几个标记扩展。对于控件的格式，应该对以下两个进行区分：{StaticResource} 和 {ThemeResource}。{StaticResource} 表示资源集合中声明的对象，通常用于将一组属性设置器分配给控件。第二个标记扩展 {ThemeResource} 的工作方式类似于 {StaticResource}，但它定义了与主题相关的属性设置器。样式可能会自动调整为特定 Windows 10 设备使用的主题设置。例如，不同的按钮背景可以应用在浅色和深色主题中。

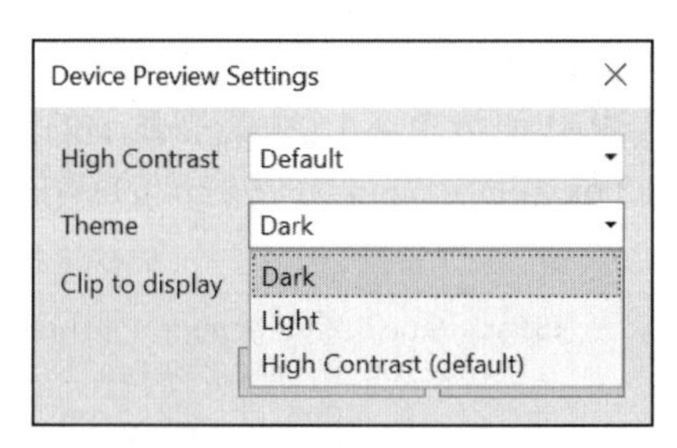

图 4-10　设备预览主题配置

为了展示 {StaticResource} 和 {ThemeResource} 标记扩展的示例用法，此处修改了代码清单 4-17 中的 MainPage 声明。此声明使用 ResourceDictionary 类补充了 MainPage 的资源，其中包含 ColoredButtonStyle 和两个主题相关的资源字典。这些集合包含用于通过使用 {Theme Resource} 标记扩展来设置 Button 控件的 Foreground 和 Background 属性的对象的声明。XAML 处理器自动解析当前主题并将相应的属性应用于给定的按钮。请记住，可以使用设备工具栏更改设计器预览的当前主题（见图 4-3）。为此，可以使用 Device Preview Settings 对话框中的 Theme 下拉列表框（见图 4-10）。

代码清单 4-17　用于声明和应用主题相关属性设置器的 XAML 标记扩展

```
<Page x:Class="HeadedAppDesign.MainPage"
    xmlns="http://schemas.microsoft.com/winfx/2006/xaml/presentation"
    xmlns:x="http://schemas.microsoft.com/winfx/2006/xaml"
    xmlns:local="using:HeadedAppDesign"
    xmlns:d="http://schemas.microsoft.com/expression/blend/2008"
    xmlns:mc="http://schemas.openxmlformats.org/markup-compatibility/2006"
    mc:Ignorable="d">

    <Page.Resources>
        <ResourceDictionary>
            <ResourceDictionary.ThemeDictionaries>
                <ResourceDictionary x:Key="Light">
                <Color x:Key="ForegroundColor">White</Color>

                <LinearGradientBrush x:Key="ColoredLinearGradientBrush"
                                     EndPoint="1,0"
                                     StartPoint="0,0">
                    <GradientStop Color="Yellow"
                                  Offset="0" />
                    <GradientStop Color="Red"
                                  Offset="0.25" />
                    <GradientStop Color="Blue"
                                  Offset="0.75" />
                    <GradientStop Color="LimeGreen"
                                  Offset="1" />
                </LinearGradientBrush>
            </ResourceDictionary>
            <ResourceDictionary x:Key="Dark">
                <Color x:Key="ForegroundColor">Yellow</Color>

                <LinearGradientBrush x:Key="ColoredLinearGradientBrush"
                                     EndPoint="1,0"
                                     StartPoint="0,0">
                    <GradientStop Color="LimeGreen"
                                  Offset="0" />
                    <GradientStop Color="Blue"
                                  Offset="0.25" />
                    <GradientStop Color="Red"
                                  Offset="0.75" />
                    <GradientStop Color="Yellow"
                                  Offset="1" />
                </LinearGradientBrush>
            </ResourceDictionary>
        </ResourceDictionary.ThemeDictionaries>

        <Style TargetType="Button"
               x:Key="ColoredButtonStyle">
            <Setter Property="BorderThickness"
                    Value="0.5" />
            <Setter Property="BorderBrush"
                    Value="Black" />
            <Setter Property="FontSize"
```

```
                    Value="22" />
            <Setter Property="Margin"
                    Value="10,10,0,0" />
            <Setter Property="Foreground"
                    Value="{ThemeResource ForegroundColor}" />
            <Setter Property="Background"
                    Value="{ThemeResource ColoredLinearGradientBrush}" />
        </Style>
    </ResourceDictionary>
</Page.Resources>

<StackPanel Background="{ThemeResource ApplicationPageBackgroundThemeBrush}">
    <Button x:Name="DefaultButton"
            Content="Button"
                HorizontalAlignment="Left"
                Margin="10,10,0,0"
                VerticalAlignment="Top" />

        <local:MyButton />

        <Button Content="Internet of Things"
                Style="{StaticResource ColoredButtonStyle}"/>

        <Button Content="Windows 10 IoT Core"
                FontSize="12"
                Width="190"
                Style="{StaticResource ColoredButtonStyle}"/>
    </StackPanel>
</Page>
```

该应用程序还可以在初始化期间请求颜色主题；你可以更新 App.xaml 的内容（参见代码清单 4-18），也可以在 App.xaml.cs 文件（参见代码清单 4-19）中定义的 App 类构造函数中设置请求的主题。在运行期间，不能更改应用程序的主题，这样操作会引发 System.NotSupportedException 类型的异常。

代码清单 4-18 可以使用 Application 标签的属性设置请求的主题

```
<Application
    x:Class="HeadedAppDesign.App"
    xmlns="http://schemas.microsoft.com/winfx/2006/xaml/presentation"
    xmlns:x="http://schemas.microsoft.com/winfx/2006/xaml"
    xmlns:local="using:HeadedAppDesign"
    RequestedTheme="Dark">
</Application>
```

代码清单 4-19 开发人员可以在应用程序初始化（App.xaml.cs）中以编程方式请求主题，前提是它尚未在 App.xaml 文件中设置（XAML 声明；参见代码清单 4-18）

```
provided it was not already set in the App.xaml file (XAML declaration; see Listing 4-18)
public App()
```

```
{
    InitializeComponent();
    Suspending += OnSuspending;

    RequestedTheme = ApplicationTheme.Light;
}
```

最后，通过使用 {StaticResource} 标记扩展（请参见代码清单 4-17 的结束部分）以及明或暗颜色主题（见图 4-11）中 HeadedAppDesign 的默认视图，将样式分配给控件。

4.5.4　视觉状态和 VisualState-Manager

在对 HeadedAppDesign 项目进行测试期间，你可能会注意到按钮被单击后会发生变化，如播放一段简短的动画、背景和前景被改变。此外，按钮会稍微偏离其原始位置。控制属性的这种动态变化会通知用户已采取特定操作，从而阻止其再次单击按钮。可以使用此方法通知用户传感器读数接近关键或异常值。指示灯的颜色可能会根据从连接到物联网设备的传感器接收到的信号而发生变化。传感器读数可以显示具有不同属性设置器的几种视觉状态。

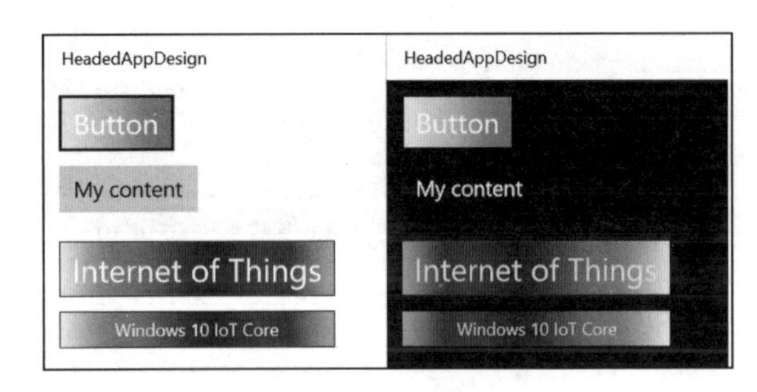

图 4-11　主题相关控件样式

通过将 Template 属性设置为 ControlTemplate 类的实例，可以在控件模板内定义视觉状态。一般来说，这个类定义了 XAML 控件的视觉结构。视觉状态由 VisualState 类型的实例表示。后者可以由 Storyboard 类实例或属性设置器组成。前者定义了控制动画，而后者是 Setter 类的实例的集合。通常，属性设置器看起来与样式定义类似，因为动画有效地通过时间格式调整完成。但是，视觉状态的属性设置器是通过 Target 来配置的，而不是 Property 特性。通常，ControlTemplate 类可以由几个 XAML 控件组成。如果是这样，属性设置器可能与不同的 XAML 对象相关联。识别这些元素的语法为 ControlName.TargetProperty，其中 ControlName 通过 x: Name 特性进行设置，TargetProperty 表示控件特性，它将由属性设置器更新。

在定义视觉状态之后，可以使用 VisualStateManager 类的静态方法 GoToState 来激活它们。或者，可以编写自定义类，这些自定义类会由于用户采取的操作或外部信号的更改而更新所选控件属性的值或从代码隐藏更改切换样式。你也可以使用自适应和状态触发器，在下一节将讨论这些触发器。

现在将介绍控件的视觉状态的示例定义以及 VisualStateManager 类的选定方法的用法。按照以下步骤在 HeadedAppDesign 项目中进行更改：

1）修改 ColoredButtonStyle 的定义，如代码清单 4-20 所示。

代码清单 4-20 在控件模板中定义了视觉状态

```
<Style TargetType="Button"
       x:Key="ColoredButtonStyle">
    <Setter Property="BorderThickness"
            Value="0.5" />
    <Setter Property="BorderBrush"
            Value="Black" />
    <Setter Property="FontSize"
            Value="22" />
    <Setter Property="Margin"
            Value="10,10,0,0" />
    <Setter Property="Foreground"
            Value="{ThemeResource ForegroundColor}" />
    <Setter Property="Background"
            Value="{ThemeResource ColoredLinearGradientBrush}" />
    <Setter Property="Template">
        <Setter.Value>
            <ControlTemplate TargetType="Button">
                <Grid x:Name="RootGrid"
                        Background="{TemplateBinding Background}">
                    <VisualStateManager.VisualStateGroups>
                        <VisualStateGroup x:Name="CommonStates">
                            <VisualState x:Name="Normal" />

                            <VisualState x:Name="PointerOver">
                                <VisualState.Setters>
                                    <Setter Target="RootGrid.Background"
                                            Value="{ThemeResource ForegroundColor}" />
                                    <Setter Target="ContentPresenter.Foreground"
                                            Value="{ThemeResource
                                                    ColoredLinearGradientBrush}" />
                                </VisualState.Setters>
                            </VisualState>

                            <VisualState x:Name="Pressed">
                                <Storyboard>
                                    <SwipeHintThemeAnimation ToHorizontalOffset="5"
                                                             ToVerticalOffset="0"
                                                             TargetName="RootGrid" />
                                </Storyboard>
                            </VisualState>
                        </VisualStateGroup>
                    </VisualStateManager.VisualStateGroups>
                    <ContentPresenter x:Name="ContentPresenter"
                                      BorderBrush="{TemplateBinding BorderBrush}"
                                      BorderThickness="{TemplateBinding BorderThickness}"
                                      Content="{TemplateBinding Content}"
                                      Padding="{TemplateBinding Padding}"
                                      HorizontalContentAlignment=
                                          "{TemplateBinding
                                                  HorizontalContentAlignment}"
                                      VerticalContentAlignment=
                                          "{TemplateBinding VerticalContentAlignment}" />
```

```
                </Grid>
            </ControlTemplate>
        </Setter.Value>
    </Setter>
</Style>
```

2）根据代码清单 4-21 更新 StackPanel 标签之间的 MainPage 声明部分（请注意列表中第一个按钮的名称已更改）。

代码清单 4-21　MainPage 的按钮声明

```
<Button x:Name="GoToStateButton"
        Content="Change visual state"
        HorizontalAlignment="Left"
        Margin="10,10,0,0"
        VerticalAlignment="Top"
        Click="GoToStateButton_Click" />

<local:MyButton />

<Button x:Name="IoTButton"
        Content="Internet of Things"
        Style="{StaticResource ColoredButtonStyle}" />

<Button x:Name="Windows10IoTCoreButton"
        Content="Windows 10 IoT Core"
        FontSize="12"
        Width="190"
        Style="{StaticResource ColoredButtonStyle}" />
```

3）打开 MainPage.xaml.cs 文件，定义两个私有成员并更新 MainPage 类的默认构造函数，如代码清单 4-22 所示。

代码清单 4-22　MainPage 类的其他专用字段及其更新的构造函数

```
private const string pointerOverVisualStateName = "PointerOver";
private const string normalVisualStateName = "Normal";

public MainPage()
{
    InitializeComponent();

    SetStylePropertySetters();

    GoToStateButton.Style = coloredButtonStyle;
}
```

4）将代码清单 4-23 中的方法包含在 MainPage 类的定义中。

代码清单 4-23　使用 VisualStateManager 进行视觉状态交换

```
private void GoToStateButton_Click(object sender, RoutedEventArgs e)
```

```
{
    SwapButtonVisualState(IoTButton);
    SwapButtonVisualState(Windows10IoTCoreButton);
}

private void SwapButtonVisualState(Button button)
{
    string newVisualState = pointerOverVisualStateName;

    if(button.Tag != null)
    {
        if(button.Tag.ToString().Contains(pointerOverVisualStateName))
        {
            newVisualState = normalVisualStateName;
        }
        else
        {
            newVisualState = pointerOverVisualStateName;
        }
    }

    VisualStateManager.GoToState(button, newVisualState, false);

    button.Tag = newVisualState;
}
```

上述解决方案中的几个方面值得进一步探讨。ColoredButtonStyle 的按钮模板定义了名为 CommonStates 的视觉状态组。该组由三种视觉状态组成：Normal、PointerOver 和 Pressed。Normal 视觉状态不包含任何属性设置器，它只是恢复由其他两个视觉状态所做的控制格式的更改。PointerOver 视觉状态定义了两个属性设置器，它们交换前景和背景属性，而 Pressed 视觉状态播放 SwipeHintThemeAnimation 类中实现的动画。此动画被配置为将按钮向 MainPage 窗口的右边界移动 5px。每次单击按钮时都会发生这种情况。按钮转换的方向和数量使用 SwipeHintThemeAnimation 类的 ToHorizontalOffset 和 ToVerticalOffset 特性进行配置。SwipeHintThemeAnimation 以及其他 XAML 库动画在 Windows.UI.Xaml.Media.Animation 命名空间被定义。尽管这里没有描述 XAML 动画，但可以通过将 SwipeHintThemeAnimation 替换为名称以 Animation 结尾的类型来检查它们。可以使用对象浏览器找到这些类（见图 4-12）。使用 View/Object Designer 选项激活此窗口，然后在搜索框中输入 Animation。

回到示例代码，当鼠标指针位于这些控件的边界矩形内或单击 Change Visual State 按钮时，IoTButton 和 Windows10IoTCoreButton 进入 PointerOver 视觉状态。在 PointerOver 视觉状态下，将 RootGrid 的 Background 属性设置为 ForegroundColor、ContentPresenter 的 Foreground 设置为 ColoredLinearGradientBrush。在图 4-13 中可以看到这些更改的效果。

可以使用控件模板来更改 XAML 控件的视觉结构。使用此功能可以实现圆形按钮或圆形文本框指示器。通常，这些控件是矩形的，但可以使用控件模板对其进行修改。代码清单 4-24 中显示了样式定义，其中包含省略号按钮的控件模板。将 EllipsisButtonStyle 与

Windows10IoTCoreButton 联系起来可以显示如图 4-14 所示的结果。

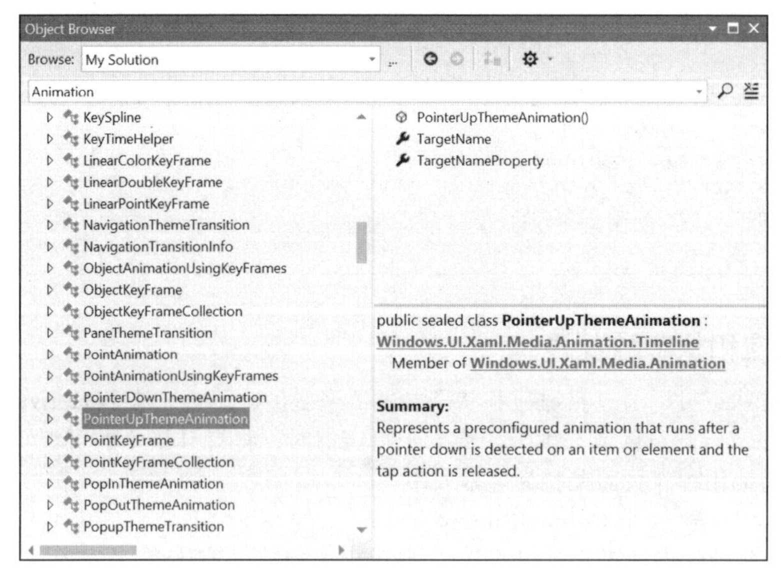

图 4-12 对象浏览器显示名称包含 Animation 的类的列表

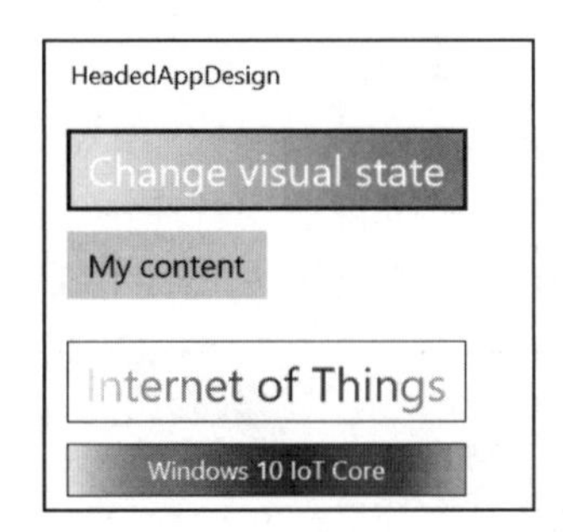

图 4-13 ColoredButtonStyle 的视觉状态

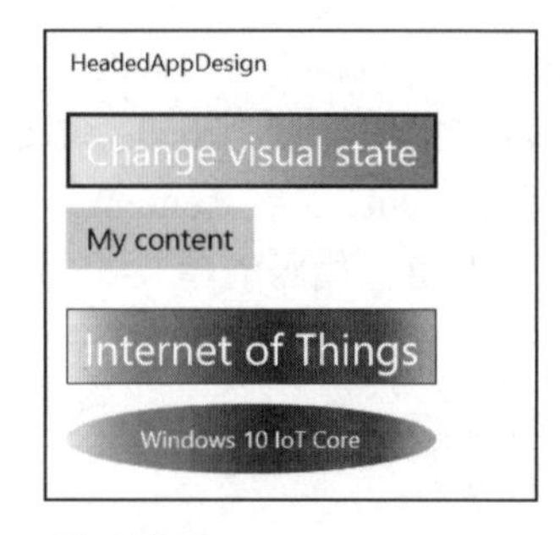

图 4-14 通过扩展 ColoredButtonStyle 并使用控件模板创建的圆形按钮

EllipsisButtonStyle 是通过继承 ColoredButtonStyle 中的一组属性设置器来定义的。在 XAML 中，可以使用 Style 标签的 BasedOn 属性来扩展样式（见代码清单 4-24）。这种扩展样式继承了由 BasedOn 属性的值确定的样式中声明的属性设置器。但是，新样式可能会在本地覆盖父类型的属性设置器。

代码清单 4-24 通过改变按钮的视觉结构来扩展 ColoredButtonStyle 的定义

```
<Style x:Key="EllipsisButtonStyle"
       TargetType="Button"
       BasedOn="{StaticResource ColoredButtonStyle}">
    <Setter Property="Template">
        <Setter.Value>
            <ControlTemplate TargetType="Button">
```

```
                    <Grid Margin="10">
                        <Ellipse Fill="{TemplateBinding Background}"
                                 Margin="-10" />
                            <ContentPresenter HorizontalAlignment="Center"
                                              VerticalAlignment="Center" />
                    </Grid>
                </ControlTemplate>
            </Setter.Value>
        </Setter>
    </Style>
```

4.5.5　自适应和状态触发器

控件的视觉状态可以通过自适应和状态触发器来激活。第一个在 AdaptiveTrigger 类中实现，当应用程序窗口的宽度或高度等于或大于指定值时，将打开指示的可视状态。自适应触发器通常用于将应用程序页面调整为屏幕大小。

代码清单 4-25 显示了 ColoredButtonStyle 定义的修改版本，其中自适应触发器与 LayoutChanged 视觉状态相关联。此状态在应用程序窗口的高度等于或大于 350px 时激活。在这种情况下，相应的按钮将调整 115%。属性 RenderTransform 分配了 ScaleTransform 类的一个实例。后者实现了一个缩放变换，可以通过 4 个特性进行参数化：ScaleX、ScaleY、CenterX 和 CenterY。ScaleX 和 ScaleY 定义缩放系数，这些系数用于乘以给定视觉元素的当前宽度（ScaleX）和高度（ScaleY）的值。CenterX 和 CenterY 属性指定缩放操作中心的点。默认情况下，CenterX = CenterY = 0。在典型的计算机可视应用程序中，此位置对应于 XAML 控件的左上角。代码清单 4-25 中实现的自适应触发器的效果如图 4-15 所示。

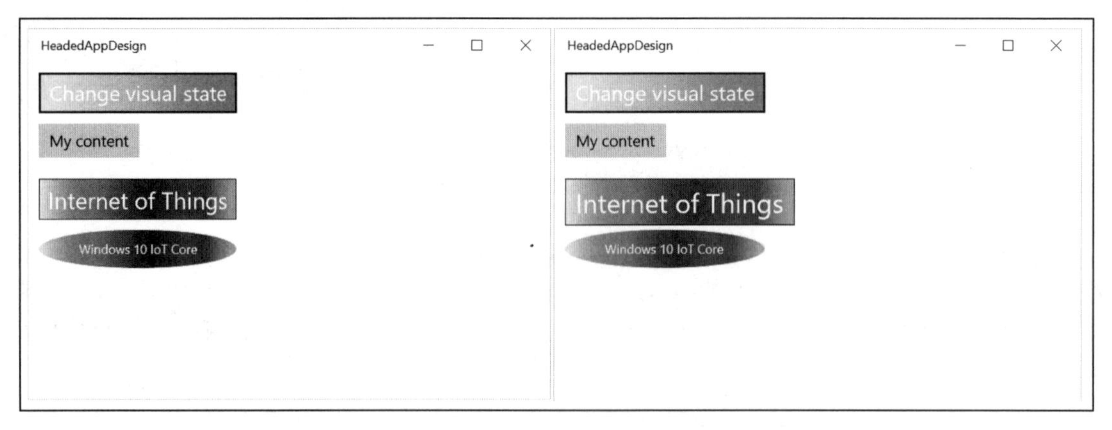

图 4-15　当应用程序窗口的高度达到 350 px 的值时，按钮将重新调整

代码清单 4-25　当窗口高度等于或大于 350 px 时，按钮将重新调整

```
<Style TargetType="Button"
       x:Key="ColoredButtonStyle">
```

```
// 此部分与代码清单 4-20 中相同

<Setter Property="Template">
    <Setter.Value>
        <ControlTemplate TargetType="Button">
            <Grid x:Name="RootGrid"
                  Background="{TemplateBinding Background}">
                <VisualStateManager.VisualStateGroups>
                    <VisualStateGroup x:Name="CommonStates">
                        <VisualState x:Name="Normal" />

                        <VisualState x:Name="PointerOver">
                            <VisualState.Setters>
                                <Setter Target="RootGrid.Background"
                                        Value="{ThemeResource ForegroundColor}" />
                                <Setter Target="ContentPresenter.Foreground"
                                        Value="{ThemeResource
                                        ColoredLinearGradientBrush}" />
                            </VisualState.Setters>
                        </VisualState>

                        <VisualState x:Name="Pressed">
                            <Storyboard>
                                <SwipeHintThemeAnimation ToHorizontalOffset="5"
                                                         ToVerticalOffset="0"
                                                         TargetName="RootGrid" />
                            </Storyboard>
                        </VisualState>

                        <VisualState x:Name="LayoutChanged">
                            <VisualState.Setters>
                                <Setter Target="RootGrid.RenderTransform">
                                    <Setter.Value>
                                        <ScaleTransform ScaleX="1.15"
                                                        ScaleY="1.15" />
                                    </Setter.Value>
                                </Setter>
                            </VisualState.Setters>

                            <VisualState.StateTriggers>
                                <AdaptiveTrigger MinWindowHeight="350" />
                            </VisualState.StateTriggers>

                        </VisualState>

                    </VisualStateGroup>

                </VisualStateManager.VisualStateGroups>

                // 此部分与代码清单 4-20 中相同

            </Grid>
        </ControlTemplate>
```

```
        </Setter.Value>
    </Setter>
</Style>
```

状态触发器由自定义条件声明激活，可以使用 StateTrigger 类的实例的 IsActive 属性来定义状态触发器。为了说明此机制的用法，下面使用 CheckBox 控件补充了 HeadedAppDesign 项目 MainPage 的声明。随后，将 StateTrigger 的 IsActive 属性与 CheckBox 控件的 IsChecked 属性链接起来。因此，只要 CheckBox 控件被选中，状态触发器就会被激活。

可以在代码清单 4-26 中看到实现此类功能的 XAML 声明，以及图 4-16 中显示的这些修改的效果。

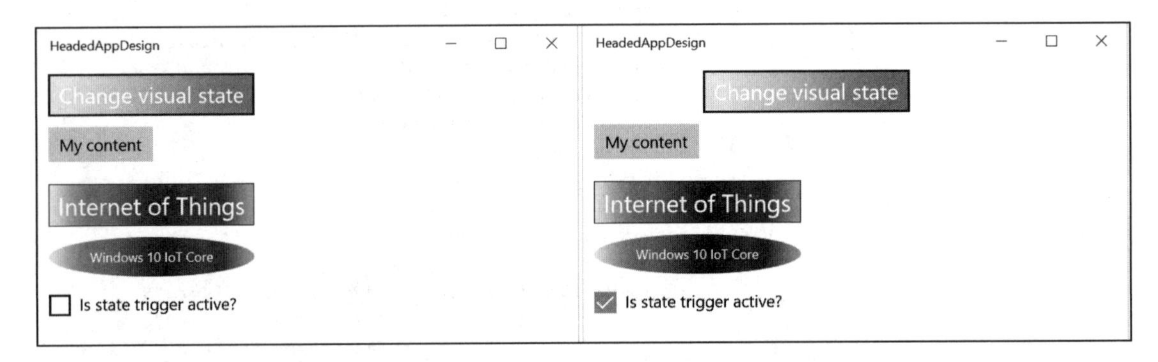

图 4-16　CheckBox 控件激活状态触发器，它将按钮切换到名为 Translated 的可视状态

代码清单 4-26　与 Translated 视觉样式关联的状态触发器

```
<StackPanel Background="{ThemeResource ApplicationPageBackgroundThemeBrush}">
    <VisualStateManager.VisualStateGroups>
        <VisualStateGroup>
            <VisualState x:Name="Translated">
                <VisualState.Setters>
                    <Setter Target="GoToStateButton.RenderTransform">
                        <Setter.Value>
                            <TranslateTransform X="100" />
                        </Setter.Value>
                    </Setter>
                </VisualState.Setters>

                <VisualState.StateTriggers>
                    <StateTrigger IsActive="{Binding IsChecked,
                                    ElementName=StateTriggerCheckBox}" />
                </VisualState.StateTriggers>
            </VisualState>
        </VisualStateGroup>
    </VisualStateManager.VisualStateGroups>
    // 此部分与代码清单 4-21 中相同

    <CheckBox x:Name="StateTriggerCheckBox"
```

```
            Content="Is state trigger active?"
            Margin="10"/>
</StackPanel>
```

代码清单 4-26 中的 XAML 声明定义了名为 Translated 的新视觉状态。在这种视觉状态下，GoToStateButton 沿水平方向移动 100px。这里使用了 TranslateTransform 类的实例，它实现了仿射变换，将视觉元素移动一个偏移量，表示为一个二元向量 [X, Y]。该矢量的条目使用 TranslateTransform 类的 X 和 Y 属性进行设置（参见代码清单 4-25）。

Translated 的可视化状态是在与 StackPanel 控件关联的 VisualStateManager 下定义的。在这种情况下，不需要控制模板。但是，可视状态仅适用于特定的 StackPanel 控件。

与 Translated 的视觉状态相关联的状态触发器在状态触发检查框被选中时激活。在 XAML 中，可以使用数据绑定技术来实现此类功能，其中控件属性使用 {Binding} 标记扩展进行链接。在本章后面的内容中会进一步讨论这个机制。

4.5.6　资源集合

前面例子中声明的每种样式的范围都局限于当前页面。通常，样式（或更广义的资源）可以在控件、页面或应用程序级别进行限定。此外，样式可以在不同的应用程序之间共享，方法是将它们作为资源字典存储在以 .xaml 扩展名结尾的文件中。

1. 控制范围

要定义在控件级别作用域的样式，请使用 XAML 属性元素语法，并在 Resources 或 Style 类中实现的开始和结束标记之间嵌入声明。例如，下面将使用 Rectangle 控件补充 MainPage 声明，如代码清单 4-27 所示。相应的标记由两个元素组成：资源和匿名样式。资源部分定义了两个类型为 double 的常量，它们在样式定义中用于设置矩形的宽度和高度。匿名样式被声明为 Rectangle 控件的子项，所以在这种情况下，不需要配置样式标识符。样式自动应用于该矩形控件。该范围内没有其他矩形。

代码清单 4-27　控制范围的资源声明

```
<Rectangle>
    <Rectangle.Resources>
        <x:Double x:Key="RectWidth">100</x:Double>
        <x:Double x:Key="RectHeight">100</x:Double>
    </Rectangle.Resources>
    <Rectangle.Style>
        <Style TargetType="Rectangle">
            <Setter Property="Fill"
                    Value="Orange" />
            <Setter Property="Width"
                    Value="{StaticResource RectWidth}" />
            <Setter Property="Height"
                    Value="{StaticResource RectHeight}" />
```

```
        </Style>
    </Rectangle.Style>
</Rectangle>
```

页面级范围的资源使用控制范围的资源，因为 Page 也是一个控件。但是它通常托管其他控件，因此在页面范围内声明的资源也可用于子控件，上述初始示例中的按钮对此已经有所展示。

2. 应用程序范围

应用程序范围的资源在 Application.Resources 标记下的 App.xaml 文件中定义。例如，可以将页面范围的声明从 MainPage.xaml 移动到 App.xaml，如代码清单 4-28 所示。然后，HeadedAppDesign 项目的每个页面都可以引用 ColoredButtonStyle 和 EllipsisButtonStyle。

将资源移动到 App.xaml 文件后，样式不会出现在设计窗格中，直到需要重新构建项目时。可以使用 Build 菜单中的 Rebuild 命令来完成此操作。

代码清单 4-28 在应用程序级声明资源范围

```
<Application
    x:Class="HeadedAppDesign.App"
    xmlns="http://schemas.microsoft.com/winfx/2006/xaml/presentation"
    xmlns:x="http://schemas.microsoft.com/winfx/2006/xaml"
    xmlns:local="using:HeadedAppDesign">

    <Application.Resources>
        <ResourceDictionary>
            // 此部分与代码清单 4-24 和代码清单 4-25 中相同
        </ResourceDictionary>
    </Application.Resources>
</Application>
```

3. 导入资源

资源（即控件样式、模板和其他 XAML 对象定义）可以通过使用合并字典在不同的 UWP 应用程序间共享，可以使用 ResourceDictionary 类实例的属性 MergedDictionaries 来定义合并字典。

下一个示例中，会将样式 EllipsisButtonStyle 的定义移动到在单独文件中声明的字典中，并将该字典与 App.xaml 文件中的 XAML 声明合并。该任务可通过以下步骤完成：

1）使用 Project 菜单的 Add New Item 命令调出 Add New Item 对话框。

2）在 Add New Item 对话框中，转到 Visual C# / XAML 选项卡，然后选择 Resource Dictionary 项目，并在 Name 文本框中输入 MyDictionary.xaml（见图 4-17）。

3）单击 Add 按钮，MyDictionary.xaml 被添加到 HeadedAppDesign 项目中。

4）根据代码清单 4-29 修改 MyDictionary.xaml 的内容。

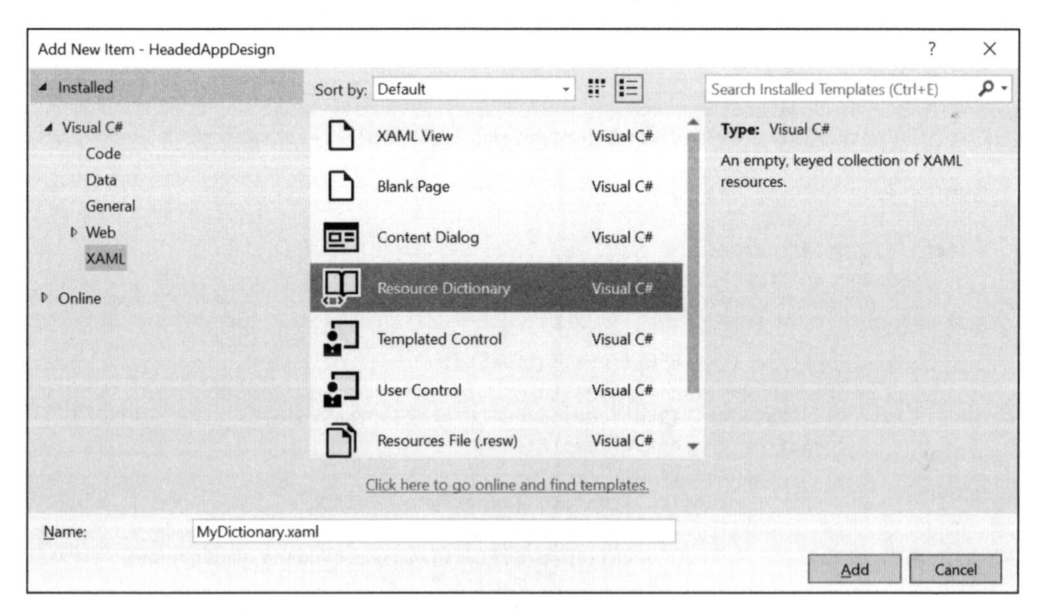

图 4-17　添加资源字典

代码清单 4-29　MyDictionary.xaml 文件的内容

```
<ResourceDictionary
    xmlns="http://schemas.microsoft.com/winfx/2006/xaml/presentation"
    xmlns:x="http://schemas.microsoft.com/winfx/2006/xaml"
    xmlns:local="using:HeadedAppDesign">

    <Thickness x:Key="DefaultMargin">10</Thickness>
    <Thickness x:Key="NegativeMargin">-10</Thickness>

    <Style x:Key="EllipsisButtonStyle"
           TargetType="Button"
           BasedOn="{StaticResource ColoredButtonStyle}">
        <Setter Property="Template">
            <Setter.Value>
                <ControlTemplate TargetType="Button">
                    <Grid Margin="{StaticResource DefaultMargin}">
                        <Ellipse Fill="{TemplateBinding Background}"
                                 Margin="{StaticResource NegativeMargin}" />
                        <ContentPresenter HorizontalAlignment="Center"
                                          VerticalAlignment="Center" />
                    </Grid>
                </ControlTemplate>
            </Setter.Value>
        </Setter>
    </Style>
</ResourceDictionary>
```

5）在 App.xaml 文件中，将定义替换为 MyDictionary.xaml 的导入（请参见代码清单 4-30）。

代码清单 4-30 从文件导入资源

```
<Application
    x:Class="HeadedAppDesign.App"
    xmlns="http://schemas.microsoft.com/winfx/2006/xaml/presentation"
    xmlns:x="http://schemas.microsoft.com/winfx/2006/xaml"
    xmlns:local="using:HeadedAppDesign">

    <Application.Resources>
        <ResourceDictionary>
            // 此部分与代码清单 4-27 中相同

            <!--<Style x:Key="EllipsisButtonStyle"
                   TargetType="Button"
                   BasedOn="{StaticResource ColoredButtonStyle}">
                <Setter Property="Template">
                    <Setter.Value>
                        <ControlTemplate TargetType="Button">
                            <Grid Margin="10">
                                <Ellipse Fill="{TemplateBinding Background}"
                                         Margin="-10" />
                                 <ContentPresenter HorizontalAlignment="Center"
                                                   VerticalAlignment="Center" />
                            </Grid>
                        </ControlTemplate>
                    </Setter.Value>
                </Setter>
            </Style>-->

            <ResourceDictionary.MergedDictionaries>
                <ResourceDictionary Source="MyDictionary.xaml" />
            </ResourceDictionary.MergedDictionaries>
        </ResourceDictionary>
    </Application.Resources>
</Application>
```

当然，HeadedAppDesign 项目主页中控件的外观不会改变。本示例显示合并字典提供了跨应用程序共享资源的便捷方式，并有助于组织和隔离与平台类型或本地化相关的 XAML 文件。

4. 从代码隐藏中访问资源

无论是在控件、页面还是应用程序级别的范围，均可以在代码隐藏过程中访问 XAML 中声明的资源。每个资源都由其关键字（ x:Key 特性的值）标识，并且可以使用 ResourceDictionary 类的相应实例进行访问。可以使用控件的 Resources 属性访问在控件和页面级范围声明的资源。ResourceDictionary 的实例可以通过 Application.Current.Resources 属性获得，该实例存储应用程序级别的资源。

在 HeadedAppDesign 项目中将调整此机制，以动态交换 MyButton 控件实例的样式。因此，在 HeadedAppDesign 应用程序中引入了以下更改：

1）在 MainPage.xaml 文件中声明的 Page 对象的 Resources 标记下定义 OrangeButtonStyle

XAML 对象（参见代码清单 4-31）。

代码清单 4-31　OrangeButtonStyle 定义

```
<Page.Resources>
    <Style x:Key="OrangeButtonStyle"
           TargetType="Button">
        <Setter Property="Background"
                Value="Orange" />
        <Setter Property="BorderBrush"
                Value="OrangeRed" />
        <Setter Property="BorderThickness"
                Value="2" />
        <Setter Property="FontSize"
                Value="26" />
    </Style>
</Page.Resources>
```

2）使用 Click 属性扩展 MyButton 控件的声明（参见代码清单 4-32）。

代码清单 4-32　分配一个事件处理程序

```
<local:MyButton Click="MyButton_Click" />
```

3）在 MainPage 类（MainPage.xaml.cs）中定义代码清单 4-33 中的 3 个方法。

代码清单 4-33　用于从资源集合中检索对象的过程以及用于样式交换的过程

```
private Style GetStyleFromResourceDictionary(ResourceDictionary
resourceDictionary, string styleKey)
{
    Style style = null;

    if(resourceDictionary != null && !string.IsNullOrWhiteSpace(styleKey))
    {
        if(resourceDictionary.ContainsKey(styleKey))
        {
            style = resourceDictionary[styleKey] as Style;
        }
    }

    return style;
}

private void SwapStyles(Button button)
{
    // Application-scoped 资源
    var coloredButtonStyle = GetStyleFromResourceDictionary(
        Application.Current.Resources, "ColoredButtonStyle");

    // Page-scoped 资源
    var ellipsisButtonStyle = GetStyleFromResourceDictionary(
        Resources, "OrangeButtonStyle");
```

```
        Style newStyle;
        if (button.Style == coloredButtonStyle)
        {
            newStyle = ellipsisButtonStyle;
        }
        else
        {
            newStyle = coloredButtonStyle;
        }

        button.Style = newStyle;
    }

    private void MyButton_Click(object sender, RoutedEventArgs e)
    {
        MyButton myButton = sender as MyButton;

        if(myButton != null)
        {
            SwapStyles(myButton);
        }
    }
```

为了安全地将实例获取到在资源集合中声明的对象，这里实现了一个 GetStyleFromResourceDictionary 辅助方法。它接受两个参数：ResourceDictionary 集合的实例和样式标识符。GetStyleFromResourceDictionary 方法检查参数是否正确，然后验证给定的资源集合是否包含指定的样式。如果正确，则返回对该对象的引用。

随后，在 SwapStyles 方法中使用 GetStyleFromResourceDictionary 辅助函数来获取由 ColoredButtonStyle 和 OrangeButtonStyle 键标识的样式。第一个是应用程序级别的范围，因此可以在 Application.Current.Resources 集合中查找它。OrangeButtonStyle 对象在 MainPage 的资源中定义。因此，可以使用资源属性访问此集合。

在从资源中读取样式之后，使用它们设置 MyButton 控件实例的 Style 属性的值。要看到这个效果，需要运行该应用程序并单击 MyButton（My Content 标签）控件几次（见图 4-18）。

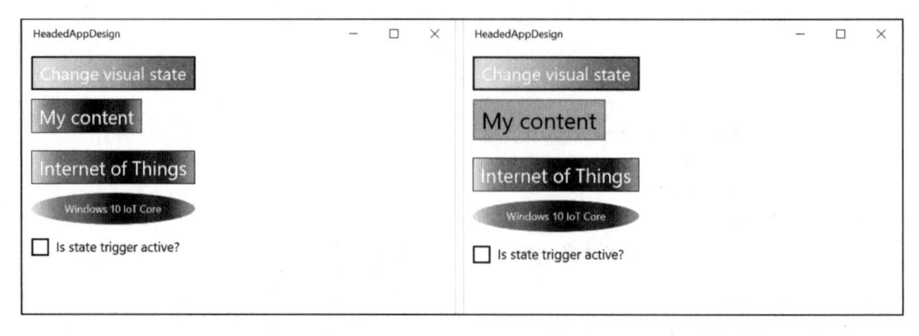

图 4-18　从代码隐藏动态样式交换。单击按钮后，My Content 按钮的外观会发生变化；比较两个面板上 My Content 按钮的样式

4.5.7 默认样式和主题资源

如果未明确设置给定控件的 Style 属性，则 XAML 控件将使用样式和主题资源的默认定义。这些默认定义可以在两个文件中找到：generic.xaml 和 themeresources.xaml。这些文件位于 Windows 10 SDK 的以下文件夹下：

DesignTime \ CommonConfiguration \ Neutral \ UAP \ <SDK version> \ Generic

上述路径中的占位符 <SDK version> 可为 10.0.10586.0 等版本号。通常，该路径前面的文件夹存在于 Program Files (x86)\ Windows Kits \10 路径下。

有趣的是，存储在 generic.xaml 和 themeresources.xaml 文件下的定义可以被覆盖或用来构造新的样式。例如，可以通过更新 ThemeDictionaries 集合来覆盖 ApplicationPageBackground-ThemeBrush，如代码清单 4-34 所示，该集合的原始声明在代码清单 4-17 中给出。因此，StackPanel 的 Background 属性将会适当地改变。可以通过运行应用程序或查看设计窗格来检查这一点。建议验证一下页面背景是否也遵循颜色主题。

代码清单 4-34 覆盖 ApplicationPageBackgroundThemeBrush

```
<ResourceDictionary.ThemeDictionaries>
    <ResourceDictionary x:Key="Light">
        // 此部分与代码清单 4-17 中相同
        <SolidColorBrush x:Key="ApplicationPageBackgroundThemeBrush"
                         Color="LightGoldenrodYellow" />
    </ResourceDictionary>
    <ResourceDictionary x:Key="Dark">
        // 此部分与代码清单 4-17 中相同
        <SolidColorBrush x:Key="ApplicationPageBackgroundThemeBrush"
                         Color="DarkSlateGray" />
    </ResourceDictionary>
</ResourceDictionary.ThemeDictionaries>
```

4.6 布局

原则上，XAML 控件可以通过适当配置 Margin 属性来相对于彼此进行定位。但是，使用此方法排列控件无法保证在不同屏幕上显示正确的 UI。为了解决这个问题，XAML 提供了几种自动布局控件，包括 StackPanel、Grid 和 RelativePanel。

我们已经多次使用过 StackPanel 和 Grid 控件，这里简要总结一下它们的用法，并介绍可用于定义自适应 UI 布局的 RelativePanel 控件，以及响应窗口大小动态变化的视图，以便在屏幕上优化排列视觉元素。在网页编程中，这种自适应布局更改称为响应式网页设计。

4.6.1 StackPanel

StackPanel 将子控件成水平或垂直排列。此对齐方向使用 Orientation 属性进行配置。默认情况下，方向是 Vertical（垂直）。

StackPanel 控件可以嵌套，所以可以使用这些控件的多个实例来构建一个由子控件组成的表。为了说明这一点，创建一个名为 Layouts.StackPanel 的新的空白 UWP C# 项目并声明 MainPage，如代码清单 4-35 所示。这些声明在数组中安排了 9 个 TextBlock 控件，它们由 3 行 3 列组成，因此你的视图将如图 4-19 所示。

代码清单 4-35　嵌套 StackPanel 控件

```
<Page
    x:Class="Layouts.StackPanel.MainPage"
    xmlns="http://schemas.microsoft.com/winfx/2006/xaml/presentation"
    xmlns:x="http://schemas.microsoft.com/winfx/2006/xaml"
    xmlns:local="using:Layouts.StackPanel"
    xmlns:d="http://schemas.microsoft.com/expression/blend/2008"
    xmlns:mc="http://schemas.openxmlformats.org/markup-compatibility/2006"
    mc:Ignorable="d">

    <Page.Resources>
        <Style TargetType="StackPanel">
            <Setter Property="HorizontalAlignment"
                    Value="Center" />
            <Setter Property="VerticalAlignment"
                    Value="Center" />
            <Setter Property="Background"
                    Value="{ThemeResource ApplicationPageBackgroundThemeBrush}" />
        </Style>

        <Style TargetType="TextBlock">
            <Setter Property="FontSize"
                    Value="40" />
            <Setter Property="Margin"
                    Value="20" />
        </Style>
    </Page.Resources>

    <StackPanel>
        <StackPanel Orientation="Horizontal">
            <TextBlock Text="A" />
            <TextBlock Text="B" />
            <TextBlock Text="C" />
        </StackPanel>

        <StackPanel Orientation="Horizontal">
            <TextBlock Text="D" />
            <TextBlock Text="E" />
            <TextBlock Text="F" />
        </StackPanel>

        <StackPanel Orientation="Horizontal">
            <TextBlock Text="G" />
            <TextBlock Text="H" />
            <TextBlock Text="I" />
        </StackPanel>
    </StackPanel>
</Page>
```

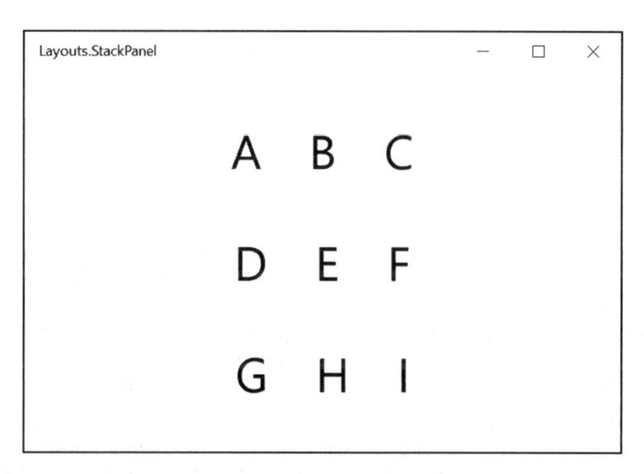

图 4-19　使用 StackPanel 控件排列在数组中的可视元素

4.6.2　Grid

Grid 控件（网格控件）表示允许用户以表格形式排列控件。Grid 默认由 1 行和 1 列组成。可以使用两个特性来更改此配置：RowDefinitions 和 ColumnDefinitions。它们构成 RowDefinition 和 ColumnDefinition 对象的集合，允许用户定义 Grid 的每一行和每一列的属性。特别地，RowDefinitions 和 ColumnDefinitions 的元素数量分别指定行数和列数，而且每个 RowDefinition 都可以用来配置行的 Height 属性。同样，ColumnDefinition 类包含用于控制列的水平维度的 Width 属性。Height 和 Width 属性的取值可以是绝对值、相对值或自动配置。

要以绝对值设置 Grid 控件的行和列的尺寸，可以将数值（以像素为单位）分别分配给 RowDefinition 和 ColumnDefinition 的特性 Height 和 Width。网格的相应单元格将具有固定大小。在这种情况下，将裁剪尺寸大于单元格尺寸的子控件。要自动将网格单元的大小调整为内容的尺寸，可以将 Height 和 Width 属性设置为 Auto。

Grid 控件的特定行和列的尺寸也可以相对于给定 Grid 的 RowDefinition 和 ColumnDefinition 的其他声明进行调整。为此，请使用“*”符号，它指示 XAML 解析器特定的行或列应该使用剩余的视图区域。例如，如果网格包含两行固定的高度，例如，假设网格跨越整个屏幕，这两行的固定高度为 150px，并且屏幕高度等于 400px，则高度设置为“*”的第三行的宽度将为 100px（400 − [2 × 150]）。

具体来说，符号“*”前面可以有一个数值。如果以这种方式对至少两行或多列的维度进行参数化，它将对视图产生影响。在这种情况下，可用空间被分成适当的分数。例如，代码清单 4-36 中的声明将一个 Grid 控件分成两行。第一个使用 ¾，而第二个使用可用屏幕区域的 ¼。

代码清单 4-36　Grid 控件中行的高度的相对配置

```
<Grid.RowDefinitions>
    <RowDefinition Height="3*" />
    <RowDefinition Height="*" />
</Grid.RowDefinitions>
```

总结前面的讨论，创建一个名为 Layouts.Grid 的新的空白 UWP C# 项目，并根据代码清单 4-37 修改页面声明。这样做会创建图 4-20 所示的应用程序视图。请注意，图中的中心列占用了一半的可用宽度，而每个外部列使用宽度的 1/4。第一行的高度是固定的，因此在调整窗口大小时不会改变。跨越三列的最后一行的高度可自动调整为适应其内容。因此，在更改子控件的大小（例如字体大小）后，最后一行的高度会发生变化。

代码清单 4-37 Grid 控件的绝对、相对以及自动行和自动列定义

```
<Page
    x:Class="Layouts.Grid.MainPage"
    xmlns="http://schemas.microsoft.com/winfx/2006/xaml/presentation"
    xmlns:x="http://schemas.microsoft.com/winfx/2006/xaml"
    xmlns:local="using:Layouts.Grid"
    xmlns:d="http://schemas.microsoft.com/expression/blend/2008"
    xmlns:mc="http://schemas.openxmlformats.org/markup-compatibility/2006"
    mc:Ignorable="d">

    <Page.Resources>
        <Style TargetType="TextBlock">
            <Setter Property="FontSize"
                    Value="40" />
            <Setter Property="Padding"
                    Value="20" />
            <Setter Property="TextAlignment"
                    Value="Center" />
            <Setter Property="VerticalAlignment"
                    Value="Center" />
        </Style>

        <Style TargetType="Border">
            <Setter Property="BorderThickness"
                    Value="10" />
        </Style>

        <Style x:Key="InnerBorder"
               TargetType="Border">
            <Setter Property="BorderThickness"
                    Value="0,10,0,10"/>
        </Style>
    </Page.Resources>
    <Grid Background="{ThemeResource ApplicationPageBackgroundThemeBrush}">
        <Grid.RowDefinitions>
            <RowDefinition Height="150" />
            <RowDefinition Height="*" />
            <RowDefinition Height="Auto" />
        </Grid.RowDefinitions>

        <Grid.ColumnDefinitions>
            <ColumnDefinition Width="*" />
            <ColumnDefinition Width="2*" />
            <ColumnDefinition Width="*" />
        </Grid.ColumnDefinitions>
```

```
        <Border BorderBrush="Orange">
            <TextBlock Text="A" />
        </Border>

        <Border BorderBrush="Orange"
                Grid.Column="1"
                Style="{StaticResource InnerBorder}">
            <TextBlock Text="B" />
        </Border>

        <Border BorderBrush="Orange"
                Grid.Column="2">
            <TextBlock Text="C" />
        </Border>

        <Border BorderBrush="GreenYellow"
                Grid.Row="1"
                Grid.Column="0">
            <TextBlock Text="D" />
        </Border>

        <Border BorderBrush="GreenYellow"
                Grid.Row="1"
                Grid.Column="1"
                Style="{StaticResource InnerBorder}">
            <TextBlock Text="E" />
        </Border>

        <Border BorderBrush="GreenYellow"
                Grid.Row="1"
                Grid.Column="2">
            <TextBlock Text="F" />
        </Border>

        <Border BorderBrush="LightCoral"
                Grid.Row="2"
                Grid.ColumnSpan="3">
            <TextBlock Text="Spanned row" />
        </Border>
    </Grid>
</Page>
```

现在可以通过更改应用程序窗口的大小来检查代码清单 4-37 中声明的效果。具体来说，在调整窗口大小时，第一行和第三行的高度不会改变。这是因为第一行的高度固定为 150px，而第三行自动调整为子控件的尺寸。在本例中，第三行包含一个 TextBlock 控件，因此更改第三行高度的唯一方法是修改字体大小。另一方面，当调整应用程序窗口大小时，中间行的高度会发生变化。中间一行会填满第一行和第三行之间的所有可用空间。

在调整应用程序窗口大小的同时，每列的宽度也会自动调整，但是每列使用的宽度占比保持不变。

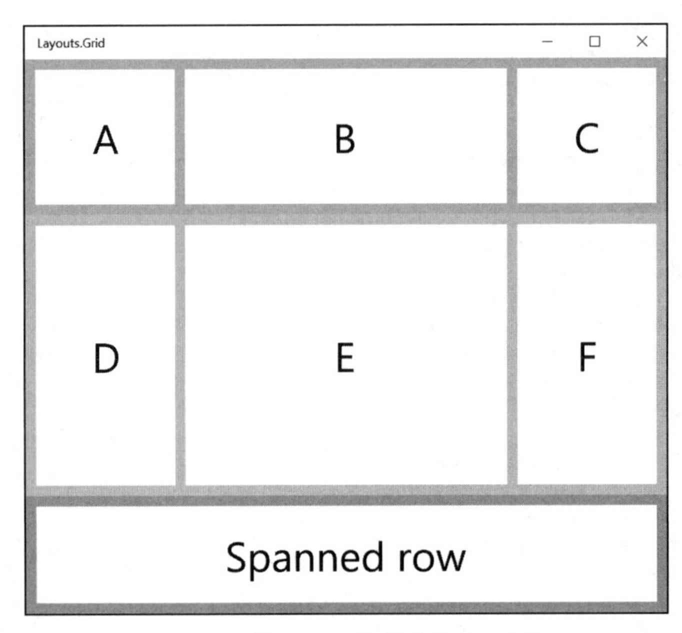

图 4-20 使用 Grid 控件定位 UI 元素

4.6.3 RelativePanel

RelativePanel 是一种控件的容器，其中子元素可以相对于彼此放置。为此，RelativePanel 类实现了许多属性，这些属性指定特定子控件如何与嵌入在 RelativePanel 类实例中的其他视觉元素对齐。

相对控制定位与自适应和状态式触发器结合后，会变得类似于响应式网页设计，其中视觉元素的排列动态地根据应用程序窗口的大小进行调整。

下面将通过创建一个名为 Layouts.RelativePanel 的新空白 UWP C# 项目并声明 MainPage 来显示基于这种设计的示例布局声明，如代码清单 4-38 所示，其中声明了由 3 个正方形（颜色分别为红色、橙色和黄色）组成的页面，每个正方形大小为 200px × 200px。最初，红色和橙色正方形水平排列，而黄色正方形则位于红色正方形下方。该布局是使用承载正方形的 RelativePanel 类的实例实现的。为了强制 XAML 解析器将橙色正方形放在红色正方形旁边，我们使用了 RelativePanel.RightOf 属性。类似地，使用 RelativePanel.Below 属性来定位红色正方形下方的黄色正方形。

代码清单 4-38 RelativePanel 中子控件的相对定位

```
<Page
    x:Class="Layouts.RelativePanel.MainPage"
    xmlns="http://schemas.microsoft.com/winfx/2006/xaml/presentation"
    xmlns:x="http://schemas.microsoft.com/winfx/2006/xaml"
    xmlns:local="using:Layouts.RelativePanel"
    xmlns:d="http://schemas.microsoft.com/expression/blend/2008"
    xmlns:mc="http://schemas.openxmlformats.org/markup-compatibility/2006"
```

```
    mc:Ignorable="d">

    <Page.Resources>
        <Style TargetType="Rectangle">
            <Setter Property="Width"
                    Value="200" />
            <Setter Property="Height"
                    Value="200" />
        </Style>
    </Page.Resources>

    <RelativePanel Background="{ThemeResource ApplicationPageBackgroundThemeBrush}">
        <VisualStateManager.VisualStateGroups>
            <VisualStateGroup x:Name="CommonStates">
                <VisualState x:Name="OneLineLayout">
                    <VisualState.StateTriggers>
                        <AdaptiveTrigger MinWindowWidth="600" />
                    </VisualState.StateTriggers>

                    <VisualState.Setters>
                        <Setter Target="YellowSquare.(RelativePanel.AlignTopWithPanel)"
                                Value="True" />
                        <Setter Target="YellowSquare.(RelativePanel.RightOf)"
                                Value="OrangeSquare" />
                    </VisualState.Setters>
                </VisualState>
            </VisualStateGroup>
        </VisualStateManager.VisualStateGroups>

        <Rectangle x:Name="RedSquare"
                   Fill="Red"/>

        <Rectangle x:Name="OrangeSquare"
                   Fill="Orange"
                   RelativePanel.RightOf="RedSquare"/>
        <Rectangle x:Name="YellowSquare"
                   Fill="Yellow"
                   RelativePanel.Below="RedSquare" />
    </RelativePanel>
</Page>
```

当窗口宽度等于或大于 600px 时，自适应触发器将激活 OneLineLayout 视觉状态。在这种状态下，通过将 RelativePanel.AlignTopWithPanel 属性设置为 true 并将 RelativePanel.RightOf 设置为 OrangeSquare，可将黄色正方形放置在橙色正方形旁边。

可以在图 4-21 中看到这种动态控制重新排列的效果。请注意，动态调整视图布局以响应窗口大小的变化不需要任何逻辑。这些调整是自动执行的，并且所有内容都在视图内声明。因此，UI 开发人员可以独立于程序员设计用户体验（UX）。这反过来有助于将项目中的角色分开，并且 UI/UX 程序员可以为不同平台设计视图，而无须掌握物联网领域的知识。

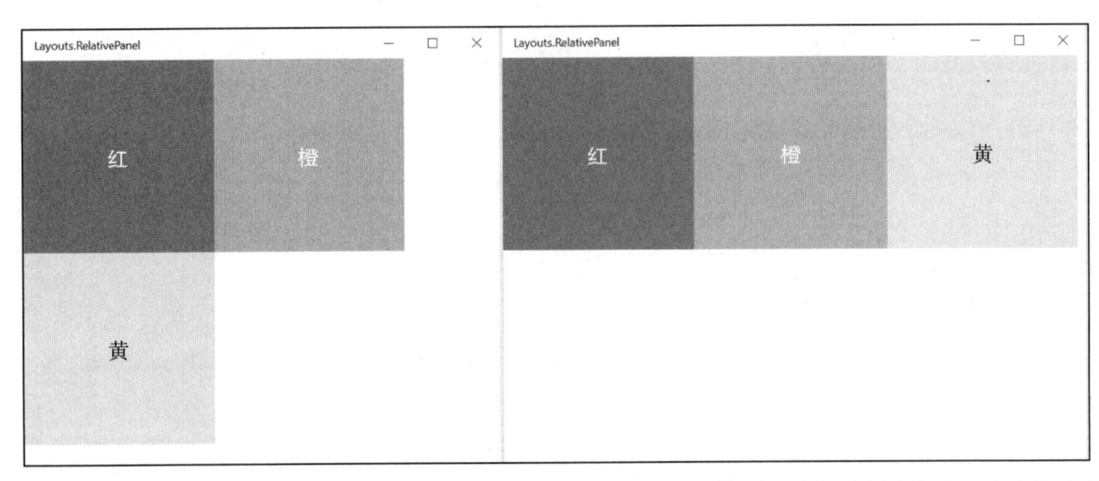

图 4-21 RelativePanel 与自适应样式触发器一起允许动态控制重新排列以响应应用程序窗口大小的变化

4.7 事件

在类中定义的事件构成了通知其他应用程序组件（有时称为侦听器）发生特定情况的机制。在视图中，通常会使用事件来通知侦听器有关用户采取的操作，例如单击按钮、从下拉列表框中选择项目或选中复选框。在物联网应用程序中，通常会使用事件来发送有关后台操作状态的通知。

事件可以理解为从发送者（提供者）发送的消息，到侦听器端便生成了一个事件。提供者和侦听器之间的成功通信需要适当的接口。侦听器应该知道将会从发送者那里收到什么样的消息。

此机制使用委托类型，它与 C/C++ 中函数的指针相对应。基本上，委托声明指定了与特定事件兼容的方法的签名 – 消息的结构。

代码清单 4-39 中给出了 Button 控件的 Click 委托事件声明。此委托与方法匹配，不返回值，但接受两个参数：对象类型的 sender 和类型为 RoutedEventArgs 的 e。第一个代表提供者提出事件，第二个传递有关事件的信息（事件参数）。

代码清单 4-39 还表明，委托声明通常由访问修饰符（public、private、protected、internal 或 protected internal）、delegate 关键字和一个签名组成，这些签名由返回数据类型、名称和方法的形式参数列表组成。

代码清单 4-39 RoutedEventHandler 委托声明

```
public delegate void RoutedEventHandler(System.Object sender, RoutedEventArgs e);
```

4.7.1 事件处理

可以将事件与称为事件处理程序的特殊方法相关联，来对事件进行处理。这些函数实现了一个逻辑，该逻辑响应提供者生成的通知。在前面的很多部分中都使用过事件，通常用于处理按钮点击。事件处理程序使用 XAML 属性连接相应的事件。然而，直到现在，事件和事件处理的其他方面都尚未仔细展开。

通常，引发事件的类会将附加信息传递给事件处理程序，这些信息符合委托声明。在控件方面，附加数据包括引发事件的对象实例（sender）和包含事件的其他数据的类实例。例如，TextBox 控件的 KeyUp 事件向侦听器发送在 Windows.UI.Xaml.Input 命名空间中声明的 KeyRoutedEventArgs 类的实例。这个类的实例有一个 Key 成员，它存储关于用户按下的键盘的信息。

为了探索这个机制，此处使用以下模式实现了另一个 UWP 应用程序：

1）创建名为 EventsSample 的新空白应用程序（通用 Windows）项目。

2）根据代码清单 4-40 修改 MainPage.xaml 文件。

代码清单 4-40　EventsSample 应用程序的主视图定义

```
<Page
    x:Class="EventsSample.MainPage"
    xmlns="http://schemas.microsoft.com/winfx/2006/xaml/presentation"
    xmlns:x="http://schemas.microsoft.com/winfx/2006/xaml"
    xmlns:local="using:EventsSample"
    xmlns:d="http://schemas.microsoft.com/expression/blend/2008"
    xmlns:mc="http://schemas.openxmlformats.org/markup-compatibility/2006"
    mc:Ignorable="d">

    <Page.Resources>
        <Thickness x:Key="DefaultMargin">10,5,10,10</Thickness>

        <Style TargetType="TextBox">
            <Setter Property="Margin"
                    Value="{StaticResource DefaultMargin}" />
        </Style>

        <Style TargetType="Button">
            <Setter Property="Margin"
                    Value="{StaticResource DefaultMargin}" />
        </Style>

        <Style TargetType="ListBox">
            <Setter Property="Margin"
                    Value="{StaticResource DefaultMargin}" />
        </Style>
    </Page.Resources>

    <Grid Background="{ThemeResource ApplicationPageBackgroundThemeBrush}">
        <Grid.RowDefinitions>
            <RowDefinition Height="Auto" />
            <RowDefinition Height="*" />
        </Grid.RowDefinitions>

        <StackPanel>
```

```
            <TextBox x:Name="IoTTextBox"
                     KeyUp="IoTTextBox_KeyUp" />
            <Button x:Name="ClearButton"
                    Content="Clear list"
                    Click="ClearButton_Click" />
        </StackPanel>

        <ListBox x:Name="IoTListBox"
                 Grid.Row="1" />
    </Grid>
</Page>
```

3）更新 MainPage 类（MainPage.xaml.cs）定义，如代码清单 4-41 所示。

代码清单 4-41　EventsSample 应用程序的 MainPage 类

```
using Windows.UI.Xaml;
using Windows.UI.Xaml.Controls;
using Windows.UI.Xaml.Input;
namespace EventsSample
{
    public sealed partial class MainPage : Page
    {
        public MainPage()
        {
            InitializeComponent();
        }

        private void ClearButton_Click(object sender, RoutedEventArgs e)
        {
            IoTListBox.Items.Clear();
        }

        private void IoTTextBox_KeyUp(object sender, KeyRoutedEventArgs e)
        {
            IoTListBox.Items.Add(e.Key.ToString());
        }
    }
}
```

执行 EventsSample 应用程序后，有关 TextBox 控件中输入的每个字符的信息将显示为列表中的项目（见图 4-22）。这是通过读取 KeyRoutedEventArgs 实例的 Key 属性的值来实现的。后者的属性是枚举类型 VirtualKey，它由 170 个表示按键的元素组成。

在前面的示例中，事件处理程序通过使用 XAML 特性与控件关联。或者，该方法可以通过使用“+=”运算符与代码隐藏中的事件相结合。事件处理程序可以随时使用“-=”运算符解除关联。以下示例展示了这种用法：

1）用代码清单 4-42 中定义的样式来扩充 Page.Resources。

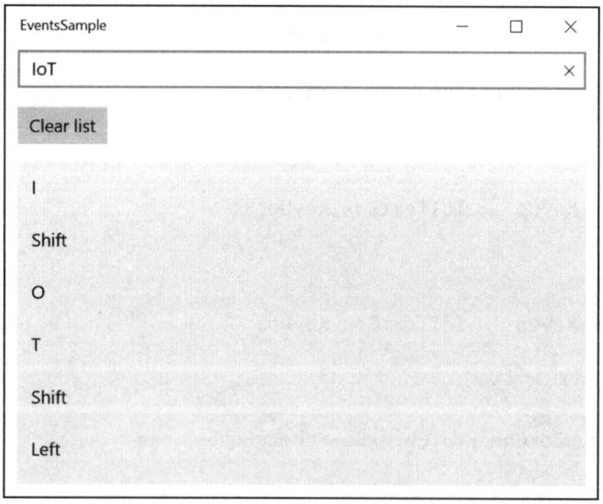

图 4-22　按键列表

代码清单 4-42　CheckBox 控件的样式定义

```
<Style TargetType="CheckBox">
    <Setter Property="IsChecked"
            Value="True" />
    <Setter Property="Margin"
            Value="{StaticResource DefaultMargin}" />
</Style>
```

2）根据代码清单 4-43 修改 MainPage 的 StackPanel 声明。

代码清单 4-43　CheckBox 声明

```
<StackPanel>
    <TextBox x:Name="IoTTextBox" />
          <!--KeyUp="IoTTextBox_KeyUp" />-->

    <Button x:Name="ClearButton"
            Content="Clear list"
            Click="ClearButton_Click" />

    <CheckBox x:Name="KeyUpEventActiveCheckBox"
              Content="Is KeyUp event active?"
              Checked="KeyUpEventActiveCheckBox_Checked"
              Unchecked="KeyUpEventActiveCheckBox_Checked" />
</StackPanel>
```

3）使用代码清单 4-44 中的方法扩展 MainPage 类的定义。

代码清单 4-44　动态关联和事件处理函数的分离

```
private void KeyUpEventActiveCheckBox_Checked(object sender, RoutedEventArgs e)
{
```

```
        CheckBox checkBox = sender as CheckBox;

        bool isChecked = IsCheckBoxChecked(checkBox);

        if (isChecked)
        {
            IoTTextBox.KeyUp += IoTTextBox_KeyUp;
        }
        else
        {
            IoTTextBox.KeyUp -= IoTTextBox_KeyUp;
        }
    }

    private bool IsCheckBoxChecked(CheckBox checkBox)
    {
        bool isChecked = false;

        if (checkBox != null)
        {
            if (checkBox.IsChecked.HasValue)
            {
                isChecked = checkBox.IsChecked.Value;
            }
        }

        return isChecked;
    }
```

编译并执行 EventsSample 应用程序后，如果 CheckBox 控件被选中，TextBox 控件的 KeyUp 事件将被处理。请注意，我们从 TextBox 控件的声明中删除了属性 KeyUp，因此，使用“+=”关联事件处理程序会添加一个额外的方法，每当引发特定事件时都会调用该方法。因此，KeyUpEventActiveCheckBox_Checked 方法将被调用两次。为了避免这种情况，这里删除了 TextBox 控件的 KeyUp 属性。

在代码清单 4-43 中，同一事件处理程序与两个事件相关联：Checked 和 Unchecked。这是可能的，因为这两个事件使用相同的委托声明 KeyEventHandler（参见代码清单 4-45）。换句话说，从提供者发送到侦听器的消息的结构对于两个事件都是相同的。

代码清单 4-45 KeyEventHandler 委托的声明

```
public delegate void KeyEventHandler(System.Object sender, KeyRoutedEventArgs e);
```

4.7.2 事件处理函数和视觉设计器

使用 XAML 属性将方法与事件相关联需要事先了解事件名称。这可能很困难，特别是当你想使用非典型事件时。使用图 4-8 所示的属性窗口来查找需要的内容。

属性窗口显示属性列表和特定控件引发的事件列表。要激活给定控件的事件列表，只需单击属性窗口右上角显示的闪电图标即可。图 4-23 显示了结果。在这种模式下，可以看到所有事件的列表和相应的事件处理程序。如果双击其中一个空文本框，Visual Studio 将自动生成处理选定事件的方法的空白定义。可以使用任何想要的事件独立进行尝试。

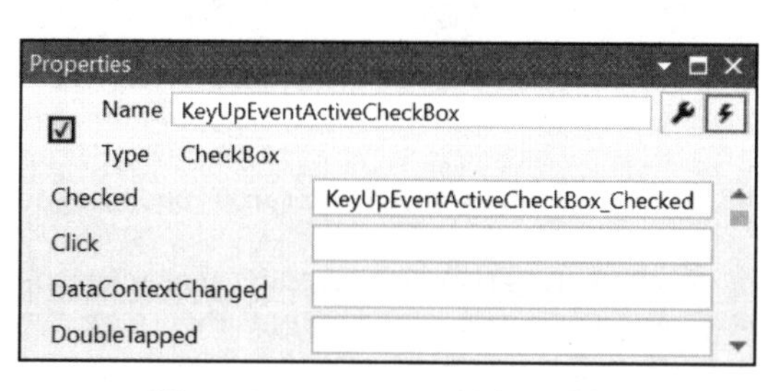

图 4-23　CheckBox 控件的事件

4.7.3　事件传播

XAML 视图定义具有分层结构，因此，XAML 控件引发的事件可以传播到父控件。这种机制被定义为事件路由，并且适用于使用与父控件关联的事件处理程序来处理子控件的事件。在大多数事件委托的声明中，第二个参数的类型名称包含 Routed 组件（参见代码清单 4-45）。

下面是一个事件路由如何影响有界面物联网应用交互的例子。此处修改了 EventsSample 应用程序，如下所示：

1）打开 MainPage.xaml 文件，然后根据代码清单 4-46 更新 Grid 控件的定义。

代码清单 4-46　更新 EventsSample 项目的 MainPage 定义

```
<Grid Background="{ThemeResource ApplicationPageBackgroundThemeBrush}"
      Tapped="Grid_Tapped">
    <Grid.RowDefinitions>
        <RowDefinition Height="Auto" />
        <RowDefinition Height="*" />
    </Grid.RowDefinitions>

    <StackPanel>
        <TextBox x:Name="IoTTextBox" />

        <StackPanel Orientation="Horizontal">
            <Button x:Name="ClearButton"
                    Content="Clear list"
                    Click="ClearButton_Click" />

            <AppBarButton Icon="Globe"
                          Tapped="AppBarButton_Tapped"/>
        </StackPanel>

        <CheckBox x:Name="KeyUpEventActiveCheckBox"
                  Content="Is KeyUp event active?"
                  Checked="KeyUpEventActiveCheckBox_Checked"
                  Unchecked="KeyUpEventActiveCheckBox_Checked" />
    </StackPanel>
    <ListBox x:Name="IoTListBox"
             Grid.Row="1" />
</Grid>
```

2）在 MainPage.xaml.cs 中，使用代码清单 4-47 中的 4 个方法补充 MainPage 类的定义。

代码清单 4-47 通过显示参与事件路由过程的控件的类型名称来跟踪事件路由

```
private void Grid_Tapped(object sender, TappedRoutedEventArgs e)
{
    DisplayEventRoute(sender, e.OriginalSource);
}

private void AppBarButton_Tapped(object sender, TappedRoutedEventArgs e)
{
    IoTListBox.Items.Add("AppBarButton tapped event");
}

private void DisplayEventRoute(object sender, object originalSource)
{
    string routeString = string.Empty;

    routeString = "Sender: " + GetControlTypeName(sender);
    routeString += ", original source: " + GetControlTypeName(originalSource);

    IoTListBox.Items.Add(routeString);
}

private string GetControlTypeName(object control)
{
    string typeName = "Unknown";

    if(control != null)
    {
        typeName = control.GetType().Name;
    }

    return typeName;
}
```

下面通过用全局图标声明 AppBarButton 来补充 EventsSample 应用程序的 UI。此控件具有关联 Tapped 事件的事件处理程序，当用户使用指针或触摸手势（在启用触摸的物联网设备的情况下）单击某个控件时会引发该事件。要将 AppBarButton 与 Clear label 按钮水平对齐，这里使用了另外一个 StackPanel 控件。Grid 控件的声明通过 Tapped 属性扩展，以便将 Grid_Tapped 事件处理程序与 Tapped 事件相关联。

Grid_Tapped 方法显示参与事件路由的控件的类型名称。也就是说，它将一个字符串添加到列表框中，该字符串由发送事件信息的控件的类型名称和原始事件源的类型名称（即引发该事件的实际控件）组成。

启动应用程序后，可以注意到单击 AppBarButton 将触发 Tapped 事件。结果，AppBarButton Tapped 事件显示在列表框中。但是在图 4-24 中，你会看到附加项目也被添加到列表框中。该结果呈现了事件路由机制。这意味着单击全局图标会引发 AppBarButton 和 Grid 控件的 Tapped 事件。Tapped 事件从子节点（AppBarButton）传播到父节点（Grid）。

请注意，列表框中显示 TextBlock 是作为引发事件的控件的控件类型。这是因为 generic.

xaml 中定义的 AppBarButton 控件的默认模板由 TextBlock 组成。

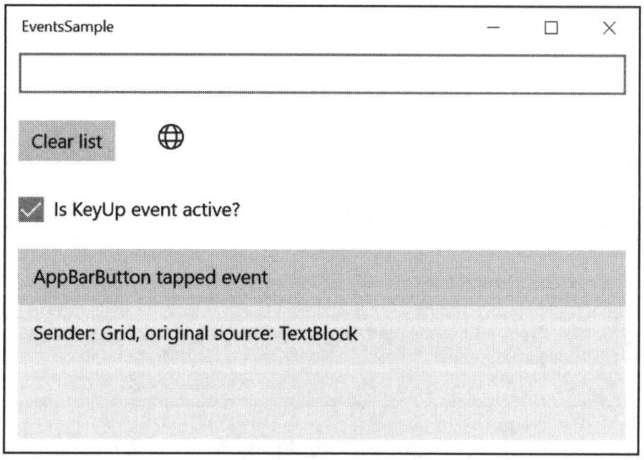

图 4-24　事件传播

事件传播到父控件这一行为是可以被禁用的。要通知运行时处理事件并且不传播给父控件，可以将 TappedRoutedEventArgs 的 Handled 属性设置为 true，如代码清单 4-48 所示。

代码清单 4-48　禁用事件路由

```
private void AppBarButton_Tapped(object sender, TappedRoutedEventArgs e)
{
    IoTListBox.Items.Add("AppBarButton tapped event");
    e.Handled = true;
}
```

4.7.4　声明和触发自定义事件

自定义事件被声明为代码隐藏类的成员。例如，在 C# 中，事件声明由字段访问修饰符、event 关键字、委托类型和事件名称组成。另外，事件声明可以用以下关键字补充：static、virtual、sealed 或 abstract。这些关键字的含义与其他类成员和类的情况相同，即标记为 static 的事件可以在不实例化类的情况下使用，而 virtual 关键字指定派生类可以覆盖事件。如果事件被标记为 sealed，就不会出现这种情况。任何 abstract 事件都必须通过派生类型来实现。

在物联网编程中，事件可用于报告后台操作的进度或者状态。在下一个示例中，将通过实现一个 Task 来模拟这种后台操作，该 Task 生成一个随机数并通过自定义事件将其传递给侦听器。以下是实现 EventsSample 应用程序所需的更改列表：

1）通过选择 Project 菜单中的 Add Class 命令来调出 Add New Item 对话框。

2）在 Add New Item 对话框的 Name 文本框中输入 RandomNumberEventArgs.cs。单击 Add 按钮关闭对话框。一个新文件将被添加到项目中。按照代码清单 4-49 编辑它。

代码清单 4-49　用于将数据传递给事件侦听器的自定义类的定义

```
using System;
```

```
namespace EventsSample
{
    public class RandomNumberEventArgs : EventArgs
    {
        private Random r = new Random();

        public double Value { get; private set; }

        public RandomNumberEventArgs()
        {
            Value = r.NextDouble();
        }
    }
}
```

3）打开 MainPage.xaml.cs 文件并通过在文件头中放置以下代码来导入两个名称空间：System 和 System.Threading.Tasks：

```
using System;
using System.Threading.Tasks;
```

4）用代码清单 4-50 中的成员和方法补充 MainPage 类的定义。

代码清单 4-50 触发和处理自定义事件

```
private const int msDelayTime = 500;
public event EventHandler<RandomNumberEventArgs> RandomNumberGenerated = delegate
{ };

private async void MainPage_RandomNumberGenerated(object sender,
     RandomNumberEventArgs e)
{
    await Dispatcher.RunIdleAsync((a) => { IoTListBox.Items.Add(e.Value); });
}

private void RaiseCustomEventButton_Click(object sender, RoutedEventArgs e)
{
    Task.Run(() => {
        Task.Delay(msDelayTime).Wait();

        RandomNumberGenerated(this, new RandomNumberEventArgs());
    });
}
```

5）更新 MainPage 类的默认构造函数，如代码清单 4-51 所示。

代码清单 4-51 将事件处理程序与自定义事件相关联

```
public MainPage()
{
    InitializeComponent();
```

```
    RandomNumberGenerated += MainPage_RandomNumberGenerated;
}
```

6）最后，在 MainPage.xaml 文件中插入代码清单 4-52 中的 Button 声明，该代码位于定义 AppBarButton 的标记之下。

代码清单 4-52　激活模拟后台操作的按钮声明

```
<Button x:Name="RaiseCustomEventButton"
        Content="Raise custom event"
        Click="RaiseCustomEventButton_Click" />
```

通常，事件声明可以使用任意代理。但是，在代码清单 4-50 的声明中，使用了 EventHandler。它通过提供符合 UWP API 的委托来简化事件声明。也就是说，这些委托包含一个方法的引用，它不返回任何值并接受两个参数，第一个参数用于传递给侦听器一个代表提供者的类的实例，第二个参数包含存储附加事件数据的类的一个实例。在代码清单 4-50 中，附加数据由随机生成的数字组成，该数字使用 RandomNumberEventArgs 类的实例传递。后者来源于 EventArgs 类型。

通常，传递一个值不需要声明一个新的类。但是，将值打包到类中是一种很好的做法。这种方法有助于进一步维护和扩展源代码。

随机值在固定延迟后在后台生成，模拟传感器读取数据所需的有限时间。在那之后，我们通过调用关联的委托来引发 RandomNumberEvent，另外，向侦听器发送 MainPage 类的实例和 RandomNumberEventArgs 的新实例。随机生成的数字存储在 RandomNumberEventArgs 类的实例的 Value 成员中。

通常，在调用委托之前，要检查是否有侦听器已附加到事件。为此，可以编写以下条件语句：

```
if (RandomNumberGenerated != null)
{
    RandomNumberGenerated(this, new RandomNumberEventArgs());
}
```

但是，在代码清单 4-50 中，为该事件分配了一个空的委托。这可确保 RandomNumberGenerated 事件始终具有关联的事件处理程序，尽管此默认处理程序不会执行任何操作。因此，不需要上述验证。

有趣的是，C# 6.0 引入了简化委托调用的功能。可以使用空条件运算符（?.）来检查委托是否具有关联的事件，如下所示：

```
RandomNumberGenerated?.Invoke(this, new RandomNumberEventArgs());
```

自定义事件与侦听器的使用方式完全相同，即将事件与适当的处理程序关联起来（参见代码清单 4-50）。在本例中，自定义事件 RandomNumberGenerated 与 MainPage_RandomNumberGenerated 方法相关联。因此，在运行应用程序并单击 Raise Custom Event 按钮后，随机生成的值将以半秒的延迟显示在 ListBox 控件中。

4.8 数据绑定

数据绑定是链接两个属性（源和目标）的技术，这样，只要源属性发生更改，目标属性就会自动更新。这种单向绑定使开发人员不必编写用于将值从源重写为目标属性的逻辑。

数据绑定也可以配置为以双向模式运行（双向绑定）。在这种情况下，对目标属性的任何更改都会更新源属性。还有一次性绑定，即在第一次修改源属性后，目标属性只更新一次。

在 UI 设计方面，数据绑定简化了事件处理过程并向用户呈现数据。也就是说，从传感器接收到的数据可以存储在类属性中并绑定到 UI，以便自动更新显示传感器读数的控件。另一方面，不需要连接只读取用户输入的值的特殊事件处理程序，它们可以绑定到适当的属性。因此，代码隐藏量减少了。

在前面几个例子中，使用了单向绑定来链接两个控件属性。在这里，更详细地描述了这种技术，并讨论转换器和如何将 UI 元素绑定到类成员。

4.8.1 绑定控件属性

可以使用在 Windows.UI.Xaml.Data 命名空间中声明的 {Binding} 标记扩展来链接两个控件属性。实现 {Binding} 标记扩展的 Binding 类拥有多个公共属性，其中最重要的是 Path 属性，它指示数据绑定关联的源属性。分配给 ElementName 属性的值设置源控件，而 FallbackValue 属性可用于设置当 XAML 分析器无法通过数据绑定获取值时显示的值。Mode 属性指示绑定方向，由 BindingMode 枚举的一个值描述：OneTime（用于一次性绑定）、OneWay（用于单向绑定）或 TwoWay（用于双向绑定）。

为了演示如何使用 Binding 类属性，可使用空白应用程序（通用 Windows）模板创建一个新项目 DataBinding。这个应用程序的 MainPage（MainPage.xaml）声明在代码清单 4-53 中给出。

代码清单 4-53 控件属性的单向和双向数据绑定

```
<Page
    x:Class="DataBinding.MainPage"
    xmlns="http://schemas.microsoft.com/winfx/2006/xaml/presentation"
    xmlns:x="http://schemas.microsoft.com/winfx/2006/xaml"
    xmlns:local="using:DataBinding"
    xmlns:d="http://schemas.microsoft.com/expression/blend/2008"
    xmlns:mc="http://schemas.openxmlformats.org/markup-compatibility/2006"
    mc:Ignorable="d">

    <Page.Resources>
        <Thickness x:Key="DefaultMargin">20</Thickness>

        <Style TargetType="Slider">
            <Setter Property="Margin"
                    Value="{StaticResource DefaultMargin}" />
        </Style>

        <Style TargetType="TextBox">
```

```
            <Setter Property="Margin"
                    Value="{StaticResource DefaultMargin}" />
            <Setter Property="MaxWidth"
                    Value="100" />
            <Setter Property="FontSize"
                    Value="25" />
            <Setter Property="TextAlignment"
                    Value="Center" />
        </Style>
        <Style TargetType="TextBlock">
            <Setter Property="Margin"
                    Value="{StaticResource DefaultMargin}" />
            <Setter Property="HorizontalAlignment"
                    Value="Center" />
            <Setter Property="FontSize"
                    Value="40" />
        </Style>
    </Page.Resources>

    <StackPanel Background="{ThemeResource ApplicationPageBackgroundThemeBrush}">
        <Slider x:Name="MsDelaySlider" />

        <TextBox Text="{Binding Value, ElementName=MsDelaySlider, Mode=TwoWay,
            FallbackValue=0}"/>

        <TextBlock Text="{Binding Value, ElementName=MsDelaySlider}"/>
    </StackPanel>
</Page>
```

运行 DataBinding 应用程序并移动 Slider 控件后，其他 UI 元素（特别是 TextBox 和 TextBlock 控件）将自动更新。这种效果如图 4-25 所示，是使用单向数据绑定完成的。另一方面，TextBox 控件的 Text 属性使用双向绑定绑定到 Slider 控件的 Value 属性。因此，每当用户向 TextBox 控件输入新的数值时，由 Slider 控件呈现的值都会自动更新。运行此示例时，请注意 TextBox 控件在失去焦点后通知侦听器有关值的更改。这意味着需要通过单击选项卡或单击应用程序窗口中的某处来将指针移出 TextBox 控件。

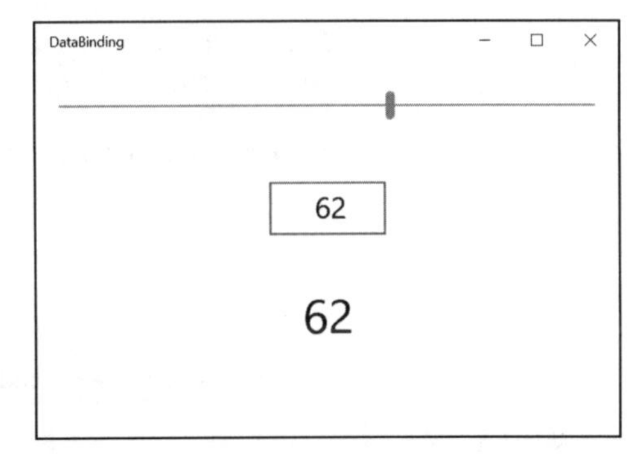

图 4-25　数据绑定：当用户沿轨道移动滑块时，TextBlock 和 TextBox 控件会自动更新

请注意，Path 属性是 {Binding} 标记扩展的默认属性，因此不需要显式编写 Path 属性的分配。也就是说，数据绑定的声明可以写为 <TextBlock Text ="{Binding Value, ElementName = MsDelaySlider}"/>，以此来替代 <TextBlock Text ="{Binding Path = Value, ElementName = MsDelaySlider}"/>。

4.8.2 转换器

在前面的章节中，展示了一个数据绑定机制，它自动将存储在Slider控件的Value属性中的值（该类型是double类型）转换为TextBox和TextBlock控件的Text属性接受的字符串表示形式。这也适用于相反的方向，即输入到TextBox中的字符串值被转换为数字值。这种默认转换器可能并不总是可行的，尤其是对于转换自定义或复杂类型的值。

XAML数据绑定引擎允许使用{Binding}标记扩展的Converter属性指定自定义转换器。类实现自定义转换器应该实现IValueConverter接口。后者由两种方法组成：Convert和ConvertBack。通过这些方法，可以修改通过数据绑定链接传递的数据。当数据从源传输到目标属性时调用Convert方法，而当值从目标传递到源属性时调用ConvertBack方法。当然，只有在双向模式下设置数据绑定时，才会调用ConvertBack方法。

在本节中，将展示如何实现NumericToMsDelayConverter，它用ms后缀补充数值。随后，使用此转换器在TextBlock控件中显示值。该过程由以下步骤组成：

1）使用Add New Item对话框，在项目中添加一个NumericToMsDelayConverter.cs，并根据代码清单4-54修改它的内容。

代码清单 4-54 转换器定义

```
using System;
using Windows.UI.Xaml.Data;

namespace DataBinding
{
    public class NumericToMsDelayConverter : IValueConverter
    {
        private const string msSymbol = "ms";

        public object Convert(object value, Type targetType,
            object parameter, string language)
        {
            return string.Format("{0} {1}", value, msSymbol);
        }

        public object ConvertBack(object value, Type targetType,
            object parameter, string language)
        {
            throw new NotImplementedException();
        }
    }
}
```

2）在App.xaml文件中声明NumericToMsDelayConverter，如代码清单4-55所示。

代码清单 4-55 将自定义转换器声明为静态资源

```
<Application
    x:Class="DataBinding.App"
    xmlns="http://schemas.microsoft.com/winfx/2006/xaml/presentation"
```

```
    xmlns:x="http://schemas.microsoft.com/winfx/2006/xaml"
    xmlns:local="using:DataBinding"
    RequestedTheme="Light">

    <Application.Resources>
        <local:NumericToMsDelayConverter x:Key="NumericToMsDelayConverter" />
    </Application.Resources>
</Application>
```

3）在 TextBlock 控件的声明中使用 NumericToMsDelayConverter（见代码清单 4-53），这个控件的更新声明在代码清单 4-56 中给出。

代码清单 4-56　在数据绑定期间使用自定义转换器

```
<TextBlock Text="{Binding Value,
           ElementName=MsDelaySlider,
           Converter={StaticResource NumericToMsDelayConverter}}" />
```

运行应用程序时，使用绑定传递的数据通过 NumericToMsDelayConverter 传输。因此，Slider 控件的值将转换为其文本表示，而且 ms 后缀被附加到结果字符串中。NumericToMsDelayConverter 用于单向绑定，因此 ConvertBack 方法在此处未实现。

4.8.3　绑定到字段

控件属性也可以绑定到代码隐藏类的字段。可以使用 {x:Bind} 标记扩展来定义这样的链接，其工作方式与 {Binding} 标记扩展类似，但两者之间存在重要区别：使用 {x:Bind} 声明的绑定与代码隐藏一起编译。基于这个原因，任何拼写错误都在编译期间解决，而不是在运行时解决，例如 {Binding} 标记扩展。

此外，{Binding} 要求将控件属性绑定到 Page 类的 DataContext 字段。相反，{x:Bind} 允许任何代码隐藏对象充当绑定源。

在本节中，将 MainPage 的 MsDelay 属性与 UI 声明的标签（TextBlock 控件）相关联。MsDelay 的值将在后台递增，并且当前值将显示在 TextBlock 控件中。要实现所描述的功能，需要对 DataBinding 项目进行以下修改：

1）修改 MainPage.xaml.cs，如代码清单 4-57 所示。

代码清单 4-57　使用事件发送关于绑定到 UI 的属性更改的通知

```
using System;
using System.ComponentModel;
using System.Runtime.CompilerServices;
using System.Threading.Tasks;
using Windows.UI.Xaml;
using Windows.UI.Xaml.Controls;

namespace DataBinding
{
    public sealed partial class MainPage : Page, INotifyPropertyChanged
```

```
{
    private int msDelay;

    public int MsDelay
    {
        get
        {
            return msDelay;
        }
        private set
        {
            msDelay = value;
            OnPropertyChanged();
        }
    }

    public event PropertyChangedEventHandler PropertyChanged = delegate { };

    public MainPage()
    {
        InitializeComponent();
    }

    public void OnPropertyChanged([CallerMemberName] string propertyName = "")
    {
        PropertyChanged(this, new PropertyChangedEventArgs(propertyName));
    }

    private async void Button_Click(object sender, RoutedEventArgs e)
    {
        Button button = sender as Button;

        if (button != null)
        {
            button.IsEnabled = false;
            await BackgroundAction();

            button.IsEnabled = true;
        }
    }

    private Task BackgroundAction()
    {
        const int msDelay = 50;
        const int iterationsCount = 100;

        return Task.Run(async () =>
        {
            for (int i = 1; i <= iterationsCount; i++)
            {
                await Dispatcher.RunIdleAsync((a) => { MsDelay = i; });

                Task.Delay(msDelay).Wait();
```

```
                    }
                });
            }
        }
    }
```

2）根据代码清单 4-58 更新 MainPage（MainPage.xaml 文件）的 XAML 声明。

代码清单 4-58　编译绑定的声明

```
<StackPanel Background="{ThemeResource ApplicationPageBackgroundThemeBrush}">
    <Slider x:Name="MsDelaySlider" />
    <TextBox Text="{Binding Path=Value, ElementName=MsDelaySlider, Mode=TwoWay,
FallbackValue=0}" />

    <!--<TextBlock Text="{Binding Value, ElementName=MsDelaySlider,
        Converter={StaticResource NumericToMsDelayConverter}}" />-->

    <TextBlock Text="{x:Bind MsDelay, Converter={StaticResource
        NumericToMsDelayConverter}, Mode=OneWay}" />

    <Button Content="Run task"
            Click="Button_Click" />
</StackPanel>
```

当运行应用程序并单击 Run Task 按钮时，底层的后台操作将启动。它将 MsDelay 属性的值从 1 更改为 100，因此，MainPage 的标签显示 MsDelay 属性的当前值（见图 4-26）。

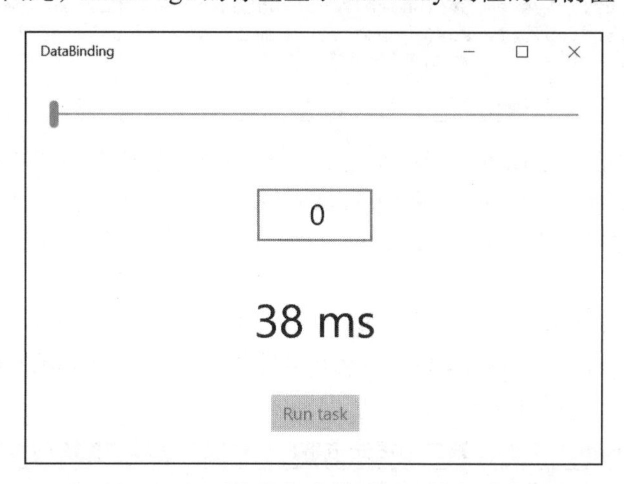

图 4-26　通过更改代码隐藏的属性值来更新标签

由于 MsDelay 属性被后台线程更改，因此需要确保主线程访问 UI 元素。所以，MsDelay 通过 Dispatcher 类进行更新。

每个声明都包含 {x:Bind} 编译标记扩展。这意味着负责更新 UI 的 XAML 声明会自动转换为 C# 代码，并与其他 C# 语句一起转换为二进制文件。包含编译绑定的中间 C# 代码可以在中间 obj 文件夹下找到。还可以在 obj 文件夹中找到文件 <PageName>.g.cs，其中 <PageName> 对应于视图名称。在 DataBinding 应用程序中，该文件是 MainPage.g.cs。如果打开此文件，则可以根据 MsDelay 属性找到负责更新 TextBlock 控件的 Text 属性的方法。这些方法如代码清单 4-59 所示。你会发现此代码只是使用之前定义的 NumericToMsDelayConverter 更新 TextBlock 控件的 Text 属性，自动生成的 C# 代码（如你所期望的那样）会调用 NumericToMsDelayConverter 类的 Convert 方法。

代码清单 4-59 编译的绑定

```
private void Update_(global::DataBinding.MainPage obj, int phase)
{
    this.bindingsTracking.UpdateChildListeners_(obj);
    if (obj != null)
    {
        if ((phase & (NOT_PHASED | DATA_CHANGED | (1 << 0))) != 0)
        {
            this.Update_MsDelay(obj.MsDelay, phase);
        }
    }
}

private void Update_MsDelay(global::System.Int32 obj, int phase)
{
    if((phase & ((1 << 0) | NOT_PHASED | DATA_CHANGED)) != 0)
    {
        XamlBindingSetters.Set_Windows_UI_Xaml_Controls_TextBlock_Text(this.obj3,
            (global::System.String)this.LookupConverter("NumericToMsDelayConverter").
            Convert(obj, typeof(global::System.String), null, null), null);
    }
}
```

如果进一步研究，可以很容易地注意到代码清单 4-59 中的 Update_ 方法调用了 MainPage_obj1_BindingsTracking 类的 UpdateChildListeners_ 实例方法。该类实现了一个侦听器，该侦听器使用 INotifyPropertyChanged 接口传播的消息，该接口由单个事件 PropertyChanged 组成。调用此事件以通知 UI 有关参与数据绑定的属性的更改。

通过分析 UpdateChildListeners_ 方法的定义（参见代码清单 4-60），可以看到该函数将 PropertyChanged_ 处理程序与 PropertyChanged 事件相关联。PropertyChanged_ 方法调用代码清单 4-59 中的 Update_MsDelay 方法。

代码清单 4-60 数据绑定使用事件来接收关于属性更改的通知

```
public void UpdateChildListeners_(global::DataBinding.MainPage obj)
{
    MainPage_obj1_Bindings bindings;
    if(WeakRefToBindingObj.TryGetTarget(out bindings))
    {
        if (bindings.dataRoot != null)
        {
            ((global::System.ComponentModel.INotifyPropertyChanged)bindings.dataRoot).
```

```
                PropertyChanged -= PropertyChanged_;
            }
            if (obj != null)
            {
                bindings.dataRoot = obj;
                  ((global::System.ComponentModel.INotifyPropertyChanged)obj).PropertyChanged
                  += PropertyChanged_;
            }
        }
    }

    public void PropertyChanged_(object sender,
        global::System.ComponentModel.PropertyChangedEventArgs e)
    {
        MainPage_obj1_Bindings bindings;
        if(WeakRefToBindingObj.TryGetTarget(out bindings))
        {
            string propName = e.PropertyName;
            global::DataBinding.MainPage obj = sender as global::DataBinding.MainPage;
            if (global::System.String.IsNullOrEmpty(propName))
            {
                if (obj != null)
                {
                    bindings.Update_MsDelay(obj.MsDelay, DATA_CHANGED);
                }
            }
            else
            {
                switch (propName)
                {
                    case "MsDelay":
                    {
                        if (obj != null)
                        {
                            bindings.Update_MsDelay(obj.MsDelay, DATA_CHANGED);
                        }
                        break;
                    }
                    default:
                        break;
                }
            }
        }
    }
```

为了通知UI关于MsDelay属性的更新，我们通过在MainPage类中定义一个事件PropertyChanged来实现INotify-PropertyChanged接口（参见代码清单4-57）。使用MsDelay属性的set访问者均会触发此事件。因此，MainPage_obj1_BindingsTracking的侦听器会使用此信息并适当地更新TextBlock控件。

在代码清单4-58中，显式地将{x:Bind}标记扩展的模式设置为OneWay。默认情况下，

使用 {x:Bind} 标记扩展声明的绑定可用作一次性绑定，因此 Text 属性只会更新一次。相比之下，对于使用 {Binding} 标记扩展关联的单向绑定，不需要显式设置 Mode 属性，因为默认情况下它是 OneWay。如果之前使用 {Binding} 标记进行工作，那么此机制尤其重要。切换到 {x:Bind} 后，可能需要更改一些习惯。

4.8.4　绑定到方法

如果将目标和最低平台版本设置为 Windows 10 周年纪念版（10.0; Build 14393），则可以将控件属性绑定到方法。可以使用此机制绑定多个控件属性，因为 UWP 不像 WPF 那样支持多值绑定。本节介绍如何扩展 DataBinding 应用程序以使用绑定方法计算两个滑块值的总和：

1）打开 DataBinding 属性对话框，单击 Application 选项卡，然后将目标版本和最低版本设置更改为 Windows 10 Anniversary Edition（10.0; Build 14393），如图 4-27 所示。之后，会弹出一个对话框，通知你必须关闭项目并重新打开以更新这些设置，接受并继续操作。

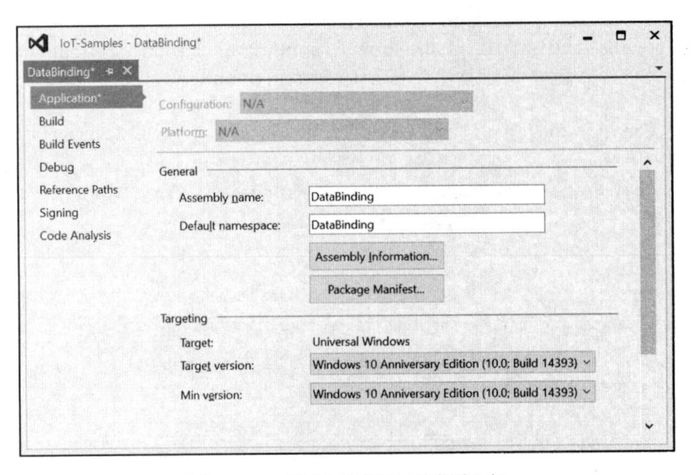

图 4-27　配置目标和最低版本

2）打开 MainPage.xaml 文件并扩展 StackPanel 声明，如代码清单 4-61 所示。

代码清单 4-61　将属性值绑定到方法

```
<StackPanel Background="{ThemeResource ApplicationPageBackgroundThemeBrush}">
   <Slider x:Name="MsDelaySlider" />

   <Slider x:Name="SecondSlider" />

   <TextBox Text="{Binding Path=Value, ElementName=MsDelaySlider, Mode=TwoWay,
       FallbackValue=0}" />

   <!--<TextBlock Text="{Binding Value, ElementName=MsDelaySlider,
       Converter={StaticResource NumericToMsDelayConverter}}" />-->
   <TextBlock Text="{x:Bind MsDelay,
       Converter={StaticResource NumericToMsDelayConverter}, Mode=OneWay}" />
```

```
    <TextBlock Text="{x:Bind Sum(MsDelaySlider.Value, SecondSlider.Value),
        Mode=OneWay}" />

    <Button Content="Run task"
            Click="Button_Click" />
</StackPanel>
```

3）在 MainPage.xaml.cs 中，在 BackgroundAction 的定义之下实现一个新的方法，如代码清单 4-62 所示。

代码清单 4-62　绑定到 UI 的一个简单的求和函数

```
private string Sum(double val1, double val2)
{
    return "Sum: " + (val1 + val2).ToString();
}
```

如代码清单 4-61 所示，为了将方法绑定到一个属性，可以按照之前使用的方法进行操作。但是请注意，应使用方法名称而不是源属性。所有的方法参数都在 C# 代码中传递。此处为了获得滑块值，使用了命名的滑块控件，然后访问它们的 Value 属性。

当运行应用程序并更改滑块值时，你会注意到另外一个 TextBlock 控件显示了两个滑块的值之和（如图 4-28 所示）。无论何时更改滑块位置，代码清单 4-62 中的 Sum 方法都会被编译的绑定调用。如果现在重新访问 MainPage.g.cs 文件，将在那里找到对 Sum 方法的显式调用。

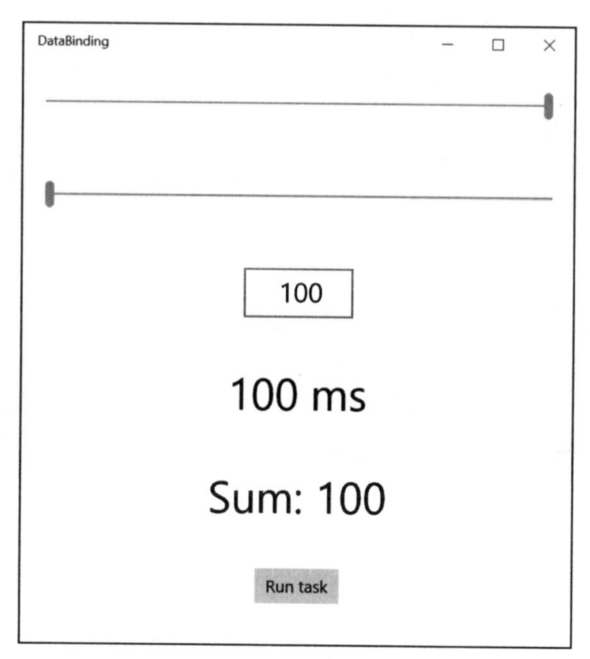

图 4-28　附加文本块显示由两个滑块设置的值的总和

4.9 总结

本章描述了构建有界面物联网设备（也适用于UWP应用程序）的UI的方法。其中涵盖了广泛的内容，从视觉设计器、控制声明和资源开始，进而介绍了布局和自适应触发器，并以数据绑定结束。这些主题对设计用户界面非常重要，同时体现了XAML在UI设计方面的强大功能。

请注意，XAML允许在UI声明中嵌入基本逻辑。像属性重写这样的常见任务不应该包含在代码隐藏中。相反，应该定义相应的绑定。控件的视觉外观的定义可以包含在XAML资源中。随后，可以使用VisualStateManager类的自适应状态触发器或静态方法触发视觉状态。基本上，应该倾向于尽可能地将逻辑从UI中分离出来，因此，UI和逻辑可以由不同的组成员并行开发。此外，这种方法提高了应用程序的可移植性，因为XAML也用于设计使用Xamarin.Forms开发的跨平台应用程序的UI。由Charles Petzold撰写的《Creating Mobile Apps with Xamarin.Forms》一书中介绍了这些内容。

PART 2 · 第二部分

设备编程

第一部分展示了物联网编程的基础知识，本部分则将使用这些基础知识来探索 UWP 和 Windows 10 IoT Core 设备编程的能力，包括读取传感器、使用按钮或操纵杆控制设备、网络连接、音频和图像处理相关的功能。

第 5 章专门介绍传感器相关的内容，这些传感器可以用于实现机器人的感知功能。还描述了用于执行位和字节操作的有用类（BitConverter 和 BitArray），用以序列化和传输数据，并且展示了如何读取和解释来自测量温度、湿度、气压、加速度和磁场的各种传感器的数据。

第 6 章描述了硬件中断和使用按钮与操纵杆控制设备的方法，以及将这些元素与 LED 阵列相结合，为物联网硬件实现简单的 I/O 设备。

第 7 章介绍了 Windows IoT Core 的语音合成和识别功能，描述了声波的基本原理和频域中的几个音频处理程序，以计算音频信号的频谱。随后将频谱分成带并显示在 LED 阵列上。最后用这些功能实现了一个示例应用程序，让 LED 随着音乐节奏闪烁。

第 8 章涵盖了机器视觉应用，将展示如何实现由 USB 摄像头、UWP 人脸检测和跟踪程序组成的视觉系统，以及如何构建自定义图像处理应用程序，其中将处理从 USB 摄像头获取的图像，并查找和识别各种对象。

第 9 章致力于网络连接，提供了广泛的物联网设备连接接口，展示如何实现一个示例应用程序，使设备能够使用有线和无线通信模块相互通信。

第 10 章介绍了电机控制的基本原理，可以使用它来平稳地控制电机以进行自适应设备控制。或者可以更进一步地构建可移动的物联网设备，包括机器人。

第 11 章展示如何使用 Microsoft 认知服务和 Azure 机器学习解决方案将人工智能整合到物联网设备中。具体而言，我们将解释如何实现一个能够识别人类情感的应用程序，还将解释如何实现一个包含自定义异常检测器的应用程序。因此，你将学习如何制作智能、自主的物联网设备。

CHAPTER 5 · 第 5 章

从传感器读取数据

现代传感器被制造成微机电系统（MEMS）。一些特定的可被观测的物理量，例如温度、压力、空间位置等的变化会导致系统内一些元器件的细微变化，这些变化通常通过电子信号的形式被记录和报告，然后传输到适当的电子设备，进而将数据处理和解释为人类可读的形式。

从传感器获取数据通常包括从适当的存储器寄存器读取原始字节值。因此，理解原始数据的表示方式和组织形式对于正确解释从传感器接收到的信息至关重要。物联网软件广泛使用针对位、字节、数据类型、位移操作等的底层操作。

本章将介绍如何使用基于位、位移运算符以及 BitConverter 和 BitArray 等一些便利的类来处理位和字节操作。你将使用这些知识来获取并解释从 RPi2 和 RPi3 的 Sense HAT 扩展板中各种传感器上接收到的值。

图 5-1　用于 RPi2 和 RPi3 的 Sense HAT 扩展板。该板使用 40 针接头连接到 Raspberry Pi（来源：http://www.adafruit.com）

图 5-1 中展示了 Sense HAT 扩展板，它配备有多个传感器，包括温度计、气压计、磁力计、陀螺仪和加速计。这些传感器由 STMictroelectronics（STM）制造，都采用了非常类似的方式进行控制。也就是说，为了控制它们，需要设置特定存储器寄存器字节的特定位的值，因为默认情况下，某些 STM 传感器处于电源安全模式。在这种模式下，为了节省电力，其功能受限。因此，

要将传感器打开为常规工作模式，你需要将特定位设置成恰当的值。

配置传感器后，需要将原始字节数组适当转换为人类可读的数字，使得这些数字可以正确表示正被监控的物理量。这可能需要使用特定于设备的校准参数进行几个转换步骤，这些校准参数可以从传感器的存储器中获取。

这些内容都会在本章逐一展开，在本章的最后，将实现图 5-2 所示的程序。阅读本章后，可以开始构建自己的程序或更复杂的监控系统。

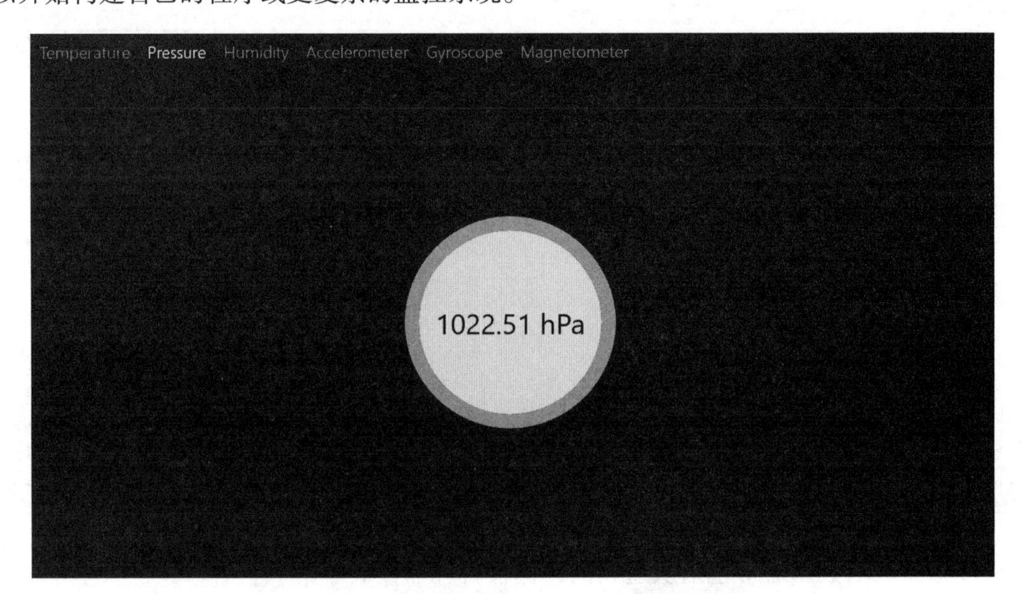

图 5-2　从 Sense HAT 扩展板的 LPS25H 传感器获取的气压读数

5.1　位、字节和数据类型

一般在开发高级应用程序时，用户通常不会考虑位和字节等内容。而是可以使用更大的数据类型（例如整数、浮点数、字符串），将其用作表示特定域对象的抽象类的内容和过程，再进一步做一些自动化的程序操作。在这种情况下，通常不必关心内存中特定位和字节的组织方式。

但是，在物联网世界中，数据的每一位都被使用，进而被打包在一起。这有助于最大限度地减少传感器与微控制器之间或各种物联网设备之间传输的信息量。因此，需要仔细地从字节数组中提取信息，同时也包括正确的数据顺序，以便最终获得代表物联网设备监控的物理量的正确值。

在后面的章节中，将介绍如何使用由 UWP 实现的按位运算符和类。如果觉得需要快速了解有关位、字节和数据类型等内容，可以参考附录 C，附录 I 中也涵盖了十六进制计数系统。因为物联网传感器文档通常基于这种数字表示，所以这些内容都十分有用。如果已经熟悉这些概念，那么可以进入下一节。

5.2 解码和编码二进制数据

在物联网世界中，传感器和微控制器之间传输的数据使用位进行编码，因此每个字节最多可以传输 8 条信息。要解码此数据，可以使用 BitConverter 和 BitArray 类中的位操作或方法。本节将介绍这两种方法。如果查找特定问题的解决方案，答案通常将按照位运算符和移位运算符给出，而不是基于 BitConverter 和 BitArray 类。但是，这些类为位和字节操作提供了强大的解决方案，可以显著缩短开发时间并提高代码的可读性。因此，了解 BitConverter 和 BitArray 如何使用是非常有帮助的。如果已经熟悉这些概念，可以直接开始阅读 5.3 节。

5.2.1 按位运算符

有 4 种常见的按位操作：与（&，AND）、或（|，OR）、异或（^，XOR）和非（~，NOT）。这些运算符用于快速处理位上的值，进一步组成特定的变量。

按位补码是一个一元运算符。也就是说，它需要一个操作数并将变量的每一位反转。例如，0010 1110 的按位补码是 1101 0001。

按位 AND、OR 和 XOR 运算符需要两个操作数，这些运算符产生的结果在表 5-1 中给出。也就是说，当两个操作数位的值都为 1 时，AND（&）位运算符产生 1，否则产生 0。每当两个操作数中的一个被设置为 1 时，OR（|）位运算符就会产生 1。当操作数相同时，XOR（^）按位运算符输出 0，如果它们不同，则输出 1。

所有前面的按位运算符（除了补码之外）也由以下速记运算符补充：“& =”“| =”和“ ^ =”。这些操作与表 5-1 中描述的运算符相同，但可用于缩短需要执行特定位操作和后续操作的过程，如代码清单 5-1 所示。

表 5-1　二元位运算符

Bit 1	Bit 2	& (AND)	| (OR)	^ (XOR)
0	0	0	0	0
0	1	0	1	1
1	0	0	1	1
1	1	1	1	0

代码清单 5-1　显示速记位运算符的用法和结果的方法

```
private void BitwiseOperators()
{
    byte a = 0;  // Binary: 0000
    byte b = 5;  // Binary: 0101
    byte c = 10; // Binary: 1010

    c |= a; // c = 10 (Binary: 1010)
    c ^= b; // c = 15 (Binary: 1111)
    c &= b; // c =  5 (Binary: 0101)
}
```

5.2.2 移位运算符、位掩码和二进制表示

按位操作里还有移位操作符“ <<”和“ >>”。这些运算符将表达式的位移到指定位数的左边（<<）或右边（>>）。单次移位实际上是将数字乘以 2（<<）或除以 2（>>）。代码清单 5-2

显示了一些移位操作及其输出示例。请注意，移位0值不会执行任何操作，因为没有位上有值。

代码清单 5-2 移位运算符的示例用法

```
private void BitShiftOperators()
{
    byte a = 0;  // Binary: 0000 0000
    byte b = 4;  // Binary: 0000 0100
    byte c = 8;  // Binary: 0000 1000

    int bitShiftResult;

    bitShiftResult = a << 1; // bitShiftResult =  0 (Binary: 0000 0000)
    bitShiftResult = b >> 1; // bitShiftResult =  2 (Binary: 0000 0010)
    bitShiftResult = c << 2; // bitShiftResult = 32 (Binary: 0010 0000)
}
```

与按位运算符一起使用的移位操作通常还有创建位掩码。具体而言，可以使用“&”位运算符将位掩码应用于变量，以查找是否设置了特定位。这可能看起来像是你在编程课程或教程中解决的许多学术问题之一。实际上，在物联网领域，可以使用移位和按位运算符来确定特定传感器或板功能是打开还是关闭，将字节组合成更大的数据类型，或将传感器读数转换为有意义的值。

位可以以两种不同的方式排序：从最高有效位（MSB）或最低有效位（LSB）开始。这种排序很重要，因为它会直接导致是否能将位上的数字集合解码为有意义的值（更多详细信息请参阅附录C）。这种排序方式可能与设备本身也有关系。在技术文档中，二进制表示通常以MSB开头，而且这种位顺序是由Convert类的ToString方法（在System命名空间中定义的）生成的。

现在让我们使用System.Convert.ToString方法来查找16位整数的二进制表示。为此，可以选择编写一个简单的控制台应用程序，其中会包含将十进制值转换为二进制字符串的方法。但是这里我们不这么做，而是编写一个有界面的UWP应用程序。该应用程序将使用数据绑定以及用于二进制表示的转换器。这么做是为了展示如何基于通常用于高级UWP、WinRT或WPF应用程序的数据绑定机制来实现物联网程序开发。

通常，在使用Web服务或数据库记录的高级应用程序中，可以使用数据绑定来减少简单重写属性值的过程数量。此外，可以只使用转换器来提取和显示选定的信息。

在物联网程序中，可以使用完全相同的工具，尽管转换器看起来“更低级”。这是UWP的奇特之处，因为你的源代码看起来“非常高级”，并且你可以使用所有你喜欢的编程模式。但是，一些特定方面（如转换器和一些逻辑）是为传感器、检测器、相机或物联网终端的特定“低级”需求定制的。

下面开始实现一个对位进行操作的算法。以下是在UWP平台上执行此操作的详细过程：

1）创建新的UWP空白应用程序BinaryRepresentation。

2）向项目添加一个新文件ShortToBinaryConverter.cs，并根据代码清单5-3修改它（请注意，这种机制与之前编写的典型高级 UWP 或 WinRT 应用程序类似)。

代码清单 5-3 使用转换器检索 16 位有符号整数的二进制表示

```
using System;
using Windows.UI.Xaml.Data;

namespace BinaryRepresentation
{
    public class ShortToBinaryConverter : IValueConverter
    {
        public object Convert(object value, Type targetType,
            object parameter, string language)
        {
            string result = string.Empty;

            if (value != null)
            {
                short inputValue;
                if (short.TryParse(value.ToString(), out inputValue))
                {
                    const int bitCount = 16;

                    result = System.Convert.ToString(inputValue, 2);
                    result = result.PadLeft(bitCount, '0');
                }
            }

            return result;
        }
        public object ConvertBack(object value, Type targetType,
            object parameter, string language)
        {
            throw new NotImplementedException();
        }
    }
}
```

3）更新 BinaryRepresentation 应用程序的 MainPage 定义，如代码清单 5-4 所示。

代码清单 5-4 BinaryRepresentation 应用程序的用户界面定义

```
<Page
    x:Class="BinaryRepresentation.MainPage"
    xmlns="http://schemas.microsoft.com/winfx/2006/xaml/presentation"
    xmlns:x="http://schemas.microsoft.com/winfx/2006/xaml"
    xmlns:local="using:BinaryRepresentation"
    xmlns:d="http://schemas.microsoft.com/expression/blend/2008"
    xmlns:mc="http://schemas.openxmlformats.org/markup-compatibility/2006"
    mc:Ignorable="d">

    <Page.Resources>
        <Thickness x:Key="DefaultMargin">5</Thickness>
```

```
        <x:Double x:Key="DefaultFontSize">28</x:Double>

        <x:Double x:Key="DefaultTextBoxWidth">150</x:Double>

        <local:ShortToBinaryConverter x:Key="ShortToBinaryConverter" />

        <Style TargetType="TextBlock">
            <Setter Property="Margin"
                    Value="{StaticResource DefaultMargin}" />
            <Setter Property="VerticalAlignment"
                    Value="Center" />
            <Setter Property="FontSize"
                    Value="{StaticResource DefaultFontSize}" />
        </Style>

        <Style TargetType="TextBox">
            <Setter Property="Margin"
                    Value="{StaticResource DefaultMargin}" />
            <Setter Property="FontSize"
                    Value="{StaticResource DefaultFontSize}" />
            <Setter Property="Width"
                    Value="{StaticResource DefaultTextBoxWidth}" />
        </Style>
    </Page.Resources>

    <StackPanel Background="{ThemeResource ApplicationPageBackgroundThemeBrush}">
        <StackPanel Orientation="Horizontal">
            <TextBlock Text="Enter a value: " />
            <TextBox x:Name="TextBoxInputValue" />
        </StackPanel>

        <TextBlock Text="Binary representation (MSB): " />
        <TextBlock Text="{Binding Text, ElementName=TextBoxInputValue,
            Converter={StaticResource ShortToBinaryConverter}}" />
    </StackPanel>
</Page>
```

UI 由 3 个标签（TextBlock 控件）和 1 个文本框组成。可以使用文本框输入希望转换为二进制表示的内容。此操作的结果显示在其中一个标签中。请注意，生成的值是数据绑定到文本框的，因此所有逻辑都在适当的转换器中实现。实际的代码隐藏（MainPage.xaml.cs）只有默认的内容。请参阅图 5-1 以了解 UI 的可视表示。

为了限制二进制表示中数字的长度，只允许用户转换 16 位有符号整数。这种转换是使用数据绑定和转换器实现的，转换器的定义见代码清单 5-3。此 ShortToBinaryConverter 类使用 System.Convert.ToString 方法。可以使用此方法来获取特定变量的二进制表示形式，以及其 8 位字节和十六进制形式。要更改数字系统基数，可以使用 System.Convert.ToString 方法的第二个参数，为以下值之一：2（二进制）、8（八进制）、10（十进制）、16（十六进制）。

对于二进制数字表示，System.Convert.ToString 输出没有前导零的字符串。此处用 0 填充得到了已恢复这些位的字符串，所以输出如图 5-3 所示。该图描绘了两个值的二进制表示：255 和 21845。前者由 8 个 1 和 8 个 0 表示，而后者的二进制表示包括交替的 1 和 0。最小的索引被分配给 MSB。因此，包含二进制表示的字符串以 MSB 开头。

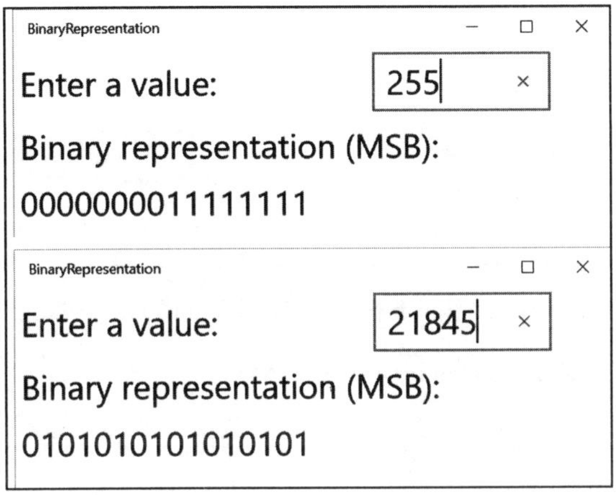

BinaryRepresentation
Enter a value: 255
Binary representation (MSB):
0000000011111111

BinaryRepresentation
Enter a value: 21845
Binary representation (MSB):
0101010101010101

图 5-3　以最高有效位开始的 16 位有符号整数的二进制表示

如何用 LSB 表示？可以反转字符串或编写一个查询位的方法。前者可以使用 System.Linq 中的 Reverse 方法完成，后者可以使用按位 AND 运算符和移位运算符一起实现，如代码清单 5-5 所示。也就是说，将值 1 移动指定的位数以创建位掩码，然后使用按位运算符“&”将此掩码应用于对应的值。该操作的结果是 1（如果该位已设置）或 0（如果没有）。

代码清单 5-5　使用按位运算符和使用移位创建的位掩码来查询位

```
private string IsBitSet(short value, int position)
{
    return (value & (1 << position)) > 0 ? "1" : "0";
}
```

现在可以在 BinaryRepresentation 应用程序中使用此方法。为此，需要更新 ShortToBinaryConverter 类的 Convert 方法，如代码清单 5-6 所示。

代码清单 5-6　通过使用二进制掩码查询位确定的二进制表示

```
public object Convert(object value, Type targetType, object parameter, string language)
{
    var result = string.Empty;

    if (value != null)
    {
        short inputValue;
        if (short.TryParse(value.ToString(), out inputValue))
        {
            const int bitCount = 16;
```

```
            // result = System.Convert.ToString(inputValue, 2);
            // result = result.PadLeft(bitCount, '0');

            for (int i = 0; i < bitCount; i++)
            {
                result += IsBitSet(inputValue, i);
            }
        }
    }

    return result;
}
```

此外，在 MainPage.xaml 中，按如下代码更改最下面的 TextBlock 定义：

```
<TextBlock Text="Binary representation (LSB):" />
```

重新运行应用程序后，可能会注意到二进制以 LSB 的方式表示，如图 5-4 所示。

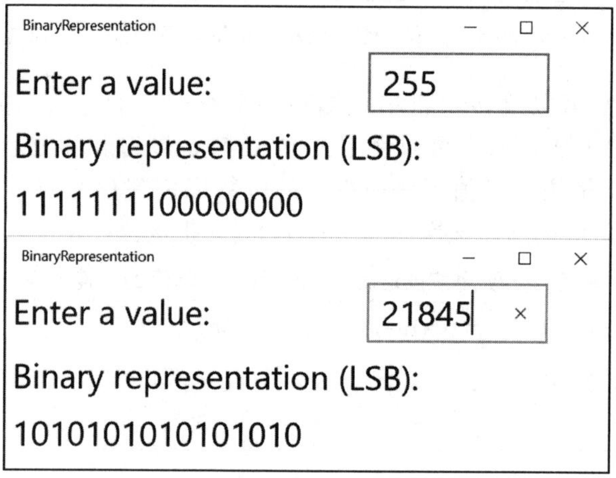

BinaryRepresentation

Enter a value: 255

Binary representation (LSB):

1111111100000000

BinaryRepresentation

Enter a value: 21845

Binary representation (LSB):

1010101010101010

图 5-4　使用 LSB 排序的 16 位有符号整数的二进制表示，位顺序与图 5-3 相反

显然，使用位掩码来查找 LSB 优先位排序效率不高。更好的方式是反转 System.Convert.ToString 方法进行输出。但是，使用位掩码却更普遍。位掩码也可用于设置和清除特定的位值。特别是要将给定位置上的位的值设置为 1，可以采用与代码清单 5-5 中的 IsBitSet 方法相同的方案，只需使用“|”替换“&”运算符（参见代码清单 5-7）。因此，要清除该位（将其值设置为 0），可以将“&”与二进制非（~）一起使用，如代码清单 5-8 所示。

代码清单 5-7　使用按位和移位运算符设置一个位

```
private static int SetBit(int value, int position)
{
    return value | (1 << position);
}
```

代码清单 5-8　清除一个位的值

```
private static int ClearBit(int value, int position)
{
    return value & ~(1 << position);
}
```

现在将代码清单 5-7 和代码清单 5-8 中的方法合并到 BinaryRepresentation 应用程序中，以处理输入的 16 位整数的位值。为此，用代码清单 5-9 中的声明替换外部 StackPanel 的声明，然后根据代码清单 5-10 更新 MainPage.xaml.cs。在文本框中输入的整数值在代码隐藏中使用数据绑定属性按位处理。OutputValue 的结果为二进制表示并显示在视图中。正如所看到的，这一过程中没有使用事件处理程序。在重新运行应用程序之后，可以操纵输入整数的特定位，如图 5-5 所示。

代码清单 5-9　更新的 UI 声明引入了额外的文本框，允许设置和清除特定索引处的位

```
<StackPanel Background="{ThemeResource ApplicationPageBackgroundThemeBrush}">
    <Grid>
        <Grid.RowDefinitions>
            <RowDefinition Height="Auto" />
            <RowDefinition Height="Auto" />
            <RowDefinition Height="Auto" />
        </Grid.RowDefinitions>

        <Grid.ColumnDefinitions>
            <ColumnDefinition Width="*" />
            <ColumnDefinition Width="*" />
        </Grid.ColumnDefinitions>

        <!--First row-->
        <TextBlock Text="Enter a value:" />
        <TextBox Text="{x:Bind InputValue, Mode=TwoWay}"
                 Grid.Column="1" />

        <!--Second row-->
        <TextBlock Text="Bit to set:"
                 Grid.Row="1" />
        <TextBox Text="{x:Bind BitToSet, Mode=TwoWay}"
                 Grid.Row="1"
                 Grid.Column="1" />

        <!--Third row-->
        <TextBlock Text="Bit to clear:"
                 Grid.Row="2" />
        <TextBox Text="{x:Bind BitToClear, Mode=TwoWay}"
                 Grid.Row="2"
                 Grid.Column="1" />
    </Grid>

    <TextBlock Text="Binary representation (LSB):" />
    <TextBlock Text="{x:Bind OutputValue, Converter={StaticResource
```

```
        ShortToBinaryConverter}, Mode=OneWay}" />
</StackPanel>
```

代码清单 5-10　更新 MainPage.xaml.cs

```
using System.ComponentModel;
using System.Runtime.CompilerServices;
using Windows.UI.Xaml.Controls;

namespace BinaryRepresentation
{
    public sealed partial class MainPage : Page, INotifyPropertyChanged
    {
public event PropertyChangedEventHandler PropertyChanged = delegate { };

public short BitToSet
{
    get { return bitToSet; }
    set { SetBit(value); }
}

public short BitToClear
{
    get { return bitToClear; }
    set { ClearBit(value); }
}

public short InputValue
{
    get { return inputValue; }
    set { OutputValue = inputValue = value; }
}

public short OutputValue
{
    get { return outputValue; }
    set
    {
        outputValue = value;
        OnPropertyChanged();
    }
}

private const int shortBitLength = 16;

private short bitToSet;
private short bitToClear;
private short inputValue;
private short outputValue;

public MainPage()
```

```
    {
        InitializeComponent();
    }

    private void OnPropertyChanged([CallerMemberName] string propertyName = "")
    {
        PropertyChanged(this, new PropertyChangedEventArgs(propertyName));
    }

    private void SetBit(short position)
    {
        if(position >= 0 && position <= shortBitLength)
        {
            OutputValue |= (short)(1 << position);
                    bitToSet = position;
                }
            }

            private void ClearBit(short position)
            {
                if (position >= 0 && position <= shortBitLength)
                {
                    OutputValue &= (short)~(1 << position);
                    bitToClear = position;
                }
            }
        }
    }
```

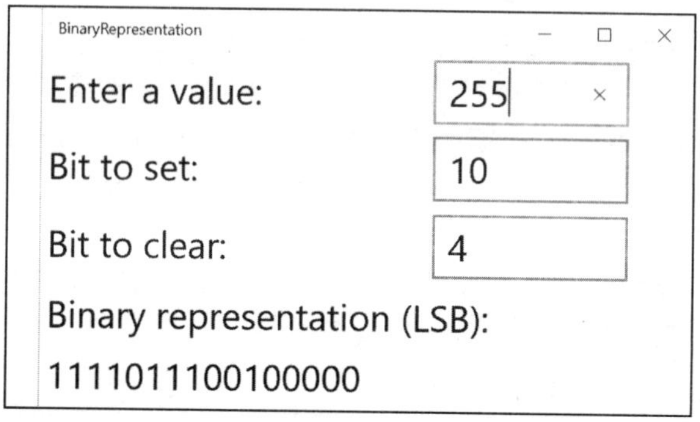

BinaryRepresentation

Enter a value: 255

Bit to set: 10

Bit to clear: 4

Binary representation (LSB):

1111011100100000

图 5-5　初始值 255（1111 1111 0000 0000）通过设置索引 10 的位并清除索引 4 处的位来进一步修改。因此最终值为 1263（1111 0111 0010 0000）

完成上述步骤，是想明确地表明使用 Windows 10 IoT Core 开发有界面的物联网应用程序的方式与已知的在为桌面或移动 Windows 平台开发应用程序时的模式相同。因此，使用 Windows 10 IoT Core 和 UWP 对有界面的物联网应用程序的 UI / UX 层进行编程与 UWP 编程非常相似。但是，正如所看到的，开发物联网程序相比于开发桌面或移动应用程序，在编程方面遇到的底层操作要多。

5.2.3　字节编码和字节顺序

在熟悉按位和移位运算符之后，现在来看看另外两个重要的概念：字节编码和字节顺序。当使用占用 8 位以上的数据类型时，这两个参数扮演着重要角色。这些对象可以看作通常用于通过网络传输信息或将数据存储在内存中的字节数组。传输或读取的数据需要在结束端上解释。这也可以使用移位和按位运算符来完成。例如，要将两个字节转换为无符号的 16 位整数，可以使用代码清单 5-11 中给出的代码。

代码清单 5-11　字节数组转换为 ushort

```
var data = new byte[] { 65, 127 };
var result = (ushort)(data[0] | data[1] << 8);
```

前面的转换将第二个字节向左移动 8 个位置，然后按位替代第一个字节。当然，这可以推广到 32 位和 64 位整数。代码清单 5-12 中包含将四元素字节数组转换为 uint 的示例：

代码清单 5-12　字节数组的 uint 转换，假设为小端

```
const int offset = 8;
var data = new byte[] { 65, 127, 1, 13 };
uint result = data[0];

for(int i = 1; i < data.Length; i++)
{
    result |= (uint)(data[i] << i * offset);
}
```

通常，前面的操作的结果取决于字节顺序。字节是从最高位（包含 MSB）到最低位的一个排序。但是，前者可以位于字节数组的第一个（最左边）或最后一个（最右边）元素中。第一种情况称为大端（big-endian），而第二个字节序列定义为小端（little-endian）。最高和最低有效字节也分别表示为高字节和低字节。例如，如果收到 2 字节的数组 {0,255}，并使用代码清单 5-11 中的代码将其转换为 ushort，则将得到 65280，因为最后一个字节（255）被认为是最高位。相比之下，在大端格式中，第一个字节（0）被认为是十进制数最高位，其中数字从最大值到最小值排序，即首先是百万级，然后是千级，等等。因此，在大端格式中，收到的数组应该解释为 255 而不是 65280。

字节顺序命名约定（大小端）可能会造成混淆。这里，大与小与存储器地址有关。在小端格式中，随着内存地址的增加，字节的位也增加。字节数组的最后一个元素存储在地址最小的存储单元中。在大端格式中，字节位的高低随着内存地址的增加而降低。因此，最后一个字节存储在地址最大的存储单元中。

字节顺序取决于系统的体系结构，因此在不同物联网设备之间可能会有所不同。要对字节数组给出正确解释，需要了解这种排序。通常会根据传感器或设备的规格确定字节顺序。在代码清单 5-11 和代码清单 5-12 中，假设字节序列遵循小端模式。在大端模式下，转换应该按照代码清单 5-13 所示的顺序执行。或者也可以反向输入数组。

代码清单 5-13　字节数组到 uint 转换，假定为大端模式

```
const int offset = 8;
var data = new byte[] { 65, 127, 1, 13 };
int lastElementIndex = data.Length - 1;
var result = data[lastElementIndex];

for (int i = 0; i < data.Length; i++)
{
    result |= (uint)(data[i] << (lastElementIndex - i) * offset);
}
```

5.2.4　BitConverter

当需要从传感器读取数据或与其他设备通信时，字节数组转换是一个典型的、重要的环节，因为除非使用其他库，否则从传感器的内存读取或从远程设备接收的数据均是原始字节流。要解释这些数据，需要为将要连接的传感器或设备指定通信协议。然后根据这些规范，可以编写字节数组解析器，它将原始字节流转换为有意义的信息，例如温度或湿度值、命令等。

为了简化和自动化字节转换，UWP 实现了 System.BitConverter 类。BitConverter 类公开了几个接受字节数组的公共方法，并将其转换为整数、浮点数或字符。代码清单 5-14 描述了相应的代码片段，它将 4 字节数组转换为无符号的 32 位整数。因此，不必使用位移运算符和位掩码，而是可以调用一种方法来进行转换。

代码清单 5-14　使用 BitConverter 类的字节数组转换

```
var data = new byte[] { 65, 127, 1, 13 };
var result = System.BitConverter.ToUInt32(data, 0);
```

在代码清单 5-14 中，使用了 BitConverter 类的 ToUInt32 静态方法。它接受两个参数。第一个参数是字节数组，而第二个参数 startIndex 用于指示开始转换的字节数组的索引，此处为 0。在读取然后转换长字节流时通常使用此参数。所以转换可以在一个循环内完成，其中可以适当地更改静态 BitConverter 方法的 startIndex 参数。

BitConverter 类也可以用来检查设备的字节顺序。这些信息可以通过读取存储在 IsLittleEndian 字段中的值来检索。例如，如果从大端模式的机器接收到一个字节数组，并且代码在小端 CPU 上运行，那么转换方法的定义将如代码清单 5-15 所示。正如所看到的，在转换字节数组之前，首先检查字节序，并在必要时反转输入数组。对于这种反转，我们使用了在 System.Linq 命名空间中定义的扩展 Reverse 方法。

代码清单 5-15　从大端模式机器获得的字节数组在转换前被反转

```
var data = new byte[] { 13, 1, 127, 65 }; // 假设为大端模式

if (BitConverter.IsLittleEndian)
{
```

```
    data = data.Reverse().ToArray();
}

var result = System.BitConverter.ToUInt32(data, 0);
```

代码清单 5-15 中给出的代码仅对包含单个无符号整数的字节数组有效。如果输入数组包含多个字节编码的数字，那么需要在进行转换之前将它们隔离。在这种情况下，可以使用 Array 类的静态 Copy 方法，并按代码清单 5-16 所示进行操作。在这段代码中，验证参数值之后，首先从提供的数组中复制 4 个字节，从指定的索引开始，然后使用 BitConverter 类执行数组到 UInt32 的转换。

代码清单 5-16　在执行转换为无符号的 32 位整数之前，将合适的 4 个字节与输入数组隔离

```
public static uint GetUInt32(byte[] value, int startIndex)
{
    const int uintLength = 4;

    // 验证参数值
    if (value == null)
    {
        throw new ArgumentNullException();
    }

    // 验证 Start Index
    if (startIndex < 0 || startIndex > value.Length - uintLength)
    {
        throw new ArgumentOutOfRangeException();
    }

    var singleIntegerBuffer = new byte[uintLength];

    Array.Copy(value, startIndex, singleIntegerBuffer, 0, uintLength);

    if (BitConverter.IsLittleEndian)
    {
        singleIntegerBuffer = singleIntegerBuffer.Reverse().ToArray();
    }

    return BitConverter.ToUInt32(singleIntegerBuffer, 0);
}
```

BitConverter 类的另一个重要成员是 GetBytes 方法。它检索简单类型变量的字节表示，因此它与前面展示的过程相反。

代码清单 5-17 展示了如何获取整数值的字节表示。此处只计算了两个常量值之间的差异，表示 ulong 和 uint 数据类型的最大值。结果值是 ulong 类型，因此跨越 8 个字节。其中 4 个是 0，而其他 4 个是 255，所以在将它们转换回 ulong 后，会得到 18446744069414584320，可参见附录 C。

代码清单 5-17 检索无符号 64 位整数的字节表示

```
var bytes = System.BitConverter.GetBytes(ulong.MaxValue - uint.MaxValue);
for(int i = 0; i < bytes.Length; i++)
{
    System.Diagnostics.Debug.WriteLine(bytes[i]);
}
```

5.2.5 BitArray

UWP 还提供了 System.Collections.BitArray 类，这是位集合的一种方便的表示形式。这个集合的每个元素都表示为一个布尔变量。可以使用字节数组创建 BitArray 的实例。然后，生成的 BitArray 实例包含表示特定输入字节数组的位集合。该集合的每个元素都是与特定位置上的位值相对应的逻辑值。

现在我们可以使用 BitConverter 和 BitArray 类的功能来修改以前在 BinaryRepresentation 应用程序中使用的 ShortToBinaryConverter 类的定义，以查找有符号的 16 位整数的二进制表示。代码清单 5-18 中给出了相应的实现。使用代码清单 5-5 中的 IsBitSet 方法将该定义与 ShortToBinaryConverter 的原始版本进行比较是值得的。正如所看到的，现在不用使用按位运算符来检查逻辑位值，而是可以简单地检查特定索引处的 BitArray 元素的布尔值。此外，为了获得无符号 16 位整数的字节数组，使用了 BitConverter 类的 GetBytes 方法。

代码清单 5-18 使用 BitConverter 和 BitArray 类的方法提取二进制表示

```
using System;
using System.Collections;
using Windows.UI.Xaml.Data;

namespace BinaryRepresentation
{
    public class ShortToBinaryConverter : IValueConverter
    {
        public object Convert(object value, Type targetType,
            object parameter, string language)
        {
            string result = string.Empty;
            if (value != null)
            {
                short inputValue;
                if (short.TryParse(value.ToString(), out inputValue))
                {
                    //const int bitCount = 16;

                    //result = System.Convert.ToString(inputValue, 2);
                    //result = result.PadLeft(bitCount, '0');

                    //for (int i = 0; i < bitCount; i++)
                    //{
                    //    result += IsBitSet(inputValue, i);
                    //}
```

```
                var bytes = BitConverter.GetBytes(inputValue);
                var bitArray = new BitArray(bytes);

                for (int i = 0; i < bitArray.Length; i++)
                {
                    result += BoolToBinaryString(bitArray[i]);
                }
            }
        }

        return result;
    }

    public object ConvertBack(object value, Type targetType,
        object parameter, string language)
    {
        throw new NotImplementedException();
    }

    private string IsBitSet(short value, int position)
    {
        return (value & (1 << position)) > 0 ? "1" : "0";
    }

    private string BoolToBinaryString(bool value)
    {
        return value ? "1" : "0";
    }
  }
}
```

BitArray类的一个实例还公开了几个用于执行按位操作的成员，包括分别实现按位非（NOT）、与（AND）、或（OR）和异或（XOR）的方法（见表5-1）。可以使用这些方法来实现代码清单5-1中所示的相同功能。也就是说，在代码清单5-19中，展示了使用BitArray类的适当方法执行按位替代、独占替代和连接的完整代码片段。首先，实例化了3个BitArray类。随后，连续调用Or、Xor和And方法。它们对应于“|”“^”“&”位运算符。之后，调试构成BitArray类的位的数字和二进制值。为了获得位编码字节的实际值，我们使用了BitArray类的CopyTo方法。这会自动将位解码为字节。最后，使用Convert.ToString方法获得二进制字符串，因此代码清单5-19中的BitArrayBitwiseManipulation方法将以下值输出到控制台（Visual Studio的输出窗口）：

```
10 (Binary: 1010)
15 (Binary: 1111)
5 (Binary: 101)
```

代码清单5-19 使用BitArray类的按位操作

```
public static void BitArrayBitwiseManipulation()
```

```
{
    byte a = 0;  // Binary: 0000
    byte b = 5;  // Binary: 0101
    byte c = 10; // Binary: 1010

    // 创建位数组
    var aBitArray = new BitArray(new byte[] { a });
    var bBitArray = new BitArray(new byte[] { b });
    var cBitArray = new BitArray(new byte[] { c });

    // 按位或
    cBitArray.Or(aBitArray);
    DebugBitArrayValue(cBitArray);

    // 按位异或
    cBitArray.Xor(bBitArray);
    DebugBitArrayValue(cBitArray);

    // 按位与
    cBitArray.And(bBitArray);
    DebugBitArrayValue(cBitArray);
}

private static byte GetByteValueFromBitArray(BitArray bitArray)
{
    var buffer = new byte[1];

    // 执行转换
    ((ICollection)bitArray).CopyTo(buffer, 0);

    return buffer[0];
}

private static void DebugBitArrayValue(BitArray bitArray)
{
    var value = GetByteValueFromBitArray(bitArray);
    var binaryValue = Convert.ToString(value, 2);

    var debugString = string.Format("{0} Binary: {1}", value, binaryValue);

    System.Diagnostics.Debug.WriteLine(debugString);
}
```

另外，BitArray 类实现了 Set 方法，可以使用它来更新特定位置的值，例如“cBitArray.Set(3, true);”，因此得出结论：BitArray 与 BitConverter 一起通过提供额外的更高级 API 来简化典型的位和字节数组操作。更理想的方式是，BitConverter 可以实现一个额外的能够将 BitArray 转换为适当的数值的方法。但是，用户总是可以自己实现一套适当的扩展方法来满足需求。

5.3 Sense HAT 扩展板

现在可以开始使用上面学到的知识读取 RPi2 和 RPi3 的 Sense HAT 扩展板上传感器的数据了。Sense HAT 是专门为 Astro PI 项目设计的，其中两台 Raspberry Pi 计算机用于测量国际空间站的各种环境和动力特性。

Sense HAT 配备了一个 8 × 8 阵列的彩色 LED，一个五键操纵杆和几个用于监测温度、压力、湿度、惯性和磁场的传感器。Sense HAT 可使用 40 引脚 GPIO 扩展端口连接到 RPi2，并可使用 I^2C 接口与 RPi2（或 RPi3）进行通信。Sense HAT 有自己的微控制器，这个微控制器作为访问特定主板组件（包括传感器、LED 阵列和操纵杆）的代理。

在接下来的几节中，将介绍如何配置 Sense HAT 传感器，以及如何获取和解释由它们提供的数据。

5.4 用户界面

在编写用于传感器交互的代码之前，给出了应用程序的用户界面（见图 5-2），以便可以使用自定义控件在单独的选项卡上显示从每个 Sense HAT 传感器接收到的数据。为了强制使用暗色主题，我们将 Application 标签的 RequestedTheme 属性设置为 Dark。

自定义控件使用黄色背景和橙色边框实现圆角文本块控件。可以在配套代码中找到该控件的完整实现（Chapter 05/ SenseHat / Controls / RoundedTextBlock.xaml）。请注意，此后的描述中，只要不需要显示完整的代码，就引用配套代码。

UWP 中的表格控件在 Pivot 类中实现，每个选项卡都表示为 PivotItem。

接下来定义了存储三维向量组件的泛型 Vector3D 类（参见 Chapter 05/ SenseHat / Helpers / Vector3D.cs 中的配套代码）。正如稍后将看到的，该结构可以以更简洁的方式表示从加速度计、陀螺仪和磁力计获得的读数。

随后，实现了 SensorReadings 类（参见 Chapter 05/ SenseHat / Sensors / SensorReadings.cs 中的配套代码），该代码旨在存储从每个传感器获取的值。SensorReadings 类的公共属性（参见代码清单 5-20）是单向绑定到 UI 的，因此不需要手动设置控件属性来更新 UI。SensorReadings 类实例的字段绑定到 UI，并使用应用程序作用域资源字典中声明的转换器进行格式化（参见 Chapter 05/ SenseHat /Converters 中的配套代码）。每个传感器读数都使用 Pivot 控件的单独标签显示。因此，用户可以使用鼠标在选项卡之间切换。可以在配套代码中找到 SenseHat UI 的完整实现（参见代码清单 5-21。转换器对数字进行格式化，要添加适当的物理单位进行补充）。

代码清单 5-20　MainPage 声明

```
<Page
    x:Class="SenseHat.MainPage"
    xmlns="http://schemas.microsoft.com/winfx/2006/xaml/presentation"
    xmlns:x="http://schemas.microsoft.com/winfx/2006/xaml"
```

```
    xmlns:local="using:SenseHat"
    xmlns:controls="using:SenseHat.Controls"
    xmlns:d="http://schemas.microsoft.com/expression/blend/2008"
    xmlns:mc="http://schemas.openxmlformats.org/markup-compatibility/2006"
    mc:Ignorable="d">

    <Pivot Background="{ThemeResource ApplicationPageBackgroundThemeBrush}">
        <PivotItem Header="Temperature">
            <controls:RoundedTextBlock Text="{x:Bind sensorReadings.Temperature,
            Mode=OneWay, Converter={StaticResource TemperatureToStringConverter}}" />
        </PivotItem>

        <PivotItem Header="Pressure">
            <controls:RoundedTextBlock Text="{x:Bind sensorReadings.Pressure,
            Mode=OneWay, Converter={StaticResource PressureToStringConverter}}" />
        </PivotItem>

        <PivotItem Header="Humidity">
            <controls:RoundedTextBlock Text="{x:Bind sensorReadings.Humidity,
            Mode=OneWay, Converter={StaticResource HumidityToStringConverter}}" />
        </PivotItem>

        <PivotItem Header="Accelerometer">
            <controls:RoundedTextBlock Text="{x:Bind sensorReadings.Accelerometer,
            Mode=OneWay, Converter={StaticResource LinearAccelerationToStringConverter}}" />
        </PivotItem>
        <PivotItem Header="Gyroscope">
            <controls:RoundedTextBlock Text="{x:Bind sensorReadings.Gyroscope,
            Mode=OneWay, Converter={StaticResource AngularSpeedToStringConverter}}" />
        </PivotItem>

        <PivotItem Header="Magnetometer">
            <controls:RoundedTextBlock Text="{x:Bind sensorReadings.Magnetometer,
            Mode=OneWay, Converter={StaticResource MagneticFieldToStringConverter}}" />
        </PivotItem>
    </Pivot>
</Page>
```

代码清单 5-21　应用程序范围的转换器声明

```
<Application
    x:Class="SenseHat.App"
    xmlns="http://schemas.microsoft.com/winfx/2006/xaml/presentation"
    xmlns:x="http://schemas.microsoft.com/winfx/2006/xaml"
    xmlns:local="using:SenseHat"
    xmlns:converters="using:SenseHat.Converters"
    RequestedTheme="Dark">

    <Application.Resources>
        <converters:TemperatureToStringConverter x:Key="TemperatureToStringConverter" />
        <converters:PressureToStringConverter x:Key="PressureToStringConverter" />
```

```
        <converters:HumidityToStringConverter x:Key="HumidityToStringConverter" />
        <converters:LinearAccelerationToStringConverter
            x:Key="LinearAccelerationToStringConverter" />
        <converters:AngularSpeedToAccelerationConverter
            x:Key="AngularSpeedToAccelerationConverter" />
        <converters:MagneticFieldToStringConverter x:Key="MagneticFieldToStringConverter" />
    </Application.Resources>
</Application>
```

正如所见，SenseHat 应用程序的源代码被组织到子文件夹中。这样的过程有助于组织解决方案并隔离特定的功能。在 Visual Studio 2015 中，可以使用项目的上下文菜单中的 Add/New Folder 命令在 Solution Explorer 中创建此类项目文件夹。可以通过右击 Solution Explorer 中的项目名称来激活此菜单。然后，添加到此项目文件夹的任何代码文件将自动填充名称空间块，该块名称的格式为 <ProjectName>.<FolderName>，其中 <ProjectName> 和 <FolderName> 代表项目名称（例如 SenseHat）和文件夹名称（例如 Sensors）。例如，Sensors 子文件夹中的代码文件会自动分配 SenseHat.Sensors 的名称空间。

还应该指出，在代码清单 5-20 和代码清单 5-21 中，使用了自定义 XAML 名称空间前缀：xmlns:controls 和 xmlns:converters。它们允许用户引用在以下 C# 名称空间中声明的对象：SenseHat.Controls（RoundedTextBlock 控件）和 SenseHat.Converters（数据绑定值转换器）。

5.5 温度和气压

现在让我们使用 Sense HAT 扩展板的 LPS25H 传感器获取温度和气压值。LPS25H 传感器是由 STM 制造的紧凑型传感器。该传感器允许以 25Hz 的最大频率（即每 40ms）监测（采样）温度和压力。

LPS25H 的压力传感元件由微型膜在施加外部压力时偏转的 MEMS 组成。偏转会产生压电电阻，然后转换为模拟电压。随后，使用模数转换器转换电压电平，并将得到的数值存储在传感器的存储器中。由于压力还取决于温度，LPS25H 还包含另一个 MEMS 元件，用于测量此物理量以提供准确的气压读数。

通常，通过读取存储在相应寄存器中的值，可以通过 I^2C 或 SPI 串行接口访问压力和温度值。这需要了解寄存器映射的知识，可以在 http://bit.ly/pressure_sensor 上的 LPS25H 数据表中找到。

然而，Sense HAT 扩展板配备了额外的 Atmel ATtiny88 微控制器。该微控制器的作用是访问传感器、LED 阵列和操纵杆。RPi2 和 RPi3 只能使用 I^2C 接口与 Atmel ATtiny88 进行通信。

通过 I^2C 外设交换数据的功能在 I2cDevice 类中实现，该类在 UWP 的 Windows IoT Extensions 的 Windows.Devices.I2c 命名空间中定义。I2cDevice 类不实现任何公共构造函数。因此，要获得该类的实例来将连接与传感器相关联，可以使用 I2cDevice 类的静态方法 FromIdAsync。它需要两个参数：设备标识符和 I2cConnectionSettings 类的一个实例。第一个是通过枚举可用的 I^2C 接口获得的。这可以使用 Windows.Devices.Enumeration 命名空间中定义的 DeviceInformation 类的 FindAllAsync 方法完成。每个可用的 I^2C 器件都通过其地址进行标识，该地址通过 I2cConnectionSettings 类的实例传递。可以通过使用 FromIdAsync 方法的第二个参数来执行此操作。

让我们编写一个辅助类，它会用物理传感器地址获取 I2cDevice 类的实例。根据上述方案，首先设置连接，然后枚举可用设备以查找与给定地址匹配的设备。存储在 SenseHat 应用程序的 I2cHelper.cs 文件中的这个类的完整实现如代码清单 5-22 所示。

代码清单 5-22 I2cHelper 类的定义

```
using System;
using System.Linq;
using System.Threading.Tasks;
using Windows.Devices.Enumeration;
using Windows.Devices.I2c;

namespace SenseHat.Helpers
{
    public static class I2cHelper
    {
        public static async Task<I2cDevice> GetI2cDevice(byte address)
        {
            I2cDevice device = null;

            var settings = new I2cConnectionSettings(address);

            string deviceSelectorString = I2cDevice.GetDeviceSelector();

            var matchedDevicesList = await DeviceInformation.
                FindAllAsync(deviceSelectorString);
            if(matchedDevicesList.Count > 0)
            {
                var deviceInformation = matchedDevicesList.First();

                device = await I2cDevice.FromIdAsync(deviceInformation.Id, settings);
            }

            return device;
        }
    }
}
```

获得 I2cDevice 类的实例后，可以开始在微控制器和传感器之间传输数据。在 I^2C 串行通信中，数据以二进制格式作为字节数组传输。因此，I2cDevice 类公开了几个用于读写传感器和字节阵列的成员。这组方法包括 Read、Write 和 WriteRead。第一种和第二种方法用于从给定寄存器中读取和写入字节数组，而 WriteRead 方法执行读取操作，然后将数据写入寄存器。WriteRead 是一种快捷方式，因为通常情况下，我们希望向传感器发送请求，然后使用相同的寄存器地址读取响应。

从 STM 传感器读取和写入数据遵循相同的方案。由于 Sense HAT 扩展板的其他传感器也是由 STM 生产的，因此将实现辅助类，它将简化从 8 位寄存器读取数据的过程，并且还将字节数组自动转换为 16 位和 32 位有符号整数。这个类的定义在代码清单 5-23 中给出（参见 Chapter 05/ SenseHat / Helpers / RegisterHelper.cs 中的配套代码）。

代码清单 5-23 用于执行公共注册操作的辅助类

```
using System;
using System.Linq;
using Windows.Devices.I2c;

namespace SenseHat.Helpers
{
    public class RegisterHelper
    {
public static byte ReadByte(I2cDevice device, byte address)
{
    Check.IsNull(device);

    // 写缓冲区包含寄存器地址
    var writeBuffer = new byte[] { address };

    // 读缓冲区是一个单元素字节数组
    var readBuffer = new byte[1];

    device.WriteRead(writeBuffer, readBuffer);

    return readBuffer.First();
}

public static void WriteByte(I2cDevice device, byte address, byte value)
{
    Check.IsNull(device);

    var writeBuffer = new byte[] { address, value };

    device.Write(writeBuffer);
}

public static short GetShort(I2cDevice device, byte[] addressList)
{
    const int length = 2;

    Check.IsLengthEqualTo(addressList.Length, length);

    var bytes = GetBytes(device, addressList, length);

    return BitConverter.ToInt16(bytes.ToArray(), 0);
}

public static int GetInt(I2cDevice device, byte[] addressList)
{
    const int minLength = 3;
```

```
        const int maxLength = 4;

        Check.IsLengthInValidRange(addressList.Length, minLength, maxLength);

        var bytes = GetBytes(device, addressList, maxLength);

        return BitConverter.ToInt32(bytes.ToArray(), 0);
    }

    private static byte[] GetBytes(I2cDevice device, byte[] addressList, int totalLength)
    {
        var bytes = new byte[totalLength];

        for (int i = 0; i < addressList.Length; i++)
                {
                    bytes[i] = ReadByte(device, addressList[i]);
                }

                if (!BitConverter.IsLittleEndian)
                {
                    bytes = bytes.Reverse().ToArray();
                }

                return bytes;
            }
        }
    }
```

代码清单 5-23 中的代码片段显示了如何使用 I2cDevice 类的 Write 和 WriteRead 方法获取存储在 I²C 器件特定寄存器中的单个字节。正如所见，在 RegisterHelper 类中，使用 BitConverter 类的方法将字节数组转换为整型数据类型。此外，使用一个辅助 Check 类来执行参数验证。它在配套代码的以下文件中实现：Chapter 05/ SenseHat / Helpers / Check.cs。请注意，该类将作为辅助代码在其他项目中使用。Check 类的特定实现可能因项目而异。

下一步是确保与 STM 传感器的连接已建立并且传感器已正确初始化。这可以通过使用 RegisterHelper 类的 ReadByte 静态方法读取地址为 0x0F 的 WHO_AM_I 寄存器来完成。如果一切正常，传感器将返回值 0xBD。

但是，在进一步讨论之前，应该对 STM 传感器的一个重要方面进行解释——根据 LPS25H 数据表，该模块（以及本章中将使用的其他传感器）默认情况下处于掉电控制模式。在这种模式下，传感器不会返回实际读数。我们首先需要打开传感器，为此，必须在控制寄存器中设置适当的值。后者由无符号字节组成，其中每位负责基本的传感器配置（参见图 5-6 和传感器数据表的第 25 页）。特别地，最后一位（MSB）控制传感器模式（掉电或激活模式），位置 4 ～ 6 控制输出数据速率（ODR ），而索引为 2 的位控制块数据更新（BDU）。

要打开传感器，需要将控制寄存器的 MSB 设置为 1，即将传感器从掉电模式转换为激活模式。接下来，可以配置 BDU 和 ODR。

位索引	0	1	2	3	4	5	6	7
功　能	SPI 接口模式	重置 AutoZero	块数据更新（BDU）	中断电路	输出数据速率（ODR）			掉电（PD）

图 5-6　LPS25H 控制寄存器的位编码。由于使用 I^2C 总线进行通信，因此只使用 BDU、ODR 和 PD 位，不使用中断或重置 vauto zero 功能

BDU 配置内部传感模块更新寄存器的方式。对于 BDU = 0，感应模块持续更新具有温度和压力值的寄存器。所以低字节和高字节在不同的时间更新。因此，在更新期间读取寄存器时，可能会得到不正确的值。要禁用此类连续更新，建议将 BDU 的值设置为 1。

ODR 定义了传感器刷新率（采样率），即模块多长时间测量压力和温度。ODR 位配置如表 5-2 所示。请注意，与 STM 数据表相反，我们使用 LSB 位排序。这是由于这样的顺序对应于 BitArray 类中的约定，即 BitArray 集合的第一个元素是索引为 0 的 LSB。

表 5-2　LPS25H 模块的输出数据速率配置

寄存器位			刷新频率（Hz）
4（ODR0）	5（ODR1）	6（ODR2）	
0	0	0	仅一次
1	0	0	1
0	1	0	7
1	1	0	12.5
0	0	1	25

还有 3 个功能可以使用控制寄存器进行配置，分别是 SPI 接口模式（位于索引 0）、复位自动清零（位于索引 1）和中断电路（位于索引 3）。第一个 SPI 接口模式允许配置 SPI 模式。但是，由于使用 I^2C 接口，因此将 SPI 模式保持为默认值。第二个控制位重置 AutoZero 用于重置参考压力，该参考压力用于传感器读数校准。同样，我们不会重新手动校准传感器，并将重置 AutoZero 位保留为默认值（即 0）。最后，只要新的传感器读数可用，中断电路就允许用户启用中断。

在这里，我们只配置控制寄存器的 PD、BDU 和 ODR，并保留其他位的默认值。为了简化控制寄存器的配置，我们实现了另一个辅助类 TemperatureAndPressureSensorHelper，请参见代码清单 5-24。可以在配套代码中找到该类的完整代码（Chapter 05/ SenseHat / Helpers / TemperatureAndPressureSensorHelper.cs）。

代码清单 5-24　用 BitArray 类配置控制寄存器

```
public static byte ConfigureControlByte(
    BarometerOutputDataRate outputDataRate = BarometerOutputDataRate.Hz_25,
    bool safeBlockUpdate = true, bool isOn = true)
{
    var bitArray = new BitArray(Constants.ByteBitLength);
    // BDU
```

```
        bitArray.Set(bduIndex, safeBlockUpdate);

        // ODR
        SetOdr(outputDataRate, bitArray);

        // 掉电位
        bitArray.Set(pdIndex, isOn);

        return ConversionHelper.GetByteValueFromBitArray(bitArray);
    }
```

TemperatureAndPressureSensorHelper 有一个公共成员 ConfigureControlByte。后一种方法有 3 个参数：outputDataRate、safeBlockUpdate 和 isOn。第 1 个参数是自定义枚举类型 BarometerOutputDataRate，它定义了 5 名成员，请参阅代码清单 5-25 的底部。这些值对应于表 5-2 中给出的 ODR 配置，用于设置传感器采样率。

ConfigureControlByte 方法的另外两个参数设置 BDU（safeBlockUpdate）和 PD（isOn）。正如所看到的，ConfigureControlByte 的定义使用了由 BitArray 类和前面描述的其他方法提供的高级 API。注意，要改变特定的位值，这里使用了 BitArray 类实例的 Set 方法。

私有 SetOdr 方法以类似的方式实现（参见代码清单 5-25）。也就是说，根据使用 BarometerOutputDataRate 枚举值之一选择的 ODR，我们实例化一个布尔变量的三元素数组。该数组反映了 ODR 位的逻辑状态。随后，使用 ConversionHelper 类中实现的辅助方法 SetBitArrayValues 将这些值分配给 BitArray 集合（参见代码清单 5-26）。

代码清单 5-25　气压传感器采样率配置

```
private static void SetOdr(BarometerOutputDataRate outputDataRate, BitArray bitArray)
{
    bool[] odrBitValues;

    switch (outputDataRate)
    {
        case BarometerOutputDataRate.OneShot:
            odrBitValues = new bool[] { false, false, false };
            break;

        case BarometerOutputDataRate.Hz_1:
            odrBitValues = new bool[] { true, false, false };
            break;

        case BarometerOutputDataRate.Hz_7:
            odrBitValues = new bool[] { false, true, false };
            break;

        case BarometerOutputDataRate.Hz_12_5:
            odrBitValues = new bool[] { true, true, false };
            break;

        case BarometerOutputDataRate.Hz_25:
```

```
        default:
            odrBitValues = new bool[] { false, false, true };
            break;
    }

    ConversionHelper.SetBitArrayValues(bitArray, odrBitValues, odrBeginIndex, odrEndIndex);
}

public enum BarometerOutputDataRate
{
    OneShot, Hz_1, Hz_7, Hz_12_5, Hz_25
}
```

代码清单 5-26　设置 BitArray 集合元素的辅助方法

```
public static void SetBitArrayValues(BitArray bitArray, bool[] values,
    int beginIndex, int endIndex)
{
    Check.IsNull(bitArray);
    Check.IsNull(values);

    Check.IsPositive(beginIndex);
    Check.LengthNotLessThan(bitArray.Length, endIndex);

    for (int i = beginIndex, j = 0; i <= endIndex; i++, j++)
    {
        bitArray[i] = values[j];
    }
}
```

我们实现了 SensorBase 类的基本结构（请参阅 Chapter 05/ SenseHat / Sensors / SensorBase.cs 中的配套代码），它简化了诸如读取 WHO_AM_I 寄存器和设置控制寄存器值等操作。Sensor-Base 类具有一个公共属性 IsInitialized，用于检查传感器是否已正确初始化，即 WHO_AM_I 寄存器是否具有预期值。此外，SensorBase 包含 4 个受保护的可覆盖成员：device、sensorAddress、whoAmIRegisterAddress 和 whoAmIDefaultValue。第 1 个用于存储 I2cDevice 类的引用；第 2 个存储传感器地址，即用于访问特定传感器的实际 I^2C 设备的地址。所有的传感器地址都可以从 http://pinout.xyz/pinout/sense_hat 上的交互图中找到。最后的两个私有成员 whoAmIRegisterAddress 和 whoAmIDefaultValue 用于设置 WHO_AM_I 寄存器地址和特定传感器的值。因此，sensorAddress、whoAmIRegisterAddress 和 whoAmIDefaultValue 修改了其受保护的访问权限，因此可以在为每个 STM 传感器实现抽象层的特定类中重写。

此外，SensorBase 类还实现了公共 Initialize 方法，该方法关联 I^2C 连接，读取 WHO_AM_I 寄存器，然后使用 Configure 方法配置控制寄存器（参见代码清单 5-27）。请注意，如果传感器未初始化，则此过程仅执行一次。正如所看到的，Configure 方法的基本定义是空的。我们将为每个传感器单独覆盖此方法。

代码清单 5-27　表示物理 STM 传感器的基类的选定方法

```
public async Task<bool> Initialize()
{
    if (!IsInitialized)
    {
        device = await I2cHelper.GetI2cDevice(sensorAddress);

        if (device != null)
        {
            IsInitialized = WhoAmI(whoAmIRegisterAddress, whoAmIDefaultValue);

            if (IsInitialized)
            {
                Configure();
            }
        }
    }

    return IsInitialized;
}

protected bool WhoAmI(byte registerAddress, byte expectedValue)
{
    byte whoami = RegisterHelper.ReadByte(device, registerAddress);

    return whoami == expectedValue;
}

protected virtual void Configure(){ }
```

我们先从气压传感器开始。作为抽象的 LP25SH 传感器表示，TemperatureAndPressureSensor 类的完整实现在配套代码 Chapter 05/ SenseHat / Sensors / TemperatureAndPressureSensor.cs 中给出。TemperatureAndPressureSensor 实现构造函数，该构造函数设置基类的受保护成员，并覆盖基本的 Configure 方法（参见代码清单 5-28）。

代码清单 5-28　温度和压力传感器的初始化和配置

```
public TemperatureAndPressureSensor()
{
    sensorAddress = 0x5C;
    whoAmIRegisterAddress = 0x0F;
    whoAmIDefaultValue = 0xBD;
}

protected override void Configure()
{
    CheckInitialization();

    const byte controlRegisterAddress = 0x20;
    var controlRegisterByteValue = TemperatureAndPressureSensorHelper.ConfigureControlByte();
```

```
    RegisterHelper.WriteByte(device, controlRegisterAddress, controlRegisterByteValue);
}
```

TemperatureAndPressureSensor 类的中心部分包含两个公共方法：GetTemperature 和 GetPressure。如代码清单 5-29 所示，这些方法基于以前开发的辅助类，其实现简洁明了。从 LP25SH 传感器读取温度是通过从适当的寄存器获取两个字节，然后将它们转换为一个 16 位整数，再将其重新调整为摄氏度来完成的。

代码清单 5-29 实现 GetTemperature 和 GetPressure

```
public float GetTemperature()
{
    CheckInitialization();

    // 寄存器地址列表
    const byte tempLowByteRegisterAddress = 0x2B;
    const byte tempHighByteRegisterAddress = 0x2C;

    // 读取低字节和高字节，并将它们转换为 16 位带符号整数
    var temperature = RegisterHelper.GetShort(device,
        new byte[] { tempLowByteRegisterAddress, tempHighByteRegisterAddress });

    // 转换为物理单位（摄氏度）
    return temperature / tempScaler + tempOffset;
}
```

如代码清单 5-29 所示，为了获得温度值，我们从以下地址的寄存器读取两个字节：0x2B 和 0x2C。随后，这些值将转换为带符号的 16 位整数。生成的原始数字必须转换为以摄氏度为单位的物理量。为此，使用以下等式：

$$T=\frac{t}{480}+42.5$$

其中 t 是从传感器存储器获得的原始值，并且常量值作为 TemperatureAndPressureSensor 类的私有成员存储。

压力读数以类似的方式获得（参见代码清单 5-30。通过读取 3 个字节，将它们转换为一个 32 位有符号整数，并将其转换为物理意义上的单位来表示压力）。原始大气压力 p 使用 3 个字节存储在以下地址：0x28、0x29 和 0x2A。从这些寄存器获得的值被转换为 32 位有符号整数，然后使用以下关系将其转换为百帕斯卡（hPa）：

$$P=\frac{p}{4096}$$

其中，常数变换因子存储在 TemperatureAndPressureSensor 类的 pressureScaler 专用字段中。

代码清单 5-30 获取压力读数

```
public float GetPressure()
{
    CheckInitialization();
```

```
    // 寄存器地址列表
    const byte pressureLowByteRegisterAddress = 0x28;
    const byte pressureMiddleByteRegisterAddress = 0x29;
    const byte pressureHighByteRegisterAddress = 0x2A;

    // 读取寄存器并将结果转换为 32 位有符号整数
    var pressure = RegisterHelper.GetInt(device, new byte[] {
        pressureLowByteRegisterAddress,
        pressureMiddleByteRegisterAddress,
        pressureHighByteRegisterAddress });

    // 转换为物理单位（百帕斯卡，hPa）
    return pressure / pressureScaler;
}
```

现在让我们把以上描述结合在一起，并在UI中显示气压传感器读数。为此，在MainPage.xaml.cs文件中，我们初始化TemperatureAndPressureSensor类，然后开始连续读取传感器（参见代码清单5-31）。另外，在MainPage类中，定义了私有辅助方法BeginSensorReading。我们用这种方法在指定的延迟时间内进行连续的传感器读数采集。对于本节中使用的气压传感器，采样率设置为25Hz。因此，TemperatureAndPressureSensor类的GetTemperature和GetPressure方法每40ms调用一次。

代码清单 5-31　显示温度和气压值

```
using System;
using SenseHat.Sensors;
using Windows.UI.Xaml.Controls;
using Windows.UI.Core;
using System.Threading.Tasks;
namespace SenseHat
{
    public sealed partial class MainPage : Page
    {
        private SensorReadings sensorReadings = new SensorReadings();

        private TemperatureAndPressureSensor temperatureAndPressureSensor =
            new TemperatureAndPressureSensor();

        public MainPage()
        {
            InitializeComponent();

            InitSensors();
        }

        private async void InitSensors()
        {
            // 温度和压力传感器
            if (await temperatureAndPressureSensor.Initialize())
            {
```

```
                BeginTempAndPressureAcquisition();
            }
        }

        private void BeginTempAndPressureAcquisition()
        {
            const int msDelayTime = 40;

            BeginSensorReading(async () =>
            {
                // 获取并展示传感器读数
                await Dispatcher.RunAsync(CoreDispatcherPriority.Normal, () =>
                {
                    sensorReadings.Temperature = temperatureAndPressureSensor.
                        GetTemperature();
                    sensorReadings.Pressure = temperatureAndPressureSensor.GetPressure();
                });
            }, msDelayTime);
        }

        private void BeginSensorReading(Action periodicAction, int msDelayTime)
        {
            Task.Run(() =>
            {
                while (true)
                {
                    periodicAction();
                    Task.Delay(msDelayTime).Wait();
                }
            });
        }
    }
}
```

编译并运行应用程序后，将看到温度和压力值，分别如图 5-7 和前面的图 5-2 所示。

要检查气压是否真的起作用，可以将读数与当地的气象站给出的报告进行比较。要验证温度传感器是否正常工作，可以用手遮住 Sense HAT。你应该注意到温度会升高。请记住，Sense HAT 获得的温度值可能与室温不同，这是因为传感器读数可能受到 RPi2 或 RPi3 温度的影响，使得数值可能高于室温，特别是在设备预热后。

在图 5-8 中，绘制了基于 Sense HAT 扩展板的记录温度的时间曲线。温度峰值清晰可见。这是科学发挥作用的地方。很多时候，物联网处理模块必须连续监测物理量，以检测由于外部条件而产生的任何异常情况。在本节中，将实现这种持续采集，并将在第 11 章中学习如何检测外部干扰。

在本节的最后一个要点中，我们会指出大部分实现时间都致力于构建用于执行位操作和字节数组转换的辅助类。基于这些辅助类，TemperatureAndPressureSensor 类的定义非常清晰，只包含针对该特定传感器的逻辑。因此，在接下来的部分中，将使用我们学到的基础实现处理来自 Sense HAT 扩展板的其他传感器的读数。

图 5-7　LPS25H 传感器的温度读数

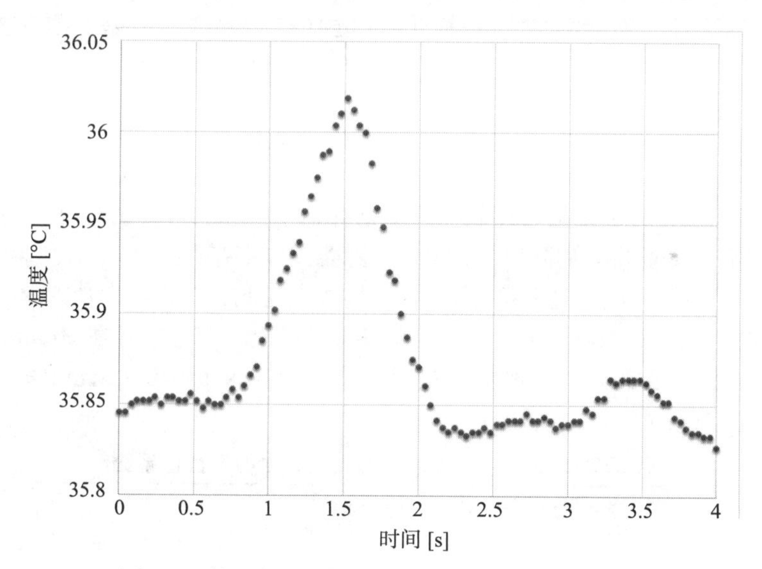

图 5-8　使用物联网设备记录的温度时间变化过程

5.6　相对湿度

Sense HAT 湿度传感器由 STM HTS221 模块（http://bit.ly/humidity_sensor）组成。该传感模块使用聚合物介质平面电容器作为相对湿度传感元件。

一般来说，该传感器的数据采集过程与 LPS25H 的情况类似。我们首先需要读取 WHO_AM_I 寄存器，然后配置 ODR，最后使用控制寄存器打开有源设备模式。在这种情况下，WHO_AM_I 寄存器的地址和默认值分别为 0x0F 和 0xBC。存储在地址 0x20 的控制寄存器中的字节由控制电源状态的位（索引 7 处的位）、BDU（索引 2 处的位）和 ODR（第一位和第二位）组成，表 5-3 中给出了 ODR 配置。

表 5-3 HTS221 模块的输出数据速率配置

寄存器位		刷新频率（Hz）
0（ODR0）	1（ODR1）	
0	0	仅单次
1	0	1
0	1	7
1	1	12.5

要配置控制寄存器，我们写了另一个辅助类：HumiditySensorHelper（请参阅 Chapter 05/ SenseHat / Helpers / HumiditySensorHelper.cs 中的配套代码）。这个类的实现与 Temperature-AndPressureSensorHelper 并行。处理 ODR 只有一些细微的差异。因此，关于这个类的详细描述在这里被省略。

随后，配置完传感器后，读取湿度值 h_r 的过程与上一节相似。也就是说，需要从 0x28 和 0x29 寄存器读取值，然后将它们转换为 16 位有符号整数。但是，要转换为相对湿度 $H_{\%}$（气象站使用这种单位），需要进行线性插值：

$$H_{\%}(h_r)=\left(\frac{h_1-h_0}{t_1-t_0}\right)(h_r-t_0)+t_1$$

h_0 和 h_1 作为无符号的 8 位整数存储在两个寄存器中：0x30 和 0x31。根据传感器数据表，在获得这些值之后，需要将它们除以 2。随后，需要读取寄存器 0x36、0x37 和 0x3A、0x3B，以分别获得 t_0 和 t_1 的值。这些是有符号的 16 位整数，为此，我们可以使用 RegisterHelper 类的 GetShort 方法。用于采集 h_0、h_1、t_0 和 t_1 的算法的完整实现包含在 HumiditySensor 类的私有成员 GetHumidityScalers 中（参见代码清单 5-32 和 Chapter 05/ SenseHat / Sensors 中的 HumiditySensor.cs 文件）。

代码清单 5-32 从湿度传感器内存中检索插值系数

```
private void GetHumidityScalers()
{
    CheckInitialization();

    const byte h0RegisterAddress = 0x30;
    const byte h1RegisterAddress = 0x31;

    const byte t0LowByteRegisterAddress = 0x36;
    const byte t0HighByteRegisterAddress = 0x37;

    const byte t1LowByteRegisterAddress = 0x3A;
    const byte t1HighByteRegisterAddress = 0x3B;

    const float hScaler = 2.0f;

    humidityScalerH0 = RegisterHelper.ReadByte(device, h0RegisterAddress) / hScaler;
    humidityScalerH1 = RegisterHelper.ReadByte(device, h1RegisterAddress) / hScaler;
```

```
    humidityScalerT0 = RegisterHelper.GetShort(device,
        new byte[] { t0LowByteRegisterAddress, t0HighByteRegisterAddress });
    humidityScalerT1 = RegisterHelper.GetShort(device,
        new byte[] { t1LowByteRegisterAddress, t1HighByteRegisterAddress });
}
```

线性插值系数在运行时不会改变。因此，如代码清单 5-33 所示，只在 HumiditySensor 类的 Configure 方法中调用 GetHumidityScalers 方法一次。

代码清单 5-33　配置控制寄存器后收集插值系数

```
protected override void Configure()
{
    CheckInitialization();

    const byte controlRegisterAddress = 0x20;
    var controlRegisterByteValue = HumiditySensorHelper.ConfigureControlByte();

    RegisterHelper.WriteByte(device, controlRegisterAddress, controlRegisterByteValue);

    GetHumidityScalers();
}
```

接下来，我们可以通过读取存储在 0x28 和 0x29 地址寄存器中的字节来检索湿度。同样，如前一节所述，此类功能基于 RegisterHelper 类的方法（参见代码清单 5-34）。

代码清单 5-34　从 STM HTS221 传感单元获取相对湿度

```
public float GetHumidity()
{
    CheckInitialization();

    const byte humidityLowByteRegisterAddress = 0x28;
    const byte humidityHighByteRegisterAddress = 0x29;

    var rawHumidity = RegisterHelper.GetShort(device,
        new byte[] { humidityLowByteRegisterAddress, humidityHighByteRegisterAddress });

    return ConvertToRelativeHumidity(rawHumidity);
}

private float ConvertToRelativeHumidity(short rawHumidity)
{
    var slope = (humidityScalerH1 - humidityScalerH0) / (humidityScalerT1 - humidityScalerT0)

    return slope * (rawHumidity - humidityScalerT0) + humidityScalerH0;
}
```

最后，为了显示相对湿度，我们只需要实例化 HumidityAndTemperatureSensor，并按照与前一节中相同的方式开始湿度采集（请参阅代码清单 5-35）。在重新运行 SenseHat 应用程序后，相对湿度会在相应的选项卡中显示（见图 5-9）。

代码清单 5-35 相对湿度采集

```
private HumidityAndTemperatureSensor humidityAndTemperatureSensor =
    new HumidityAndTemperatureSensor();

private async void InitSensors()
{
    // 温度和压力传感器
    if (await temperatureAndPressureSensor.Initialize())
    {
        BeginTempAndPressureAcquisition();
    }

    //湿度传感器
    if (await humidityAndTemperatureSensor.Initialize())
    {
        BeginHumidityAcquisition();
    }
}

private void BeginHumidityAcquisition()
{
    const int msDelayTime = 80;
    BeginSensorReading(async () =>
    {
        // 获取并展示湿度传感器读数
        await Dispatcher.RunAsync(CoreDispatcherPriority.Normal, () =>
        {
            sensorReadings.Humidity = GetHumidity();
        });
    }, msDelayTime);
}
```

HTS221传感器还允许测量温度。这与前面所展示的类似，因此建议使用模块的数据表单独实现该功能。

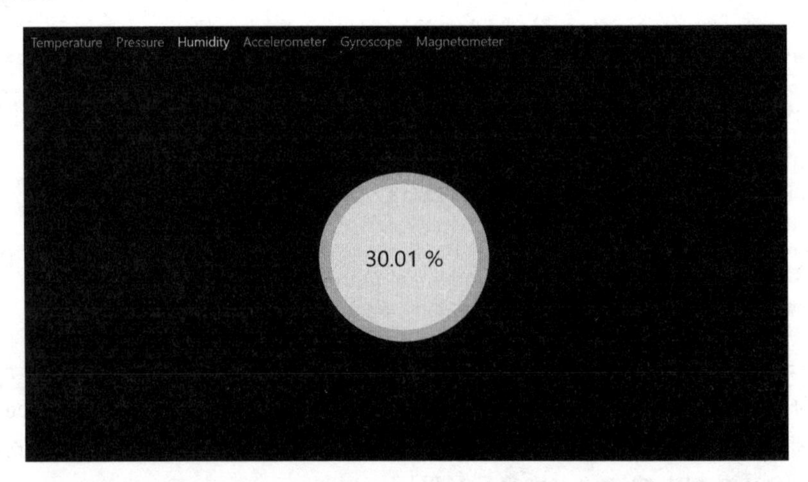

图 5-9 使用 Sense HAT 扩展板的 HTS221 传感器收集的相对湿度值

5.7 加速度计和陀螺仪

Sense HAT 的加速度计和陀螺仪是 STM LSM9DS1 传感模块的组件（http://bit.ly/inertial_sensor）。该传感器利用已知质量物体的惯性运动来测量其线性加速度（加速度计）和角速度（陀螺仪）。

LSM9DS1 采用 MEMS 技术制造，因此该物体安装在微型弹簧上。模块移动导致物体移位。通过及时测量此运动，可确定加速度和速度。结果值由电信号编码，转换为数字表示并存储在适当的寄存器中。因此，像以前一样，通过读取传感器内存中的相关值来获得加速度和速度值。

根据 LSM9DS1 的数据手册，为了从加速度计和陀螺仪同时读取数据，我们需要使用两个控制寄存器：0x10（CTRL_REG1_G）和 0x20（CTRL_REG6_XL）。首先，需要向 CTRL_REG6_XL 寄存器写入一个关机命令（值为 0x00），然后，配置 CTRL_REG1_G 的 ODR。在这种情况下，ODR 位占据位置 5 ～ 7，其含义如表 5-4 所示。同样，ODR 配置在辅助类 InertialSensorHelper 中实现（请参阅 Chapter 05/ SenseHat / Helpers / InertialSensorHelper.cs 中的配套代码）。

在这里，将使用 238Hz 的刷新率，因此 InertialSensor 类的 Configure 方法采用了代码清单 5-36 所示的形式，所以写入 CTRL_REG1_G 的值为 0000 0001（即 0x80）。为了同时测量线性加速度和角速度，需要配置两个控制寄存器。首先，CTRL_REG6_XL 被设置为 0x00；然后使用 CTRL_REG1_G 将采样率设置为 238 Hz。

表 5-4 LSM9DS1 模块的输出数据速率和关机配置

寄存器位			刷新频率（Hz）
5（ODR0）	6（ODR1）	7（ODR2）	
0	0	0	掉电
1	0	0	14.9
0	1	0	59.5
1	1	0	119
0	0	1	238
1	0	1	476
0	1	1	952

代码清单 5-36 InertialSensor 类的 Configure 方法

```
protected override void Configure()
{
    CheckInitialization();

    // 将掉电写入 6XL 寄存器
    const byte controlRegister6XlAddress = 0x20;
    const byte controlRegister6XlByteValue = 0x00;

    RegisterHelper.WriteByte(device, controlRegister6XlAddress, controlRegister6XlByteValue);

    // 启用陀螺仪和加速度计
```

```
    const byte controlRegister1GAddress = 0x10;
    var controlRegister1GByteValue = InertialSensorHelper.ConfigureControlByte();

    RegisterHelper.WriteByte(device, controlRegister1GAddress, controlRegister1GByteValue);
}
```

LSM9DS1 测量 3 个轴的加速度：纵向（X）、横向（Y）和法向（Z）。对于角速度测量，这些轴表示为翻滚角（R）、俯仰角（P）和偏航角（Y_w）。为了表示沿每个轴的加速度读数，此处使用了通用的 Vector3D 类（参见代码清单 5-37）。这个类是 3 个元素向量的抽象表示。这种矢量的每个分量对应于传感器沿着其测量线性加速度和角速度的特定轴。

代码清单 5-37　Helper 泛型类将值存储为 3 个元素向量

```
namespace SenseHat.Helpers
{
    public class Vector3D<T> where T : struct
    {
        public T X { get; set; }
        public T Y { get; set; }
        public T Z { get; set; }

        public override string ToString()
        {
            return string.Format("{0} {1} {2}", X, Y, Z);
        }
    }
}
```

在给定 Vector3D 类中，线性加速度的实际传感器读数按如下步骤进行（参见代码清单 5-38）。首先，沿着 X、Y 和 Z 轴的原始测量值从 6 个存储器寄存器收集。它们的内存位置由以下地址指向：0x28 和 0x29（X），0x2A 和 0x2B（Y）以及 0x2C 和 0x2D（Z）。接下来，每对字节都变成一个有符号的 16 位整数，随后进行适当的调整。

代码清单 5-38　传感器读取线性加速度

```
public Vector3D<float> GetLinearAcceleration()
{
    var xLinearAccelerationRegisterAddresses = new byte[] { 0x28, 0x29 };
    var yLinearAccelerationRegisterAddresses = new byte[] { 0x2A, 0x2B };
    var zLinearAccelerationRegisterAddresses = new byte[] { 0x2C, 0x2D };

    var xLinearAcceleration = RegisterHelper.GetShort(device,
       xLinearAccelerationRegisterAddresses);
    var yLinearAcceleration = RegisterHelper.GetShort(device,
        yLinearAccelerationRegisterAddresses);
    var zLinearAcceleration = RegisterHelper.GetShort(device,
        zLinearAccelerationRegisterAddresses);

    return new Vector3D<float>()
    {
        X = xLinearAcceleration / linearAccelerationScaler,
```

```
        Y = yLinearAcceleration / linearAccelerationScaler,
        Z = zLinearAcceleration / linearAccelerationScaler
    };
}
```

传感器返回的线性加速度以重力加速度单位 g = 9.81 m/s^2 给出，默认测量范围为 ±2g。因此，为了重新调整传感器返回的原始值，我们用 short.MaxValue / 2 分割原始数据，其中 2 来自测量范围。因此，得到的加速度读数在每个轴的 ±1 g 范围内。

以类似的方式获取角速度数值，请参阅代码清单 5-39 中的 GetAngularAcceleration 方法的定义。STM 惯性传感器测量的角速度通过读取 6 个寄存器并将结果值转换为每秒度数的单位。得到的加速度矢量使用 Vector3D 类存储。检索线性加速度和角加速度只有两点不同，具体来说，在代码清单 5-39 中，我们使用了不同的寄存器和变换因子。

代码清单 5-39 GetAngularAcceleration 方法

```
public Vector3D<float> GetAngularSpeed()
{
    var xAngularSpeedRegisterAddresses = new byte[] { 0x18, 0x19 };
    var yAngularSpeedRegisterAddresses = new byte[] { 0x1A, 0x1B };
    var zAngularSpeedRegisterAddresses = new byte[] { 0x1C, 0x1D };

    var xAngularSpeed = RegisterHelper.GetShort(device,
        xAngularSpeedRegisterAddresses);
    var yAngularSpeed = RegisterHelper.GetShort(device,
        yAngularSpeedRegisterAddresses);
    var zAngularSpeed = RegisterHelper.GetShort(device,
        zAngularSpeedRegisterAddresses);

    return new Vector3D<float>()
    {
        X = xAngularSpeed / angularSpeedScaler,
        Y = yAngularSpeed / angularSpeedScaler,
        Z = zAngularSpeed / angularSpeedScaler
    };
}
```

每个轴的角速度测量值存储在以下存储单元中：0x18 和 0x19（R）、0x1A 和 0x1B（P）以及 0x1C 和 0x1D（Y_w）。从这些寄存器收集的值需要转换为 16 位有符号整数，然后转换为有单位的物理量，具体单位为每秒度数（dps）。

默认情况下，STM 惯性传感器的角速度测量范围为 ±245 度 / 秒（dps），所以要用原始数据除以 short.MaxValue / 245。

现在，要在 UI 中显示线性加速度和角速度测量结果，需要做的就是适当地调用 MainPage.xaml.cs 文件中的 InertialSensor 类前面的公共方法，如代码清单 5-40 所示（请注意，惯性传感器的读数每 5ms 刷新一次）。

代码清单 5-40 MainPage 类定义的选定片段

```
private SensorReadings sensorReadings = new SensorReadings();
```

```
private TemperatureAndPressureSensor temperatureAndPressureSensor =
    new TemperatureAndPressureSensor();
private HumidityAndTemperatureSensor humidityAndTemperatureSensor =
    new HumidityAndTemperatureSensor();
private InertialSensor inertialSensor = new InertialSensor();

public MainPage()
{
    InitializeComponent();

    InitSensors();
}

private async void InitSensors()
{
    // 温度和压力传感器
    if (await temperatureAndPressureSensor.Initialize())
    {
        BeginTempAndPressureAcquisition();
    }

    //湿度传感器
    if (await humidityAndTemperatureSensor.Initialize())
    {
        BeginHumidityAcquisition();
    }

    // 惯性传感器
    if (await inertialSensor.Initialize())
    {
        BeginAccelerationAndAngularSpeedAcquisition();
    }
}

private void BeginAccelerationAndAngularSpeedAcquisition()
{
    const int msDelayTime = 5;

    BeginSensorReading(async () =>
    {
        // 获取并显示传感器读数
        await Dispatcher.RunAsync(CoreDispatcherPriority.Normal, () =>
        {
            sensorReadings.Accelerometer = inertialSensor.GetLinearAcceleration();
            sensorReadings.Gyroscope = inertialSensor.GetAngularSpeed();
        });
    }, msDelayTime);
}
```

现在，可以运行 SenseHat 应用程序查看来自惯性传感器的读数。应该注意到，当顶部有 Sense HAT 的 RPi2 或 RPi3 未移动并放置在其背面时，加速度计将简单地测量重力。在这种情况下，它会沿着 Z 轴报告大约 1 *g* 的值（见图 5-10）。但是，当开始旋转 RPi2 设备时，线性加速度读数将会改变，而且，如图 5-11 所示，你会注意到角速度的变化，这将体现你摇晃或移动设备的速度。

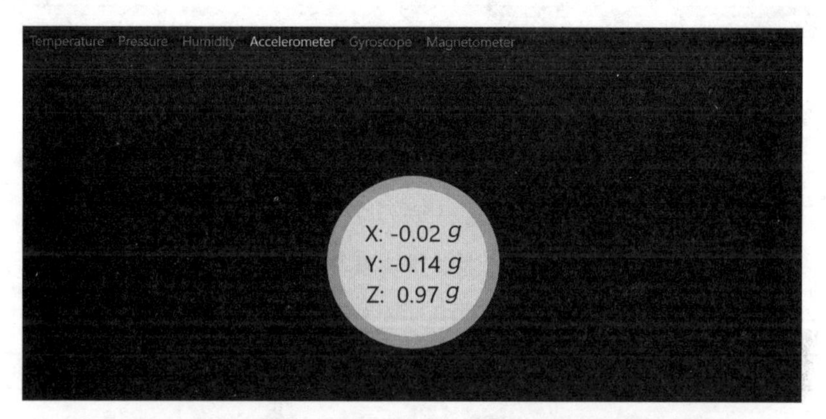

图 5-10　使用 SenseHat 应用程序收集示例加速度计读数

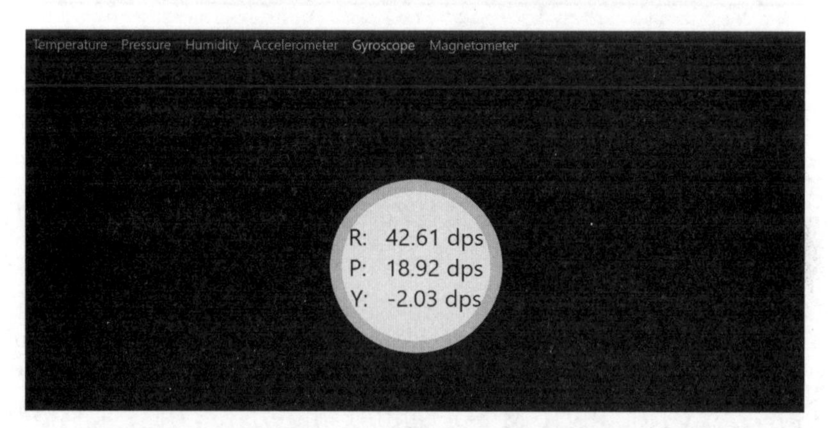

图 5-11　使用 MEMS 陀螺仪测量的物联网设备角速度示例

5.8 磁力计

磁力计也是 LSM9DS1 模块的一个组成部分，但它具有独立的存储器寄存器，因此可以对其进行独立配置。为了启用和配置磁场传感器，需要操纵两个寄存器，分别是 CTRL_REG1_M（0x20）和 CTRL_REG3_M（0x22）。前者如图 5-12 所示，用于配置性能模式（索引 5 和 6）和 ODR（位 2 ～ 4）。此外，最重要的位（索引 7）允许用户启用温度补偿，而最低位则允许启用或禁用传感器自检。另外，索引 1 处的位允许启用快速 ODR 模式，允许采样率高于 80 Hz。否则，磁力计采样率（ODR）由 3 位参数表示，如表 5-5 所示（ODR0、ODR1、ODR2 分别表示 CTRL_REG1_M 寄存器的索引 2 ～ 4 处的位值，见图 5-12）。在 MagneticFieldSensorHelper 类的 SetOdr 方法中实现了 ODR 配置，请参阅配套代码（Chapter 05/ SenseHat / Helpers / MagneticFieldSensorHelper.cs）。该实现基于 BitArray 类，并使用已知的技术，因此省略具体描述。

位	0	1	2	3	4	5	6	7
功能	自测	快速ODR	输出数据频率（ODR）			性能模式		温度补偿

图 5-12 Sense HAT 磁力计 CTRL_REG1_M 寄存器的结构。该寄存器除了启用传感器自检外，还用于配置采样率、性能和温度补偿

表 5-5 STM LSM9DS1 惯性模块磁力计的输出数据速率配置

寄存器位			采样率（Hz）
5（ODR0）	6（ODR1）	7（ODR2）	
0	0	0	0.625
1	0	0	1.25
0	1	0	2.50
1	1	0	5.00
0	0	1	10.0
1	0	1	20.0
0	1	1	40.0
1	1	1	80.0

磁力计可以工作在几种不同的模式：低性能（位设置为 00）、中等性能（位设置为 10）、高性能（位设置为 01）和超高性能（位设置为 11）。性能配置在 SetPerformance 方法中实现。该方法的定义类似于 SetOdr，因此省略其描述。

两种方法 SetPerformance 和 SetOdr 用于 MagneticFieldSensorHelper 类的 ConfigureSensingParameters 公共方法中，以配置 CTRL_REG1_M 寄存器。

前面描述的寄存器 CTRL_REG1_M 不允许用户启用磁力计。为此，我们需要使用另一个寄存器：CTRL_REG_3_M（0x22），其结构如图 5-13 所示。有 3 个位（3、4 和 6）不控制任何功能，但必须设置为 0 才能正常工作。位 7 可以禁用 I^2C 接口。但是，这在此处并不可取，所以我们将这一位保留默认值。接下来，索引 5 处的位控制 SPI 模式。但是，由于不使用 SPI 接口，因此也不会更改此位。索引 2 处的位可用于将磁力计转换为低功率模式，在此模式下采用最低的 ODR（即 0.625 Hz，每 1.6 s）执行一次采样。

位	0	1	2	3	4	5	6	7
功能	操作模式		低电平模式	-		SPI 模式	-	禁用 I^2C

图 5-13 Sense HAT 磁力计的 CTRL_REG_M3 寄存器结构

最后，实际的传感器工作模式是使用两个索引为 0 和 1 的位来配置的。如表 5-6 所示，磁力计可以工作在 3 种不同的模式：连续转换（位设置为 00）、单转换（位设置为 10）和掉

电（位设置为 11 或 10）。在连续转换模式下，传感器以由 CTRL_REG1_M 寄存器指定的采样率持续更新磁场读数。单转换模式是单次模式，其中磁场只更新一次。最后，在掉电模式下，根本不测量磁场。尽管可以在每种模式下读取包含磁场分量的寄存器，但这些值在掉电模式下不会更新，并且在单次转换模式下仅更新一次。

表 5-6　CTRL_REG_M3 寄存器的磁力计操作模式（OM）位编码（见图 5-13）

寄存器位		操作模式
0（OM0）	1（OM1）	
0	0	连续转换
1	0	单转换
0	1	掉电
0	1	

同样，为了配置操作模式，在 MagneticFieldSensorHelper 类中实现了适当的方法 SetOperatingMode。这种方法的定义与之前的功能类似，因此这里没有明确描述，但可以在配套代码中找到。SetOperatingMode 方法在 MagneticFieldSensorHelper 类的公共成员 ConfigureOperatingMode 中调用。

为了获得磁力计读数，我们实现了 MagneticFieldSensor 类（参见 Chapter 05/ SenseHat / Sensors / MagneticFieldSensor.cs 中的配套代码）。和以前一样，我们重写了 Configure 方法，该方法调用两个辅助方法：ConfigureOperatingMode 和 ConfigureSensingParameters（参见代码清单 5-41）。接下来，通过读取 6 个寄存器（0x28 和 0x29（*X*）、0x2A 和 0x2B（*Y*）以及 0x2C 和 0x2D）收集沿每个轴（*X*、*Y* 和 *Z*）的实际传感器读数（*Z*）。这个功能与加速度读数一样，因此代码清单 5-42 中描述的特定实现是类似的，并且不需要额外的解释。磁力计报告的值以高斯（G）为单位给出，因此，对于 ±4G 的默认测量范围，原始的 16 位有符号整数需要除以 short.MaxValue / 4。

代码清单 5-41　磁力计配置

```
protected override void Configure()
{
    CheckInitialization();

    // 启用磁力计
    const byte operatingModeControlRegisterAddress = 0x22;
    var operatingModeResiterValue = MagneticFieldSensorHelper.ConfigureOperatingMode();

    RegisterHelper.WriteByte(device, operatingModeControlRegisterAddress,
        operatingModeResiterValue);

    // 配置传感参数（ODR，性能）
    const byte controlRegisterAddress = 0x20;
    var controlRegisterByteValue = MagneticFieldSensorHelper.ConfigureSensingParameters();

    RegisterHelper.WriteByte(device, controlRegisterAddress, controlRegisterByteValue);
}
```

代码清单 5-42　通过读取 6 个寄存器的值来收集磁力计数值：0x28 ～ 0x2D

```
public Vector3D<float> GetMagneticField()
{
    var xMagneticFieldRegisterAddresses = new byte[] { 0x28, 0x29 };
    var yMagneticFieldRegisterAddresses = new byte[] { 0x2A, 0x2B };
    var zMagneticFieldRegisterAddresses = new byte[] { 0x2C, 0x2D };

    var xMagneticField = RegisterHelper.GetShort(device, xMagneticFieldRegisterAddresses);
    var yMagneticField = RegisterHelper.GetShort(device, yMagneticFieldRegisterAddresses);
    var zMagneticField = RegisterHelper.GetShort(device, zMagneticFieldRegisterAddresses);

    return new Vector3D<float>()
    {
        X = xMagneticField / scaler,
        Y = yMagneticField / scaler,
        Z = zMagneticField / scaler
    };
}
```

MagneticFieldSensor 类被整合到 MainPage.xaml.cs 中，如代码清单 5-43 所示。MainPage.xaml.cs 的选定片段显示了如何使用 MagneticFieldSensor 类。磁力计读数每 13ms 更新一次，大致对应于 80Hz 的采样率。

代码清单 5-43　在 MainPage.xaml.cs 文件中加入 MagneticFieldSensor 类

```
public sealed partial class MainPage : Page
{
    private MagneticFieldSensor magneticFieldSensor = new MagneticFieldSensor();

    private async void InitSensors()
    {
        // 温度和压力传感器
        if (await temperatureAndPressureSensor.Initialize())
        {
            BeginTempAndPressureAcquisition();
        }

        //湿度传感器
        if (await humidityAndTemperatureSensor.Initialize())
        {
            BeginHumidityAcquisition();
        }

        // 惯性传感器
        if (await inertialSensor.Initialize())
        {
            BeginAccelerationAndAngularSpeedAcquisition();
        }

        // 磁场传感器
        if (await magneticFieldSensor.Initialize())
```

```
        {
            BeginMagneticFieldAcquisition();
        }
    }

    private void BeginMagneticFieldAcquisition()
    {
        const int msDelayTime = 13;

        BeginSensorReading(async () =>
        {
            // 获取并显示传感器读数
            await Dispatcher.RunAsync(CoreDispatcherPriority.Normal, () =>
            {
                sensorReadings.Magnetometer = magneticFieldSensor.GetMagneticField();
            });

        }, msDelayTime);
    }
}
```

在一个典型的房间环境中，磁力计应该用于测量地球的磁场。因此，如图 5-14 所示，所得到的读数在 0.25G ～ 0.65G 范围内，具体值取决于你的位置。

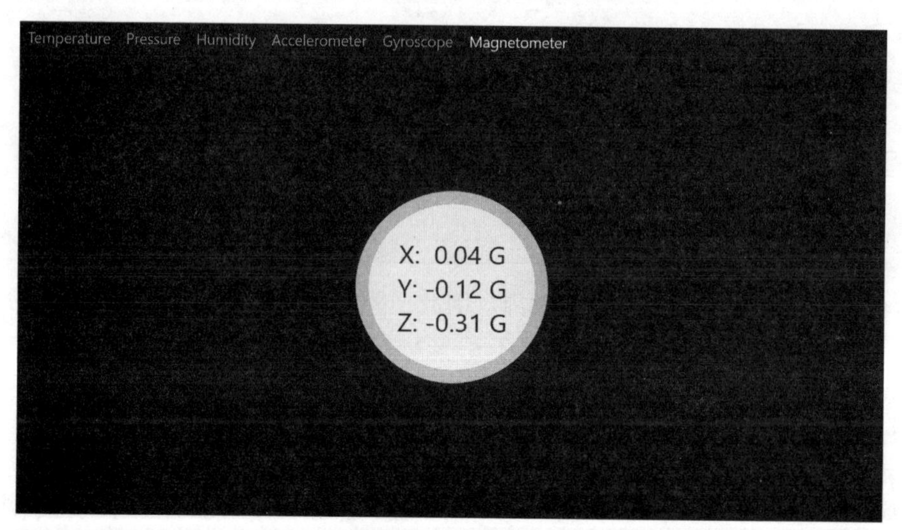

图 5-14　在 SenseHat 应用程序用户界面的最后一个选项卡上显示的示例磁力计读数

对于线性加速度和角速度的测量都有直接的应用，那么对磁场的测量会有什么用处？磁力计可用于确定基本方向，并在智能手机中被广泛地用于实现罗盘功能。正如所看到的，LSM9DS1 传感模块的表面尺寸仅有 3.5mm × 3mm，因此该传感器适用于所有智能手机、智能手表或其他智能设备。

回到使用磁力计确定基本方向的方法。为此，我们通过另一个公共方法 GetDirectionAngle

扩展了 MagneticFieldSensorHelper 类的定义（参见代码清单 5-44）。这个方法使用 Math 类的 Atan2 静态方法来确定聚集磁场的 *X* 和 *Y* 分量之间的角度。随后，使用 RadToDeg 辅助方法将得到的角度（以弧度为单位）转换为度数。

代码清单 5-44 使用从磁力计收集的磁场矢量可以实现罗盘

```
public static double GetDirectionAngle(Vector3D<float> sensorReading)
{
    Check.IsNull(sensorReading);

    double directionAngle;

    if (sensorReading.Y != Constants.NorthAngle)
    {
        var radAngle = Math.Atan2(sensorReading.Y, sensorReading.X);
        var degAngle = RadToDeg(radAngle);

        directionAngle = degAngle < Constants.NorthAngle ?
            degAngle + Constants.MaxAngle : degAngle;
    }
    else
    {
        directionAngle = sensorReading.X > Constants.NorthAngle
            ? Constants.NorthAngle : Constants.SouthAngle;
    }

    return directionAngle;
}

private static double RadToDeg(double radAngle)
{
    return radAngle * 180.0 / Math.PI;
}
```

角度值在 −180° ～ +180° 的范围内。因此，要将此结果转换为 0° ～ 360° 的范围（罗盘方位），将 360° 添加到负角度。

在代码清单 5-44 中，还检查磁场的 *Y* 分量是否为 0 G。在这种情况下，方向角可以有两个值：当 X 磁场分量为正时，为 0° （北），反之，为 180° （南）。

在获得磁场向量后，可以调用 GetDirectionAngle，如代码清单 5-45 所示。然后，重新运行 SenseHat 应用程序并在磁场平面 *XY*（设备保持平行于地面）旋转设备后，方向角将显示在 Visual Studio 的输出窗口中，前提是使用了调试配置。可以将结果值与智能手机的指南针读数进行比较。

代码清单 5-45 使用磁力计计算的基本方向角将显示在 Visual Studio 的输出窗口中

```
private void BeginMagneticFieldAcquisition()
{
    const int msDelayTime = 13;

    BeginSensorReading(async () =>
```

```
    {
        // 获取并显示传感器读数
        await Dispatcher.RunAsync(CoreDispatcherPriority.Normal, () =>
        {
            sensorReadings.Magnetometer = magneticFieldSensor.GetMagneticField();

            var directionAngle = Helpers.MagneticFieldSensorHelper.
                GetDirectionAngle(sensorReadings.Magnetometer);
            System.Diagnostics.Debug.WriteLine(directionAngle.ToString("F2"));
        });

    }, msDelayTime);
}
```

但是，在此测试过程中，你可能会注意到磁力计的不准确性。这是因为磁力计没有校准。这个问题将在下一节中进一步讨论。

实践中，你可以独立实现 SenseHat 应用程序的另一个选项卡，并在其中显示方向角度。

5.9 传感器校准

尽管现代传感元件都是采用微机电技术以相同方式制造的，但要精确测量各种物理可观测量（包括温度、压力、湿度、线性加速度、角加速度以及磁场），则需要对传感器进行专门的校准。这就是为什么通常需要在第一次使用前校准智能手机中的指南针。

一般来说，实际的传感器读数可能基于多种原因而不准确，例如因传感器灵敏度或传感器安装导致的误差。这些问题在使用惯性感知模块的情况下最为明显，因为沿每个方向的读数是非对称的。为了看到这种效果，可以将物联网设备底面向下，正常放置，记录磁力计沿 Z 轴报告的值。在这种情况下，我们的传感器报告的平均值为 −0.428 G（Z_1）。接下来，需要将物联网设备颠倒并再次注意磁力计读数。我们的设备报告的平均值为 0.368 G（Z_2）。

理想情况下，这两个值应该是对称的，即只有符号不同。然而，在实践中，我们发现传感器读数偏移了一些常数偏移量，这可以通过从 Z_2 中减去 Z_1 的绝对值并将结果数除以 2 来确定，也就是产生了沿着 Z 轴的校准偏移值 C_Z，有

$$C_Z = \frac{Z_2 - |Z_1|}{2} = -0.03$$

这个偏移值必须从每个沿 Z 轴的磁力计读数中减去。

通过对其他轴重复该过程，可以确定校准矢量，并使用它来校正读数，如代码清单 5-46 所示。这样做可以获得对称值。

代码清单 5-46　传感器读数通过校准偏移进行校正

```
public Vector3D<float> GetMagneticField()
{
    var xMagneticFieldRegisterAddresses = new byte[] { 0x28, 0x29 };
```

```
    var yMagneticFieldRegisterAddresses = new byte[] { 0x2A, 0x2B };
    var zMagneticFieldRegisterAddresses = new byte[] { 0x2C, 0x2D };

    var xMagneticField = RegisterHelper.GetShort(device, xMagneticFieldRegisterAddresses);
    var yMagneticField = RegisterHelper.GetShort(device, yMagneticFieldRegisterAddresses);
    var zMagneticField = RegisterHelper.GetShort(device, zMagneticFieldRegisterAddresses);
    return new Vector3D<float>()
    {
        X = xMagneticField / scaler - calibrationOffset.X,
        Y = yMagneticField / scaler - calibrationOffset.Y,
        Z = zMagneticField / scaler - calibrationOffset.Z
    };
}
```

完美的校准要求将一个已知值的磁场应用于传感器，然后验证读数。虽然这通常是不可能的，但前面的程序有助于使用关于测量对称性的基本物理事实来纠正传感器读数。

执行校准后，基于 LSM9DS1 的罗盘读数应与基于智能手机的罗盘读数一致。当然，可以对 LSM9DS1 传感器的线性加速度和角加速度传感元件执行类似的校准。

5.10 单例模式

通常，物联网设备仅配备一种特定类型的传感器。也就是说，它只有一个加速度计、一个陀螺仪和一个磁力计。因此，多次实例化适当的类没有太大意义。相反，最好实现所谓的单例模式。

一般来说，在 C# 中，一个线程安全的单例模式的实现，使得类实例可以通过名为 Instance 的公共静态属性（请参阅 http://bit.ly/singleton_cs 中的《Implementing Singleton in C#》）使用。此外，该类使用临界区内的私有构造函数实例化，因此线程可以顺序访问 Instance 属性。

为了在我们的传感器类中采用这样的设计模式，首先需要通过一个额外的受保护成员来扩展 SensorBase 类：

```
protected static object syncRoot = new object();
```

其次，在实现传感器的每个类（TemperatureAndPressureSensor、HumiditySensor、InertialSensor 和 MagneticFieldSensor）时，将构造函数的访问修饰符更改为 private，并实现 public Instance 属性。TemperatureAndPressureSensor 类的示例实现在代码清单 5-47 中给出。请注意，使用双重检查锁定（double-check locking）可以避免线程并发问题。此外，使用 volatile 关键字可确保在变量实例化完成后可以访问实例变量。

代码清单 5-47 C# 中单例模式的线程安全实现

```
public static TemperatureAndPressureSensor Instance
{
```

```
        get
        {
            if (instance == null)
            {
                lock (syncRoot)
                {
                    if (instance == null)
                    {
                        instance = new TemperatureAndPressureSensor();
                    }
                }
            }

            return instance;
        }
    }

    private static volatile TemperatureAndPressureSensor instance;

    private TemperatureAndPressureSensor()
    {
        sensorAddress = 0x5C;

        whoAmIRegisterAddress = 0x0F;
        whoAmIDefaultValue = 0xBD;
    }
```

最后，修改 MainPage.xaml.cs 以使用每个传感器类的 Instance 属性。作为每个传感器的抽象表示的类只在需要时被实例化一次（参见代码清单 5-48）。

代码清单 5-48　正在使用的单例模式

```
private TemperatureAndPressureSensor temperatureAndPressureSensor =
    TemperatureAndPressureSensor.Instance;

private HumidityAndTemperatureSensor humidityAndTemperatureSensor =
    HumidityAndTemperatureSensor.Instance;

private InertialSensor inertialSensor = InertialSensor.Instance;

private MagneticFieldSensor magneticFieldSensor = MagneticFieldSensor.Instance;
```

虽然前面的更改不会改变应用程序功能，但它们遵循 C# 应用程序的标准指导模式和实践。

5.11　总结

本章探讨了 Windows 10 IoT Core 的功能，并用 RPi2 和 RPi3 的 Sense HAT 扩展板的各种传感器获取和转换数据。该电路板使用 MEMS 传感器，可以在许多可穿戴设备和移动设备中找到，包括智能手机、智能手表、活动追踪器等。因此，本章的知识现在可用于构建分析当地天气状况的移动监测系统、计步器或使用物联网设备的游戏输入设备。此外，这些知识也为使用类似活动跟踪器等智能设备实施生物医学测量打下了基础。在第 7 章中，还将展示一些高级数学特征，这些特征可能会进一步帮助你分析频域中的传感器数据。这对计步器或生物医学应用特别有用。

在本章中，我们通过任意选择传感器参数的固定值来配置传感器。总的来说，倾向于最小化配置，因此这样只需付出很小的代价即可获得传感器读数。但是，通过使用按位运算符、BitConverter 类和 BitArray 类，可以实现通过配置其他传感器参数（如测量范围）的方法来扩展出现的类。

最后，我们学习了如何校准传感器以及如何采用最佳设计模式。

你可能会有疑问，为什么这里使用了扩展板。这是因为在实际应用中，整个设备的特定功能（如大型软件项目的编程）通常委托给子板来控制特定组件。本章做了类似的事情。Sense HAT 扩展板提供了记录可以被观测到的物理量的功能，并支持基本 I/O 设备，在下一章中将介绍这些设备。

CHAPTER 6 · 第 6 章

输入和输出

通常情况下，物联网设备被放置在一个小盒子里面，其中没有空间放置全尺寸键盘或大型显示器，因此它依赖于不同的输入和输出形式。例如，输入设备可以是一组按钮或操纵杆，而输出设备则可以是小型 LED 显示器或触摸屏。

其中一种输入 / 输出设备是 RPi2 的 Sense HAT 扩展板，它配备了一个 8 × 8 阵列的 RGB LED 和一个五键操纵杆（见图 6-1）。该操纵杆可以控制物联网设备，而 LED 阵列可以作为一个低分辨率显示器。

图 6-1　安装在 RPi2 顶部的 Sense HAT 扩展板。手指所在位置为小操纵杆。尽管这款小操纵杆与典型的游戏控制器无关，但它使用非常相似的组件，即微型开关构建而成。这些开关产生的信号可以通过 GPIO 输入进行记录，还可以与其他物联网元件（例如 LED 阵列）结合使用

操纵杆是一组微型按钮（微动开关），本章首先会介绍如何处理由触觉按钮生成的 GPIO 输入。触觉按钮由一个微动开关组成，当按下按钮时，微动开关产生一个信号。随后，将编写一个涉及 Sense HAT 游戏杆和 LED 阵列的 UWP 应用程序，并演示了如何处理手势。

图 6-2　触摸按钮，这是一个非常简单的输入设备（来源：www.adafruit.com）

6.1　触觉按钮

如图 6-2 所示，触觉按钮是 RPi2 的 Windows 10 IoT Core 新手包的一部分。按下按钮可激活微动开关，将内部电路移至逻辑开启状态。这种设备可用于打开或关闭物联网设备的选定功能。比如，它可以用来启动 RPi2 的绿色的 ACT LED。为此，首先通过无焊面包板将按钮连接到 RPi2。连接方案与第 2 章中使用的用于驱动外部 LED 的连接方案非常相似。但是这里不需要额外的电阻，并且需要卸下 Sense HAT 扩展板以访问 GPIO 扩展插头。

触觉按钮有 4 个引脚，可连接到以下面包板点：D1、D3、G59 和 G57（见图 6-3）。使用两根跳线，一根用于将 GPIO5（RPi2 GPIO 插头上的引脚 29）与面包板的 J59 点连接，另一根用于将 H57 点与 RPi2 的接地端口（例如引脚 25 或 39）连接。该配置是低电平有效状态。

图 6-3　使用无焊面包板连接到 RPi2 的触觉按钮。红色跳线连接到地（引脚 39），棕色跳线连接到 GPIO5（引脚 29）

硬件组件连接后，就可以开始编程了。在这里，UI 不是必需的，所以可以实现无界面应用程序。使用后台应用程序（IoT）C# 项目模板，创建一个名为 ButtonInputBgApp 的应用程序，然后使用该模板执行以下操作：首先，引用 UWP 的 Windows IoT 扩展，然后更改编号为 47 的 GPIO 引脚状态的逻辑。此引脚控制 RPi2 的绿色 ACT LED 的状态。

注意　RPi3 没有这个 LED，所以要运行这个示例，可以使用在第 2 章中建立的外部 LED 电路。

正如在第 3 章中看到的，无界面应用程序的程序逻辑是在 StartupTask 类中实现的。可以在 Chapter 06/ ButtonInputBgApp / StartupTask.cs 中找到该类的完整实现，该类用于处理伴随代码中的 GPIO 输入。这个实现和第 2 章及第 3 章中给出的用于控制 LED 状态的方法类似。

代码清单 6-1 显示了如何使用 GpioPin 类的成员来处理连接到 GPIO 引脚的按钮状态的变化。首先，将驱动模式更改为 InputPullUp，以便在按下按钮时收到的信号是有效逻辑状态（高或低）。其次，将处理程序附加到 ValueChanged 事件。按下或释放按钮时会触发事件。按下按钮时，微动开关中两个触点之间的距离减小，因此逻辑电平可能会因噪声而变化。ValueChanged 事件可以多次引发。为了解决这个问题，可以使用去抖动滤除由噪声产生的信号。这样做可以确保 GPIO 控制器在指定的时间内只注册一个数字信号，读者可以通过 GpioPin 类实例的 DebounceTimeout 属性进行配置。

代码清单 6-1　使用输入设备控制 LED

```
public sealed class StartupTask : IBackgroundTask
{
    private const int buttonPinNumber = 5;
    private const int ledPinNumber = 47;

    private const int debounceTime = 20;

    private GpioPin ledPin;
    private BackgroundTaskDeferral bgTaskDeferral;

    public void Run(IBackgroundTaskInstance taskInstance)
    {
        bgTaskDeferral = taskInstance.GetDeferral();

        var buttonPin = ConfigureGpioPin(buttonPinNumber, GpioPinDriveMode.InputPullUp);
        if (buttonPin != null)
        {
            buttonPin.DebounceTimeout = TimeSpan.FromMilliseconds(debounceTime);
            buttonPin.ValueChanged += ButtonPin_ValueChanged;
            ledPin = ConfigureGpioPin(ledPinNumber, GpioPinDriveMode.Output);
            if (ledPin != null)
            {
                ledPin.Write(GpioPinValue.Low);
            }
        }
        else
        {
            bgTaskDeferral.Complete();
        }
    }

    private void ButtonPin_ValueChanged(GpioPin sender, GpioPinValueChangedEventArgs args)
```

```
        {
            if (ledPin != null)
            {
                var newValue = InvertGpioPinValue(ledPin);

                ledPin.Write(newValue);
            }
        }

        // 此处是ConfigureGpioPin和InvertGpioPinValue方法，可参考配套代码
    }
```

注意　如果使用外部 LED 电路，则需要更新 ledPinNumber 的值。

请注意，在代码清单 6-1 中，使用了 BackgroundTaskDeferral 对象。它阻止后台任务在运行时被关闭，直到 BackgroundTaskDeferral 类实例的 Complete 方法被调用。此方法非常必要，因为 GPIO 引脚值的任何更改都是使用由 GpioPin 类内部创建并使用 ValueChanged 事件进行报告的线程进行监控的。在不推迟后台任务的情况下，应用程序在 Run 方法完成后退出，因此 GpioPin 类实例甚至没有机会引发 ValueChanged 事件。

要测试 ButtonInputBgApp，需要将其部署到物联网设备。每按一次按钮，绿色 ACT LED（或外部 LED）就会亮起（见图 6-4）。

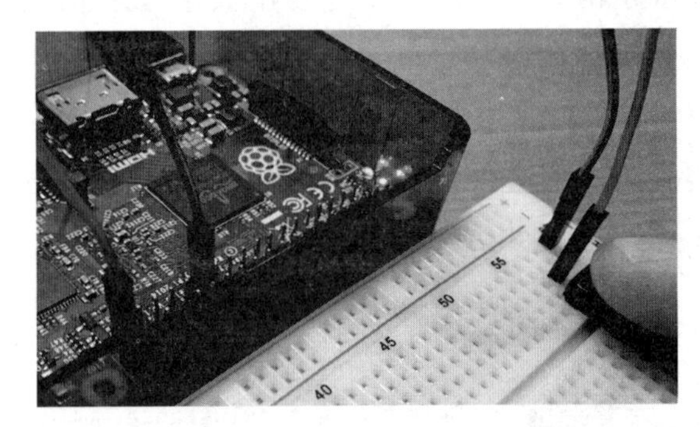

图 6-4　按下按钮时，产生一个中断，RPi2 的绿色 ACT 板载 LED 亮起；请查看图中设备的右下角，并与图 6-3 进行比较（见彩插）

6.2　操纵杆

Sense HAT 扩展板的操纵杆由 5 个按钮（微动开关）组成。当我们朝着 4 个可用方向中的一个方向移动操纵杆时，相应的微动开关被激活，从而产生一个中断。该信号由 Sense HAT 扩展板的 Atmel 微控制器注册和存储。要读取当前操纵杆状态，可以使用 I^2C 总线和地址 0x46 向该微控制器发送请求。这与从传感器读取数据类似。因此可以使用以前开发的帮助类作为下一个物联网应用程序的代码块。

操纵杆微动开关对应于上、下、左、右方向（见图 6-5）。当 RPi2 板位于 Sense HAT 朝上的位置时，操纵杆的左右方向与 RPi2 的长边平行。因此，上下操纵杆方向垂直于较长的 RPi2 侧。右侧操纵杆按钮指向 RPi2 的 LAN 和 USB 端口，而左侧按钮指向 LED 阵列。

当按下操纵杆时会激活一个附加的微动开关。该按钮被定义为 Enter（图 6-5 中的字母 E）。

Sense HAT 游戏杆按钮

这里在讨论 Sense HAT 时，为了保持与 Raspberry Pi 官方网站术语一致，我们使用了术语“操纵杆按钮”。虽然 Sense HAT 操纵杆按钮上的按钮无法与典型游戏控制器上的按钮进行比较，但从较低的严格程度来看，它们使用类似的概念，特别是当微动开关接触时它们会产生 GPIO 信号。因此术语“操纵杆按钮”和“微动开关”可以互换使用。

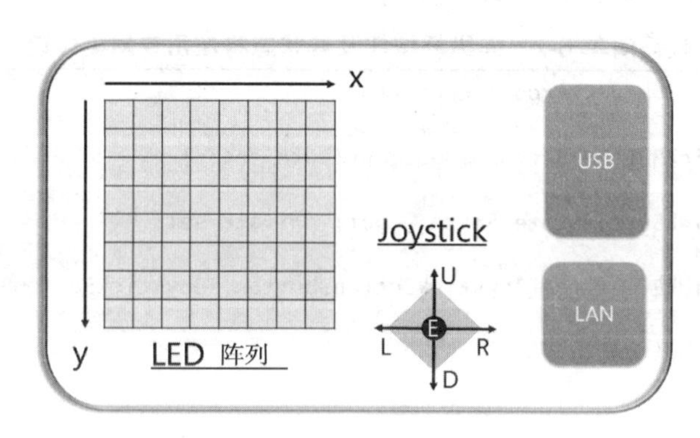

图 6-5 假设设备朝上，RPi2 的 Sense HAT 扩展板的草图。L、U、D、R 和 E 分别表示左、上、下、右，并分别输入操纵杆按钮。该图还显示了 LED 索引的坐标系，稍后会用到该坐标系

6.2.1 中间件层

关于游戏杆状态的信息使用由 Sense HAT 扩展板存储的单个字节的 5 位进行编码。该字节中的每个位从 LSB 开始对应于 Down、Right、Up、Enter 和 Left 按钮，如表 6-1 所示。当按下相应的微动开关时，特定位被设置为 1。要解码有关当前按下的微型开关的信息，可以使用第 5 章中介绍的 BitArray 类或按位运算符。

下面将实现单独的操纵杆类，它是操纵杆的抽象表示。此类将向 Sense HAT 扩展板发送请求，以获取当前操纵杆状态作为原始字节。该字节将使用 BitArray 类进行解码，并且有关当前按下的游戏杆微动开关的信息将通过自定义事件传播给任何听众。任何使用操纵杆的应用程序都不需要知道有关其内部功能的信息，只需要处理相应的事件即可。你只需要实现中间件层，将低级设备功能转换为高级 API。

表 6-1 操纵杆状态编码

位	0	1	2	3	4
按钮	Down	Right	Up	Enter	Left
微开关处于活动状态时的数值	1	2	4	8	16

该功能的完整实现将出现在 Chapter 06 / SenseHatIO 配套代码中。首先，创建一个名为 SenseHatIO 的新的空白 UWP 项目。接下来，引用了用于 UWP 的 Windows IoT 扩展，然后向该项目添加了文件 I2cHelper.cs、RegisterHelper.cs 和 Check.cs，这些文件在第 5 章中已经展示过。

随后，我们写了代表事件参数的类 JoystickEventArgs，参见代码清单 6-2 和以下文件：Chapter 06 / SenseHatIO / SenseHatJoystick / Joystick-EventArgs.cs。在那里实现的类使用了两种枚举类型：JoystickButton 和 JoystickButtonState。前者表示可用的操纵杆按钮：向下、向右、向上、向左和向右，而操纵杆按钮状态对应于可能的按钮状态：按下、保持或释放。另外，JoystickButton 和 JoystickButtonState 枚举定义了一个 None 元素，用于通知事件侦听器的操纵杆处于中立位置，因此处于不确定状态。

代码清单 6-2　操纵杆按钮及其状态将使用专用类传递

```
public class JoystickEventArgs : EventArgs
{
    public JoystickButton Button { get; private set; }

    public JoystickButtonState State { get; private set; }

    public JoystickEventArgs(JoystickButton button, JoystickButtonState state)
    {
        Button = button;
        State = state;
    }
}

public enum JoystickButton : byte
{
    None = 0, Down = 1, Right = 2, Up = 4, Enter = 8, Left = 16
}

public enum JoystickButtonState : byte
{
    None = 0, Pressed, Holding, Released
}
```

在定义枚举类型之后，接下来需要准备帮助类 JoystickHelper，请参阅 Chapter 06 / Sense-HatIO / SenseHatJoystick / JoystickHelper.cs。JoystickHelper 包含两个静态方法：GetJoystick-Button 和 GetJoystickButtonState。GetJoystickButton 根据从 Sense HAT 扩展板获得的信息解码当前按下的操纵杆按钮的信息。我们利用 BitArray 类并使用从 Atmel 微控制器接收到的单个字节对其进行实例化。因此，生成的布尔变量数组将自动判断哪个按钮处于活动状态。遍历这个数组以检查哪些位被设置，如代码清单 6-3 所示，用它来推断当前按下哪个操纵杆的按钮。

代码清单 6-3　使用 BitArray 类获取当前按下 Sense HAT 扩展板获得的单个字节解码的操纵杆按钮的信息

```
public static JoystickButton GetJoystickButton(byte buttonInput)
{
    var bitArray = new BitArray(new byte[] { buttonInput });

    var joystickButton = JoystickButton.None;

    for (int i = 0; i < bitArray.Length; i++)
```

```
        {
            if (bitArray[i])
            {
                var numValue = Convert.ToByte(Math.Pow(2, i));

                if (Enum.IsDefined(typeof(JoystickButton), numValue))
                {
                    joystickButton = (JoystickButton)numValue;
                }

                break;
            }
        }

        return joystickButton;
    }
```

为了推断按钮的状态是按下、保持还是释放，我们编写了额外的逻辑，在其中将当前活动的按钮状态与前一个按钮状态进行比较。如果两者相同，则按钮有保持（holding）和无效（none）两种状态。随后，检查之前的状态是否为无效。如果为无效，则操纵杆的状态必须也为无效（否则为保持）。

同样，当前按下的按钮与前一个按钮不同时，可以检测操纵杆的其他状态。在这种情况下，当前一状态为无效时，操纵杆处于按下（pressed）状态。当前一状态为按下时，按钮状态将变为释放（released）。

前面的条件检查在 JoystickHelper 类的 GetJoystickButtonState 方法内执行，如代码清单 6-4 所示。

代码清单 6-4　操纵杆状态由 JoystickButtonState 枚举的值描述，并由当前状态和先前的状态进行推断

```
public static JoystickButtonState GetJoystickButtonState(JoystickButton currentButton,
    JoystickButton previousButton, JoystickButtonState previousButtonState =
JoystickButtonState.None)
{
    var buttonState = previousButtonState;

    if (currentButton != previousButton)
    {
        switch (previousButtonState)
        {
            case JoystickButtonState.None:
                buttonState = JoystickButtonState.Pressed;
                break;

            case JoystickButtonState.Holding:
                buttonState = JoystickButtonState.Released;
                break;
        }
    }
```

```
        else
        {
            if (currentButton == JoystickButton.None)
            {
                buttonState = JoystickButtonState.None;
            }
            else
            {
                buttonState = JoystickButtonState.Holding;
            }
        }

        return buttonState;
    }
```

要获得编码操纵杆状态的字节，需要向 Sense HAT 扩展板的微控制器发送适当的请求，该请求需要使用 RegisterHelper 类的静态 ReadByte 方法从地址 0xF2 的寄存器读取一个字节。Sense HAT 扩展板的微控制器以 80Hz 的频率对操纵杆的状态进行采样。因此，请求将使用 DispatcherTimer 类每 12ms 对 Sense HAT 发出请求。

每次从 Sense HAT 扩展板接收到新字节时，都会使用 JoystickHelper 类的静态方法进行解码，然后将结果信息传递给使用自定义事件的侦听器。因此，中间件层只能通过处理此事件以检测游戏杆状态的变化。

该功能在 Joystick 类中实现；请参阅 Chapter 06/ SenseHatIO / SenseHatJoystick / Joystick.cs。在这个类中，将 DispatcherTimer 配置为通过使用 DispatcherTimer 类实例的 Interval 事件处理程序，使用 I^2C 接口定期向 Sense HAT 扩展板发送请求，请参阅代码清单 6-5 中的 ConfigureTimer 方法。

代码清单 6-5 Joystick 类的选定片段

```
public class Joystick
{
    private const int msUpdateInterval = 12;
    private I2cDevice device;
    private DispatcherTimer joystickTimer;

    public Joystick(I2cDevice device)
    {
        Check.IsNull(device);

        this.device = device;

        ConfigureTimer();
    }

    private void ConfigureTimer()
    {
```

```
        joystickTimer = new DispatcherTimer();

        joystickTimer.Interval = TimeSpan.FromMilliseconds(msUpdateInterval);
        joystickTimer.Tick += JoystickTimer_Tick;

        joystickTimer.Start();
    }
}
```

使用 JoystickHelper 类的静态方法处理从 Sense HAT 收到的响应，并使用适当的私有成员（previousButton 和 previousButtonState）存储游戏杆按钮的结果值及其状态，参见代码清单 6-6。这些被存储的值，在后续处理中可以用以确定当前操纵杆状态。

代码清单 6-6　Joystick 类的成员用于解码原始输入并使用名为 ButtonPressed 的自定义事件将结果信息传递给高级 API

```
public event EventHandler<JoystickEventArgs> ButtonPressed = delegate { };

private JoystickButton previousButton = JoystickButton.None;
private JoystickButtonState previousButtonState = JoystickButtonState.None;

private void JoystickTimer_Tick(object sender, object e)
{
    var rawInput = RegisterHelper.ReadByte(device, commandId);

    var buttonInfo = GetButtonInfo(rawInput);

    ButtonPressed(this, buttonInfo);
}

private JoystickEventArgs GetButtonInfo(byte buttonInfo)
{
    var currentJoystickButton = JoystickHelper.GetJoystickButton(buttonInfo);
    var currentJoystickButtonState = JoystickHelper.GetJoystickButtonState(
        currentJoystickButton, previousButton, previousButtonState);

    // 存储按钮的值和状态
    previousButton = currentJoystickButton;
    previousButtonState = currentJoystickButtonState;

    return new JoystickEventArgs(currentJoystickButton, currentJoystickButtonState);
}
```

前面介绍的代码是可重用的。因此，现在可以在其他 UWP 应用程序中将 Joystick 类与依赖类一起使用。可以将此功能作为 UWP 的托管类库进行分发，详细信息请参阅附录 D。

通常，这种分离可以帮助我们在各种应用程序之间组织、测试、管理和重用代码。可以直接将转换器、控件和逻辑分离为单独的类或库，然后在桌面、移动、全息和物联网 UWP 应用程序之间共享它们。

6.2.2 控制杆状态可视化

鉴于中间件层的存在，现在可以构建暴露给最终用户的实际高级功能。为此，将在默认应用程序视图中说明游戏杆状态。该视图将描述当前按下的 Grid 控件中使用由 5 个方块排列而成的十字形的操纵杆按钮。当用户按下相应的操纵杆按钮时，每个方块都会将其背景颜色从灰色更改为绿色。

为了明确分离独立的视图组件，我们准备了自定义控件 JoystickControl。可以在 Chapter 06 / SenseHatIO / Controls 文件夹下的 JoystickControl.xaml 和 JoystickControl.xaml.cs 文件中找到其相应代码的完整实现。

图 6-6 位于 JoystickControl 中心的方块填充为绿色，表示 Enter 按钮处于活动状态

图 6-6 显示了 JoystickControl 的可视化部分。此控件使用 3 × 3 网格，根据第 4 章中介绍的 XAML 布局技术，在十字形中排列 5 个矩形控件。

需要额外的注释来解释与 JoystickControl 相关代码的功能，即 JoystickControl.xaml.cs。在此文件中实现的类公开了名为 UpdateView 的单个公共方法。根据代码清单 6-7 中给出的定义，UpdateView 接受两个参数：button 和 buttonState。第一个是 JoystickButton 类型，第二个是 JoystickButtonState 类型。因此，UpdateView 方法的两个参数都完全描述了游戏杆的状态。button 参数与 JoystickControl 的特定 Rectangle 相关联，而 buttonState 用于配置给定 Rectangle 的 Fill 属性。

代码清单 6-7 用矩形背景颜色的改变以反映控制杆的状态

```
private SolidColorBrush inactiveColorBrush = new SolidColorBrush(Colors.LightGray);
private SolidColorBrush activeColorBrush = new SolidColorBrush(Colors.GreenYellow);

public void UpdateView(JoystickButton button, JoystickButtonState buttonState)
{
    ClearAll();

    if (button != JoystickButton.None)
    {
        var colorBrush = inactiveColorBrush;

        switch (buttonState)
        {
            case JoystickButtonState.Pressed:
            case JoystickButtonState.Holding:
                colorBrush = activeColorBrush;
                break;
        }

        buttonPads[button].Fill = colorBrush;
    }
}
```

注意 代码清单 6-8 中给出了 ClearAll 方法和 buttonPads 字典的定义。

为了将每个 Rectangle 控件与游戏杆的按钮相关联，我们使用了名为 buttonPads 的查找表（LUT），使用 Dictionary 类实现。如代码清单 6-8 所示，该字典的键类型为 JoystickButton，其值为 Rectangle 类型。因此，伴随着特定的操纵杆按钮，可以非常简单地获得对矩形的访问。例如，要访问表示向上操纵杆按钮的 Rectangle，可以使用以下语句：

```
buttonPads[JoystickButton.Up].Fill = new SolidColorBrush(Colors.YellowGreen);
```

buttonPads LUT 在 JoystickControl 类的构造函数中初始化，参见代码清单 6-8。在这个构造函数以及 UpdateView 方法中，使用了一个辅助方法 ClearAll。此方法用于将每个 Rectangle 的 Fill 属性的默认值设置为灰色。

代码清单 6-8 JoystickControl 类的选定片段

```
private Dictionary<JoystickButton, Rectangle> buttonPads;

public JoystickControl()
{
    InitializeComponent();

    ConfigureButtonPadsDictionary();

    ClearAll();
}

private void ConfigureButtonPadsDictionary()
{
    buttonPads = new Dictionary<JoystickButton, Rectangle>();

    buttonPads.Add(JoystickButton.Up, Up);
    buttonPads.Add(JoystickButton.Down, Down);
    buttonPads.Add(JoystickButton.Left, Left);
    buttonPads.Add(JoystickButton.Right, Right);
    buttonPads.Add(JoystickButton.Enter, Enter);
}

private void ClearAll()
{
    foreach (var buttonPad in buttonPads)
    {
        buttonPad.Value.Fill = inactiveColorBrush;
    }
}
```

注意 buttonPads 字典在类构造函数中初始化。而 ClearAll 是辅助方法，用于将每个矩形的 Fill 属性设置为 inactiveColorBrush（浅灰色）。

最后，在实现自定义控件之后，可以将它与SenseHatIO应用程序中的控制杆类一起使用。首先，修改MainPage.xaml文件的内容。这很简单，因为已经实现了一些合理的代码。如代码清单6-9所示，MainPage.xaml声明非常短，它只包含声明JoystickControl的标记，以及单个匿名样式定义，负责水平和垂直居中对齐JoystickControl。

代码清单6-9 MainPage的XAML声明

```
<Page x:Class="SenseHatIO.MainPage"
      xmlns="http://schemas.microsoft.com/winfx/2006/xaml/presentation"
      xmlns:x="http://schemas.microsoft.com/winfx/2006/xaml"
      xmlns:local="using:SenseHatIO"
      xmlns:controls="using:SenseHatIO.Controls"
      xmlns:d="http://schemas.microsoft.com/expression/blend/2008"
      xmlns:mc="http://schemas.openxmlformats.org/markup-compatibility/2006"
      mc:Ignorable="d">

    <Page.Resources>
        <Style TargetType="controls:JoystickControl">
            <Setter Property="VerticalAlignment"
                    Value="Center" />
            <Setter Property="HorizontalAlignment"
                    Value="Center" />
        </Style>
    </Page.Resources>

    <Grid Background="{ThemeResource ApplicationPageBackgroundThemeBrush}">
        <controls:JoystickControl x:Name="SenseHatJoystickControl" />
    </Grid>
</Page>
```

代码清单6-10显示了相应的代码隐藏，它处理初始化相应的I2cDevice并使用它来实例化Joystick类。接下来处理Joystick类实例的ButtonPressed事件。该事件由Joystick_ButtonPressed方法处理，如代码清单6-10所示，该方法调用JoystickControl的UpdateView方法。因此，无论何时，只要按下相关的控制杆按钮，十字中相应方块的颜色都会改变（见图6-6）。

代码清单6-10 MainPage代码隐藏的选定部分

```
public sealed partial class MainPage : Page
{
    private Joystick joystick;

    public MainPage()
    {
        InitializeComponent();
    }
    protected override async void OnNavigatedTo(NavigationEventArgs e)
    {
        base.OnNavigatedTo(e);
```

```
            await Initialize();
        }

        private async Task Initialize()
        {
            const byte address = 0x46;
            var device = await I2cHelper.GetI2cDevice(address);

            if (device != null)
            {
                joystick = new Joystick(device);
                joystick.ButtonPressed += Joystick_ButtonPressed;
            }
        }

        private void Joystick_ButtonPressed(object sender, JoystickEventArgs e)
        {
            SenseHatJoystickControl.UpdateView(e.Button, e.State);
        }
    }
```

Joystick 类很容易并入 UWP 视图，因为它暴露了一个方便的 API。我们从视图更新中隔离了负责设备交互的代码。因此，MainPage 的代码隐藏看起来简单而整齐。

6.3 LED 阵列

可以使用 Sense HAT 的彩色 LED 阵列作为输出设备。举例来说，它可以使用符号或颜色向用户显示信息。如果物联网设备未连接到外部显示器，则可以使用 LED 阵列输出信息。一个 LED 阵列和一个操纵杆组成一对输入 / 输出设备，可以控制物联网设备。

一般来说，LED 阵列是一种低分辨率显示器，因为它仅由 64 个像素组成。将该值与具有超过 800 万像素的现代四路高清显示屏相比，Sense HAT 扩展板的现代显示屏能力低于 0.001%。但物联网是一种用于特殊用途的设备，而且这 64 个像素对于许多特殊功能来说已经足够了。

Sense HAT 扩展板 LED 阵列的每个像素都由表面贴装元件（SMD）LED 组成。这些 SMD LED 包括 3 个颜色：红色、绿色和蓝色，混合从每个 LED 发射的光的波长（颜色）产生最终的照明颜色（参考 http://bit.ly/cree_plcc6）。

Sense HAT LED 被排列成 8 × 8 阵列。每个 LED 的位置使用其行和列索引进行编码。行（x）和列（y）索引从 0 开始，分别向 USB 端口（x）和 HDMI 端口（y）增加（见图 6-5），因此，左上角的 LED 位置为（0,0）。

每个 LED 的颜色使用 3 个 5 位值的集合进行编码。每个指定了相应颜色的通道（红色、绿色、蓝色）都将对最终得到的颜色起到作用。这个 5 位彩色标度在 0 ～ 31 范围内使用 32（2^5）个离散电平。例如，（31,0,0）的 5 位 RGB 值将驱动 LED 发出红光。另一方面，被定义为 Colors 类（Windows.UI 命名空间）的静态成员的 UWP 平台中的颜色使用 8 位 RGB 颜色比例。因此，要将 8 位到 5 位颜色标度相关联，请使用 LUT 和以下公式实现转换：

$$C_5(C_8)=\left\lceil C_8\frac{2^5-1}{2^8-1}\right\rceil$$

其中 C_5 和 C_8 分别表示 5 位和 8 位色标的通道值。符号 $\lceil x\rceil$ 表示取最大值。比例因子 Image 的分子和分母值分别来自 5 位和 8 位无符号整数的最大值。

同样，我们在一个名为 LedArray 的类中实现了负责控制 LED 阵列的逻辑。可以在 Chapter 06 / SenseHatIo / LedArray / LedArray.c 的协同代码中找到该类的完整定义。

要驱动 LED 阵列，请使用与操纵杆相同的 I^2C 设备。因此，LedArray 类构造函数（请参见代码清单 6-11）需要 I2cDevice 类型的单个参数。在存储对这个对象的引用后，初始化两个数组：Buffer 和 pixelByteBuffer。第一个数组 Buffer 是一个 8 × 8 阵列，它是物理 LED 阵列的抽象高级表示。该阵列的每个元素都是 Windows.UI.Color 类型，因此可用于更改由相应数组索引标识的特定 LED 的颜色。第二个数组 pixelByteBuffer 在内部将 Buffer 属性的 8 位 RGB 颜色元素转换为相应的 5 位无符号字节表示形式。因此，pixelByteBuffer 比 Buffer 数组多 3 倍，因为需要 3 个字节来表示每个 RGB 颜色。pixelByteBuffer 还有一个额外的元素，本章稍后将对此进行讨论。

代码清单 6-11　属性、字段和 LedArray 类的构造函数

```
public static byte Length { get; private set; } = 8;

public static byte ColorChannelCount { get; private set; } = 3;

public Color[,] Buffer { get; private set; }

private I2cDevice device;

private byte[] pixelByteBuffer;
private byte[] color5BitLut;

public LedArray(I2cDevice device)
{
    Check.IsNull(device);

    this.device = device;

    Buffer = new Color[Length, Length];
    pixelByteBuffer = new byte[Length * Length * ColorChannelCount + 1];

    GenerateColorLut();
}
```

在 LedArray 构造函数内执行的最后一步调用 GenerateColorLut 方法。此方法的定义如代码清单 6-12 所示，并初始化由 256 个元素（color5BitLut 专用字段）组成的 LUT。该阵列的每个元素都是一个离散值，将 8 位转换为 5 位单通道色彩级别。例如，要获取 UWP 颜色的红色组件的 5 位表示形式，可以使用以下语句：

```
var yellowColorRedComponent5bit = color5BitLut[Colors.Yellow.R];
```

代码清单 6-12　初始化并生成用于色阶转换的查找表

```
private byte[] color5BitLut;

private void GenerateColorLut()
{
    const float maxValue5Bit = 31.0f; // 2^5-1

    int colorLutLength = byte.MaxValue + 1; // 256 discrete levels
    color5BitLut = new byte[colorLutLength];

    for (int i = 0; i < colorLutLength; i++)
    {
        var value5bit = Math.Ceiling(i * maxValue5Bit / byte.MaxValue);

        value5bit = Math.Min(value5bit, maxValue5Bit);

        color5BitLut[i] = Convert.ToByte(value5bit);
    }
}
```

在 LedArray 类中，使用上述方法来获取三元素字节数组，存储特定 UWP 颜色的 5 位颜色值。该功能在 LedArray 类的 ColorToByteArray 方法中实现，参见代码清单 6-13。

代码清单 6-13　将 Windows.UI.Color 转换为由 3 个 5 位无符号字节组成的字节数组

```
private byte[] ColorToByteArray(Color color)
{
    return new byte[]
    {
        color5BitLut[color.R],
        color5BitLut[color.G],
        color5BitLut[color.B]
    };
}
```

注意　此方法将 UWP 颜色转换为 Sense HAT 扩展板可理解的值。

在将每个 LED 的颜色转换为 5 位刻度后，需要将它们排列成由 192 个元素组成的字节阵列（每个 LED 有 64 个 LED 和 3 个值）。随后，将该缓冲区写入 Sense HAT，这意味着将一个字节数组分成 8 个 24 字节的块。每个块对应于 LED 阵列中的特定行。这些行被进一步分成 3 组 8 个字节。第 1 组编码红色通道，而另外 2 组对应绿色和蓝色通道。图 6-7 中展示了这种 LED 缓冲器组成。

Serialize 方法负责将高级 Buffer 属性安排到字节数组中，如代码清单 6-14 所示。首先清除 pixelByteBuffer 字段，然后使用两个循环迭代 Buffer 数组的元素。第一个循环变量 x 正在遍历行，而第二个遍历列。在每次迭代中，Buffer 属性的当前元素都被转换为三元素字节数组。结果数组的每个元素都被复制到 pixelByteBuffer 数组的适当位置（见图 6-7）。在每次循环迭代中，通过使用以下等式确定字节目标（index 变量）：

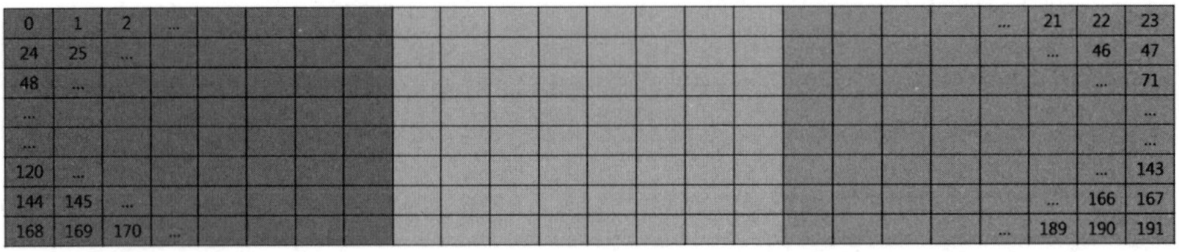

0	1	2	...																	...	21	22	23
24	25	...																			...	46	47
48	...																					...	71
...																							...
...																							...
120	...																					...	143
144	145	...																			...	166	167
168	169	170	...																	...	189	190	191

图 6-7　LED 缓冲器组成。每个单元对应于阵列中的单个字节，用于控制 Sense HAT 扩展板的 LED。缓冲区被分成 3 个区块，分别对应每个颜色通道：红色、绿色和蓝色（见彩插）

$$index = x + i * Length + y * Length * ColorChannelCount + 1$$

其中 Length 是 LED 阵列的大小，即 8，ColorChannelCount 等于 3，因为我们使用 RGB LED，故 x 和 y 分别表示 LED 阵列的行和列，而 1 表示同步字节。

代码清单 6-14　LED 颜色缓冲区序列化

```
private void Serialize()
{
    int index;
    var widthStep = Length * ColorChannelCount;

    Array.Clear(pixelByteBuffer, 0, pixelByteBuffer.Length);

    for (int x = 0; x < Length; x++)
    {
        for (int y = 0; y < Length; y++)
        {
            var colorByteArray = ColorToByteArray(Buffer[x, y]);

            for (int i = 0; i < ColorChannelCount; i++)
            {
                index = x + i * Length + y * widthStep + 1;

                pixelByteBuffer[index] = colorByteArray[i];
            }
        }
    }
}
```

注意　由 64 个 UWP 颜色值组成的高级 Buffer 属性转换为按图 6-7 组织的字节数组。

存储在 pixelByteBuffer 成员内的结果字节缓冲区必须写入地址为 0x46 的 I^2C 器件，使用 I2cDevice 类的 Write 方法来实现。Sense HAT 的微控制器内部使用相同的 LED 移位寄存器和有效长度为 193 的操纵杆控制器。因此，每当要求 LED 更新时，都会为发送的阵列添加一个附加元素同步字节。请注意，Sense HAT 扩展板不会公开 API，该 API 可用于以确定 LED 状态更新缓冲区的选定部分，即在更新单个像素值时，也始终需要发送整个阵列。

为了设置单个像素的颜色，我们编写了 SetPixel 方法，参见代码清单 6-15。它验证代表像素位置的 *x* 和 *y* 参数，然后更新缓冲区数组。随后，它会向设备写入更新的字节缓冲区（UpdateDevice 方法）。

代码清单 6-15 设置位于 *x* 和 *y* 处的 LED 阵列的颜色

```
public void SetPixel(int x, int y, Color color)
{
    CheckPixelLocation(x);
    CheckPixelLocation(y);
    ResetBuffer(Colors.Black);
    Buffer[x, y] = color;

    UpdateDevice();
}

private void UpdateDevice()
{
    Serialize();

    device.Write(pixelByteBuffer);
}
private void CheckPixelLocation(int location)
{
    if (location < 0 || location >= Length)
    {
        throw new ArgumentException("LED square array has maximum length of: " + Length);
    }
}
```

总之，LedArray 的 API 被组织成通过改变 Buffer 属性的相应值来设置特定 LED 像素的颜色。接下来，将存储在此属性中的值转换为包含 193 个元素的字节数组，后者通过 I^2C 总线传输到 Sense HAT 扩展板。

LedArray 类还实现了两个方便的功能：Reset 和 RgbTest，参见代码清单 6-16。首先，Reset 将所有二极管的颜色改变为统一值，而 RgbTest 将所有 LED 依次驱动为红色、绿色和蓝色。我们使用 RgbTest 方法来验证 LedArray 类的功能。为此，可以简单地在 SenseHatIO 应用程序的 MainPage.xaml.cs 文件中调用此方法，如代码清单 6-17 所示。其后，在部署 SenseHatIO 应用程序并运行它之后，将看到 LED 阵列不断将其颜色从红色变为绿色，然后以约 1s 的间隔将其颜色不断变为蓝色。

代码清单 6-16 LedArray 类的两个辅助方法

```
public void RgbTest(int msSleepTime)
{
    Color[] colors = new Color[] { Colors.Red, Colors.Green, Colors.Blue };

    foreach (var color in colors)
    {
        Reset(color);
        Task.Delay(msSleepTime).Wait();
    }
}

private void ResetBuffer(Color color)
{
    for (int x = 0; x < Length; x++)
    {
        for (int y = 0; y < Length; y++)
        {
            Buffer[x, y] = color;
        }
    }
}
```

代码清单 6-17 LED 阵列将被顺序驱动为红色、绿色和蓝色的统一颜色值

```
namespace SenseHatIO
{
    public sealed partial class MainPage : Page
    {
        private Joystick joystick;
        private LedArray ledArray;

        // 此部分与代码清单 6-10 中相同

        private async Task Initialize()
        {
            const byte address = 0x46;
            var device = await I2cHelper.GetI2cDevice(address);

            if (device != null)
            {
                joystick = new Joystick(device);
                joystick.ButtonPressed += Joystick_ButtonPressed;

                ledArray = new LedArray(device);
                BeginRgbTest();
            }
        }
```

```
        private void Joystick_ButtonPressed(object sender, JoystickEventArgs e)
        {
            SenseHatJoystickControl.UpdateView(e.Button, e.State);
        }

        private void BeginRgbTest()
        {
            const int msDelayTime = 1000;

            while (true)
            {
                ledArray.RgbTest(msDelayTime);
            }
        }
    }
}
```

图 6-8 ～图 6-10 分别显示驱动为红色、绿色和蓝色的 LED 阵列。对于每种颜色，LED 中不同的位置被点亮。例如，红色通道由位于左侧的子 LED 生成（假设 GPIO 插头位于底部），而绿色 LED 位于 SMD LED 的中央部分。因此，蓝色 LED 可以在 SMD LED 的右侧找到。现在可以尝试其他颜色来了解它们如何影响每个子 LED 的亮度。

图 6-8 LED 阵列驱动为均匀的红色。在这种情况下，每个 LED 的左下角部分亮起（见彩插）

图 6-9 LED 阵列驱动为均匀的绿色。每个 LED 的中心部分负责提供绿色通道（见彩插）

图 6-10 所有 LED 像素都被驱动为蓝色。在这种情况下，只有每个 SMD LED 的右侧片段处于活动状态（见彩插）

6.4 操纵杆和 LED 阵列集成

确认操纵杆和 LED 阵列正常工作后，可以将它们组合在一起。我们现在拥有使用操纵杆控制 LED 阵列的所有工具。具体来说，操纵杆可以控制 LED 阵列上的单像素点的位置和颜色。向上、向下、向右和向左按钮可以更改像素位置，而 Enter 按钮可以修改像素颜色。

在代码清单 6-18 中，强调了在 SenseHatIO 应用程序的主视图中实现上述功能所需的更改。重新运行应用后，位置（0,0）处的像素将变为红色。按下 Enter 按钮后，该颜色变为绿色，可以通过移动操纵杆来更改 LED 像素的位置。

为了更新像素位置，我们使用了 LedArray 类的 SetPixel 方法，并且每次触发 Joystick 类的 ButtonPressed 事件时都会调用它，只要操纵杆按钮的状态是按下的，可参阅代码清单 6-18 中的事件处理程序 Joystick_ButtonPressed 的定义。然后，更新像素位置，使用两个私有成员 x 和 y 存储。这些成员根据按下哪个操纵杆按钮而递增或递减，可参阅代码清单 6-19 中的 UpdateDotPosition 方法。为了确保 x 和 y 的值是有效的（即为正数且不大于 7 [LED 阵列长度 -1]），我们写了辅助方法 CorrectLedCoordinate，它检查 LED 的 x 或 y 位置的新值是否在有效范围内，并在必要时纠正输入值，参见代码清单 6-18。程序运行如图 6-11 所示。

代码清单 6-18　使用操纵杆控制 LED 阵列

```
using SenseHatDisplay.Helpers;
using SenseHatIO.SenseHatJoystick;
using SenseHatIO.SenseHatLedArray;
using System;
using Windows.Devices.I2c;
using Windows.UI;
using Windows.UI.Xaml.Controls;
using Windows.UI.Xaml.Navigation;

namespace SenseHatIO
{
    public sealed partial class MainPage : Page
    {
        private Joystick joystick;
        private LedArray ledArray;

        private int x = 0;
        private int y = 0;

        private Color dotColor = Colors.Red;

        // 此部分与代码清单 6-17 中相同

        private async void Initialize()
        {
            const byte address = 0x46;
            var device = await I2cHelper.GetI2cDevice(address);

            if (device != null)
            {
                joystick = new Joystick(device);
                joystick.ButtonPressed += Joystick_ButtonPressed;

                ledArray = new LedArray(device);
```

```
            //BeginRgbTest();
            UpdateDevice();
        }
    }

    private void Joystick_ButtonPressed(object sender, JoystickEventArgs e)
    {
        SenseHatJoystickControl.UpdateView(e.Button, e.State);

        if(e.State == JoystickButtonState.Pressed)
        {
            UpdateDotPosition(e.Button);
        }
    }

    // 此部分与代码清单 6-17 中相同
    private void UpdateDotPosition(JoystickButton button)
    {
        switch (button)
        {
            case JoystickButton.Up:
                y -= 1;
                break;

            case JoystickButton.Down:
                y += 1;
                break;

            case JoystickButton.Left:
                x -= 1;
                break;

            case JoystickButton.Right:
                x += 1;
                break;

            case JoystickButton.Enter:
                InvertDotColor();
                break;
        }

        UpdateDevice();
    }

    private void UpdateDevice()
    {
        x = CorrectLedCoordinate(x);
        y = CorrectLedCoordinate(y);

        ledArray.SetPixel(x, y, dotColor);
    }
```

```
        private static int CorrectLedCoordinate(int inputCoordinate)
        {
            inputCoordinate = Math.Min(inputCoordinate, LedArray.Length - 1);
            inputCoordinate = Math.Max(inputCoordinate, 0);

            return inputCoordinate;
        }

        private void InvertDotColor()
        {
            dotColor = dotColor == Colors.Red ? Colors.Green : Colors.Red;
        }
    }
}
```

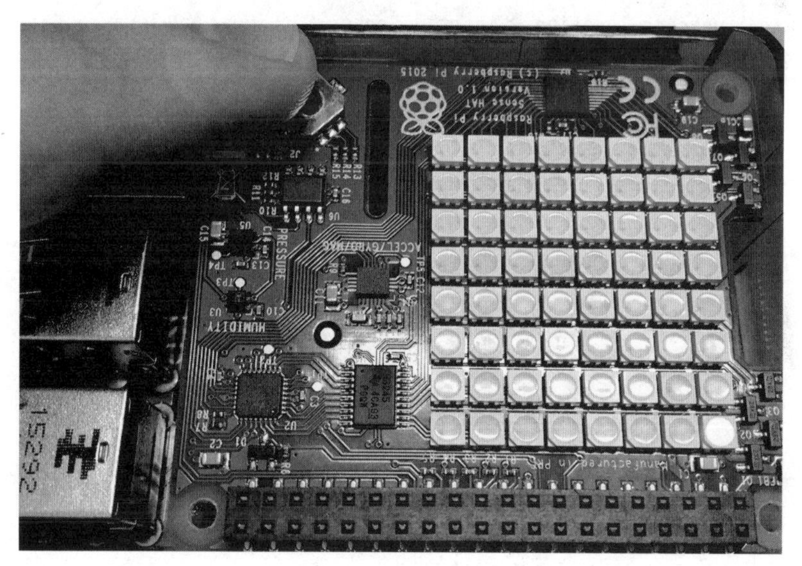

图 6-11　使用操纵杆控制 LED 阵列。将 SenseHatIO 应用程序部署到设备时，位于（0,0）处的像素为红色。可以使用操纵杆更改其位置和颜色（见图 6-1，见彩插）

6.5　LED 阵列与传感器读数集成

现在可以有许多方式扩展上一节中开发的示例应用程序——从实现简单的街机游戏到将 LED 阵列与传感器读数相结合。例如，像素可以根据加速度计读数移动。我们在代码 Chapter 06 / SpaceDot 中实现了这样的功能。此应用程序将 InertialSensor 类（参见第 5 章）中实现的功能与 LedArray 类的 SetPixel 方法相结合；参见 SpaceDot 应用程序中的 MainPage.xaml.cs。

该文件的结构值得注意：在实例化 LedArray 和 InertialSensor 类之后，获得了线性加速度，参见代码清单 6-19。常数缩放器然后将加速度计读数沿着 x 和 y 轴进行乘法运算。可以更改此缩放器的值以控制 LED 像素移动的速度。结果将会被计算成新的像素位置，然后发送到设备，请参阅代码清单 6-19 中的 UpdateDotPosition。因此，在将 SpaceDot 应用程序部署并运行到物联网设备后，根据移动或晃动设备的方式，LED 会发生变化。这里实现的大多数功能都委托给一个单独的类。通过引用合适的项目，可以轻松将其整合到其他物联网应用程序中。

代码清单 6-19 使用加速度计控制 LED 阵列

```
private void BeginAccelerationAcquisition()
{
    const int msDelayTime = 25;

    BeginSensorReading(() =>
    {
        var linearAcceleration = inertialSensor.GetLinearAcceleration();

        UpdateDotPosition(linearAcceleration);
    }, msDelayTime);
}

private void UpdateDotPosition(Vector3D<float> accelerometerReading)
{
    var stepX = Convert.ToInt32(accelerometerReading.X * accelerationScaler);
    var stepY = Convert.ToInt32(accelerometerReading.Y * accelerationScaler);

    x = CorrectLedCoordinate(x - stepX);
    y = CorrectLedCoordinate(y - stepY);

    ledArray.SetPixel(x, y, dotColor);
}
```

注意 LED 像素位置根据物联网设备的位置而变化。

6.6 触摸屏和手势处理

一些嵌入式系统，例如 ATM 和汽车音响系统配备了触摸屏。这些设备可以通过轻触、双击、滑动或捏等触摸手势进行控制。UWP 接口使设备能够响应这些手势。以下讨论涉及一般的 UWP 手势处理。此处介绍的方法还可以用于平板电脑和手机中。可以使用连接到外部显示器的物联网设备测试本节介绍的示例应用程序。它甚至可以没有感应触摸的设备。例如，可以使用连接到 RPi2 的 USB 端口之一的鼠标来模拟手势（这是我们使用的一个选项）。测试手势处理的另一种可能性是使用 Windows IoT Remote Client（请参阅第 2 章）。还可以连接 RPi2 的专用触摸屏。

手势处理逻辑将取决于手势类型和特定应用程序。简单手势是用户只需触摸特定 UI 元素

(Tap 事件)或持有元素(Holding 事件)的手势。但是,一些应用程序可以通过复杂的手势进行控制。一般来说,将一个或多个手指放置在触摸屏上的UI元素上可以作为一种手势,并使用户能够操纵UI的显著部分以改变其位置,调整其大小或旋转它。图6-12显示了用户手势修改的UI对象的初始形状和位置的示例。

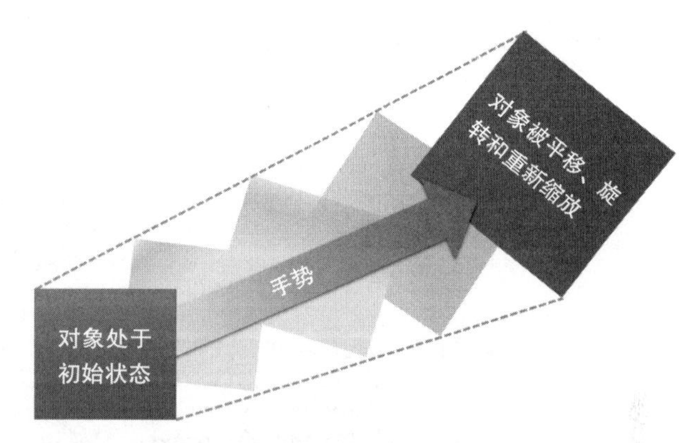

图6-12 手势过程中的对象操作。大多数通用对象操作包括平移、旋转和缩放

为了处理这种复杂的手势,可以使用由UWP视觉元素引发的多个操纵事件。特别是当用户触摸UI元素时,触发ManipulationStarting和ManipulationStarted事件。随后触发一系列ManipulationDelta事件。

其中每个描述了UI元素的即时状态,注意图6-12中的浅色矩形。手势完成后,将报告ManipulationCompleted事件。这也提供了在手势过程中进行的全部操作的信息。

在操作过程中,可以平移、旋转和缩放对象。有关这些转换的信息将通过System.Windows.Input命名空间中声明的ManipulationDelta类的实例传递给相应的事件处理程序。ManipulationDelta具有Translation、Rotation、Scale和Expansion等属性,可以告诉我们对象如何平移(Translation)、旋转(Rotation)和缩放(Scale)。Expansion字段描述缩放转换,但使用除缩放之外的单位表示,即扩展是以独立于设备的单位(1/96英寸[⊖])给出的,而比例是以百分比给出的。例如,0.5的刻度意味着两个接触点(例如手指)之间的距离减少了一半。

在本节中,将进一步扩展SenseHatIO应用程序,以合并与矩形控件的DoubleTapped和ManipulationDelta事件关联的两个手势。第一个事件DoubleTapped在用户每次触摸Rectangle控件两次时引发。使用这个事件来改变LED像素的颜色和矩形的背景,其作用基本上与操纵杆的Enter按钮相同。

第二个事件ManipulationDelta在使用复杂手势期间被提出。使用这个事件,可通过适当的事件参数获得的平移向量来更新LED阵列上的像素位置。这些更改与使用游戏杆进行的更新同步。所以,当按下操纵杆的Enter按钮时,矩形将根据其当前状态将颜色更改为绿色或红色。任何其他操纵杆按钮都将转换LED阵列上的LED像素和屏幕上的矩形位置。

实现过程如下:通过引入由两个选项卡(PivotItems)组成的Pivot控件来修改UI,参见代码清单6-20。第一个PivotItem包含JoystickControl,而第二个包含一个Rectangle控件,响应触摸操作。

⊖ 1英寸≈2.54厘米。——编辑注

代码清单 6-20 启用了 Manipulation 的 Rectangle 控件

```
<Page x:Class="SenseHatIO.MainPage"
      xmlns="http://schemas.microsoft.com/winfx/2006/xaml/presentation"
      xmlns:x="http://schemas.microsoft.com/winfx/2006/xaml"
      xmlns:local="using:SenseHatIO"
      xmlns:controls="using:SenseHatIO.Controls"
      xmlns:converters="using:SenseHatIO.Converters"
      xmlns:d="http://schemas.microsoft.com/expression/blend/2008"
      xmlns:mc="http://schemas.openxmlformats.org/markup-compatibility/2006"
      mc:Ignorable="d">

    <Page.Resources>
        <Style TargetType="controls:JoystickControl">
            <Setter Property="VerticalAlignment"
                    Value="Center" />
            <Setter Property="HorizontalAlignment"
                    Value="Center" />
        </Style>

        <Style TargetType="Rectangle">
            <Setter Property="ManipulationMode"
                    Value="All" />
            <Setter Property="VerticalAlignment"
                    Value="Top" />
            <Setter Property="HorizontalAlignment"
                    Value="Left" />
            <Setter Property="Margin"
                    Value="0" />
        </Style>

        <converters:ColorToBrushConverter x:Key="ColorToBrushConverter" />
    </Page.Resources>

    <Pivot x:Name="MainPivot"
           Background="{ThemeResource ApplicationPageBackgroundThemeBrush}">
        <PivotItem Header="Joystick">
            <controls:JoystickControl x:Name="SenseHatJoystickControl" />
        </PivotItem>

        <PivotItem Header="Dot position">
            <Rectangle Fill="{x:Bind DotColor, Mode=OneWay, Converter={StaticResource
                           ColorToBrushConverter}}"
                       Width="{x:Bind rectangleWidth}"
                       Height="{x:Bind rectangleHeight}"
                       RenderTransform="{x:Bind rectangleTransform, Mode=OneWay}"
                       ManipulationDelta="Rectangle_ManipulationDelta"
                       DoubleTapped="Rectangle_DoubleTapped" />
        </PivotItem>
    </Pivot>
</Page>
```

在代码清单 6-20 中，使用了自定义转换器 ColorToBrushConverter，其定义见 Chapter 06/

SenseHatIO / Converters / ColorToBrushConverter.cs 中的配套代码。该转换器安全地将 UWP 颜色转换为 SolidColorBrush 类的实例并更新 Rectangle 控件的 Fill 属性。

要为特定的可视元素启用操作，请配置 ManipulationMode 属性。它接受在 ManipulationModes 枚举（Windows.UI.Xaml.Input）中定义的值。在这里，我们启用了所有可能的操作，但也可以限制它们，以便视觉元素仅响应平移、旋转或缩放操作。

随后我们修改了 MainPage 类。如代码清单 6-21 所示，实现了 INotifyPropertyChanged 接口以使用数据绑定来更新 Rectangle 颜色。为此，Rectangle 颜色的 Fill 属性绑定到 MainPage 的 DotColor 属性，参见代码清单 6-20 和代码清单 6-21。要同步使用手势操纵和操纵杆所做的更改，我们还修改了 InvertDotColor 方法，以便更新 DotColor 属性而不是关联的 dotColor 私有成员。

代码清单 6-21 Rectangle 的位置及其当前颜色反映在 LED 阵列上

```
public sealed partial class MainPage : Page, INotifyPropertyChanged
{
    public event PropertyChangedEventHandler PropertyChanged = delegate { };

    public Color DotColor
    {
        get { return dotColor; }
        set
        {
            dotColor = value;
            OnPropertyChanged();
        }
    }

    public void OnPropertyChanged([CallerMemberName] string propertyName = "")
    {
        PropertyChanged(this, new PropertyChangedEventArgs(propertyName));
    }

    private void InvertDotColor()
    {
        // dotColor = dotColor == Colors.Red ? Colors.Green : Colors.Red;
        DotColor = dotColor == Colors.Red ? Colors.Green : Colors.Red;
    }

    private void Rectangle_DoubleTapped(object sender, DoubleTappedRoutedEventArgs e)
    {
        InvertDotColor();

        UpdateDevice();
    }

    // 其余实现能在辅助代码中找到
}
```

我们实现了事件处理程序 Rectangle_DoubleTapped，只要用户执行简单的双击操作，就会调用该事件处理程序。在这种情况下，变换活动 LED 的颜色，使其与使用操纵杆的 Enter 按钮时的效果相同。

为了更新屏幕上的 Rectangle 位置，这里使用了 TranslateTransform，它绑定到 Rectangle 的 RenderTransform 属性。TranslateTransform 表示由两个组件组成的转换向量：X 和 Y。如代码清单 6-22 所示，使用从 Rectangle_ManipulationDelta 事件处理程序的事件参数获取的信息来更新这些属性。传递给此事件处理程序的第二个参数的类型为 ManipulationDeltaRoutedEventArgs。这个类暴露了描述手势操作的两个成员：Cumulative 和 Delta。前者存储自操纵开始以来的整体平移、旋转和缩放变化，而 Delta 属性则包含最近的变换。Cumulative 和 Delta 都是 ManipulationDelta 类型。所以，要平移矩形，我们使用 ManipulationDelta.Translation 属性的 X 和 Y 公共成员。此处只是将这些值添加到 TranslateTransform 类的相应属性中，请参见代码清单 6-22 中的 Joystick_ButtonPressed。至此，矩形将被移动指定的距离。

代码清单 6-22　使用手势操纵控制 LED 阵列

```
private TranslateTransform rectangleTransform = new TranslateTransform();

private void Joystick_ButtonPressed(object sender, JoystickEventArgs e)
{
    SenseHatJoystickControl.UpdateView(e.Button, e.State);

    if(e.State == JoystickButtonState.Pressed)
    {
        UpdateDotPosition(e.Button);

        rectangleTransform.X = x * rectangleWidth;
        rectangleTransform.Y = y * rectangleHeight;
    }
}

private void Rectangle_ManipulationDelta(object sender, ManipulationDeltaRoutedEventArgs e)
{
    if(!e.IsInertial)
    {
        rectangleTransform.X += e.Delta.Translation.X;
        rectangleTransform.Y += e.Delta.Translation.Y;

        UpdateDotPosition();
    }

    e.Handled = true;
}

private void UpdateDotPosition()
{
    x = Convert.ToInt32(rectangleTransform.X / rectangleWidth);
    y = Convert.ToInt32(rectangleTransform.Y / rectangleHeight);

    UpdateDevice();
}
```

操作完成后，UWP 可以进行推断，也就是说，根据之前的输入继续应用视觉元素的几何变换。这导致了物体受惯性影响继续移动的效果，并且因此被称为操作惯性。这种推断用于在施加外力时模拟真实物体的物理运动。也就是说，在推动一个物体后，它会移动一段时间，并不会立即停止。同样，当操作完成时，视觉元素不会立即冻结。

要检查操作是否是惯性的，可以使用 ManipulationDeltaRoutedEventArgs 类的 IsInertial 属性。如代码清单 6-22 所示，当操作非惯性时，只更新 LED 阵列和矩形位置。

为了将使用复杂手势所做的更改与使用游戏杆所做的更改同步，我们使用了多种方法。首先，使用重载的无参数方法 UpdateDotPosition，它在 Sense HAT 扩展板上点亮相应的 LED。与其参数化的副本相反，此方法使用 TranslateTransform 属性来选择适当的 LED。

此 LED 选择需要一些额外的计算。显示 MainPage 时，根据屏幕大小和 LED 阵列大小调整矩形的大小，参见代码清单 6-23。屏幕实际上被分成 8 × 8 的网格，该网格的每个单元对应于 Sense HAT 扩展板的一个 LED。在适当的虚拟单元格中使用手势或游戏杆移动矩形时，相应的 LED 阵列元素将变为活动状态。矩形总是与最近的网格单元对齐，请参阅 UpdateDotPosition 方法的无参数版本的定义（参见代码清单 6-22）。

代码清单 6-23　矩形的宽度和高度根据实际屏幕和 LED 阵列尺寸动态调整

```
protected override async void OnNavigatedTo(NavigationEventArgs e)
{
    base.OnNavigatedTo(e);

    await Initialize();

    AdjustRectangleToScreenSize();
}

private void AdjustRectangleToScreenSize()
{
    const int headerHeight = 50;

    rectangleWidth = Window.Current.Bounds.Width / LedArray.Length;
    rectangleHeight = (Window.Current.Bounds.Height - headerHeight) / LedArray.Length;
}
```

6.7　总结

在本章中，我们探索了几种 I / O 方法，包括按钮、操纵杆和手势操纵，展示了如何准备负责控制 LED 阵列和处理来自 Sense HAT 扩展板操纵杆的输入的类，概述了如何组合这些类，以便使用操纵杆和复杂的手势操纵来控制 LED 阵列，还展示了如何将加速度计读数与 LED 阵列结合起来，以便 LED 根据 3D 空间中的物联网设备位置而点亮。

在接下来的章节中，这里开发的 LedArray 类将与 UWP 语音和人脸识别引擎、音频、图像处理和人工智能进一步结合。

第 7 章 · CHAPTER 7

音频处理

本章探讨 UWP 的语音合成和识别功能。你将使用它们来构建根据用户的语音命令更改 LED 阵列颜色的应用程序。随后，将演示如何从音频文件中读取音频信号。通过快速傅里叶变换（FFT）数字化地将信号进行处理以找到其频率的表达。由此产生的频率分布分为 8 个频段，每个频段都将显示在 LED 阵列上。如此，物联网设备将作为实时音频频谱分析器工作，使 LED 按音乐节奏闪烁。

这些是物联网编程的更高级的方面。如第 1 章中所述，用于控制特定过程的数字信号处理是物联网世界中的关键组成部分之一。物联网设备不断从外部传感器获取时序信号，在后台处理它们，并使用所得信息采取特定的控制措施。物联网设备可以监控汽车的牵引力或控制医疗成像设备。

在本章中，将指导你使用一个物联网设备，该设备将从麦克风获取音频信号或从文件中读取信号。它会处理这个信号并根据结果发送信息来驱动 LED 阵列。你的基础物联网设备——RPi2 或 RPi3 将使用采集和处理后的信号来驱动另一个设备——Sense HAT 扩展板。汽车中也使用类似的设备，例如，有一种基于牵引力控制的物联网设备可以通过采集传感器信号来检测车辆的不稳定性，并最终驱动制动系统校正过度转向或转向不足。

7.1 语音合成

语音合成（SS）是将文本转换为人类语音的技术。这种人造语音的产生在人机交互界面中起着重要的作用，因为它提供了一种更自然的方式向用户表达反馈。另一方面，语音识别（SR）使机器能够理解人类语音命令。SS 和 SR 一起可以实现计算机系统的免提（hand-free）操作。这特别有趣，对于可以通过语音控制设备的物联网应用非常有用。

UWP 为 SS 提供了一个方便的编程接口。在本节中，将解释如何实现一个名为 Speech 的有显示输出的语音应用程序，还会说明如何扩展这个例子来包含 SR。

UWP 的语音功能是跨平台的，因此我们先使用 PC 机测试最初始的功能，再将该应用程序根据 RPi2 和 RPi3 的功能进行量身定制。

可以在 Chapter 07 / Speech 中找到 Speech 应用程序的完整代码。在这里，我们总结一下如何构建这个应用程序。首先，实现可重用的辅助类（请参阅代码清单 7-1 和 SpeechHelper.cs 文件，该文件位于 Speech 应用程序的 Helpers 子文件夹中）。可以将此类插入 UWP 库项目中（请参见附录 D），然后就可以在任何 UWP 应用程序中使用它。但是，SpeechHelper 类不能用于其他平台，如 iOS 或 Android。

代码清单 7-1 可重用辅助类定义

```
public class SpeechHelper
{
    private static SpeechSynthesizer speechSynthesizer;
    private static MediaElement mediaElement;

    static SpeechHelper()
    {
        speechSynthesizer = new SpeechSynthesizer();
        mediaElement = new MediaElement();
    }

    public static async void Speak(string textToSpeech, VoiceInformation voice = null)
    {
        if (!string.IsNullOrEmpty(textToSpeech))
        {
            ConfigureVoice(voice);

            var speechStream = await speechSynthesizer.
                SynthesizeTextToStreamAsync(textToSpeech);

            await mediaElement.Dispatcher.RunAsync(CoreDispatcherPriority.Normal, () =>
            {
                mediaElement.SetSource(speechStream, speechStream.ContentType);
                mediaElement.Play();
            });
        }
    }

    private static void ConfigureVoice(VoiceInformation voice)
    {
        if (voice != null)
        {
            speechSynthesizer.Voice = voice;
        }
        else
        {
            speechSynthesizer.Voice = SpeechSynthesizer.DefaultVoice;
        }
    }
}
```

SpeechHelper 类有两个非常重要的元素：SpeechSynthesizer 和 MediaElement。Speech Synthesizer 在 Windows.Media.SpeechSynthesis 命名空间中定义，是文本到语音转换的 UWP 实现。可以使用两个共有方法中的任何一个来合成人类语音：SynthesizeTextToStreamAsync 和 SynthesizeSsmlToStreamAsync，两者都接受一个字符串类型的单个参数。当使用 SynthesizeTextToStreamAsync 时，参数是要转换的文本，而 SynthesizeSsmlToStreamAsync 需要使用 SSML（Speech Synthesis Markup Language）编码的字符串。这是 SS 社区开发的基于 XML 的标记语言，它为 Web 应用程序中的语音合成提供了标准语言。SSML 提供了对语音合成的更多控制。但是，SynthesizeTextToStreamAsync 使用起来更容易，所以这里省略了 SSML。

无论合成方法如何，这两个函数都会生成相同形式的结果——用 SpeechSynthesisStream 类的实例存储的人造语音。具体而言，该对象包含波形音频文件格式（WAV）的字节数组。因此，它可以转换为 WAV 文件或直接使用 MediaElement 类播放。

基于 SpeechHelper 类（包含语音合成所需的全部功能），我们实现了 MainPage，它向终端用户提供了 SS 功能。这里使用 Pivot 控件定义了 UI，其中放置了一个文本框、一个下拉列表框和一个按钮（见图 7-1 和 Chapter 07 / Speech / MainPage.xaml 中的附加代码）。用户在文本框中输入文字，并在下拉列表框中选择语音引擎，再单击 Speak 按钮就可以将文字基于选择的引擎进行语音转换。在这个过程中，关联的 UI 事件处理程序会调用 SpeechHelper 类的适当方法进行工作（请参阅代码清单 7-2，包含了 Speech 应用程序的代码隐藏）。

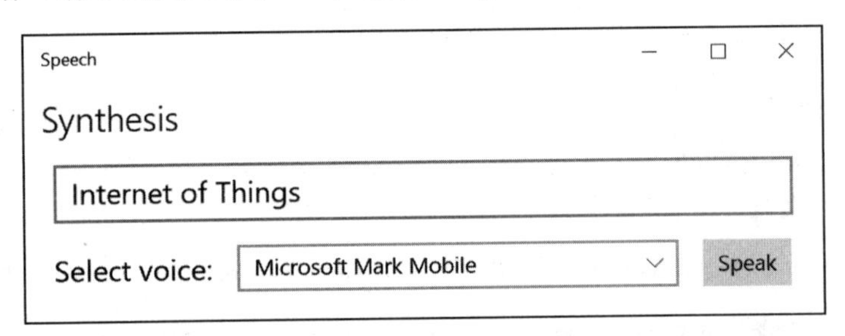

图 7-1　Speech 应用程序的用户界面允许用户指定要转换的文本和合成引擎

代码清单 7-2　MainPage 的代码隐藏包含数据绑定字段和一个事件处理程序

```
public sealed partial class MainPage : Page
{
    private string textToSpeak;

    private object allVoices = SpeechSynthesizer.AllVoices;
    private object voice;

    public MainPage()
    {
        InitializeComponent();
    }

    private void ButtonSpeak_Click(object sender, RoutedEventArgs e)
```

```
        {
            SpeechHelper.Speak(textToSpeak, voice as VoiceInformation);
        }
    }
```

UWP 实现多个 SS 引擎，表示为 VoiceInformation 类的实例。可以从 SpeechSynthesizer 类的静态属性 AllVoices 中取得可用引擎的列表。在 Speech 应用程序中，可用语音引擎的列表被绑定到下拉控件。可以使用该控件选择想要的引擎。它将自动更新 SpeechSynthesizer 类实例的 Voice 属性（请参见代码清单 7-1 及 Chapter 07/ Speech / MainPage.xaml 中的配套代码）。如果不主动设置此属性，则使用默认语音。在桌面版本的 Windows 10 系统中，可以使用 Settings 应用程序配置默认语音，如图 7-2 所示。

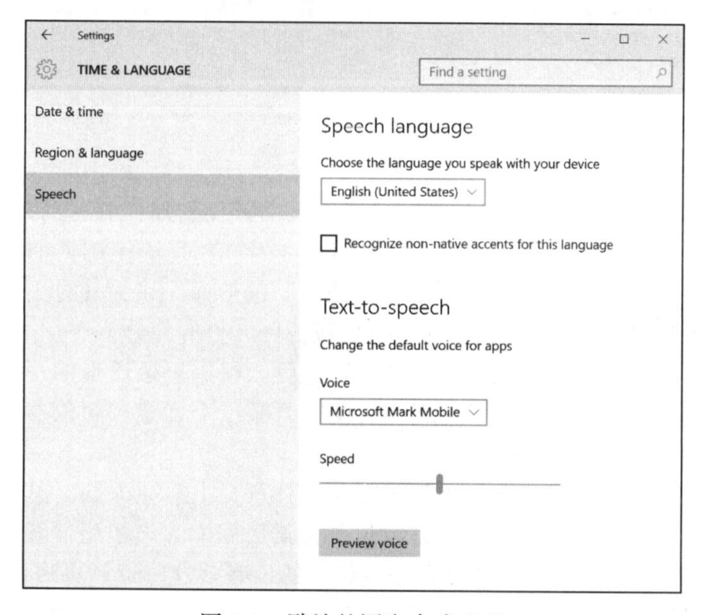

图 7-2　默认的语音合成配置

另外请注意，MainPage 类的 textToSpeak 字段绑定到 UI 的 TextBox 控件。因此，只要用户在文本框中输入字符串，textToSpeak 就会自动更新。

如果运行 Speech，则会看到语音列表与 Settings 应用程序中的完全相同。使用 Select Voice 下拉列表框选择合成引擎并输入文本后，单击 Speak 按钮（见图 7-1），文本将被转换为语音并使用默认的声音播放设备播放。

还可以将语音应用程序部署到 RPi2 设备。要全面测试语音应用程序，需要将 RPi2 连接到外部显示器，并连接 USB 鼠标以使用 UI。为了能听到人造语音，请将耳机等音频设备连接到 RPi2 的 A / V 端口（见图 2-12）。

如果不想使用 UI，则可以始终重载 MainPage 的 OnNavigatedTo 方法，如代码清单 7-3 所示。在导航到 MainPage 后，使用 SpeechHelper 类的 Speak 方法来合成物联网字符串。

代码清单 7-3 不使用 UI 控件直接调用语音合成

```
protected override void OnNavigatedTo(NavigationEventArgs e)
{
    base.OnNavigatedTo(e);

    SpeechHelper.Speak("Internet of Things");
}
```

7.2 语音识别

一般来说，有 3 种可能的方式来执行 SR：一次性识别、带 UI 的一次性识别和连续语音识别会话。Windows 10 IoT Core 尚不支持带用户界面一次性识别。在使用这些方法之前，我们先讨论一下 SR 的背景。

7.2.1 背景

人类每天都在用自己的声音进行交流。演讲者讲话，他的话语由听众解析。在解析过程中，聆听者将识别的单词与他的词汇表匹配。当然，词汇随着时间的推移而发展，当你听到一个新单词时，可以学习它并将其保留在记忆中。数字 SR 系统使用类似的方法。现代语音识别器将其视为虚拟听众，通过分析原始语音输入，提取每个音素（对于每种语言，文字都有基础块，即为音素）的特征。它们是话语中最短的可区分的部分。

这种特征提取降低了接收到的音频信号的复杂度。根据记录质量的不同，该信号可能在几毫秒内扩展至长达数千个数组元素，或者可能包含数十个元素。解码器将语音特征与音素的模型组相匹配，并将结果组合成单词和句子。

数字语音识别系统、音素模型集和解码器在某种意义上对应人脑，其处理人类听觉系统接收到的声音。在数字世界中，音素模型组包含音素数据库。该模型伴随着计算算法，将接收到的音素与已知的模拟信号进行匹配以识别传入的语音。这些计算算法可以根据特定的 SR 需求进行培训和定制。给定一组训练数据后，SR 系统会优化其声学、发音或语言模型参数，以实现最佳识别性能。

在实践中，现代 SR 会发现代表存储在适当模型中的已知特征和实际表达的特征之间的最大相似度。这种相似度评估通常基于隐马尔可夫模型（HMM）来执行。这些模型在科学和工程的许多领域都有广泛的应用，最初是为了模拟字母序列而开发的。

HMM 支持对大型模型的快速语音识别。现代 SR 是独立于说话者的，因此不需要手动训练，这对于基于模板匹配的 SR 技术是必要的。在过去的几十年中，SR 系统得到显著改善，它正变得非常强大。

7.2.2 应用程序功能和系统配置

在 UWP 中，SR 模块需要访问麦克风才能录制音频信号。因此，需要启用相应的功能，比如使用软件包代码编辑器。要运行此编辑器，请在 Speech 应用程序的 Solution Explorer 中双击

Package.appxmanifest。选中 Capabilities 选项卡中的 Microphone 复选框，如图 7-3 所示。

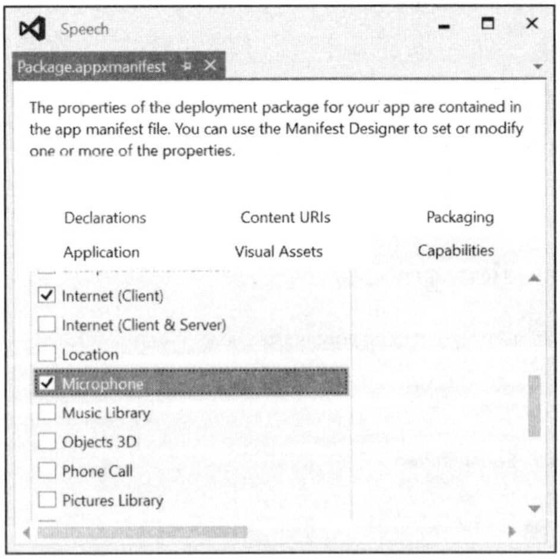

图 7-3　提供对麦克风的访问

Windows 10 IoT Core 不需要任何其他配置即可启用 SR。但是，在桌面版的 Windows 10 上，需要适当地配置隐私设置。为此，请单击用于隐私设置的 Speech, inking, &typing 选项卡中的 Get to know me 按钮（见图 7-4）。通过单击打开按钮来确认私人信息的使用后，你的 PC 就可以识别你的语音。

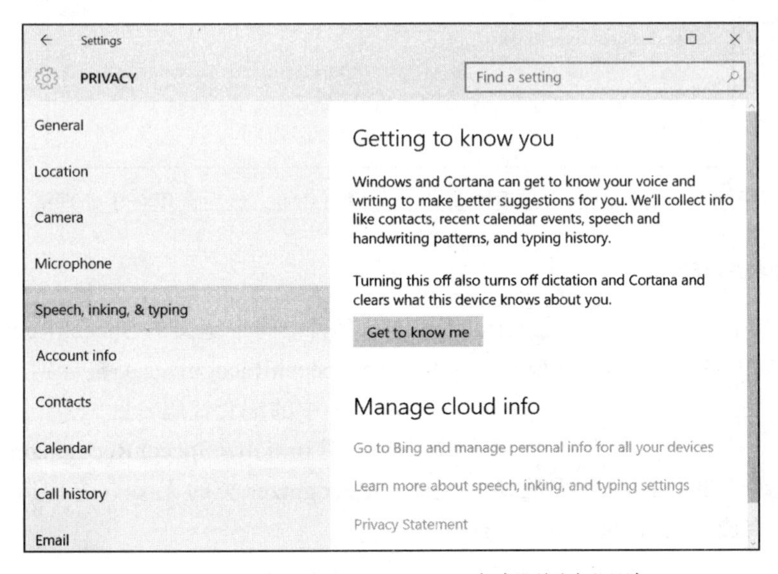

图 7-4　在桌面版 Windows 10 中启用语音识别

7.2.3　UI 更改

为了提供对 SR 的控制，我们通过一个额外的 PivotItem 扩展了 Speech 应用程序的用户界面，该 PivotItem 包含了一些控件，可以运行一次性或连续语音识别，并显示 SR 诊断信息及其识别结果。如图 7-5 所示，Pivot 控件的附加选项卡由列表框和 3 个按钮组成：识别（一次性）、开始连续识别和清除。列表框显示识别过程的状态，前两个按钮控件可以启用或禁用 SR。Clear 按钮将清除列表框中的内容。我们使用已知的 XAML 声明构建了这个 UI（请参阅 Chapter 07/ Speech / MainPage.xaml 中的配套代码）。因此，这些声明不需要额外的注释。

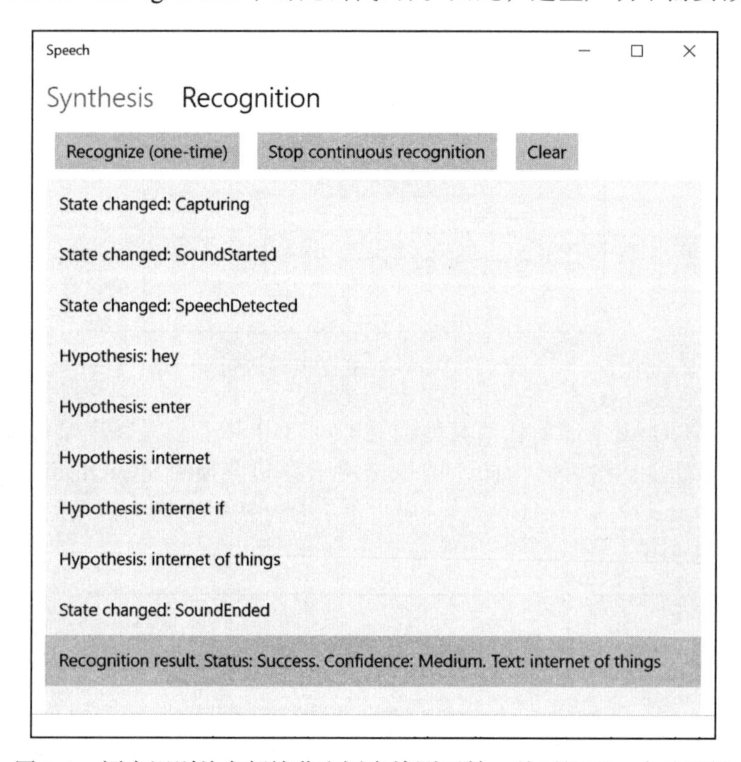

图 7-5　语音识别从音频捕获和语音检测开始，然后调用一个处理链

7.2.4　一次性识别

可以通过 Windows.Media.SpeechRecognition 命名空间中定义的 SpeechRecognizer 类以编程方式访问 UWP SR。在 Speech 应用程序中，将 SpeechRecognizer 类整合到 MainPage.xaml.cs 中（请参阅 Chapter 07/ Speech / MainPage.xaml.cs 中的配套代码）。

SpeechRecognizer 类是在类构造函数中使用 InitializeSpeechRecognizer 方法初始化的（请参见代码清单 7-4）。此方法使用 SpeechRecognizer 类的无参数的构造函数实例化了 MainPage 的私有成员 speechRecognizer。

代码清单 7-4　SR 初始化

```
private SpeechRecognizer speechRecognizer;

public MainPage()
{
```

```
    InitializeComponent();

    InitializeSpeechRecognizer();
}

private async void InitializeSpeechRecognizer()
{
    speechRecognizer = new SpeechRecognizer();

    await speechRecognizer.CompileConstraintsAsync();

    speechRecognizer.RecognitionQualityDegrading +=
        SpeechRecognizer_RecognitionQualityDegrading;
    speechRecognizer.StateChanged += SpeechRecognizer_StateChanged;
    speechRecognizer.HypothesisGenerated += SpeechRecognizer_HypothesisGenerated;
}
```

注意　你可以通过由 RecognitionQualityDegrading 和 StateChanged 生成的信息来监控语音识别器的状态。假设语音识别结果可以通过 HypothesisGenerated 事件获得。RecognitionQualityDegrating、StateChanged 和 HypothesisGenerated 事件处理程序将调用代码清单 7-5 中的 DisplayInfo 方法。

正如你可以想象的那样，SR 计算开销会比较大。为了使其更快，可以使用 Speech Recognizer 类的 Constraints 属性强加识别限制。使用 CompileConstraintsAsync 方法确认约束。在前面的例子中，使用默认的识别约束，所以只调用 CompileConstraintsAsync 方法。在本章的后面，将展示一个具体的例子，说明如何在将语音识别定制为有限的 RPi2 和 RPi3 功能的环境中设置自定义约束。

正如所见，InitialzeSpeechRecognizer 还将方法附加到 SpeechRecognizer 类的 Recognition QualityDegrading、StateChanged 和 HypothesisGenerated 事件。这些事件可以用来诊断 SR 进程，在这个例子中，我们只是显示通过 UI 中的事件获得的信息。每个事件处理程序看起来都一样，并调用代码清单 7-5 中的 DisplayInfo 方法。具体来说，SpeechRecognizer 的 StateChanged 事件分析了 SR 系统执行的特定步骤。

代码清单 7-5　RecognitionQualityDegrading 事件处理程序显示了在 SR 期间发生的问题

```
private void SpeechRecognizer_RecognitionQualityDegrading(SpeechRecognizer sender,
    SpeechRecognitionQualityDegradingEventArgs args)
{
    DisplayInfo("Quality degrading: " + args.Problem);
}

private async void DisplayInfo(string infoMessage)
{
    if (Dispatcher.HasThreadAccess)
    {
        ListBoxResults.Items.Add(infoMessage);
```

```
            ListBoxResults.SelectedIndex = ListBoxResults.Items.Count - 1;
        }
        else
        {
            await Dispatcher.RunAsync(CoreDispatcherPriority.Normal, () =>
            {
                DisplayInfo(infoMessage);
            });
        }
    }
```

注意 代码清单 7-4 中使用的其他事件处理程序具有相似的定义，因此省略。

初始化语音识别器后，使用 ButtonOneTimeRecognition_Click 事件处理程序启动一次性语音识别会话（参见代码清单 7-6）。我们调用 SpeechRecognizer 类实例的 RecognizeAsync 方法。但是，想要成功调用此方法，需要访问麦克风、配置识别约束和适当的隐私设置。如果不授予对麦克风的访问权限，RecognizeAsync 会引发未经授权的访问的异常。类似地，在未设置约束时引发 InvalidOperationException。当隐私设置禁用 SR 时，会生成 HResult 属性设置为 −2147199735 的特殊情况。为了捕获这种最终的异常，ButtonOneTimeRecognition_Click 事件处理程序中的 RecognizeAsync 调用被适当的 try catch 块包围。注意，在 UI 中显示包括识别的文本、状态和置信度（可能性估计）的成功识别结果。

代码清单 7-6 一次性语音识别

```
private async void ButtonOneTimeRecognition_Click(object sender, RoutedEventArgs e)
{
    try
    {
        var recognitionResult = await speechRecognizer.RecognizeAsync();

        DisplayInfo(GetRecognitionResultInfo(recognitionResult));
    }
    catch (UnauthorizedAccessException)
    {
        DisplayInfo("Speech recognition requires an access to a microphone");
    }
    catch (Exception)
    {
        DisplayInfo("Speech recognition is disabled");
    }
}

private string GetRecognitionResultInfo(SpeechRecognitionResult speechRecognitionResult)
{
    return string.Format("Recognition result. Status: {0}. Confidence: {1}. Text: {2}",
        speechRecognitionResult.Status,
        speechRecognitionResult.Confidence,
```

```
        speechRecognitionResult.Text);
}
```

计算机系统自动检测语音的能力取决于输入信号质量。如果输入的音频比较嘈杂，或者用户以极端音量或节奏说话，或者根本没有有效的音频信号，则会造成识别失败。SpeechRecognizer 使用 RecognitionQualityDegrading 事件报告这些问题。相应的事件处理程序可以通过读取 SpeechRecognitionQualityDegradingEventArgs 类的 Problem 属性来识别最终的问题。

如果 SR 引擎在第一个捕获状态期间未检测到任何输入信号问题（见图 7-5 中的第一个列表条目），则音频处理将从检测语音活动开始（见图 7-5 中的第二个 [SoundStarted] 和第三个 [SpeechDetected] 列表条目）。当检测到有效的语音时，处理引擎提取其特征并识别单词。SpeechRecognizer 可以生成几个假设。这些假设识别由 HypothesisGenerated 事件报告并显示在 UI 中（参见图 7-5 列表中的条目 4 ～ 8）。

当讲话结束时，将生成 SoundEnded 状态（最终识别结果）。它存储为 SpeechRecognition Result 类的一个实例。可以使用此对象来获取可识别的句子（Text 属性）、识别置信度（Confidence 或 RawConfidence 属性）和识别状态（Status 属性）。Confidence 和 RawConfidence 允许确定识别质量，它可以测量当前音频特征在已知模型中存储的情况。特别地当 Raw-Confidence（以百分比形式给出）低于任意选择的阈值时，可以拒绝识别文本。

要自己调查 SR，可以运行语音应用程序，单击 Recognize (One-Time) 按钮，然后说出任何你喜欢的内容。识别模块将处理你的语音输入以检测单词和句子。

得到的结果应该与图 7-5 中的结果类似，即语音识别从音频捕获开始，然后隔离并处理语音活动以检测已知单词。在生成最终结果之前，会给出一些假设。当检测到声音结束时，一次性语音识别停止。要继续识别语音，可以再次调用 RecognizeAsync 方法或使用连续的语音识别。

7.2.5 连续识别

对于物联网应用，连续识别比一次性语音识别更适合，特别是对于控制设备。原则上，连续语音识别就像一次性识别一样进行，即识别引擎处理音频输入以提取音素，将它们匹配到模型数据集并生成结果，唯一的区别是连续识别过程使用事件处理程序读取识别结果，而不是通过分析 RecognizeAsync 方法返回的对象读取。

开始连续语音识别时，需要调用 SpeechContinuousRecognitionSession 的 StartAsync 方法。代码清单 7-7 中描述了 Start Continuous Recognition 按钮的事件处理程序。在这种情况下，起始 SR 与一次性识别非常相似。具体而言，要监视识别器状态变化、输入信号错误和生成假设，可以使用与一次识别中完全相同的事件。此外，要停止语音识别会话，可调用 StopAsync 方法。

代码清单 7-7 连续语音识别开始时与一次识别类似

```
private const string startCaption = "Start";
private const string stopCaption = "Stop";
```

```
private async void ButtonContinuousRecognition_Click(object sender, RoutedEventArgs e)
{
    var buttonCaption = ButtonContinuousRecognition.Content.ToString();

    if (buttonCaption.Contains(startCaption))
    {
        try
        {
            await speechRecognizer.ContinuousRecognitionSession.StartAsync();

            ButtonContinuousRecognition.Content =
                buttonCaption.Replace(startCaption, stopCaption);
        }
        catch (UnauthorizedAccessException)
        {
            DisplayInfo("Speech recognition requires an access to a microphone");
        }
        catch (Exception)
        {
            DisplayInfo("Speech recognition is disabled");
        }
    }
    else
    {
        await speechRecognizer.ContinuousRecognitionSession.StopAsync();

        ButtonContinuousRecognition.Content =
            buttonCaption.Replace(stopCaption, startCaption);
    }
}
```

但是，要获得识别结果，需要处理 SpeechContinuousRecognitionSession.ResultGenerated 事件。SpeechContinuousRecognitionSession 的一个实例可以作为 SpeechRecognizer 类的一个属性。为了处理 SpeechContinuousRecognitionSession.ResultGenerated 事件，我们扩展了 InitializeSpeechRecognizer 方法的定义，如代码清单 7-8 所示。在此列表中，还将一个方法附加到 SpeechContinuousRecognitionSession.Completed 事件。当连续的语音识别完成时调用此事件。通常，当调用 ContinuousRecognitionSession.StopAsync 方法时会发生这种情况（参见代码清单 7-7）。

代码清单 7-8 获取并显示连续语音识别的结果

```
private async void InitializeSpeechRecognizer()
{
    speechRecognizer = new SpeechRecognizer();

    await speechRecognizer.CompileConstraintsAsync();

    speechRecognizer.RecognitionQualityDegrading +=
        SpeechRecognizer_RecognitionQualityDegrading;
```

```
    speechRecognizer.StateChanged += SpeechRecognizer_StateChanged;
    speechRecognizer.HypothesisGenerated += SpeechRecognizer_HypothesisGenerated;

    speechRecognizer.ContinuousRecognitionSession.ResultGenerated +=
        ContinuousRecognitionSession_ResultGenerated;
    speechRecognizer.ContinuousRecognitionSession.Completed +=
        ContinuousRecognitionSession_Completed;
}

private void ContinuousRecognitionSession_ResultGenerated(
    SpeechContinuousRecognitionSession sender,
    SpeechContinuousRecognitionResultGeneratedEventArgs args)
{
    DisplayInfo(GetRecognitionResultInfo(args.Result));
}

private void ContinuousRecognitionSession_Completed(
    SpeechContinuousRecognitionSession sender,
    SpeechContinuousRecognitionCompletedEventArgs args)
{
    DisplayInfo("Speech recognition completed. Status: " + args.Status);
}
```

要测试连续语音识别，需要运行语音应用程序，单击 Continuous Recognition 按钮，然后开始讲话。与一次性识别一样，UWP 检测语音活动，然后处理语音输入以识别单词。识别步骤和结果将显示在列表框控件中，就像图 7-5 中描述的那样，不同之处在于你可以不断地与 PC 通信。

7.3 使用语音命令进行设备控制

本节将介绍如何使用 UWP 的语音功能来创建语音控制型物联网应用程序。它会根据用户的语音命令改变 Sense HAT LED 阵列的颜色。第一步是配置音频输入和输出设备。

7.3.1 设置硬件

Windows 10 IoT Core 的语音识别引擎需要兼容的麦克风。我们使用 Microsoft Life Cam HD-3000 的内置麦克风。这是一个便宜的（价位为 20 ～ 30 美元）、广泛可用的 USB 设备，可以连接到 RPi2 或 RPi3 USB 端口之一。将它（或其他兼容的 USB 麦克风）连接到 RPi2 或 RPi3 后，可以使用 Device Portal 进行配置。导航到音频选项卡，如图 7-6 所示，可以在其中控制麦克风输入电平和 RPi2 扬声器的音量。由于 SR 引擎强烈依赖于输入信号质量，因此如果识别引擎时遇到问题，可以调整麦克风级别来应对。

该应用程序还将使用 SS 来确认命令并将错误传达给用户。要听到 RPi2 的输出，可以将耳机连接到 RPi2 或 RPi3 的迷你插孔端口。或者可以使用 USB 耳机，但需要在启动物联网设备之前将其连接，这样做可确保将声音输出至USB耳机。

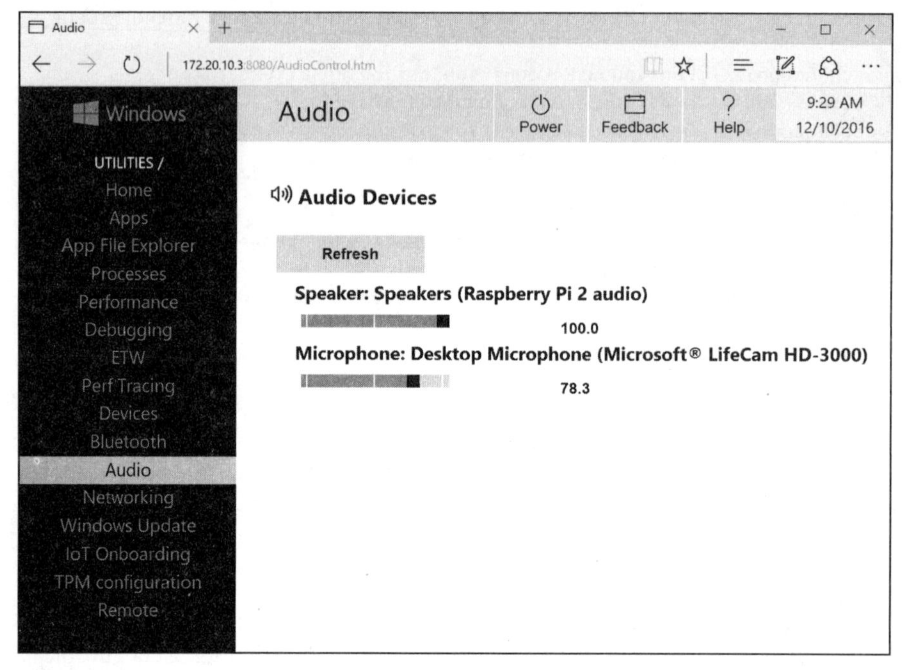

图7-6 Device Portal的Audio标签。Windows 10 IoT Core没有控制面板，因此使用Device Portal进行音频配置

7.3.2 编码

下面将展示如何在物联网设备中使用SR。从开发PC切换到物联网，需要考虑物联网处理能力。基于完全独立于扬声器的模型的SR可能需要更多的处理时间，因此物联网设备可能会在响应语音命令时显著滞后。为了解决这个问题，我们使用识别约束。它通过一个小得多的语音特征模型来减少计算时间，这样做的代价是SR系统的通用性下降。

为了在物联网应用中呈现SS和SR的示例用法，我们准备了SpeechControl项目（请参阅Chapter 07/SpeechControl中的配套代码）。将其部署到物联网设备后，它将初始化LED阵列和SpeechRecognizer类。如果SpeechRecognizer无法初始化，则LED阵列开始闪烁。否则，成功的初始化由设备使用人工语音消息确认："I'm ready, choose a color。"可以按照以下方式进行响应：Red、Green、Blue、None。根据给出的命令，设备会将所有Sense HAT LED驱动为指定颜色（红色、绿色或蓝色）或关闭LED阵列（无）。设备使用OK消息确认正确的命令识别。如果基于某种原因，设备无法识别你的命令，则会提示"I did not get that"。

为了实现这个功能，我们使用了空白的UWP Visual C#应用程序项目模板，并且在引用UWP的Windows IoT扩展并添加了麦克风功能之后，加入了以前开发的几个文件：Check.cs、I2cHelper.cs、LedArray.cs和SpeechHelper.cs。在这里，我们只是从以前的项目中获取文件。但是，更通用的方法是将这些文件嵌入单独的类库项目中，然后引用该项目（参见附录D）。

随后，我们编写了辅助方法 InitializeCommandsDictionary（参见代码清单 7-9）。此方法实例化一个 LUT，将语音命令与特定颜色相关联，然后用于驱动 Sense HAT LED 阵列。InitializeCommandsDictionary 方法仅在 MainPage 构造函数中调用一次。

代码清单 7-9 语音命令查找表初始化

```
private Dictionary<string, Color> commandsDictionary;

private void InitializeCommandsDictionary()
{
    commandsDictionary = new Dictionary<string, Color>();

    commandsDictionary.Add("Red", Colors.Red);
    commandsDictionary.Add("Green", Colors.Green);
    commandsDictionary.Add("Blue", Colors.Blue);
    commandsDictionary.Add("None", Colors.Black);
}
```

注意 语音命令被映射到颜色，然后用于控制 LED 阵列。

下一步是使用 InitializeLedArray 方法初始化 LED 阵列。这与前几章完全一致，因此不需要额外关注。我们需要解释代码清单 7-10 中的 InitializeSpeechRecognizer 方法。该功能使用前述方法初始化连续的语音识别会话。此外，我们配置了约束条件，以便语音识别模块将音素搜索限制为 4 个单词：Red、Green、Blue 和 None。这些限制是使用 SpeechRecognitionListConstraint 类的实例施加的。该类的默认构造函数需要一个表示单词或短语的字符串列表。在前面的例子中，命令列表与使用 Dictionary 对象的颜色相关联。因此，为了实例化 SpeechRecognitionListConstraint 类，我们使用了命令 Dictionary 字段的 Keys 属性。

代码清单 7-10 用约束初始化语音识别器

```
private const string welcomeMessage = "I'm ready. Choose a color";

private async void InitializeSpeechRecognizer()
{
    try
    {
        speechRecognizer = new SpeechRecognizer();

        // 配置约束
        var listConstraint = new SpeechRecognitionListConstraint(commandsDictionary.Keys);
        speechRecognizer.Constraints.Add(listConstraint);
        await speechRecognizer.CompileConstraintsAsync();

        // 附加事件处理程序，并开始连续识别
        speechRecognizer.ContinuousRecognitionSession.ResultGenerated +=
            ContinuousRecognitionSession_ResultGenerated;

        await speechRecognizer.ContinuousRecognitionSession.StartAsync();
```

```
            SpeechHelper.Speak(welcomeMessage);
        }
        catch (UnauthorizedAccessException)
        {
            StartBlinking();
        }
    }

    private void StartBlinking()
    {
        const int msDelay = 100;

        while (true)
        {
            ledArray.Reset(Colors.Black);
            Task.Delay(msDelay).Wait();

            ledArray.Reset(Colors.Red);
            Task.Delay(msDelay).Wait();
        }
    }
```

注意　代码清单 7-11 中给出了 ContinuousRecognitionSession_ResultGenerated 的定义。

如代码清单 7-10 所示，如果 SpeechRecognizer 无法初始化，LED 阵列将开始闪烁。否则，欢迎消息通过使用 SpeechHelper 类生成，并且连续识别并处理语音输入。当 SR 识别具有适当置信水平的正确命令时，LED 阵列颜色将变为用户请求的颜色（请参见代码清单 7-11）。在 SetColor 方法中配置 LED 阵列的颜色。它只是检查识别的文本是否与 commandsDictionary LUT 中的某个键匹配。如果匹配，则将该键对应的颜色传递给 LedArray 类的 Reset 方法，然后 LED 阵列将相应地改变其颜色。因为我们使用了前几个章节中的构建块，所以前面的应用程序很容易构建。

代码清单 7-11　LED 阵列根据语音输入改变其颜色

```
private const string recognitionError = "I did not get that";
private const string confirmationMessage = "OK";

private void ContinuousRecognitionSession_ResultGenerated(
    SpeechContinuousRecognitionSession sender,
    SpeechContinuousRecognitionResultGeneratedEventArgs args)
{
    var message = recognitionError;

    if (args.Result.Confidence != SpeechRecognitionConfidence.Rejected)
    {
        message = SetColor(args);
    }

    SpeechHelper.Speak(message);
```

```
    }

    private string SetColor(SpeechContinuousRecognitionResultGeneratedEventArgs args)
    {
        var message = recognitionError;

        var recognizedText = args.Result.Text;

        if (commandsDictionary.ContainsKey(recognizedText))
        {
            var color = commandsDictionary[recognizedText];

            message = confirmationMessage;

            ledArray.Reset(color);
        }

        return message;
    }
```

7.4 波的时域和频域

SR 是一项复杂的任务。随着时间的推移，已经开发出多种方法来使其更具快速性和鲁棒性。每个语音识别算法都会处理原始音频信号以提取有用的特征，然后将其与已知或已建模的音频特征进行比较。由于 UWP 提供了一个非常强大的 SR 系统，因此我们不需要为低级 SR 处理算法而困扰。但是，如果想要实现自定义音频或信号处理例程（这可能发生在多个自动化解决方案中），则需要了解信号处理的一些基础知识。具体而言，几乎每个 SR 系统都是从将时序信号转换到频域信号来开始处理的。

音频信号是由声波产生的声音的数字表示。可以将此波视为包括粒子或弹性体振动在内的干扰传播，从而形成声源。从广义上讲，在人类听觉系统中，人耳外部组织因传入的声波而振动。这些振动被毛细胞检测到，毛细胞随后将该信息传输给听神经元进行处理。在数字世界中，音频处理受该机制的启发。然而，毛细胞被麦克风取代，并且使用 CPU 处理信号，CPU 根据及时的震动周期和频率分析声波。

周期性现象（如波浪或钟摆运动）的时间过程通常由许多冗余数据点组成。要减少表示此效应所需的数据量，需要使用频率分析。与时间和频率域中的波（或更一般的周期性现象）相关的数学工具是傅里叶变换。如图 7-7 所示，它将时间波信号转换为复数值频率分布（频谱）。换句话说，它涉及时域和频域的信号。每个频率（与声音音调有关）对整体信号的贡献由傅里叶变换信号的幅度表示。

进行傅里叶变换通常是使用 SR 算法的第一步。它提供了从中提取每个音素的特征的声谱。详细的语音识别处理链需要用一整本书的篇幅来介绍，感兴趣的读者可以阅读《 Hidden Markov Model Toolkit (HTK) 》(http://bit.ly/htk_book)。

傅里叶变换是许多科学和工程应用中的强大工具，它通常也是许多现有数值库的基本元素。在下一节中，将展示如何编写一个示例 UWP 应用程序，计算并显示最简单正弦波的傅里叶变换的大小，以确定其频率分布。

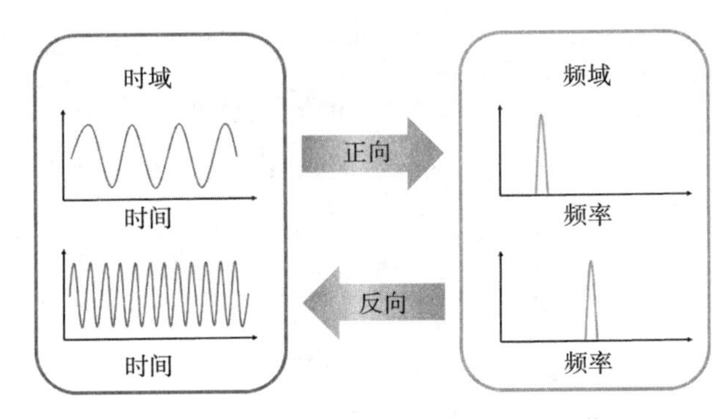

图 7-7　傅里叶变换涉及时域和频域的信号

7.4.1　快速傅里叶变换

快速傅里叶变换（FFT）是傅里叶变换的高效和广泛使用的数值实现，它针对长度为 2 的幂的输入信号进行了优化。许多库实现了 FFT，因此可以在几篇文章和书籍中轻松找到其详细说明，例如《Numerical Recipes: The Art of Scientific Computing》（http://numerical.recipes/）。在这里，我们跳过对 FFT 发展史的介绍，直接告诉你如何在 UWP 应用程序中使用 FFT。

我们开发了名为 FrequencyDistribution 的 C# UWP 应用程序（请参阅 Chapter 07/ FrequencyDistribution 中的配套代码）。在使用空白 UWP C# 项目模板创建该项目之后（如第 2 章所述），安装了两个 NuGet 包。第一个包 MathNet.Numerics（见图 7-8）实现了许多数值算法，包括 FFT，第二个包 OxyPlot.Windows（见图 7-9）用于绘图。在编写本章时，OxyPlot.Windows 软件包仅在其预发行版本中可用，因此必须在 NuGet 软件包管理器中选中 Include Prerelease 选框（见图 7-9）。我们选择的 FFT 库由下载次数决定，OxyPlot.Windows 是一个流行且易于使用的绘图库。

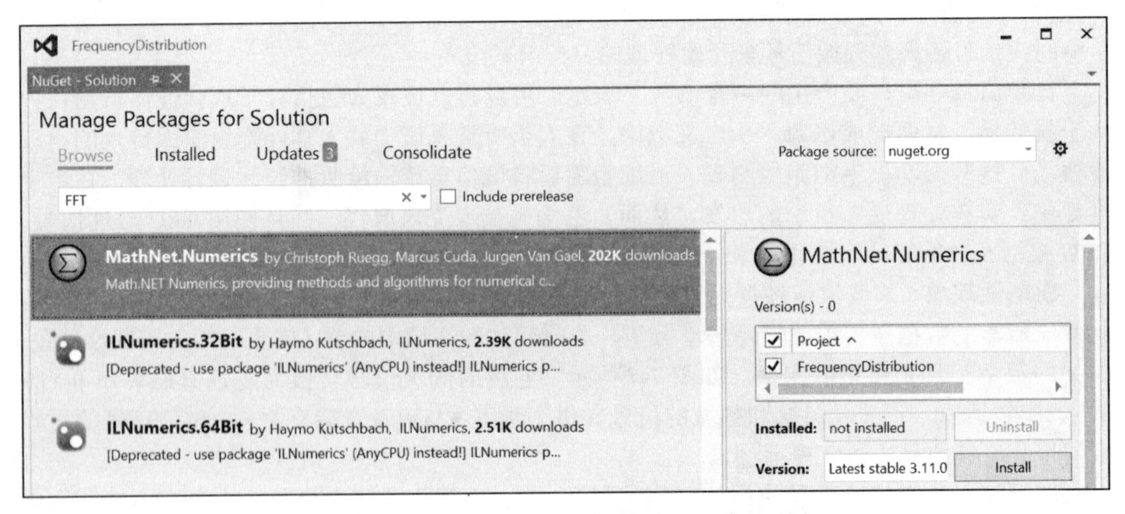

图 7-8　NuGet 包管理器，提供了 FFT 库的列表

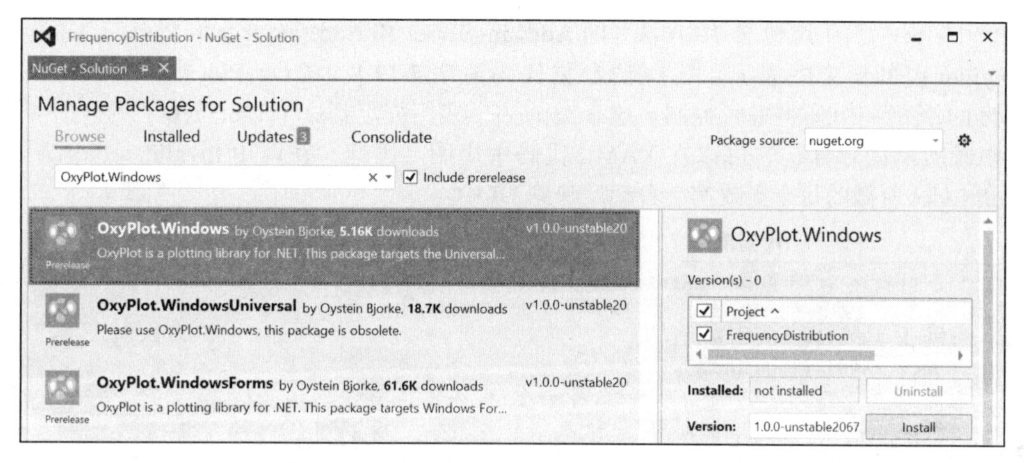

图 7-9　OxyPlot.Windows NuGet 包的安装

安装软件包后，引用用于 UWP 的 Windows IoT 扩展，并包含 3 个以前开发的文件：Check.cs、I2cHelper.cs 和 LedArray.cs，然后实现了 2 个静态辅助类：PlotHelper 和 Spectrum-Helper。可以在配套代码中 FrequencyDistribution 应用程序的子文件夹 Helper 下找到每段附加代码的完整代码。

PlotHelper 有两个重要的公共方法：GenerateSineWave 和 AddLineSeries。如代码清单 7-12 所示，GenerateSineWave 创建一个有符号的 16 位整数数组，表示正弦波的时间过程，其幅度（高度）为 short.MaxValue，周期为该数组中给定的 cycles 数。这个周期数由频率参数的值控制。根据所给数组的长度，我们使用 Math 类的静态 Sin 函数来设置每个数组元素的值。

代码清单 7-12　生成一个正弦波

```
public static short[] GenerateSineWave(int length, double frequency)
{
    Check.IsPositive(length);

    var degToRadScaler = Math.PI / 180.0d;
    var lengthScaler = 360.0d / length;

    var sineWave = new short[length];

    for (int i = 0; i < length; i++)
    {
        var phase = i * degToRadScaler * frequency * lengthScaler;

        var sin = short.MaxValue * Math.Sin(phase);

        sineWave[i] = Convert.ToInt16(sin);
    }

    return sineWave;
}
```

PlotHelper 类的其他公共方法（即 AddLineSeries 和 AddBarSeries）将输入向量添加到 OxyPlot 包的给定图表（绘图）（请参见代码清单 7-13）。在 OxyPlot 中，图表外观通过 PlotModel 类的一个实例进行控制。这个类的一个实例绑定到一个 PlotView 控件上，如本章后文中所展示的那样，它可以在 XAML 代码中声明。因此，在调用 InvalidatePlot 方法后，对 PlotModel 所做的每个更改都会自动反映到 UI 中。

代码清单 7-13 使用 OxyPlot 的图表绘制一组线条

```
public static void AddLineSeries<T>(PlotModel plotModel, T[] inputData, OxyColor color)
{
    Check.IsNull(plotModel);
    Check.IsNull(inputData);

    var lineSeries = new LineSeries()
    {
        Color = color
    };

    AddDataPointSeries(plotModel, inputData, lineSeries);
}

private static void AddDataPointSeries<T>(PlotModel plotModel, T[] inputData,
    DataPointSeries dataPointSeries)
{
    for (int i = 0; i < inputData.Length; i++)
    {
        dataPointSeries.Points.Add(new DataPoint(i, Convert.ToDouble(inputData[i])));
    }

    plotModel.Series.Clear();
    plotModel.Series.Add(dataPointSeries);

    plotModel.InvalidatePlot(true);
}
```

第二个辅助类 SpectrumHelper（见代码清单 7-14）实现了一个公共方法 FourierMagnitude。可以调用在 MathNet.Numerics.IntegralTransforms 中声明的 Fourier 类的 Forward 方法。这样，信号将从时域转换到频域，并且可以使用 Inverse 方法中实现的逆 FFT 将其转换回时域。

代码清单 7-14 输入时序信号的数值傅里叶变换，表示为 short 类型数组

```
public static class SpectrumHelper
{
    public static double[] FourierMagnitude(short[] inputData)
    {
        Check.IsNull(inputData);

        var complexInput = ShortToComplexArray(inputData);

        Fourier.Forward(complexInput);
```

```
        return GetMagnitude(complexInput);
    }
    private static Complex[] ShortToComplexArray(short[] inputData)
    {
        var elementsCount = inputData.Length;
        var complexData = new Complex[elementsCount];

        for(int i = 0; i < elementsCount; i++)
        {
            complexData[i] = new Complex(inputData[i], 0.0d);
        }

        return complexData;
    }

    private static double[] GetMagnitude(Complex[] fft)
    {
        var magnitude = new double[fft.Length];

        for (int i = 0; i < magnitude.Length; i++)
        {
            magnitude[i] = fft[i].Magnitude;
        }

        return magnitude;
    }
}
```

SpectrumHelper 类的 FourierMagnitude 方法仅对有符号的 16 位整型数据进行操作。因此，在后面的章节中，将使用 WAV 格式来处理音频信号。在大多数情况下，这种格式使用 16 位整型数据表示音频信号。

这里使用正向转换，并将时域信号转换到频域以重现在图 7-7 中看到的结果。也就是说，我们绘制了一个模拟为正弦波的输入信号，然后绘制了其傅里叶变换的幅度。

一般来说，我们的目标是明确显示如何使用傅里叶变换来检测时序信号（例如音频波）的各种振荡，然后使用这个属性来提取音频波的频谱，这个频谱一般由许多不同频率的正弦波组成。这些频率对应于不同的音调。

如图 7-10 和图 7-11 所示，我们声明了包含一个滑块和两个 PlotView 控件的 UI。第一个图表显示正弦波，而第二个图表描绘使用 FFT 得到的傅里叶变换后的信号的幅度。

可以使用滑块更改输入波形频率。Slider 控件被绑定到 MainPage 类的 Frequency 属性（参见代码清单 7-15）。每当更改滑块位置时，都会调用 UpdatePlots 方法。它首先生成一个合适的数组，代表正弦波。正弦波的长度使用 inputDataLength 变量控制，该变量设置为 1024 点（参见代码清单 7-15）。生成的正弦波随后绘制在位于 UI 左侧的 PlotView 控件中。第二个 PlotView 控件绘制了使用 SpectrumHelper 类计算出的相应的 FFT 振幅。

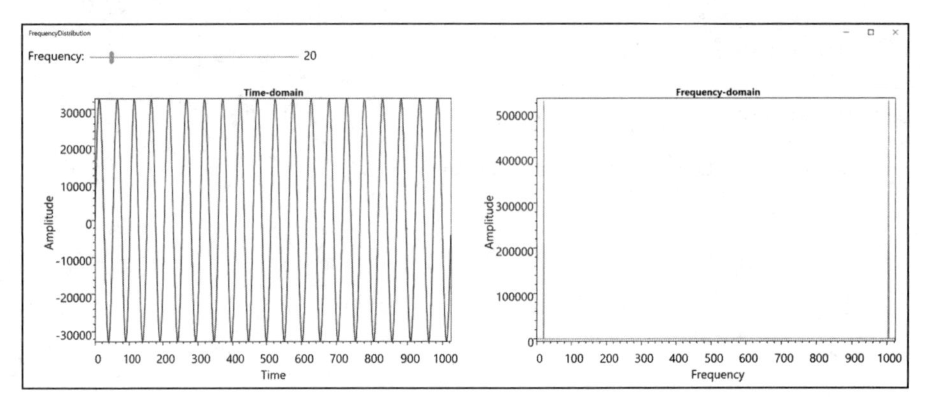

图 7-10 理想化的单频正弦波（左）和相应的 FFT 幅度

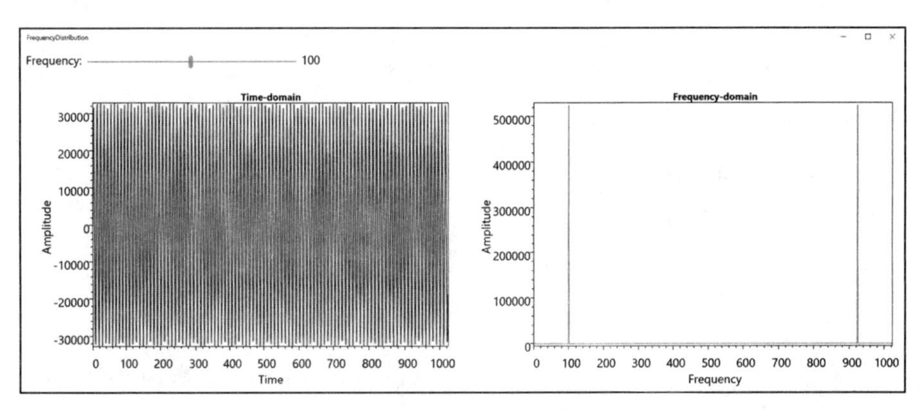

图 7-11 FFT（右）幅度反映了输入信号的频率变化（与图 7-10 进行比较）

代码清单 7-15 MainPage 的代码隐藏

```
public sealed partial class MainPage : Page
{
    private const int inputDataLength = 1024;

    private PlotModel sineWavePlotModel;
    private PlotModel fftPlotModel;

    private double frequency;

    public double Frequency
    {
        get { return frequency; }
        set
        {
            frequency = value;
            UpdatePlots();
        }
    }
```

```
        public MainPage()
        {
            InitializeComponent();

            InitializePlots();

            Frequency = 1;
        }

        private void InitializePlots()
        {
            sineWavePlotModel = new PlotModel();
            fftPlotModel = new PlotModel();

            // 字体大小
            const int fontSize = 22;
            sineWavePlotModel.DefaultFontSize = fontSize;
            fftPlotModel.DefaultFontSize = fontSize;

            // 标题
            sineWavePlotModel.Title = "Time-domain";
            fftPlotModel.Title = "Frequency-domain";

            // 轴线
            ConfigureAxes();
        }

    private void UpdatePlots()
    {
        var sineWave = PlotHelper.GenerateSineWave(inputDataLength, Frequency);
        var fourierMagnitude = SpectrumHelper.FourierMagnitude(sineWave);

        PlotHelper.AddLineSeries(sineWavePlotModel, sineWave, OxyColors.Blue);
        PlotHelper.AddLineSeries(fftPlotModel, fourierMagnitude, OxyColors.OrangeRed);
    }

    // ConfigureAxes方法在配套代码中给出
    // 它只配置图表外观，即轴、标题、范围等
}
```

在代码清单7-15中，还声明并初始化了PlotModel类的两个实例。它们与两个PlotView控件相关联，用于配置图表外观。确切地说，我们要配置字体大小、图表、轴标题以及轴范围。

图7-10显示了低频正弦波的示例结果，而图7-11显示了快速振荡波的屏幕截图。对于理想化的波形，FFT幅度包含两个峰值。正如所见，当更改输入波频率时，这些峰值的位置会发生变化。因此，FFT对输入时序信号的频率进行解码。FFT振幅的第一个峰值精确地位于图7-10中的波频率20处，及图7-11所示的频率100处，而第二个峰值位于1004（见图7-10）和924（见图7-11）处。第二个峰值的存在基于实信号的傅里叶变换的复共轭对称性，下一节中将进一步讨论这一点。

7.4.2 采样率和频率范围

到目前为止，我们还没有使用描述输入信号时间范围和相应频率范围的物理单位。通常这取决于用于记录信号的采集设备。根据所期望的记录质量，通常以每秒 3000 ～ 44100 个采样的速率对音频信号进行采样。该采样速度描述了记录设备可以探测（采样）连续音频波的程度。实际上，记录设备（例如麦克风）不能在无延迟的情况下采样音频信号，这对于存储连续采样是必需的。因此，记录装置不能理想地表现连续的音频波。采样质量随采样数量的增加而提高。所记录信号的质量随采样率的增加而提高，因为具有较高频率的信号（即更高的音调）将携带更详细的信息，因此，电话使用 3 kHz ～ 8 kHz 的低采样频率，而 CD 质量要求采样率为 44.1 kHz，其中 kHz 表示千赫兹（$1\ \text{kHz} = 1\ \text{ms}^{-1}$）。

采样率还决定了信号时标及相应的频率范围。形式上，采样率 f_s 是连续记录（采样）之间的时间延迟 $f_s = \frac{1}{\delta t}$ 的倒数：

因此，采样率以赫兹表示。给定样本数 n，可以定义出记录的长度 $\Delta t = n\delta t$。

但是，如何将这些数字与 FrequencyDistribution 应用中显示的数字相关联？此应用程序使用不带时间刻度的离散矢量，通常根据特定音频设备的录制功能进行设置。在 FrequencyDistribution 应用程序中只有记录的长度，它是使用 inputDataLength 字段的值控制的（参见代码清单 7-15）。

知道了采样率就能够确定 δt，然后可以将包含音频取样的数组的索引值转换成物理时间，即对于 $f_s = 4\text{kHz}$，有 $\delta t = 0.25\text{ms}$，然后 $f_s = 44.1\ \text{kHz}$，则 $\delta t \approx 0.023\text{ms}$。

可以使用记录的长度来计算时序信号的频率范围 $\Delta f = \frac{1}{\Delta t}$。这个范围被划分为等间距的频率块：

$$f_i = i \times \frac{f_s}{n},\quad i=0,1,\cdots,n$$

通常，FFT 对复数进行操作。但是，当输入信号是实数时，FFT 的厄米特对称（Hermitian symmetry）将频率分布中有用点的数量减少了一半。如图 7-10 和图 7-11 所示，傅里叶变换阵列的后半部分是前半部分的镜像。因此，只有一半的 FFT 数组包含了关于时序信号的有用信息，所以，最大可用频率是 $f_N = \frac{f_s}{2}$，该值被定义为奈奎斯特频率。另一个 FFT 分量（零或 DC 频率）具有特殊含义。从数学的角度来看，零频率是不确定的。从技术上讲，它对应于输入波的偏移量，即信号周围的振荡值。在前面的例子中，正弦波在 0 附近振动，所以 DC 分量为 0。为了研究 DC 偏移的影响，可以对一个恒定的非零矢量，即由相同常数值组成的数组进行傅里叶变换，将看到 FFT 幅度的 DC 分量随着用于构建数组的值的增加而增加。

正如前面的讨论所表明的那样，应该从计算出的 FFT 幅度中排除 DC 分量和频率高于 f_N 的频率。为此，需要修改 GetMagnitude 方法，其原始定义如代码清单 7-14 所示，修改之处如代码清单 7-16 中加粗部分所示。我们还改变了 MainPage.xaml.cs 文件中 FFT 图的横坐标范围，在图 7-12 中将看到这些修改的结果。

代码清单 7-16　仅使用 FFT 振幅的有用部分进行进一步分析

```
private static double[] GetMagnitude(Complex[] fft)
{
    var magnitude = new double[fft.Length / 2];

    for (int i = 0; i < magnitude.Length; i++)
    {
        // 跳过直流分量和值高于奈奎斯特频率的频率
        magnitude[i] = fft[i + 1].Magnitude;
    }

    return magnitude;
}
```

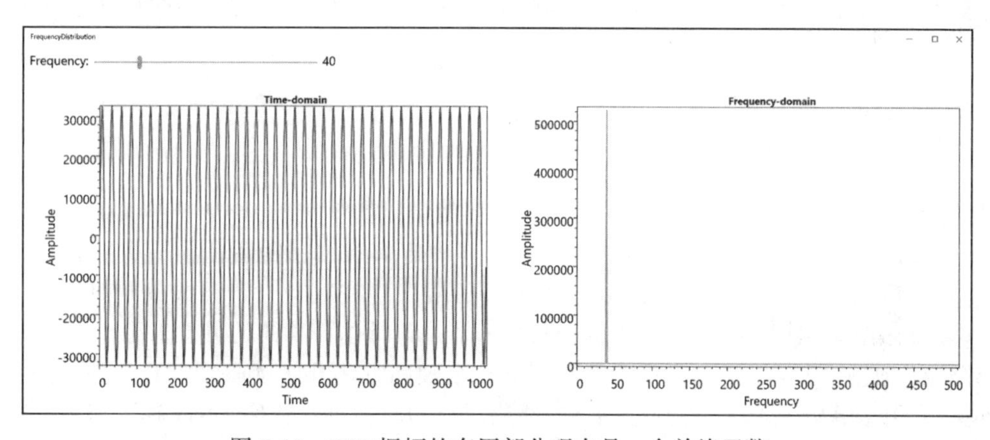

图 7-12　FFT 振幅的有用部分现在是一个单峰函数

图 7-12 中的例子显示了与特定音调对应的理想化单频波。实际上，音频信号（如语音或旋律）是由许多这样的以不同频率振荡的基本正弦波组成的。在这种情况下，FFT 的振幅中包含许多峰值，其幅度量化了每个音调对整个音频信号的作用。

7.4.3　分贝

分贝为比例单位。为了比较不同信号的 FFT 振幅并进行演示，FFT 振幅通常使用以下表达式转换为分贝比例：

$$P = 20\log_{10}\frac{A}{A_0}$$

其中 A 和 A_0 表示实际信号和参考信号的 FFT 幅度。A_0 的值取决于特定的应用，例如，在声功率测量中，$A_0=10^{-12}$W。但是，对于数字处理，应用程序可以假定值为 1，因为参考测量通常不可用。

使用分贝刻度绘制 FFT 振幅时，高振幅不会在线性级别上过高使得低振幅不可见。基于这个原因，我们在波形频谱分析器中使用分贝刻度并使用 SetDbScale 方法补充 SpectrumHelper 类的定义，实现了上述方程（参见代码清单 7-17）。

代码清单 7-17 一个输入数组被转换为分贝刻度

```
private static void SetDbScale(double[] input)
{
    for (int i = 0; i < input.Length; i++)
    {
        // 添加 Epsilon 以避免无穷大
        input[i] = 20.0 * Math.Log10(input[i] + double.Epsilon);
    }
}
```

在代码清单 7-17 中，我们在计算对数之前向输入数组的每个元素添加一个数字零（即 $\varepsilon \approx 5 \times 10^{-324}$）。这不会显著影响最终结果，并且可以避免在图像中 $x = 0$ 时，$\log_{10} x$ 出现无穷大。

7.5 波形谱分析器

相信你现在已经熟悉了 FFT 的基础知识，下面可以着手实现 WAV 音频文件的实时频谱分析器。播放和处理从该文件读取的音频信号并确定其频率，随后，频域中的音频信号被转换为八区域的直方图并显示在 LED 阵列上。信号处理在后台与音频播放同时进行，以使 LED 伴随音乐节奏闪烁。音频软件中的音频分析器是设计这一功能的灵感来源。

实现该功能还需要用到一些模块。我们从一个辅助方法开始读取二进制文件的内容，然后实现一个用于解析 WAV 文件数据的类，之后进行短时傅里叶变换（STFT）。只有一个较短的输入信号片段（20 ～ 40ms）在 FFT 中被转换。得到的频率分布被转换为分贝刻度并分类，然后通过 LedArray 类发送到 Sense HAT 扩展板。

7.5.1 读取文件

在 UWP 中，单个文件由 StorageFile 类表示，在 Windows.Storage 名称空间中声明。一般情况下，要打开现有文件，可以使用在 FileOpenPicker 类（Windows.Storage.Pickers 命名空间）中实现的系统文件选择器。FileOpenPicker 类的一个实例提供了几种激活文件选取器的方法，以便用户浏览文件。如果知道文件路径，则可以使用 StorageFile 类的以下静态方法之一：GetFileFromPathAsync 或 GetFileFromApplicationUriAsync。还可以使用 StorageFolder 类的实例方法 GetFileAsync 打开现有文件。StorageFolder 类是管理文件夹的对象，但是在 Windows 10 IoT Core 中，文件选取器不可用。这里，使用的是 StorageFolder 的 GetFileAsync 方法。我们在解决方案中添加了一个 WAV 文件，以将应用程序的音频文件部署到物联网设备。

接下来，将展示如何将任意 16 位 WAV 文件（*.wav）添加到 FrequencyDistribution 项目中。首先，打开 Add Existing Item 对话框（选择 Project → Add Existing Item 命令），然后将该文件重命名为 audio.wav，之后需要更改 audio.wav 的构建属性，以便将其复制到输出目录（见图 7-13）。向 FrequencyDistribution 中添加一个 StorageFileHelper.cs 文件，代码

清单 7-18 中将展示这个文件，并显示如何打开位于当前应用程序文件夹中的文件。可以通过 Package 类的 InstalledLocation 属性获得对该文件夹的编程访问权限。接下来，异步调用 GetFileAsync 方法，该方法返回 StorageFile 类的一个实例。要打开一个文件，此处使用了 OpenReadAsync 方法，它返回一个实现 IRandomAccessStreamWithContentType 接口的对象。要读取文件内容，需要先读取该流。可以在 StorageFile Helper 类的 StreamToBuffer 方法中实现此功能（参见代码清单 7-18）。本章稍后将用到 StorageFileHelper 类的方法。

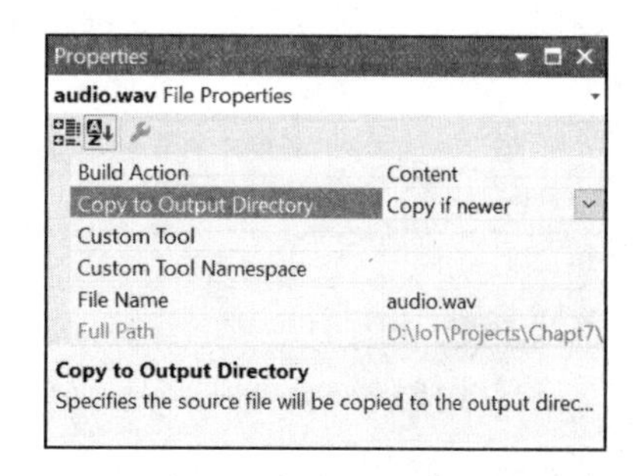

图 7-13 构建操作配置

代码清单 7-18 从应用程序文件夹中读取文件的辅助类

```
public static class StorageFileHelper
{
    public static async Task<IRandomAccessStreamWithContentType> OpenLocalFile(string
        fileName)
    {
        Check.IsNull(fileName);

        // 获取应用程序文件夹
        var storageFolder = Package.Current.InstalledLocation;

        // 获取并打开文件
        var storageFile = await storageFolder.GetFileAsync(fileName);

        return await storageFile.OpenReadAsync();
    }
    public static async Task<Windows.Storage.Streams.Buffer> StreamToBuffer(
        IRandomAccessStreamWithContentType stream)
    {
        Check.IsNull(stream);

        var size = Convert.ToUInt32(stream.Size);

        var buffer = new Windows.Storage.Streams.Buffer(size);

        await stream.ReadAsync(buffer, size, InputStreamOptions.None);

        return buffer;
    }
}
```

7.5.2 波形音频文件格式阅读器

WAV 文件规范基于资源交换文件格式（RIFF）。RIFF 将文件划分为不同的结构，称为块。每个块由标识符、指定块长度的四长整数和块数据组成。WAV 文件的结构以主块（见表 7-1）

开头，其中包含 RIFF 标识符，后跟大小和 WAVE 字符串，然后是格式（fmt）块（见表 7-2）。它以标识符开始，后面跟着描述格式和记录参数的值，如音频通道数量、采样率等。

表 7-1 RIFF 块结构

域	长度（字节）	文件初始偏移量（字节）	值
块 ID	4	0	RIFF
块长度	4	4	总文件长度——8 字节（包括块 ID 和块长度）
WAV 标识符	4	8	WAVE

格式块中的格式代码详细指定了如何将注册的模拟样本从模拟量转换为数字表示。这通常是通过脉冲编码调制（PCM）实现的，PCM 以固定间隔对输入模拟信号的幅度进行采样，然后将其转换为线性刻度（线性 PCM）。A-law 或 μ-law 算法也可以将音频幅度复合到非线性刻度。用于增强语音动态范围的通信协议通常利用非线性刻度，但是，大多数计算机 WAV 文件使用线性 PCM 格式进行编码，此处实现的 WAV 解析器仅支持线性 PCM 格式。

格式块还指定音频通道的数量、采样率以及存储在数据块中的音频采样的比特深度。数据块由数据标识符组成，后面跟着带音频采样的字节数组。如果音频信号具有两个通道（左侧和右侧），则左侧和右侧通道的采样会交错。

表 7-2 格式化块结构

域	长度（字节）	文件初始偏移（字节）	值
块 ID	4	12	RIFF
块长度	4	16	16、18 或 40
格式码	2	20	0x0001（脉冲编码调制 PCM） 0x0003（IEEE 浮点） 0x0006（PCM A-law 算法） 0x0007（PCM μ-law 算法） 0xFFEE（扩展格式）
声道数量	2	22	1 或 2
采样率	4	24	基于采样设备的采样率
每秒字节数	4	28	数据速率，每秒平均字节数
块对齐	2	32	数据块大小
每个样本位数	2	34	PCM：8 或 16 非 PCM：32 或 64
扩展长度	4	36	当块长度为 18 并且大小为 0 或 22 时，格式扩展会存在

解析 WAV 字节数组的 WaveData 类的附加代码的完整实现在可参见 Chapter 07/FrequencyDistribution/Helpers/WaveData.cs。WaveData 类公开了代表 WAV 文件的几个公共属性（见表 7-2），包括 ChunkLength、ChannelsCount、SampleRate、AverageBytesPerSecond、BlockAlign、BitsPerSample、SamplesPerChannel 和两个包含 16 位样本的数组。我们的 WaveData 类的实现与 16 位 PCM WAV 文件兼容。这里不会解析 fact 块，它可用于扩展的 WAV 文件格式。

WaveData 的属性是从原始字节数组中获得的。这是通过使用 StoregeFileHelper 类读取 WAV 文件来实现的。接下来，必须将类型为 Windows.Storage.Streams.Buffer 的 StorageFileHelper.Stream-

ToBuffer方法的结果转换为字节数组。此处使用了在System.Runtime.InteropServices.WindowsRuntime命名空间的WindowsRuntimeBufferExtensions静态类中声明的ToArray方法。

字节数组在WaveData类的构造函数中进行分析（参见代码清单7-19）。这个构造函数在执行参数验证后，会调用几个辅助函数来分析WAV文件的特定部分。每个辅助函数都使用BitConverter类。根据WAV格式说明符（见表7-1和表7-2），我们只需要调用BitConverter类的相应方法即可将特定位置的字节块转换为有意义的值，以表示WAV文件和音频样本。例如，代码清单7-20中显示了如何读取WAV文件的格式块。

代码清单7-19　WaveData类读取字节数组的RIFF格式和数据块

```
public WaveData(byte[] rawData)
{
    Check.IsNull(rawData);
    Check.LengthNotLessThan(rawData.Length, minLength);

    var offset = ReadRiffChunk(rawData);

    offset = ReadFormatChunk(rawData, offset);

    ReadDataChunk(rawData, offset);
}
```

代码清单7-20　使用BitConverter类的方法解析WAV文件的格式块

```
private const string fmtChunk = "fmt ";
private const int pcmTag = 1;
private const int fmtExtendedSize = 18;
private const int supportedBitsPerSample = 16;

private int shortSize = sizeof(short);
private int intSize = sizeof(int);

private int ReadFormatChunk(byte[] rawData, int offset)
{
    VerifyChunkId(rawData, offset, fmtChunk);
    offset += chunkIdLength;

    var formatChunkLength = BitConverter.ToInt32(rawData, offset);
    offset += intSize;

    var formatTag = BitConverter.ToInt16(rawData, offset);
    VerifyFormatTag(formatTag);
    offset += shortSize;

    ChannelsCount = BitConverter.ToInt16(rawData, offset);
    offset += shortSize;

    SampleRate = BitConverter.ToInt32(rawData, offset);
    offset += intSize;

    AverageBytesPerSecond = BitConverter.ToInt32(rawData, offset);
```

```
        offset += intSize;

        BlockAlign = BitConverter.ToInt16(rawData, offset);
        offset += shortSize;

        BitsPerSample = BitConverter.ToInt16(rawData, offset);
        VerifyBps();
        offset += shortSize;
        if (formatChunkLength == fmtExtendedSize)
        {
            var extensionLength = BitConverter.ToInt16(rawData, offset);
            offset += extensionLength + shortSize;
        }

        return offset;
    }

    private void VerifyFormatTag(int formatTag)
    {
        if (formatTag != pcmTag)
        {
            throw new ArgumentException("Unsupported data format");
        }
    }

    private void VerifyBps()
    {
        if (BitsPerSample != supportedBitsPerSample)
        {
            throw new ArgumentException("Unsupported sample bit depth");
        }
    }
```

7.5.3 信号窗口和短时傅里叶变换

一般一首歌的时长约为 4 ～ 5min，但为了实现实时频谱分析器，我们不想确定整首歌曲的频谱表示。相反，我们想处理时长约为 1ms 的音频片段。这样做意味着需要将整个输入信号分成短帧，并只处理正在播放的帧。结果频谱对应于音频文件的实际位置。

当从较长的信号中提取小帧时，它可能不包含整数周期。在这种情况下，FFT 会产生寄生频率。通常为了减少这种影响，会在计算 FFT 之前将信号加上窗口区。加上窗口区能减小边界处输入信号的幅度。短时傅里叶变换（STFT）提取输入信号的短片段，并在片段上应用窗口函数，再计算 FFT。

目前有多个窗口函数可用，最受欢迎的是 Bartlett、Blackman、Hann 和 Hamming。它们在 MathNet.Numerics NuGet 包的 Window 类中实现。

在本章中使用 Hamming 窗口函数。代码清单 7-21 中展示了如何使用此函数来将输入信号加入窗口区。正如所看到的，首先调用 Hamming，然后在 elementwise 中将结果数组与输入信号相乘。

代码清单 7-21 在计算 FFT 之前使用窗口函数以减少因不连续性产生的负面影响

```
private static void ApplyWindow(short[] inputData)
{
    var window = MathNet.Numerics.Window.Hamming(inputData.Length);

    for (int i = 0; i < window.Length; i++)
    {
        inputData[i] = Convert.ToInt16(window[i] * inputData[i]);
    }
}
```

7.5.4 谱直方图

Sense HAT 扩展板的 LED 阵列不能显示处理过的音频信号的全部频谱，因为它只是一个 8×8 显示器。为了减少频谱的长度，相邻的频率箱被组合以产生直方图（见图 7-14）。尽管可以任意选择音频直方图的频率范围，但不要忽略几种标准化方法，例如将频率组织为八倍频带。每一倍频带表示一个频率范围，其上限是下限的 2 倍。例如，国际标准化组织（ISO）将音频频谱划分为以下 10 个倍频带：31.5 Hz、63 Hz、125 Hz、250 Hz、500 Hz、1kHz、2kHz、4kHz、8kHz，并假设采样率为 44.1 kHz。

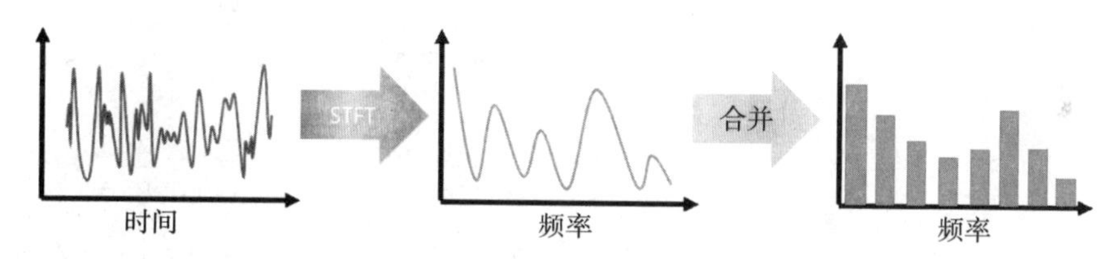

图 7-14 音频频谱可视化的频谱分组

10 段直方图在这里不适用，因为 Sense HAT 只有 8 列。因此，我们将频谱分成 8 个八倍频带，并将频谱限制在 14kHz，因为高于此频率的频率贡献很少。

为了实现频谱合并，我们通过一种公有方法 Histogram 和两个辅助私有方法 GetHistogram 和 GetFrequencyBins 扩展了 SpectrumHelper，可参阅 Chapter 07/FrequencyDistribution/Helpers/SpectrumHelper.cs 中的附加代码。两个相关的私有成员分别控制块的数量和阈值频率。

根据采样率，GetFrequencyBins 方法会为频率块准备 8 个分量的数组（参见代码清单 7-22），该数组指定用于构建直方图的频率范围的下限和上限（见图 7-12）。可以使用前面的八倍频带方法构造这些范围。如果需要，可将较高的频率范围设置为奈奎斯特频率，并将阈值设置为 14kHz。通过将上一步的上限频率除以 2 来形成随后的频率范围。

代码清单 7-22 八倍频带计算

```
private const int binsCount = 8;

private static double[] GetFrequencyBins(double sampleRate)
{
    var bins = new double[binsCount];
```

```
        var startFrequency = sampleRate;

        for (int i = binsCount; i > 0; i--)
        {
            startFrequency /= 2;

            bins[i - 1] = Math.Min(startFrequency, maxFrequency);
        }

        return bins;
    }
```

给定一个频率范围，现在可以将每个 STFT 幅度通过 GetHistogram 方法分配到合适的频率段（参见代码清单 7-23）。该方法在经傅里叶变换的频率数组上进行迭代并将分贝刻度添加到适当的直方图元素中。

代码清单 7-23 频谱分组

```
    private const double maxFrequency = 14000;

    private static double[] GetHistogram(double[] dbFourierMagnitude, double sampleRate)
    {
        var histogram = new double[binsCount];

        var bins = GetFrequencyBins(sampleRate);

        var signalLength = 2 * dbFourierMagnitude.Length;
        var frequencyScale = Fourier.FrequencyScale(signalLength, sampleRate);

        for (int i = 0, frequencyIndex = 0; i < histogram.Length; i++)
        {
            var binWidth = 0;
            while (frequencyScale[frequencyIndex] <= bins[i])
            {
                histogram[i] += dbFourierMagnitude[frequencyIndex];
                binWidth++;

                if (frequencyIndex++ == dbFourierMagnitude.Length - 1)
                {
                    break;
                }
            }
           histogram[i] = histogram[i] / binWidth;
        }

        return histogram;
    }
```

上述方法在 Histogram 函数中调用。该函数首先计算 STFT，然后将其大小转换为分贝刻度。随后，GetHistogram 方法确定谱直方图（参见代码清单 7-24）。为了制作条形图，我们还通过附加方法 AddBarSeries 补充了 PlotHelper 类，其定义类似于 AddLineSeries，因此不需要额外的注释。

代码清单 7-24 短时傅里叶变换和频谱分组的实现

```
public static double[] Histogram(short[] inputData, double sampleRate)
{
    Check.IsNull(inputData);

    // Windowing
    ApplyWindow(inputData);

    // FFT
    var fourierMagnitude = FourierMagnitude(inputData);

    // Db scale
    SetDbScale(fourierMagnitude);

    // Binning
    return GetHistogram(fourierMagnitude, sampleRate);
}
```

7.5.5 频谱显示：整合

下面结合前面实现的功能来实现一个完整的即时音频频谱的直方图，它包括时域上的一个音频帧图、频域上的一个直方图以及一个触发信号处理的按钮，它们都会被展示在 MainPage 中。我们用适当的按钮声明补充了 MainPage 的 XAML 代码。这个按钮能使在后台执行的自定义音频开始处理，以获得如图 7-15 和图 7-16 所示的结果。

这种自定义音频处理的实现基于前面章节中开发的模块，可以在 Chapter 07/Frequency-Distribution/MainPage.xaml.cs 中找到完整的实现。

上述功能的核心部分将嵌入事件处理程序中，如代码清单 7-25 所示。根据 IsMedia-ElementPlaying 属性的值，可以开始或停止音频处理。音频处理开始之前，首先打开并解析 WAV 文件。随后，将处理的音频帧的长度调整为采样率，使得 STFT 窗口长度约为 40 ms（请参阅附加代码中的 AdjustWindowLength）。

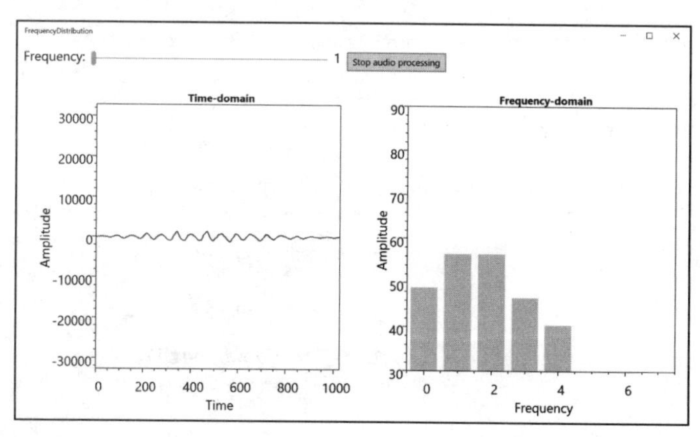

图 7-15 低频音频振荡（左）和相应的频谱直方图。当输入帧主要由低频分量组成时，直方图能量仅分布在前几个八倍频带音阶上

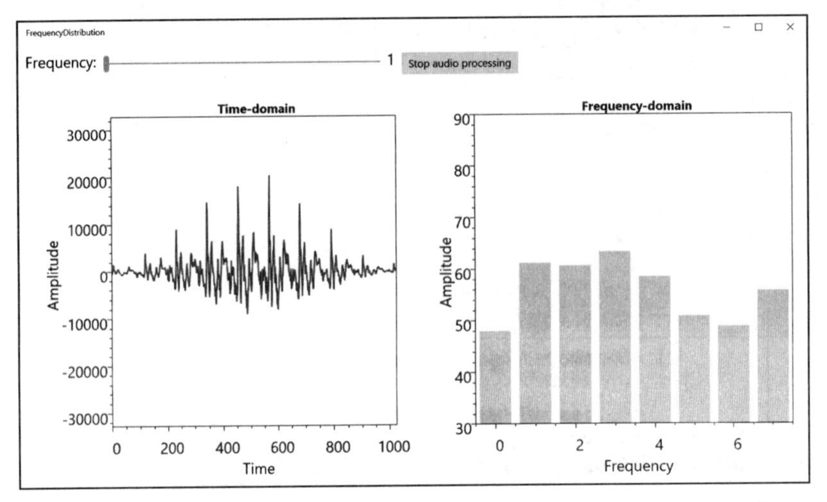

图 7-16 当输入帧由低频和高频波组成时，直方图能量分布在所有八倍频带音阶上

代码清单 7-25 按钮的事件处理程序，用于开始自定义音频处理

```
private async void ButtonProcessAudio_Click(object sender, RoutedEventArgs e)
{
    if(!IsMediaElementPlaying)
    {
        // 获取音频流
        var audioStream = await StorageFileHelper.OpenLocalFile(fileName);

        // 获取并解析音频缓冲区
        var waveBuffer = await StorageFileHelper.StreamToBuffer(audioStream);
        var waveData = new WaveData(waveBuffer.ToArray());

        // 调整窗口长度到采样率
        var windowLength = AdjustWindowLength(waveData.SampleRate);

        // 更新绘图显示范围
        ConfigureAxes(true, windowLength);

        //播放音频流
        IsMediaElementPlaying = true;

        mediaElement.SetSource(audioStream, audioStream.ContentType);
        mediaElement.Play();

        //  开始音频处理
        await Task.Run(() =>
        {
            DetermineAudioSpectrum(waveData, windowLength);
        });
    }
    else
    {
```

```
        mediaElement.Stop();
        IsMediaElementPlaying = false;
    }
}
```

我们使用 MediaElement 类播放文件，然后运行调用 DetermineAudioSpectrum 方法的任务（见代码清单 7-26）。频谱直方图对应于音频文件的当前播放片段。

代码清单 7-26 处理音频片段以确定并显示频谱直方图

```
private async void DetermineAudioSpectrum(WaveData waveData, int windowLength)
{
    while (IsMediaElementPlaying)
    {
        var inputData = new short[windowLength];

        // 获取MediaElement位置
        var index = await GetWindowPosition(waveData.SampleRate, windowLength);

        if (index + windowLength < waveData.SamplesPerChannel)
        {
            //获取当前帧
            Array.Copy(waveData.SamplesLeftChannel, index, inputData, 0, windowLength);

            // 确定直方图
            var hist = SpectrumHelper.Histogram(inputData, waveData.SampleRate);

            //  绘制输入帧并绘制频谱直方图
            PlotHelper.AddLineSeries(sineWavePlotModel, inputData, OxyColors.Blue);
            PlotHelper.AddBarSeries(fftPlotModel, hist, OxyColors.Orange);
        }
        else
        {
            // 文件结束
            IsMediaElementPlaying = false;
        }
    }
}
```

为了使音频播放与信号处理同步，我们根据 MediaElement 对象的 Position 属性处理帧。通过了解采样率，存储在此属性中的值将转换为秒，然后转换为音频缓冲区的实际采样的位置（请参阅代码清单 7-27 中的 GetWindowPosition 方法）。

代码清单 7-27 通过使用音频文件当前播放片段的位置来获取示例索引

```
private async Task<int> GetWindowPosition(double sampleRate, int windowLength)
{
    int index = 0;

    await Dispatcher.RunAsync(CoreDispatcherPriority.Normal, () =>
    {
```

```
            var position = mediaElement.Position.TotalSeconds * sampleRate;
            index = Convert.ToInt32(position) - windowLength / 2;
            index = Math.Max(index, 0);
        });

        return index;
    }
```

在前面的例子中，我们只处理左声道。通常情况下应分别处理两个声道，然后得到平均值的频谱直方图或单独显示它们。我们鼓励你自己实现这样的功能。

当运行应用程序并单击 Start Audio Processing 按钮时，应用程序会播放声音，显示输入音频帧并实时显示相应的分级频率分布。FrequencyDistribution 应用程序捕获的时序结果的两个示例如图 7-15 和图 7-16 所示。图 7-15 显示了一个由低频波（低音）组成的输入帧。正如所见，相应的频谱直方图不包含高频的八倍频带音。图 7-16 中的音频帧由低、中和高频基波（分别为低、中和高音）组成，因此会看到所有的八倍频带。我们刚刚构建的频谱分析器可以区分不同类型的音频信号，从而构成简单的机器听力系统。

需要单独论述的一个方面是使用 dbMinValue 和 dbMaxValue 变量控制的直方图动态范围——不显示小于 30dB（dbMinValue）和大于 90dB（dbMaxValue）的所有直方图值。换句话说，直方图显示范围固定为 30 ～ 90dB。你可以凭经验修改此范围，具体取决于音频文件或特定的处理应用程序。

7.5.6　在 LED 阵列上显示频谱

在本节中，将展示如何整合 Sense HAT LED 阵列并动态显示频谱直方图，以便 LED 根据音频信号的节奏闪烁，如图 7-17 和图 7-18 所示。

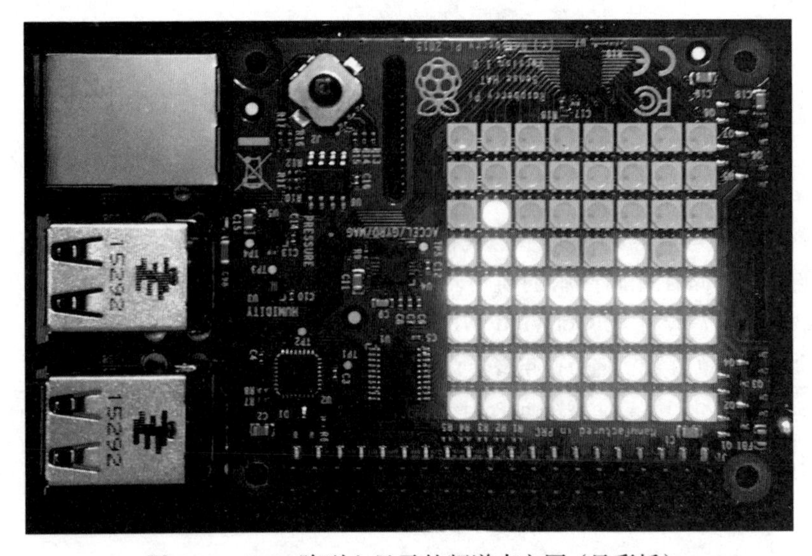

图 7-17　LED 阵列上显示的频谱直方图（见彩插）

图 7-18 LED 阵列动态闪烁变化（见彩插）

为了实现该功能，可以使用 Sense HAT LED 阵列而非图表来显示频谱直方图。因此，首先通过 DrawHistogram 方法扩展了 LedArray 类的定义（请参见代码清单 7-28）。用此方法绘制 8 条垂直线，代表频谱直方图的条形，每行的高度均调整为直方图值。

代码清单 7-28 LED 阵列上的彩色直方图绘图

```
public void DrawHistogram(double[] histogram, double minValue, double maxValue)
{
    Check.IsNull(histogram);

    for (int i = 0; i < Length; i++)
    {
        var height = SetHeight(histogram[i], minValue, maxValue);

        DrawLine(Length - 1 - i, height);
    }

    UpdateDevice();
}

private int SetHeight(double histogramValue, double minValue, double maxValue)
{
    double step = (maxValue - minValue) / Length;

    var stretchedValue = Math.Floor((histogramValue - minValue) / step);
    var height = Convert.ToInt32(stretchedValue);

    height = Math.Max(height, 0);
    height = Math.Min(height, Length);

    return height;
```

```
}

private void DrawLine(int position, int height)
{
    for (int i = 0; i < Length; i++)
    {
        Buffer[position, i] = GetColor(i, height);
    }
}
```

注意 每列颜色随着杆高度的增加而变化。

为了使直方图更具吸引力，我们实现了GetColor方法（参见代码清单7-29）。它创建了一个简单的颜色渐变：直方图列顶部的LED为红色；中间的LED为橙色；底部的LED是绿色的（见图7-17和图7-18）。

代码清单7-29 实现颜色渐变

```
private Color GetColor(int level, int height)
{
    const int lowLevel = 3;
    const int mediumLevel = 6;

    var color = Colors.Black;

    if (level < height)
    {
        if (level < lowLevel)
        {
            color = Colors.Green;
        }
        else if (level < mediumLevel)
        {
            color = Colors.OrangeRed;
        }
        else
        {
            color = Colors.Red;
        }
    }

    return color;
}
```

接下来，如代码清单7-30所示，我们使用I2cHelper类将一个连接与Sense HAT关联以控制LED阵列，然后调用ButtonProcessAudio_Click（参见代码清单7-31）。稍微修改此事件处理程序以在部署应用程序后立即开始音频处理。当物联网设备启动时播放和处理声音，并在LED阵列上显示生成的频谱直方图（见图7-17和图7-18）。

代码清单 7-30 LED 阵列初始化和激活音频处理

```
private LedArray ledArray;
private bool isIoTPlatform = false;

protected override void OnNavigatedTo(NavigationEventArgs e)
{
    base.OnNavigatedTo(e);

    InitializeLedArray();
}

private async void InitializeLedArray()
{
    const byte address = 0x46;
    var device = await I2cHelper.GetI2cDevice(address);

    if (device != null)
    {
        ledArray = new LedArray(device);
        isIoTPlatform = true;
        ButtonProcessAudio_Click(null, null);
    }
}
```

代码清单 7-31 如果在物联网设备上运行 FrequencyDistribution，将在 Sense HAT LED 阵列上显示频谱直方图

```
private async void DetermineAudioSpectrum(WaveData waveData, int windowLength)
{
    while (IsMediaElementPlaying)
    {
        var inputData = new short[windowLength];

        // 获取 MediaElement位置
        var index = await GetWindowPosition(waveData.SampleRate, windowLength);

        if (index + windowLength < waveData.SamplesPerChannel)
        {
            // 获取当前帧
            Array.Copy(waveData.SamplesLeftChannel, index, inputData, 0, windowLength);

            // 确定直方图
            var hist = SpectrumHelper.Histogram(inputData, waveData.SampleRate);

            if (isIoTPlatform)
            {
                ledArray.DrawHistogram(hist, dbMinValue, dbMaxValue);
            }
            else
            {
                //  绘制输入框和直方图
```

```
                PlotHelper.AddLineSeries(sineWavePlotModel, inputData, OxyColors.Blue);
                PlotHelper.AddBarSeries(fftPlotModel, hist, OxyColors.Orange);
            }
        }
        else
        {
            // 文件结束
            IsMediaElementPlaying = false;
        }
    }
}
```

7.6 总结

本章介绍了广泛的音频处理方面的知识，包括语音合成、语音识别和自定义数字信号处理例程。UWP 本身支持语音合成和识别，可以很容易地将它们合并到免提（hand-free）设备控制的物联网软件中。此外，本章中介绍的数字信号处理的基础是构建定制和高级物联网处理解决方案或机器听觉系统的基础。例如，可以将 FFT 与传感器读数组合起来，以检测使用物联网设备监控到的物理可观察现象的周期性变化。

本章介绍的信号处理基础不限于音频处理，其中一些可广泛应用于多种设备中——从可穿戴计步器、心率计到测量人体血液中氧饱和度的医疗仪器。

CHAPTER 8 · 第 8 章

图像处理

前一章中介绍了一维音频信号，但物联网设备通常需要处理和分析更多维度的信号，特别是二维或三维图像。嵌入式设备可以从各种摄像头采集数据，包括广泛使用的 USB 网络摄像头和更高级的摄像头，例如红外（热成像）摄像头。随后依次分析图像从而执行特定控制操作。物联网设备可以通过识别组件制造中的损坏来监控生产过程。一辆安装在车内的小相机可以识别交通标志。人工智能（AI）模块可以利用来自传感器的数据来控制车辆速度，从而实现汽车的自动驾驶。物联网设备还可以计算高速公路的汽车通行量，构建机器人视觉系统，或作为安全模块。

在本章中，我们将使用连接到 RPi2 或 RPi3 的 USB 摄像头构建机器视觉系统。我们将把该系统与 UWP 的人脸识别和跟踪功能相结合，以检测和跟踪人脸，如图 8-1 所示。

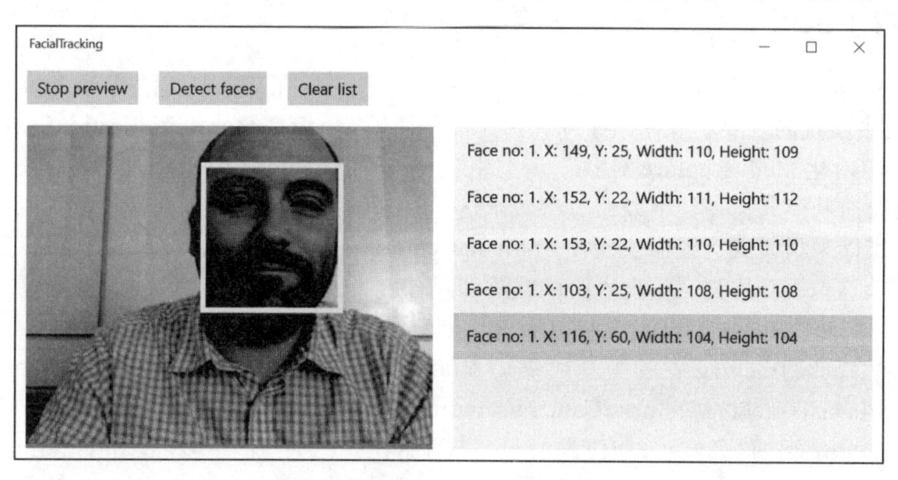

图 8-1　使用 UWP 进行人脸识别

随后将介绍用 OpenCV 库实现自定义对象的识别方法。编写本章时，OpenCV 已是 SourceForge 上机器人领域极热门的项目。OpenCV 是已经获得业内认可的建立自定义物联网计算机视觉系统的优秀工具，甚至可以使用它来制造机器人（可参阅 https://bit.ly/air_hockey_robot 上的 Air Hockey Robot 项目）。

同样，本章中也将使用 Microsoft Life Cam HD-3000，但仅用于捕获视频的输入设备。

阅读本章后，你将了解如何构建一个低预算的机器视觉系统，该系统将使用 UWP API 来跟踪人脸并将面部动作在 Sense HAT LED 阵列上呈现。此外，也可将物联网设备转变为物体检测器，将识别到的物体形状在 LED 阵列上呈现，如图 8-2 所示。

图 8-2 图中展示了连接了 Microsoft Life CAM HD-3000，并搭载了 Sense HATLED 阵列的 RPi2 设备

8.1 使用 USB 摄像头获取图像

每个机器视觉系统的主要部分是视频采集模块。在 UWP 中，图像采集是在 MediaCapture 类中实现的。要获取视频序列，首先需要使用 MediaCaptureInitializationSettings 类的一个实例初始化 MediaCapture 对象，该类将生成一个 StreamingCaptureMode 字段。该字段定义了图像捕获模式，并且可以通过参数来选择音视频同时采集、单独采集音频或单独采集视频的流媒体采集模式，继而实现使用 MediaCaptureInitializationSettings 和 MediaCapture 从 USB 摄像头获取视频序列，实现人脸的检测和跟踪。

接着我们使用 Blank UWP Visual C# 项目创建了一个名为 FacialTracking 的项目（请参阅 Chapter 08/ FacialTracking 中的配套代码），同时加载了一个 CameraCapture 助手类（请参阅 Chapter 08/FacialTracking/Helpers/CameraCapture.cs 中的配套代码）。CameraCapture 类构建于 MediaCapture 类的基础上。如代码清单 8-1 所示，我们通过将 MediaCaptureInitializationSettings 实例传递给 MediaCapture.InitializeAsync 方法，实现 MediaCapture 的视频采集实例的

配置，从而实现图像捕获设备的初始化。

代码清单 8-1　用于视频捕获的 MediaCapture 初始化

```
public MediaCapture MediaCapture { get; private set; } = new MediaCapture();

public bool IsInitialized { get; private set; } = false;

public async Task Initialize(CaptureElement captureElement)
{
    if (!IsInitialized)
    {
        var settings = new MediaCaptureInitializationSettings()
        {
            StreamingCaptureMode = StreamingCaptureMode.Video
        };

        try
        {
            await MediaCapture.InitializeAsync(settings);

            GetVideoProperties();

            if (captureElement != null)
            {
                captureElement.Source = MediaCapture;

                IsInitialized = true;
            }
        }
        catch (Exception)
        {
            IsInitialized = false;
        }
    }
}
```

随后，为实现视频序列的呈现，需要将 MedicaCapture 类与 CaptureElement 控件进行关联。CaptureElement 控件是用于获取图像的 UWP 控件，可通过配置 CaptureElement 的 Source 属性将 MediaCapture 控件连接到特定的 CaptureElement（请参阅代码清单 8-1）。CaptureElement 是通过使用标准 XAML 标记在 UI 中声明的。

在执行 CameraCapture 类的 Initialize 方法时，我们同时调用了 GetVideoProperties 方法。此方法能读取使用 MediaCapture 类获取的图像的宽度和高度。如代码清单 8-2 所示，这些属性保存于 VideoEncodingProperties 对象中，而其值是通过调用由 VideoDeviceController 类的 GetMediaStreamProperties 方法返回的。

代码清单 8-2　通过 MediaCapture 类获取的图像的宽度和高度

```
public uint FrameWidth { get; private set; }
public uint FrameHeight { get; private set; }
```

```
private void GetVideoProperties()
{
    if (MediaCapture != null)
    {
        var videoEncodingProperties = MediaCapture.VideoDeviceController.
            GetMediaStreamProperties(MediaStreamType.VideoPreview)
            as VideoEncodingProperties;

        FrameWidth = videoEncodingProperties.Width;
        FrameHeight = videoEncodingProperties.Height;
    }
}
```

初始化 MediaCapture 后，可以分别通过调用 StartPreviewAsync 和 StopPreviewAsync 方法来启动和停止预览。如代码清单 8-3 所示，这些方法的用法很直观。要检查预览是否处于活动状态，可通过 CameraCapture 类配置的 IsPreviewActive 属性了解。

代码清单 8-3 开始和停止视频采集

```
public bool IsPreviewActive { get; private set; } = false;

public async Task Start()
{
    if (IsInitialized)
    {
        if (!IsPreviewActive)
        {
            await MediaCapture.StartPreviewAsync();

            IsPreviewActive = true;
        }
    }
}

public async Task Stop()
{
    if (IsInitialized)
    {
        if (IsPreviewActive)
        {
            await MediaCapture.StopPreviewAsync();

            IsPreviewActive = false;
        }
    }
}
```

在实现 CameraCapture 类之后，生成了由一个按钮组成的 UI 以及显示来自网络摄像头的图像的 CaptureElement 控件。可以在代码清单 8-4 中找到相应的 XAML 标记（在 Chapter 08/FacialTracking/MainPage.xaml 中查看完整声明）。

代码清单 8-4 用于视频采集和显示的最简 UI 设计

```
<Page
    x:Class="FacialTracking.MainPage"
    xmlns="http://schemas.microsoft.com/winfx/2006/xaml/presentation"
    xmlns:x="http://schemas.microsoft.com/winfx/2006/xaml" >

    <Page.Resources>
        // 有关样式定义，请参见配套代码
    </Page.Resources>

    <Grid Background="{ThemeResource ApplicationPageBackgroundThemeBrush}"
          HorizontalAlignment="Stretch">
        <Grid.RowDefinitions>
            <RowDefinition Height="Auto" />
            <RowDefinition Height="*" />
        </Grid.RowDefinitions>

        <Button x:Name="ButtonPreview"
                Click="ButtonPreview_Click" />

        <CaptureElement x:Name="CaptureElementPreview"
                        Grid.Row="1" />
    </Grid>
</Page>
```

下面列出了与 UI 生成逻辑相关的两点：

- 根据预览状态配置按钮标题（请参阅 UpdateUI 方法）。
- 配置代码清单 8-5 中的常量字符串。

UpdateUI 方法会在构造函数内以及预览状态改变时被调用。

代码清单 8-5 按钮标题取决于预览状态

```
private const string previewStartDescription = "Start preview";
private const string previewStopDescription = "Stop preview";

private CameraCapture cameraCapture = new CameraCapture();

public MainPage()
{
    InitializeComponent();

    UpdateUI();
}
private void UpdateUI()
{
    ButtonPreview.Content = cameraCapture.IsPreviewActive ? previewStopDescription :
        previewStartDescription;
}
```

单击一个按钮可以改变预览状态，它将调用代码清单 8-6 中的事件处理程序，通过初始化 CameraCapture 类的一个实例，改变 CameraCapture 类的 IsPreviewActive 标志来启动或停止预览。

代码清单 8-6 开始和停止视频序列采集

```
private async void ButtonPreview_Click(object sender, RoutedEventArgs e)
{
    await cameraCapture.Initialize(CaptureElementPreview);

    if (cameraCapture.IsInitialized)
    {
        await UpdatePreviewState();

        UpdateUI();
    }
    else
    {
        Debug.WriteLine("Video capture device could not be initialized");
    }
}

private async Task UpdatePreviewState()
{
    if (!cameraCapture.IsPreviewActive)
    {
        await cameraCapture.Start();
    }
    else
    {
        await cameraCapture.Stop();
    }
}
```

FacialTracking 应用程序需要网络摄像头功能。如前一章所述，这个功能可以通过 Package.appxmanifest 来声明（见图 8-3），然后就可以用来开发计算机或物联网设备上运行的应用程序。如图 8-4 所示，如果选择第一个选项，启用 Camera Privacy Settings 中的 Let apps use my camera 按钮来允许应用使用摄像头。

部署并启动应用程序后，只需单击 Start Preview 按钮，来自 USB 摄像头的视频流即会显示在 MainPage 的 Capture Element 控件中。可以随时再次单击按钮来停止预览。

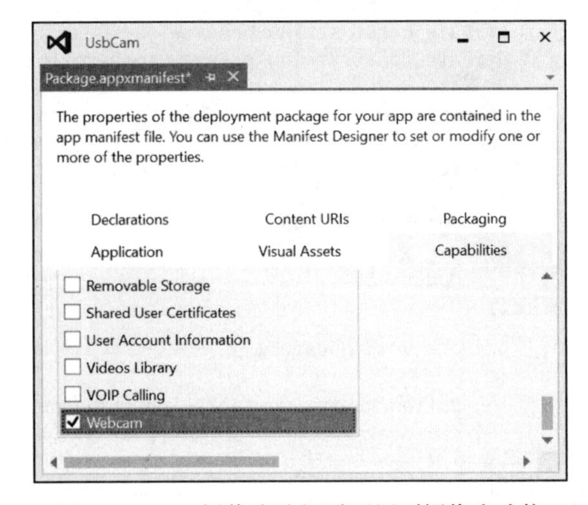

图 8-3 USB 摄像头访问需要用到摄像头功能

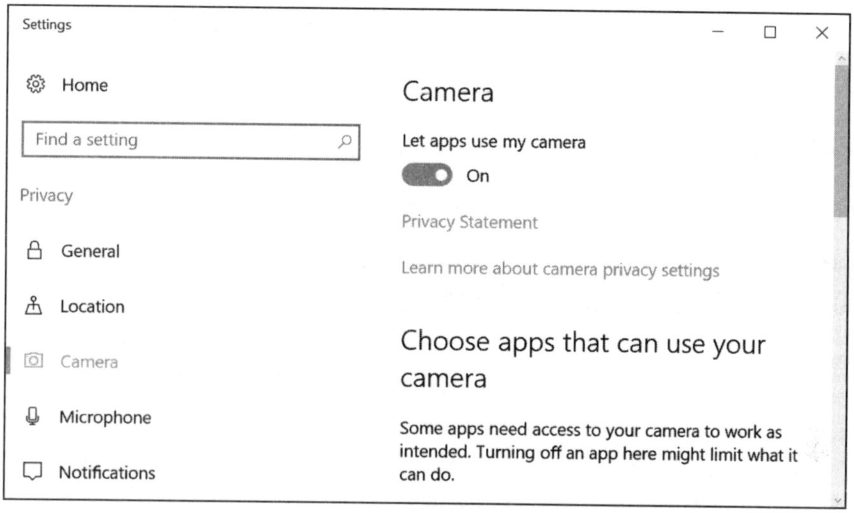

图 8-4 Windows 10 Privacy Setting 下的 Camera 选项卡

8.2 人脸检测

人脸检测（FD）是数字图像处理的一个分支，旨在在给定的图像中查找人脸。人脸检测算法通常采用识别图像中的人脸特征的方法来识别人脸。面部特征可能取决于姿势、年龄或表情。一些人脸检测系统甚至可以获取具体人脸特征的参数（参见第 11 章）。

人脸检测在概念上类似于语音检测和识别。虽然语音识别仅需要分析一维信号，但它可能比人脸检测更困难。因为图像采集通常是一致的——在特定的时间开始并持续一段固定的时间，而且视频序列中的每个图像具有相同的大小。但音频信号每段的长度可能不同，并且通常是不一致的，这意味着语音处理算法必须在处理之前提取分析语音活动。通常情况下，音频处理算法并不能推断出语音的开始和结束。

人脸检测不同于人脸识别（FR）。人脸识别通常除了要检测出图像中的人脸外，还需要对检测出的人脸进行识别，判定是否是某人。

UWP 在 Windows.Media.FaceAnalysis.FaceDetector 类中实现人脸检测。FaceDetector 能够检测给定图像中的多个人脸，并在 SoftwareBitmap 类的实例中呈现。为了从网络摄像头中捕获这样一个单帧，我们通过增加公共 CapturePhotoToSoftwareBitmap 方法扩展了 Camera-Capture 类。其定义如代码清单 8-7 所示。

代码清单 8-7 单个图像采集并转存至 SoftwareBitmap

```
public async Task<SoftwareBitmap> CapturePhotoToSoftwareBitmap()
{
    // 创建位图编码的图像
    var imageEncodingProperties = ImageEncodingProperties.CreateBmp();

    // 捕获图像
```

```
    var memoryStream = new InMemoryRandomAccessStream();
    await MediaCapture.CapturePhotoToStreamAsync(imageEncodingProperties, memoryStream);

    // 解码流到位图
    var bitmapDecoder = await BitmapDecoder.CreateAsync(memoryStream);

    return await bitmapDecoder.GetSoftwareBitmapAsync();
}
```

为了从视频流中分离出当前帧，我们使用了 MediaCapture 类的 CapturePhotoToStreamAsync 方法。该方法可将编码图像写入提供的流。编码格式采用 Windows.Media.MediaProperties.ImageEncodingParameters 实例指定的格式。在代码清单 8-7 中，我们使用了 ImageEncodingParameters 类的 CreateBmp 静态方法将图像转换为 BMP 格式。也可以使用其他格式，包括 JPEG（CreateJpg）、JPEG XR（CreateJpgXR）、PNG（CreatePng）、NV12 和 BGRA8（CreateUncompressed）。BitmapDecoder 类的 CreateAsync 静态方法稍后用于将位图流转换为 SoftwareBitmap 实例，然后可将该对象传递给面部检测模块进行分析。

要将 FaceDetector 类整合到 FacialTracking 项目中，首先要在 UI 界面新增一个列表框和两个附加按钮：Detect Faces 和 Clear List。第一个按钮调用程序检测从网络摄像头获取的图像中的人脸，第二个按钮用于清除列表框中的显示元素。

FaceDetector 类不实现任何公共构造函数。因此，要获取 FaceDetector 类的实例，可使用 CreateAsync 静态方法来实现。此方法将在 InitializeFaceDetection 中调用，如代码清单 8-8 所示。当视频预览首次启动时，只执行一次面部检测器初始化（请参阅代码清单 8-8 中的 ButtonPreview_Click 事件处理程序中的粗体语句）。

代码清单 8-8　人脸检测模块初始化

```
private FaceDetector faceDetector;
private BitmapPixelFormat faceDetectorSupportedPixelFormat;

private async void ButtonPreview_Click(object sender, RoutedEventArgs e)
{
    await cameraCapture.Initialize(CaptureElementPreview);

    await InitializeFaceDetection();

    if (cameraCapture.IsInitialized)
    {
        await UpdatePreviewState();

        UpdateUI();
    }
    else
    {
        Debug.WriteLine("Video capture device could not be initialized");
    }
}
```

```
private async Task InitializeFaceDetection()
{
    if (FaceDetector.IsSupported)
    {
        if (faceDetector == null)
        {
            faceDetector = await FaceDetector.CreateAsync();
            faceDetectorSupportedPixelFormat = FaceDetector.
                GetSupportedBitmapPixelFormats().FirstOrDefault();
        }
    }
    else
    {
        Debug.WriteLine("Warning. FaceDetector is not supported on this device");
    }
}
```

FaceDetector 可能并不适用于每个平台。要检查所用平台是否支持人脸检测，需要用到 FaceDetector.IsSupported 静态属性。

FaceDetector 类可以检测特定格式的图像中的人脸。可以使用 GetSupportedBitmapPixelFormats 获取支持的格式列表。在这个例子中，我们选择了第一种支持的格式（请参见代码清单 8-8）。要验证输入图像的格式是否与 FaceDetector 类兼容，可以使用 IsBitmapPixelFormatSupported 静态方法。如果位图不兼容，则可以使用 SoftwareBitmap 类的 Convert 方法将其转换为支持的像素格式，如代码清单 8-9 所示。

代码清单 8-9　检测人脸

```
private async Task<IList<DetectedFace>> DetectFaces(SoftwareBitmap inputBitmap)
{
    if (!FaceDetector.IsBitmapPixelFormatSupported(inputBitmap.BitmapPixelFormat))
    {
        inputBitmap = SoftwareBitmap.Convert(inputBitmap, faceDetectorSupportedPixelFormat);
    }

    return await faceDetector.DetectFacesAsync(inputBitmap);
}
```

代码清单 8-9 中还显示了如何使用 DetectFacesAsync 方法检测人脸。此函数需要 SoftwareBitmap 类型的参数和可选的 BitmapBounds 结构以缩小搜索范围。处理完图像后，DetectFacesAsync 方法将会返回 DetectedFace 对象的集合。如代码清单 8-10 所示，我们将在单击 Detect Faces 按钮进行事件处理程序时使用此集合，通过 DisplayFaceLocations 方法在列表框中显示人脸位置。

代码清单 8-10　人脸检测处理链由图像采集、处理和结果显示组成

```
private async void ButtonDetectFaces_Click(object sender, RoutedEventArgs e)
{
    if (faceDetector != null)
    {
```

```
            var inputBitmap = await cameraCapture.CapturePhotoToSoftwareBitmap();

            var facesDetected = await DetectFaces(inputBitmap);

            DisplayFaceLocations(facesDetected);
        }
    }
```

DetectedFace 由公共属性 FaceBox 组成，该属性的类型为 BitmapBounds，并存储能描述一个面部边界矩形的 4 个值，即可以锁定给定图像中的人脸坐标。如代码清单 8-11 所示，这些值将在列表框中以连续的行显示。

代码清单 8-11　在列表框中显示人脸坐标位置

```
private void DisplayFaceLocations(IList<DetectedFace> facesDetected)
{
    for (int i = 0; i < facesDetected.Count; i++)
    {
        var detectedFace = facesDetected[i];
        var detectedFaceLocation = DetectedFaceToString(i + 1, detectedFace.FaceBox);

        AddItemToListBox(detectedFaceLocation);
    }
}
private string DetectedFaceToString(int index, BitmapBounds detectedFaceBox)
{
    return string.Format("Face no: {0}. X: {1}, Y: {2}, Width: {3}, Height: {4}",
        index,
        detectedFaceBox.X,
        detectedFaceBox.Y,
        detectedFaceBox.Width,
        detectedFaceBox.Height);
}

private void AddItemToListBox(object item)
{
    ListBoxInfo.Items.Add(item);
    ListBoxInfo.SelectedIndex = ListBoxInfo.Items.Count - 1;
}
```

最后，将实现 Clear List 按钮的事件处理程序，该按钮调用列表框项目集合的 Clear 方法（参见代码清单 8-12）。

代码清单 8-12　Clear List 按钮的事件处理程序

```
private void ButtonClearInfo_Click(object sender, RoutedEventArgs e)
{
    ListBoxInfo.Items.Clear();
}
```

要测试上述功能，先运行 FacialTracking 应用程序，启动预览，然后单击 Detect Faces 按钮。检测到的人脸坐标将显示在列表框中。

注意　避免在黑暗环境下测试，因为单次捕捉（来自代码清单 8-6）不支持使用相机闪光灯（或照明）。

8.3　面部追踪

8.2 节中介绍的人脸检测模块可检测单个图像中的人脸。UWP 还拥有另一个 FaceTracker 类，它在处理视频序列时非常有用。使用 FaceTracker 不仅可以检测视频帧中的面部图像，还可以实时跟踪它们。

基本上，FaceTracker 类的 API 与 FaceDetector 类非常相似。可以使用 CreateAsync 静态方法获取 FaceTracker 类的实例，然后调用 ProcessNextFrameAsync 以获取检测图像中人脸的列表。主要区别在于 ProcessNextFrameAsync 需要 VideoFrame 类型的参数。此参数表示视频序列中的单帧，可以使用 MediaCapture 类的 GetPreviewFrameAsync 方法获取此类对象。

代码清单 8-13 显示了 FaceTracker 的初始化过程，与 FaceDetector 类似（完整代码请参阅 Chapter 08 / FacialTracking / MainPage.xaml.cs 中的配套代码）。

代码清单 8-13　FaceTracker 初始化

```
private FaceTracker faceTracker;
private BitmapPixelFormat faceTrackerSupportedPixelFormat;

private async Task InitializeFaceDetection()
{
    if (FaceDetector.IsSupported)
    {
        if (faceDetector == null)
        {
            faceDetector = await FaceDetector.CreateAsync();
            faceDetectorSupportedPixelFormat = FaceDetector.
                GetSupportedBitmapPixelFormats().FirstOrDefault();
        }
    }
    else
    {
        Debug.WriteLine("Warning. FaceDetector is not supported on this device");
    }

    if (FaceTracker.IsSupported)
    {
        if (faceTracker == null)
        {
            faceTracker = await FaceTracker.CreateAsync();
            faceTrackerSupportedPixelFormat = FaceTracker.
                GetSupportedBitmapPixelFormats().FirstOrDefault();
        }
    }
```

```
        else
        {
            Debug.WriteLine("Warning. FaceTracking is not supported on this device");
        }
    }
```

在此之前，首先检查当前平台上是否有面部跟踪功能，调用异步工厂方法 CreateAsync，获取面部跟踪支持的第一个可用的 BitmapPixelFormat。通过修改原有的 UpdatePreviewState 方法（参见代码清单 8-6）来启动面部跟踪（修改的内容参见代码清单 8-14 中粗体部分）。

代码清单 8-14　当相机启动捕捉时实时启动人脸追踪

```
private async Task UpdatePreviewState()
{
    if (!cameraCapture.IsPreviewActive)
    {
        await cameraCapture.Start();

        BeginTracking();
    }
    else
    {
        await cameraCapture.Stop();

        CanvasFaceDisplay.Children.Clear();
    }
}
```

当视频预览开始时，需要调用 BeginTracking 方法。BeginTracking 将在后台运行以跟踪人脸。（参见代码清单 8-15）。当预览停止时，需要清除 CanvasFaceDisplay 的 Children 集合。这是在用户界面中声明的，本章后面将展开讨论。

代码清单 8-15　在后台处理视频帧以跟踪人脸

```
private void BeginTracking()
{
    if (faceTracker != null)
    {
#pragma warning disable 4014

        Task.Run(async () =>
        {
            while (cameraCapture.IsPreviewActive)
            {
                await ProcessVideoFrame();
            }
        });

#pragma warning restore 4014
    }
}
```

视频序列通过使用单独的工作线程在后台处理。只要相机在捕捉，线程就处于活动状态。请注意，后台线程是使用 Task 类的 Run 静态方法启动的。

FaceTracker 只能处理指定格式的视频帧。VideoFrame 支持的格式在帧采集期间设置。（参见代码清单 8-16 中的 ProcessVideoFrame 方法）。请注意，此方法在创建 VideoFrame 对象时还明确使用 CameraCapture 类实例的 FrameWidth 和 FrameHeight 属性，该对象包含获取的帧并将传递给 FaceTracker 类实例的 ProcessNextFrameAsync 。

代码清单 8-16　处理视频帧

```
private LedArray ledArray;

private async Task ProcessVideoFrame()
{
    using (VideoFrame videoFrame = new VideoFrame(faceTrackerSupportedPixelFormat,
        (int)cameraCapture.FrameWidth, (int)cameraCapture.FrameHeight))
    {
        await cameraCapture.MediaCapture.GetPreviewFrameAsync(videoFrame);

        var faces = await faceTracker.ProcessNextFrameAsync(videoFrame);

        if (ledArray == null)
        {
            DisplayFaces(videoFrame.SoftwareBitmap, faces);
        }
        else
        {
            TrackFace(faces);
        }
    }
}
```

面部跟踪模块 FaceDetector 返回 DetectedFace 对象的集合。我们除了要展示存储在每个 DetectedFace 的 FaceBox 属性中的值外，还将在视频流中检测到的面部位置绘制黄色矩形，或者在 Sense HAT LED 阵列上显示人脸位置。8.3.1 节和 8.3.2 节中将详细描述两种模式。使用哪种模式取决于 FacialTracking 应用程序是在物联网上运行还是在桌面平台上运行。工作平台将通过验证相应的 I2cDevice 是否已初始化来确认。确认后，模块将自动开始预览和面部追踪（Sense HAT LED 阵列的初始化请参见代码清单 8-17）。

代码清单 8-17　Sense HAT LED 阵列初始化

```
private LedArray ledArray;

protected override async void OnNavigatedTo(NavigationEventArgs e)
{
    base.OnNavigatedTo(e);

    await InitializeLedArray();
}

private async Task InitializeLedArray()
```

```
{
    const byte address = 0x46;
    var device = await I2cHelper.GetI2cDevice(address);

    if (device != null)
    {
        ledArray = new LedArray(device);

        ButtonPreview_Click(null, null);
    }
}
```

8.3.1 在UI中显示面部位置

为了在UI中显示人脸位置，我们将使用名为CanvasFaceDisplay的Canvas。此控件需要在UI中声明，以便承载CaptureElement（请参阅Chapter 08 / FacialTracking/ MainPage.xaml中的配套代码）。Canvas是一个容器，可以在其中确定子对象相对父容器的位置，也可以使用Canvas.ZIndex附加属性来指定呈现子对象的顺序（参见代码清单8-18）。

代码清单8-18 使用Canvas.ZIndex附加属性指定先渲染CaptureElement，使矩形框显示在顶层

```
<Canvas x:Name="CanvasFaceDisplay"
        Grid.Row="1" />

<CaptureElement x:Name="CaptureElementPreview"
                Grid.Row="1"
                Canvas.ZIndex="-1" />
```

我们使用Canvas.ZIndex来定位CaptureElement控件，使得矩形框绘制于相机图像上方（见图8-1）。因此，将Canvas.ZIndex设置为−1，这样可以确保CaptureElement放置在绘制面部矩形框的前景“下方”。

代码清单8-19展示了负责在检测到的人脸位置绘制矩形框的代码。DisplayFaces方法首先确定水平（xScalingFactor）和垂直（yScalingFactor）缩放因子，它们将矩形大小调整为CaptureElement控件中显示的图像的实际大小。一般来说，这个大小可以随应用程序窗口的大小而变化。矩形的绘制是通过DisplayFaces从画布中清除先前的矩形，并为从FaceTracker获得的每个DetectedFace对象调用DrawFaceBox方法绘制。

代码清单8-19 在相机图像上层绘制面部识别矩形框

```
private async void DisplayFaces(SoftwareBitmap displayBitmap, IList<DetectedFace> faces)
{
    if (Dispatcher.HasThreadAccess)
    {
        var xScalingFactor = CanvasFaceDisplay.ActualWidth / displayBitmap.PixelWidth;
        var yScalingFactor = CanvasFaceDisplay.ActualHeight / displayBitmap.PixelHeight;

        CanvasFaceDisplay.Children.Clear();
```

```
            foreach (DetectedFace face in faces)
            {
                DrawFaceBox(face.FaceBox, xScalingFactor, yScalingFactor);
            }
        }
        else
        {
            await Dispatcher.RunAsync(CoreDispatcherPriority.Normal, () =>
            {
                DisplayFaces(displayBitmap, faces);
            });
        }
    }
```

DrawFaceBox（参见代码清单 8-20）使用 FaceBox 的 Width 和 Height 属性以及缩放因子动态创建一个黄色的矩形框，该矩形框的大小与检测到的面部对应。然后，这个矩形框被转化并出现于指定面部。最后，使用 FaceBox 的重新缩放的 X 和 Y 属性，通过向 CanvasFaceDisplay 的 Children 集合中添加 Rectangle 控件，使黄色矩形框显示在 Canvas 中。

代码清单 8-20 动态构造矩形并将其添加到 Canvas 控件的 Children 集合中

```
private void DrawFaceBox(BitmapBounds faceBox, double xScalingFactor, double yScalingFactor)
{
    // 准备矩形框
    var rectangle = new Rectangle()
    {
        Stroke = new SolidColorBrush(Colors.Yellow),
        StrokeThickness = 5,
        Width = faceBox.Width * xScalingFactor,
        Height = faceBox.Height * yScalingFactor
    };

    // 转化为矩形框
    var translateTransform = new TranslateTransform()
    {
        X = faceBox.X * xScalingFactor,
        Y = faceBox.Y * yScalingFactor
    };

    rectangle.RenderTransform = translateTransform;

    // 显示矩形框
    CanvasFaceDisplay.Children.Add(rectangle);
}
```

在开发 PC 上运行 FacialTracking 后，将得到类似于图 8-1 所示的结果。请注意，Facial Tracking 可以检测多个人脸，在这种情况下，它将会绘制多个矩形框。

8.3.2 在 LED 阵列上显示面部位置

本节将介绍如何扩展 FacialTracking 应用程序，将第一个检测到的人脸的实际位置显示在 Sense HAT LED 阵列上。由于该阵列只有 64 个像素，因此使用单个 LED 显示相应面部矩形框的中心位置，同时根据图像上人脸位置的移动，在 LED 阵列上显示相应的位置变化。

当然，这个功能需要用到 LED 阵列接口，并且要对移动中的人脸图像进行适当的计算。为了连接 LED 阵列，我们参考了 Windows IoT 针对 UWP 的扩展，并通过以下文件补充了 FacialTracking 项目：

- I2cHelper.cs 请参阅第 5 章中的代码清单 5-22。
- Check.cs 请参阅第 6 章。
- LedArray.cs 请参阅第 6 章和第 7 章。

其次，采用了辅助结构 LedPixelPosition（请参阅 Chapter 08/ FacialTracking /Helpers/ LedPixelPosition.cs 中的配套代码）。该结构保存 LED 像素位置的 X 和 Y 坐标，并跟踪人脸位移，如代码清单 8-21 所示。

代码清单 8-21　在 LED 阵列上显示面部位移

```
private LedPixelPosition previousLedPixelPosition;

private void TrackFace(IList<DetectedFace> faces)
{
    var face = faces.FirstOrDefault();

    if (face != null)
    {
        // 计算 LED 像素位置
        var ledPixelPosition = CalculatePosition(face.FaceBox);

        // 显示位置
        ledArray.SetPixel(ledPixelPosition.X, ledPixelPosition.Y, Colors.Green);

        // 存储位置
        previousLedPixelPosition = ledPixelPosition;
    }
    else
    {
        // 当检测不到人脸时，将颜色转换为红色
        ledArray.SetPixel(previousLedPixelPosition.X, previousLedPixelPosition.Y,
           Colors.Red);
    }
}
```

之前介绍的人脸跟踪过程如下：从检测到的人脸集合中获取第一个元素。如果这个元素是有效的（非 null），则计算 LED 的位置，然后将其颜色设置为绿色，并将这个位置存储在 previousLedPixelPosition 字段中。当没有检测到人脸时，最终会使用这个值。在这种情况下，我们将 LED 的颜色设置为红色。

基本上，要使用 LED 阵列指示人脸位置，要将面部矩形框中心的位置映射到 8 × 8 LED 网格上的相应像素。在 CalculatePosition 方法（参见代码清单 8-22）中实现的这个映射如下所示。首先，计算 LED 阵列相关的坐标系统的两个缩放器——一个沿横坐标（xScaler），另

一个沿纵坐标（yScaler)(见第 6 章图 6-5)。这些比例因子使用以下公式计算：

$$\text{xScaler} = \frac{W-w}{L-1}$$

$$\text{yScaler} = \frac{H-h}{L-1}$$

其中：

W 和 H 分别表示视频帧的宽度和高度。

w 和 h 代表面部边矩形的宽度和高度。

L 是 LED 阵列的长度，比如 8。

两个缩放因子分别通过 xScaler 和 yScaler 将 BitmapBounds 结构的 X 和 Y 属性各自相除来确定 LED 像素位置。

代码清单 8-22 将面部边界矩形映射到 LED 像素位置

```
private LedPixelPosition CalculatePosition(BitmapBounds faceBox)
{
    // 确定 LED 阵列的标量
    var xScaler = (cameraCapture.FrameWidth - faceBox.Width) / (LedArray.Length - 1);
    var yScaler = (cameraCapture.FrameHeight - faceBox.Height) / (LedArray.Length - 1);

    // 获取 LED 像素位置
    var xPosition = Convert.ToInt32(faceBox.X / xScaler);
    var yPosition = Convert.ToInt32(faceBox.Y / yScaler);

    // 正确的坐标
    xPosition = CorrectLedCoordinate(LedArray.Length - 1 - xPosition);
    yPosition = CorrectLedCoordinate(yPosition);

    return new LedPixelPosition()
    {
        X = xPosition,
        Y = yPosition
    };
}
```

为了确保 LED 像素坐标在 LED 阵列的尺寸对应的有效范围内，我们使用了代码清单 8-23 中的 CorrectLedCoordinate 方法。该方法检查坐标是否为正数并且值不大于 LED 阵列的长度减 1。

代码清单 8-23 确保 LED 坐标有效

```
private int CorrectLedCoordinate(int inputCoordinate)
{
    inputCoordinate = Math.Min(inputCoordinate, LedArray.Length - 1);
    inputCoordinate = Math.Max(inputCoordinate, 0);

    return inputCoordinate;
}
```

FacialTracking 在物联网设备上启动后，应用程序会自动开始视频采集、人脸识别和跟踪。第一个检测到的面部的坐标将显示在 LED 阵列中。

前面的示例已经证明 UWP 具有非常可靠的面部检测和识别能力。在第 11 章中，将使用 Microsoft Cognitive Services 进一步扩展功能，从而实现识别面部表情的功能。

8.4 OpenCV 与原生代码接口

UWP 不具有自定义图像处理的 API，但幸运的是我们仍可以使用其中一个图像处理库处理机器视觉和机器人项目。值得一提的工具包是 OpenCV——一组开源计算机视觉库。OpenCV 由英特尔公司的 Gary Bradsky 创建，是一个跨平台的工具，有一个大型社区，可为近 5 万名开发人员提供服务。在编写本章时，OpenCV 已是 SourceForge 页面上最热门的机器人领域的工具。因此，对于机器视觉物联网应用来说，OpenCV 是一个不错的选择。

OpenCV 不仅跨平台，还提供公有 C/C++ 接口。C 接口用于 OpenCV 的第一个版本；目前 C++ 是推荐使用的 OpenCV 接口语言。虽然不能在 Visual C# UWP 项目中直接使用此类本地库，但仍可以通过使用 C++ 组件扩展（C++ /CX）编写的 Visual C++ Windows 运行时组件（WRC）间接使用它们（请参见附录 E），并可用于与本机代码（包括 C/C++ 库）进行对接。与本机代码交互的另一种方法是运用 .NET Framework 的 Platform Invoke（P/Invoke）功能。但是，这需要使用 System.Runtime.InteropServices 命名空间中的 DllImportAttribute 从给定的 DLL 手动导入函数。

在 UWP 项目中引用 WRC 后，即可轻松访问它。调用 WRC 中的方法与调用其他 UWP API 的方式相同。这种灵活性带来许多优点，其中之一是可以在 WRC 内实施时间关键型操作（如图像或音频处理），并从 C# 或 Visual Basic 中构建的主项目中调用它们。当需要与本地驱动程序进行交互、控制自定义设备或制造商提供的 C/C++ 驱动程序或 SDK 时，此方法也相当有效。此外，WRC 可以与 Win32 及 UWP 的 COM API 连接，当需要获得更多控制或访问特定功能时，WRC 也可以访问低层系统。

在本节中，将介绍如何使用上述策略在 UWP 项目中使用 OpenCV。首先，在 WRC 内实现几种图像处理算法。主 UWP 项目将引用该组件并将其用于从 USB 摄像头获取的视频序列中的对象检测，然后使用 Sense HAT LED 阵列呈现关于检测到的物体形状的信息。

其配套代码包括 3 个项目：ImageProcessingComponent、ImageProcessing 和 Machine Vision，可在配套代码的 Chapter 08 文件夹中找到它们。

8.4.1 解决方案配置和 OpenCV 安装

首先，需要调用 Windows 运行时组件的空白 UWP Visual C# 应用程序，然后配置项目的依赖关系并安装所需的 OpenCV NuGet 包。以下是详细步骤：

1）创建名为 ImageProcessing 的 Blank Application（Universal Windows）Visual C# 项目。

2）在 Solution Explorer 中，右击解决方案 Image Processing，然后从快捷菜单中选择 Add New Project 命令。

3）在弹出的 Add New Project 对话框的搜索框中输入 C++ Windows Runtime Component，如图 8-5 所示，然后选择 Windows Runtime Component（Universal Windows）Visual C++，将项目名称更改为 ImageProcessingComponent，创建以 10.0.10586 Windows 版本为目标的项目。

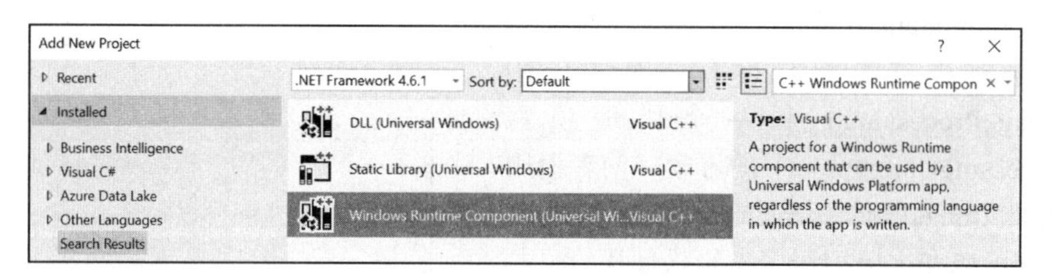

图 8-5　显示 Windows Runtime Component（Universal Windows）Visual C++ 项目模板的 Add New Project 对话框

4）返回 Solution Explorer，右击 ImageProcessingComponent 项目下的 References 节点，然后从快捷菜单中选择 Manage NuGet Packages 命令，激活 NuGet 包管理器，从中执行以下操作：

a. 选中 Include prelease 复选框。

b. 选择 Browse 选项卡并在搜索框中输入 opencv.uwp。

c. 在搜索结果列表中，找到并安装 OpenCV.UWP.native.imgproc 软件包（见图 8-6），另外，NuGet 包管理器还将安装一个依赖包，即 OpenCV.UWP.native.core。

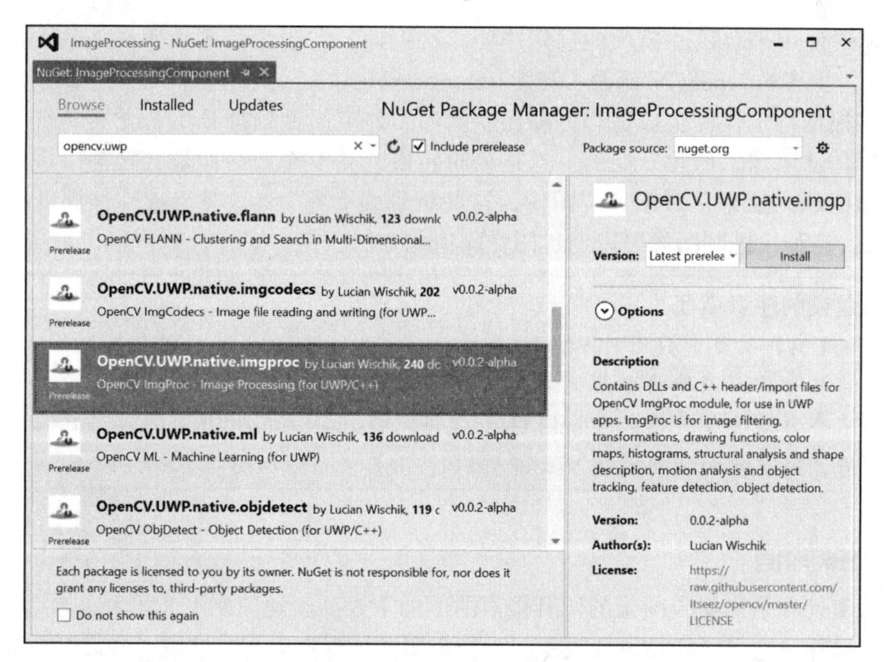

图 8-6　OpenCV.UWP.native.imgproc 包的 NuGet 包管理器

5）引用ImageProcessing项目中的ImageProcessingComponent：

a. 右击ImageProcessing项目下的References，然后从快捷菜单中选择Add Reference命令，将出现一个关于参考管理器的对话框Reference Manager。

b. 在Reference Manager对话框下，选择Projects选项卡，如图8-7所示，选中ImageProcessingComponent复选框。

我们将解决方案配置为有一个主应用程序（ImageProcessing）和一个代理项目（ImageProcessingComponent）的方案。前者引用后者，因此ImageProcessingComponent的每个公共成员都可以在主应用程序中轻松使用。

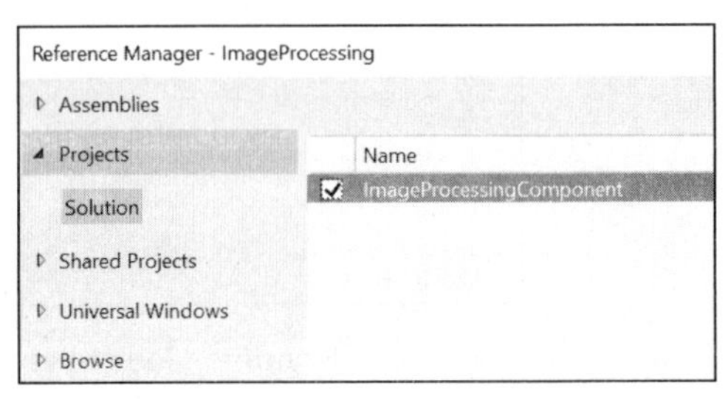

图8-7　Reference Manager对话框。在设置正确的参考配置之后，ImageProcessing Component中声明的方法和类可以用作主应用程序

可以从http://opencv.org下载稳定的OpenCV版本，并从以下GitHub获取当前源代码：https://github.com/Itseez/opencv，也可以将OpenCV模块安装为NuGet包，如上所示。

在ImageProcessingComponent中，我们安装了两个OpenCV模块：core和imgproc。OpenCV功能分为几个主要模块和扩展模块。主要模块实现完善的图像处理算法、物体和特征检测、图像拼接、机器学习和分割。扩展模块由贡献者提供，不与官方OpenCV版本一起发布，提供其他先进的图像处理例模块，如人脸识别、神经网络、图像配准、对象跟踪或生物启发式视觉模型。

每个模块使用来自核心模块的通用声明。特别地，它包含用于表示图像的Mat对象（矩阵）的定义。大多数OpenCV函数（例如imgproc模块中定义的方法）处理存储在矩阵中的图像数据，将根据特定操作生成适当的输出。然而，许多图像处理算法，尤其是针对物体检测的算法，都是从图像二值化开始的。这是色阶转换，其中输入图像被转换为二进制，并由两个可能的值组成。通常，对于8位图像，这些级别为0和255，对于较高位深度的图像，级别为0和1。这种二进制图像可以通过图像阈值化方法获得，在下一节中将讨论这些方法。

关于项目建设的注意事项

在实施UWP项目中引用的Windows运行时组件（WRC）时，无论何时修改WRC组件，都要将其重建，以便将更改反映在UWP代码中。可以手动执行此操作，因为后台编译器可能不会自动编译较长的Visual C++代码。Visual Studio 2017引入了C++代码编译时间的改进，因此前面的问题在Visual Studio 2015中会更加明显。

8.4.2　图像阈值

图像阈值处理是当输入图像的所有像素的值低于或高于阈值水平（即固定像素值）时修改所有像素的操作。它可以任意设置或专门为特定图像计算。更正式地说，假设图像被表示为二维数组$I=[I_{ij}]$，阈值算法使用以下公式来处理输入图像$I^{(\mathrm{in})}$以生成输出（已处理）图像$I^{(\mathrm{out})}$：

$$I_{ij}^{(\text{out})}=\begin{cases}v_1, & I_{ij}^{(\text{in})}>T\\ v_2, & 其他\end{cases}$$

其中 T 是阈值水平，v_1 和 v_2 是由特定阈值方法设置的值，其中 W 和 H 分别是 $i=0,1,\ldots,W-1$，$j=0,1,\ldots,H-1$ 分别表示图像的宽度和高度。图像阈值是逐个像素的操作，将每个像素与 T 进行比较，然后为该像素分配 v_1 或 v_2 值。

对于 8 位图像的最简单的二进制阈值，$v_1=255$ 和 $v_2=0$。因此，阈值水平以上的所有像素变成白色，而其他的将是黑色的。二进制阈值可以很容易地反转，使得 $v_1=0$，$v_2=255$ 即可。

图像阈值在 OpenCV 的 imgproc 模块中作为 cv :: threshold 函数实现。此方法在单通道（灰度）图像上运行，并支持 imgproc.hpp 文件中 cv :: ThresholdTypes 枚举中定义的几个阈值操作。除了简单的二进制和反转二进制阈值之外，OpenCV 还实现了几种像素截断方法。可以通过排除低于 cv :: ThresholdTypes :: ToZero 或高于 cv :: ThresholdTypes :: Trunc 和 cv :: ThresholdTypes :: ToZeroInv 阈值级别的值来抑制噪点，即这些算法使用以下 v_1 和 v_2 值：

- cv :: ThresholdTypes :: ToZero $v_1=I_{ij}^{(\text{in})},v_2$
- cv :: ThresholdTypes :: ToZeroInv $v_1=0,v_2=I_{ij}^{(\text{in})}$
- cv :: ThresholdTypes :: Trunc $v_1=T,v_2=I_{ij}^{(\text{in})}$

OpenCV 还实现了两种自动阈值确定算法 cv :: ThresholdTypes :: Otsu 和 cv :: ThresholdTypes :: Triangle。通过分析图像直方图以找到最佳的阈值水平，这将把像素值分为两个可区分的组。第一个包含对象的像素，第二个包含背景像素。这种自动阈值确定对物体检测至关重要，它有助于自动区分物体和背景。

为了演示 OpenCV 阈值算法的示例用法，我们以下面的方式实现了 ImageProcessing-Component：首先定义了将 cv :: ThresholdTypes 从 OpenCV 映射到可用于 C# 代码的枚举类型（请参阅 Chapter 08/ImageProcessingComponent/ ThresholdType.h 中）。要定义这种枚举类型，需要使用 C++/ CX 的 enum 类关键字。

其次，将实现 OpenCvWrapper 类。它具有典型 C++ 类的形式，所以其声明存储在 OpenCvWrapper.h 文件中（参见代码清单 8-24），而定义保存在 OpenCvWrapper.cpp 中（请参阅配套代码 Chapter 08/ImageProcessingComponent/OpenCvWrapper/ OpenCvWrapper.cpp）。

代码清单 8-24　OpenCvWrapper 类声明由 1 个公共方法和 4 个私有辅助函数组成

```
#pragma once

#include "ThresholdType.h"
#include <opencv2\core.hpp>
#include <opencv2\imgproc.hpp>

using namespace Windows::UI::Xaml::Media::Imaging;
using namespace Windows::Storage::Streams;

namespace ImageProcessingComponent
{
    [Windows::Foundation::Metadata::WebHostHidden]
```

```
    public ref class OpenCvWrapper sealed
    {
    public:
        static void Threshold(WriteableBitmap^ inputBitmap, int level, ThresholdType type);
    private:
        static const int pxMaxValue = 255;

        static void CheckInputParameters(WriteableBitmap^ inputBitmap);

        static cv::Mat ConvertWriteableBitmapToMat(WriteableBitmap^ inputBitmap);
        static cv::Mat ConvertMatToGrayScale(cv::Mat inputMat);

        static byte* GetPointerToPixelBuffer(IBuffer^ pixelBuffer);
    };
}
```

前述声明的几个要素在此再做解释。首先请注意，头文件包含标准的 #include 预处理器指令及 using namespace 语句。两者都用于包含其他文件的定义的特定指令，但 #include 用于本机（非托管）代码，而 using namespace 引用的是特定的 UWP API（托管代码）。

在 .NET Framework 中，托管代码是编译器生成的中间代码。该中间代码稍后由公共语言运行库（CLR）执行。特别地，CLR 将中间代码转换为二进制代码并管理内存。一个典型的 C/C ++ 原生应用程序直接编译为二进制代码，用户需要手动分配和释放内存。

随着 .NET Native 的出现，通过编译模式（Debug 或 Release）生成的 UWP 应用程序可直接转换为中间代码（Debug）或直接转换为二进制代码（Release）。直接转换为二进制代码可以提高应用性能，但会显著增加编译时间。

由于 UWP 应用程序可以直接编译为本地代码，因此术语托管代码失去其完整含义。不过我们会在这里继续使用这个术语来指代 UWP API，希望不会引起任何混淆。

OpenCvWrapper 声明用 WebHostHidden 属性修饰，因此不能在 JavaScript UWP 应用程序中使用，因为 WriteableBitmap 类在 JavaScript UWP 接口中不可用。

OpenCvWrapper 类的声明由 1 个公共方法和 4 个辅助方法组成。公共方法 Threshold 已在代码清单 8-25 中提及，通过使用 OpenCV 阈值函数处理输入图像，但是在调用任何 OpenCV 函数之前，需要执行几个步骤。首先，需要验证 inputBitmap 参数（检查它是否为 null，参见代码清单 8-25）。

代码清单 8-25　使用 OpenCV 进行图像阈值化

```
void OpenCvWrapper::Threshold(WriteableBitmap^ inputBitmap, int thresholdLevel,
    ThresholdType type)
{
    CheckInputParameters(inputBitmap);

    // 初始化 Mat 并将其转换为灰度显示
    auto inputMat = ConvertWriteableBitmapToMat(inputBitmap);
    auto workingMat = ConvertMatToGrayScale(inputMat);
```

```
    // 阈值图像
    cv::threshold(workingMat, workingMat, thresholdLevel, pxMaxValue, (int) type);

    // 转换回 Rgra8
    cv::cvtColor(workingMat, inputMat, CV_GRAY2BGRA);

    // 发布资源
    workingMat.release();
}

void OpenCvWrapper::CheckInputParameters(WriteableBitmap^ inputBitmap)
{
    if (inputBitmap == nullptr)
    {
        throw ref new NullReferenceException();
    }
}
```

然后，将 UWP WriteableBitmap 对象转换为 Mat 类的一个实例。WriteableBitmap 和 Mat 类都使用二维字节数组来表示位图格式的原始图像数据。数组的阵列行数对应于图像高度，列数对应于图像宽度，还包含像素位深度（像素数据类型）和颜色通道数。在 OpenCV 中，像素位深度和图像颜色通道的数量使用几种预定义类型的形式进行控制：CV_ <B> _ <T> _C <N>，其中：

- <B> 代表位深度（8、16、24 和 32）。
- <T> 定义了一种可用的像素数据类型：
  - U 无符号
  - S 有符号
  - F 浮点
  - <N> 是通道数量（1、2、3 或 4）。

例如，CV_8UC1 原始图像数据被存储为二维数组（矩阵），其元素是 8 位 unsigned 整数。而且图像只有一个通道，因此列数将等于图像宽度。但是，由于优化，宽度可以填充到 4 的倍数。这种填充宽度通常表示为图像宽度步长，即连续行之间的距离（以字节为单位）。

此外，WriteableBitmap 在位图格式的图像上运行，其中像素格式被定义为来自 Windows.Graphics.Imaging 命名空间中定义的 BitmapPixelFormat 枚举的 Bgra8 值。Bgra8 格式使用 4 个通道和 8 位 unsigned 整数，而像素数据阵列（矩阵）中的通道顺序（列顺序）如下：蓝色、绿色、红色和 Alpha（BGRA）。相应地，这种像素数据组织对应于 CV_8UC4 OpenCV 类型，我们在 ConvertWriteableBitmapToMat 的定义中使用了此类型（参见代码清单 8-26。）

代码清单 8-26 WriteableBitmap 到 Mat 转换

```
cv::Mat OpenCvWrapper::ConvertWriteableBitmapToMat(WriteableBitmap^ inputBitmap)
{
    // 获取指向原始像素数据的指针
    auto imageData = GetPointerToPixelBuffer(inputBitmap->PixelBuffer);
```

```
    // 构建 OPpen^CV 图像
    return cv::Mat(inputBitmap->PixelHeight, inputBitmap->PixelWidth, CV_8UC4, imageData);
}
```

我们使用 WriteableBitmap 类实例中存储的图像数据初始化 Mat 对象，这包含图像的大小（PixelWidth 和 PixelHeight）和原始图像数据。这可以通过 PixelBuffer 属性访问。但是，Mat 对象需要使用本机类指针方法来访问内存。因此，要检索指向 WriteableBitmap 的 PixelBuffer 属性的指针，我们使用 COM 系统的 IBufferByteAccess 接口（参见代码清单 8-27 中的 GetPointerToPixelBuffer 方法。）

代码清单 8-27　使用 COM 系统访问本机指针

```
byte* OpenCvWrapper::GetPointerToPixelBuffer(IBuffer^ pixelBuffer)
{
    ComPtr<IBufferByteAccess> bufferByteAccess;

    reinterpret_cast<IInspectable*>(pixelBuffer)->QueryInterface(
        IID_PPV_ARGS(&bufferByteAccess));

    byte* pixels = nullptr;
    bufferByteAccess->Buffer(&pixels);

    return pixels;
}
```

我们使用生成的指向字节数组的指针来初始化 Mat 类，之后使用 OpenCV 方法处理图像，如代码清单 8-25 中 Threshold 方法的定义所示。此方法首先使用代码清单 8-28 中 ConvertMatToGrayScale 方法中的 cv :: cvtColor 函数将图像转换为灰度显示。此转换是必要的，因为 cv :: threshold 仅能运行在单通道图像上。随后，调用 cv :: threshold 来处理图像。最后，将图像色彩比例转换回 8 位 BGRA（用于 OpenCV 的 BGRA8 或用于 UWP 的 Bgra8）。WriteableBitmap 类的输入实例就此被更新并包含处理后的图像数据。

代码清单 8-28　色彩空间转换

```
cv::Mat OpenCvWrapper::ConvertMatToGrayScale(cv::Mat inputMat)
{
    auto workingMat = cv::Mat(inputMat.rows, inputMat.cols, CV_8U);

    cv::cvtColor(inputMat, workingMat, CV_BGRA2GRAY);

    return workingMat;
}
```

8.4.3　处理结果的可视化

首先尝试几个阈值并在桌面平台上运行 ImageProcessing 应用程序。稍后，将此试验移植至物联网应用。

编译、部署并启动 ImageProcessing 应用程序后，可以使用 Browse 按钮选取位图。这将激活 OS 选取器，可用于选择 JPG、PNG 或 BMP 格式的图像。随后，当使用下拉列表更改阈值算法类型或滑动滑块位置更改阈值级别时，图像处理前和处理后的效果将会在 Image 图像控件中呈现，如图 8-8 和图 8-9 所示。

建议试用 ImageProcessing 应用程序，并尝试不同的阈值类型和级别，以全面了解它们的工作方式。请注意，通过更改阈值级别，可以提取更多或更少的图像特征。但对于 Otsu 和三角算法，阈值级别会自动计算，因此更改滑块位置不会影响处理后的图像。

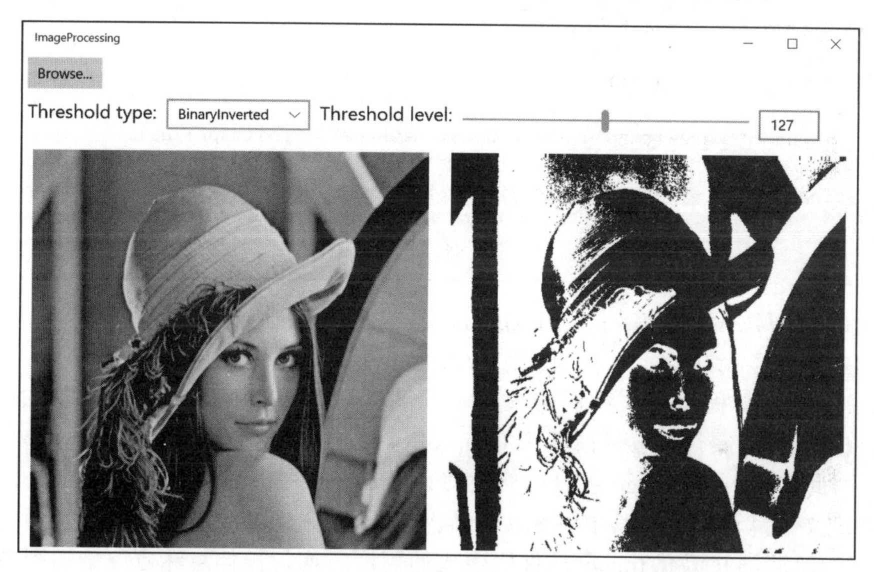

图 8-8　使用 127 的二进制反转阈值处理的输入和图像

图 8-9　Otsu 的方法会自动确定最佳的阈值级别，可以提取出众多图像特征

为了构建应用程序，首先构建 UI。其主要元素是位于应用程序窗口左上角的 Browse 览按钮。当单击这个按钮时，代码清单 8-29 中的方法将会被执行。此方法用于加载和显示将要被处理的图像。相关配套代码可参阅 Chapter 08 /Image Processing。

代码清单 8-29　选择一个输入图像进行处理

```
private SoftwareBitmap inputSoftwareBitmap;

private async void ButtonLoadImage_Click(object sender, RoutedEventArgs e)
{
    var bitmapFile = await PickBitmap();

    if (bitmapFile != null)
    {
        inputSoftwareBitmap = await GetBitmapFromFile(bitmapFile);

        InputImage = inputSoftwareBitmap.ToWriteableBitmap();
    }
}
```

为了加载图像，我们编写了 PickBitmap 和 GetBitmapFromFile 方法，本章稍后将讨论这些方法。要显示图像，可以使用 XAML Image 控件，仅需要设置 Source 属性。在 ImageProcessing 应用程序中，我们定义了一个绑定，其将 UI 的 InputImage 字段与第一个 Image 控件的 Source 属性连接（请参阅 Chapter 08 /ImageProcessing / MainPage.xaml 中的配套代码）。因此，当 InputImage 字段被修改时，Image 控件也将实时变动。此外，我们还为 Image 控件定义了默认样式，其中将 Stretch 属性默认设置为 Uniform.Stretch 属性，该属性确定了图像将如何渲染并填充 Image 控件所生成的矩形。均匀拉伸意味着渲染的图像依据原有图像宽高比尺寸被重新缩放以适应 Image 控件。其他拉伸选项包括：

- None 图像保留其原始大小，因此当 Image 控件的大小与图像大小不匹配时，图像会被剪裁。
- Fill 调整图像大小以填充 Image 控件，但不保留原始图像宽高比。尺寸不匹配时，源图像不会填充 Image 控件。
- UniformToFill 结合了 Uniform 和 Fill 功能，图像的大小会依据原始高宽比进行改变。但是，当 Image 控件尺寸与原始纵横比不匹配时，图像在显示之前会被剪切。但只有调整 Image 控件的大小，其长宽比无法保留时，才会剪裁源位图。

我们鼓励你用不同的图像测试这些渲染选项。可以从 ImageProcessing 应用程序的 MainPage 资源中修改样式定义、加载图像并调整应用程序窗口的大小，然后将看到各种渲染选项如何影响图像显示。

为了使用户选择位图，我们使用了代码清单 8-30 中的方法。此函数显示如何使用 FileOpenPicker 类激活选择文件的操作系统对话框。用户可以配置如何显示此对话框的内容（ViewMode 属性），选择初始文件夹（SuggestedStartLocation）并设置文件搜索过滤器（FileTypeFilter 集合）。然后，使用 PickSingleFileAsync 方法获得用户选择的文件。它返回一个 StorageFile 类的实例，这是 UWP 中的抽象表示文件。请注意，OS 选取器在物联网平台上不可用。我们在桌面和移动平台上成功地测试了图像选择器。

代码清单 8-30 选择一个位图文件

```
private string[] extensions = new string[] { ".jpg", ".jpeg", ".png", ".bmp" };

private IAsyncOperation<StorageFile> PickBitmap()
{
    var photoPicker = new FileOpenPicker()
    {
        ViewMode = PickerViewMode.Thumbnail,
        SuggestedStartLocation = PickerLocationId.PicturesLibrary
    };

    foreach (string extension in extensions)
    {
        photoPicker.FileTypeFilter.Add(extension);
    }

    return photoPicker.PickSingleFileAsync();
}
```

StorageFile 类的实例即将在代码清单 8-31 的 GetBitmapFromFile 方法中使用。打开文件后，读取并使用 BitmapDecoder 将其内容写入 SoftwareBitmap 对象。其会自动从文件流中读取位图属性（如像素格式和尺寸）。

代码清单 8-31 读取一个位图文件

```
private async Task<SoftwareBitmap> GetBitmapFromFile(StorageFile bitmapFile)
{
    using (var fileStream = await bitmapFile.OpenAsync(FileAccessMode.Read))
    {
        var bitmapDecoder = await BitmapDecoder.CreateAsync(fileStream);

        return await bitmapDecoder.GetSoftwareBitmapAsync();
    }
}
```

SoftwareBitmap 表示一个未压缩的位图。要访问原始像素数据并进行处理，需要将其转换为 WriteableBitmap。在 ImageProcessing 应用程序中，此转换是使用 SoftwareBitmap-Extensions 类的扩展方法实现的（参见代码清单 8-32）。

代码清单 8-32 将 SoftwareBitmap 转换为 WriteableBitmap 的扩展方法

```
public static class SoftwareBitmapExtensions
{
    private static BitmapPixelFormat bitmapPixelFormat = BitmapPixelFormat.Bgra8;

    public static WriteableBitmap ToWriteableBitmap(this SoftwareBitmap softwareBitmap)
    {
        if (softwareBitmap != null)
        {
```

```
            if (softwareBitmap.BitmapPixelFormat != bitmapPixelFormat)
            {
                softwareBitmap = SoftwareBitmap.Convert(softwareBitmap, bitmapPixelFormat);
            }

            var writeableBitmap = new WriteableBitmap(softwareBitmap.PixelWidth,
                softwareBitmap.PixelHeight);

            softwareBitmap.CopyToBuffer(writeableBitmap.PixelBuffer);

            return writeableBitmap;
        }
        else
        {
            return null;
        }
    }
}
```

SoftwareBitmapExtensions 仅实现了一个静态方法 ToWriteableBitmap。该功能首先将输入对象转换为 Bgra8 像素格式，然后创建一个 WriteableBitmap 实例。最后，使用 SoftwareBitmap 类的 CopyToBuffer 方法将原始像素数据复制到 WriteableBitmap。

通过使用 ToWriteableBitmap 扩展方法，可以显示和处理图像。每当从下拉列表中更改阈值算法类型或使用滑块控件更改阈值级别（T）时，都会进行图像处理（见图 8-8 和图 8-9）。所选取的阈值水平也将同步显示在文本框中。

阈值类型和阈值水平通过 MainPage 类的相应字段绑定显示到 UI 界面。所有阈值算法的列表从 ThresholdType 枚举中获得，如代码清单 8-33 所示。默认情况下，我们使用这个枚举的第一个值，例如 Binary。

代码清单 8-33　配置下拉项目、源和阈值类型

```
private void ConfigureThresholdComboBox()
{
    thresholdTypes = Enum.GetValues(typeof(ThresholdType));
    ThresholdType = (ThresholdType)thresholdTypes.GetValue(0);
}

private object ThresholdType
{
    get { return thresholdType; }
    set
    {
        thresholdType = (ThresholdType)value;
        ThresholdImage();
    }
}
```

ThresholdType 属性绑定显示到 UI 界面，并且每当更改阈值算法时，它都会执行 Threshold-

Image 方法。绑定到滑块的 ThresholdLevel 属性的工作原理与此类似。

实际的图像处理通过调用 OpenCvWrapper.Threshold 方法进行。如代码清单 8-34 所示，只需要将输入图像转换为 WriteableBitmap，然后使用从 UI 获取的参数来执行阈值计算处理。此操作意味着源图像的像素缓存被覆盖。

代码清单 8-34 OpenCvWrapper 类接口的本地代码

```
private void ThresholdImage()
{
    if (inputSoftwareBitmap != null)
    {
        processedImage = inputSoftwareBitmap.ToWriteableBitmap();

        OpenCvWrapper.Threshold(processedImage, thresholdLevel, thresholdType);

        OnPropertyChanged("ProcessedImage");
    }
}
```

在下一个示例中，我们将扩展此应用程序以进行对象检测。

8.4.4 对象检测

如前所述，图像阈值处理通常是针对物体检测的图像处理算法的第一步。因此，测试完阈值处理后，你可以转向更高阶的内容并实施对象检测。OpenCV 为此提供了几种算法。通常，这些算法分析二值图像以检测边界（像素值的快速变化），然后将其排列成围绕物体的轮廓。找到轮廓最方便的方法之一就是使用 cv :: findContours 函数。仅需要输入二进制图像就能返回检测到的轮廓。因此，要检测对象，仅需要对输入图像应用一个阈值处理，然后调用 cv :: findContours 函数即可获得轮廓。进一步将检测到的轮廓可视化，可以使用 cv :: drawContours 函数。

为了显示这些函数的示例用法，我们通过在 ImageProcessing 应用程序扩展另一个 Draw contour 按钮来实现。它在加载的图像上调用对象检测，并在第二个 Image 控件中显示结果（见图 8-10）。

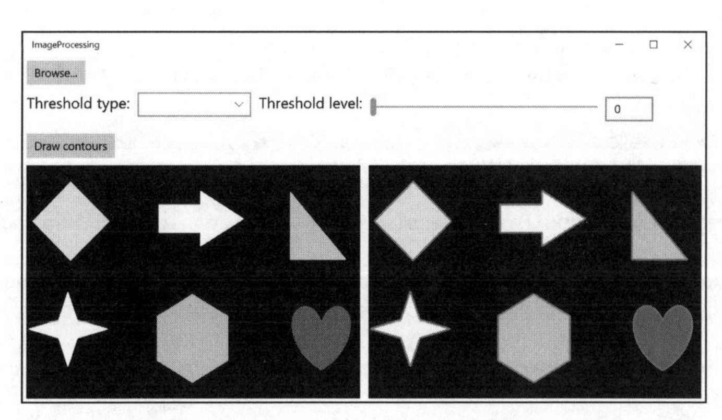

图 8-10 使用 OpenCV 工具包进行对象检测

代码清单 8-35 中出现了 Draw Contours 按钮的事件处理程序。该方法的结构与代码清单 8-34 中的 ThresholdImage 类似。也就是说，首先将源 SoftwareBitmap 转换为 WriteableBitmap，然后将生成的对象传递给 OpenCvWrapper.DetectObjects 方法。

代码清单 8-35 轮廓检测

```
private void ButtonDrawContours_Click(object sender, RoutedEventArgs e)
{
    if (inputSoftwareBitmap != null)
    {
        processedImage = inputSoftwareBitmap.ToWriteableBitmap();

        OpenCvWrapper.DetectObjects(processedImage, true);

        OnPropertyChanged("ProcessedImage");
    }
}
```

为了实现 OpenCvWrapper.DetectObjects，我们用代码清单 8-36 中高亮显示的语句扩展了 OpenCvWrapper 的声明。

代码清单 8-36 OpenCvWrapper 类声明由一个公共和两个私有成员进行补充以便进行对象检测

```
#pragma once

#include "ThresholdType.h"
#include <opencv2\core.hpp>
#include <opencv2\imgproc.hpp>

using namespace std;
using namespace Windows::UI::Xaml::Media::Imaging;
using namespace Windows::Storage::Streams;

namespace ImageProcessingComponent
{
    [Windows::Foundation::Metadata::WebHostHidden]
    public ref class OpenCvWrapper sealed
    {
    public:
        static void Threshold(WriteableBitmap^ inputBitmap, int level, ThresholdType type);
        static void DetectObjects(WriteableBitmap^ inputBitmap, bool drawContours);

    private:
        static const int pxMaxValue = 255;

        static void CheckInputParameters(WriteableBitmap^ inputBitmap);

        static cv::Mat ConvertWriteableBitmapToMat(WriteableBitmap ^inputBitmap);
        static cv::Mat ConvertMatToGrayScale(cv::Mat inputMat);

        static byte* GetPointerToPixelBuffer(IBuffer^ pixelBuffer);

        static vector<vector<cv::Point>> FindContours(cv::Mat inputMat);
```

```
        static void DrawContours(cv::Mat inputMat, vector<vector<cv::Point>> contours);
    };
}
```

有两个新的私有方法：FindContours 和 DrawContours，以及一个结合了这两个私有方法的功能的公共方法 DetectContours。FindContours 的定义如代码清单 8-37 所示。我们首先使用 Otsu 算法对输入图像进行阈值处理，然后将处理后的图像传递给 cv :: findContours 方法。获得的轮廓将存储在 std :: vector 容器中。

代码清单 8-37 轮廓查找

```
vector<vector<cv::Point>> OpenCvWrapper::FindContours(cv::Mat inputMat)
{
    // 阈值图像
    cv::threshold(inputMat, inputMat, 0, pxMaxValue, cv::ThresholdTypes::THRESH_OTSU);

    // 查找轮廓
    vector<vector<cv::Point>> contours;
    cv::findContours(inputMat, contours, cv::RetrievalModes::RETR_LIST,
        cv::ContourApproximationModes::CHAIN_APPROX_SIMPLE);

    return contours;
}
```

可以使用轮廓检索（模式）和近似（方法）来控制 OpenCV 工具包中实现的轮廓检索的算法。可用的检索模式在 cv :: RetrievalModes 枚举（imgproc.hpp）中已有声明。此模式可以确认 cv :: findContours 函数如何构建轮廓层次结构。轮廓层次结构是对象（子）与对象（父）之间的关系。当然，子对象可以是其他对象的父对象。此种情况下，最初的父对象即成为父对象的父对象，以此类推。

如果检索模式设置为 RETR_LIST（参见代码清单 8-37），则层次结构不会建立。对于 RETR_CCOMP，只有父母和直系子对象被安排在一个层次结构中。RETR_EXTERNAL 标志指示 cv :: findContours 函数仅选择最老的对象。相比之下，RETR_TREE 则会建立完整轮廓层次结构。

上例中没有使用轮廓层次结构，但可以通过 cv :: findContours 的第二个重载版本的参数 hierarchy 来获取它。层次结构返回与轮廓相同。

最终，检测到的轮廓可以被压缩以减少构成轮廓的点的数量。这由 cv :: findContours 函数的方法参数控制。可用的轮廓压缩方法在 cv :: ContourApproximationModes（imgproc.hpp）中声明。你可以禁用压缩功能（CHAIN_APPROX_NONE），仅压缩水平、垂直和对角线段（CHAIN_APPROX_SIMPLE），或使用 Teh-Chin 算法（CHAIN_APPROX_TC89_L1，CHAIN_APPROX_TC89_KCOS），具体参见《On the Detection of Dominant Points on Digital Curve》的第 859 ～ 872 页。在代码清单 8-37 中，我们不使用轮廓层次结构，而是使用简单的轮廓段过滤。可以单独修改 cv ::findContours 选项查看其如何影响轮廓检测。

使用 cv :: drawContours 方法可以在图像上绘制轮廓集合。代码清单 8-38 中显示了如何使用这个函数。基本上，你可以定义颜色和线条粗细，然后根据轮廓集合绘制。要在 OpenCV 中定义 RGB 颜色，需要使用 cv :: Scalar 结构。其有 4 个成员，每个成员拥有指定颜色通道。它们按以下顺序排列：蓝、绿、红和 alpha 通道。因此，在代码清单 8-38 中，为了定义红色、不透明的颜色，需要将红和 alpha 通道都设置为 255。

代码清单 8-38 轮廓绘制

```
void OpenCvWrapper::DrawContours(cv::Mat inputMat, vector<vector<cv::Point>> contours)
{
    // 线的颜色和粗细
    cv::Scalar red = cv::Scalar(0, 0, 255, 255);
    int thickness = 5;

    // 绘制轮廓
    for (uint i = 0; i < contours.size(); i++)
    {
        cv::drawContours(inputMat, contours, i, red, thickness);
    }
}
```

在代码清单 8-39 的 DetectObjects 方法中使用了 OpenCvWrapper 的 FindContours 和 DrawContours 函数。该方法有两个参数：要处理的位图（inputBitmap）和布尔参数（drawContours）。drawContours 能读取在图像中是否已检测到描绘的轮廓。DetectObjects 的使用方法之前已经介绍过，在此不做赘述。

代码清单 8-39 对象检测

```
void OpenCvWrapper::DetectObjects(WriteableBitmap^ inputBitmap, bool drawContours)
{
    CheckInputParameters(inputBitmap);

    auto inputMat = ConvertWriteableBitmapToMat(inputBitmap);
    auto workingMat = ConvertMatToGrayScale(inputMat);

    auto contours = FindContours(workingMat);

    if (drawContours)
    {
        DrawContours(inputMat, contours);
    }
}
```

8.4.5 用于物体识别的机器视觉

前几节已经提供了一些关于使用 OpenCV 的图像处理基础知识的见解，你已经可以使用这些知识来构建物联网应用程序。现在，我们将把 USB 摄像头采集与 OpenCV 工具包结合起来。下一个项目的目标是通过使用应用程序检测识别视频序列中的简单几何形状对象：线条、三角形和正方形等。我们将通过扩展轮廓检测程序，以便所有检测到的轮廓将近似于多边形曲线。该应用将挑选面积最大的物体并分析其几何形状。Sense HAT LED 阵列将显示此分析的结果，如之前的图 8-2 所示。

这个例子将分为两步实现：

1）描述 ImageProcessingComponent 中的轮廓逼近，展示如何确定对象区域以及轮廓逼近的多边形曲线列表。

2）展示如何将这些数据传递给主物联网应用程序，该应用程序将使用它来驱动 LED 阵列。基于这个原因，我们将通过扩展 LedArray 类定义的方法绘制形状：三角形、正方形和 X 符号。

1. 轮廓逼近

为了存储轮廓描述（曲线周围的区域和轮廓），我们定义了 ObjectDescriptor 类（请参阅 Chapter 08/ ImageProcessingComponent / ObjectDescriptor 中的配套代码）。此类有两个属性：Area 和 Points。

Area 属性存储轮廓区域，其通过使用 cv :: contourArea 来计算获得。该函数接受两个轮廓参数：cv :: Point 对象的输入向量以及布尔标志 oriented。该布尔标志指定是否确定轮廓方向（顺时针或逆时针）。此处，我们不使用轮廓方向，仅针对绝对区域。如果需要，方向将作为由 cv :: contourArea 返回的值的符号。

ObjectDescriptor 的 Points 属性将轮廓周边曲线存储为 UWP 2D 点的集合，并表示为 Windows :: Foundation :: Point 结构。我们在 ObjectDescriptor 构造函数中将原始轮廓周围的曲线转换为 cv :: Point 结构的集合（参见代码清单 8-40）。这种转换简化了对 UWP 应用程序中多边形轮廓曲线的访问。

代码清单 8-40 ObjectDescriptor 构造函数

```
ObjectDescriptor::ObjectDescriptor(vector<cv::Point> contour, double area)
{
    auto contourSize = contour.size();
    if (contourSize > 0)
    {
        points = ref new Vector<Point>();

        for (int i = 0; i < contourSize; i++)
        {
            auto cvPoint = contour.at(i);

            points->Append(Point(cvPoint.x, cvPoint.y));
        }
    }

    this->area = area;
}
```

鉴于 ObjectDescriptor，我们在代码清单 8-41 中编写了 OpenCvWrapper :: Contours ToObjectList。此方法使用一组轮廓来生成对象描述符。通过遍历每个轮廓（cv :: Point 的二维集合)，创建 ObjectDescriptor，存储围绕轮廓的轮廓区域和多边形曲线。

代码清单 8-41 生成对象描述符的集合

```
IVector<ObjectDescriptor^>^ OpenCvWrapper::ContoursToObjectList(vector<vector<cv::Point>>
    contours)
{
    Vector<ObjectDescriptor^>^ objectsDetected = ref new Vector<ObjectDescriptor^>();

    const double epsilon = 5;

    for (uint i = 0; i < contours.size(); i++)
    {
        vector<cv::Point> polyLine;

        double contourArea = cv::contourArea(contours.at(i), false);

        if (contourArea > 0)
        {
            cv::approxPolyDP(contours.at(i), polyLine, epsilon, true);

            objectsDetected->Append(ref new ObjectDescriptor(polyLine, contourArea));
        }
    }

    return objectsDetected;
}
```

之前描述了轮廓区域的计算，但接下来介绍的轮廓逼近更为重要。使用 cv :: approxPolyDP 函数可以获得构成逼近轮廓的多边形曲线的点列表。该函数采用了 Ramer-Douglas-Peucker 算法，用于减少针对给定对象描绘的近似曲线中的点数。也就是说，描述轮廓的原始点集合（cv :: approxPolyDP 函数的第 1 个参数）被减少以简化轮廓表示。简化曲线通过使用 cv :: approxPolyDP 函数的第 2 个参数获得。通过 cv :: approxPolyDP 函数获得的简化曲线精度由函数的第 3 个参数（epsilon）控制，其能确认输入点和缩减曲线之间的距离。此外，cv ::aproxPolyDP 函数将依据第 4 个参数的值（closed）返回闭合或打开的曲线。在前面的例子中，我们将精度设置为 5，强制闭合近似轮廓的多边形曲线。

减少表示轮廓的点数可获得与轮廓顶点相对应的一组点。因此，计算这些顶点的数量可以了解显示形状的类型，即线段只有 2 个顶点，三角形有 3 个顶点，而正方形有 4 个顶点。但是，对于高亮度的图像（例如具有白色背景的图像），cv :: findContours 函数会返回一个假的对象，因为它始终用 1 像素的边框去填补无图像的边缘。阈值化处理高亮度的图像后，边界被检测为矩形对象。如果在白色背景图像上运行对象检测算法，则可以使用 ImageProcessing 应用进行检测。图 8-11 说明了这个问题，显示了图 8-10 中对颜色反转的图像的物体检测的结果。

为了解决这个问题，我们采用了一个确定图像亮度的函数，该函数简单地将图像中像素的平均值转换为灰度值（参见代码清单 8-42）。如果亮度足够高，则排除值最大的对象。这将在 UWP 应用程序中实现。

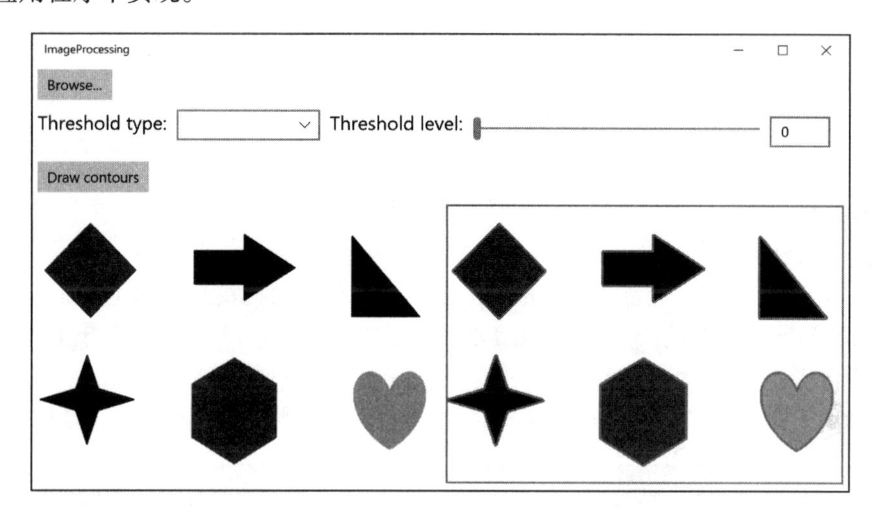

图 8-11 对于高亮度的图像，轮廓查找错误地将图像边界识别为对象。输入图像包含 6 个对象：菱形、右箭头、三角形、星形、六角形和心形。但是，处理后的图像中将呈现 7 个对象（第 7 个形状是围绕 6 个图形对象周围的大矩形）

代码清单 8-42 确定图像亮度

```
double OpenCvWrapper::Brightness(WriteableBitmap^ inputBitmap)
{
    CheckInputParameters(inputBitmap);

    auto inputMat = ConvertWriteableBitmapToMat(inputBitmap);
    auto workingMat = ConvertMatToGrayScale(inputMat);

    return cv::mean(workingMat).val[0];
}
```

可采用 OpenCvWrapper :: DetectObjects 方法返回对象描述符的列表。这个方法的更新定义如代码清单 8-43 所示。相对于代码清单 8-39 变化之处将加粗显示。

代码清单 8-43 返回对象描述符的列表

```
IVector<ObjectDescriptor^>^ OpenCvWrapper::DetectObjects(WriteableBitmap^
    inputBitmap, bool drawContours)
{
    CheckInputParameters(inputBitmap);
    auto inputMat = ConvertWriteableBitmapToMat(inputBitmap);
    auto workingMat = ConvertMatToGrayScale(inputMat);

    auto contours = FindContours(workingMat);

    if (drawContours)
    {
```

```
        DrawContours(inputMat, contours);
    }

    return ContoursToObjectList(contours);
}
```

2. 对象识别

我们使用了MachineVision应用程序中实现的上述功能（请参阅Chapter 08/ Machine Vision中的配套代码）。下面以与ImageProcessing相同的方式创建它。也就是说，使用Blank App（Universal Windows）Visual C#项目模板，并引用了用于UWP和Image-ProcessingComponent的Windows IoT扩展。随后，声明了网络摄像头功能，并通过以下文件补充了该项目：CameraCapture.cs、Check.cs、I2cHelper.cs和LedArray.cs。这些文件都存储在MachineVision项目的Helpers文件夹下。

MachineVision项目启动后，视频捕捉开始，帧在后台处理，通过计算检测到的压缩的轮廓的顶点来识别其几何形状。根据处理结果，在Sense HAT LED阵列上显示相应的形状（见图8-2）。

为了获取和处理视频序列，我们使用了与ImageProcessing应用程序相同的方法，通过OnNavigatedTo事件处理程序开始预览。此事件处理程序同时将初始化用来驱动Sense HAT LED阵列的LedArray类。

随后将进行背景图像处理，参见代码清单8-44。

代码清单8-44 用于目标识别的视频帧处理

```
private async Task ProcessVideoFrame()
{
    using (VideoFrame videoFrame = new VideoFrame(bitmapPixelFormat,
        (int)cameraCapture.FrameWidth, (int)cameraCapture.FrameHeight))
    {
        await cameraCapture.MediaCapture.GetPreviewFrameAsync(videoFrame);

        var objectDescriptor = await FindLargestObject(videoFrame);

        DisplayDetectedObject(objectDescriptor);
    }
}
```

获取视频帧后，将其传递给代码清单8-45中的FindLargestObject方法。如果需要，此方法将分派给UI线程处理，并负责准备即将交由OpenCvWrapper类的DetectObjects方法处理的WriteableBitmap。请注意，在这里我们将不使用ToWriteableBitmap扩展方法，因为它会生成新的WriteableBitmap实例。由于图像可能很大，因此此方法会导致巨大的内存使用量，尤其是对于高帧速率的视频帧。为了与内存需求保持一致，我们只使用WriteableBitmap类的一个实例，即workingBitmap字段。其在开始后台处理之前被实例化（请参阅Chapter 08/ MachineVision / MainPage.xaml.cs配套代码中的BeginProcessing方法）。

代码清单 8-45 查找图像中最大的对象

```
private WriteableBitmap workingBitmap = null;

private async Task<ObjectDescriptor> FindLargestObject(VideoFrame videoFrame)
{
    if (Dispatcher.HasThreadAccess)
    {
        videoFrame.SoftwareBitmap.CopyToBuffer(workingBitmap.PixelBuffer);

        var objects = OpenCvWrapper.DetectObjects(workingBitmap, false);

        return GetLargestObject(objects);
    }
    else
    {
        ObjectDescriptor objectDescriptor = null;

        await Dispatcher.RunAsync(CoreDispatcherPriority.Normal, async () =>
        {
            objectDescriptor = await FindLargestObject(videoFrame);
        });

        return objectDescriptor;
    }
}
```

在 OpenCvWrapper.DetectObjects 方法返回对象描述符列表后，将其传递给 GetLargest Object，其将返回最大面积的对象。我们只使用一个对象，因为 LED 阵列没有足够的空间来一次性显示所有对象。

GetLargestObject 方法的定义已在代码清单 8-46 中申明。该方法按轮廓区域对对象描述符列表进行排序。然后调用 GetObjectIndex 方法，该方法将根据图像亮度（由 OpenCvWrapper.Brightness 计算）确认是否应拒绝第一个伪对象。当图像亮度大于 100 时，即拒绝。

代码清单 8-46 从对象描述符列表中获取最大的对象

```
private ObjectDescriptor GetLargestObject(IList<ObjectDescriptor> objects)
{
    ObjectDescriptor largestObject = null;

    if (objects != null)
    {
        if (objects.Count() > 0)
        {
            var sorted = objects.OrderByDescending(s => s.Area);

            int objectIndex = GetObjectIndex();

            if (sorted.Count() >= objectIndex + 1)
            {
```

```
                    largestObject = sorted.ElementAt(objectIndex);
                }
            }
        }

        return largestObject;
    }

    private const double minBrightness = 100.0d;

    private int GetObjectIndex()
    {
        double brightness = OpenCvWrapper.Brightness(workingBitmap);

        // 如果图像亮度足够高，则忽略第一个伪对象
        return brightness > minBrightness ? 1 : 0;
    }
```

DisplayDetectedObject 方法（参见代码清单 8-44）利用 GetLargestObject 返回的对象描述符。如代码清单 8-47 所示，DisplayDetectedObject 方法识别形状类型，然后相应地驱动 LED 阵列。

代码清单 8-47　显示检测到的对象

```
private void DisplayDetectedObject(ObjectDescriptor objectDescriptor)
{
    if (ledArray != null)
    {
        var shapeKind = GetShapeKind(objectDescriptor);

        ledArray.DrawShape(shapeKind);
    }
}
```

MachineVision 可识别最多具有 4 个顶点的对象（这由 MainPage 类中的 maxVertices-Count 字段指定）。单点或更复杂的形状由 X 符号表示，如果图像中不包含对象，那么 Sense HAT 扩展板上的所有 LED 将全部显示为红色。

可识别的形状在代码清单 8-48（LedArray.cs 文件）的 ShapeKind 枚举类型中定义。该类型的值由代码清单 8-49 中的 GetShapeKind 方法返回。此方法能将顶点数映射到 ShapeKind 枚举中的对应图形形状。

代码清单 8-48　可检测的形状枚举

```
public enum ShapeKind
{
    None = 0, Line = 2, Triangle = 3, Square = 4, X = 5,
}
```

代码清单 8-49　根据顶点的数量确定形状种类

```
private ShapeKind GetShapeKind(ObjectDescriptor objectDescriptor)
```

```
{
    var shapeKind = ShapeKind.None;

    if (objectDescriptor != null)
    {
        var objectDescriptorPointsCount = objectDescriptor.Points.Count;

        if (objectDescriptorPointsCount > maxVerticesCount)
        {
            //  复杂对象表示为 × 符号
            shapeKind = ShapeKind.X;
        }
        else
        {
            if (Enum.IsDefined(typeof(ShapeKind), objectDescriptorPointsCount))
            {
                shapeKind = (ShapeKind)objectDescriptorPointsCount;
            }
        }
    }

    return shapeKind;
}
```

确定形状类型后，LED 阵列上将显示相应的图形。为此，我们通过公共 DrawShape 方法扩展了 LedArray 类的定义（参见代码清单 8-50），其包含一个 switch 语句，根据输入参数，调用 DrawLine、DrawTriangle、DrawSquare 或 DrawX 中任一私有方法，或者将所有 LED 驱动为红色。

代码清单 8-50　在 LED 阵列上绘制形状

```
public void DrawShape(ShapeKind shapeKind)
{
    switch (shapeKind)
    {
        case ShapeKind.Line:
            DrawLine();
            break;

        case ShapeKind.Triangle:
            DrawTriangle(Colors.Red);
            break;

        case ShapeKind.Square:
            DrawSquare(Colors.Green);
            break;

        case ShapeKind.X:
            DrawX(Colors.Blue);
            break;

        case ShapeKind.None:
```

```
                Reset(Colors.Red);
                break;
        }
    }
```

绘图方法在我们配置 LedArray 类的 Buffer 属性时，用双 for 循环实现（请参阅 Chapter 08/ MachineVision / Helpers / LedArray.cs 中的配套代码）。此方法基于标准编写，你或许已经从编程实验或教程中了解过。

为了测试 MachineVision 应用程序，请在 USB 摄像机前放置一张具有不同几何形状的纸。根据识别结果，将显示适当的形状。我们已经成功利用 MachineVision 识别了放置于白纸前的一些黑色打印图形物件以及一些手绘彩色物件。

3. 最后提醒

上述项目可以成为练习实现真实世界机器视觉物联网应用的良好开端，例如用于自动路标识别。但是，在物体检测和识别的实际应用中，将至少面对两个问题：

- 降低信噪比：可以采取适当的图像预处理来解决这一问题。可以使用 OpenCV 中的某个函数来模糊处理图像，如 cv :: blur、cv :: GaussianBlur 或 cv :: MedianBlur。也可以通过直方图均衡增强输入图像（cv :: equalizeHist）。
- 不均匀的图像亮度：此情况下，全局阈值算法（cv :: Threshold）无法正确提取所有要素，因此会有一些对象无法检测到。要解决此问题，可使用 cv :: adaptiveThreshold 函数实现自适应阈值。

OpenCV 提供了多种用于对象跟踪和匹配的技术。例如，可以使用 cv :: matchShapes 函数匹配轮廓，或者使用 cv :: matchTemplate 方法中更通用的模板匹配方法。所有组件均可在 imgproc OpenCV 模块中使用。

OpenCV 是一个非常受欢迎的计算机视觉工具包，相关的书籍和文章有很多，特别是 Gary Bradsky 和 Adrian Kaehler 所著的《Learning OpenCV: Computer Vision with OpenCV Library》，此书介绍得非常全面。2008 年发布的初版描述了 OpenCV 的 C 接口在新版本《Learning OpenCV 3: Computer Vision in C++ with the OpenCV Library》中也介绍了 C++ 接口。

8.5　总结

本章介绍了 UWP 和 OpenCV 的几种机器视觉功能。使用 USB 摄像头实现图像采集，及使用 UWP 的面部检测和跟踪功能。自定义数字图像处理例程基于 OpenCV 工具包创建，并与 UWP 应用程序（使用 C ++ Component Extensions 编写的 Windows Runtime Component）集成。你可以使用此方法将 Modern 应用程序与非托管代码和旧代码连接起来。此方法对于物联网编程非常有用，特别是需要将 UWP 应用程序与本机库或驱动程序集成时。

CHAPTER 9 · **第 9 章**

连接设备

连接多个嵌入式设备进行数据交换和远程设备控制是实施物联网解决方案的最重要元素之一。一般只在需要从远程传感器上获取数据时才连接设备。复杂的嵌入式系统可以包含两个或多个内部子系统，用于控制较大系统的特定模块。在这种情况下，通常使用有线通信接口，也可以使用无线接口（如蓝牙或 Wi-Fi）来进行远程设备控制和传感器读数。

设备间需要一种与通信接口无关的通信协议，即设备相互通信的语言。用户可以为自定义控制系统定义自定义协议。广泛使用的小型家庭自动化设备使用标准化协议进行通信。

本章将展示如何基于有线和无线通信接口构建 UWP 应用程序，以及如何实现和使用自定义和标准化的通信协议。

9.1 串行通信

串行通信（SC）是嵌入式编程中最常用的通信类型之一，它按序发送字节数组。换言之，构成数组中每个字节的比特逐个移动。前面的章节中，曾使用过 SC 来读取传感器的数据或使用 I^2C 总线来控制 LED 阵列。这种通信接口通常可以实现设备内通信，如 CPU 和外设之间的通信。对于设备间通信，嵌入式设备中通常采用通用异步接收器和发送器（UART），这是一种使用串行端口、RS-232、USB 或 TTL 交换数据的接口。

为什么在物联网解决方案中需要 SC？因为这是一种相对简单的与其他设备交换数据的方法。你的物联网设备中可能包含多个控制大型系统特定元件的电路板。这些子电路板都要向主要的、制定全局决策的电路板报告其运作状况。该板还可以向子板发送适当的请求，并且可以与其他设备（如台式 PC）进行通信，以进行设备维护、传输传感器读数、更新特定子板的固件等。

本节将展示如何使用Windows.Devices.SerialCommunication命名空间中定义的Serial Device类来实现SC。我们使用了RPi2和开发PC，并使用PC机的USB端口和RPi2的UART接口建立通信。该接口可通过扩展接头上的两个引脚进行访问：8（发送器，TX）和10（接收器，RX）。为了将USB连接到这些引脚，我们使用了USB转TTL转换器（https://www.adafruit.com/product/954，约为10美元）。

接下来，编写两个应用程序：SerialCommunciation.Master和SerialCommunication.Blinky。前者将部署到开发PC，后者将部署到物联网设备，并将控制内部ACT LED状态（如果使用RPi3，则需要使用外部LED电路）。PC应用程序将向物联网发送请求以更新LED闪烁频率。

这个例子的实现非常复杂，需要实现几个组件的互操作性。首先使用UART环回模式并将TX和RX引脚连接在一起。通过这样做，可以使用单个物联网应用程序用SerialDevice类的方法传输字节数组。这种环回模式可以用来测试各个组件是否正常工作。

9.1.1　UART环回模式

首先，准备硬件并将RPi2/RPi3的RX和TX引脚连接在一起。要实现这种情况，可以使用母对母的跳线，或者使用通过面包板连接起来的两根母对公的跳线。如图9-1所示，这里使用了第二种方法，因为Windows 10 IoT Pack中不支持母对母跳线。

图9-1　UART环回模式。TX（黄色线）和RX（红色线）引脚使用两个母对公跳线和面包板连接

9.1.2　项目轮廓

现在先编写一个软件，构建一个显示如何枚举当前系统的串行端口的示例。然后为SC配置选定的端口。此功能可以在下一个更全面的项目中被使用。因此，这里在一个单独的类库项目中实现了核心功能，该项目会被物联网设备上执行的主应用程序引用。按下面的步骤操作：

1）打开 New Project 对话框，然后选择 Blank App（Universal Windows）Visual C# 项目模板。

2）在 Name 文本框中输入 SerialCommunication.LoopBack，然后将解决方案名称更改为 SerialCommunication。

3）在 Solution Explorer 中，右击 Solution 'SerialCommunication'，然后从快捷菜单中选择 Add/New Project 命令。

4）在 New Project 对话框中的搜索框中输入 Class Library Universal。

5）从匹配模板列表中选择 Class Library（Universal Windows）Visual C# 项目模板，然后在名称文本框中输入 SerialCommunication.Common。

6）单击 OK 按钮关闭对话框。

7）在 Solution Explorer 中，导航到 SerialCommunication.Common 项目，然后将 Class1.cs 重命名为 SerialCommunicationHelper.cs。

8）在 Solution Explorer 中，右击 SerialCommunication.LoopBack 下的引用节点，然后从快捷菜单中选择 Add Reference 命令。

9）在 Reference Manager 的 SerialCommunication.LoopBack 下，导航到 Projects/Solution 选项卡并选择 SerialCommunication.Common。

9.1.3 串行设备配置

要枚举和配置串行端口，应使用 SerialCommunicationHelper 类，可参见代码清单 9-1 和 Chapter 09/SerialCommunication.Common/Helpers/SerialCommunicationHelper.cs 中的配套代码。

代码清单 9-1　串行设备枚举

```
public static async Task<DeviceInformationCollection> FindSerialDevices()
{
    var defaultSelector = SerialDevice.GetDeviceSelector();

    return await DeviceInformation.FindAllAsync(defaultSelector);
}
```

通常，此类包含以下公有方法：

- FindSerialDevices
- GetFirstDeviceAvailable
- SetDefaultConfiguration

FindSerialDevices 要求 UWP 收集当前系统中可用的所有串行端口，参见代码清单 9-1。此代码清单表示 DeviceInformationCollection 类的一个实例，可以使用 DeviceInformation 类的静态 FindAllAsync 方法进行检索。

通常，DeviceInformation.FindAllAsync 方法使你能够枚举所有设备。要将此搜索缩小到串行设备，可通过 SerialDevice 类的静态 GetDeviceSelector 方法使用相应的高级查询语法

（AQS）选择器。将结果字符串作为 DeviceInformation.FindAllAsync 方法的参数传递。这样做会返回串行端口的集合（请注意，这里互换地使用了短语“串行设备”和“串行端口”，这是因为在 UWP 中，串行端口表示为 SerialDevice 类）。

代码清单 9-2 显示了串行设备的 AQS 选择器。此选择器通过使用全局唯一标识符（GUID）来过滤和启用设备。

代码清单 9-2　串行设备选择器

```
System.Devices.InterfaceClassGuid:="{86E0D1E0-8089-11D0-9CE4-08003E301F73}" AND
    System.Devices.InterfaceEnabled:=System.StructuredQueryType.Boolean#True
```

默认情况下，RPi2/RPi3 只有一个 UART 接口，因此 DeviceInformationCollection 将只包含一个元素：DeviceInformation 类的实例。这是指定设备的抽象表示，因此包含标识系统设备的属性。特别是，Id 属性可用于静态 FromIdAsync 方法从而实例化 SerialDevice 类。该过程用于代码清单 9-3 中的 GetFirstDeviceAvailable 方法。该方法首先调用 FindSerialDevices（参见代码清单 9-1），然后获取生成的 DeviceInformationCollection 实例的第一个元素的 Id。随后，设备标识符将用于获取 SerialDevice 类的实例，在 RPi2/RPi3 的情况下，就可以用该实例访问 UART 接口。

代码清单 9-3　返回 SerialDevice 类的第一个可用实例

```
public static async Task<SerialDevice> GetFirstDeviceAvailable()
{
    var serialDeviceCollection = await FindSerialDevices();

    var serialDeviceInformation = serialDeviceCollection.FirstOrDefault();

    if (serialDeviceInformation != null)
    {
        return await SerialDevice.FromIdAsync(serialDeviceInformation.Id);
    }
    else
    {
        return null;
    }
}
```

这里编写了 SetDefaultConfiguration 方法来配置 SerialDevice 的一个实例，参见代码清单 9-4。该功能可以设置控制 SC 属性的默认值。WriteTimeout 和 ReadTimeout 属性用于配置超时。此外，可以指定传输速度（BaudRate 属性），即串行介质传输比特的速度。波特率以每秒位数（bit/s）表示，并且已经定义了多个标准波特率（见图 9-2）。

代码清单 9-4　串行端口配置

```
private const int msDefaultTimeOut = 1000;

public static void SetDefaultConfiguration(SerialDevice serialDevice)
{
    if(serialDevice != null)
```

```
        {
            serialDevice.WriteTimeout = TimeSpan.FromMilliseconds(msDefaultTimeOut);
            serialDevice.ReadTimeout = TimeSpan.FromMilliseconds(msDefaultTimeOut);

            serialDevice.BaudRate = 115200;
            serialDevice.Parity = SerialParity.None;
            serialDevice.DataBits = 8;
            serialDevice.Handshake = SerialHandshake.None;
            serialDevice.StopBits = SerialStopBitCount.One;
        }
    }
```

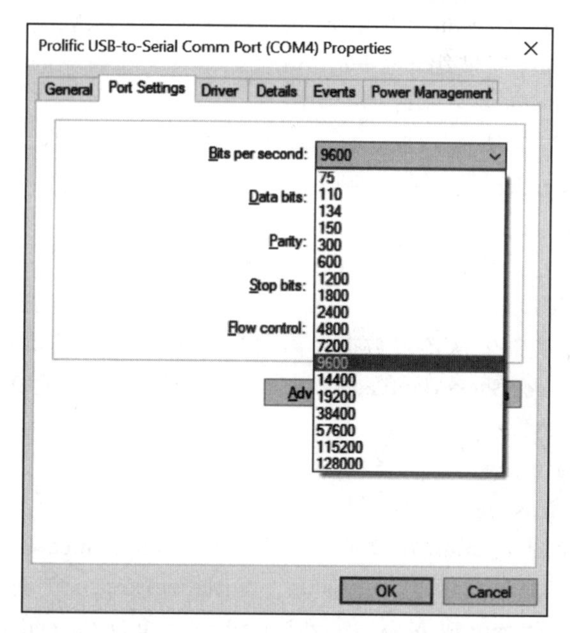

图 9-2 USB 到 TTL 转换器支持的波特率列表

在代码清单 9-4 中，我们将默认波特率设置为 115 200 bit/s，并配置奇偶校验、数据位、握手和停止位。在 SC 中，要传输的比特被分割成帧。这种方法也称为字符帧，帧由确定数量的比特组成，这些比特分为两类，一类携带了实际信息（数据位），另外一类用于同步和通信错误检测（见图 9-3）。同步位跟踪正在传输的帧的开始和结束。在发送帧之前计算奇偶校验位，然后由接收器进行检查。如果接收器检测到奇偶校验位的值不正确，则可以拒绝不正确的帧或请求发送器重新发送给定的帧。

图 9-3 串行通信中使用的帧字符的结构。载有实际信息（数据位）的 5 ～ 9 位由同步位（起始和停止）以及用于错误检测的可选奇偶校验位包围

在默认配置中（见代码清单 9-4），我们将数据位的数量设置为 8（DataBits 属性），禁用了奇偶校验位（Parity）和握手（Handshake），并仅使用一个停止位（StopBits）。

9.1.4 写数据和读数据

配置串口后，可以实现传输数据的实际功能。图 9-4 显示了示例中定义的 UI 层。可以在 Chapter 09/SerialCommunication.LoopBack/MainPage.xaml 的配套代码中找到相应的 XAML 声明。

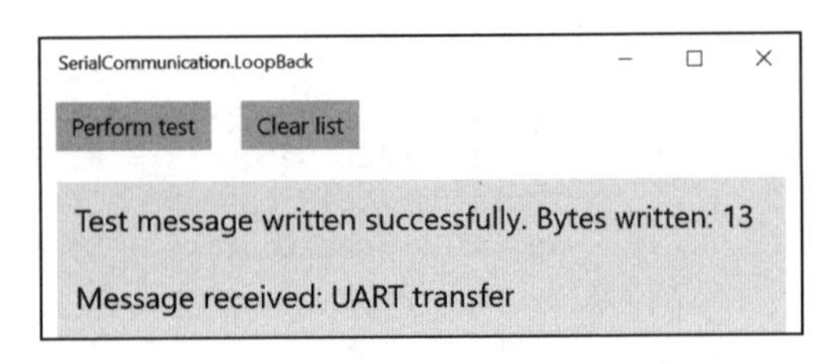

图 9-4 UART 环回模式。测试消息 UART transfer 通过 TX 引脚发送，信号立即通过 RX 引脚接收

基本上，该应用程序由 Perform Test 按钮、Clear List 按钮以及 ListBox 控件组成。Perform Test 按钮发送 UART transfer 字符串，并使用 SerialDevice 类的方法读取该消息。Clear List 按钮清除列表中的内容。此列表中显示的项绑定到由通用 ObservableCollection 类声明的字段 diagnosticData。该类实现 INotifyPropertyChanged 接口。因此，diagnosticData 字段所做的每个更改（例如，添加或删除元素）都会自动反映在用户界面中。换句话说，因为有 ObservableCollection 类，所以不需要再单独实现 INotifyPropertyChanged 接口。

要使用 SerialDevice 类的方法传输数据，需要实现 MainPage 的代码隐藏，可参阅 Chapter 09/SerialCommunication.LoopBack/MainPage.xaml.cs 中的配套代码。有 3 种主要方法：

- Image InitializeDevice
- Image WriteTestMessage
- Image ReadTestMessage

InitializeDevice（参见代码清单 9-5）基于 SerialCommunicationHelper 类的方法。它接收并配置第一个可用的串行端口。随后，InitializeDevice 方法通过使用 SerialDevice 的 OutputStream 和 InputStream 成员来创建 DataWriter 和 DataReader 类的实例。可以将 DataWriter 和 DataReader 分别视为串行端口输出和输入流的封装。

代码清单 9-5 SerialDevice 类的一个实例，用于配置串口并实例化 DataWriter 和 DataReader 类，以进一步简化串行通信；参见代码清单 9-6 和代码清单 9-7

```
private SerialDevice serialDevice;

private DataWriter dataWriter;
private DataReader dataReader;

private async Task InitializeDevice()
{
    if (serialDevice == null)
    {
        serialDevice = await SerialCommunicationHelper.GetFirstDeviceAvailable();

        SerialCommunicationHelper.SetDefaultConfiguration(serialDevice);
```

```
            if (serialDevice != null)
            {
                dataWriter = new DataWriter(serialDevice.OutputStream);
                dataReader = new DataReader(serialDevice.InputStream);
            }
        }
    }
```

要使用串行端口传输数据，可使用由SerialDevice类的OutputStream成员实现的IOutputStream接口的WriteAsync方法。但是，WriteAsync方法接受类型为IBuffer的参数，表示引用的字节数组。你发送的数据必须转换为该数组。为了简化此操作，请使用DataWriter类，该类会公开几个自动执行适当转换的写入方法。DataWriter还负责处理字节顺序，该字节顺序的值由ByteOrder属性设置。

代码清单9-6显示了WriteTestMessage方法的定义，其中DataWriter类的一个实例使用WriteString方法传输字符串UART transfer。该函数将指定的字符串写入输出流，该输出流是串行端口发送器的抽象表示。要通过串行链接发送数据，我们调用了StoreAsync方法，该方法异步地将数据提交到流缓冲区。如此，UART接口能够传输包含测试消息的字节数组。

代码清单9-6 使用串口发送数据

```
private const string testMessage = "UART transfer";

private async Task WriteTestMessage()
{
    if (dataWriter != null)
    {
        dataWriter.WriteString(testMessage);

        var bytesWritten = await dataWriter.StoreAsync();

        DiagnosticInfo.Display(diagnosticData,
            "Test message written successfully. Bytes written: " + bytesWritten);
    }
    else
    {
        DiagnosticInfo.Display(diagnosticData, "Data writer has been not initialized");
    }
}
```

为了读取UART接口接收到的数据，我们使用了DataReader类的相应方法，而不是使用DataWriter类的方法，参见代码清单9-7。首先，将来自输入流的数据加载到DataReader的内部存储区（LoadAsync方法）。然后，使用ReadString方法将接收到的字节数组作为字符串读取。要使用此方法，需要指定要读取的缓冲区的长度。可以通过读取UnconsumedBufferLength属性的值来检查剩余（未读）字节的数量。

代码清单 9-7 读取通过串口接收的字符串

```
private async Task ReadTestMessage()
{
    if (dataReader != null)
    {
        var stringLength = dataWriter.MeasureString(testMessage);

        await dataReader.LoadAsync(stringLength);

        var messageReceived = dataReader.ReadString(dataReader.UnconsumedBufferLength);

        DiagnosticInfo.Display(diagnosticData, "Message received: " + messageReceived);
    }
    else
    {
        DiagnosticInfo.Display(diagnosticData, "Data reader has been not initialized");
    }
}
```

或者，要从串口读取数据，可以使用 SerialDevice 类的 InputStream 成员。该成员表示 UART 接口的接收器模块，并公开一个 ReadAsync 方法。该方法将指定字节数读取到指定数组中。但是，这个数组也是用 IBuffer 接口表示的，因此需要用户自己编写最终的转换。

要确认读写操作是否成功，需要使用代码清单 9-8 中助手类的方法，并在 UI 和调试控制台（Visual Studio 的输出窗口）中确认。要添加列表项，只需要调用 ICollection 接口的 Add 方法即可。之后，UI 会自动更新。

代码清单 9-8 读取和写入操作状态显示在 UI 和调试控制台（Output Window）中

```
public static class DiagnosticInfo
{
    private const string timeFormat = "HH:mm:fff";

    public static void Display(ICollection<string> collection, string info)
    {
        if(collection != null)
        {
            collection.Add(info);
        }

        DisplayDebugMessage(info);
    }

    private static void DisplayDebugMessage(string message)
    {
        string debugString = string.Format("{0} | {1}",
            DateTime.Now.ToString(timeFormat), message);

        Debug.WriteLine(debugString);
    }
}
```

要运行上述示例应用程序，还需要授予应用程序对串行端口的访问权限。请按照以下步骤操作：

1）导航到 Solution Explorer。

2）右击 SerialCommunication.LoopBack 项目下的 Package.appxmanifest，然后从快捷菜单中选择 View → Code 命令。

3）更新 Capabilities 标记，如代码清单 9-9 所示，然后可以将应用程序部署到物联网设备上。

代码清单 9-9　串行端口功能声明

```
<Capabilities>
  <Capability Name="internetClient" />
  <DeviceCapability Name="serialcommunication">
    <Device Id="any">
      <Function Type="name:serialPort" />
    </Device>
  </DeviceCapability>
</Capabilities>
```

部署应用程序后，单击 Perform Test 按钮。此操作的状态显示在 UI 中（见图 9-4）。如果不想使用 UI，可以在类构造函数或 OnNavigatedTo 方法中调用 ButtonPerformTest_Click，如代码清单 9-10 所示，然后可以在输出窗口中看到写入和读取状态（见图 9-5）。

代码清单 9-10　调用通信测试

```
public MainPage()
{
    InitializeComponent();

    ButtonPerformTest_Click(null, null);
}
```

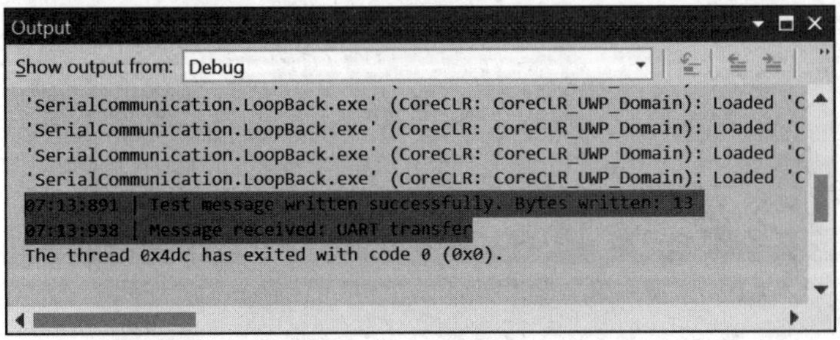

```
Output
Show output from: Debug
'SerialCommunication.LoopBack.exe' (CoreCLR: CoreCLR_UWP_Domain): Loaded 'C
'SerialCommunication.LoopBack.exe' (CoreCLR: CoreCLR_UWP_Domain): Loaded 'C
'SerialCommunication.LoopBack.exe' (CoreCLR: CoreCLR_UWP_Domain): Loaded 'C
'SerialCommunication.LoopBack.exe' (CoreCLR: CoreCLR_UWP_Domain): Loaded 'C
07:13:891 | Test message written successfully. Bytes written: 13
07:13:938 | Message received: UART transfer
The thread 0x4dc has exited with code 0 (0x0).
```

图 9-5　调试控制台中 UART 环回模式测试的结果

9.2　为设备内部通信写应用程序

在为设备内部通信编写应用程序之前，需要将 RPi2 连接至开发 PC 的 USB 端口，之后再编写两个应用程序：一个运行在 PC 上，另一个运行在无界面物联网设备上。PC 应用程序将使用 SC 远程控制物联网设备。

9.2.1　连接转换器

我们使用了 USB 转 TTL 转换器将 RPi2 的 UART 接口连接到开发 PC（见图 9-6）。此转换器的一端有标准的 USB A 型连接器，另一端有 4 根跳线：接地（黑色）、电源（红色）、RX（白色）和 TX（绿色）。

图 9-6　USB 转 TTL 转换器（来源：www.adafruit.org）

以下是连接跳线的方法（见图 9-7）：

- 白线（RX）连接到扩展接头（GPIO 11）上 RPi2 引脚 8 的 UART TX 引脚。
- 绿线（TX）连接到 RPi2 引脚 10（GPIO 13）的 UART RX 引脚。
- 黑线（接地）连接到 RPi2 扩展接头上的一个 GND 引脚，可以是 6、14、20、30 或 34。在图 9-7 中，我们使用了引脚 6。
- 红线保持未连接状态。

图 9-7　连接到 RPi2 引脚的 USB 到 TTL 转换器的跳线。请注意，红色（电源）线未连接，因为 RPi2 通过 micro-USB 开关供电

也可以使用环回模式来验证USB转TTL转换器是否正常工作。只需要使用母对母跳线连接绿色和白色线即可。然后使用SerialCommunication.LoopBack应用程序或其他串行终端，如Termite（https://bit.ly/termite_terminal）（见图9-8）。

9.2.2 远程控制物联网设备

为了实现名为SerialCommunication.Blinky的无界面物联网应用，将用代码控制RPi2的ACT LED（如果使用RPi3，那么需要在这里使用一个外部LED电路）。这个应用程序将不断地打开和关闭ACT LED。此外，SerialCommunication.Blinky公开了通信API，它使远程应用程序能够更改LED闪烁频率并禁用和重启LED闪烁。

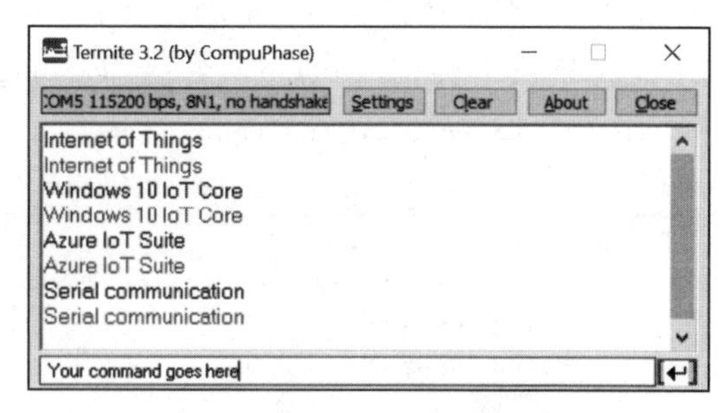

图9-8 使用环回模式和串行终端测试USB到TTL转换器。深色字符串通过TX引脚发送。这些信息立即通过RX引脚接收（浅色字符串）

为了控制LED闪烁，客户端应用程序可以简单地将文本命令发送到SerialCommunication.Blinky应用程序。但是，实际上，裸（bare）字符串命令很少用于支持特定应用程序的通信协议。这样的协议通常基于固定长度的字节数组在设备之间传输。与发送纯（pure）字符串相比，这种方法有如下几个优点：

- 通信帧通常不仅包含命令数据，还包含用于错误检测和纠正的附加字节。
- 发送固定长度的帧可以简化数据交换，因为设备始终需要相同的字节数。
- 自定义通信协议有助于隐藏在设备之间传输的实际信息。

1. 通信协议

用户可以根据特定的需求定制通信协议。在这个特殊的例子中，使用了两个命令，一个用于改变闪烁频率，另一个用于禁用/启用闪烁。此外，这里假设闪烁频率是一个双精度的类型，占用8个字节，同时只需要1个字节来禁用/启用闪烁。因此，最终帧包含16个字节。

图9-9显示了帧结构。第一个（索引为0）和最后一个（索引为15）字节用于同步，它们标记帧的开始和结束，因此分别具有固定值0xAA和0xBB。接下来，在索引1处有一个字节，指定了命令标识符。该字节后面跟着10个命令字节（索引2～12）、错误码（索引13处的1个字节）及校验和（索引14处的1个字节）。

索引	0	1	2-12	13	14	15
描述	起始字节	命令ID	命令数据	错误代码	校验和	结束字节
值	0xAA	变量				0xBB

图9-9 通信帧。用于通信的数组包含16个字节

在设计框架结构之后，我们在 SerialCommunication.Common 库中定义了两种枚举类型。第一个枚举类型 CommandId（参见代码清单 9-11）声明了两个命令：BlinkingFrequency 和 BlinkingStatus。第二个枚举类型定义了可能的错误码，参见代码清单 9-12。通常，通信帧可以同时包含多个错误，即它可能包含不正确的开始、停止或校验和字节。要报告所有的错误，ErrorCode 枚举类型由 Flags 属性修饰，Flags 表明可将枚举视为位域（即一组标志）。因此，可以使用位运算符设置多个标志。

代码清单 9-11 命令标识符

```
public enum CommandId : byte
{
    BlinkingFrequency = 0x01,
    BlinkingStatus = 0x02,
}
```

代码清单 9-12 错误代码定义

```
[Flags]
public enum ErrorCode : byte
{
    OK = 0x00,
    UnexpectedStartByte = 0x01,
    UnexpectedStopByte = 0x02,
    UnexpectedCheckSum = 0x04,
}
```

我们在 CommandHelper 类中实现了通信协议，请参阅 Chapter 09/SerialCommunication.Common/Helpers/CommandHelper.cs 中的配套代码。代码清单 9-13 中显示了该类的属性和字段，根据图 9-9，这些属性决定了帧的长度，标识了特定的帧元素，以及开始和结束字节的值。这些值是在一个地方定义的，所以每当需要改变其中的一个时，只需要这样做一次。

代码清单 9-13 CommandHelper 类的属性和字段

```
public static byte FrameLength { get; } = 16;
public static byte CommandIdIndex { get; } = 1;
public static byte CommandDataBeginIndex { get; } = 2;

public static byte StartByte { get; } = 0xAA;
public static byte StopByte { get; } = 0xBB;

private static byte startByteIndex = 0;
private static int errorByteIndex = FrameLength - 3;
private static int checkSumIndex = FrameLength - 2;
private static int stopByteIndex = FrameLength - 1;
```

定义的值可以用来编写辅助方法从而准备帧的轮廓。根据图 9-9，起始字节和结束字节是固定的，命令标识符和校验和也是固定的。CommandHelper 实现 3 个辅助函数：PrepareCommandStructure、SetChecksum 和 CalculateChecksum，参见代码清单 9-14。

代码清单 9-14 命令框架和校验和计算

```
private static byte[] PrepareCommandStructure(CommandId commandId)
{
    var command = new byte[FrameLength];

    command[startByteIndex] = StartByte;
    command[CommandIdIndex] = (byte)commandId;
    command[stopByteIndex] = StopByte;

    return command;
}

private static void SetChecksum(byte[] command)
{
    command[checkSumIndex] = CalculateChecksum(command);
}

private static byte CalculateChecksum(byte[] command)
{
    long sum = 0;

    for (int i = 0; i < FrameLength; i++)
    {
        if (i != checkSumIndex)
        {
            sum += command[i];
        }
    }

    return (byte)(sum % byte.MaxValue);
}
```

第一种方法 PrepareCommandStructure 实例化 16 个元素的字节数组，然后设置其第一个（起始字节）、第二个（命令 ID）和最后一个（停止字节）元素的值。起始字节和停止字节值分别取自 StartByte 和 StopByte 属性，而命令标识符是从 PrepareCommandStructure 方法的参数中获得的。

SetChecksum 只需要使用 CalculateChecksum 函数的结果设置校验和字节的值。这个函数实现了一个简单的算法，它汇总除了携带校验和的每个帧元素的所有值。然后将结果值除以 255（Byte.MaxValue），将余数用作校验和。这种相对简单的计算有助于检测各种通信错误。

CommandHelper 类还实现了一个私有成员 VerifyCommand，参见代码清单 9-15。稍后在物联网应用程序中使用此方法来验证传入命令的正确性，即检查帧是否具有适当的结构和预期的校验和。因此，VerifyCommand 方法在检查帧长度后，将起始、停止和校验和字节与期望值进行比较。起始字节的值不正确并不意味着停止字节无效。因此，在代码清单 9-15 中，使用了按位替代来设置多个错误码。

代码清单 9-15 命令结构验证

```
public static ErrorCode VerifyCommand(byte[] command)
```

```
{
    Check.IsNull(command);
    Check.IsLengthEqualTo(command.Length, FrameLength);

    var errorCode = ErrorCode.OK;

    var actualChecksum = command[checkSumIndex];
    var expectedChecksum = CalculateChecksum(command);

    errorCode = VerifyCommandByte(actualChecksum, expectedChecksum,
        ErrorCode.UnexpectedCheckSum);

    errorCode = VerifyCommandByte(command[startByteIndex], StartByte,
        ErrorCode.UnexpectedStartByte | errorCode);

    errorCode = VerifyCommandByte(command[startByteIndex], StartByte,
        ErrorCode.UnexpectedStopByte | errorCode);

    return errorCode;
}

private static ErrorCode VerifyCommandByte(byte actualValue, byte expectedValue,
    ErrorCode errorToSet)
{
    var errorCode = ErrorCode.OK;

    if (actualValue != expectedValue)
    {
        errorCode = errorToSet;
    }

    return errorCode;
}
```

前面的帮助器方法有助于直接实现实际的命令。这里需要两个命令，相应方法的定义如代码清单 9-16 所示。我们首先调用 PrepareCommandStructure 方法，然后设置命令，最后填充校验和。

代码清单 9-16 实现通信协议命令的最终方法

```
public static byte[] PrepareSetFrequencyCommand(double hzBlinkFrequency)
{
    // 准备命令
    var command = PrepareCommandStructure(CommandId.BlinkingFrequency);

    // 设置命令参数
    var commandData = BitConverter.GetBytes(hzBlinkFrequency);
    Array.Copy(commandData, 0, command, CommandDataBeginIndex, commandData.Length);

    // 设置校验和
    SetChecksum(command);
```

```
        return command;
    }

    public static byte[] PrepareBlinkingStatusCommand(bool? isBlinking)
    {
        // 准备命令
        var command = PrepareCommandStructure(CommandId.BlinkingStatus);

        // 设置命令参数
        command[CommandDataBeginIndex] = Convert.ToByte(isBlinking);

        // 设置校验和
        SetChecksum(command);

        return command;
    }
```

具体的命令数据取决于请求。对于 BlinkingFrequency 命令，该帧填充 8 个字节表示双精度。这里使用 BitConverter 类的 GetBytes 方法获取这些字节。

在 BlinkingStatus 命令下，实际数据由具有逻辑意义的单个字节组成。因此，设置命令数据不需要额外的注释。

请注意，CommandHelper 类的实现类似于表示传感器的类。在这两种情况下，都需要准备好客户端应用程序，并处理物联网应用程序字节数组。与传感器不同的是，这里可以完全自由地定义通信协议。

2. 无界面物联网应用程序

Chapter 09/Serial-Communication.Blinky 的配套代码中包含 SerialCommunication.Blinky 的完整代码。为了构建这个应用程序，可以使用 Visual C#Background Application（IoT）项目模板并实现 LedControl 类，该类负责通过驱动相应的 GPIO 引脚来闪烁 RPi2 的绿色 ACT LED。如果使用带外部 LED 电路的 RPi3，则需要将 LedControl 类的 ledPinNumber 成员更改为相应的 GPIO 引脚。

在内部，LedControl 使用第 3 章中描述的 Timer 类。定时器以指定的时间间隔执行 BlinkLed 回调，参见代码清单 9-17。这些间隔表示为 TimeSpan 类的实例，用于确定 LED 闪烁频率。要配置定时器，请在 HertzToTimeSpan 函数内将闪烁频率（以 Hz 为单位）转换为 TimeSpan，该功能将频率除 1000 来获得毫秒单位的数值，再将此值传递给 TimeSpan 的 FromMilliseconds 静态方法（请注意，代码清单 9-12 中引用的 ConfigureGpioPin 和 BlinkLed 方法的定义如代码清单 9-12 所示）。

代码清单 9-17　定时器配置和执行

```
private const int hzDefaultBlinkFrequency = 5;
private double hzBlinkFrequency = hzDefaultBlinkFrequency;

private Timer timer;
```

```
private TimeSpan timeSpanZero = TimeSpan.FromMilliseconds(0);

public LedControl()
{
    ConfigureTimer();

    ConfigureGpioPin();

    Start();
}

private void ConfigureTimer()
{
    var timerCallback = new TimerCallback((arg) => { BlinkLed(); });

    timer = new Timer(timerCallback, null, Timeout.InfiniteTimeSpan,
        HertzToTimeSpan(hzBlinkFrequency));
}

private static TimeSpan HertzToTimeSpan(double hzFrequency)
{
    var msDelay = (int)Math.Floor(1000.0 / hzFrequency);

    return TimeSpan.FromMilliseconds(msDelay);
}

public void Start()
{
    timer.Change(timeSpanZero, HertzToTimeSpan(hzBlinkFrequency));
}

public void Stop()
{
    timer.Change(Timeout.InfiniteTimeSpan, timeSpanZero);
}
```

要控制 ACT LED，可使用第 2 章和第 3 章中所述的相同方法。首先打开并配置 GPIO 驱动模式引脚，请参阅代码清单 9-18 中的 ConfigureGpioPin 方法。随后，反转与绿色 ACT LED 相关的 GPIO 引脚的值，请参阅代码清单 9-18 中的 BlinkLed 方法。

代码清单 9-18　GPIO 配置和 LED 闪烁

```
private const int ledPinNumber = 47;
private GpioPin ledGpioPin;

private void ConfigureGpioPin()
{
    var gpioController = GpioController.GetDefault();

    if (gpioController != null)
    {
```

```
            ledGpioPin = gpioController.OpenPin(ledPinNumber);

            if (ledGpioPin != null)
            {
                ledGpioPin.SetDriveMode(GpioPinDriveMode.Output);
                ledGpioPin.Write(GpioPinValue.Low);
            }
        }
    }

    private void BlinkLed()
    {
        GpioPinValue invertedGpioPinValue;

        var currentPinValue = ledGpioPin.Read();

        if (currentPinValue == GpioPinValue.High)
        {
            invertedGpioPinValue = GpioPinValue.Low;
        }
        else
        {
            invertedGpioPinValue = GpioPinValue.High;
        }

        ledGpioPin.Write(invertedGpioPinValue);
    }
```

我们实现了 LedControl 类，从而脱离 SC 的实际硬件控制。LedControl 类从抽象上隐藏 GPIO 引脚控制的实现，并且仅公开几个公共成员，用于控制闪烁的频率和状态（禁用 / 启用）。LedControl 类实现了 Start、Stop、SetFrequency 和 Update 方法。代码清单 9-19 中定义了这些成员。

代码清单 9-19　控制 LED 闪烁状态和频率

```
    public static double MinFrequency { get; } = 1;
    public static double MaxFrequency { get; } = 50;

    public static bool IsValidFrequency(double hzFrequency)
    {
        return hzFrequency >= MinFrequency && hzFrequency <= MaxFrequency;
    }

    public void SetFrequency(double hzBlinkFrequency)
    {
        if (IsValidFrequency(hzBlinkFrequency))
        {
            this.hzBlinkFrequency = hzBlinkFrequency;

            timer.Change(timeSpanZero, HertzToTimeSpan(hzBlinkFrequency));
```

```
    }
}

public void Update(bool isBlinkingActive)
{
    if(isBlinkingActive)
    {
        Start();
    }
    else
    {
        Stop();
    }
}

public void Start()
{
    timer.Change(timeSpanZero, HertzToTimeSpan(hzBlinkFrequency));
}

public void Stop()
{
    timer.Change(Timeout.InfiniteTimeSpan, timeSpanZero);
}
```

SetFrequency 简单地调用 Timer 类实例的 Change 方法，以更新调用 BlinkLed 函数的时间间隔，更改 LED 闪烁频率。这里使用额外的静态方法 IsValidFrequency 来验证传递给 SetFrequency 方法的频率值。这样做可以确保用户不能将频率设置在最低或最高值以外。这里定义了两个只读的公共属性：MinFrequency 和 MaxFrequency。

Update 方法根据参数值启动（isBlinkingActive 为 true）或停止（isBlinkingActive 为 false）计时器。为此，Update 方法调用 Start 和 Stop 函数，这两个函数都基于 Timer 类的 Change 实例函数。它们还配置 Timer 的 dueTime 参数，可参见第 3 章。

在实现 LedControl 类之后，我们通过两个静态方法来补充 SerialCommunicationHelper 类，如代码清单 9-20 所示。第一个 WriteBytes 通过串口传输字节数组，使用了 9.1.4 节中描述的类似技术。但是，因为每次都要实例化 DataWriter，所以需要在传输数据后将其与串行端口的基础输出流分离。我们使用 DataWriter 类实例的 DetachStream 方法来实现这一点。

代码清单 9-20　用于在串行端口写入和读取字节数组的辅助方法

```
public static async Task<uint> WriteBytes(SerialDevice serialDevice, byte[] commandToWrite)
{
    Check.IsNull(serialDevice);
    Check.IsNull(commandToWrite);

    uint bytesWritten = 0;

    using (var dataWriter = new DataWriter(serialDevice.OutputStream))
    {
```

```
            dataWriter.WriteBytes(commandToWrite);
            bytesWritten = await dataWriter.StoreAsync();

            dataWriter.DetachStream();
        }

        return bytesWritten;
    }

    public static async Task<byte[]> ReadBytes(SerialDevice serialDevice)
    {
        Check.IsNull(serialDevice);

        byte[] dataReceived = null;

        using (var dataReader = new DataReader(serialDevice.InputStream))
        {
            await dataReader.LoadAsync(CommandHelper.FrameLength);

            dataReceived = new byte[dataReader.UnconsumedBufferLength];

            dataReader.ReadBytes(dataReceived);

            dataReader.DetachStream();
        }

        return dataReceived;
    }
```

示例以类似的方式实现了代码清单9-20中的第二种方法ReadBytes，但使用的是DataReader而不是DataWriter。请注意，在代码清单9-20中，引用了CommandHelper类的静态属性FrameLength。因此，一个物联网应用程序总是期望一个恒定长度的字节数组，也就是说，ReadByte方法总是试图读取16个字节。

读取通过串口收到的数据有点棘手，因为需要知道确切的帧长度。解决这一问题，一般有两种常见方法。在这里使用了第一种方法，即通信协议规定设备之间传输的每个字节帧具有固定的长度。第二种方法是让每个传输的消息都包含一个已知长度的报头，该报头指定正在传输的其余数据帧的长度。客户端应用程序首先读取标题，然后读取消息的其余部分。

接下来，扩展默认的StartupTask类，以便处理客户端应用程序的请求。为此，需要编写代码清单9-21中的SetupCommunication方法，以便在StartupTask的Run方法中调用。SetupCommunication首先配置串口，然后运行附加任务，该任务监听传入的命令。如代码清单9-22所示，此CommunicationListener方法从串口读取字节数组，根据预定义的通信协议对其进行解析，并更新LED闪烁状态。

代码清单9-21 无界面应用程序的入口实例化了LedControl类，并在配置串口后监听传入数据

```
private BackgroundTaskDeferral taskDeferral;
private LedControl ledControl;
```

```
private SerialDevice serialDevice;

public async void Run(IBackgroundTaskInstance taskInstance)
{
    taskDeferral = taskInstance.GetDeferral();

    ledControl = new LedControl();

    await SetupCommunication();
}

private async Task SetupCommunication()
{
    serialDevice = await SerialCommunicationHelper.GetFirstDeviceAvailable();

    SerialCommunicationHelper.SetDefaultConfiguration(serialDevice);

    new Task(CommunicationListener).Start();
}
```

代码清单 9-22 使用 SerialCommunicationHelper 的 ReadBytes 方法读取传入请求

```
private async void CommunicationListener()
{
    while (true)
    {
        var commandReceived = await SerialCommunicationHelper.ReadBytes(serialDevice);

        try
        {
            ParseCommand(commandReceived);
        }
        catch (Exception ex)
        {
            DiagnosticInfo.Display(null, ex.Message);
        }
    }
}
```

ParseCommand 的定义（参见代码清单 9-23）依赖于通信协议。验证接收到的命令后，ParseCommand 检查请求标识符，随后设置频率或更新 LED 闪烁状态。为此，这里使用以前开发的 LedControl 类的方法，显式分隔关注区域使得 ParseCommand 的定义清晰易读。

代码清单 9-23 解释传入请求以更新闪烁的频率和状态

```
private void ParseCommand(byte[] command)
{
    var errorCode = CommandHelper.VerifyCommand(command);

    if (errorCode == ErrorCode.OK)
    {
```

```
        var commandId = (CommandId)command[CommandHelper.CommandIdIndex];

        switch (commandId)
        {
            case CommandId.BlinkingFrequency:
                HandleBlinkingFrequencyCommand(command);
                break;

            case CommandId.BlinkingStatus:
                HandleBlinkingStatusCommand(command);
                break;
        }
    }
}

private void HandleBlinkingFrequencyCommand(byte[] command)
{
    var frequency = BitConverter.ToDouble(command, CommandHelper.CommandDataBeginIndex);

    ledControl.SetFrequency(frequency);
}

private void HandleBlinkingStatusCommand(byte[] command)
{
    var isLedBlinking = Convert.ToBoolean(command[CommandHelper.CommandDataBeginIndex]);

    ledControl.Update(isLedBlinking);
}
```

现在可以将SerialCommunication.Blinky部署到物联网设备。可使用Visual Studio的Startup Projects下拉列表选择要部署或执行的解决方案项目（见图9-10）。在部署并运行应用程序后，可以很快看到绿色ACT LED（或外部LED）以默认频率（5Hz）闪烁。

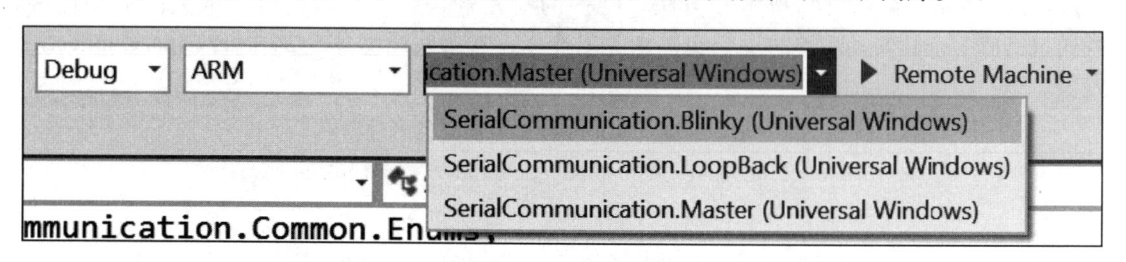

图9-10 选择启动项目

3. 有界面客户端应用程序

有界面的客户端应用程序将从开发PC远程控制物联网设备。可在配套代码的以下文件夹中找到相关的源代码：Chapter 09/SerialCommunication.Master。构建这个应用程序的步骤不多，因为在类库项目SerialCommunication.Common中实现了大部分基础功能。

首先声明UI，如图9-11所示。此用户界面中有一个下拉列表，允许用户选择串行设备。

单击 Connect 按钮关联连接。连接到设备后，可以使用滑块和复选框更新闪烁频率。单击 Send 按钮确认选择。这会将相应的帧发送到物联网设备并将其显示在列表框中。每次帧成功传输时，物联网设备都会通过更新其绿色 LED 的状态进行响应。

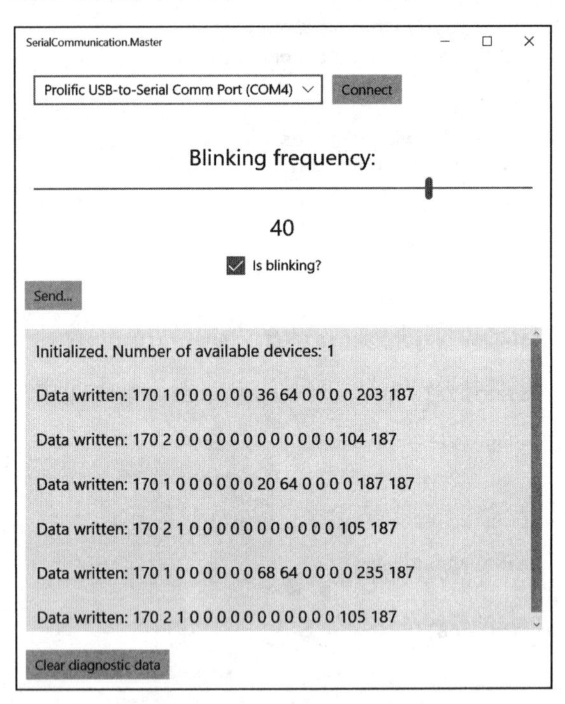

图 9-11 用于远程控制物联网设备的主要应用程序。列表框显示传送给物联网设备的原始字节数组

Connect 按钮的默认事件处理程序如代码清单 9-24 所示。此方法使用 SerialCommunicationHelper 类的已知技术和方法。唯一的新元素是在关联新连接之前关闭活动连接。可通过清除 SerialDevice 类的一个实例来关闭连接，参阅代码清单 9-24 中的 CloseConnection 方法。

代码清单 9-24 Connect 按钮的事件处理程序

```
private async void ButtonConnect_Click(object sender, RoutedEventArgs e)
{
    try
    {
        await SetupConnection();
    }
    catch(Exception ex)
    {
        DiagnosticInfo.Display(diagnosticData, ex.Message);
    }
}

private async Task SetupConnection()
```

```
{
    // 在关联新连接之前，关闭所有连接
    CloseConnection();

    serialDevice = await SerialDevice.FromIdAsync(serialDeviceId);

    if (serialDevice != null)
    {
        //配置连接
        SerialCommunicationHelper.SetDefaultConfiguration(serialDevice);
    }
}

private void CloseConnection()
{
    if (serialDevice != null)
    {
        serialDevice.Dispose();
        serialDevice = null;
    }
}
```

SerialCommunication.Master 应用程序还要求开发者定义 Send 按钮的事件处理程序，如代码清单 9-25 所示。此事件处理程序调用辅助函数 SendCommand 两次。在这里将发送两个帧：一个设置频率，另一个设置闪烁状态。当然，这两个操作可以使用一个帧，但这里故意将这些请求分开以便在通信协议中至少有两个不同的命令。代码清单 9-26 显示了 CommandToString 的定义。

代码清单 9-25 发送控制命令到物联网设备（这两个命令都是按顺序发送的）

```
private async void ButtonSendData_Click(object sender, RoutedEventArgs e)
{
    await SendCommand(CommandId.BlinkingFrequency);
    await SendCommand(CommandId.BlinkingStatus);
}

private async Task SendCommand(CommandId commandId)
{
    if (serialDevice != null)
    {
        byte[] command = null;

        switch (commandId)
        {
            case CommandId.BlinkingFrequency:
                command = CommandHelper.PrepareSetFrequencyCommand(hzBlinkingFrequency);
                break;

            case CommandId.BlinkingStatus:
                command = CommandHelper.PrepareBlinkingStatusCommand(isLedBlinking);
```

```
                break;
            }

            await SerialCommunicationHelper.WriteBytes(serialDevice, command);
            DiagnosticInfo.Display(diagnosticData, "Data written: " + CommandHelper.
                CommandToString(command));
        }
        else
        {
            DiagnosticInfo.Display(diagnosticData, "No active connection");
        }
    }
```

代码清单 9-26 辅助函数 CommandToString 的定义，它将通信帧转换为字符串以用于调试

```
public static string CommandToString(byte[] commandData)
{
    string commandString = string.Empty;

    if (commandData != null)
    {
        foreach (byte b in commandData)
        {
            commandString += " " + b;
        }
    }

    return commandString.Trim();
}
```

9.3 蓝牙

蓝牙（Bluetooth，BT）是一种使用无线电波在设备之间传输数据的无线技术。BT 通信用于许多现代传感器。一组低能耗 BT 启动的传感器可以非常节能，使用单个电池就可以连续几个月监控远程过程。这样的高寿命使得 BT 和其他无线通信在物联网世界中至关重要。

本节将展示如何在两个 UWP 应用程序中使用 BT 通信。首先，BluetoothCommunication.Leds 是部署在 RPi2/RPi3 上的无界面应用程序，用于控制 Sense HAT 扩展板的 LED 阵列的颜色。此外，这个无界面应用程序还提供无线射频通信（RFCOMM）BT 协议，使其他应用程序可以远程更改 LED 阵列的颜色。

我们还提供了在开发 PC 机上运行的有界面的 UWP 应用程序 BluetoothCommunication.Master。这个应用程序的用户界面如图 9-12 所示。基本上，它由 3 个滑块组成，用于设置颜色的特定组件，并将其传输到物联网设备。为此，这里通过一个额外的命令来扩展前一节中开发的通信协议。第一步是配置硬件组件并配对蓝牙设备。

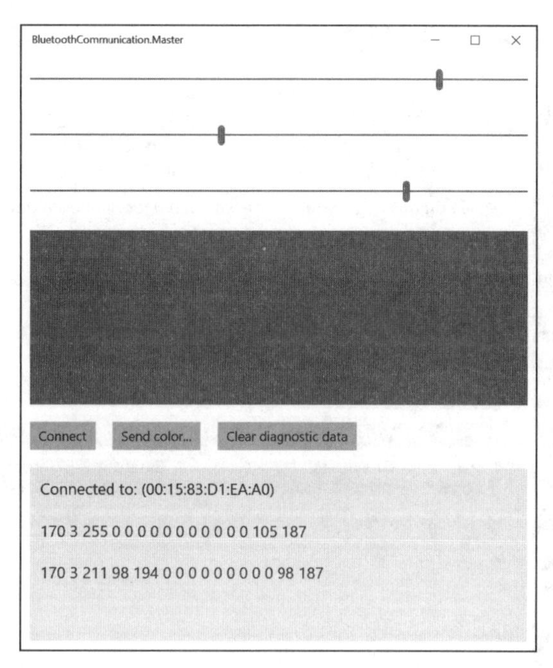

图 9-12 UWP 有界面应用程序，用于远程无线控制 LED 阵列颜色。滑块用于控制颜色的合成，并显示在矩形中，然后通过单击 Send Color 按钮将颜色发送到物联网设备

9.3.1 设置连接

RPi2 没有内置 BT 模块，但是我们可以购买廉价的 USB BT 适配器。此处使用了建立在 CSR8510 BT USB 主机上的 BT 适配器（见图 9-13）。通过网址 https://www.adafruit.com/product/1327 可轻松获得该模块（约 12 美元）。它不需要任何特殊的配置或安装，只需将其插入一个 RPi2 USB 端口即可。之后，当导航到 Device Portal（设备入口）的 Bluetooth 选项卡后，可以看到附近可用 BT 设备的列表（见图 9-14）。

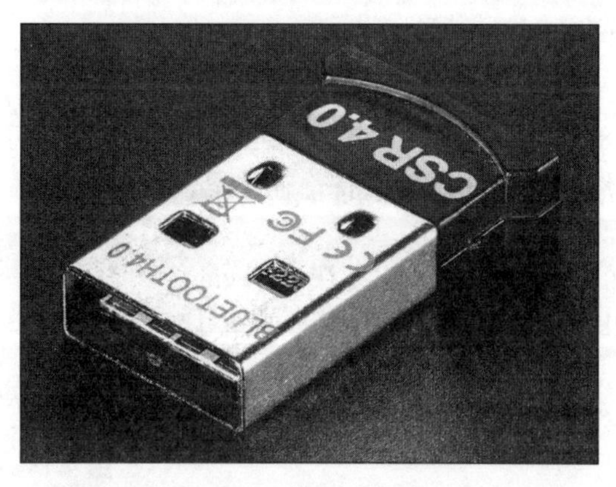

图 9-13 蓝牙 4.0 CSR USB 模块（来源：www.adafruit.com）

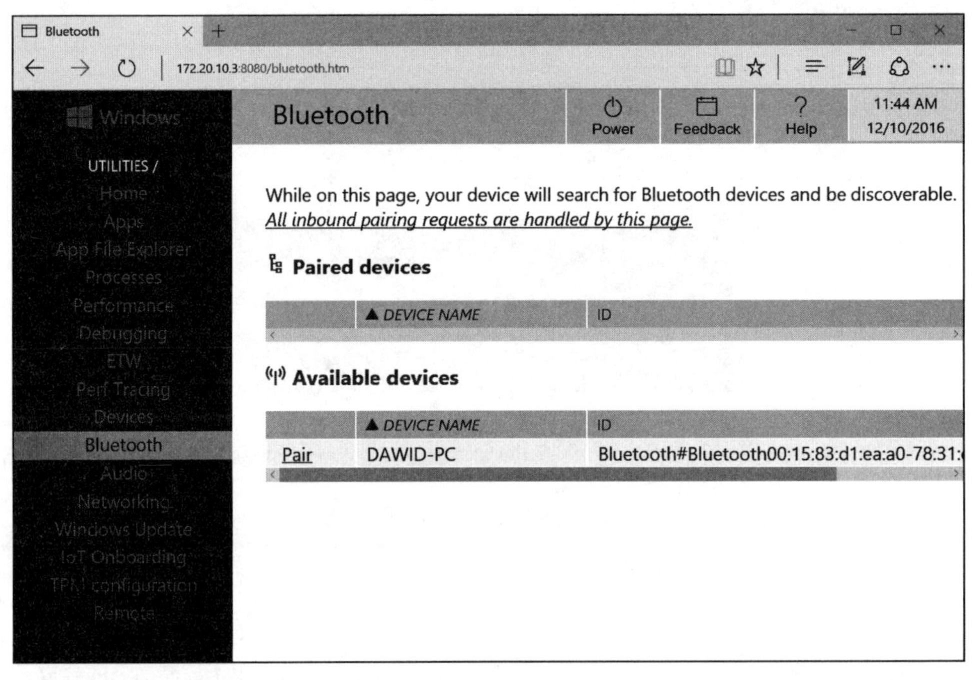

图 9-14　Device Portal 的 Bluetooth 选项卡用于显示所有可发现的 BT 设备

如果在附近可用 BT 设备列表中看不到开发 PC，则需要确认 PC 是否可被发现。可以这样做：

1）打开 Setting Trusted Store 应用程序。

2）导航到 Devices/Bluetooth，然后单击 More Bluetooth Options 链接。

3）在 Bluetooth Settings 对话框中（见图 9-15），确保选中 Allow Bluetooth devices to find this PC 复选框，同时还可以选中 Alert Me when a new Bluetooth device wants to connect 复选框，以便在有新蓝牙设备请求连接时弹出提示。

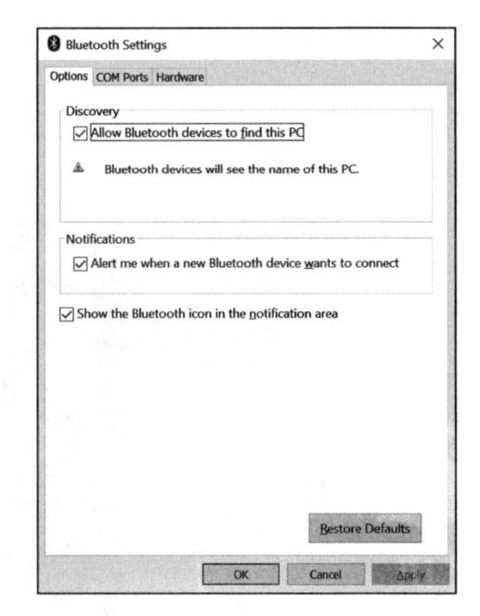

图 9-15　设置 Bluetooth Setting 对话框以使 PC 可被发现

确保 RPi2/RPi3 识别到 PC BT 后，按照以下步骤配对这些设备：

1）在 Device Portal 的 Bluetooth 界面中，转至可用设备列表（见图 9-14），然后找到物联网设备。在这里，将 RPi2 与 DAWID-PC 配对。

2）单击设备旁边的 Pair Hyperlink 按钮。Device Portal 中将显示一个弹出窗口，要求确认配对。单击 Yes 按钮。

3）Device Portal 中会显示另一个带配对 PIN 码的弹出窗口。单击 OK 按钮。

4）开发 PC 的操作中心显示 Add a Device 的通知。

单击它，弹出 Compare the passcodes 窗口（见图 9-16）。此弹出窗口中应显示与 Device Portal 相同的引脚编号。如果相同，则单击 Yes 按钮。

5）设备配对后，开发 PC 将出现在 Device Portal 的配对设备列表中，如图 9-17 所示。

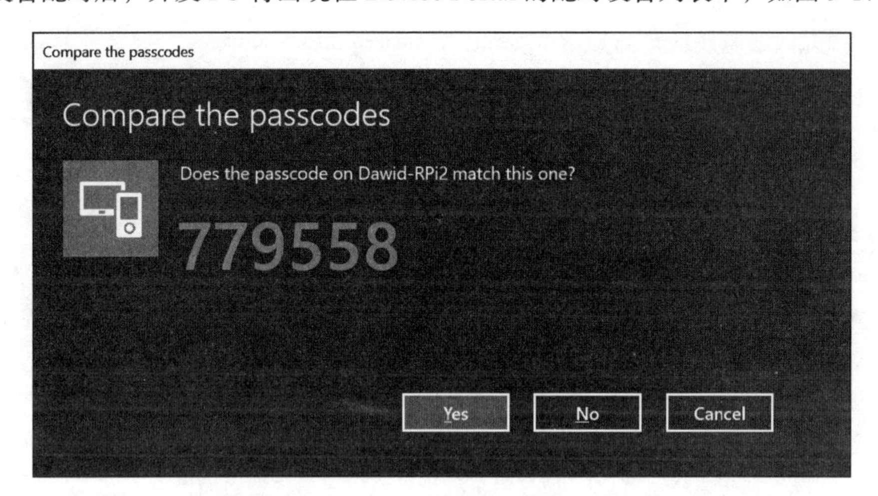

图 9-16 在配对期间开发 PC 上出现的 Compare the passwords 窗口

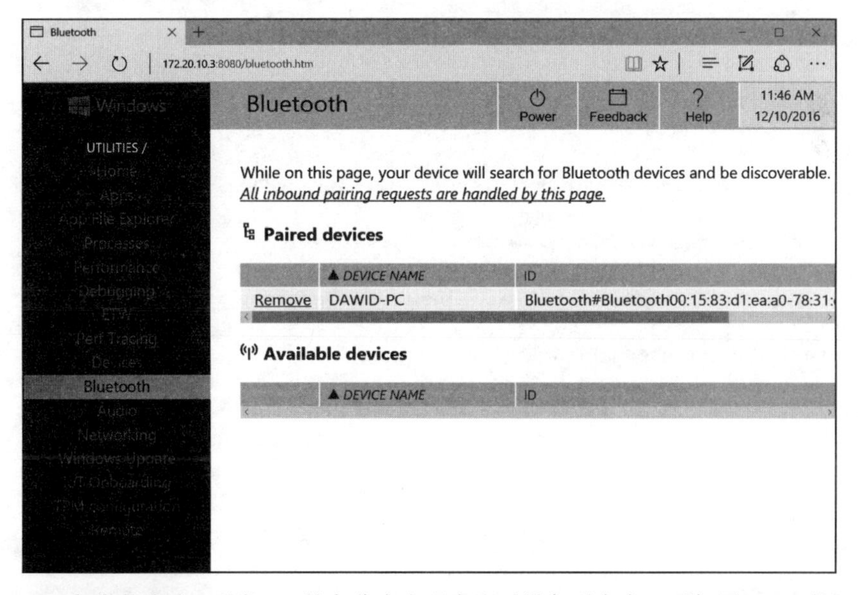

图 9-17 成功配对后，开发 PC 的名称会出现在配对设备列表中。可与图 9-14 对比一下

9.3.2 蓝牙绑定和配对

当配对蓝牙设备时，两者之间的连接就建立起来了。因此，当设备再次置于通信范围内时，可以自动重新连接。配对也用于保护连接。具体来说，PIN 码用于生成加密密钥，给通过 BT 接口发送的数据加密。

项目体系结构和蓝牙设备枚举

项目体系结构依赖于前面章节中开发的结构和通信协议，请参阅 Chapter 09/Bluetooth Communication 中的配套代码，其中有 3 个项目：

- 一个无界面物联网应用程序 BluetoothCommunication.Leds。
- 一个名为 BluetoothCommunication.Master 的 UWP 应用程序。
- 实现共享功能的类库 BluetoothCommunication.Common。

BluetoothCommunication.Leds 和 BluetoothCommunication.Master 都引用了 BluetoothCommunication.Common。另外，BluetoothCommunication.Leds 引用了 UWP 的 Windows IoT 扩展。

我们从类库开始。该项目实现了单个静态类 BluetoothCommunicationHelper，包含 3 种公共方法。前两个 FindPairedDevices 和 GetFirstPairedDeviceAvailable 出现在代码清单 9-27 中。它们类似于 SerialCommunicationHelper 的 FindSerialDevices 和 GetFirstDeviceAvailable。唯一的区别是它们不使用串口设备，而是使用 BluetoothDevice 类。此外，在 FindPairedDevices 方法中，使用了 BluetoothDevice 类的静态 GetDeviceSelector 方法，以使用特定于配对 BT 设备的 AQS 选择器。

代码清单 9-27 蓝牙设备的枚举类似于串行端口的情况

```
public static async Task<DeviceInformationCollection> FindPairedDevices()
{
    var defaultSelector = BluetoothDevice.GetDeviceSelector();

    return await DeviceInformation.FindAllAsync(defaultSelector);
}

public static async Task<BluetoothDevice> GetFirstPairedDeviceAvailable()
{
    var serialDeviceCollection = await FindPairedDevices();

    var serialDeviceInformation = serialDeviceCollection.FirstOrDefault();

    if (serialDeviceInformation != null)
    {
        return await BluetoothDevice.FromIdAsync(serialDeviceInformation.Id);
    }
    else
    {
        return null;
    }
}
```

接下来我们实现了 Connect 方法，该方法将连接与选定的 BT 设备相关联、表示为 BluetoothDevice 类的一个实例。根据代码清单 9-28，Connect 方法获取 BT 设备公开的第一个可用的 RFCOMM 服务，然后使用 StreamSocket 类的 ConnectAsync 方法连接到该服务。StreamSocket 类用于基于 TCP 和 BT RFCOMM 协议上的流套接字进行网络通信。连接到套接字使开发者可以像使用 SC 一样在设备之间传输数据。可以使用 StreamSocket 类实例的

InputStream 和 OutputStream 属性，然后就像前面的例子一样进行。也就是说，要读取和写入数据，应使用 SerialCommunicationHelper 类的静态 ReadBytes 和 WriteBytes 方法。但在传输数据之前，需要通过附加命令来扩展通信协议。

代码清单 9-28 连接到 RFCOMM

```
public static async Task<StreamSocket> Connect(BluetoothDevice bluetoothDevice)
{
    Check.IsNull(bluetoothDevice);

    var rfcommService = bluetoothDevice.RfcommServices.FirstOrDefault();

    if (rfcommService != null)
    {
        return await ConnectToStreamSocket(bluetoothDevice, rfcommService.
            ConnectionServiceName);
    }
    else
    {
        throw new Exception(
            "Selected bluetooth device does not advertise any RFCOMM service");
    }
}

private async static Task<StreamSocket> ConnectToStreamSocket(
    BluetoothDevice bluetoothDevice,
    string connectionServiceName)
{
    try
    {
        var streamSocket = new StreamSocket();

        await streamSocket.ConnectAsync(bluetoothDevice.HostName, connectionServiceName);

        return streamSocket;
    }
    catch (Exception)
    {
        throw new Exception(
            "Connection cannot be established. Verify that device is paired");
    }
}
```

9.3.3 LED 颜色命令

为了远程设置 LED 阵列颜色，需要将 RGB 组件发送到远程设备。9.2.2 节中定义的通信协议的数据部分包含 3 个字节，每个字节携带一个颜色通道的值。如代码清单 9-29 所示，PrepareLedColorCommand 方法使用 Color 类实例的 RGB 属性填充命令的数据部分。我们在 CommandId 的枚举类型中增加了新的值 LedColor。

代码清单 9-29　命令数据包含 RGB 颜色分量

```
public static byte[] PrepareLedColorCommand(Color color)
{
    // 准备命令
    var command = PrepareCommandStructure(CommandId.LedColor);

    // 设置命令参数
    command[CommandDataBeginIndex] = color.R;
    command[CommandDataBeginIndex + 1] = color.G;
    command[CommandDataBeginIndex + 2] = color.B;

    // 设置校验和
    SetChecksum(command);

    return command;
}
```

9.3.4　Windows Runtime 组件对 LedArray 类的要求

我们使用前面介绍的 BT 通信接口来构建无界面物联网应用程序，该应用程序可以对 Sense HAT 扩展板的 LED 阵列进行远程控制。可在 Chapter 09/BluetoothCommunication/BluetoothCommunication.Leds 的配套代码中查找源文件。这个应用程序的结构与 SerialCommunication.Blinky 类似。也就是说，StartupTask 的 Run 方法初始化 LedArray 类，然后启动 RFCOMM 服务，参见代码清单 9-30。

代码清单 9-30　BluetoothCommunication.Leds 的接入点

```
public async void Run(IBackgroundTaskInstance taskInstance)
{
    taskDeferral = taskInstance.GetDeferral();

    InitializeLedArray();

    await StartRfcommService();
}
```

LedArray 初始化不需要特殊注释，因为在之前的列表中介绍过它。但是，用于与 Sense HAT 扩展板通信的 LedArray 类和 I2cHelper 的原始版本已根据 Windows 运行时（WinRT）组件的要求进行了调整。这是物联网背景应用项目模板的基础。我们修改了 LedArray 类的以下元素：

- 缓冲区成员的声明已从属性更改为专用字段。WinRT 组件不能导出多维公共数组。试图这样做会生成编译错误 WME1035。
- 命名空间已更改为 BluetoothCommunication.Leds.SenseHatLedArray。WinRT 组件要求导出的类在名称空间中声明，其名称由文件名隐含。如果不满足此要求，则会报告编译错误 WME1044。
- LedArray 类的定义由 sealed 关键字补充，所以这种类型不能被继承。WinRT 组件不支持导出非 sealed 的类（编译错误：WME1086）。
- WinRT 组件还要求明确将数组参数设置为只读或只写（编译错误：WME1106）。为此，

可以使用 [ReadOnlyArray] 或 [WriteOnlyArray] 属性。在声明 DrawHistogram 方法时，我们使用了 [ReadOnlyArray] 属性，参见代码清单 9-31。

代码清单 9-31 WinRT 组件的数组参数可以是可读的或可写的

```
public void DrawHistogram([ReadOnlyArray] double[] histogram, double minValue,
    double maxValue)
```

- 我们在 I2cHelper 类中引入了类似的更改。首先修改了命名空间，然后更改了 GetI2cDevice 的声明，以便它使用 IAsyncOperation <I2cDevice> 而不是 async Task <I2cDevice>，参见代码清单 9-32。这样做是因为不能从 WinRT 组件中导出公共成员。相反，声明应该使用 Windows.Foundation 命名空间中定义的以下接口之一：
    - IAsyncAction
    - IAsyncActionWithProgress <TProgress>
    - IAsyncOperation <TResult>
    - IAsyncOperationWithProgress <TResult，TProgress>

就依赖代码而言，这种改变并不重要，因为标准的 .NET 等待模式也适用于 WinRT 异步接口。

代码清单 9-32 WinRT 组件的公共方法不能使用 Task <T> 异步 API

```
using System;
using System.Linq;
using System.Threading.Tasks;
using Windows.Devices.Enumeration;
using Windows.Devices.I2c;
using Windows.Foundation;

namespace BluetoothCommunication.Leds.Helpers
{
    public static class I2cHelper
    {
        public static IAsyncOperation<I2cDevice> GetI2cDevice(byte address)
        {
            return GetI2cDeviceHelper(address).AsAsyncOperation();
        }

        private static async Task<I2cDevice> GetI2cDeviceHelper(byte address)
        {
            I2cDevice device = null;

            var settings = new I2cConnectionSettings(address);

            string deviceSelectorString = I2cDevice.GetDeviceSelector();

            var matchedDevicesList = await DeviceInformation.FindAllAsync(
                deviceSelector-String);
            if (matchedDevicesList.Count > 0)
            {
                var deviceInformation = matchedDevicesList.First();
```

```
                device = await I2cDevice.FromIdAsync(deviceInformation.Id, settings);
            }

            return device;
        }
    }
}
```

代码清单 9-33 显示了如何启动 BT RFCOMM 设备服务并处理来自远程客户端的请求。要启动 RFCOMM 服务，需要两个组件：RfcommServiceProvider 和 StreamSocketListener。RfcommServiceProvider 用于创建 BT 服务，可由客户端设备检测；StreamSocketListener 用于处理实际的套接字通信。要将 RfcommServiceProvider 与特定的 StreamSocketListener 关联起来，可使用 StreamSocketListener 类的 BindServiceNameAsync 方法。

代码清单 9-33 启动 BT RFCOMM 服务通告并将该服务绑定到 StreamSocketListener

```
private RfcommServiceProvider rfcommProvider;
private StreamSocketListener;

private async Task StartRfcommService()
{
    var serviceGuid = Guid.Parse("34B1CF4D-1069-4AD6-89B6-E161D79BE4D8");
    var serviceId = RfcommServiceId.FromUuid(serviceGuid);

    rfcommProvider = await RfcommServiceProvider.CreateAsync(serviceId);

    streamSocketListener = new StreamSocketListener();
    streamSocketListener.ConnectionReceived += StreamSocketListener_ConnectionReceived;

    try
    {
        await streamSocketListener.BindServiceNameAsync(
            rfcommProvider.ServiceId.AsString(),
            SocketProtectionLevel.BluetoothEncryptionAllowNullAuthentication);

        rfcommProvider.StartAdvertising(streamSocketListener);

        DiagnosticInfo.Display(null, "RFCOMM service started. Waiting for clients...");
    }
    catch (Exception ex)
    {
        DiagnosticInfo.Display(null, ex.Message);
    }
}
```

当远程客户端连接到 RFCOMM 服务时，关联的 StreamSocketListener 类的实例将触发 ConnectionReceived 事件。可以使用该事件来获取 StreamSocket 的实例。基于此实例，可以执行设备与远程设备之间的实际通信。还可以实现其他逻辑来处理 ConnectionReceived 事件。此处我们使用了该事件处理程序来启动辅助线程，除了存储对 StreamSocket 类的引用外，它还处理所有传入的请求，参见代码清单 9-34。

代码清单 9-34 ConnectionReceived 事件处理程序获取对 StreamSocket 类的引用并启动辅助线程，从而处理传入的请求

```
private bool isCommunicationListenerStarted = false;

private void StreamSocketListener_ConnectionReceived(StreamSocketListener sender,
    StreamSocketListenerConnectionReceivedEventArgs args)
{
    DiagnosticInfo.Display(null, "Client has been connected");

    streamSocket = args.Socket;

    StartCommunicationListener();
}

private void StartCommunicationListener()
{
    if (!isCommunicationListenerStarted)
    {
        new Task(CommunicationListener).Start();
        isCommunicationListenerStarted = true;
    }
}

private async void CommunicationListener()
{
    const int msSleepTime = 50;

    while(true)
    {
        var commandReceived = await SerialCommunicationHelper.ReadBytes(
            streamSocket.InputStream);

        try
        {
            if (commandReceived.Length > 0)
            {
                ParseCommand(commandReceived);
            }
        }
        catch (Exception ex)
        {
            DiagnosticInfo.Display(null, ex.Message);
        }

        Task.Delay(msSleepTime).Wait();
    }
}
```

如代码清单 9-35 所示，传入请求的解析类似于有线 SC。也就是说，首先验证命令结构，然后检查命令标识符。如果它等于 CommandId.LedColor，则从命令数据中读取颜色分量，然后使用 LedArray 类实例的 Reset 方法更新 LED 阵列颜色，参见代码清单 9-35 中的

HandleLedColorCommand。

代码清单 9-35 LedColor 命令解析

```
private void ParseCommand(byte[] command)
{
    var errorCode = CommandHelper.VerifyCommand(command);

    if (errorCode == ErrorCode.OK)
    {
        var commandId = (CommandId)command[CommandHelper.CommandIdIndex];

        switch (commandId)
        {
            case CommandId.LedColor:
                HandleLedColorCommand(command);
                break;
        }
    }
}

private void HandleLedColorCommand(byte[] command)
{
    var redChannel = command[CommandHelper.CommandDataBeginIndex];
    var greenChannel = command[CommandHelper.CommandDataBeginIndex + 1];
    var blueChannel = command[CommandHelper.CommandDataBeginIndex + 2];

    var color = Color.FromArgb(0, redChannel, greenChannel, blueChannel);

    if (ledArray != null)
    {
        ledArray.Reset(color);
    }

    DiagnosticInfo.Display(null, color.ToString() + " " + redChannel
        + " " + greenChannel + " " + blueChannel);
}
```

无界面物联网应用程序的情况与前一个示例中的几乎相同，主要区别在于使用不同的过程来启动通信。在设备之间传输数据是相同的（与有界面示例相比）。同样重要的是要注意，BT 通信与 TCP 共享套接字通信过程，因此，如果想使用套接字和 TCP 传输数据，应执行完全相同的步骤。

最后一个元素声明了蓝牙功能。根据代码清单 9-36，补充了 Package.appxmanifest 的 Capabilities 部分。

代码清单 9-36 蓝牙设备功能

```
<Capabilities>
  <Capability Name="internetClient" />
  <Capabilities>
    <Capability Name="internetClient" />
    <DeviceCapability Name="bluetooth" />
  </Capabilities>
</Capabilities>
```

9.3.5 有界面客户端应用程序

有界面客户端应用程序可以远程控制物联网设备，请参阅Chapter 09/BluetoothCommunication/BluetoothCommunication.Master中的配套代码。如图9-12所示，此应用程序的界面中有3个滑块，用于配置发送到物联网设备的颜色的RGB通道。用户可以在矩形面板中预览颜色。滑块和矩形通过辅助类SenseHatColor绑定到代码隐藏，参见代码清单9-37。这里使用了辅助对象，因为UWP不支持这里需要的多重绑定。开发者最终可以将方法绑定。

代码清单9-37 用于数据绑定的辅助类的定义

```
public class SenseHatColor {

    public SolidColorBrush Brush { get; private set; }

    public double R
    {
        get { return colorComponents[0]; }
        set { UpdateColorComponent(0, Convert.ToByte(value)); }
    }

    public double G
    {
        get { return colorComponents[1]; }
        set { UpdateColorComponent(1, Convert.ToByte(value)); }
    }

    public double B
    {
        get { return colorComponents[2]; }
        set { UpdateColorComponent(2, Convert.ToByte(value)); }
    }

    private byte[] colorComponents;

    private void UpdateColorComponent(int index, byte value)
    {
        colorComponents[index] = value;
        UpdateBrush();
    }

    private void UpdateBrush()
    {
        Brush.Color = Color.FromArgb(255, colorComponents[0],
            colorComponents[1], colorComponents[2]);
    }

    public SenseHatColor()
    {
        var defaultColor = Colors.Black;

        colorComponents = new byte[]
        {
```

```
                defaultColor.R, defaultColor.G, defaultColor.B
            };

            Brush = new SolidColorBrush(defaultColor);
        }
    }
```

基本上，SenseHatColor 包含 4 个属性：Brush、R、G 和 B。Brush 是绑定到 Rectangle.Fill 属性的，R、G 和 B 属性与相应的滑块关联。每当用户更改滑块位置时，颜色通道值都会更新，之后这个值用于更新 Brush 属性。为此，这里使用了 UpdateColorComponent 私有方法。矩形将填充根据 RGB 分量设置的颜色。

要通过 BT 将所选颜色发送到物联网设备，需要将 BluetoothCommunication.Master 与有效的 BT 连接。可以在 Connect 按钮的 Click 事件处理程序中获取连接。在这种方法中，可以将连接与第一个可用的配对设备相关联。此处我们使用了 BluetoothCommunication 类的静态 GetFirstPairedDeviceAvailable 和 Connect 方法，参见代码清单 9-38。

代码清单 9-38 连接到配对的蓝牙设备

```
private ObservableCollection<string> diagnosticData = new ObservableCollection<string>();
private StreamSocket streamSocket;

private async void ButtonConnect_Click(object sender, RoutedEventArgs e)
{
    try
    {
        var device = await BluetoothCommunicationHelper.GetFirstPairedDeviceAvailable();

        await CloseConnection();

        streamSocket = await BluetoothCommunicationHelper.Connect(device);

        DiagnosticInfo.Display(diagnosticData, "Connected to: " + device.HostName);
    }
    catch (Exception ex)
    {
        DiagnosticInfo.Display(diagnosticData, ex.Message);
    }
}

private async Task CloseConnection()
{
    if (streamSocket != null)
    {
        await streamSocket.CancelIOAsync();

        streamSocket.Dispose();
        streamSocket = null;
    }
}
```

连接到远程设备后，LedColor命令使用Send按钮事件处理程序传输信息，参见代码清单9-39。该方法的定义基于先前实现的块。也就是说，首先使用CommandHelper类的PrepareLedColorCommand生成包含RGB颜色通道的字节数组。随后，使用SerialCommunicationHelper类的WriteBytes方法将字节写入StreamSocket的OutputStream。

代码清单9-39 使用蓝牙RFCOMM协议将LedColor命令发送到物联网设备

```
private async void ButtonSendColor_Click(object sender, RoutedEventArgs e)
{
    if (streamSocket != null)
    {
        var commandData = CommandHelper.PrepareLedColorCommand(senseHatColor.Brush.Color);

        await SerialCommunicationHelper.WriteBytes(streamSocket.OutputStream, commandData);

        DiagnosticInfo.Display(diagnosticData, CommandHelper.
            CommandToString(commandData));
    }
    else
    {
        DiagnosticInfo.Display(diagnosticData, "No active connection");
    }
}
```

当运行BluetoothCommunication.Master应用程序并首次单击Connect按钮时，Windows 10将显示一个对话框，要求用户授予对RPi2/RPi3设备的访问权限（见图9-18）。确认此访问后，可以使用滑块生成想要的任何颜色。当将该值发送到物联网设备时，LED阵列会相应地更改其颜色。

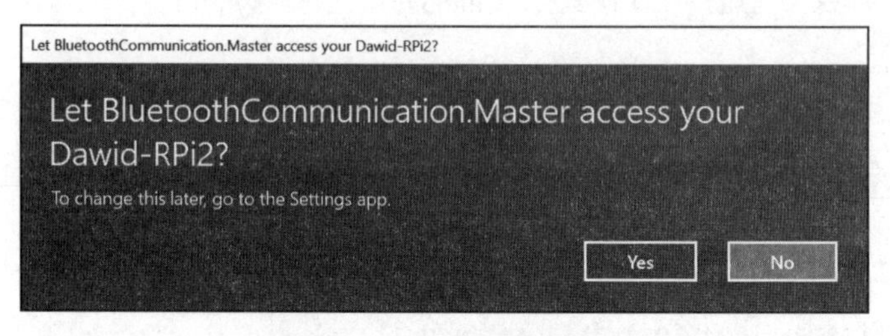

图9-18 访问蓝牙设备

基于RFCOMM协议的蓝牙通信就像有线SC一样工作。因此，可以基于本章中提及的常见共享逻辑轻松实现这两种技术，从而缩短开发时间，并帮助开发者使用多个网络接口公开物联网设备的功能。

9.4 Wi-Fi

通常称为Wi-Fi的无线局域网被广泛使用，并且可以容易地用于物联网应用。本节将展示如何以编程方式列举Wi-Fi适配器、扫描Wi-Fi网络，以及连接并验证选定的Wi-Fi网络。

随后，将一台开发 PC 和一台物联网设备连接到同一本地网络。基于该连接，开发 PC 上运行的 UWP 应用程序将远程控制物联网设备。

本节中，有界面应用程序将具有与 BluetoothCommunication.Master 相同的用户界面，并可让用户更改 Sense HAT LED 阵列的颜色，区别是将使用 Wi-Fi 而不是蓝牙作为通信媒介。为了测试 Wi-Fi 样本，我们使用智能手机设置了一个名为 Dawid-WiFi 的 WPA2 个人安全热点。

在以下配套代码文件夹中查找支持此讨论的源文件：Chapter 09/WiFiCommunication。Class Library（类库）项目 WiFiCommunication.Common 可实现共享功能。WiFiCommunication.Common 使用单个静态类 WiFiCommunicationHelper，后者又实现了两个公共方法：ConnectToWiFiNetwork 和 ConnectToHost。

第一种方法使用所提供的密码短语（passphrase）连接到给定服务集标识符（SSID）的网络。SSID 和网络密码从 ConnectToWiFiNetwork 参数中获得，参见代码清单 9-40。

代码清单 9-40 连接到 Wi-Fi 网络

```
public const string DefaultSsid = "Dawid-Wi-Fi";
public const string DefaultPassword = "P@ssw0rD";

public static async Task<WiFiConnectionStatus> ConnectToWiFiNetwork(
    string ssid = DefaultSsid, string password = DefaultPassword)
{
    var connectionStatus = WiFiConnectionStatus.NetworkNotAvailable;

    // 验证 SSID 和密码
    if (!string.IsNullOrEmpty(ssid) && !string.IsNullOrEmpty(password))
    {
        // 验证应用程序是否具有 Wi-Fi 功能
        var hasAccess = await WiFiAdapter.RequestAccessAsync();

        // 如果有使用第一个 Wi-Fi 适配器扫描可用的网络
        if (hasAccess == WiFiAccessStatus.Allowed)
        {
            // 获取第一个可用的 Wi-Fi 适配器
            var wiFiAdapters = await WiFiAdapter.FindAllAdaptersAsync();
            var firstWiFiAdapterAvailable = wiFiAdapters.FirstOrDefault();

            if (firstWiFiAdapterAvailable != null)
            {
                // 扫描网络
                await firstWiFiAdapterAvailable.ScanAsync();

                // 根据 SSID 筛选可用网络列表
                var wiFiNetwork = firstWiFiAdapterAvailable.NetworkReport.
                    AvailableNetworks.Where(network => network.Ssid == ssid).FirstOrDefault();

                if (wiFiNetwork != null)
                {
                    // 尝试使用提供的密码连接到网络
                    var passwordCredential = new PasswordCredential()
                    {
```

```
                Password = password
            };

            var connectionResult = await firstWiFiAdapterAvailable.
                ConnectAsync(wiFiNetwork,
                WiFiReconnectionKind.Automatic, passwordCredential);

            // 返回连接状态
            connectionStatus = connectionResult.ConnectionStatus;
        }
    }
}
}

return connectionStatus;
}
```

要连接到 Wi-Fi 网络，应用程序需要访问 Wi-Fi 适配器，UWP 中的 Wi-Fi 适配器由 WiFi Adapter 类表示。此类的成员允许枚举本地 Wi-Fi 适配器，扫描可用网络并连接到所选网络。

首先，调用 FindAllAdaptersAsync 方法来获取 Wi-Fi 适配器列表。在这个例子中，得到了第一个可用的适配器。接下来，使用 ScanAsync 方法启动网络扫描。通过 WiFiAdapter 类的 NetworkReport 属性获取该扫描的结果。NetworkReport 属于 WiFiNetworkReport 类型，并包含记录网络扫描操作结束日期和时间的 Timestamp 属性以及 AvailableNetworks 属性（可用网络列表）。在代码清单 9-40 中，通过 SSID 过滤该列表以找到选定的网络，表示为 WiFiNetwork 类的实例。获得对该类的引用后，使用 WiFiAdapter 类的 ConnectAsync 方法连接到网络。

ConnectAsync 方法允许用户指定网络密钥。通过 PasswordCredential 类实例的 Password 属性传递该值，还可以使用 ConnectAsync 方法的 reconnectionKind 参数来配置自动网络重新连接。该参数可以具有 WiFiReconnectionKind 枚举中定义的值之一：Automatic（自动）或 Manual（手动）。第一个代表操作系统将自动重新连接，第二个则允许用户手动重新连接到 Wi-Fi 网络。这里使用了自动重新连接。SSID 和密码由 DefaultSsid 和 DefaultPassword 定义，它们是 WiFiCommunicationHelper 类的常量成员。

关联 Wi-Fi 连接后，可以连接到该网络中的任何主机。为此，我们在 WiFiCommunicationHelper 中实现了 ConnectToHost 静态方法。如代码清单 9-41 所示，ConnectToHost 方法实例化 StreamSocket 类，然后调用 StreamSocket.ConnectAsync 方法。远程服务连接看起来很像蓝牙通信，但是需要明确指定的远程主机名和端口号。主机名是包含主机网络名称或其 IP 地址的字符串。

代码清单 9-41 连接到远程主机

```
public const string Rpi2HostName = "Dawid-RPi2";
public const int DefaultPort = 9090;

public static async Task<StreamSocket> ConnectToHost(string hostName = Rpi2HostName,
    int port = DefaultPort)
{
```

```
    var socket = new StreamSocket();

    await socket.ConnectAsync(new HostName(hostName), port.ToString());

    return socket;
}
```

按照前一节所述进行操作，并准备无界面应用程序，以便通过 TCP 监听传入连接（请参阅 Chapter 09/WiFiCommunication/WiFiCommunication.Leds 中的配套代码）。像之前一样，需要创建 StreamSocketListener 类的实例，然后将其绑定到选定的 TCP 端口，参见代码清单 9-42。

代码清单 9-42 初始化绑定到所选 TCP 端口的 StreamSocketListener

```
private StreamSocketListener;

private async void StartTcpService()
{
    var connectionStatus = await WiFiCommunicationHelper.ConnectToWiFiNetwork();

    if (connectionStatus == WiFiConnectionStatus.Success)
    {
        streamSocketListener = new StreamSocketListener();

        await streamSocketListener.BindServiceNameAsync(
            WiFiCommunicationHelper.DefaultPort.ToString());

        streamSocketListener.ConnectionReceived +=
            StreamSocketListener_ConnectionReceived;
    }
    else
    {
        DiagnosticInfo.Display(null, "WiFi connection failed: "
            + connectionStatus.ToString());
    }
}
```

要访问硬件 Wi-Fi 适配器并创建网络服务器，应用需要 wiFiControl 设备和 internetClientServer 功能。可以在 Package.appxmanifest 中配置它们，如代码清单 9-43 所示。无界面物联网应用程序的其他元素在 BluetoothCommunication.Leds 方面保持不变。

代码清单 9-43 WiFiCommunication.Leds 项目的功能

```
<Capabilities>
  <Capability Name="internetClient" />
  <Capability Name="internetClientServer" />
  <DeviceCapability Name="wifiControl" />
</Capabilities>
```

在客户端应用程序中，唯一需要做的事情是在 Connect 按钮的默认事件处理程序中使用 WiFiCommunicationHelper 的辅助方法，参见代码清单 9-44 和 Chapter 09/WiFiCommunication/WiFiCommunication.Master 中的配套代码。同样，有界面应用程序的其他方面都与前面有关蓝牙的部分相同。

代码清单 9-44 使用 Wi-Fi 网络连接到远程客户端

```
private async void ButtonConnect_Click(object sender, RoutedEventArgs e)
{
    try
    {
        await CloseStreamSocket();

        var connectionStatus = await WiFiCommunicationHelper.ConnectToWiFiNetwork();

        if (connectionStatus == WiFiConnectionStatus.Success)
        {
            streamSocket = await WiFiCommunicationHelper.ConnectToHost();

            DiagnosticInfo.Display(diagnosticData, "Connected to: " +
                WiFiCommunicationHelper.Rpi2HostName);
        }
    }
    catch (Exception ex)
    {
        DiagnosticInfo.Display(diagnosticData, ex.Message);
    }
}

private async Task CloseStreamSocket()
{
    if (streamSocket != null)
    {
        await streamSocket.CancelIOAsync();

        streamSocket.Dispose();
        streamSocket = null;
    }
}
```

当在物联网设备中部署并运行 WiFiCommunication.Leds 时，它将启动一个等待传入请求的 Web 服务器。可以使用 WiFiCommunication.Master 应用发送这些请求。和之前一样，可以使用滑块设置颜色，以便远程更新 Sense HAT 扩展板的 LED 阵列。

总而言之，UWP 为实现无线通信提供了非常方便的界面。可以使用相同的程序来处理各种无线通信协议，唯一的区别是每个无线连接都需要特定的流程来枚举适配器并连接到特定的网络或服务。但是，传输数据的实际过程完全相同。

9.5 AllJoyn

之前的例子中都使用了自定义通信协议。当需要自定义解决方案时，这种方法是完全正确的。但是，当构建包含各种传感器或设备的通信系统时，通常需要使用统一的标准化通信协议，以便通过新设备自由扩展物联网网络。有几个项目提供了这样的通用通信协议，例如

AllJoyn、IoTivity 和 Open Interconnect Consortium。这里主要介绍 AllJoyn，因为它本身是由 UWP 支持的。

AllJoyn 框架（https://bit.ly/all_joyn）通过提供基于 D-Bus 消息总线（https://bit.ly/d-bus）的核心服务和通信协议来实现连接设备之间的互操作。D-Bus 最初是作为进程间通信协议（IPC）开发的，并为 Linux 桌面环境提供了远程过程调用（RPC）机制，其目标是通过引入单个虚拟通道来简化 IPC 和 RPC 机制，收集各种进程和机器之间的所有通信（见图 9-19）。由于物联网的工作是让网格中互联设备像系统进程一样交换数据，因此 D-Bus 方法适用于实现通用物联网通信。D-Bus 是运输不可知的，所以它不依赖于通信媒介。

AllJoyn 设备以生产者 / 消费者模式进行通信。生产者使用下一节中描述的预定义的“内省”XML 文件来宣传其功能。这些文件定义了生产者公开的方法、属性和信号。因此，基于内省 XML 文件，客户端设备（消费者）知道可以向生产者发送什么类型的请求。这在之前使用的自定义通信协议示例中是不可能实现的。充当生产者的物联网后台应用程序并不会去广播它们的协议、格式等。客户端应用程序应该知道通信协议。

D-Bus 环境由总线（或接口）名称标识，该名称是由两个或多个点分隔的字符串组成的集合，例如 com.microsoft.iot。D-Bus 网络环境中的每个客户端都可以通过其唯一的连接进行名称识别。要连接到现有的 AllJoyn 网络并与设备交换数据，最简单的答案就是连接到特定的接口，然后使用生产者实现的方法、属性或信号。

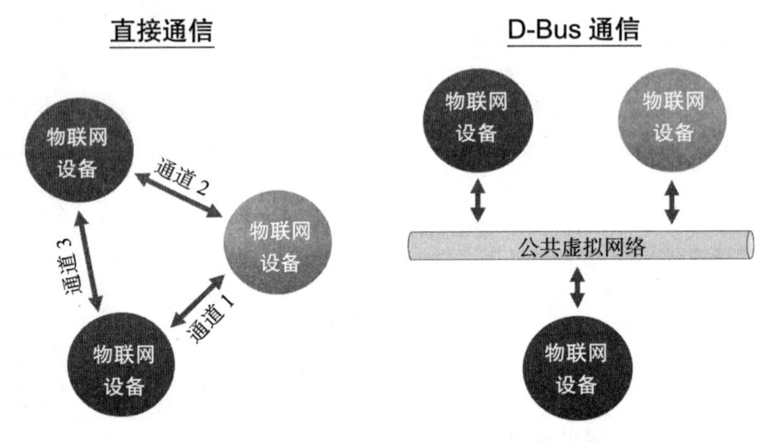

图 9-19　直接通信和 D-Bus 通信的比较。在直接通信中，设备使用一对一通信，所以它们都通过专用通道进行通信。相反，D-Bus 通信使用公共虚拟通道，每个设备由此写入并读取消息

下面的章节将指导开发者完成创建自检 XML 文件并生成 AllJoyn 生产者和消费者的过程。随后，展示了无界面物联网应用程序，该应用程序将实现通过 AllJoyn 网络在 LED 阵列上远程绘制图形的功能。接下来，将在 AllJoyn UWP 的 IoT Explorer 中列举这些 AllJoyn 设备。最后解释如何单独实现 AllJoyn 消费者。

9.5.1　内省 XML 文件

内省 XML 文件（https://bit.ly/d-bus-api）具有根节点标记，其中包含子描述标记以及一

个或多个接口标记。每个接口标记定义生产者实现的名称、描述、方法、属性和信号。代码清单 9-45 显示了我们为 AllJoyn 生产者定义的自定义内省 XML 文件，并允许在 Sense HAT LED 阵列上远程绘制形状。该协议有两种方法：DrawShape 和 TurnOff。DrawShape 用于接受指定要绘制的形状的单个参数，而 TurnOff 用于禁用所有 LED。还有一个只读属性 Shape，它允许用户读取描述当前显示形状的值。

代码清单 9-45　自省 XML 文件，定义了单个接口 com.iot.SenseHatLedArray

```
<node>
  <description>AllJoyn introspection XML for the Sense HAT LED array </description>

  <interface name="com.iot.SenseHatLedArray">
    <description>Provides basic LED array control functionality</description>

    <method name="DrawShape">
      <description>Draws selected shape on the LED array</description>
      <arg name="shapeKind" type="i" direction="in">
        <description>A value to specify the shape to be drawn</description>
      </arg>
    </method>

    <method name="TurnOff">
      <description>Turns the LED array off</description>
    </method>

    <property name="Shape" type="y" access="read">
      <description>The current shape drawn on the LED array</description>
    </property>
  </interface>
</node>
```

要定义接口方法，可以使用 method 标记，其 name 属性描述方法名称。在 method 标记下，可以包含 description 标记和用于定义 method 形参的一组 arg 标记。每个 arg 标记都可以使用 name、type 和 direction 属性进行参数化。name 用于确定消费者看到的参数名称，而 type 属性指定参数类型。D-Bus 通过非直接的 ASCII 类型码识别类型。例如，y 表示字节，而 i 表示 32 位有符号整数（对应 int C#）。表 9-1 中列出了其他常用的参数类型。最后，direction 可以是输入参数或输出参数。

表 9-1　参数类型的 ASCII 码（可在 https://dbus.freedesktop.org/doc/dbus-specification.html 上查找完整的 D-Bus 规范）

类　型　名	ASCII 码	类　型　名	ASCII 码
Byte	y	Int64	x
Boolean	b	UInt64	t
Int16	n	Double	d
UInt16	q	String	s
Int32	i	Array	a
UInt32	u		

属性是使用property标记定义的。可以像使用方法一样定义属性名称和类型，即使用名称和类型属性。在属性的标签下，还有另一个属性access，它指定了读写访问级别。每个属性可以是只读的（access="read"）、只写的（access="write"）或可读和可写access="readwrite"）。

9.5.2 AllJoyn Studio

可以通过使用AllJoyn标准客户端API（它是本地C库，可参见https://bit.ly/all_joyn_windows）来实现AllJoyn生产者和消费者。为了缩短这个过程，微软推出了适用于Visual Studio的AllJoyn Studio扩展。AllJoyn Studio自动生成Visual C ++ Windows Runtime Component，根据内省XML文件实现生产者和消费者类。因此，在上一章使用OpenCV库时，不需要手动实现将AllJoyn Standard Client API与UWP项目相连接的中间件Visual C++层。

可以使用Visual Studio的Extensions and Updates对话框来安装AllJoyn Studio。在此对话框的搜索文本框中输入alljoyn，然后选择AllJoyn Studio下载、安装（见图9-20）。安装后，重新启动Visual Studio。Visual Studio菜单现在由一个附加条目AllJoyn补充，而且AllJoyn Studio为C#、Visual C++、Visual Basic和JavaScript安装了AllJoyn App（Universal Windows）项目模板。

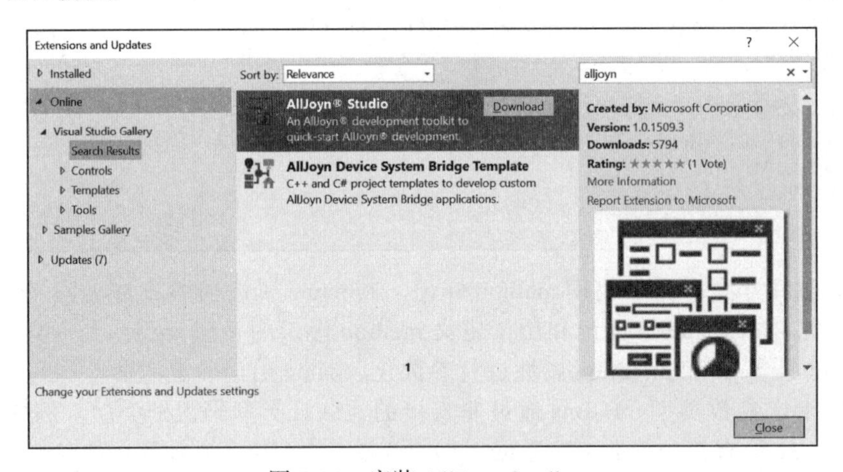

图9-20　安装AllJoyn Studio

接下来，为了生成生产者和消费者类，创建新的UWP应用程序——无论是有界面还是无界面。这里使用了无界面的UWP Background IoT应用程序，名为AllJoynCommunication.Producer，请参阅Chapter 09/AllJoynCommunication中的配套代码。创建项目后，从AllJoyn菜单中选择Add/Remove Interfaces命令，然后出现Add/Remove AllJoyn interfaces对话框，单击Browse按钮，然后选择Introspection XML File选项。这里使用了LedArray-introspection.xml文件，其中包含了代码清单9-45中的声明。

解析内省XML文件后，AllJoyn Studio将检测接口并将它们显示在列表中。选择com.iot.SenseHatLedArray接口，将项目名称更改为AllJoynCommunication.SenseHatLedArray-

Interface，然后单击 OK 按钮（见图 9-21）。Windows Runtime Component 被生成并添加到解决方案中，但是需要在 AllJoynCommunication.Producer 中手动引用该项目。

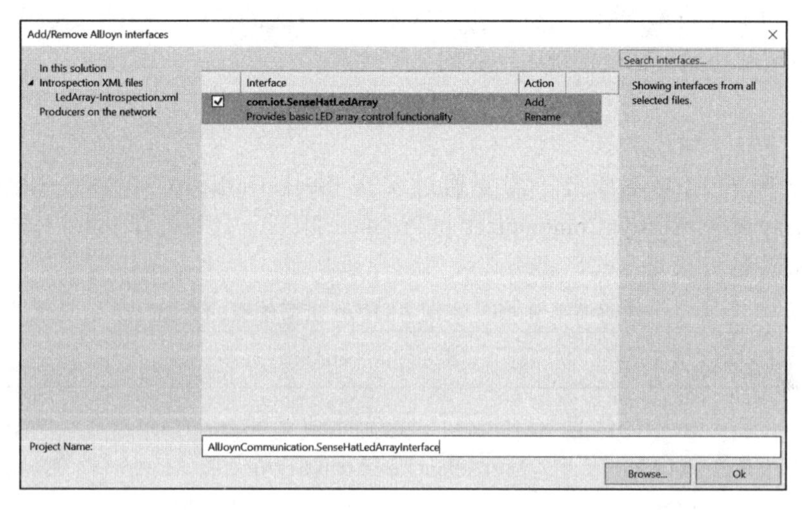

图 9-21 添加从 introspection XML 文件解析的 AllJoyn 接口

快速浏览生成项目的结构显示了它包含几个类，除了实现 AllJoyn 生产者（SenseHat-LedArrayProducer）和消费者（SenseHatLedArrayConsumer）外，还有一个用于管理 AllJoyn 总线的类（AllJoynBusObjectManager）、实现服务接口（ISenseHatLedArrayService）、设备观察器（SenseHatLedArrayWatcher）和辅助类（见图 9-22）。

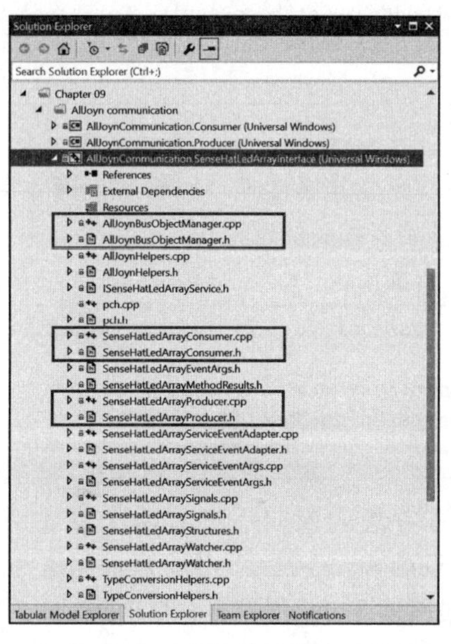

图 9-22 自动生成的项目的结构，实现 AllJoyn 总线管理器、消费者和生产者。包含这些对象的实现的文件被突出显示

我们通常不显示地使用助手类或总线管理器。消费者应用程序中的设备观察器检测生产者是否加入或离开 AllJoyn 网络，而实际的 ISenseHatLedArrayService 接口必须在生产者层中实现。该接口包含在自检 XML 文件中指定其签名的方法的声明。因此，实现该接口的类应该包含设备特定的功能。这是实现生产者的主要元素。

9.5.3　生产者

要实现实际的 AllJoyn 服务，需要通过实现 ISenseHatLedArrayService 接口的附加类 AllJoynLedArray 补充 AllJoynCommunication.Producer 项目。代码清单 9-46 中显示了 AllJoyn-LedArray 类的签名。

代码清单 9-46　实现 AllJoyn 接口的类的声明

```
public sealed class AllJoynLedArray : ISenseHatLedArrayService
```

根据代码清单 9-46 中的内省 XML 文件，这里生成了 ISenseHatLedArrayService 接口的定义（请参见代码清单 9-47）。因此，ISenseHatLedArrayService 有 3 个成员：DrawShapeAsync、GetShapeAsync 和 TurnOffAsync。除了 AllJoynMessageInfo 的参数外，它们是异步的，并且通过使用专用的、自动生成的类来返回异步操作的状态。

代码清单 9-47　根据内省 XML 文件生成 ISenseHatLedArrayService 接口

```
public interface ISenseHatLedArrayService
{
    IAsyncOperation<SenseHatLedArrayDrawShapeResult> DrawShapeAsync(AllJoynMessageInfo info,
        int interfaceMemberShapeKind);
    IAsyncOperation<SenseHatLedArrayGetShapeResult> GetShapeAsync(AllJoynMessageInfo info);
    IAsyncOperation<SenseHatLedArrayTurnOffResult> TurnOffAsync(AllJoynMessageInfo info);
}
```

如代码清单 9-48 所示，AllJoynMessageInfo 类的声明包含（仅一个参数的）构造函数和公共属性 SenderUniqueName。此公共属性唯一标识着发送实际请求的客户（客户端应用程序），可以使用该信息编写与消费者相关的逻辑。

代码清单 9-48　AllJoynMessageInfo 类的声明

```
public sealed class AllJoynMessageInfo : IAllJoynMessageInfo
{
    public AllJoynMessageInfo(System.String senderUniqueName);
    public System.String SenderUniqueName { get; }
}
```

ISenseHatLedArrayService 方法的返回类型有两个静态方法——CreateFailureResult 和 CreateSuccessResult，以及只读的 Status 属性。生产者使用这些方法来通知消费者特定的请求是否被满足，然后消费者通过阅读 Status 属性来获取该信息。

如代码清单 9-49 所示，我们使用 LedArray 类在 AllJoynLedArray 类中实现 DrawShape Async 方法（DrawShapeAsync 方法用于绘制 LED 阵列上的形状，由 AllJoyn 消费者请求）。

代码清单 9-49 AllJoynLedArray 类的选定片段

```
private ShapeKind currentShape = ShapeKind.None;

private LedArray;

public AllJoynLedArray(LedArray ledArray)
{
    this.ledArray = ledArray;
}

public IAsyncOperation<SenseHatLedArrayDrawShapeResult> DrawShapeAsync(
    AllJoynMessageInfo info, int interfaceMemberShapeKind)
{
    Task<SenseHatLedArrayDrawShapeResult> task =
        new Task<SenseHatLedArrayDrawShapeResult>(() =>
    {
        if (ledArray != null)
        {
            currentShape = GetShapeKind(interfaceMemberShapeKind);

            ledArray.DrawShape(currentShape);

            return SenseHatLedArrayDrawShapeResult.CreateSuccessResult();
        }
        else
        {
            return SenseHatLedArrayDrawShapeResult.CreateFailureResult(
                (int)ErrorCodes.LedInitializationError);
        }
    });

    task.Start();

    return task.AsAsyncOperation();
}

private ShapeKind GetShapeKind(int intShapeKind)
{
    var shapeKind = ShapeKind.None;

    if (Enum.IsDefined(typeof(ShapeKind), intShapeKind))
    {
        shapeKind = (ShapeKind)intShapeKind;
    }

    return shapeKind;
}
```

首先验证 LedArray 类是否已正确初始化。如果未初始化，则创建状态为 ErrorCodes. LedInitialzationError 的失败结果，请参阅 Chapter 09/AllJoynCommunication/AllJoynCommunication.Producer/ErrorCodes.cs 中的配套代码。如果 AllJoynLedArray 访问正确初始化的 LedArray 类，将执行以下操作：

1）将从消费者（interfaceMemberShapeKind）接收到的整型参数转换为由 ShapeKind 枚举指定的值之一，请参阅第 8 章。

2）将该值存储在专用字段中，然后将其传递给 LedArray 类的 DrawShape 方法。

3）创建并返回成功结果。该逻辑使用 Task 类异步运行。

在 AllJoynLedArray 类中类似地实现了 ISenseHatLedArrayService 接口的其他方法，因此不提供额外的解释，请参阅 Chapter 09/AllJoynCommunication/AllJoynCommunication.Producer/AllJoynLedArray.cs 中的配套代码。

要广播 AllJoyn 设备，首先需要实例化 AllJoynBusAttachment 类，然后将该对象传递给 SenseHatLedArrayProducer 构造函数。其次，通过设置 SenseHatLedArrayProducer 类实例的 Service 属性来创建实际的生产者服务。最后，使用生产者类的 Start 方法开始广播。此过程在 StartupTask 的 StartAllJoynService 方法内实现，参见代码清单 9-50 和 Chapter 09/AllJoynCommunication/AllJoynCommunication.Producer/StartupTask.cs. 中的配套代码（请注意，InitializeLedArray 方法被省略，因为它只执行已知的 LED 阵列初始化）。

代码清单 9-50　运行 AllJoyn 生产者

```
private LedArray ledArray;
private BackgroundTaskDeferral taskDeferral;

private AllJoynBusAttachment allJoynBusAttachment;

public async void Run(IBackgroundTaskInstance taskInstance)
{
    taskDeferral = taskInstance.GetDeferral();

    await InitializeLedArray();

    StartAllJoynService();
}

 private void StartAllJoynService()
 {
    allJoynBusAttachment = new AllJoynBusAttachment();

    SenseHatLedArrayProducer senseHatAllJoynProducer =
        new SenseHatLedArrayProducer(allJoynBusAttachment);
    senseHatAllJoynProducer.Service = new AllJoynLedArray(ledArray);
    senseHatAllJoynProducer.Start();
}
```

要访问 AllJoyn API，需要在 Package.appxmanifest 中声明 AllJoyn 功能，如代码清单 9-51 所示。之后可以在物联网设备中部署并运行 AllJoynCommunication.Producer。可以使用 AllJoyn 应用程序的物联网浏览器（IoT Explorer）或编写自定义消费者来向该应用程序发送请求。我们将在接下来的两节中介绍每种可能性。

代码清单 9-51 AllJoyn 功能声明

```
<Capabilities>
  <Capability Name="internetClient" />
  <Capability Name="allJoyn" />
</Capabilities>
```

9.5.4 IoT Explorer for AllJoyn

AllJoyn 的 IoT Explorer 是通过 Windows 应用商店（https://www.microsoft.com/store/apps/9nblggh6gpxl）发布的免费 UWP 应用程序。IoT Explorer 可以帮助开发者轻松地枚举本地网络中的 AllJoyn 设备、调查其接口、调用远程方法和访问属性。

安装并运行此应用程序后，将显示 3 个 AllJoyn 生产者（见图 9-23）。默认生产者是 IoT Core Onboarding，可以使用它来更改物联网电路板的描述，并控制 Wi-Fi 模块。可以使用 Device Portal 的 IoT Onboarding 选项卡来配置此默认 AllJoyn（见图 9-24）。

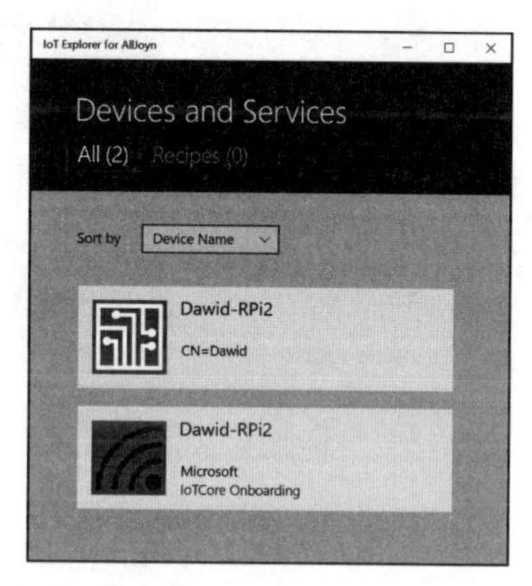

图 9-23 在本地网络中发现的 AllJoyn 生产者

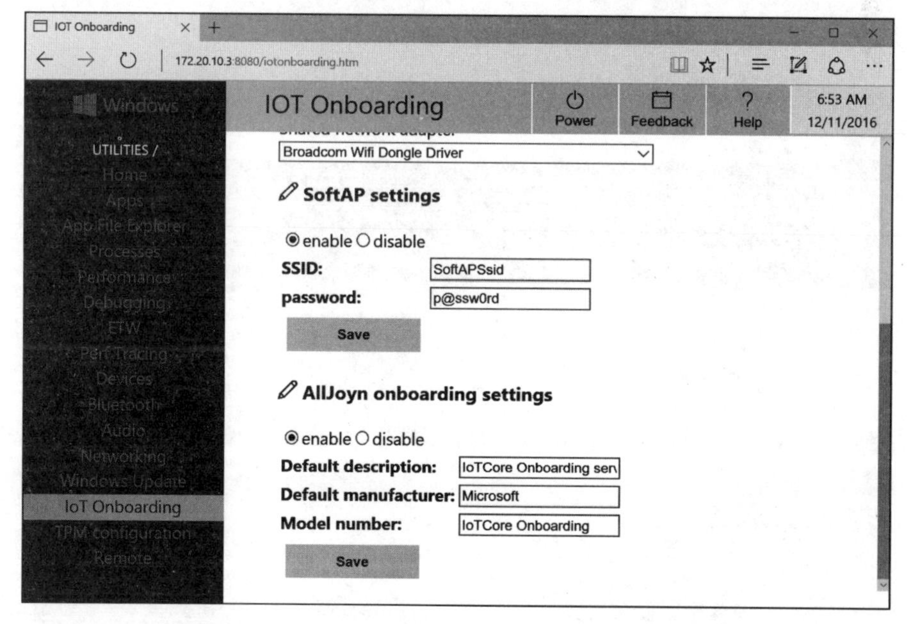

图 9-24 Device Portal 中的 IoT Onboarding 选项卡

在 IoT Explorer 中，还会看到上一节中实现的自定义生产者。其描述反映了应用代码的

Packaging 部分中定义的值。此处这个条目的值为 CN=Dawid。当单击表示自定义生产者的矩形时，IoT Explorer 将显示包含 5 个接口的单个服务。可以单击该服务，然后选择 com.iot.SenseHatLedArray 接口。如此，将显示该接口的方法和属性。可以使用相应的矩形调用选定的方法并读取属性值，如图 9-25 和图 9-26 所示。请求将被传输到物联网设备，并在 LED 阵列上显示相应的形状。

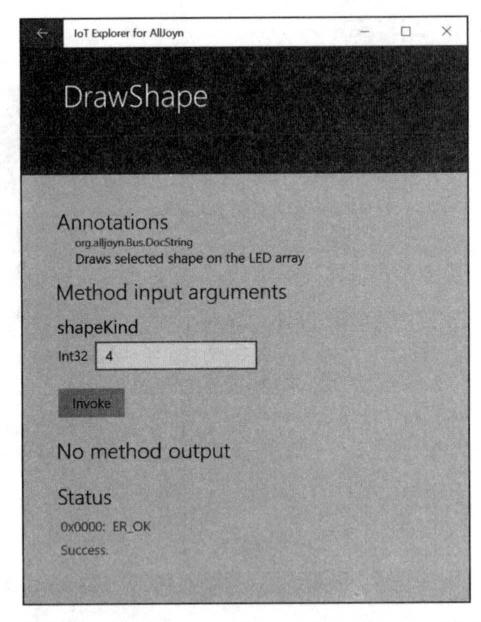

图 9-25 调用 DrawShape 方法在 LED 阵列上远程绘制选定的形状

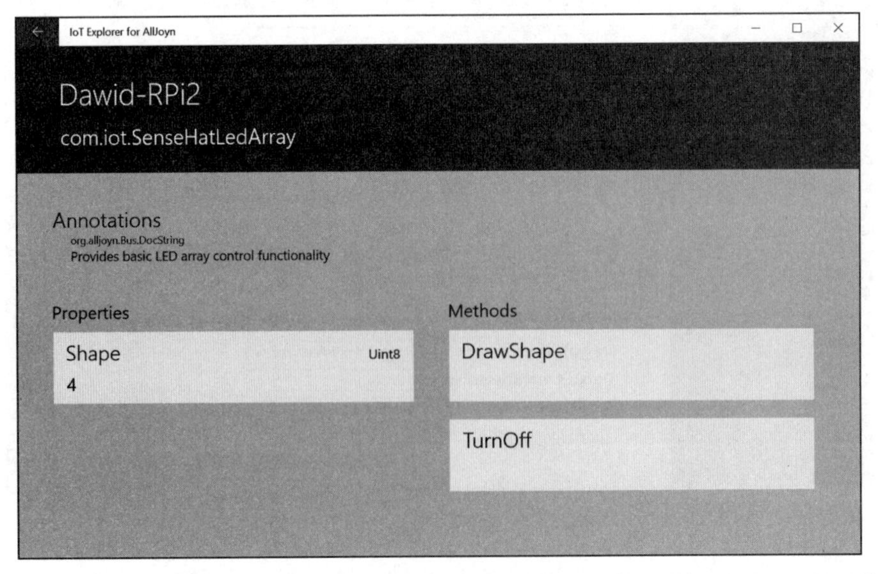

图 9-26 com.iot.SenseHatLedArray AllJoyn 接口的属性和方法。Shape 属性显示与当前显示的形状对应的值

9.5.5 自定义消费者

IoT Explorer 提供了一种快速便捷的方式来测试 AllJoyn 界面以供一般使用。对于自定义解决方案，可以使用合适的 UWP API 编写自己的消费者。本节将展示如何实现使用 com.iot.SenseHatLedArray 接口的有界面 UWP 应用程序。

使用 AllJoyn（Universal Windows）项目模板或空白应用程序 UWP 模板。在前一种情况下，AllJoyn 功能会自动配置，而在后一种情况下，则是 Blank App（Universal Windows）UWP 模板，开发者需要在应用程序代码中手动声明 AllJoyn 功能。

要构建消费者应用程序 AllJoynCommunication.Consumer，这里使用 AllJoyn（Universal Windows）项目模板，然后引用 AllJoynCommunication.SenseHatLedArrayInterface 项目以及 SerialCommunication.Common 和 AllJoynCommunication.Producer。这里使用第一个项目的 DiagnosticInfo 类和第二个项目的 ShapeKind 枚举。

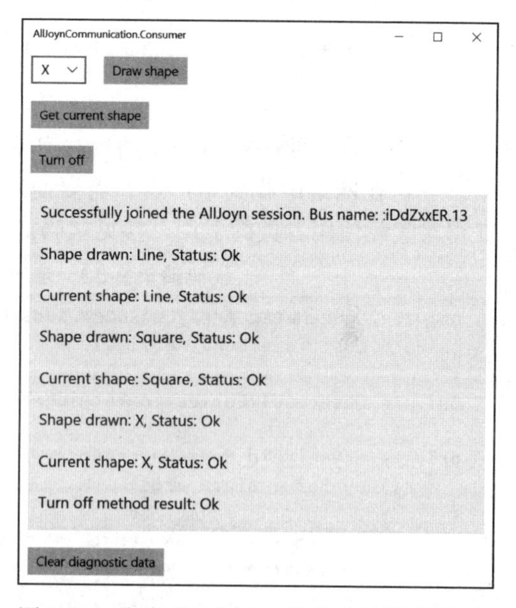

图 9-27 自定义 AllJoyn 消费者的用户界面。按钮调用由 AllJoyn 生产者公开的远程方法，而列表显示远程请求的结果以及诊断数据

接下来，定义简单的用户界面（见图 9-27），它由 1 个允许用户选择形状的下拉列表、3 个用于向 AllJoyn 生产者发送请求的按钮以及用于显示诊断消息的列表框组成。

对于给定 UI，AllJoyn 消费者逻辑的实现通常如代码清单 9-52 所示。和生产者一样，首先需要实例化 AllJoynBusAttachment 类，然后使用此对象来构建 AllJoyn 设备观察器 SenseHatLedArrayWatcher，参见代码清单 9-52。

代码清单 9-52 AllJoyn 设备观察器初始化

```
private AllJoynBusAttachment allJoynBusAttachment;
private SenseHatLedArrayWatcher senseHatLedArrayWatcher;

public MainPage()
{
    InitializeComponent();

    InitializeWatcher();
}

private void InitializeWatcher()
{
    allJoynBusAttachment = new AllJoynBusAttachment();
```

```
        senseHatLedArrayWatcher = new SenseHatLedArrayWatcher(allJoynBusAttachment);

        senseHatLedArrayWatcher.Added += SenseHatLedArrayWatcher_Added;
        senseHatLedArrayWatcher.Stopped += SenseHatLedArrayWatcher_Stopped;

        senseHatLedArrayWatcher.Start();
    }
```

随后，可以使用观察器类的 Added 和 Stopped 事件来检测特定生产者是加入还是离开网络。一旦在网络中找到生产者，需要使用 JoinAsync 加入会话。成功调用该方法后，还可以获得对实际使用者类的引用，参见代码清单 9-53。

代码清单 9-53 连接到生产者以及与生产者断开连接

```
private SenseHatLedArrayConsumer senseHatLedArrayConsumer;
private bool isSenseHatAvailable = false;

private ObservableCollection<string> diagnosticData = new ObservableCollection<string>();

private async void SenseHatLedArrayWatcher_Added(SenseHatLedArrayWatcher sender,
    AllJoynServiceInfo args)
{
    var result = await SenseHatLedArrayConsumer.JoinSessionAsync(args,
        senseHatLedArrayWatcher);

    if (result.Status == AllJoynStatus.Ok)
    {
        isSenseHatAvailable = true;

        senseHatLedArrayConsumer = result.Consumer;

        DiagnosticInfo.Display(diagnosticData,
            "Successfully joined the AllJoyn session. Bus name: " + args.UniqueName);
    }
}

private void SenseHatLedArrayWatcher_Stopped(SenseHatLedArrayWatcher sender,
    AllJoynProducerStoppedEventArgs args)
{
    isSenseHatAvailable = false;

    senseHatLedArrayConsumer.Dispose();
    senseHatLedArrayConsumer = null;

    DiagnosticInfo.Display(diagnosticData,
        "SenseHatLedArray AllJoyn device left the network");
}
```

引用消费者类可以访问特定 AllJoyn 接口的方法和属性。如代码清单 9-54 所示，要在 LED 阵列上绘制形状或将其关闭，请分别调用 DrawShapeAsync 和 TurnOff 方法。

代码清单 9-54 调用生产者的方法

```
private object selectedShape = ShapeKind.None;
private const string deviceUnavailable = "Device unavailable";
private async void ButtonDrawShape_Click(object sender, RoutedEventArgs e)
{
    if (isSenseHatAvailable)
    {
        var drawShapeResult = await senseHatLedArrayConsumer.DrawShapeAsync(
            (int)selectedShape);

        var allJoynStatus = AllJoynStatusHelper.GetStatusCodeName(
            drawShapeResult.Status);

        var info = string.Format("Shape drawn: {0}, Status: {1}",
            selectedShape, allJoynStatus);

        DiagnosticInfo.Display(diagnosticData, info);
    }
    else
    {
        DiagnosticInfo.Display(diagnosticData, deviceUnavailable);
    }
}

private async void ButtonTurnOff_Click(object sender, RoutedEventArgs e)
{
    if (isSenseHatAvailable)
    {
        var turnOffResult = await senseHatLedArrayConsumer.TurnOffAsync();

        var allJoynStatus = AllJoynStatusHelper.GetStatusCodeName(turnOffResult.Status);

        DiagnosticInfo.Display(diagnosticData, "Turn off method result: " + allJoynStatus);
    }
    else
    {
        DiagnosticInfo.Display(diagnosticData, deviceUnavailable);
    }
}
```

要检查请求是否已成功完成，可以读取由 DrawShapeAsync 或 TurnOff 方法返回的对象的 Status 属性。这些是 SenseHatLedArrayGetShapeResult 和 SenseHatLedArrayTurnOffResult 类的实例。它们都公开了 Status 属性，这是 32 位有符号整数。可能的状态代码的集合在静态类 AllJoynStatus 中定义，在 Windows.Devices.AllJoyn 命名空间中实现。但是，AllJoynStatus 没有提供将整型状态代码转换为字符串的便捷方式（调试过程中可以轻松地对其进行解释）。为了解决这个问题，我们补充了 AllJoynStatusHelper 类。它使用 C# 反射机制动态枚举 AllJoynStatus 静态属性的值和名称，请参阅代码清单 9-55 中的 GetNamedStatusCodes 方法。基于这些理由，我们建立了查找表，返回特定 AllJoyn 状态的名称（请参阅代码清单 9-55 中的 GetStatusCodeName)，然后通过简单地从查找表中读取值，可以轻松获得特定 AllJoyn 状态代码的字符串表示。

代码清单 9-55 用于解释 AllJoyn 状态代码的 AllJoynStatusHelper 类的定义

```
public static class AllJoynStatusHelper
{
    private static Dictionary<int, string> namedAllJoynStatusDictionary =
        GetNamedStatusCodes();

    private const string unknownStatus = "Unknown status";

    public static string GetStatusCodeName(int statusCode)
    {
        var statusName = unknownStatus;

        if(namedAllJoynStatusDictionary.ContainsKey(statusCode))
        {
            statusName = namedAllJoynStatusDictionary[statusCode];
        }

        return statusName;
    }

    private static Dictionary<int, string> GetNamedStatusCodes()
    {
        var namedStatusCodes = typeof(AllJoynStatus).GetRuntimeProperties().Select(
            r => new RequestStatus()
            {
                Name = r.Name,
                Value = (int)r.GetValue(null)
            });

        var result = new Dictionary<int, string>();

        foreach (var namedStatusCode in namedStatusCodes)
        {
            if (!result.ContainsKey(namedStatusCode.Value))
            {
                result.Add(namedStatusCode.Value, namedStatusCode.Name);
            }
        }

        return result;
    }
}
```

按照代码清单 9-56 中的示例读取属性值，该过程类似于调用方法。首先，调用合适的异步方法（在这种情况下为 GetShapeAsync）。然后，要检查请求是否已成功完成，可以读取由 GetShapeAsync 方法（即 SenseHatLedArrayGetShapeResult）返回的对象的 Status 属性。最后，可以通过读取 SenseHatLedArrayGetShapeResult 的相应成员（即 Shape）来获取实际属性值。

代码清单 9-56 读取 AllJoyn 接口的属性

```
private async void ButtonGetShape_Click(object sender, RoutedEventArgs e)
{
    if (isSenseHatAvailable)
    {
        var getShapeResult = await senseHatLedArrayConsumer.GetShapeAsync();

        var allJoynStatus = AllJoynStatusHelper.GetStatusCodeName(getShapeResult.Status);

        var info = string.Format("Current shape: {0}, Status: {1}",
            (ShapeKind)getShapeResult.Shape, allJoynStatus);

        DiagnosticInfo.Display(diagnosticData, info);
    }
    else
    {
        DiagnosticInfo.Display(diagnosticData, deviceUnavailable);
    }
}
```

运行 AllJoynCommunication.Consumer 应用程序后，可以像使用 IoT Explorer 一样远程控制物联网设备。但是，AllJoynCommunication.Consumer 公开了针对 com.iot.SenseHat-LedArray AllJoyn 接口定制的 UI，因此可以从下拉列表中选择要绘制的特定形状，而不是输入整数。

在前面的 AllJoyn 接口中，特定属性发生变化时消费者不会立即发出信号，它们需要按指定的时间间隔读取属性。为了解决这个问题，D-Bus 规范引入了信号的概念。它们使用 Signal 标签在内省 XML 文件中定义，参见代码清单 9-57。

当在内省 XML 文件中定义信号时，AllJoyn Studio 会将它们映射到事件。可以触发事件以将信号广播给会话特定的消费者。信号也可以是无会话的，在这种情况下，它们会被广播给 AllJoyn 网络附近的所有应用程序，而不仅仅是连接的消费者。

代码清单 9-57 AllJoyn 信号声明

```
<signal name="LedArrayOn" sessionless="false">
    <description>Emitted when the LED array turns on</description>

    <arg name="turnedOffInternally" type="b"/>
</signal>

<signal name="LedArrayOff" sessionless="true">
    <description>Emitted when the LED array turns off</description>
</signal>
```

AllJoyn 相比自定义通信接口而言，可以不需要处理低级数据转换或其他方面的事情（如错误检测）。AllJoyn 负责完成这样的底层操作，因此开发者可以专注于实现逻辑，并且可以使用生产者的远程方法和属性作为 C# 对象的常规方法。因此，AllJoyn 与 AllJoyn Studio 一起为开发者提供快速物联网开发的基础。但是，当构建自定义的综合控制系统时，很可能需要定义自己的协议。

9.6 Windows Remote Arduino

还有另一个与设备通信有关的库——Windows Remote Arduino，它使用 Firmata 通信协议（https://bit.ly/firmata）来通过各种通信方式（包括蓝牙、USB、Wi-Fi 和以太网）远程控制 Arduino 板卡。此处省略了 Windows Remote Arduino 的详细示例，因为完整的指南可在 https://bit.ly/windows_remote_arduino 获得。

9.7 总结

本章探讨了用于在设备之间传输数据的几个 UWP 通信 API。我们从有线通信开始，展示了如何在循环模式下测试有线通信接口并实现自定义通信协议，然后用它来远程控制物联网设备。随后，探索了蓝牙和 Wi-Fi 等无线接口。最后，介绍了如何实现和使用标准化的 AllJoyn 通信协议。这些功能有助于开发者构建标准化或完全自定义的物联网通信系统。

CHAPTER 10 · 第 10 章

电　机

电子电机系统是机器人和可移动自动化系统中非常重要的组成部分。它们包括直流电（DC）、步进电机和伺服电机。本章介绍了它们的区别，并介绍 PID 控制器，之后介绍如何使用 RPi2/RPi3 通过专用电机 HAT 来控制电机。这些 HAT 的核心元件是脉宽调制（PWM）模块。本章首先介绍如何编写用于控制 PWM 的驱动程序，随后介绍如何用它来控制 DC 和步进电机，以及如何控制一个连接到伺服机构的车轮，还会讨论类似 PID 中用到的自动电机速度调整方法。完成本章的学习后，你将能够构建用于改变机器人位置的控制系统。

10.1　电机和设备控制基础

直流电机广泛用于玩具、工具和家用电器中。在最简单的情况下，直流电机由两个极性相反的固定磁体组成，以使磁体产生磁场。导电线圈位于磁体之间并连接到 DC 电源。电流会使线圈旋转，电流越流畅，线圈旋转越快。因此，要使用物联网设备控制直流电机，需要提供适当的电压。

步进电机是一种直流电机，其中全部旋转分为特定的步数（离散角）。可以使用步进电机进行更精确的定位应用，通过将电机轴旋转到给定角度来设置电机位置（旋转）。步进电机通常不使用任何反馈控制，因此无法知道电机是否处于要求的位置。这种情况在电机参数与扭矩不匹配时，或者电机速度过快时发生。

伺服电机根据测量电机速度和位置的附加组件的反馈确保正确的位置（或旋转）。这种闭环反馈是控制系统最重要的方面之一。传统上，在比例 – 积分 – 微分（PID）控制器内会实施闭环反馈。

PID 控制器可以最大限度地减少实际电机位置与要求电机位置之间的误差，这通过使用比例（P）、积分（I）和微分（D）分量计算时间相关的误差函数来实现：

- P 分量——描述了瞬时错误。
- I 分量——描述了累积的错误。
- D 分量——预测未来的位置差异。

通过组合每个组件的信息，PID 控制器可以提供平滑的电机定位，因此大的瞬时误差不会导致电机位置的快速变化。速度要适应过去、现在和预测的位置变化。

考虑一个实际的例子——车的巡航控制。打开此系统后，汽车速度保持在固定值。当在平坦的道路上行驶时，车保持恒定的速度。当驾车经过一座小山时，内置于巡航控制系统中的 PID 控制器会检测到车速变慢或加快。然后，PID 控制器根据过去和现在的速度变化轻轻地修正汽车的速度。也就是说，当速度开始下降（上坡）时，PID 控制器缓慢开始加速以达到要求的速度。它提供了一个平稳的加速度，所以车不会剧烈抖动。这是可以实现的，因为 PID 控制器记录了先前的速度读数并且可以预测短期的速度变化。

10.2　电机 HAT

为了控制电机的位置，通常需要向电机输出适当的电压或电流。在实际情况中，通常使用专用驱动程序将程序化请求转换为低级电子信号。

RPi2/RPi3 有几个支持电机控制的 HAT。在这里，我们使用 DC 和步进电机 HAT（见图 10-1，详情可参见 https://bit.ly/dc_stepper_motor_hat）和伺服 /PWM Pi HAT（见图 10-2，详情可参见 https://bit.ly/servo_hat）。两个 HAT 都可以通过 GPIO 接头轻松连接到 RPi2/RPi3，但是需要焊接。开发者可以在 https://bit.ly/hat_soldering 找到详细的汇编指令。

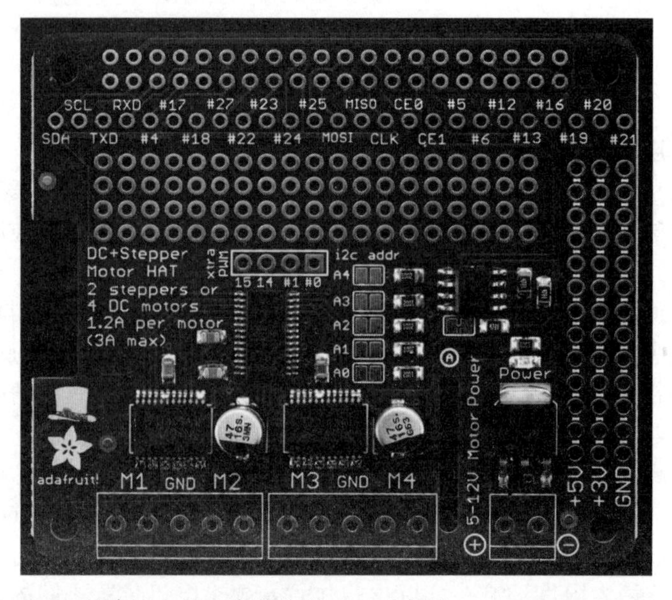

图 10-1　RPi2 的直流电机和步进电机 HAT（来源：https://www.adafruit.com/）

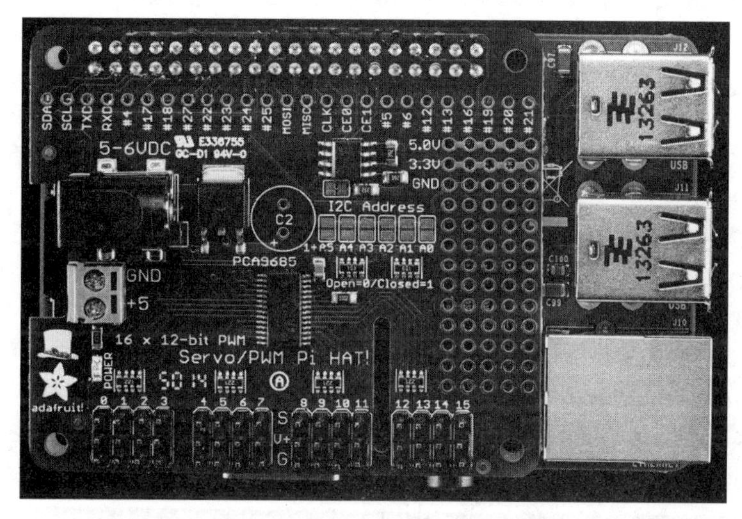

图 10-2 连接到 RPi2 的伺服 /PWM Pi HAT（来源：https://www.adafruit.com/）

10.3 脉冲宽度调制

前面介绍的两种电机 HAT 的核心部分是 PCA9685 模块（https://bit.ly/PCA9685），它是一款 I²C 控制的 16 通道 12 位分辨率脉宽调制（PWM）控制器。PWM 使用脉冲信号编码信息。脉冲持续期间（或宽度）按指定周期及时地进行调制，并因此确定活动（开启）和非活动（关闭）状态的持续时间和脉冲反复率，或者脉冲产生的频率。激活状态的持续时间定义为 PWM 占空比 D，例如，$D = 30\%$ 表示 PWM 处于 30% 活动状态、70% 非活动状态的调制周期。

图 10-3 描述了 PWM 的基本思想。短脉冲持续时间对应于短高状态和长低状态。长脉宽生成长开状态和短关状态。可以通过切换活动状态和非活动状态来改变这一点。PWM 设备（包括 PCA9685）通常使用内部振荡器实现这种调制，从而生成 PWM 信号。

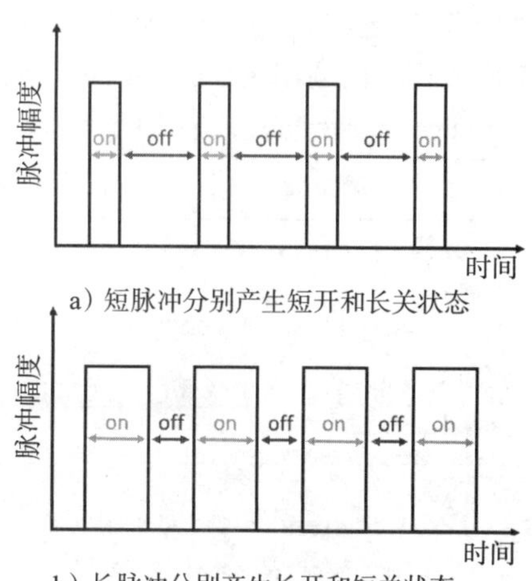

a）短脉冲分别产生短开和长关状态

b）长脉冲分别产生长开和短关状态

图 10-3 脉宽调制。脉冲宽度（或持续时间）决定开启和关闭状态的持续时间

可以使用适当的控制寄存器来控制 PCA9685 PWM 占空比。PCA9685 具有 64 个专用控制寄存器，每个通道有 4 个 13 位寄存器，每个状态有两个寄存器。在 PCA9685 数据表中，这些寄存器分别表示为 LEDx_ON_L、LEDx_ON_H（有效）和 LEDx_OFF_L、LEDx_OFF_H（无效），其中 x 表示通道索引，即从 0 ～ 15 的整数值。L 和 H 满足对应于 13 位无符号整数的低电平和高电平，其值范围为 0 ～ 4096。PWM 通道具有 12 位分辨率，因此通常使用的最大

值为4095，4096具有特殊含义。通过将on寄存器的最小值设置为0，将off寄存器的值设置为4096，可以实现占空比为0%的特殊完全关闭PWM模式。如果交换这些值，即在寄存器中使用4096，在关闭寄存器中使用0，则可以实现相反的情况。也就是说，PWM完全开启，占空比为100%。尽管PCA9685设计用于控制LED，但也可以用于其他应用，如此处所示。

LED寄存器由连续的8位无符号整数寻址，从0x06（LED0_ON_L的地址）开始，到0x45（LED15_OFF_H）结束。还有4个寄存器：ALL_LED_ON_L（0xFA）、ALL_LED_ON_H（0xFB）、ALL_LED_OFF_L（0xFC）和ALL_LED_OFF_H（0xFD），允许开发者同时控制所有LED通道。

与传感器一样，开发者可以配置PWM占空比。在通过I^2C总线将连接与PCA9685关联之后，只需要将适当的值写入控制寄存器即可。但是，要启用PCA9685，需要打开一个内部振荡器，它会产生一个PWM信号。为此，使用地址为0x00的MODE1寄存器。

MODE1寄存器存储单字节值，其中索引为4的位控制振荡器的状态。将该位设置为0以启用振荡器，从而启用PWM输出。要禁止PWM信号，请将该位设置为1。默认情况下，PCA9685振荡器是禁用状态，即器件处于睡眠（低功耗）模式。每次更改功率模式时，都需要等待至少500μs以使振荡器稳定。

最后，要控制PWM信号频率，可以使用地址为0xFE的PRE_SCALE寄存器。PCA9685可以产生频率在24～1526 Hz之间的PWM信号。

驱动

我们实现了前面介绍的PcaRegisterValue、PcaRegisters和PcaPwmDriver类中的PWM控制（请参阅Chapter 10/Motors/MotorsControl/PWM中的配套代码）。这些类构成了用于控制PWM模块的通用实现，所以将它们实现在单独的MotorsControl类库中。

PcaRegisterValue是用于存储开启和关闭寄存器的无符号短路的对象（参见代码清单10-1）。

代码清单10-1　用于存储PCA9685 PWM模块的开启和关闭寄存器值的辅助类

```
public class PcaRegisterValue
{
    public ushort On { get; set; }

    public ushort Off { get; set; }
}
```

PcaRegisters类作为辅助类，其公共属性存储MODE1、PRESCALE寄存器的地址和睡眠模式位索引（参见代码清单10-2）。另外，PcaRegisters类实现了辅助静态GetRegisterAddressList方法，该方法返回给定LED通道的寄存器地址的二维字节数组。GetRegisterAddressList根据寄存器类型返回一个地址列表，可以是开或者关。这些值的抽象表示是代码清单10-3中的枚举类型RegisterType。

代码清单 10-2　记录 PCA9685 寄存器地址的 PcaRegisters 类的定义

```
public static class PcaRegisters
{
    public static byte Mode1 { get; } = 0x00;
    public static byte Prescale { get; } = 0xFE;

    public static byte SleepModeBitIndex { get; } = 4;

    private const byte ledAddressBeginIndex = 0x06;
    private const byte channelOffset = 4;
    private const byte registerLength = 2;
    private const byte maxChannelIndex = 15;

    public static byte[] GetRegisterAddressList(byte channelIndex, RegisterType registerType)
    {
        // 验证通道索引
        if(channelIndex > maxChannelIndex)
        {
            throw new ArgumentException("Channel index cannot be larger than " +
                maxChannelIndex);
        }

        // 从 LED 的索引 6 开始跳跃 4*channelIndex 获取起始地址
        var registerStartAddress = Convert.ToByte(ledAddressBeginIndex
            + channelIndex * channelOffset);

        // 如果寄存器关闭，则添加额外的偏移量 2
        if(registerType == RegisterType.Off)
        {
            registerStartAddress += Convert.ToByte((byte)registerType * registerLength);
        }

        //构造地址列表
        var addressList = new byte[registerLength];

        for(byte i = 0; i < registerLength; i++)
        {
            addressList[i] = Convert.ToByte(registerStartAddress + i);
        }

        return addressList;
    }
}
```

代码清单 10-3　开启和关闭 LED 寄存器的抽象表示

```
public enum RegisterType : byte
{
    On = 0, Off
}
```

PcaPwmDriver 类是提供了控制 PCA9685 模块的功能。首先，PcaPwmDriver 在 Init 方法内初始化 I^2C 连接（参见代码清单 10-4），此方法使用 0x60 的 I^2C 地址。

代码清单 10-4　PcaPwmDriver 类的初始化

```
public bool IsInitialized { get; private set; } = false;

private const byte defaultAddress = 0x60;

public async Task Init(byte address = defaultAddress)
{
    device = await I2cHelper.GetI2cDevice(address);

    IsInitialized = device != null;
}
```

其次，PcaPwmDriver 实现了连接 LED 寄存器的方法，分别是 GetChannelValue 和 SetChannelValue（参见代码清单 10-5）。这两种方法都使用了 PcaRegisters 的 GetRegisterAddressList 方法，然后使用 GetUShort 方法（读取寄存器值）或 WriteUShort 方法（设置寄存器值）。GetUShort 和 WriteUShort 方法扩展了 RegisterHelper 类的先前定义（请参阅 Chapter 10/Motors/MotorsControl/Helpers/RegisterHelper.cs 中的配套代码）。这两个方法的实现类似于 RegisterHelper 类的其他方法，其目的是通过 I^2C 总线传输数据，因此不需要额外讨论。

代码清单 10-5　读取和写入 PCA9685 寄存器的值以配置 PWM 输出

```
public PcaRegisterValue GetChannelValue(byte index)
{
    CheckInitialization();

    var onRegisterAddressList = PcaRegisters.GetRegisterAddressList(index, RegisterType.On);
    var offRegisterAddressList = PcaRegisters.GetRegisterAddressList(index, RegisterType.Off);

    return new PcaRegisterValue()
    {
        On = RegisterHelper.GetUShort(device, onRegisterAddressList),
        Off = RegisterHelper.GetUShort(device, offRegisterAddressList)
    };
}

public void SetChannelValue(byte index, PcaRegisterValue pcaRegisterValue)
{
    CheckInitialization();

    var onRegisterAddressList = PcaRegisters.GetRegisterAddressList(index, RegisterType.On);
    var offRegisterAddressList = PcaRegisters.GetRegisterAddressList(index, RegisterType.Off);

    RegisterHelper.WriteUShort(device, onRegisterAddressList, pcaRegisterValue.On);
    RegisterHelper.WriteUShort(device, offRegisterAddressList, pcaRegisterValue.Off);
}

private void CheckInitialization()
```

```
{
    if (!IsInitialized)
    {
        throw new Exception("Device is not initialized");
    }
}
```

PCA9685 睡眠模式的配置在 PcaPwmDriver 类的 SetSleepMode 方法中实现（参见代码清单 10-6）。该函数接受枚举类型 SleepMode 的一个参数。随后，SetSleepMode 从 MODE1 寄存器读取当前值，然后更新该寄存器的第 4 位。如果 SleepMode == SleepMode.LowPower，则该位为 1，否则为 0。SetSleepMode 更新 MODE1 寄存器的值。请注意，为了将 BitArray 类的实例转换为字节，我们使用了第 5 章中介绍的 GetByteValueFromBitArray 方法。此外，内部振荡器需要 0.5ms 用于初始化。这个延迟由 SetSleepMode 方法的最后一条语句来解释。

代码清单 10-6 配置 PCA9685 功耗模式

```
public void SetSleepMode(SleepMode mode)
{
    CheckInitialization();

    // 读取当前模式
    var currentMode = RegisterHelper.ReadByte(device, PcaRegisters.Mode1);

    // 如果 PwmMode == LowPower，将睡眠模式位更新为 true
    var currentModeBits = new BitArray(new byte[] { currentMode });
    currentModeBits[PcaRegisters.SleepModeBitIndex] = mode == SleepMode.LowPower;

    // 将更新的值存入 Model 寄存器
    RegisterHelper.WriteByte(device, PcaRegisters.Mode1,
        RegisterHelper.GetByteValueFromBitArray(currentModeBits));

    // 内部振荡器所需的延迟
    Task.Delay(1).Wait();
}

public enum SleepMode
{
    Normal, LowPower
}
```

要更新 PWM 信号频率，可以使用 PcaPwmDriver 的 SetFrequency 方法（参见代码清单 10-7）。该函数按以下步骤执行：首先，将 PWM 模块转换为休眠模式，即禁用内部振荡器。然后，给定所需的 PWM 频率（SetFrequency 方法的 hzFrequency 自变量）、f_{PWM} 和固定的内部振荡器频率 $f_0 = 25$ MHz，PRE_SCALE 寄存器的值 p_v 使用以下公式计算：

$$p_v = \text{round}\left[\frac{f_0}{2^{12} \times f_{PWM}}\right] - 1$$

其中 $2^{12} = 4096$，表示 PCA9685 PWM 模块的分辨率。这个公式在代码清单 10-7 的 UpdateFrequency 方法中实现。以此方式计算的 p_v 值存储在预分频变量中，然后写入 PRE_SCALE 寄存器。最后，SetFrequency 方法重新启用 PCA9685 的内部振荡器。

代码清单 10-7　PWM 信号频率配置

```
public static ushort Range { get; } = 4096;

public static int HzMinFrequency { get; } = 24;
public static int HzMaxFrequency { get; } = 1526;

private const int hzOscillatorFrequency = (int)25e+6; // 25 MHz

public void SetFrequency(int hzFrequency)
{
    // 验证参数
    Check.IsLengthInValidRange(hzFrequency, HzMinFrequency, HzMaxFrequency);

    // 验证设备初始化
    CheckInitialization();

    // 设备低功耗模式
    SetSleepMode(SleepMode.LowPower);

    // 更新频率
    UdpateFrequency(hzFrequency);

    // 再次设置正常功耗模式
    SetSleepMode(SleepMode.Normal);
}
private void UdpateFrequency(int hzFrequency)
{
    var prescale = Math.Round(1.0 * hzOscillatorFrequency / (hzFrequency * Range), 0) - 1;

    RegisterHelper.WriteByte(device, PcaRegisters.Prescale, Convert.ToByte(prescale));
}
```

要获得当前的 PWM 频率，需要读取 PRE_SCALE 寄存器值，然后通过反转 f_{PWM} 变量的上一个公式将其转换为实际频率：

$$f_{PWM} = \text{round}\left[\frac{f_0}{2^{12} \times (p_v + 1)}\right]$$

上述等式在 PcaPwmDriver 的 GetFrequency 方法中实现（参见代码清单 10-8）。

代码清单 10-8　读取 PWM 频率

```
public int GetFrequency()
{
    CheckInitialization();

    var prescale = RegisterHelper.ReadByte(device, PcaRegisters.Prescale);
```

```
    return (int)Math.Round(1.0 * hzOscillatorFrequency / (Range * (prescale + 1)), 0);
}
```

PcaPwmDriver 实现两个公共静态只读属性：FullyOn 和 FullyOff。它们的定义在代码清单 10-9 中给出。这两个属性稍后将用于完全启用或禁用特定 LED 通道。换句话说，将 PWM 占空比设置为 100%（FullyOn）或 0%（FullyOff）。这些特殊值将用于控制直流电机。

代码清单 10-9 特殊的 LED 寄存器值

```
public static ushort Range { get; } = 4096;

public static PcaRegisterValue FullyOn { get; } = new PcaRegisterValue()
{
    On = Range,
    Off = 0
};

public static PcaRegisterValue FullyOff { get; } = new PcaRegisterValue()
{
    On = 0,
    Off = Range
};
```

本节中准备了 PWM 驱动器，它是在 RPi2/RPi3 上使用电机和伺服 HAT 控制直流电机、步进电机和伺服电机的基本元件。现在，大部分基本的编程工作已经完成，可以使用 PcaPwmDriver 类来驱动电机。

10.4 直流电机

在驱动直流电机之前，需要将它连接到通电的电机 HAT。这里使用了非常便宜（2 美元）的直流玩具电机（https://bit.ly/dc_toy_motor，见图 10-4）作为电源，并将母（直流）电源适配器（https://bit.ly/dc_power_adapter）连接到电机 HAT 的 9 V、1 A 电源适配器（https://bit.ly/hat_power_adapter）。

当将电机 HAT 连接到 RPi2/RPi3 时，需要确保电机 HAT 不与 RPi2/RPi3 的 HDMI 端口接触。为此可以使用绝缘胶带并将其放在 HDMI 端口上或使用专用支架（https://bit.ly/hat_standoffs）。

一旦电动机 HAT 就位，可以将直流电动机电线连接到表示为 M1、M2、M3 和 M4 的适当端子块（见图 10-1）。此处使用 M1 端子块，因此最终的硬件组装如图 10-4 所示。请注意，可以反转红色和蓝色导线。这样做可以改变电机旋转的方向。

此外，要启动电机，需要将 + 和 − 两个 HAT 端子连接到直流电源适配器，然后连接到电源。绿色电源 LED 变亮时表示连接正确。LED 位于 HAT 的 + 和 − 端子正上方（见图 10-1）。

图 10-4　直流电机连接到电机 HAT 的 M1 端

10.4.1　用 PWM 信号实现电机控制

在 Chapter 10/MotorsControl/MotorHat/DcMotor.cs 的配套代码中可以找到使用电机 HAT 控制直流电机的 DcMotor 类的完整实现。由于电机 HAT 使用 PWM 模块驱动直流电机，因此该类内部使用 PcaPwmDriver。每个直流电机由 3 个 PWM 信号驱动。2 个连接到直流电机输入引脚（表示为 In1 和 In2），它们控制电机旋转方向。第 3 个 PWM 通道用于控制电机速度。表 10-1 给出了 PWM 通道与电机 HAT 上的特定电机端子块的关联。请注意，我们使用了不同的命名来表示直流电机（DC1 ～ DC4 而不是 M1 ～ M4），因为电机 HAT 使用 1 个端子块用于 1 个直流电机，2 个端子块用于 1 个步进电机。因此，电动机 HAT 可以同时控制多达 4 台直流电机和多达两台步进电机。

表 10-1　DC 电机控制的 PWM 通道映射

直流电机号	In1	In2	速　度
DC1	10	9	8
DC2	11	12	13
DC3	4	3	2
DC4	5	6	7

用于控制直流电机的 PWM 通道表示为 DcMotorPwmChannels 结构，其定义见代码清单 10-10。随后，按照表 10-1 使用此结构来配置 PWM 通道映射。此过程在 DcMotor 类的

ConfigureChannels 方法中实现（参见代码清单 10-11）。ConfigureChannels 根据 motorIndex 参数设置 DcMotorPwmChannels 结构的 Speed、In1 和 In2 属性。

代码清单 10-10 DcMotorPwmChannels 的定义

```
public struct DcMotorPwmChannels
{
    public byte Speed { get; set; }

    public byte In1 { get; set; }

    public byte In2 { get; set; }
}
```

代码清单 10-11 将 PWM 通道与直流电机索引关联

```
private DcMotorPwmChannels channels;

private void ConfigureChannels(DcMotorIndex motorIndex)
{
    switch (motorIndex)
    {
        case DcMotorIndex.DC1:
            channels.In1 = 10;
            channels.In2 = 9;
            channels.Speed = 8;
            break;

        case DcMotorIndex.DC2:
            channels.In1 = 11;
            channels.In2 = 12;
            channels.Speed = 13;
            break;

        case DcMotorIndex.DC3:
            channels.In1 = 4;
            channels.In2 = 3;
            channels.Speed = 2;
            break;

        case DcMotorIndex.DC4:
            channels.In1 = 5;
            channels.In2 = 6;
            channels.Speed = 7;
            break;
    }
}
```

要设置电机转速，应配置相应 PWM 通道的占空比。如 10.3 节所述，可以使用 PcaPwm-Driver 的 SetChannelValue 实现此功能。代码清单 10-12 中定义了 SetSpeed。此方法首先配置 PWM 通道，然后将速度值写入相应的 On 寄存器。

代码清单 10-12　直流电机速度配置

```
public void SetSpeed(DcMotorIndex motorIndex, ushort speed)
{
    Check.IsLengthInValidRange(speed, 0, PcaPwmDriver.Range - 1);

    ConfigureChannels(motorIndex);

    var speedRegisterValue = new PcaRegisterValue()
    {
        On = speed
    };

    pcaPwmDriver.SetChannelValue(channels.Speed, speedRegisterValue);
}
```

最后，DcMotor 类实现了启动（Start）和停止（Stop）直流电机的两种方法（参见代码清单 10-13）。要正向运行直流电机，可以将 4096 写入 In2 PWM 通道的 On 寄存器，将 0 写入 Off 寄存器（100%PWM 占空比）。同时，In1 PWM 通道的占空比必须为 0%，即在 On 寄存器中写 0，在 Off 寄存器中写 4096。相反，如果希望直流电机沿相反（向后）方向旋转，则可以反转 In1 和 In2 通道的值（参见代码清单 10-13 中的 Start 方法）。

代码清单 10-13　通过控制 In1 和 In2 PWM 通道的占空比来启动和停止直流电机

```
public void Start(DcMotorIndex motorIndex, MotorDirection direction)
{
    ConfigureChannels(motorIndex);

    if (direction == MotorDirection.Forward)
    {
        pcaPwmDriver.SetChannelValue(channels.In1, PcaPwmDriver.FullyOn);
        pcaPwmDriver.SetChannelValue(channels.In2, PcaPwmDriver.FullyOff);
    }
    else
    {
        pcaPwmDriver.SetChannelValue(channels.In1, PcaPwmDriver.FullyOff);
        pcaPwmDriver.SetChannelValue(channels.In2, PcaPwmDriver.FullyOn);
    }
}

public void Stop(DcMotorIndex motorIndex)
{
    ConfigureChannels(motorIndex);

    pcaPwmDriver.SetChannelValue(channels.In1, PcaPwmDriver.FullyOff);
    pcaPwmDriver.SetChannelValue(channels.In2, PcaPwmDriver.FullyOff);
}
```

这种控制电路被定义为 H 桥。启用一个通道并禁用另一个通道会向直流电机施加正电压。通道交换时，电压极性可能会反转，然后直流电机反向旋转。直流和步进式 HAT 的物理 H 桥是位于 M1 ～ M4 端子之上的两个 TB6612 芯片组（见图 10-1）。通过控制 PWM 通道的占空比，可以有效地将信号传输到H桥，然后将这些电压施加到直流电机上。

最后，要停止直流电机，可以将In1和In2 PWM通道的占空比设置为0%，即关闭H桥的两个通道以保持直流电机的电压（参见代码清单10-13中的Stop方法）。

在代码清单10-13中，使用了在MotorControl类库中实现的DcMotorIndex和MotorDirection枚举类型（请参见Chapter 10/Motors/MotorControl/Enums的配套代码）。电机索引可以采用以下值之一：DC1、DC2、DC3或DC4，而电机方向可以是正向或反向。

10.4.2 有界面应用程序

通过硬件组件和DcMotor类，可以编写用于控制直流电机的应用程序。我们使用了Blank UWP有界面应用程序的C#项目模板来创建电机应用程序。这个应用程序的默认视图如图10-5所示。UI的完整定义可以在Chapter 10/Motors/DcMotor/MainPage的配套代码中找到。

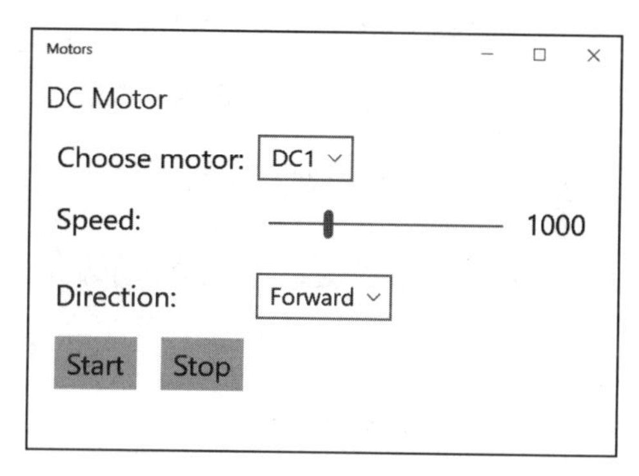

图10-5 电机应用程序的UI

电机应用程序的用户界面包括一个旋转控件（其第一项专用于直流电机）以及两个下拉列表，可以让用户选择直流电机号和电机方向。还有一个滑块，可以让用户设置电机速度，其范围为0～4095。最后，直流电机的UI有两个按钮，即启动和停止，用于启动或停止选定的直流电机。因此，要运行电机，只需要将电机应用程序部署到物联网设备上，然后选择DC1，设置电机速度和旋转方向，再单击Start按钮，之后可以使用Stop按钮来禁用电机。

所有UI元素应绑定到代码隐藏。PWM驱动程序所需的初始化，以及之后启用PWM振荡器、DcMotor类的实例化，都在OnNavigatedTo事件处理程序中完成（参见代码清单10-14）。如果不想使用UI来控制直流电机，则可以简单地调用DcMotorTest方法。只需要将调用DcMotorTest函数的InitializeDcMotor方法的最后一条语句的注释去掉即可。其功能是以固定速度和给定方向运行直流电机5s。

代码清单10-14 DcMotor类的初始化和睡眠模式配置

```
private PcaPwmDriver pwmDriver;

private ushort speed;

private DcMotor dcMotor;

public double Speed
{
    get { return speed; }
    set
    {
        speed = Convert.ToUInt16(value);
```

```
            if (dcMotor.IsInitialized)
            {
                dcMotor.SetSpeed(dcMotorIndex, speed);
            }
        }
    }

    protected async override void OnNavigatedTo(NavigationEventArgs e)
    {
        base.OnNavigatedTo(e);

        await InitializePwmDriver();

        InitializeDcMotor();
    }

    private async Task InitializePwmDriver()
    {
        pwmDriver = new PcaPwmDriver();

        await pwmDriver.Init();

        if(pwmDriver.IsInitialized)
        {
            // 启用振荡器
            pwmDriver.SetSleepMode(SleepMode.Normal);
        }
    }

    private void InitializeDcMotor()
    {
        dcMotor = new DcMotor(pwmDriver);

        // 设置默认速度
        Speed = 1000;

        // 取消注释下面的行，以便在不使用 UI 的情况下运行 DC1 电机 5s
        // DcMotorTest(DcMotorIndex.DC1, MotorDirection.Backward, speed);
    }

    private void DcMotorTest(DcMotorIndex motorIndex, MotorDirection direction, ushort speed)
    {
        if (dcMotor.IsInitialized)
        {
            const int msDelay = 5000;

            // 设置速度并运行电机
            dcMotor.SetSpeed(motorIndex, speed);
            dcMotor.Start(motorIndex, direction);

            // 等待指定的延迟
            Task.Delay(msDelay).Wait();
```

```
        // 停止电机
        dcMotor.Stop(motorIndex);
    }
}
```

为了补充前面的描述，代码清单10-15中显示了按钮事件处理程序。这些方法基于DcMotor类的Start和Stop方法。与以前一样，通过分离关注点，按钮事件处理程序看起来非常干净，因为实际的电机控制被委派给一个单独的类。

代码清单10-15　启动和停止直流电机

```
private void ButtonStart_Click(object sender, RoutedEventArgs e)
{
    if (dcMotor.IsInitialized)
    {
        dcMotor.Start(dcMotorIndex, motorDirection);
    }
}

private void ButtonStop_Click(object sender, RoutedEventArgs e)
{
    if (dcMotor.IsInitialized)
    {
        dcMotor.Stop(dcMotorIndex);
    }
}
```

10.5　步进电机

步进电机有许多种，但我们使用的是流行的NEMA-17电机（https://bit.ly/nema_17）。Air Hockey Robot项目中也使用类似的电机。NEMA-17电机将全旋转分为200个完整的步骤，因此每一步对应1.8°的电机轴旋转。每个完整的步骤可以进一步分为256个微步，因此NEMA-17可用于精确定位。

与直流电机相比，NEMA-17有2个控制轴位置的线圈。每个线圈由2个PWM信号控制，所以需要4个PWM通道来控制步进电机。因此，要将NEMA-17连接到直流和步进电机HAT，需要将4条电机线连接到2个HAT端子。如图10-6所示，将步进电机的红线和黄线连接到M1或M3端子。然后，将绿色和灰色（或棕色）导线连接到M2或M4端子。注意，需要使用2个连续的端子，即M1和M2或M3和M4。我们使用第二种方式，因为已经有一个直流电机连接到了M1。单极步进电机也可用，并有5根导线。在这种情况下，需要将额外的导线连接到GND端子。

有几种控制步进电机的常用技术。在最简单的全步进情况下，使用4个信号来设置步进电机的位置。这些信号通常表示为a、$\bar{a}$、b和$\bar{b}$。在直流电机中，每个信号可以处于高电平（PWM完全接通）或低电平（PWM完全断开）状态。这里将信号状态的组合作为控制的阶段。

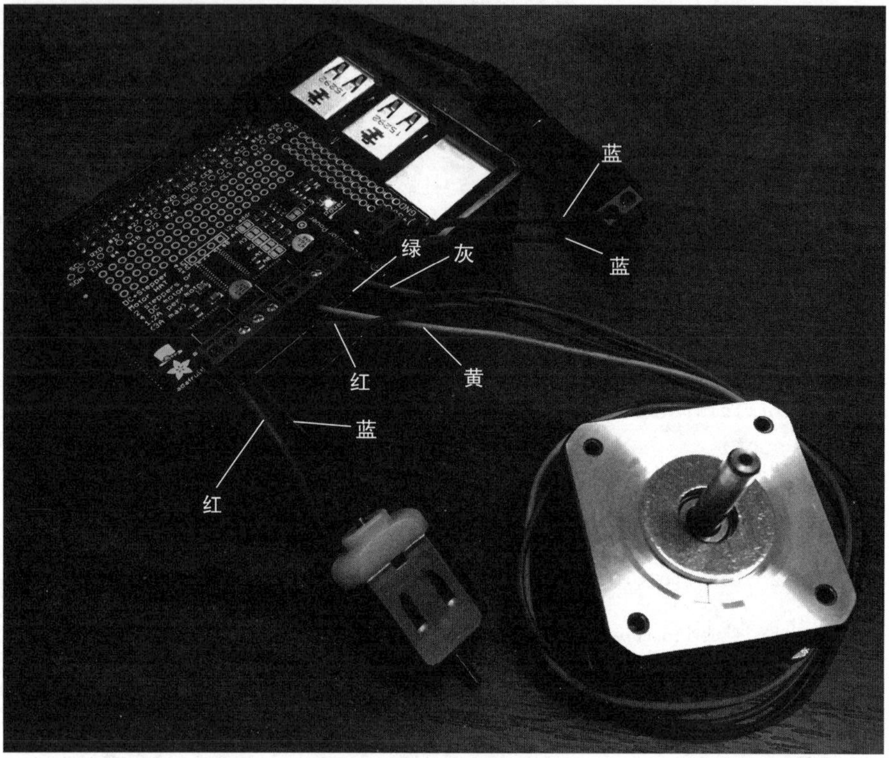

图 10-6 连接到直流和步进电机 HAT M3 和 M4 端子的步进电机

在全步电机控制中，每相都有 1 个高电平信号和 3 个低电平信号。如表 10-2 所示，高电平信号在相位之间依次变化。要旋转步进电机，可以使用存储当前控制阶段索引的变量。使用该索引，可以选择必要的控制阶段，然后使用适当的信号状态来驱动电机。对于完整的步进，控制相位索引应是 0 ～ 3 内的整数。所以，在到达第 4 个控制阶段后，需要回到第 1 个控制阶段。例如，要完成 NEMA-17 的全部转动，需要按序使用表 10-2 中的控制阶段 50 次，因为 NEMA-17 有 200 步。按这样的顺序操作，步进电机将正转。要反向旋转它，可以反转控制阶段序列，即递减当前控制阶段索引。这种递增 / 递减可以设想为电机步数计数。

表 10-2 全步进的步进电机控制阶段

控制阶段	信号 a 的状态	信号 $\bar{a}$ 的状态	信号 b 的状态	信号 $\bar{b}$ 的状态
0	High	Low	Low	Low
1	Low	High	Low	Low
2	Low	Low	High	Low
3	Low	Low	Low	High

半步进和微步进模式下需要做更多的工作。控制阶段顺序将分别如表 10-3 或表 10-4 所示。每个控制阶段将电机旋转半步（参见表 10-3）或指定特定的完整步骤，该步骤进一步分为微步。后面将会展示，微步需要使用两个附加信号。

表 10-3 半步进的步进电机控制阶段。请注意，与全步进相反，中间控制阶段有 2 个信号处于高电平状态

控制阶段	信号 a 的状态	信号 $\bar{a}$ 的状态	信号 b 的状态	信号 $\bar{b}$ 的状态
0	High	Low	Low	Low
1	High	High	Low	Low
2	Low	High	Low	Low
3	Low	High	High	Low
4	Low	Low	High	Low
5	Low	Low	High	High
6	Low	Low	Low	High
7	High	Low	Low	High

表 10-4 微步进的步进电机控制阶段

控制阶段	信号 a 的状态	信号 $\bar{a}$ 的状态	信号 b 的状态	信号 $\bar{b}$ 的状态
0	High	High	Low	Low
1	Low	High	High	Low
2	Low	Low	High	High
3	High	Low	Low	High

10.5.1 全步模式控制

我们使用 StepperMotorPwmChannels 结构和两个类实现步进电机控制：StepperMotorPhase 和 StepperMotor（请参阅 Chapter 10/MotorsControl/MotorHat 的配套代码）。StepperMotorPwmChannels 类用于将 PWM 通道与电机线圈关联，它有 6 个属性（参见代码清单 10-16）。AIn1 和 AIn2 对应于第 1 个线圈（a, $\bar{a}$），BIn1 和 BIn2 与第 2 个线圈（b, $\bar{b}$）相关，而 PwmA 和 PwmB 仅用于微步进（见表 10-5）。由于 PCA9685 有 16 个 PWM 通道，直流和步进电机 HAT 一次最多可控制两个步进电机。因此，步进电机由 StepperMotorIndex 枚举中定义的 SM1 和 SM2 值标识（请参阅 Chapter 10/MotorsControl/Enums/StepperMotorIndex.cs 中的配套代码）。

代码清单 10-16 步进电机由 6 个 PWM 通道驱动

```
public struct StepperMotorPwmChannels
{
    public byte AIn1 { get; set; }
    public byte AIn2 { get; set; }

    public byte BIn1 { get; set; }
    public byte BIn2 { get; set; }

    public byte PwmA { get; set; }
    public byte PwmB { get; set; }
}
```

表 10-5 步进电机控制的 PWM 通道映射

直流电机号	AIn1	AIn2	BIn1	BIn2	PwmA	PwmB
SM1	10	9	11	12	8	13
SM2	4	3	5	6	2	7

StepperMotorPhase 的定义参见代码清单 10-17，它是与 StepperMotorPwmChannels 相关的类，存储了特定控制阶段的 PWM 通道值。默认情况下，PwmA 和 PwmB 通道完全打开——它们仅在微步进控制的情况下发生变化。

代码清单 10-17 用于存储驱动步进电机线圈寄存器值的类

```
public class StepperMotorPhase
{
    public PcaRegisterValue AIn1 { get; set; }
    public PcaRegisterValue AIn2 { get; set; }

    public PcaRegisterValue BIn1 { get; set; }
    public PcaRegisterValue BIn2 { get; set; }

    public PcaRegisterValue PwmA { get; set; } = PcaPwmDriver.FullyOn;
    public PcaRegisterValue PwmB { get; set; } = PcaPwmDriver.FullyOn;
}
```

类似于 DcMotor，StepperMotor 类也基于 PcaPwmDriver 类中实现的 PWM 控制。Stepper Motor 类的构造函数需要该类的一个实例（参见代码清单 10-18）。另外，这个构造函数接受另一个参数 steps，它用于配置每次旋转的步数。默认情况下，该值为 200，但可以根据特定的步进电机进行调整。

代码清单 10-18 StepperMotor 类的构造函数

```
public uint Steps { get; private set; }

public byte Rpm { get; private set; } = 30;

private List<StepperMotorPhase> fullStepControlPhases;

public StepperMotor(PcaPwmDriver pcaPwmDriver, uint steps = 200)
{
    Check.IsNull(pcaPwmDriver);

    this.pcaPwmDriver = pcaPwmDriver;

    Steps = steps;

    SetSpeed(Rpm);

    fullStepControlPhases = ControlPhaseHelper.GetFullStepSequence();
}
```

如代码清单 10-18 所示，StepperMotor 类还可用于设置电机速度，即驱动步进电机的延迟时间，或者说递增或递减当前步长。速度配置在代码清单 10-19 的 SetSpeed 方法中实现。

该函数接受一个参数rpm，它决定了电机每分钟转数（RPM）。

代码清单 10-19 步进速度配置

```
public byte MinRpm { get; } = 1;
public byte MaxRpm { get; } = 60;
public byte Rpm { get; private set; } = 30;

public void SetSpeed(byte rpm)
{
    Check.IsLengthInValidRange(rpm, MinRpm, MaxRpm);

    Rpm = rpm;
}
```

最后，StepperMotor类构造函数调用ControlPhaseHelper类的GetFullStepSequence静态方法（参见代码清单10-20）。此方法创建包含StepperMotorPhase对象的四元素集合controlPhases。因此，controlPhases是用于驱动步进电机的信号序列。它的每个元素都实现了用于将步进器移动一步的连续控制阶段。

代码清单 10-20 全步进控制序列

```
public static List<StepperMotorPhase> GetFullStepSequence()
{
    var controlPhases = new List<StepperMotorPhase>();

    controlPhases.Add(new StepperMotorPhase()
    {
        AIn2 = PcaPwmDriver.FullyOn,
        BIn1 = PcaPwmDriver.FullyOff,
        AIn1 = PcaPwmDriver.FullyOff,
        BIn2 = PcaPwmDriver.FullyOff
    });

    controlPhases.Add(new StepperMotorPhase()
    {
        AIn2 = PcaPwmDriver.FullyOff,
        BIn1 = PcaPwmDriver.FullyOn,
        AIn1 = PcaPwmDriver.FullyOff,
        BIn2 = PcaPwmDriver.FullyOff
    });

    controlPhases.Add(new StepperMotorPhase()
    {
        AIn2 = PcaPwmDriver.FullyOff,
        BIn1 = PcaPwmDriver.FullyOff,
        AIn1 = PcaPwmDriver.FullyOn,
        BIn2 = PcaPwmDriver.FullyOff
    });

    controlPhases.Add(new StepperMotorPhase()
    {
```

```
        AIn2 = PcaPwmDriver.FullyOff,
        BIn1 = PcaPwmDriver.FullyOff,
        AIn1 = PcaPwmDriver.FullyOff,
        BIn2 = PcaPwmDriver.FullyOn
    });

    return controlPhases;
}
```

根据电机指标和当前阶跃值，可以使用存储在特定控制阶段的值。首先，配置 PWM 通道映射，然后递增（用于正向电机旋转）或递减（用于反向电机选择）一个变量，存储当前步进值。随后，将控制阶段写入适当的 PCA9685 寄存器。

上述过程在 MakeStep 方法中实现（参见代码清单 10-21）。该函数使用 ConfigureChannels 私有方法关联 PWM 通道映射。该方法实现了表 10-5 中的映射，并且与 DcMotor 类的类似方法 ConfigureChannels 完全相同。因此，这里省略了对这种方法的详细描述。

代码清单 10-21 一次电机单步旋转的过程

```
public void MakeStep(StepperMotorIndex motorIndex, MotorDirection direction)
{
    ConfigureChannels(motorIndex);

    UpdateCurrentStep(direction);

    UpdateChannels();
}
```

接下来，MakeStep 调用 UpdateCurrentStep 函数（参见代码清单 10-22）。根据参数值 direction，这个方法递增（direction = MotorDirection.Forward）或者递减存储在 CurrentStep 属性中的值。此外，UpdateCurrentStep 方法可确保 CurrentStep 属性落在 0 ~ Steps−1 的范围内。自然，CurrentStep 不能为负，也不能超过构造 StepperMotor 类时指定的最大步数。

代码清单 10-22 更新当前步进值

```
public int CurrentStep { get; private set; } = 0;

private void UpdateCurrentStep(MotorDirection direction)
{
    if (direction == MotorDirection.Forward)
    {
        CurrentStep++;
    }
    else
    {
        CurrentStep--;
    }

    if(CurrentStep < 0)
    {
        CurrentStep = (int)Steps - 1;
```

```
        }

        if(CurrentStep >= Steps)
        {
            CurrentStep = 0;
        }
    }
```

计算完步进值后，可以使用适当的控制阶段更新 PCA9685 寄存器。此操作可以在 UpdateChannels 私有方法中执行（参见代码清单 10-23）。UpdateChannels 函数首先确定当前控制阶段索引，它是 CurrentStep 值除以控制阶段总数后的余数。对于全步控制，该值为 4。接下来，使用 PcaPwmDriver 类的 SetChannelValue 将得到的 PWM 值写入 PCA9685（请注意，使用代码清单 10-20 中的 GetFullStepSequence 方法，将在 StepperMotor 类构造函数中初始化 fullStepControlPhases 集合）。

代码清单 10-23 更新 PWM 通道来驱动步进电机

```
private List<StepperMotorPhase> fullStepControlPhases;

private void UpdateChannels()
{
    var phaseIndex = CurrentStep % fullStepControlPhases.Count;

    var currentPhase = fullStepControlPhases[phaseIndex];

    pcaPwmDriver.SetChannelValue(channels.PwmA, currentPhase.PwmA);
    pcaPwmDriver.SetChannelValue(channels.PwmB, currentPhase.PwmB);

    pcaPwmDriver.SetChannelValue(channels.AIn1, currentPhase.AIn1);
    pcaPwmDriver.SetChannelValue(channels.AIn2, currentPhase.AIn2);

    pcaPwmDriver.SetChannelValue(channels.BIn1, currentPhase.BIn1);
    pcaPwmDriver.SetChannelValue(channels.BIn2, currentPhase.BIn2);
}
```

StepperMotor 类还实现了公共 Move 方法，该方法允许开发者在给定方向上按指定步数旋转步进电机。如代码清单 10-24 所示，Move 方法内部使用 MakeStep 函数。对 MakeStep 的后续调用会通过 Task.Delay 方法延迟 1 ms（msDelay）。要确定 msDelay 的值，可将 60000（60 乘以 1000 ms）除以电机步数和 RPM 的乘积。

代码清单 10-24 按照指定的步数旋转步进电机

```
public void Move(StepperMotorIndex motorIndex, MotorDirection direction, uint steps)
{
    var msDelay = RpmToMsDelay(Rpm);

    for (uint i = 0; i < steps; i++)
    {
        MakeStep(motorIndex, direction);
```

```
            Task.Delay(msDelay).Wait();
        }
    }

    private int RpmToMsDelay(byte rpm)
    {
        const double minToMsScaler = 60000.0;

        return Convert.ToInt32(minToMsScaler / (Steps * rpm));
    }
```

10.5.2 有界面应用程序

为了使用 StepperMotor 类，我们通过添加一个枢轴项（步进电机）扩展了电机应用程序的 UI（请参阅 Chapter 10/Motors/MainPage.xaml 中的配套代码）。如图 10-7 所示，此界面包含两个下拉列表、两个滑块和一个按钮。下拉列表可让用户选择电机索引并设置电机旋转方向，而滑块则可配置 RPM 和步数（旋转角度）。一个按钮调用 StepperMotor.Move 方法，其参数由 Stepper Motor 选项卡的可视控件配置。

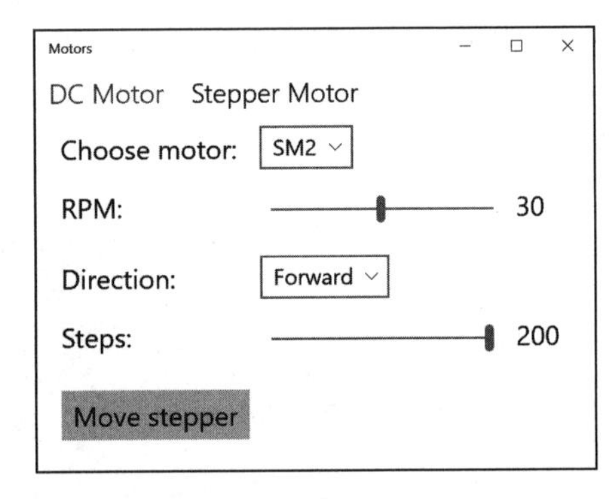

图 10-7　用于控制步进电机的枢轴项

接下来我们扩展了代码隐藏，保存在 MainPage.xaml.cs 中，然后在 OnNavigatedTo 事件处理程序中添加函数 InitializeStepperMotor 的调用（参见代码清单 10-25）。这个函数使用先前创建的 PcaPwmDriver 类的实例来初始化 StepperMotor 类，然后设置默认的电机 RPM，即每分钟 30 转。

代码清单 10-25　步进电机初始化

```
protected async override void OnNavigatedTo(NavigationEventArgs e)
{
    base.OnNavigatedTo(e);

    await InitializePwmDriver();

    InitializeDcMotor();

    InitializeStepperMotor();
}

private void InitializeStepperMotor()
{
    stepperMotor = new StepperMotor(pwmDriver);

    StepperRpm = stepperMotor.Rpm;

    // 取消下行的注释，可将步进电机正向移动 200 步，然后反向移动 200 步
```

```
    // StepperMotorTest(StepperMotorIndex.SM2);
}
```

InitializeStepperMotor 方法中被注释的语句可用于在不使用 UI 的情况下测试步进电机。取消注释该行后，将调用 StepperMotorTest。如代码清单 10-26 所示，此方法执行正向电机全速旋转，然后将电机反向旋转到初始位置。

代码清单 10-26 执行完整的正向和反向旋转测试步进电机

```
private void StepperMotorTest(StepperMotorIndex motorIndex)
{
    if (stepperMotor.IsInitialized)
    {
        // 设置步数和 RPM
        const uint steps = 200;
        const byte rpm = 50;

        // 设置速度
        stepperMotor.SetSpeed(rpm);

        // 正向旋转电机
        stepperMotor.Move(motorIndex, MotorDirection.Forward, steps);
        //  回到初始位置
        stepperMotor.Move(motorIndex, MotorDirection.Backward, steps);
    }
}
```

当测试步进电机时，它可能无法准确旋转，尤其是当使用较高速率和更多步数时。例如，如果将步进电机以最大转速正向旋转 200 步，然后沿相反方向进行相同的操作，则电机很可能不会返回其初始位置。这种效应称为步进损失，可以通过自动调节电机速度来解决。也就是说，需要平稳加速步进电机以避免步进损失。你无法以任意速度驱动步进电机。

10.5.3 自动调节速度

物理约束禁止了步进电机位置的突然变化。正如 10.5.3 节所指出的那样，如果驱动电机速度太快，步进电机可能会出现步进损失。为了解决这个问题，我们采用了自动速度调节的办法——速度斜坡，即控制电机速度，使得在电机步进轨迹的开始和结束时，我们能够分别平稳地加速和减速步进电机。此外，我们将只为大电机旋转（大量步骤）启用最大速度。

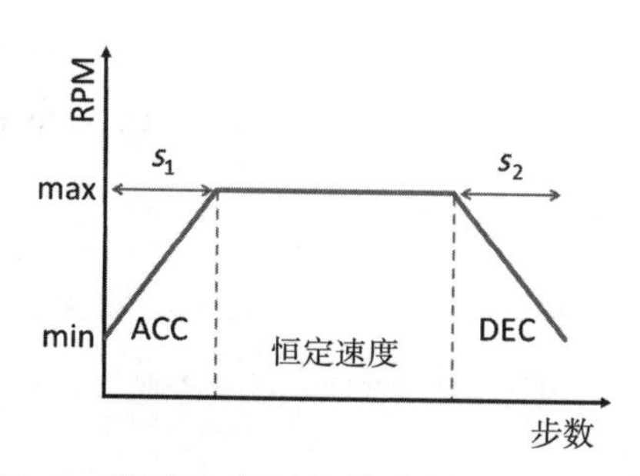

图 10-8 梯形速度斜坡的草图。首先，速度从最小值到最大值线性增加（ACC）。然后，电机以恒定速度驱动。随后，电机线性减速（DEC）。s_1 和 s_2 分别表示加速和减速斜坡的长度

在本节中，我们使用一个简单的梯形速度斜坡，如图 10-8 所示。电机将从最小转速到最大转速线性加速（ACC）。当达到最大速度

时，电机将以该恒定速度步进，然后减速（DEC）至最小速度。一般来说，ACC 和 DEC 斜率可以对应不同的长度：s_1 和 s_2。为了简单起见，我们使用相同长度的斜坡。

为了实现梯形坡道，我们使用 SpeedRampHelper 补充了 MotorsControl 项目。这个类公开了一个公共方法 GenerateTrapezoidalRamp（见代码清单 10-27）。该方法首先通过增加 15% 的总步数来确定斜坡长度。如果坡度太小，则使用最小转速的平坡（见代码清单 10-28）。在这种情况下，电动机将以恒定的最低可能转速步进（本例中为 10 RPM）。请注意，我们将斜坡长度调整为总步数。斜坡长度随着步长而增加。

代码清单 10-27 梯形速度斜坡的生成

```
private const float rampSlope = 0.15f;
private const byte minRampSlopeLength = 5;

private const byte minRpm = 10;
private const byte maxRpm = 60;

public static byte[] GenerateTrapezoidalRamp(uint steps)
{
    byte[] speedRamp;

    var rampSlopeLength = Convert.ToInt32(rampSlope * steps);

    if (rampSlopeLength >= minRampSlopeLength)
    {
        speedRamp = TrapezoidalRamp(steps, rampSlopeLength);
    }
    else
    {
        speedRamp = FlatRamp(steps, minRpm);
    }

    return speedRamp;
}
```

代码清单 10-28 平坡生成

```
private static byte[] FlatRamp(uint steps, byte rpm)
{
    var speedRamp = new byte[steps];

    for (int i = 0; i < steps; i++)
    {
        speedRamp[i] = rpm;
    }

    return speedRamp;
}
```

对于足够大的旋转，可以使用梯形坡道。为了产生这样的斜坡，我们使用了代码清单 10-29 中的代码。首先确定用于加速和减速电机的速度步长。该步骤通过将最大和最小 RPM 之间的差除以斜坡长度来计算。然后使用LinearSlope辅助方法生成斜坡的ACC和DEC部分。该功能确保速度不超过有效的RPM范围。然后，ACC和DEC部分与通过使用FlatRamp方法生成的恒定速度线相连接。最后，我们得到图10-8所示的斜坡。

代码清单10-29 梯形速度斜坡是通过将ACC和DCC线性斜坡与平坦速度斜坡（即恒定速度的水平线）连接而成

```
private static byte[] TrapezoidalRamp(uint steps, int rampSlopeLength)
{
    var speedRamp = new byte[steps];

    // 确定速度步长（线性递增）
    var speedStep = Math.Ceiling(1.0 * (maxRpm - minRpm) / rampSlopeLength);

    // ACC
    var acceleration = LinearSlope(rampSlopeLength, minRpm, speedStep);
    acceleration.CopyTo(speedRamp, 0);

    // 水平段
    var flatPartLength = (uint)(steps - 2 * rampSlopeLength);
    var flatPart = FlatRamp(flatPartLength, maxRpm);
    flatPart.CopyTo(speedRamp, rampSlopeLength);

    // DEC
    var deacceleration = LinearSlope(rampSlopeLength, maxRpm, -speedStep);
    deacceleration.CopyTo(speedRamp, (int)(steps - rampSlopeLength));

    return speedRamp;
}

private static byte[] LinearSlope(int rampSlopeLength, byte startRpm, double speedStep)
{
    var slope = new byte[rampSlopeLength];

    for (var i = 0; i < rampSlopeLength; i++)
    {
        var speed = startRpm + i * speedStep;

        // 确保速度保持在最小RPM和最大RPM之间
        speed = Math.Min(speed, maxRpm);
        speed = Math.Max(speed, minRpm);

        slope[i] = (byte)speed;
    }

    return slope;
}
```

然后将梯形速度斜坡方法用于驱动步进电机。StepperMotor类定义了一个附加方法MoveWithSpeedAdjustment，如代码清单10-30所示。该方法使用存储在速度斜坡中的连续RPM来确定向步进电机发送后续请求之间的实际毫秒延时。因此，电机不会出现步进损失。如果出现了，可能是因为总步数偏少，此时可以通过修改存储在 SpeedRampHelper 类的 rampSlope 字段中的值来凭经验调整线性斜坡长度（参见代码清单 10-27）。

代码清单 10-30　在 MakeStep 函数的后续调用之间自动调整延迟

```
public void MoveWithSpeedAdjustment(StepperMotorIndex motorIndex,
    MotorDirection direction, uint steps)
{
    var speedRamp = SpeedRampHelper.GenerateTrapezoidalRamp(steps);

    for (uint i = 0; i < steps; i++)
    {
        MakeStep(motorIndex, direction);

        var msAutoDelay = RpmToMsDelay(speedRamp[i]);

        Task.Delay(msAutoDelay).Wait();
    }
}
```

为了测试前面的代码，我们在电机应用程序的步进电机选项卡中补充了按钮。其单击事件处理程序可让开发者利用自动速度调整方法来旋转电机（参见代码清单 10-31）。请注意，为了实现类似的功能，也可以使用代码清单 10-26 中 StepperMotorTest 函数中的 MoveWithSpeedAdjustment 方法替换 Move 方法。

代码清单 10-31　使用自动速度调节方法旋转电机，以避免阶跃损失

```
private void ButtonStepperMoveAutoSpeedAdjustment_Click(object sender, RoutedEventArgs e)
{
    if (stepperMotor.IsInitialized)
    {
        stepperMotor.MoveWithSpeedAdjustment(stepperMotorIndex, motorDirection,
            stepperMotorSteps);
    }
}
```

现在可以轻松地延长梯形坡道以获得更平滑的步进电机控制。用正弦曲线或其他非线性曲线代替线性 ACC 和 DEC RPM 线。还可以独立实施具有不同长度的 s_1 和 s_2 斜坡。

10.5.4　微步进

微步进用于精确的电机定位。在微步进中，用完整的步骤除以特定的微步数。例如，1.8° 的全步 NEMA 17 旋转可以分成 8 个微步，以获得 0.225° 的定位精度。

要以微步进精度更改电机轴位置，请使用表 10-4 中的控制阶段顺序来驱动通道 AIn1、AIn2、BIn1、BIn2 以及 PwmA 和 PwmB 通道的微步进曲线。前 4 个通道用于完成一个步骤，可以像使用全步式电机控制一样使用它们。但是，在将电机旋转给定数量的微步（M_s）之后，需要更改全步控制阶段。例如，对于 $M_s = 8$，在使电机旋转 8 个微步后，要使用全步控制阶段的一个后续操作。

对于固定的全步控制阶段，通过使用微步单调递增曲线 f_m 来调整 PwmA 和 PwmB 通道。该曲线表示为长度为 $M_s + 1$ 的一维数组。对于 PCA9685，该数组的每个值都是寄存器值——一个 PcaRegisterValue 类的实例。在最简单的情况下，这个数组只是 Off 寄存器的线性斜坡，但你也可以使用非线性曲线，例如正弦曲线。

随后，需要确定 f_m 中的一对值，然后将其写入 PwmA 和 PwmB 寄存器。使用的特定值取决于当前的微步指数（μ_i）、微步数以及微步控制循环中的微步指数（v_i）。

微步索引通过使用 M_s 取模当前电机步进值 C_s 来计算（$M_s : \mu_i = C_s \bmod M_s$）。现在，无论何时将电机位置改变一个微分值，当前步的值均会增加或减少。因此，电机步数的总数要乘以 M_s。例如，对于 200 个全步和 8 个微步，则总共是 1600 个电机步数。

需要重复发送给步进驱动器的微步控制周期包含 $4 \times M_s$ 个元素。这是由于全步控制周期包含 4 个元素（见表 10-4），并且对于每个全步控制阶段，都有 M_s 微步阶段。因此，为了确定 v_i 的值，需要用 $4 \times M_s$ 取模当前电机步长（C_s），即 $4 \times M_s : v_i = C_s \bmod 4 \times M_s$。

给定 M_s，C_s，μ_i 和 v_i 的值，当 $0 \leqslant v_i < M_s$ 或 $2\,M_s \leqslant v_i < 3\,M_s$ 时，可以使用公式得到 PwmA 和 PwmB：

$$\text{PwmA} = f_m(\mu_i)，\text{PwmB} = f_m(M_s - \mu_i)$$

而对于 v_i 的其他值，有

$$\text{PwmA} = f_m(M_s - \mu_i)，\text{PwmB} = f_m(\mu_i)$$

给出一个数值例子，假设有 8 个微步，即 $M_s = 8$。然后，对于 $C_s = 1$ 的当前电机步值，得到 $\mu_i = v_i = 1$，这将产生 PwmA $= f_m$（1），并且 PwmB $= f_m$（7）。同样，对于 $C_s = 12$，有 $\mu_i = 4$，$v_i = 12$，所以 PwmA $= f_m$（4），PwmB $= f_m$（4）。

为了实现这样的微步控制，我们在 MotorsControl 库中引入了以下更改：通过静态方法 GetMicroStepSequence 来补充 ControlPhaseHelper 类，实现步进电机控制，如表 10-4 所示。该方法类似于 ControlPhaseHelper.GetFullStepSequence，因此省略其描述。

接下来，实现 MicrosteppingHelper 类（请参阅 Chapter 10/MotorsControl/Helpers/MicroSteppingHelper.cs 中的配套代码）。该类有 3 个静态方法：GetLinearRamp、GetPhaseIndex 和 AdjustMicroStepPhase。第一种方法（如代码清单 10-32 所示）实现了一个线性斜坡，也就是用于驱动 PwmA 和 PwmB 通道的 f_m 函数。正如所看到的，我们创建了 PcaRegisterValue 集合。该集合的每个元素的 Off 属性的值都呈线性递增。线性斜率是通过将最大寄存器值除以微步数计算得到的。

代码清单 10-32　微步进的线性斜坡

```
public static List<PcaRegisterValue> GetLinearRamp(uint microstepCount)
{
    Check.IsPositive(microstepCount);

    var ramp = new List<PcaRegisterValue>();

    var increment = PcaPwmDriver.Range / microstepCount;

    for (var i = 0; i <= microstepCount; i++)
```

```
        {
            ramp.Add(new PcaRegisterValue()
            {
                On = 0,
                Off = Convert.ToUInt16(i * increment)
            });
        }

        return ramp;
    }
```

GetPhaseIndex 方法使用条件检查计算全步控制阶段的索引。得到的索引用于确定 StepperMotorPhase 类实例的 AIn1、AIn2、BIn1 和 BIn2 属性的控制阶段。最后，AdjustMicroStepPhase 使用之前的两个等式（f_m 函数（microStepCurve 参数）以及 M_s（microStepCount）、μ_i（microStepIndex）和 v_i（microStepPhaseIndex））来设置 PwmA 和 PwmB 值（参见代码清单 10-33）。

代码清单 10-33　调整微步控制阶段的 PwmA 和 PwmB 属性

```
public static void AdjustMicroStepPhase(StepperMotorPhase phase,
    List<PcaRegisterValue> microStepCurve, uint microstepCount,
    int microStepIndex, int microStepPhaseIndex)
{
    Check.IsNull(phase);
    Check.IsNull(microStepCurve);

    Check.IsPositive(microStepIndex);
    Check.IsPositive(microStepPhaseIndex);

    Check.LengthNotLessThan(microStepCurve.Count, (int)(microstepCount + 1));

    var microStepPhase1 = microStepCurve[(int)(microstepCount - microStepIndex)];
    var microStepPhase2 = microStepCurve[microStepIndex];

    if (microStepPhaseIndex >= 0 && microStepPhaseIndex < microstepCount
        || microStepPhaseIndex >= 2 * microstepCount && microStepPhaseIndex < 3 * microstepCount)
    {
        phase.PwmA = microStepPhase1;
        phase.PwmB = microStepPhase2;
    }
    else
    {
        phase.PwmA = microStepPhase2;
        phase.PwmB = microStepPhase1;
    }
}
```

然后在 StepperMotor 类中使用 ControlPhaseHelper 和 MicrosteppingHelper 类的静态方法。

类定义包含公共只读属性 MicroStepCount、两个存储微步控制阶段序列的私有字段（microStepControlPhase）和f_m函数（microStepCurve）。这些字段在类构造函数中配置了总步数，如代码清单 10-34 所示，我们将微步数设置为 8。

代码清单 10-34 更新的 StepperMotor 类构造函数以用于微步控制

```
public uint MicroStepCount { get; } = 8;

private List<StepperMotorPhase> microStepControlPhases;
private List<PcaRegisterValue> microStepCurve;

public StepperMotor(PcaPwmDriver pcaPwmDriver, uint steps = 200)
{
    Check.IsNull(pcaPwmDriver);

    this.pcaPwmDriver = pcaPwmDriver;

    Steps = steps * MicroStepCount;

    SetSpeed(Rpm);

    fullStepControlPhases = ControlPhaseHelper.GetFullStepSequence();

    // 微步进控制阶段和线性斜坡
    microStepControlPhases = ControlPhaseHelper.GetMicroStepSequence();
    microStepCurve = MicrosteppingHelper.GetLinearRamp(MicroStepCount);
}
```

为了区分全步和微步，我们声明了 SteppingMode 枚举类型。它包含两个值：FullSteps 和 MicroSteps。对于给定类型，通过添加参数 steppingMode 修改了 Move、MoveWithSpeedAdjustment、MakeStep、UpdateChannels 和 RpmToMsDelay 方法的声明，该参数的默认值为 SteppingMode.FullSteps。这有助于使步进电机控制逻辑取决于步进模式。

通过分析负责运行步进电机的 MakeStep 方法的原始版本（参见代码清单 10-21），可以看到用于设置寄存器值的 UpdateChannels 方法需要更改。相应地，修改该函数以使其依赖于步进模式，如代码清单 10-35 所示。也就是说，我们首先检查 steppingMode 参数值，然后得到一个适当的控制阶段，随后写入 PCA9685。

代码清单 10-35 根据步进模式更新 PWM 通道

```
private void UpdateChannels(SteppingMode steppingMode = SteppingMode.FullSteps)
{
    StepperMotorPhase currentPhase = null;

    switch (steppingMode)
    {
        case SteppingMode.MicroSteps:
            currentPhase = GetMicroStepControlPhase();
            break;
```

```
        default:
            currentPhase = GetFullStepControlPhase();
            break;
    }

    pcaPwmDriver.SetChannelValue(channels.PwmA, currentPhase.PwmA);
    pcaPwmDriver.SetChannelValue(channels.PwmB, currentPhase.PwmB);

    pcaPwmDriver.SetChannelValue(channels.AIn1, currentPhase.AIn1);
    pcaPwmDriver.SetChannelValue(channels.AIn2, currentPhase.AIn2);

    pcaPwmDriver.SetChannelValue(channels.BIn1, currentPhase.BIn1);
    pcaPwmDriver.SetChannelValue(channels.BIn2, currentPhase.BIn2);
}

private StepperMotorPhase GetMicroStepControlPhase()
{
    // mu_i
    var microStepIndex = (int)(CurrentStep % MicroStepCount);

    // nu_i
    var microStepPhaseIndex = (int)(CurrentStep % (MicroStepCount *
        fullStepControlPhases.Count));

    // 全步进控制相位索引
    var mainPhaseIndex = MicrosteppingHelper.GetPhaseIndex(microStepPhaseIndex,
        MicroStepCount);

    // AIn1、AIn2、BIn1、BIn2 信号的控制相位
    var phase = microStepControlPhases[mainPhaseIndex];

    // PwmA、PwmB信号
    MicrosteppingHelper.AdjustMicroStepPhase(phase, microStepCurve,
        MicroStepCount, microStepIndex, microStepPhaseIndex);

    return phase;
}

private StepperMotorPhase GetFullStepControlPhase()
{
    var phaseIndex = CurrentStep % fullStepControlPhases.Count;

    return fullStepControlPhases[phaseIndex];
}
```

我们还更新了 RpmToMsDelay 方法来调整连续调用 MakeStep 方法之间的毫秒延迟。

为了确定要完成的总步骤，我们使用 GetTotalStepCount 方法补充了 StepperMotor 类。根据步进模式，此函数返回全步计数（SteppingMode.FullSteps）或全步计数乘以微步值

（SteppingMode.MicroSteps）。在 Move 和 MoveWithSpeedAdjustment 方法中使用 GetTotal-StepCount 方法来更新要完成的步骤总数（参见代码清单 10-36）。

代码清单 10-36 根据步进模式更新步数

```
public void Move(StepperMotorIndex motorIndex, MotorDirection direction, uint steps,
    SteppingMode steppingMode = SteppingMode.FullSteps)
{
    var msDelay = RpmToMsDelay(Rpm, steppingMode);

    steps = GetTotalStepCount(steppingMode, steps);

    for (uint i = 0; i < steps; i++)
    {
        MakeStep(motorIndex, direction, steppingMode);

        Task.Delay(msDelay).Wait();
    }
}

private uint GetTotalStepCount(SteppingMode steppingMode, uint steps)
{
    if (steppingMode == SteppingMode.MicroSteps)
    {
        steps *= MicroStepCount;
    }

    return steps;
}
```

最后，为了从 UI 控制步进模式，我们添加了一个复选框。选中复选框时，步进电机将以微步精度旋转。在 StepperMotorTest 方法中做了类似的改变。要测试微步进，可以使用 UI 或仅调用 StepperMotorTest 方法。

10.6 伺服电机

伺服电机通过 PWM 脉冲持续时间控制。对于连续伺服电机，这会改变伺服位置或转速。例如，一个 2 ms 的脉冲可以迫使其全速连续旋转。

我们的 PCA9685 控制驱动程序在 PcaPwmDriver 类中实现，只允许设置 PCA9685 的 On 和 Off 寄存器。此外没有可以通过设置开启和关闭寄存器来产生指定宽度的脉冲的方法，因为它不需要控制直流电机和步进电机。

要实现这样的过程，首先要反转频率以确定脉冲重复率，然后将结果值除以 4096（即 PWM 分辨率）。这给出了内部 PCA9685 振荡器每个时钟的时间。最后，要创建 PcaRegister-Value，生成一个指定宽度的脉冲。我们将 On 值设置为 0，将 Off 值设置为脉冲持续时间除以每个时钟的时间。

例如，假设 PCA9685 的频率为 100 Hz，并且想要产生 2 ms（2000μs）的脉冲持续时间，则 PWM 信号持续时间为 1/100 Hz = 10 ms，每个 tick 的时间为 10/4096 ms = 2.44μs。因此，PCA9685 寄存器的 Off 值为 2000μs/2.44μs= 820。

我们使用 PulseDurationToRegisterValue 静态方法在 PcaPwmDriver 中实现了前面的计算。其定义参见代码清单 10-37。

代码清单 10-37　将 PCA9685 寄存器值调整为所需的脉冲宽度

```
public static int HzMinFrequency { get; } = 24;
public static int HzMaxFrequency { get; } = 1526;

public static PcaRegisterValue PulseDurationToRegisterValue(double msPulseDuration,
    int hzFrequency)
{
    Check.IsLengthInValidRange(hzFrequency, HzMinFrequency, HzMaxFrequency);
    Check.IsPositive(msPulseDuration);

    var msCycleDuration = 1000.0 / hzFrequency;

    var msTimePerOscillatorTick = msCycleDuration / Range;

    return new PcaRegisterValue()
    {
        On = 0,
        Off = Convert.ToUInt16(msPulseDuration / msTimePerOscillatorTick)
    };
}
```

10.6.1　硬件组装

为了演示机器人的伺服电机使用情况，我们使用带连接轮（https://bit.ly/servo_wheel）的微连续旋转伺服 FS390R（https://bit.ly/FS390R）。这些元素可以作为构建微型移动机器人的基础。

根据 FS390R 数据表（https://bit.ly/FS390R_datasheet），当 PWM 脉冲时长超过 1.5 ms 且不超过 2.3 ms 时，该伺服将正向旋转。脉冲持续时间越长，电机旋转越快。如果脉冲持续时间为 1.5 ms，电机将停止，并且当进一步缩短脉冲时开始反向旋转。反向旋转速度随着脉冲持续时长的减小而增加，当时长为 0.7 ms 时达到最大值。为了使用所描述的调制来控制该伺服，需要将伺服 HAT 连接到 RPi2/RPi3，然后为 HAT 提供足够的电源。在这种情况下，我们有几种选择：可以使用 5 V 电源（https://bit.ly/power_supply_5V）或使用位于电源插头旁边的端子供电。此处使用第二种方式，然后将 HAT 连接到逻辑控制块的电源，生成 5 V 电压。随后将伺服器连接到第一个 PWM 通道（索引为 0），如图 10-9 所示。

图 10-9 伺服电机控制的车轮通过伺服 HAT 的第一个 PWM 通道连接到 RPi2

10.6.2 有界面应用程序

现在可以准备伺服控制软件了。我们使用 Blank App（Universal Windows）Visual C# 项目模板实现了有界面应用程序（请参阅 Chapter 10/Servo 中的配套代码）。如图 10-10 所示，此应用程序允许用户选择 PWM 通道并控制该通道生成的脉冲宽度。也可以通过单击 Stop 按钮停止信号生成。这会将完全关闭的数值写入选定的 PCA9685 寄存器。

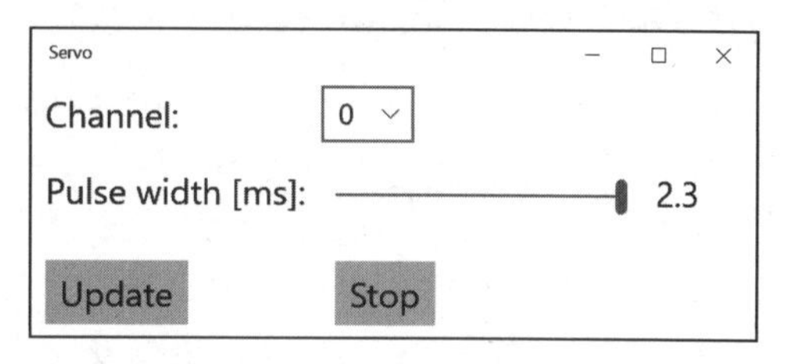

图 10-10 用于控制伺服电机的伺服应用程序界面

当单击 Update 按钮时，将会调用代码清单 10-38 中的相应方法。此处使用了 PcaPwmDriver 类实例的 SetChannelValue。请求的脉冲宽度必须转换为寄存器值（更准确地说是占空比），通过使用 MsPulseDuration 属性内 PcaPwmDriver 类的 PulseDurationToRegisterValue 静态方法来完成此操作（参见代码清单 10-39）。这被绑定到伺服应用程序 UI 的滑块。只要滑块值发生变化，寄存器的值（MainPage 的 pwmValue 成员）就会更新。

代码清单 10-38 更新 PWM 通道

```
private PcaPwmDriver pwmDriver;
private PcaRegisterValue pwmValue = new PcaRegisterValue();
```

```
private void ButtonUpdateChannel_Click(object sender, RoutedEventArgs e)
{
    if(pwmDriver.IsInitialized)
    {
        pwmDriver.SetChannelValue(pwmChannel, pwmValue);
    }
}
```

代码清单 10-39 将毫秒脉冲持续时间转换为 PCA9685 寄存器值

```
private double msPulseDuration;

private double MsPulseDuration
{
    get { return msPulseDuration; }
    set
    {
        msPulseDuration = value;
        pwmValue = PcaPwmDriver.PulseDurationToRegisterValue(msPulseDuration, hzFrequency);
    }
}
```

接下来，为了将一个连接与伺服 HAT 相关联，我们使用代码清单 10-40 中的 InitializePwmDriver 方法。在 OnNavigatedTo 事件处理程序中调用的此方法使用 I^2C 地址 0x40，并将默认 PWM 频率设置为 100 Hz。初始化和配置 PcaPwmDriver 类后，可以使用 UI 控制伺服电机。

代码清单 10-40 PWM 驱动器初始化，地址为 0x40，频率为 100 Hz

```
private const byte pwmAddress = 0x40;
private const int hzFrequency = 100;

protected async override void OnNavigatedTo(NavigationEventArgs e)
{
    base.OnNavigatedTo(e);

    await InitializePwmDriver();

    // 取消下行注释，运行伺服测试将不使用 UI
    // ServoTest()
}

private async Task InitializePwmDriver()
{
    pwmDriver = new PcaPwmDriver();

    await pwmDriver.Init(pwmAddress);

    if (pwmDriver.IsInitialized)
    {
        // 启用振荡器
```

```
        pwmDriver.SetSleepMode(SleepMode.Normal);

        // 设置频率
        pwmDriver.SetFrequency(hzFrequency);
    }
}
```

或者，在OnNavigatedTo事件处理程序中，可以取消注释调用ServoTest方法的语句。该方法依次改变FS390R识别的最大值和最小值之间的脉冲持续时间（参见代码清单10-41）。因此，在运行ServoTest之后，连接到伺服电机的车轮将以最大速度正向旋转。然后电机转速降低，之后车轮将转动方向反向，并开始加速到最大速度。最后，将执行ServoTest方法的最后一条语句停止车轮旋转。

代码清单10-41 在不使用UI的情况下测试连接到PWM第一个通道的伺服电机

```
private void ServoTest()
{
    if (pwmDriver.IsInitialized)
    {
        const byte channel = 0;

        const int msSleepTime = 1000;

        const double minPulseDuration = 0.7;
        const double maxPulseDuration = 2.3;
        const double step = 0.1;

        for (var pulseDuration = maxPulseDuration;
            pulseDuration >= minPulseDuration - step;
            pulseDuration -= step)
        {
            var registerValue = PcaPwmDriver.PulseDurationToRegisterValue(
                pulseDuration, hzFrequency);

            pwmDriver.SetChannelValue(channel, registerValue);

            Task.Delay(msSleepTime).Wait();
        }

        // 禁用PWM
        pwmDriver.SetChannelValue(pwmChannel, PcaPwmDriver.FullyOff);
    }
}
```

10.7 提供者模型

如电机HAT或Sense HAT等硬件子模块实现了一种扩展物联网系统功能的便捷方法。为了简化通用 UWP API 对这些子模块的编程，Windows 10 IoT Core 引入了提供者模型（https://bit.ly/lightning_provider）的概念。

提供者模型提供了一组编程接口，实现这些接口可为用户提供符合 UWP 的并能访问硬件组件的统一 API。这种解决方案的一个例子是 Microsoft.IoT.Lightning 库。它使开发者能够通过直接内存映射来驱动程序访问板载功能，如 GPIO、I^2C 和 SPI。但是，访问硬件组件的实际代码与默认 Inbox 驱动程序几乎完全相同，只需要显式地将提供者更改为 Microsoft.IoT.Lightning 的提供者。这种方法非常方便，因为更新硬件组件时，只需要更改相应的提供者，而无须修改应用程序其他部分的源代码。

IoT UWP API 的所有控制器类都实现该接口，该接口具有特定类型的所有控制器共有的成员。例如，GpioController 实现 IGpioController 接口，而 I2cDeviceController 则来自 I2cController。

在本节中，将展示如何使用 Lightning 的提供者，随后，会介绍如何编写自定义提供者来控制 PCA9685 PWM 模块，然后利用它来驱动直流电机。

10.7.1 Lightning 提供者

要使用 Microsoft.IoT.Lightning，我们使用 Blank App (Universal Windows) Visual C# 项目模板创建 BlinkyApp.Lightning 应用程序，然后安装 Microsoft.IoT.Lightning NuGet 软件包，并实现与 BlinkyApp 中完全相同的应用程序，这在第 3 章中进行了讨论。BlinkyApp.Lightning 只是简单地驱动 GPIO 引脚来依次打开和关闭 LED。

然后我们实现了代码清单 10-42 中的方法。此方法检查 Lightning 驱动程序是否已启用，然后将默认提供者参数设置为 Microsoft.IoT.Lightning 提供的值。

代码清单 10-42 配置低级设备控制器

```
private void ConfigureLightningController()
{
    if(LightningProvider.IsLightningEnabled)
    {
        LowLevelDevicesController.DefaultProvider = LightningProvider.GetAggregateProvider();
    }
}
```

在访问用于控制 LED 的 GPIO 引脚之前，应在 MainPage 构造函数内调用 Configure LightningController 控制器（参见代码清单 10-43）。

代码清单 10-43 调用 ConfigureLightningController

```
public MainPage()
{
    InitializeComponent();

    ConfigureLightningController();

    ConfigureGpioPin();
```

```
    ConfigureMainButton();
    ConfigureTimer();
}
```

要使用 Lightning 提供者，需要通过 Device Portal 启用 Direct Memory Mapped 驱动程序，如代码清单 10-44 所示，在应用程序代码中声明适当的功能。请注意，这些声明使用 http://schemas.microsoft.com/appx/manifest/iot/windows10 中的 iot 命名空间导入。第一个功能是访问低级设备控制器所必需的，而第二个功能对应于 Lightning 接口的全局唯一标识符。

代码清单 10-44 BlinkyApp.Lightning 应用程序代码的一个片段

```
<Package
  xmlns="http://schemas.microsoft.com/appx/manifest/foundation/windows10"
  xmlns:mp="http://schemas.microsoft.com/appx/2014/phone/manifest"
  xmlns:uap="http://schemas.microsoft.com/appx/manifest/uap/windows10"
  xmlns:iot="http://schemas.microsoft.com/appx/manifest/iot/windows10"
  IgnorableNamespaces="uap mp iot">

  <Capabilities>
    <Capability Name="internetClient" />
    <iot:Capability Name="lowLevelDevices" />
    <DeviceCapability Name="109b86ad-f53d-4b76-aa5f-821e2ddf2141"/>
  </Capabilities>

  <!--Other declarations stay unchanged-->

</Package>
```

10.7.2 PCA9685 控制器提供者

为了展示如何实现自定义提供者，我们使用 Blank App (Universal Windows) Visual C# 项目模板创建了一个新项目 Motors.PwmProvider，然后引用 MotorsControl 类库来访问 PcaPwmDriver 类和以前开发的其他辅助程序。

随后，我们实现了 PcaPwmControllerProvider（请参阅 Chapter 10/Motors.PwmProvider/ControllerProviders/PcaPwmControllerProvider.cs 中的配套代码）。该类包装了 PcaPwmDriver 的功能以使其适应供应商模型。因此，PcaPwmControllerProvider 实现了 IPwmControllerProvider 接口。这个在 Windows.Devices.Pwm.Provider 命名空间中声明的接口有几个公共方法和属性，这些方法和属性对于所有 PWM 控制器是通用的，包括此处使用的 PCA9685。

注意，要设置 PWM 输出的频率，控制器类必须实现 SetDesiredFrequency 方法。PcaPwmDriver 已经在 SetFrequency 方法中实现了这样的功能。如代码清单 10-45 所示，可以直接使用该函数来更新 PWM 频率。SetDesiredFrequency 应该返回实际的 PWM 频率。通常，期望值可能与实际值不同（例如，由于数字表示中的不兼容性）。要返回实际的 PWM 频率，我们使用 PcaPwmDriver 的 GetFrequency 方法。

代码清单 10-45 PcaPwmControllerProvider 类的一个片段

```
public class PcaPwmControllerProvider : IPwmControllerProvider
{
    private PcaPwmDriver pcaPwmDriver = new PcaPwmDriver();

    public double SetDesiredFrequency(double frequency)
    {
        pcaPwmDriver.SetFrequency(Convert.ToInt32(frequency));

        return pcaPwmDriver.GetFrequency();
    }

    //  其他类定义

}
```

为了控制特定 PWM 通道的占空比，PcaPwmControllerProvider 类实现了 SetPulseParameters（参见代码清单 10-46）。同样，我们使用 PcaPwmDrive 中的相应功能——SetChannelValue 方法。这种方法不使用占空比（以百分比给出），而是使用 PcaRegisterValue 类的实例。为了将占空比转换为 PcaRegisterValue，我们编写了辅助静态方法 DutyCycleToRegisterValue。

代码清单 10-46 设置 PWM 脉冲参数

```
public void SetPulseParameters(int pin, double dutyCycle, bool invertPolarity)
{
    var pcaRegisterValue = PcaPwmDriver.DutyCycleToRegisterValue(dutyCycle, invertPolarity);

    pcaPwmDriver.SetChannelValue(Convert.ToByte(pin), pcaRegisterValue);
}
```

DutyCycleToRegisterValue 在 PcaPwmDriver 类中定义，如代码清单 10-47 所示，通过简单地将占空比乘以 4096（PWM 分辨率 /Range 属性），然后将结果值除以 100（PercentageScaler 属性）来计算 PcaRegisterValue 的 On 值。

代码清单 10-47 将占空比转换为寄存器值

```
public static double PercentageScaler { get; } = 100.0;

public static PcaRegisterValue DutyCycleToRegisterValue(double dutyCycle, bool invertPolarity)
{
    var registerValue = dutyCycle * Range / PercentageScaler;
    registerValue = Math.Min(registerValue, Range);

    ushort offValue = 0;
    ushort onValue = Convert.ToUInt16(registerValue);

    return new PcaRegisterValue()
    {
        On = !invertPolarity ? onValue : offValue,
        Off = !invertPolarity ? offValue : onValue
```

```
    };
}
```

IPwmControllerProvider 有另外 4 种方法：AcquirePin、ReleasePin、EnablePin 和 DisablePin，用于获取（AcquirePin）或释放（ReleasePin）对 PWM 引脚的独占访问权限，并从相应通道启用（EnablePin）或禁用（DisablePin）脉冲生成。但是，PCA9685 PWM 驱动器没有任何 API 来获取、释放、启用或禁用通道。因此，PcaPwmControllerProvider 具有 AcquirePin、ReleasePin、EnablePin 和 DisablePin 方法的空定义。

更进一步，PcaPwmControllerProvider 具有 4 个只读属性，由 IPwmControllerProvider 接口强加，分别是 ActualFrequency、MaxFrequency、MinFrequency 和 PinCount。为了定义它们，我们使用了 PcaPwmDriver 类的相应成员（请参阅相关代码）。

最后，PcaPwmControllerProvider 有一个私有构造函数，在其中初始化了 PcaPwmDriver 并禁用驱动程序的睡眠模式。此初始化使用 PcaPwmDriver 类的异步方法 Init。但是，C# 类构造函数不能是异步的，也不能使用等待修饰符。因此，我们需要用 Wait 方法同步调用 Init 方法。这样的等待会阻塞 UI 线程，所以我们使用 Task.Run 方法在单独的后台线程中调用异步代码（如代码清单 10-48 所示）。如果无法执行初始化，我们会引发一个自定义的 DeviceInitializationException，它在 Chapter 10/Motors.PwmProvider/Exceptions/DeviceInitialization-Exception.cs 中实现。

代码清单 10-48　PcaPwmDriver 的初始化

```
private PcaPwmControllerProvider(byte address = 0x60)
{
    // 在后台线程中初始化 PcaPwmDriver 以防止阻塞 UI
    Task.Run(async () =>
    {
        await pcaPwmDriver.Init(address);

        pcaPwmDriver.SetSleepMode(SleepMode.Normal);
    }).Wait();

    if (!pcaPwmDriver.IsInitialized)
    {
        throw DeviceInitializationException.Default(address);
    }
}
```

要获得 PcaPwmControllerProvider 的实例，可以使用公共的 GetDefault 方法，如代码清单 10-49 所示。

代码清单 10-49　返回一个默认的控制器提供者

```
public static PcaPwmControllerProvider GetDefault()
{
    return new PcaPwmControllerProvider();
}
```

10.7.3　直流电机控制

现在就来介绍如何将 PWM 控制器提供者并入直流电机控制（参阅 Chapter 10/Motors.PwmProvider/MotorsControl/DcMotor.cs 文件）。此处，将执行步进电机和伺服作为一项任务。

首先，修改 DcMotor 类的构造函数，使其现在使用的参数是 IPwmControllerProvider 接口的具体实现（参见代码清单 10-50）。因此，我们还更改了存储对该参数的引用的私有成员的类型。

代码清单 10-50　修改的 DcMotor 类构造函数

```
private IPwmControllerProvider pwmControllerProvider;

public DcMotor(IPwmControllerProvider pwmControllerProvider)
{
    Check.IsNull(pwmControllerProvider);

    this.pwmControllerProvider = pwmControllerProvider;
}
```

其次，改变了开始和停止方法，所以现在使用 IPwmControllerProvider 接口的 SetPulse-Parameters（参见代码清单 10-51）。

代码清单 10-51　启动和停止直流电机（将这些方法与代码清单 10-13 中的方法进行比较）

```
private const double dutyCycleFullyOn = 100.0;
private const double dutyCycleFullyOff = 0.0;

public void Start(DcMotorIndex motorIndex, MotorDirection direction)
{
    ConfigureChannels(motorIndex);

    if (direction == MotorDirection.Forward)
    {
        pwmControllerProvider.SetPulseParameters(channels.In1, dutyCycleFullyOn, false);
        pwmControllerProvider.SetPulseParameters(channels.In2, dutyCycleFullyOff, false);
    }
    else
    {
        pwmControllerProvider.SetPulseParameters(channels.In1, dutyCycleFullyOff, false);
        pwmControllerProvider.SetPulseParameters(channels.In2, dutyCycleFullyOn, false);
    }
}

public void Stop(DcMotorIndex motorIndex)
{
    ConfigureChannels(motorIndex);

    pwmControllerProvider.SetPulseParameters(channels.In1, dutyCycleFullyOff, true);
    pwmControllerProvider.SetPulseParameters(channels.In2, dutyCycleFullyOff, true);
}
```

最后，修改 SetSpeed 方法，如代码清单 10-52 所示。

代码清单 10-52 使用 PcaPwmControllerProvider 设置直流电机转速（将此方法与代码清单 10-12 中的方法进行比较）

```
public void SetSpeed(DcMotorIndex motorIndex, ushort speed)
{
    ConfigureChannels(motorIndex);

    var dutyCycle = PcaPwmDriver.PercentageScaler * speed / PcaPwmDriver.Range;

    dutyCycle = Math.Min(dutyCycle, PcaPwmDriver.PercentageScaler);

    pwmControllerProvider.SetPulseParameters(channels.Speed, dutyCycle, false);
}
```

给定修改后的 DcMotor 类，我们定义了如图 10-5 所示的 UI，并实现了代码隐藏。但是大多数逻辑与电机应用程序中的相同。唯一不同的是修改的 DcMotor 类的初始化。如代码清单 10-53 所示，这个初始化过程现在需要用到 PcaPwmControllerProvider。

代码清单 10-53 PcaPwmControllerProvider 和 DcMotor 的初始化

```
private void InitializeDcMotor()
{
    var pcaPwmControllerProvider = PcaPwmControllerProvider.GetDefault();

    dcMotor = new DcMotor(pcaPwmControllerProvider);

    // 设置默认速度
    Speed = 1000;

    // 取消下行注释符号，可使 DC1 电机在不用 UI 控制的情况下运行 5s
    // DcMotorTest(DcMotorIndex.DC1, MotorDirection.Backward, speed);
}
```

要测试该应用程序，需要将设备恢复为使用 Inbox 驱动程序并将该应用程序部署到开发者的设备。然后，可以使用 UI 来启动和停止直流电机，也可以取消 InitializeDcMotor 方法最后一行前的注释符号。

该应用程序的功能不会因电机应用程序而改变。但是，我们增加了源代码的可维护性。在构建符合提供者模型特定接口的应用程序时，可以仅替换驱动程序的具体实现。特别地，如果需要升级某个硬件模块，并因此修改驱动程序，则只更改基础类。使用驱动程序的其他软件模块在调用特定接口提供的方法后不需要“知道”有关更改的任何内容。这种方法类似于移动和网络编程的代码共享策略。

10.8 总结

在本章中，为 PCA9685 PWM 模块开发了控制驱动程序，该模块是电机 RPi2/RPi3 HAT 的关键元件。我们了解了如何使用该驱动程序来实现用于控制直流电机的 H 桥，使用全步进和微步进技术更改步进电机的位置以及调整驱动伺服电机的脉宽。此外，开发了 3 款应用程序来测试控制软件，还讨论了实现自动步进电机速度调整和提供者模型的方法。

第 11 章 · CHAPTER 11

设备学习

至此，我们已经介绍了如何实现感知、听觉、视觉和运动功能，在本章中，将展示如何实现一个人工智能（AI）模块，该模块可以将其他模块获取的信号进行合并，制定决策，并像人类一样预测结果。

AI 模块可以记忆传感器读数、语音命令或图像等数据，可以评估这些数据并据此来采取特定的行动。例如，AI 模块可以分析传感器读数以检测异常并处理语音命令以打开或关闭特定功能。AI 还可以对图像执行自动化技术检查。在生活中，AI 已经无处不在，例如，电子邮件客户端会“读取”邮件并检测垃圾邮件；银行会分析信用卡交易以识别可能的欺诈行为；根据购物历史记录，你最常使用的网上商店会向你推送你可能感兴趣的产品。

AI 对物联网也非常重要，因为互联的传感器和设备将会生成大型数据集。随着这些传感器和设备监控的进程变得越来越复杂，手动数据处理变得耗时而困难，有时甚至是不可能的。为了解决这个问题，我们可以教机器自动处理和分析数据。

广义而言，AI 是计算机系统（机器）执行模拟人类认知功能（知识、记忆、评估和推理）的能力。人类记忆一些模式（特征）和其中的含义（标签），用于感知（如天气变化）、可视化（字母、符号）或发声（语音）。人类根据自身经验、知识和情绪来评估这些模式并得出结论，换句话说，就是将已经学到的东西概括出来。

AI 使用类似的概念。具体来说，AI 处理来自传感器的数据以提取特征，然后人们向 AI 设备输入机器学习（ML）算法。ML 算法基于先前训练的模型——描述被监控过程的数学对象集——预测数据趋势，对数据集进行分类，并搜索模式和相关性。ML 算法的结果可以指导特定的行动或决策。

机器学习模型有许多种。在监督学习中，训练数据集包括标记输入和已知结果。例如，标记为正常（0）或异常（1）的传感器读数。该数据集训练 ML 算法（调整其内在参数），以便它可以推广学习的内容，并能够在给定温度下独立应用标签（0或1）。因此，ML可以自动检测传感器读数中的异常情况。

ML算法还可以评估无监督学习中的未标记数据——确定数据中的相似性以对它们进行分类或预测趋势。无监督学习可以通过分析每个传感器读数与平均值的距离来自动找到传感器读数中正常值与异常值之间的界限。

一般还可以结合监督学习和无监督学习来处理包含标记数据和未标记数据的数据集。

还有一种与ML相似的方式是强化学习。其中外部反馈（强化信号）在机器执行某些动作后识别正确的机器决策，例如对输入数据进行分类。强化系统的灵感来自于与成功和失败相关的奖惩行为。

之前几章中已经展示了几种AI相关技术，它们用于处理语音输入、检测图像中的人脸以及控制步进电机等。在本章中，将展示如何使用通过Microsoft Cognitive Services（MCS，微软认知服务）的REST API提供的选定AI算法，以及如何使用Azure Machine Learning Studio（机器学习工作室）构建自定义的AI模块。

11.1 微软认知服务

微软认知服务也称为Project Oxford，是一套REST API，提供对视觉、语音、语言、知识和搜索应用程序的基于云的人工智能（AI）算法的接口（http://bit.ly/mcs_api）。微软认知服务是平台无关的，只需要编写几行代码即可使用AI功能扩展任何应用程序。

例如，视觉API的集合为图像处理实现了复杂的算法，包括提取描述图像内容的信息（Vision API），用于图像、文本和视频审核的光学字符识别（OCR）（Content Moderator API），人脸检测和识别（Face API），人类情绪检测（Emotion API），视频稳定、人脸跟踪、运动检测等视频处理（Video API）。这些算法提供的功能是十分全面的。例如，Face API不仅可以提供FaceDetector类检测人脸，还可以提取人脸特征，如年龄、性别、姿势和面部标志。此外，Face API可以自动分类脸部图像，并从提供的图像集合中识别出相似的人脸。

可以用类似的方式使用所有微软认知服务的API。在下面的内容中，我们实现了一个基于Emotion API的示例应用程序。这是利用微软认知服务实现的一个基于UWP应用的基础程序。也可以在其他平台上使用微软认知服务——只需要使用合适的类来实现REST客户端和JSON解析。

11.1.1 情绪检测

本节展示如何使用微软认知服务的Emotion API开发一个应用程序，该应用程序可以检测并指示人脸情绪。首先需要构建一个UWP应用程序，从网络摄像头捕获照片并发送到Emotion API进行分析。分析的结果最终与摄像头的图像一起显示在应用程序中，如图11-1所示。我们将这一功能与Sense HAT LED阵列驱动器相结合，将人类情感表现为统一的LED颜色。

为了实现这个有 AI 功能的应用程序，我们使用 Visual C# 的 UWP 空白项目模板来创建 EmotionsDetector 应用程序，然后引入 Microsoft.ProjectOxford.Emotion NuGet 包（见图 11-2），请参阅 Chapter 11/EmotionsDetector 中的配套代码。这个包实现了 EmotionsServiceClient 类，是一个 REST 客户端，简化了对 Emotion API 的访问。Microsoft.ProjectOxford.Emotion 还实现了包装来自 Emotion API 的 JSON 响应的类。

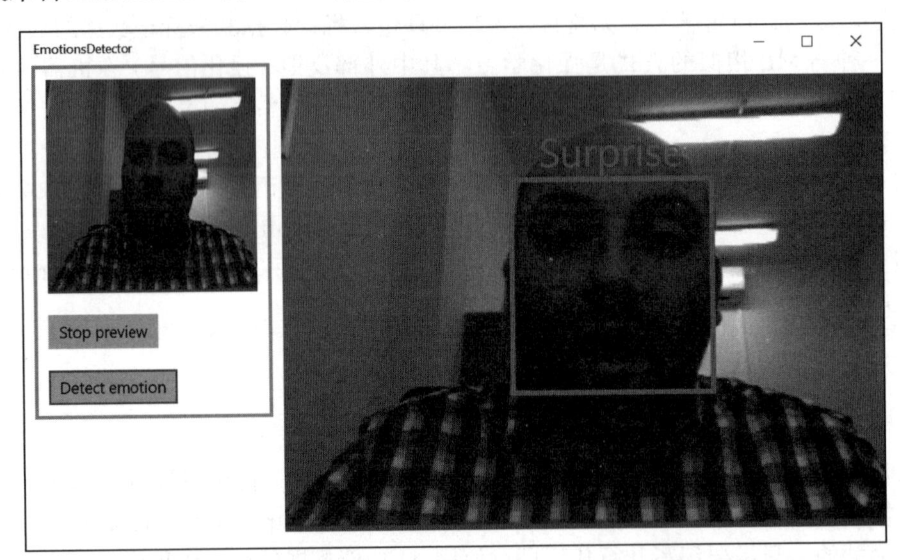

图 11-1 EmotionsDetector 应用程序使用人工智能来检测人类情绪

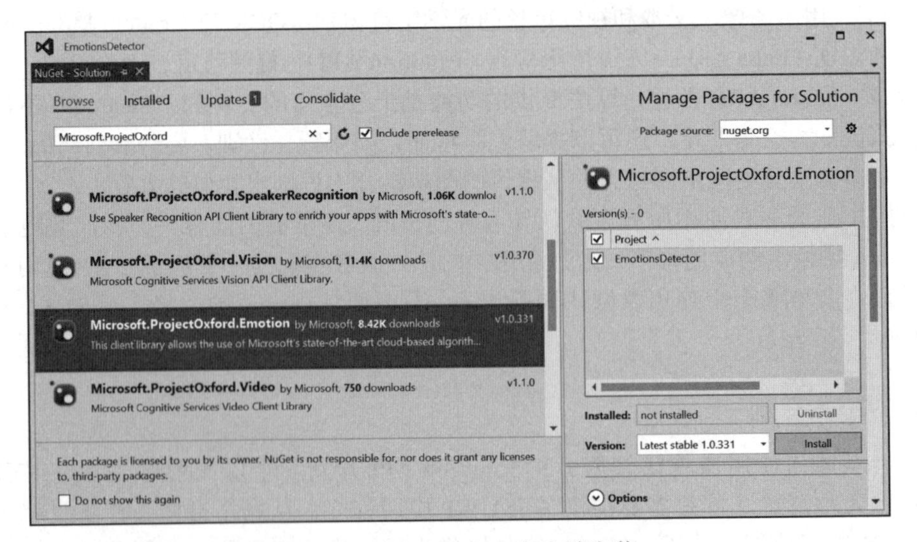

图 11-2 Emotion API 客户端安装

Emotion API 的请求 URL 是 https://api.projectoxford.ai/emotion/v1.0/recognize。在请求正文中，可以指定要分析的面部图像的 URL 或二进制数据。来自 Emotion API 的响应是一个

JSON 数组，参见代码清单 11-1。此数组的每个元素都包装为 Microsoft.ProjectOxford.Emotion.Contract.Emotion 并包含两个对象：表示为 Microsoft.ProjectOxford.Common.Rectangle 类的面孔矩形和对应分数（Microsoft.ProjectOxford.Emotion.Contract.Scores 类）。面部矩形表示检测到的面部的边界框，而分数是置信（或概率）值的集合，即 0 ～ 1 范围内的实数。分数越高，在所分析的面部表达给定情绪的概率越高。

Emotion API 可以检测以下情绪：愤怒（anger）、轻视（contempt）、厌恶（disgust）、恐惧（fear）、快乐（happiness）、中立（neutral）、悲伤（sadness）和惊讶（surprise）。代码清单 11-1 中的 Emotion API 响应包含图 11-1 中面部图像的分数，因此最大值被分配给 surprise，其他分数可以忽略不计。

代码清单 11-1　来自 Emotion API 的 JSON 响应

```
[
  {
    "faceRectangle": {
      "left": 109,
      "top": 136,
      "width": 61,
      "height": 109
    },
    "scores": {
      "anger": 0.000804054,
      "contempt": 7.84957047E-06,
      "disgust": 0.000139290976,
      "fear": 0.000154535242,
      "happiness": 0.000134000831,
      "neutral": 0.00167221332,
      "sadness": 1.17382831E-06,
      "surprise": 0.9970869
    }
  }
]
```

使用 EmotionsServiceClient 时，不需要手动定义请求 URL，也不需要解析 JSON 响应。相反，应当使用 EmotionsServiceClient 类的专用方法。但是，为了访问 Emotion API 以及 ProjectOxford 的其他认知服务，需要订阅免费的 API 密钥，网址为 https://bit.ly/mcs_sign-up。

获得 API 密钥后，只需要实例化 EmotionsServiceClient 类，然后调用 RecognizeAsync 或 RecognizeInVideoAsync，调用哪一个取决于是处理单个图像还是视频序列。在这里，使用第一种方法来处理 SoftwareBitmap 类的一个实例——一个包含人脸图像的单个位图的抽象表示。

如图 11-1 所示，该应用程序由两个模块组成：网络摄像头预览和处理结果显示。网络摄像头预览基于 CameraCapture 类（参见第 8 章），并在单击 Start Preview 按钮后激活。该按钮的标题将变为 Stop Preview。

当预览处于活动状态时，可以通过单击 Detect Emotion 按钮来启动图像处理，该按钮将调用代码清单 11-2 中的事件处理程序。

代码清单 11-2 使用 Emotion API 分析从网络摄像头捕获的视频帧

```
private CameraCapture cameraCapture = new CameraCapture();

private async void ButtonDetectEmotion_Click(object sender, RoutedEventArgs e)
{
    if (cameraCapture.IsPreviewActive)
    {
        // 获取并展示图像
        var softwareBitmap = await cameraCapture.CapturePhotoToSoftwareBitmap();
        DisplayBitmap(softwareBitmap);

        // 获取并展示表情
        var emotion = await GetEmotion(softwareBitmap);
        DisplayEmotion(softwareBitmap, emotion);
    }
}
```

Detect Emotion 按钮单击事件使用 CameraCapture 类的 CapturePhotoToSoftwareBitmap 方法捕获视频帧，然后使用代码清单 11-3 中的 DisplayBitmap 方法在 Image 控件中显示此帧。它间接使用两个属性之间的数据绑定：Image.Source 和 MainPage.FaceBitmap。在 DisplayBitmap 方法中，将获取的帧中的像素缓冲区复制到 WriteableBitmap 类的实例，然后将其分配给 Image.Source 并在 UI 中显示为图像。

代码清单 11-3 WriteableBitmap 类的一个实例显示在绑定到 FaceBitmap 属性的 Image 控件中

```
private WriteableBitmap faceBitmap;

private WriteableBitmap FaceBitmap
{
    get { return faceBitmap; }
    set
    {
        faceBitmap = value;
        OnPropertyChanged();
    }
}

private void DisplayBitmap(SoftwareBitmap softwareBitmap)
{
    if (softwareBitmap != null)
    {
        var writeableBitmap = new WriteableBitmap(softwareBitmap.PixelWidth,
            softwareBitmap.PixelHeight);

        softwareBitmap.CopyToBuffer(writeableBitmap.PixelBuffer);

        FaceBitmap = writeableBitmap;
    }
}
```

随后，情绪算法服务接收位图并进行分析。情绪算法服务 REST 客户端期望使用 Windows.IO.Stream 对象表示图像数据，因此，在代码清单 11-4 中，使用 EmotionServiceClient 类实例的 RecognizeAsync 方法将 SoftwareBitmap 类的实例转换为 Stream 类实例，然后将其发送到 Emotion API。

代码清单 11-4 使用 Emotion API 处理面部图像

```
private EmotionServiceClient emotionServiceClient = new EmotionServiceClient("TYPE_YOUR_
API_KEY_HERE");

private const string emotionsApiError = "Emotion API error: ";

private async Task<Emotion> GetEmotion(SoftwareBitmap softwareBitmap)
{
    Emotion emotion = null;

    try
    {
        var bitmapImageStream = await SoftwareBitmapHelper.GetBitmapStream(softwareBitmap);

        var recognitionResult = await emotionServiceClient.RecognizeAsync(bitmapImageStream);

        emotion = recognitionResult.FirstOrDefault();
    }
    catch (Exception ex)
    {
        DisplayMessage(emotionsApiError + ex.Message);
    }

    return emotion;
}
```

我们在 SoftwareBitmapHelper 类的 GetBitmapStream 方法中实现了上述转换，参见代码清单 11-5。验证参数值后，使用 BitmapEncoder 类和 InMemoryRandomAccessStream 的方法将像素缓冲区编码为位图格式。首先，BitmapEncoder.CreateAsync 静态方法实现了 BitmapEncoder 的一个实例。它接受两个参数：图像格式的标识符和实现 IRandomAccess-Stream 接口的对象的实例，例如 InMemoryRandomAccessStream。也可以使用键值对集合（encodingOptions 参数）指定编码选项。

BitmapEncoder 公开以下代表可用图像格式的静态字段：BmpEncoderId、GifEncoderId、JpegEncoderId、JpegXREncoderId、PngEncoderId 和 TiffEncoderId。在代码清单 11-5 中，使用 BmpEncoderId 指示图像格式为 BMP。然后调用 SetSoftwareBitmap 来设置像素数据并将 FlushAsync 异步提交符合 IRandomAccessStream 接口的图像数据（将其复制到对象）。

基本上，BitmapEncoder 类通过包含图像描述的头部来补充原始像素缓冲区。Emotion API 使用此头和像素缓冲区一起来识别图像尺寸、位深度、颜色编码等，用于合理地解释像素缓冲区，从而正确检测人脸位置和情绪。

代码清单 11-5 将 SoftwareBitmap 转换为 System.IO.Stream 类的一个实例

```
public static class SoftwareBitmapHelper
{
    public static async Task<Stream> GetBitmapStream(SoftwareBitmap softwareBitmap)
    {
        Check.IsNull(softwareBitmap);

        var bitmapImageInMemoryRandomAccessStream = new InMemoryRandomAccessStream();

        var bitmapEncoder = await BitmapEncoder.CreateAsync(
            BitmapEncoder.BmpEncoderId, bitmapImageInMemoryRandomAccessStream);

        bitmapEncoder.SetSoftwareBitmap(softwareBitmap);

        await bitmapEncoder.FlushAsync();

        return bitmapImageInMemoryRandomAccessStream.AsStream();
    }
}
```

从 RecognizeAsync 方法获得的 Emotion API 的响应是 Emotion 对象的集合。它们中的每一个对象对应于在提供的图像中检测到的每个面部。此处使用第一个 Emotion 类实例，参见代码清单 11-4。也就是说，使用代码清单 11-6 中的 DisplayEmotion 方法，得到输入图像主要表达的情感，将其转换为其字符串表示形式，并将其显示在检测到的面部边界的矩形上方，如图 11-1 所示。

代码清单 11-6 将检测到的主要情感显示在捕捉到的帧中，并位于面部边界矩形的正上方

```
private void DisplayEmotion(SoftwareBitmap softwareBitmap, Emotion emotion)
{
    if (emotion != null)
    {
        var emotionName = EmotionHelper.GetTopEmotionName(emotion);

        DrawFaceBox(softwareBitmap, emotion.FaceRectangle, emotionName);
    }
}
```

如代码清单 11-7 所示，为了排序情绪分数，可以使用 Scores 类实例的 ToRankedList 方法，它会生成键值对的集合，其中键标识情感名称，值是它们的分数。之后，要获得情绪名称，只需要从情绪排名列表中读取第一个元素的 Key 属性即可。

代码清单 11-7 通过使用 Scores 类实例的 ToRankedList 方法获得最明显的情绪的字符串表示

```
public static string GetTopEmotionName(Emotion emotion)
{
    Check.IsNull(emotion);

    var rankedList = emotion.Scores.ToRankedList();
```

```
    return rankedList.First().Key;
}
```

我们使用存储在Emotion类的FaceRectangle属性中的面部边界框在捕获的视频帧的顶部绘制矩形，参见代码清单11-8。这与第8章中的相同。此处还使用EmotionHelper类的GetEmotionColor方法将矩形的颜色调整为特定的情绪对应的颜色，请参阅代码清单11-9和Chapter 11/EmotionsDetector/EmotionHelper.cs中的配套代码。

代码清单11-8 在获取的视频帧顶部显示面部矩形框和情绪名称

```
private double xScalingFactor;
private double yScalingFactor;

private void DrawFaceBox(SoftwareBitmap softwareBitmap,
    Microsoft.ProjectOxford.Common.Rectangle faceRectangle, string emotionName)
{
    // 清除上一个面部情绪
    CanvasFaceDisplay.Children.Clear();

    // Update scaling factors for displaying face rectangle
    GetScalingFactors(softwareBitmap);

    // 将颜色与情绪适配
    var emotionColor = EmotionHelper.GetEmotionColor(emotionName);

    // 准备面部矩形框
    var faceBox = EmotionHelper.PrepareFaceBox(faceRectangle, emotionColor,
        xScalingFactor, yScalingFactor);

    // Prepare emotion description
    var emotionTextBlock = EmotionHelper.PrepareEmotionTextBlock(faceBox,
        emotionColor, emotionName);

    // Display bounding rectangle, and emotion description
    CanvasFaceDisplay.Children.Add(faceBox);
    CanvasFaceDisplay.Children.Add(emotionTextBlock);
}
```

为了将颜色与情绪相关联，我们使用switch语句，其中每个开关标签都是作为Scores类实例的相应字段的名称获得的。为此，我们构造了一个虚拟的Scores对象，并为Scores类实例的每个情绪字段调用了nameof运算符。这样做就可以不需要对情感名称进行硬编码。

代码清单11-9 每个情绪都有一个特定的颜色，然后用它来格式化面部矩形和情感描述

```
public static Color GetEmotionColor(string emotionName)
{
    Check.IsNull(emotionName);

    // 用于读取情感名称的虚拟对象
    var scores = new Scores();
```

```
    switch (emotionName)
    {
        case nameof(scores.Happiness):
            return Colors.GreenYellow;

        // …

        default:
        case nameof(scores.Neutral):
            return Colors.White;
    }
}
```

接下来，在面部矩形框上方显示得分最高的情绪的名称。这是在 EmotionHelper.PrepareEmotionTextBlock 中实现的，参见代码清单 11-10。此方法与 EmotionHelper 类的 PrepareFaceBox 类似。也就是说，它创建 TextBlock 控件，设置它的 Foreground、FontSize 和 Text 属性，然后使用 TranslateTransform 类以平移控件。要计算 X 属性的值，我们将面部矩形框和文本块宽度之间的差异除以 2。相应的 Y 属性设置为 -textBlock.ActualHeight，因此文本块将位于面部矩形框上方。

EmotionsDetector 的样例结果如图 11-1、图 11-3 和图 11-4 所示。正如所见，Emotion API 成功检测到惊讶、快乐和悲伤情绪。

代码清单 11-10　配置一个用于指示情绪名称的文本块

```
public static TextBlock PrepareEmotionTextBlock(Rectangle faceBox, Color emotionColor,
    string emotionName)
{
    Check.IsNull(faceBox);
    Check.IsNull(emotionColor);
    Check.IsNull(emotionName);

    var textBlock = new TextBlock()
    {
        Foreground = new SolidColorBrush(emotionColor),
        FontSize = 38,
        Text = emotionName
    };

    // 测量文本块
    textBlock.Measure(Size.Empty);

    // 计算偏移量
    var xTextBlockOffset = (faceBox.ActualWidth - textBlock.ActualWidth) / 2.0;
    var yTextBlockOffset = -textBlock.ActualHeight;

    // 忽略水平负偏移
    xTextBlockOffset = Math.Max(0, xTextBlockOffset);

    // 翻译文本块，使其相对于面部矩形框居中
```

```
    var faceBoxTranslateTransform = faceBox.RenderTransform as TranslateTransform;

    textBlock.RenderTransform = new TranslateTransform()
    {
        X = faceBoxTranslateTransform.X + xTextBlockOffset,
        Y = faceBoxTranslateTransform.Y + yTextBlockOffset
    };

    return textBlock;
}
```

图 11-3 EmotionDetector 指示快乐的情绪

图 11-4 EmotionDetector 指示悲伤的情绪

11.1.2 使用 LED 阵列指示情绪

我们可以将上述功能与第 8 章中的 LedArray 类相结合。本节展示了人工智能如何与物联网机器视觉关联，并自动识别各种物体进而采取适当的行动。在这里，具体的行动指被识别出的情绪会展示在安装于 RPi2/RPi3 的 LED 阵列中，另外，也可以将它们扩展以用于各种目的。

为了实现上述功能，我们使用之前开发的代码。当然，需要用到 LedArray 类和其依赖模块，即 I2cHelper 和 RegisterHelper。使用 Joystick（操纵杆）类（参见第 6 章）来控制网络摄像头预览并启动情感检测器。向上操纵杆按钮将启动或停止预览，并且 Enter 按钮将调用 Emotion API 的适当方法，因此可以在不使用 UI 的情况下控制应用程序。

在将必要的类添加到 EmotionsDetector 项目之后，我们编写了 Initialize 方法，参见代码清单 11-11。它在 OnNavigatedTo 事件处理程序中调用，用于将连接与 Sense HAT 关联，然后初始化摄像头捕获图像。此外，我们设置 isIoTPlatform 标志来检查平台是否被支持，所以可以使用 MessageDialog 类来显示错误，请参阅 Chapter 11/EmotionsDetector 中配套代码的 MainPage.xaml.cs 中的 DisplayMessage 方法。

代码清单 11-11 硬件组件的初始化

```
private bool isIoTPlatform = false;

private Joystick joystick;
private LedArray ledArray;

private async Task Initialize()
{
    const byte address = 0x46;
    var device = await I2cHelper.GetI2cDevice(address);

    if (device != null)
    {
        joystick = new Joystick(device);
        joystick.ButtonPressed += Joystick_ButtonPressed;

        ledArray = new LedArray(device);

        await cameraCapture.Initialize(CaptureElementPreview);

        isIoTPlatform = true;
    }
}
```

我们实现了代码清单 11-12 中的 Joystick.ButtonPressed 事件处理程序。此方法检查按钮是否处于按下状态，如果是，则 Joystick_ButtonPressed 将更新预览状态（用于上操纵杆按钮），或捕获图像，以使用 Emotion API（用于 Enter 操纵杆按钮）处理它。

要启动和停止摄像头预览，可使用 UpdatePreviewState 方法。它在内部使用 CameraCapture 类实例的 Start 和 Stop 方法，具体取决于该类的 IsPreviewActive 属性的值，请参阅 Chapter 11/EmotionsDetector/MainPage.xaml.cs 中的配套代码。

随后，向用户显示预览状态，参见代码清单11-13。我们使用Sense HAT LED阵列，并使用指定的均匀颜色使所有LED闪烁两次，例如绿色表示激活预览，蓝色表示未激活预览，红色表示无网络连接错误。

代码清单11-12 按下Sense HAT控制杆的按钮时调用的事件处理程序

```
private async void Joystick_ButtonPressed(object sender, JoystickEventArgs e)
{
    if (e.State == JoystickButtonState.Pressed)
    {
        switch (e.Button)
        {
            case JoystickButton.Up:
                await UpdatePreviewState();
                DisplayPreviewStatus();
                break;

            case JoystickButton.Enter:
                await IndicateEmotionOnTheLedArray();
                break;
        }
    }
}
```

代码清单11-13 LED阵列用于传递预览状态和可能的错误

```
private void DisplayPreviewStatus()
{
    var color = cameraCapture.IsPreviewActive ? Colors.Green : Colors.Blue;

    Blink(color);
}

private void Blink(Color color)
{
    const int msDelayTime = 100;
    const int blinkCount = 2;

    for (int i = 0; i < blinkCount; i++)
    {
        ledArray.Reset(Colors.Black);
        Task.Delay(msDelayTime).Wait();

        ledArray.Reset(color);
        Task.Delay(msDelayTime).Wait();

        ledArray.Reset(Colors.Black);
        Task.Delay(msDelayTime).Wait();
    }
}
```

按下Enter按钮调用代码清单11-14中的IndicateEmotionOnTheLedArray方法。当网络

摄像头图像预览处于激活状态时，此功能与 ButtonDetectEmotion_Click 事件处理程序一样工作，捕获位图并将其发送到 Emotion API 进行处理。此处理的结果用于确定表情名称，稍后将其转换为 Sense HAT LED 阵列上显示的适当颜色。

要测试此应用程序，可以在物联网设备中进行部署和运行。然后，使用向上操纵杆按钮启用网络摄像头预览后，使用 Enter 摇杆按钮向 Emotion API 发送请求。LED 阵列显示处理结果和可能出现的错误。

代码清单 11-14　在 LED 阵列上指示已识别的情绪

```
private async Task IndicateEmotionOnTheLedArray()
{
    if (cameraCapture.IsPreviewActive)
    {
        try
        {
            // 获取图像
            var softwareBitmap = await cameraCapture.CapturePhotoToSoftwareBitmap();

            // 获取表情及名称
            var emotion = await GetEmotion(softwareBitmap);
            var emotionName = EmotionHelper.GetTopEmotionName(emotion);

            // 在 LED 阵列上展示表情颜色
            var color = EmotionHelper.GetEmotionColor(emotionName);
            ledArray.Reset(color);
        }
        catch (Exception)
        {
            Blink(Colors.Red);
        }
    }
    else
    {
        Blink(Colors.Blue);
    }
}
```

在本节，我们将嵌入式设备的功能（即机器视觉）与通过云计算平台提供的 AI 算法相结合。因此，可以有效地构建物联网解决方案，将来自信用卡大小的计算机的未处理数据（图像）转化为可识别的人类情感信息。

11.1.3　计算机视觉 API

计算机视觉 API（Computer Vision API）是微软认知服务的另一个组件（https://bit.ly/mcs_cv），可以使用 Microsoft.ProjectOxford.Vision NuGet 软件包以与 Emotion API 相似的方式访问它。它实现了一个 VisionServiceClient 类，该类可以像 EmotionServiceClient 一样使用。

有趣的是，VisionServiceClient 公布了几个分析图像内容（AnalyzeImageAsync）、描述图像（DescribeAsync），甚至提供光学字符识别（OCR）（RecognizeTextAsync）的方法。可以使

用这些方法来进一步扩展前面章节中的应用程序。例如，可以使用OCR识别文本并将其显示在LED阵列上，或者使用描述图像功能获取应用程序中用户或摄像头获取的图像信息。

图11-5和图11-6展示了一个UWP应用程序示例和其分析的内容的结果，该应用程序使用Computer Vision API识别文本并分析图像内容。强烈建议你独立地基于Computer Vision API构建一个自己的项目。

图11-5 使用Computer Vision API进行光学字符识别。被分析的图像显示在左侧，检测到的句子显示在右侧的列表框中

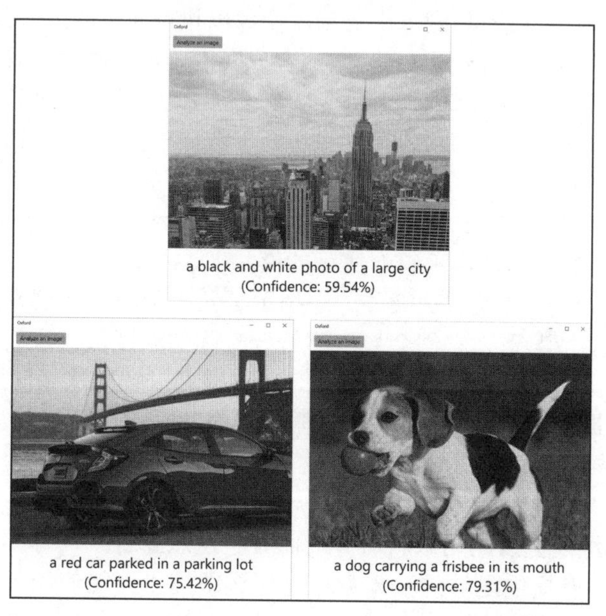

图11-6 使用Computer Vision API检测图像内容

11.2　定制人工智能

尽管上面介绍的AI算法非常令人兴奋，但它们可能不适合所有物联网应用。在这种情况下，我们可以建立自己的AI系统。幸运的是，我们不需要从零开始，因为可以使用Microsoft的Azure Machine Learning Studio（Azure机器学习工作室）（https://studio.azureml.net/）提供的基于云的机器学习系统。它提供了各种即用ML算法和工具。要为特定需求选择合适的算法，首先需要了解ML背后的一些基本概念。

11.2.1　动机和概念

为了进行天气监测和预报，我们可以每天读取和记录温度计数值（数据采集）。然后，我们可以确定每个月的平均温度（数据积累和处理）。通过绘制这些数据，我们会发现年度温度变化趋势（数据可视化）。鉴于这些实践，我们可以轻松发现数据中的规律，例如寒冷和炎热的月份有哪些。

下一步是使用温度数据预测未来几天的天气（外推和预测），我们可以通过使用特定的数学函数对温度进行建模来完成这一任务。在这种情况下，模型将取决于单个变量（温度）和一组参数。例如，一个线性回归模型会有两个参数（斜率和截距），而一个n阶多项式模型会有$n+1$个参数（n个系数和一个常数）。可以通过拟合模型函数（即通过查找使模型与数据之间的误差函数最小化的参数值（数学优化））来调整这些参数。该模型成为充分接近真实（记录）数据的对象。简单地说，数据就是我们实际看到的，模型就是我们期望看到的。

一般来说，一个相同的过程可以被许多种模型描述。可以通过评估来选择特定的模型。也就是说，通过计算决定系数R^2（数值越大越好），可以分析模型与数据的吻合程度，最重要的是，能分析模型是否可以有效预测未来的温度读数以执行简单的天气预报。

在图11-7中，我们绘制了24天（黑点）的合成温度读数，然后将这些数据用两种模型拟合到Microsoft Excel中：线性回归（绿线）和4次多项式（红线）。另外，这些模型预测了未来7天的温度。正如所看到的，多项式模型更适合于数据（它具有更高的R^2），但它预测温度将超出合理值上限。相反，虽然线性趋势具有较低的决定系数，但似乎更好地在短时间尺度上预测温度。然而，当时间轴更长时，它也会逐渐失效，因为它预测的温度倾向于线性下降。从某一个时间点开始，它会预测出不符合实际的值。

上述评估除了有助于选择模型功能外，还揭示了几个问题。我们发现虽然两种模型都适合这些数据，但在某些情况下，它们会导向不符合实际的温度值，进而错误地预测温度。扩展训练数据集（温度读数的数量）和减少预测时间范围可以解决这个问题。在图11-8中，我们展示了一个扩展数据集（更多黑点）和一个限于单个数据点的预测。虽然两个模型的R^2均有所下降，但预测结果有所改善。观察到的R^2下降不应与预测结果相关。R^2只是衡量模型函数适合数据的程度。一致性越好，R^2值越大，越能提高预测率。

更多数据的积累将改善预测结果。对ML而言，这意味着“训练集越好，未来的预测和分析就越好”。如果没有提供足够的输入数据，那么即使尽可能使用最好的模型，该模型也很可能无法提供正确的结果模型。请注意，在上述分析中，我们使用无监督学习，因为提供了未标记的数据。这个简单的例子也解释了为什么天气预报不稳定并且时间范围方面变化很大。通常情况下，只有短时间范围的天气预报才算“好的”或者“准确的”。

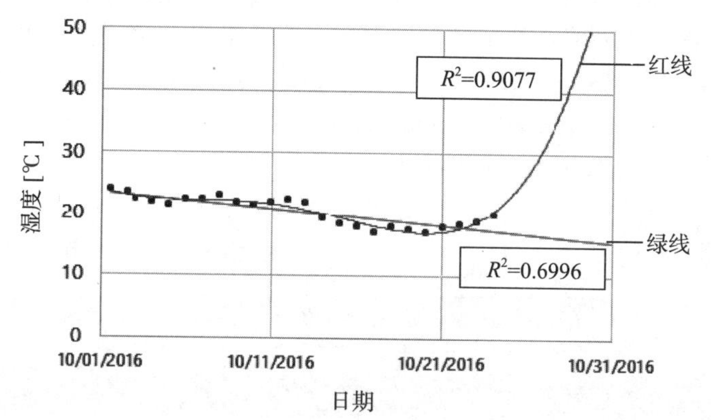

图 11-7 使用线性（绿线）和非线性（红线）回归预测温度。与非线性（4 阶多项式）模型相比，线性回归对数据的拟合程度更低，但会产生更合理的预测

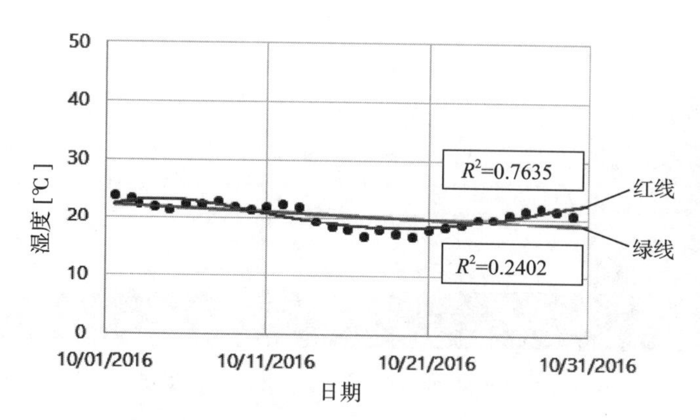

图 11-8 扩展训练数据集可以改善预测结果

要生成大型数据集，可以以更高的频率记录更多温度（可能每天几次），然后将它们存储在 Excel 电子表格中。Excel 将自动重新调整模型参数。但是，扩展这个表格来获得更准确的结果会产生一些问题：我们需要手动输入温度，并且无法使用一些可以进行大数据处理的更全面的算法。为了解决这些问题，我们可以使用数字传感器（如 Sense HAT 的传感器）自动进行温度测量，然后使用 ML 算法自动处理这些数据。在一天结束时，会将原始数据转化为有意义的信息，这有助于了解你所在地区的温度变化。

上述讨论作为开始使用 ML 算法的基础，提供了 ML 如何工作的一般概念：

- 首先，需要一个输入数据集，用于通过调整参数来准备一个或多个模型。
- 其次，需要评估模型以验证它们是否为测试数据集提供预期结果。
- 最后，可以使用模型进行预测并检测数据中的模式或异常。

ML 不限于此处使用的二维数据集，适于处理大型多维数据集。可以根据需要使用尽可能多的维度。ML 将完成剩下的工作，例如提供有用的信息、帮助分析和理解流程。

11.2.2　Microsoft Azure Machine Learning Studio

Microsoft Azure Machine Learning Studio 是一款 Web 应用程序，只需要单击几下鼠标，即可以 Web 服务方式快速创建、评估和部署可扩展的 ML 解决方案。因此，可以根据对应的需求构建支持 AI 的应用程序，并像使用 Microsoft Cognitive Services 一样访问 ML 功能。

要开始使用 Microsoft Azure Machine Learning Studio，请通过使用现有的或新的 Microsoft 账户在 https://studio.azureml.net 创建一个免费工作区。登录到 Microsoft Azure Machine Learning Studio 后，会看到如图 11-9 所示的屏幕。像 Azure Portal 一样，它包含左侧的选项卡，可以浏览项目、ML 实验、Web 服务、笔记本、数据集和已训练的模型。

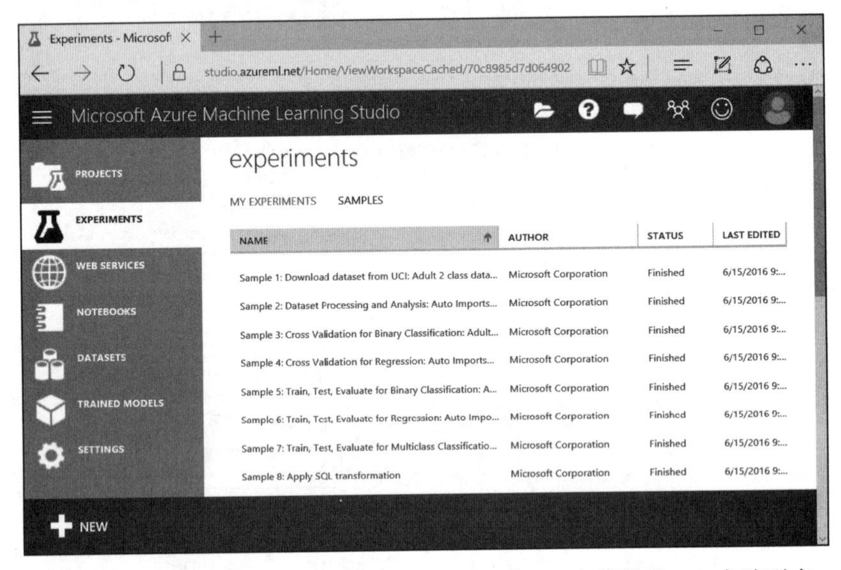

图 11-9　Microsoft Azure Machine Learning Studio 中提供的 ML 实验列表

要开发一个 ML 解决方案，首先要创建一个新的实验（或使用现有的实验）。在这里可以拖放数据，将数据连接到预处理和模型训练模块，然后拖放到训练模型、模型评估器、模型计分器和 Web 服务。

可以使用数据预处理模块来“清理”数据，某些模型需要这种预处理。也就是说，它可以用来删除重复的条目、拆分数据、删除没有标签的条目等。

可使用结果数据集来训练模型——将模型的内部参数调整为给定数据。基本上，这个过程可以看作将数据拟合到 Excel 中的一行或多项式中，但它基于更复杂的数学过程。

模型评估器可用于评估模型的准确性并帮助你选择模型。模型准确度通常会衡量模型对于看不见的（测试）数据有多好。有几个衡量准确度的方法。Microsoft Azure Machine Learning Studio 计算决定系数（R^2）和其他指标：负对数似然度、平均绝对误差、均方根误差、相对绝对误差和相对平方误差。除 R^2 以外，这些指标都应该尽可能小，而 R^2 应尽可能接近 1。

模型计分器可用于做出预测。基于训练好的模型，计分器可评估待测试数据，并提供结果的预测、异常检测或分类。例如，温度预测中，测试数据可能是你想要查找预期温度的日期。在异常检测方面，基于提供的数据，计分器决定它是正常还是异常（例如，温度是否超出预期范围）。计分器还可以将数据分为更多组。例如，它可以决定给定的面部表情是快乐、悲伤还是惊喜。

可以通过两种方式从模型计分器获得预测：

- 将测试数据连接到计分器，以便直接在 Microsoft Azure Machine Learning Studio 中预测。
- 将计分器部署为 Web 服务，并通过自定义 REST 客户端访问经过训练的模型。Microsoft Azure Machine Learning Studio 通过根据数据生成示例 C# 代码来提供帮助。

1. 数据准备

尽管 Microsoft Azure Machine Learning Studio 带有许多预定义的数据集，但这里会使用之前讨论的温度数据集，以便轻松地将 Excel 功能与 Microsoft Azure Machine Learning Studio 进行比较。我们将引用的数据集作为 CSV 电子表格附加到 Chapter 11/Machine Learning/TemperatureData.csv 的配套代码中。

要将此数据集上传到 Microsoft Azure Machine Learning Studio，请单击位于 UI 左下角的 NEW 按钮，然后选择 DATASET/FROM LOCAL FILE 选项，如图 11-10 所示。在图 11-11 所示的 Upload a New Dataset 窗口中，浏览 TemperatureData.csv 文件，并确保将 SELECT A TYPE FOR THE NEW DATASET 下拉列表框设置为带有标题的通用 CSV 文件（此处为 Generic CSV File with a Header.CSV）。最后，选中 This is the new version of an existing dataset 复选框并等待文件上传完成。此操作的状态显示在用户界面的底部。上传数据集后，将在 DATASETS 选项卡（我们的数据集组）下看到新条目。

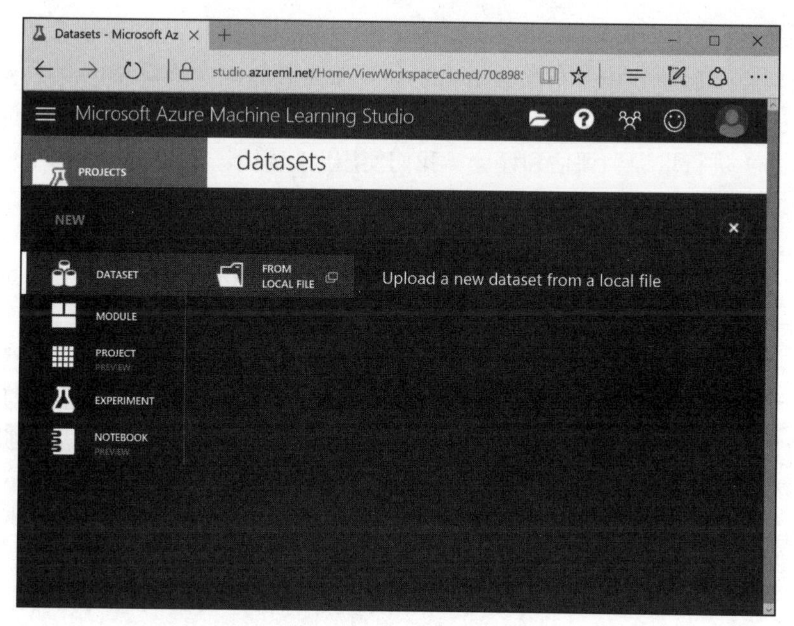

图 11-10 Microsoft Azure Machine Learning Studio 的扩展新建菜单。DATASET/FROM LOCAL FILE 选项高亮显示

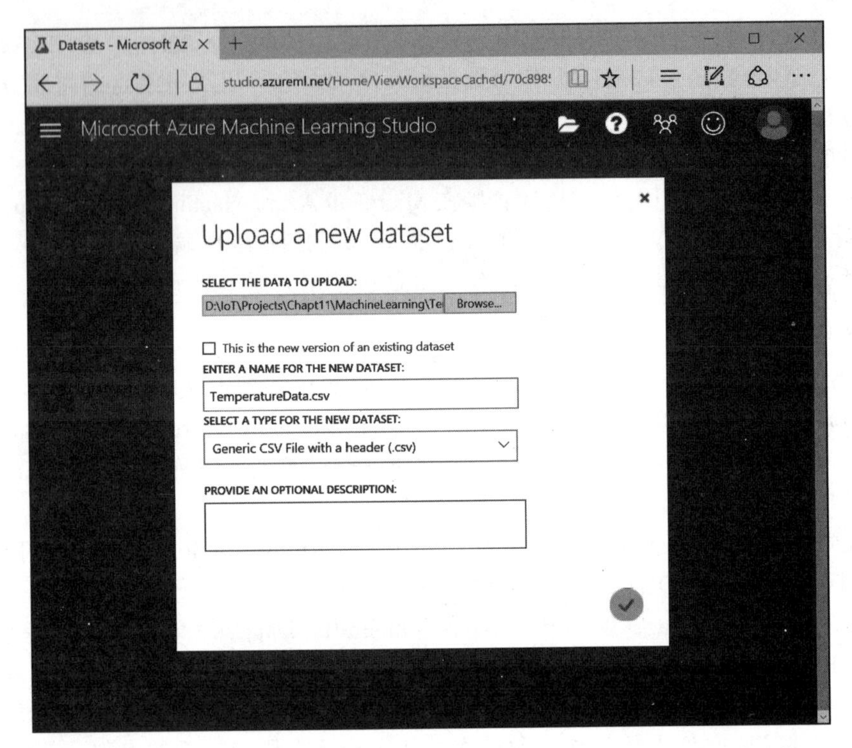

图 11-11 将 CSV 文件上传到 Microsoft Azure Machine Learning Studio

2. 模型训练

现在我们将展示如何创建一个新的空白实验，在该实验中，将对 Microsoft Azure Machine Learning Studio 中实施的两个模型：线性回归（Linear Regression）和决策森林回归（Decision Forest Regression）进行培训、评估和评分。我们使用回归模型，因为这个例子的目标是准备一个温度预测系统，类似于我们之前在 Excel 中做的实验。

展开 NEW 菜单并选择 EXPERIMENT 节点。单击 Blank Experiment 选项，如图 11-12 所示，将看到一个由多个虚线矩形组成的实验的图形草图，可以在其中放置 ML 对象（数据集、模型、计分器等），这些对象的列表显示在左侧。

展开 Saved Datasets 节点，在 My Datasets 下查找 TemperatureData.csv，然后将其拖动到实验工作区中。图形草图将消失，并且将显示一个代表数据集的矩形。现在我们需要一个模型。在 Machine Learning/Initialize Model/Regression 节点下找到它们。展开此节点后，将两个对象拖动到实验工作区中：Linear Regression 和 Decision Forest Regression。随后，添加两个训练模型（Train Model）对象（每个模型一个），该对象位于机器学习 / 训练（Machine Learning/Train）节点下。

请注意，我们在实验工作区中放置的每个对象都有特定数量的输入和输出节点。例如，数据集只有一个输出节点，可以将其连接到模型训练器的其中一个输入节点。模型训练器的第二个输入节点是未经训练的模型、线性回归或决策森林回归。现在，连接所有对象，如

图 11-13 所示。箭头指示节点之间的数据流的方向。

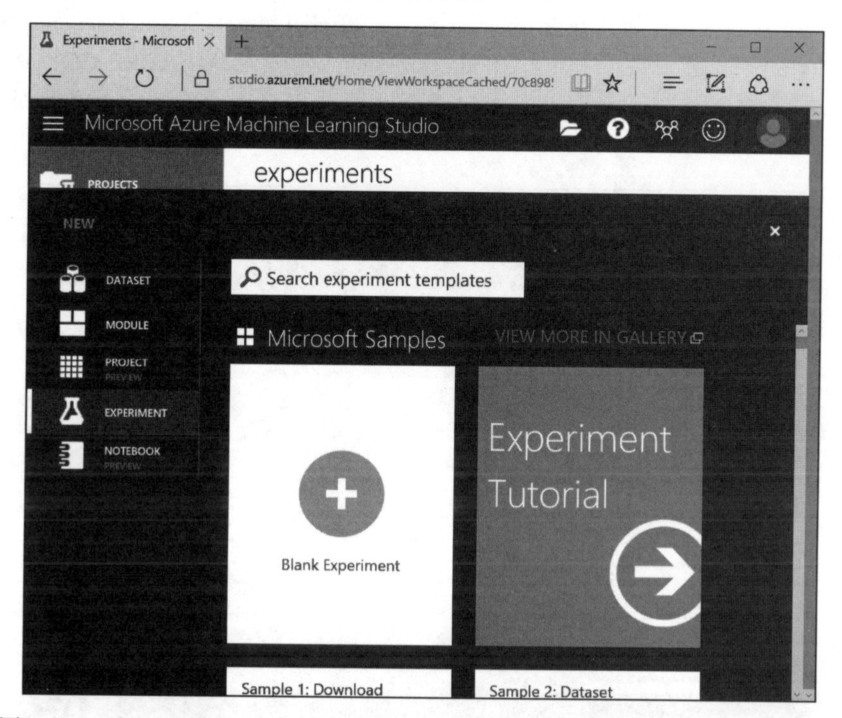

图 11-12　在 Microsoft Azure Machine Learning Studio 中创建一个新的空白实验

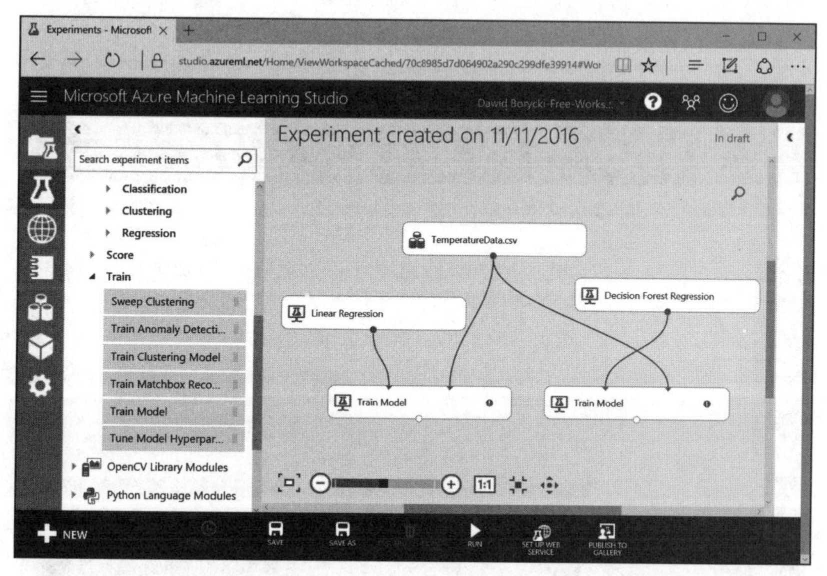

图 11-13　Microsoft Azure Machine Learning Studio 中的回归模型训练

连接好各个节点后，训练模型对象需要一些额外的操作，已经由感叹号提示。具体来说，模型训练器要求你选择一个用于训练的数据集列。为此，单击 Train Model 对象，然后展开右侧的菜单，如图 11-14 所示。在 Properties 组下，单击 Launch column selector 链接，然后在 Select a single column 窗口中，将 Temperature [deg C] 从 AVAILABLE COLUMNS 部分移至 SELECTED COLUMNS 区域，如图 11-15 所示。关闭窗口，并对第二个模型训练器重复此过程。

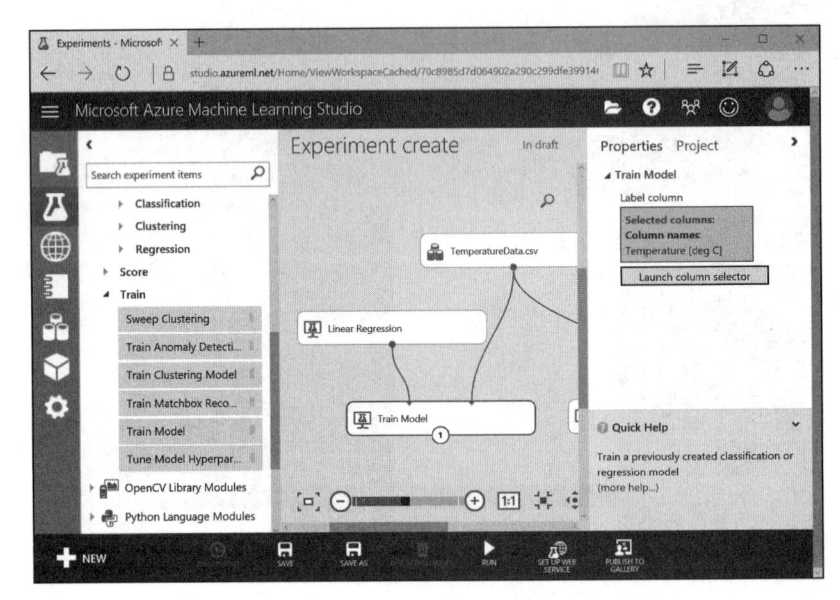

图 11-14　模型训练器的属性

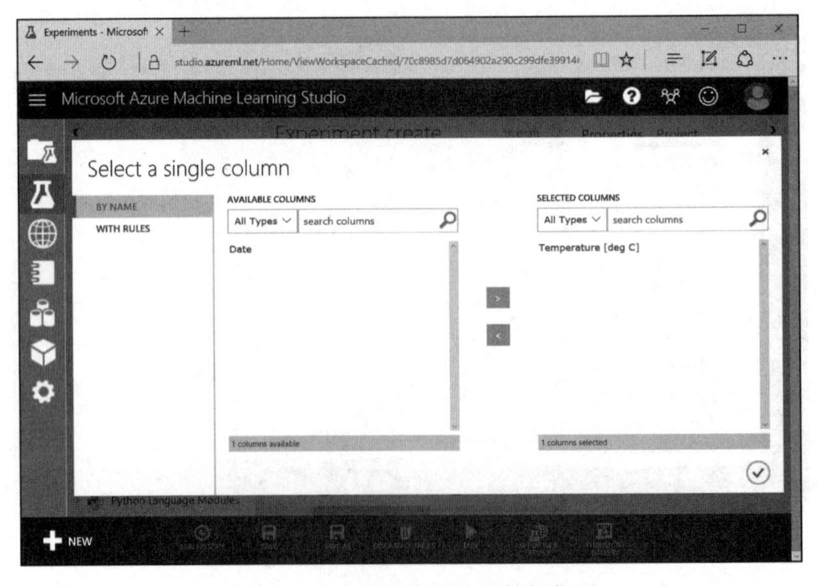

图 11-15　选择用作训练的数据集列

3. 模型计分和评估

现在可以运行准备好的实验，它将使用提供的数据来训练两个模型。接下来，为了评估训练好的模型，可以使用训练数据集（Score Model）对两个模型评分，然后使用 Evaluate Model 对象对其进行评估。使用训练数据集对训练好的模型评分，意味着我们将真实结果（记录的温度）与某些数学理论（模型预期的温度）进行比较。评估模型继而量化两者之间的差异。

为了评估训练好的模型，将两个 Score Model 对象（Machine Learning/Score）和一个 Evaluate Model 对象（Machine Learning/Evaluate）拖放到实验中。随后需要将数据集和训练模型的输出节点与 Score 模型对象的相应输入节点连接起来。最后，将评分者的输出节点与评估者的输入节点相关联，如图 11-16 所示。

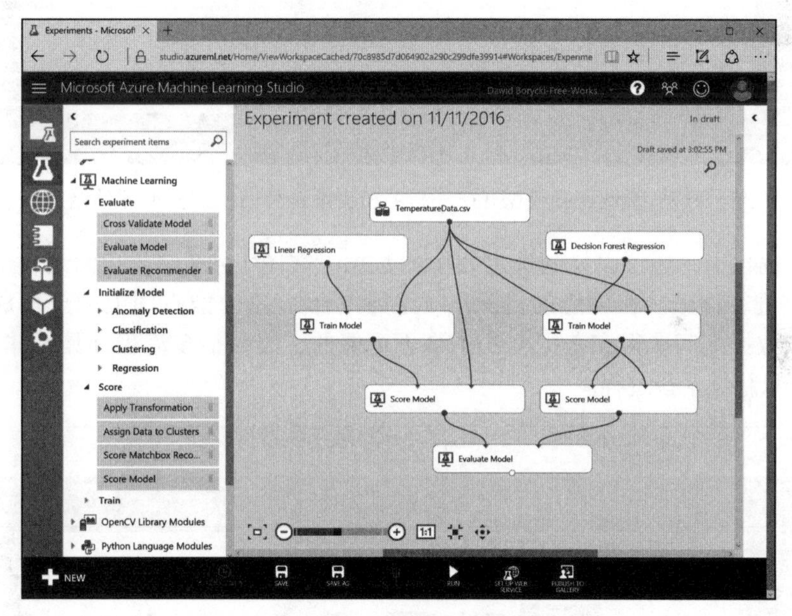

图 11-16　模型评估实验

要获得评估结果，可单击 Microsoft Azure Machine Learning Studio 底部的相应按钮来运行实验。几秒钟后即可完成实验。右击 Evaluate Model 对象的输出节点，然后从快捷菜单中选择 Evaluation Results/Visualize 命令。之后 Microsoft Azure Machine Learning Studio 以图形形式呈现评估结果，如图 11-17 所示。第一行显示线性回归模型的度量，第二行显示决策森林回归。这类表示现实（我们的数据）比线性回归模型好得多。决策森林回归具有更高的确定系数，同时其他的指标也都是最小的。

Excel 实验还将数据与模型计分（拟合）一起可视化，如图 11-9 和图 11-10 所示。Microsoft Azure Machine Learning Studio 也提供这些信息，可以通过从 Score Model 菜单中选择 Scored Dataset/Visualize 命令来检索它。图 11-18 显示了具有 4 列的决策森林分数，其中前 2 列（Date 和 Temperature [℃]）显示数据；第 3 列显示模型标签，预期温度（拟合值）；最后一列包含标签标准偏差，量化实际数据与预期（模型产生的值）之间的距离。

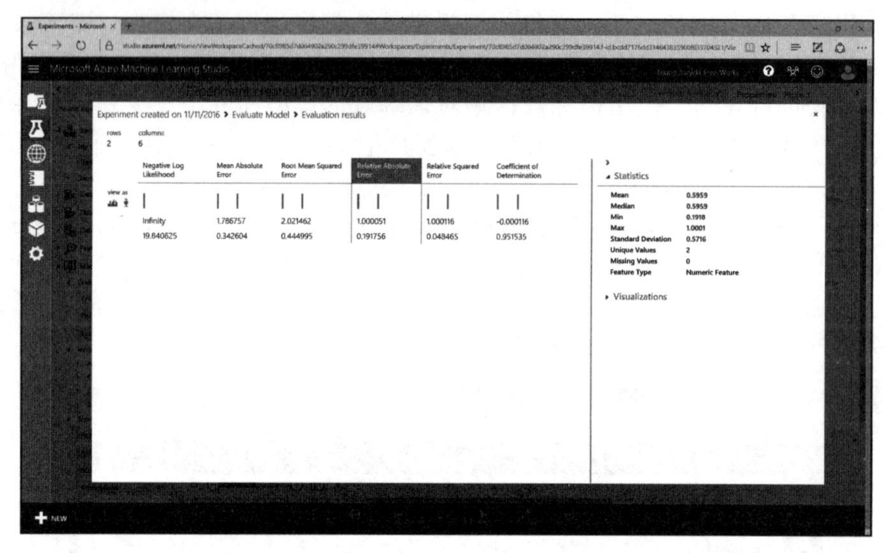

图 11-17 线性回归模型（第一行）和决策森林回归的模型评估结果

在计分可视化中，还可以绘制选定列中的数据。在图 11-18 中，我们绘制了温度并将它们与得分标签进行比较。在理想的情况下（完美拟合），这个散点图上的点形成一条线。当然，在模型和数据之间取得完美拟合几乎是不可能的，因为很多流程都具有非确定性特征。机器学习往往只趋近这些过程。

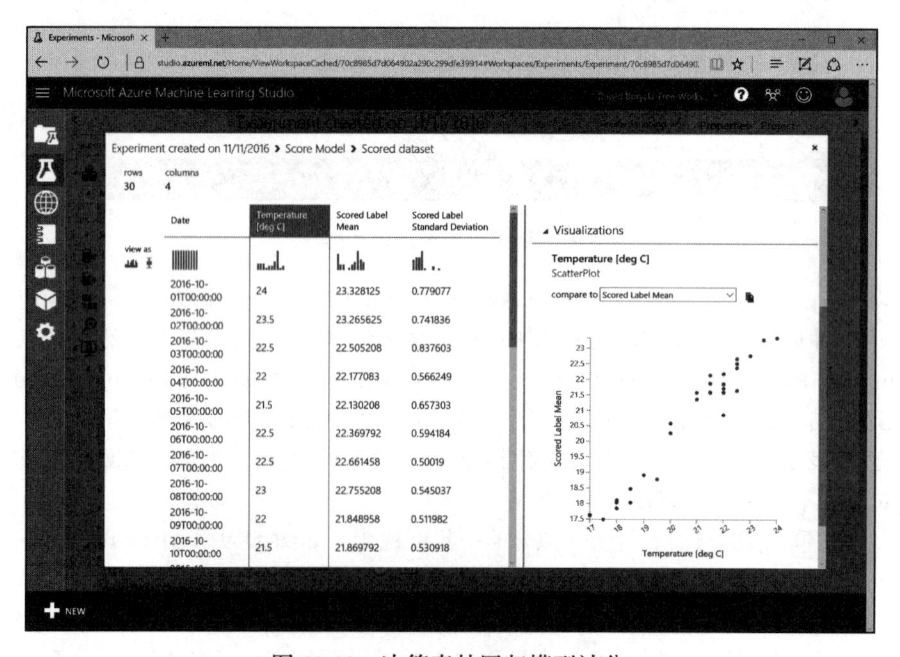

图 11-18 决策森林回归模型计分

在图 11-19 中，我们绘制了线性回归和决策森林回归的分数以及温度数据。与 11.2.1 节一样，我们将 Microsoft Azure Machine Learning Studio 的数据复制到 Excel 电子表格中，然后使用它的绘图功能。

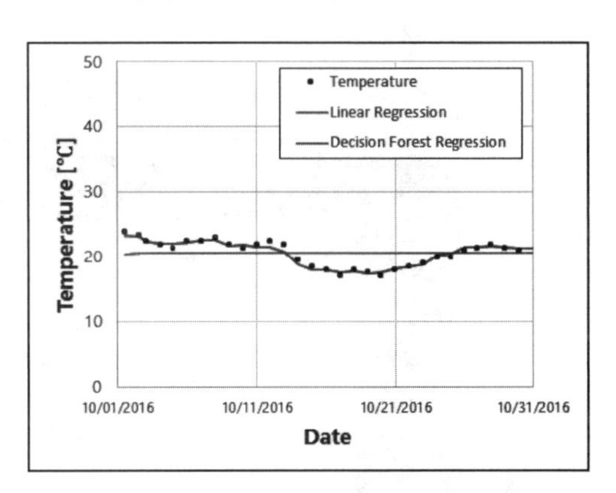

图 11-19 两个 ML 回归模型与实际数据的视觉比较

决策森林回归近似的数据相当好，重要的是，它比 Excel 实验中使用的多项式模型更好。在这种情况下，ML 显然比多项式拟合更接近于现实情况。因此，也可以预计这个模型预测会更准确。如图 11-19 所示，预测的第二天的温度与之前的数据非常接近。Excel 实验中没有发生特别大的变化。

4. 基于训练模型的预测

要使用训练模型进行预测，需要针对测试数据集运行计分器。我们可以将测试数据上传到 CSV 文件中，但这种做法在仅提供一个日期的情况可能很麻烦。你可能更愿意使用 Data Input and Output 节点下的 Enter Data Manually 对象进行手动输入。拖动此对象后，请确保其属性窗口可见，从 DataFormat 下拉列表中选择 CSV，选中 HasHeader 复选框，然后在 Data 文本框中输入以下行（见图 11-20）：

```
Date, Temperature [deg C]
2016-10-20T00:00:00,
2016-10-31T00:00:00,
```

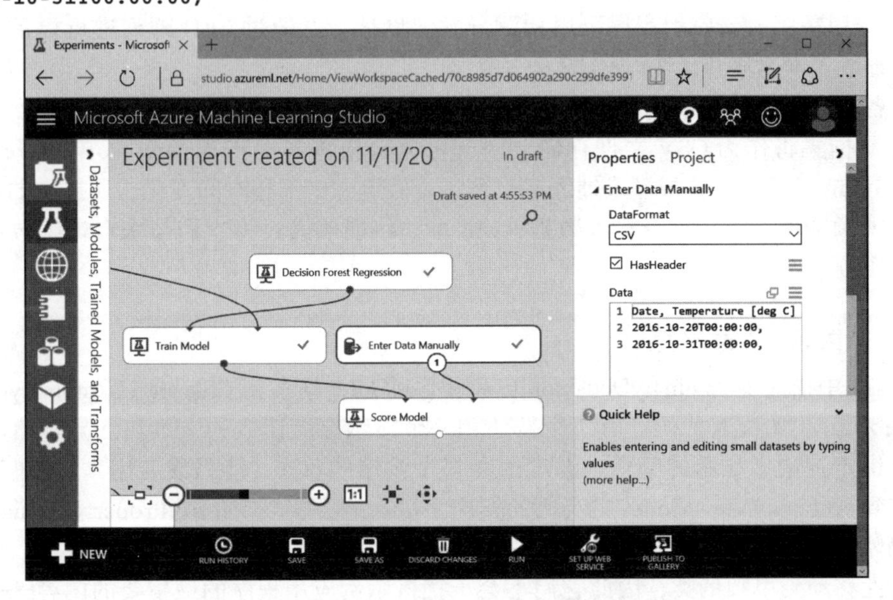

图 11-20 手动输入要计分的数据

将训练好的模型连接到另一个 Score Model 并测试数据集，如图 11-20 所示，然后重新运行实验。可以通过使用 Score Model 菜单中的 Scored Dataset/Visualize 命令来访问预测（计分）值（见图 11-21）。

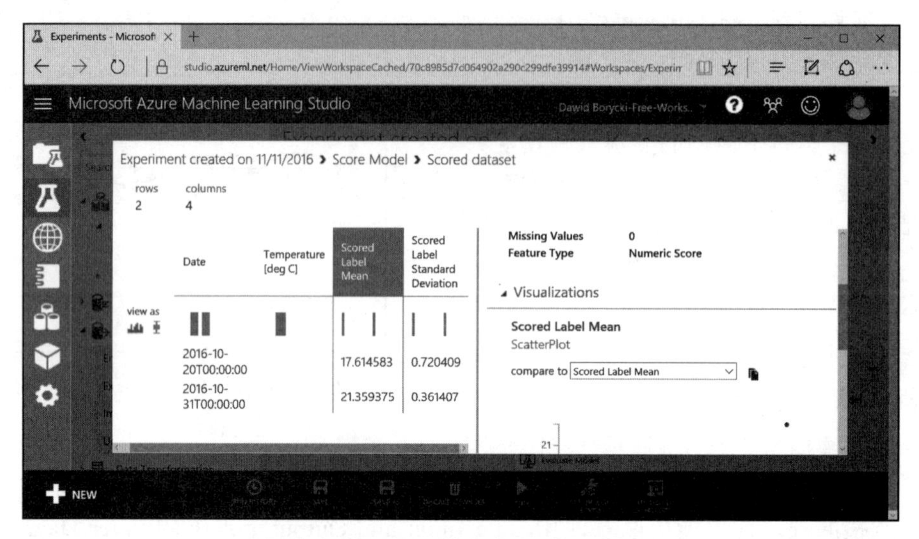

图 11-21 使用测试数据集对模型进行计分

11.3 异常检测

我们可以将 ML 实验发布成一个 Web 服务，并基于这个 Web 服务来构建 Anomaly Detection 应用程序。该应用程序可以检测异常温度读数并通过 LED 阵列进行提示。常温读数以绿色显示，异常则显示为红色。

要准备模型，我们需要一个输入训练数据集，可以从 Sense HAT 扩展板的温度传感器获取。训练数据集将作为 CSV 文件存储，因此可以轻松将其上传到 Microsoft Azure Machine Learning Studio，然后以监督模式训练 ML 算法。假定温度不随时间变化，所提供的温度将构成正常值或预期值。基于这个输入数据，ML 算法将能够通过将它们与来自训练数据集的正常值进行比较来识别异常读数。

11.3.1 训练数据集采集

图 11-22 中描述了 AnomalyDetection 应用程序的 UI，请参阅 Chapter 11/AnomalyDetection/MainPage.xaml 中的配套代码。有三个按钮和一个显示温度读数的文本块。异常值以红色显示。数据绑定控制了显示的颜色、温度值和每个按钮的状态（禁用或启用）。按钮和文本块属性绑定到 AnomalyViewModel 类实例的相应字段。该类实现 INotifyPropertyChanged 接口，因此代码隐藏中的适当更改可以自动反映在 UI 中。这里与之前的示例不同的是，我们将数据绑定属性移动到单独的类，因此它们不会干扰该示例应用程序的最主要的内容——自定义 Microsoft Azure Machine Learning studio 预测的 Web 服务。

Acquire training dataset 按钮记录指定时间内 Sense HAT 的温度，然后将其保存在 CSV 文件中。为了读取温度，我们使用第 5 章中的 TemperatureAndPressureSensorHelper 类以及该类所需的其他对象补充了 AnomalyDetection 应用程序。然后，我们实现了 TemperatureFileStorage 类（参阅 Chapter 11/AnomalyDetection/Storage/TemperatureFileStorage.cs）。该类在应用程序临时文件夹下创建 SenseHatTemperatureData.csv 文件。CSV 文件包含从 Sense HAT 传感器获取的一列温度。

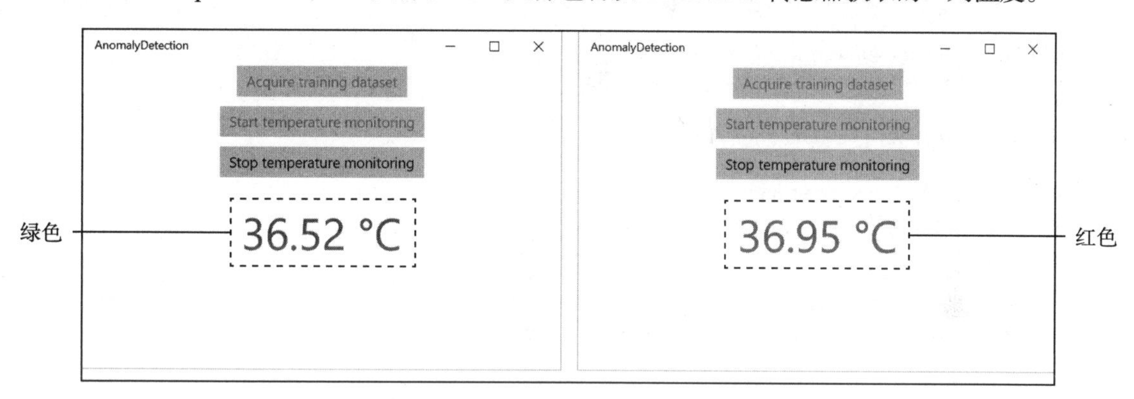

图 11-22　温度异常显示为红色

TemperatureFileStorage 类的结构中有几个注释，因为它使用与存储有关的 UWP API，这是我们尚未接触过的。首先请注意，TemperatureFileStorage 没有实现公共构造函数。相反，它有一个方法 CreateAsync，返回 TemperatureFileStorage 类的一个实例，参见代码清单 11-15。

代码清单 11-15　TemperatureFileStorage 类的异步创建

```
public static async Task<TemperatureFileStorage> CreateAsync()
{
    var temperatureFileStorage = new TemperatureFileStorage();

    await temperatureFileStorage.PrepareFolder();
    await temperatureFileStorage.PrepareFile();

    return temperatureFileStorage;
}

// 创建一个空构造函数，因此它的类型为非公开
private TemperatureFileStorage() { }
```

通常，当在类初始化期间需要异步方法时，可以使用这种方法来创建对象。在这里，我们使用这种方法来准备需要的文件夹和一个文件，用于记录温度。

代码清单 11-16 展示了如何使用 ApplicationData 类的 TemporaryFolder 属性来访问应用程序的临时文件夹。ApplicationData 类不实现公共构造函数，但是公开了静态字段 Current，它允许访问当前应用程序数据存储区，包括临时本地缓存和文件夹以及漫游文件夹。这些都表示为 StorageFolder 类的实例。该类实现了许多用于读取文件夹参数（如名称或路径）及其内容以及管理文件夹的方法和字段。为了得到一个子文件夹，我们使用 TryGetItemAsync 方法。它接受一个参数 name，然后返回 null（如果给定名称的对象不存在）或符合 IStorageItem

接口的对象。IStorageItem 是由 StorageFolder 和 StorageFile（代表 UWP 中的文件）实现的接口，因此，TryGetItemAsync 也可以访问特定的文件。

代码清单 11-16 用于准备 SenseHatTemperatureData.csv 文件的方法

```
private string folderName = Package.Current.DisplayName;

private StorageFolder workingFolder;
private const string fileName = "SenseHatTemperatureData.csv";

private StorageFile workingFile;

private async Task PrepareFolder()
{
    var storageFolder = ApplicationData.Current.TemporaryFolder;

    // 检查文件夹是否存在
    var storageItem = await storageFolder.TryGetItemAsync(folderName);

    if (storageItem == null)
    {
        // …如果不存在，则创建一个
        storageFolder = await storageFolder.CreateFolderAsync(folderName);
    }
    else
    {
        storageFolder = (StorageFolder)storageItem;
    }

    workingFolder = storageFolder;
}

private async Task PrepareFile()
{
    // 创建文件，覆盖前一个文件
    workingFile = await workingFolder.CreateFileAsync(fileName,
        CreationCollisionOption.ReplaceExisting);
}
```

如代码清单 11-16 所示，当 TryGetItemAsync 返回 null 时，我们使用 StorageFolder 类实例的 CreateFolderAsync 方法创建子文件夹。另一方面，如果 TryGetItemAsync 返回存储项的有效引用，则将其转换为 StorageFolder。

鉴于对目标文件夹的访问，我们使用 StorageFolder 类的 CreateFileAsync 方法创建了一个 SenseHatTemperatureData.csv 文件，请参阅代码清单 11-16 中的 PrepareFile。请注意，CreateFileAsync 被配置为覆盖现有文件。然后，对 SenseHatTemperatureData.csv 的引用存储在 workingFile 字段中。此文件属于 StorageFile 类型，它与 StorageFolder 具有类似的含义和用途，但是是指物理文件而不是文件夹。

为了将温度值列表写入 CSV 文件，我们实现了 WriteData 方法。如代码清单 11-17 所示，此方法使用 OpenAsync 方法以读 / 写模式打开 SenseHatTemperatureData.csv。此方法返回对实现 IRandomAccessStream 的对象的引用。给定该对象，只需要使用 DataWriter 将格式化值置入流中即可。

代码清单 11-17 将温度写入专用的 CSV 文件

```
private const string columnName = "Temperature";

public async Task WriteData(List<float> temperatureDataset)
{
    var randomAccessStream = await workingFile.OpenAsync(FileAccessMode.ReadWrite);

    using (var dataWriter = new DataWriter(randomAccessStream))
    {
        WriteLine(dataWriter, columnName);

        foreach (float temperature in temperatureDataset)
        {
            WriteLine(dataWriter, temperature.ToString());
        }

        await dataWriter.StoreAsync();
    }
}

private void WriteLine(DataWriter dataWriter, string value)
{
    dataWriter.WriteString(value);
    dataWriter.WriteString("\r\n");
}
```

在这里，我们使用 DataWriter 将温度列表中的每个条目写入 CSV 文件的新行，然后写入列名称 Temperature。请注意，这里只有一列。如果要将数据写入其他列，请用逗号分隔它们。相应地需要修改代码清单 11-17 中的 WriteLine 方法，以在使用回车符（\ r）和换行符（\ n）之前编写额外的逗号分隔符，例如：

```
private void WriteLine(DataWriter dataWriter, string value1, float value2)
{
    dataWriter.WriteString(value1);
    dataWriter.WriteString(",");
    dataWriter.WriteString(value2.ToString());
    dataWriter.WriteString("\r\n");
}
```

在下一步中，我们使用 TrainingDatasetAcquisition 内的 TemperatureFileStorage 和 TemperatureAndPressureSensor 类，请参阅 Chapter 11/AnomalyDetection/Training/TrainingDataset-Acquisition.cs 中的配套代码。TrainingDatasetAcquisition 类实现了一个公共方法 Acquire，如代码清单 11-18 所示，此方法接受两个参数：msDelayTime 和 duration。msDelayTime 用于指定连续温度读数之间的延迟（采样率），而 duration 用于确定采集持续的时间。

根据这些参数，Acquire 方法会不断从传感器读取温度数据，将结果数据集写入 CSV 文件，并返回此文件的位置，以便你轻松找到它。

代码清单 11-18　记录一个训练数据集

```
private TemperatureAndPressureSensor sensor = TemperatureAndPressureSensor.Instance;

public async Task<string> Acquire(int msDelayTime, TimeSpan duration)
{
    // 准备存储
    var storage = await TemperatureFileStorage.CreateAsync();
    // Initialize sensor
    await sensor.Initialize();

    // 开始读取异步传感器
    var temperatureDataset = new List<float>();

    await BeginSensorReading(() =>
    {
        var temp = sensor.GetTemperature();
        temperatureDataset.Add(temp);
    }, msDelayTime, duration);

    // 将结果数据写入 CSV 文件
    await storage.WriteData(temperatureDataset);

    return storage.FilePath;
}
```

在 Acquire 方法内部使用的 BeginSensorReading（参见代码清单 11-19）重复运行使用 periodicAction 参数传递的代码块。此操作的执行时间由 msDelayTime 分开，只要总执行时间未超过 duration 参数指定的时间范围，BeginSensorReading 就会调用 periodicAction。

代码清单 11-19　只要指定的时间段没有超过，就重复一个特定的动作来实现连续的传感器读数

```
private async Task BeginSensorReading(Action periodicAction, int msDelayTime, TimeSpan duration)
{
    await Task.Run(() =>
    {
        var beginTime = DateTime.Now.ToUniversalTime();
        var currentTime = beginTime;

        // 执行操作，直到过了指定时间
        while (currentTime - beginTime <= duration)
        {
            periodicAction();

            Task.Delay(msDelayTime).Wait();

            currentTime = DateTime.Now.ToUniversalTime();
        };
    });
}
```

TrainingDataSetAcquisition 类实例的 Acquire 方法在 AnomalyDetection 应用程序中的 Acquire Training Dataset 按钮的事件处理程序中使用，参见代码清单 11-20。正如所看到的，我们以每秒 25 个采样的大概采样率记录 30 s 的训练数据集。因此，结果数据集应包含 750 个项目。但是，由于需要一些特定的时间来获取和处理每个传感器读数，因此这个数量会减少。我们认为，实际的训练数据集包含大约 610 个元素。

代码清单 11-20 训练数据集的获取

```
private async void ButtonAcquireTrainingDataset_Click(object sender, RoutedEventArgs e)
{
    const int msDelay = 40;
    const int secDuration = 30;

    anomalyViewModel.IsAcquisitionInProgress = true;

    anomalyViewModel.FilePath = await trainingDatasetAcquisition.Acquire(msDelay,
        TimeSpan.FromSeconds(secDuration));

    anomalyViewModel.IsAcquisitionInProgress = false;
}
```

当在物联网设备上运行 AnomalyDetection 应用程序，然后单击 Acquire training dataset 按钮时，将开始获取温度数据集。在此操作过程中，所有按钮均被禁用，并且还将看到进度环，如图 11-23 所示。获取到温度数据集后，进度环消失。然后数据集的位置显示在 UI 的底部。在我们的示例中，它是 C:\Data\Users\DefaultAccount\AppData\Local\Packages\72c9e91f-f30a-42f2-a088-e0b4fd4463c9_9h3w8f2j4szm6\TempState\AnomalyDetection\SenseHatTemperatureData.csv。

使用 FTP 连接与物联网设备关联（请参阅第 2 章）并将其复制到开发 PC 中，即可获得该文件。使用此数据集来训练 ML 算法。

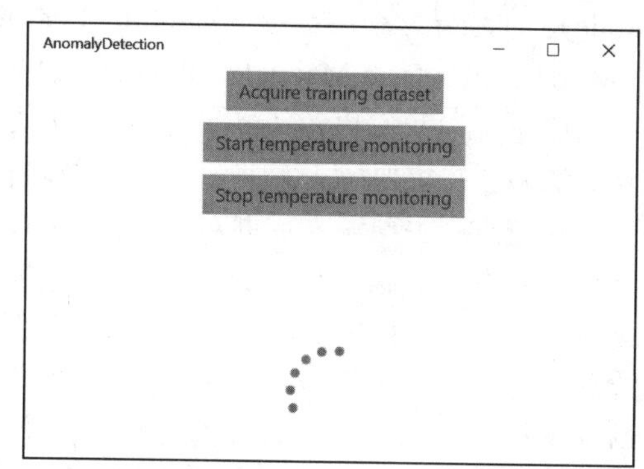

图 11-23 进程环显示异步训练数据集获取的进度

11.3.2 使用一类支持向量机进行异常检测

异常检测算法的工作方式与回归不同。回归算法属于无监督 ML；异常检测算法构成监督型 ML。在回归中，我们提供了一个训练数据集，然后 ML 算法将其内部参数调整为该数据。通常使用这种方法来预测趋势。对于异常检测 ML，我们提供一个包含值及其标签（已知结果）的训练数据集。标签告诉 ML 算法相关值属于哪个类别。在最简单的情况下，我们有一类属于正常范围的值，并且想要检查观测值的新值（例如温度）是否属于该类。异常检测发现统计为异常，说明观测值不同于数据集中的其他元素。ML 检查某个过程（例如，从传感器、信用卡交易或人脸图像读取数据）生成的新值是否与已知数据集相匹配。如果匹配，则该值被分类为正常。当然，这样的监督 ML 可以包含几个类别。例如，对于人类情绪识别，Emotion API 有 8 个类别（每个情绪一个类别）。

在 Microsoft Azure Machine Learning Studio 中，存在两种用于异常检测的 ML 算法：单类支持向量机（One-ClassSVM）和基于 PCA 的异常检测。它们都可以用于获得正常（预期）值非常简单且获取异常值很困难的情况。温度监测就是这种情况的一个很好的例子，因为我们不希望这种观测值随时间显著变化，我们基本上不知道在故障期间温度会有多少改变，并且可以非常轻松地获取 normal 数据集。

SVM 算法将来自训练数据集的值表示为空间中的点并将它们映射到特定的类别。这种映射是为了最大化每个类别之间的距离，因此新值可以很容易地分配给特定的类别。对于一类 SVM，只提供普通数据集，然后测量当前值与已知示例之间的特定距离。

基于 PCA 的异常检测工作方式与之类似。在基于 PCA 的异常检测中，我们还提供了 normal 数据集。但是，该算法首先将提供的观测值集合转换为称为主成分的一组变量，即原始数据集通过主成分（PC）的线性组合来近似。这种主成分分析（PCA）排除了冗余或统计意义不明的信息。通常情况下，主成分比训练数据集中的值少得多。在基于 PCA 的异常检测中，新的可观测量被映射到 PC 所跨越的空间，以确定异常分数——新的观测量到基于 PC 的空间映射之间的误差。对于 normal 数据集，这个误差很小，因为 ML 算法在 PC 空间中可以找到训练数据集的最佳表示。因此，异常值会增加错误，从而增加异常分数。

在这里，我们将展示如何训练用于检测 Sense HAT 扩展板温度读数异常的单类支持向量机。首先将训练数据集（SenseHatTemperatureData.csv）作为带表头的通用 CSV 文件上传到 Microsoft Azure Machine Learning Studio（见图 11-11），然后创建新的空白实验。接下来，将训练数据集连接上单类支持向量机模型（Machine Learning/Initialize Model/Anomaly Detection node）、训练异常检测模型（Machine Learning/Train）、计分模型（Score Model）和手动输入数据对象（Enter Data Manually object），如图 11-24 所示。

请注意，我们更改了实验名称。默认情况下，每个实验都被命名为在 mm/dd/yyyy 上创建的实验。只需要单击它并输入一个新名称即可更改此值。

我们使用手动输入数据对象（Enter Data Manually object）来凭经验测试异常检测器并最终调整其参数。根据训练数据集，我们创建了一个测试数据集，其中提供的值符合训练数据集中的平均温度范围 36.55℃ ±0.03℃，但与训练数据集中的不同。基本上，我们想检查异常检测器是否正确识别异常值并找到其容差。通常情况下，我们不想将小的温度变化算作异常情况。

我们使用的测试数据集出现在图 11-25 的 Temperature 列中。Scored Labels 列显示由异常检测器应用的标签（0 表示正常，1 表示异常），而 Scored Probabilities 列是异常计分。值越大，特定测试值异常的概率越大。图 11-25 中的结果表明 ML 算法不是很宽容。即使与平均温度稍有偏差也被视为异常。要增加异常检测器容差，可使用单类支持向量机的 η 参数。形式上，该参数控制正常情况下异常值的分数。该分数的值越大，异常值的容差越大。如图 11-26 所示，单类支持向量机具有另一个参数 ε，这是终止容限，它决定了内部优化模型的迭代次数。

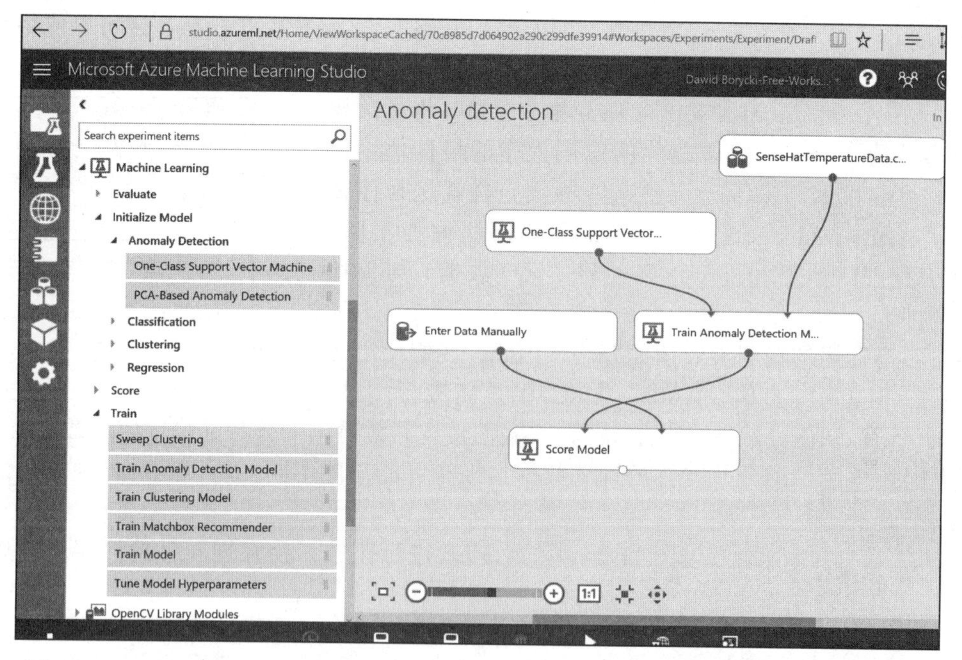

图 11-24　Microsoft Azure Machine Learning Studio 中的一类支持向量机异常检测实验

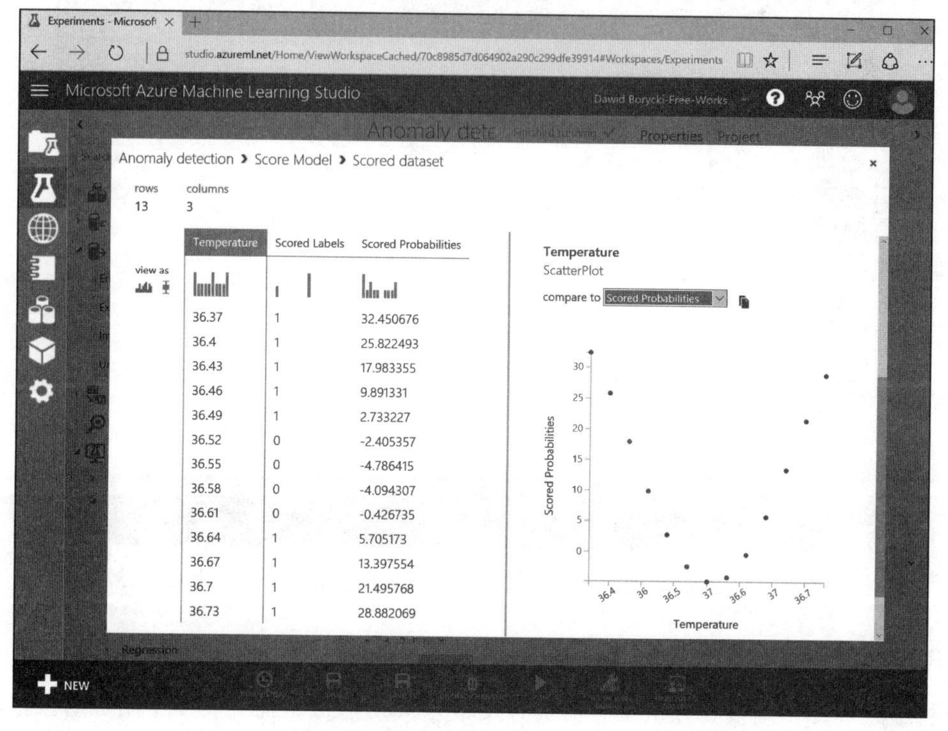

图 11-25　测试数据集的异常检测器的计分标签和概率

默认情况下，$\eta = 0.1$，$\varepsilon = 0.001$。可以手动更改这些参数来优化模型，还可以使用 Create trainer mode 下拉列表框中的 Parameter Range 选项指定参数范围。Microsoft Azure Machine Learning Studio 将尝试找到最佳参数值，但它可能不是你的应用程序的最佳值。通常，我们可能根据需求手动调整这些参数。这就是为什么 Microsoft Azure Machine Learning Studio 的模块称为实验。我们试验我们的数据和模型，以便将实际（数据）与预期（模型）相匹配。

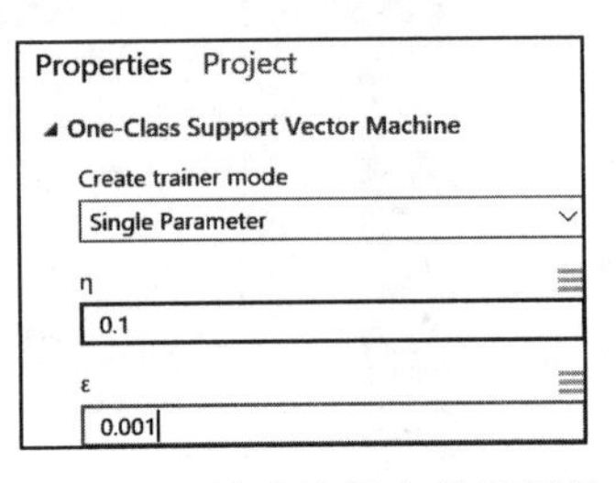

图 11-26　单类支持向量机属性

通常没有通用的找到参数值的办法。因此，我们使用几个不同的 η 值（0.1、0.01、0.005、0.0025）重新进行实验，此时为 ε 保留默认值。然后，对于每个 η，我们检查异常检测器分数并决定使用最小值 η。它会产生图 11-27 所示的分数。你的训练数据集极有可能与此不同，所以鼓励你独立尝试选择合理的 η 值。

通过将图 11-27 的结果与图 11-25 中的对应表进行比较，会发现异常检测器现在更加宽容。降低 η 值也会降低计分概率。

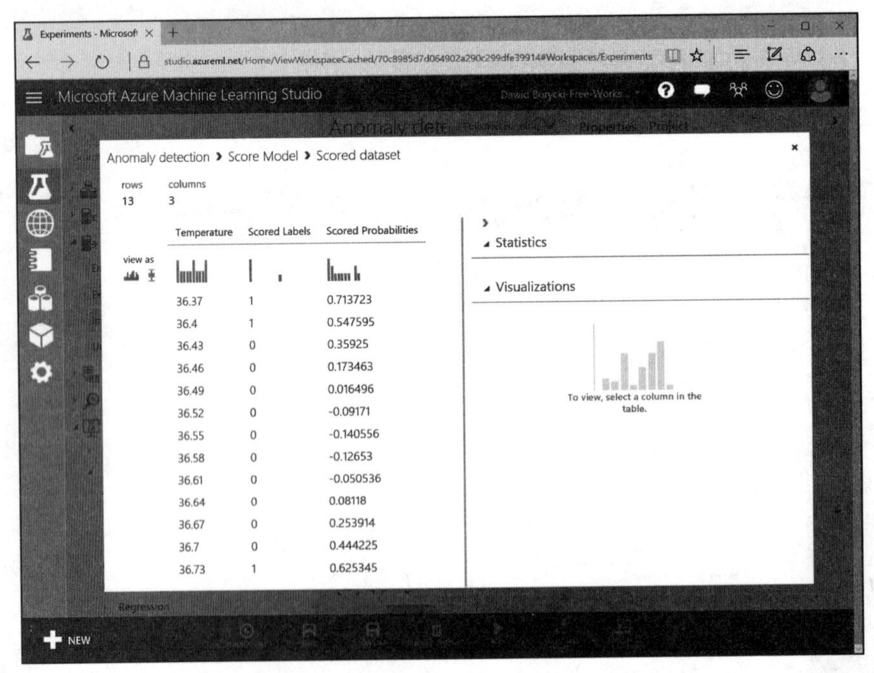

图 11-27　测试数据集的异常检测器的评分标签和概率，η 为 0.0025

11.3.3　准备和发布 Web 服务

要将经过训练和调整的异常检测器实验发布为 Web 服务，需要将 4 个附加对象拖动到实验中：Web 服务输入（Web Service Input）、Web 服务输出（Web Service Output，即 Web 服务节点)、计分模型(Score Model)和编辑元数据(Edit Metadata，即数据转换 / 操作)，然后连接这些对象的输入和输出节点，如图 11-28 所示。

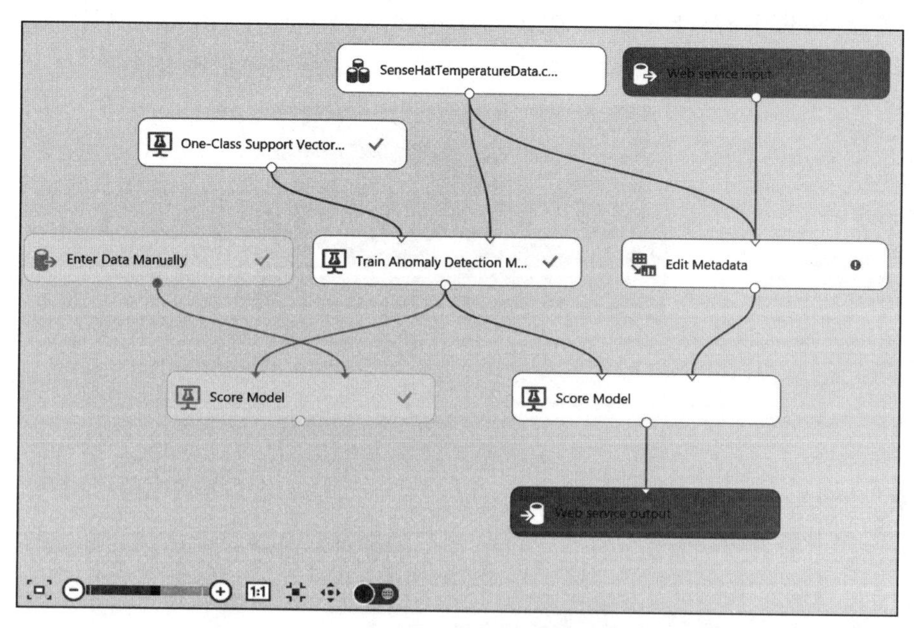

图 11-28　将 Web 服务接口添加到异常检测实验

Web 服务的输入和输出节点表示接收(由客户端应用程序发送的)和发送(由客户端应用程序接收)的 JSON 格式的请求和响应。该请求包含输入测试数据(一个或多个温度)，而响应会包含标签和相应的概率。通常，训练和输入数据集可以有多列。要指定 Web 服务使用哪一列(或多列)，请使用 Edit Metadata 对象。如果没有选择，Edit Metadata 会显示一个感叹号。

在 Edit Metadata properties 窗口中选择列，然后单击 Launch Column Selector 按钮打开一个新窗口。在窗口中选择 Temperature 列(见图 11-15)。关闭该窗口后，Edit Metadata properties 窗口将如图 11-29 所示。

我们使用额外的计分模型来给 Web 服务输入的数据计分。Web 服务输出将得到的得分标签和概率返回客户端应用程序。

请注意，添加 Web 服务节点后，在图 11-28 底部看到的实验工具栏包含一个额外的切换按钮。它用于在实验显示模式之间切换：实验视图和 Web 服务视图。在 Web 服务视图中，因为要测试的数据取自 Web 服务输入，手动输入数据

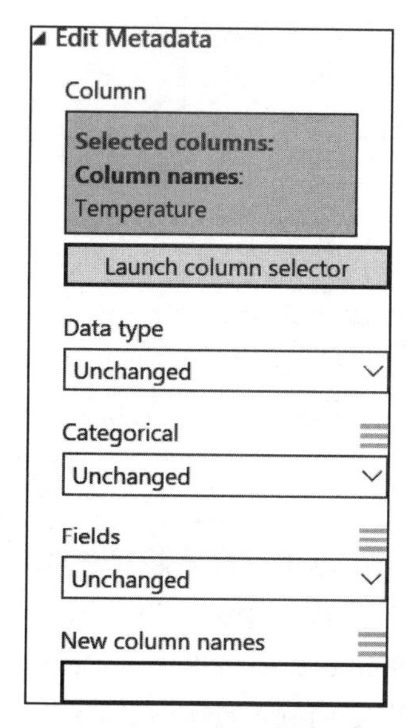

图 11-29　选中单个温度列的编辑元数据属性窗口。不再使用数据转换

和关联的分数模型将被隐藏。在实验视图中，Web 服务节点被隐藏。

在设置 Web 服务之前需要运行实验。如图 11-30 所示，单击 SET UP WEB SERVICE 按钮，然后选择 Predictive Web Service [Recommended] 选项。这样做会产生图 11-31 所示的预测性实验。

图 11-30　设置 Web 服务

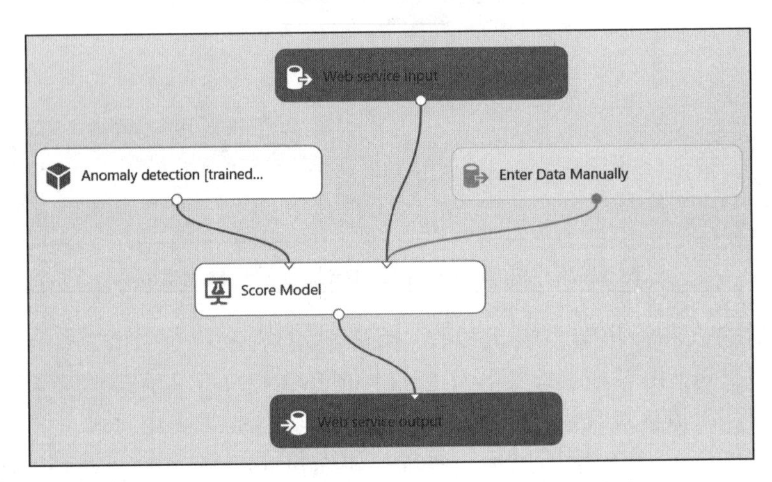

图 11-31　Web 服务视图中的异常检测预测实验

将单类支持向量机异常检测模型与训练异常检测模型、训练数据集和一个得分模型一起转换为单个对象——Anomaly detection [trained model]。此外，预测实验还有两种预览模式——实验视图，可以看到 Enter Data Manually；Web 服务视图，相应的功能被禁用。

最后，使用 Web 服务输入和输出的属性窗口，将输入名称更改为 temperatureInput，并将输出名称更改为 anomalyDetectionResult，如图 11-32 所示。

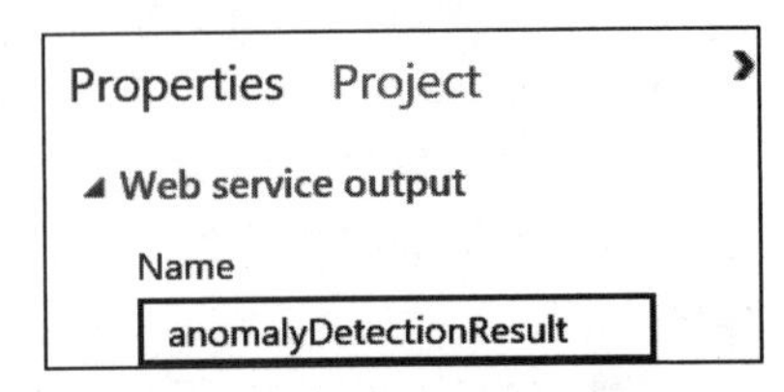

图 11-32　Web 服务输出名称配置。Web 服务输入的相应名称可以类似地设置

现在可以重新运行预测性实验来验证它。之后，要部署 Web 服务，请使用 Microsoft Azure Machine Learning Studio 底部菜单中的 Deploy Web Service 按钮。我们将被重定向到 Web 服务仪表板，如图 11-33 所示。具体来说，该仪表板显示访问 Web 服务所需的 API 密钥。我们还可以找到指向 API 帮助页面的链接，其中显示了如何构建和

发送请求。在实现 Web 服务客户端时这些信息都会被使用到，在下一节中将具体介绍。

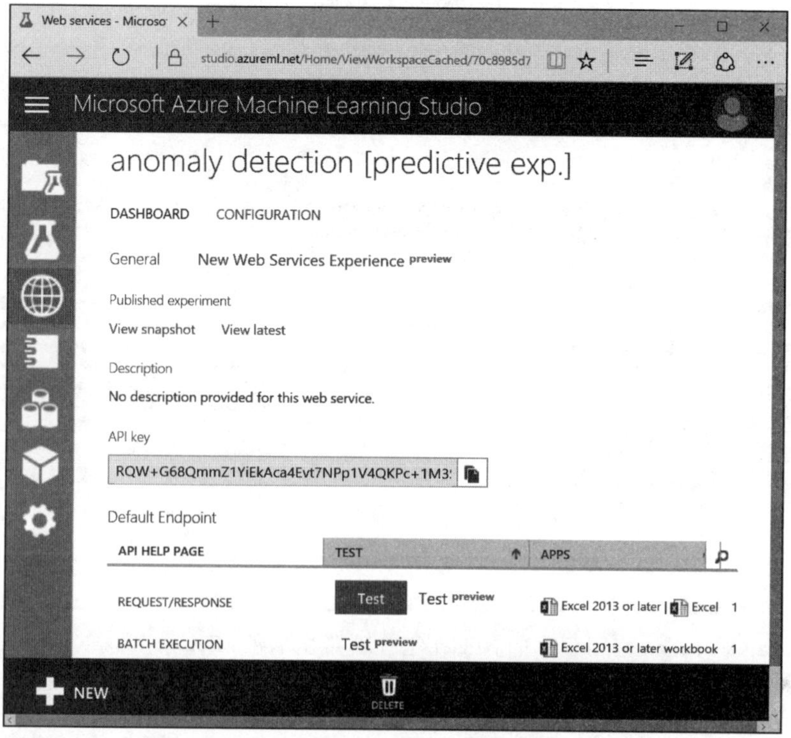

图 11-33 Web 服务仪表板

11.3.4 实现 Web 服务客户端

我们之前准备的 Web 服务可以像 Emotion API 一样通过专用的 REST 客户端类访问。但是，需要基于 Web 服务 API 手动实现此类。在云优先、移动优先的世界中，这样的任务对网络和移动开发者来说是非常典型的，许多工具用于加速 REST 客户端的开发。

我们需要做的第一件事是安装 Microsoft.AspNet.WebApi.Client NuGet 包。使用包管理器将它安装在 AnomalyDetection 应用程序中，如图 11-34 所示。我们还可以使用包管理器控制台（Tools/NuGet Package Manager/Package Manager console），在其中输入 InstallPackage-Microsoft.AspNet.WebApi.Client。

接下来，通过单击 Web 服务仪表板（见图 11-33）中的 Request/Response 链接来查找 Web 服务 API。API 文档会显示请求 URI、标题、正文以及示例响应。还可以在那里找到用 C#、Python 和 R 编写的示例代码片段，这些代码片段展示了如何访问 Web 服务。但是，我们最感兴趣的 C# 示例并未明确显示如何轻松读取最合意的信息，即得分标签。为此，需要将 JSON 响应转换为 C# 对象。可以使用 Microsoft.AspNet.WebApi.Client NuGet 包中实现的 HttpClient 扩展方法和用于将 JSON 结构映射到 C# 类的其他工具近乎自动地完成此操作，例如，json2csharp（http://json2csharp.com/）给出了 JSON 对象，为相应的 C# 类。

要使用 json2csharp，只需要将示例请求或响应 JSON 复制到 json2csharp 文本框，然后单击 Generate 按钮。它将生成 C# 类，可以将其复制到项目中。

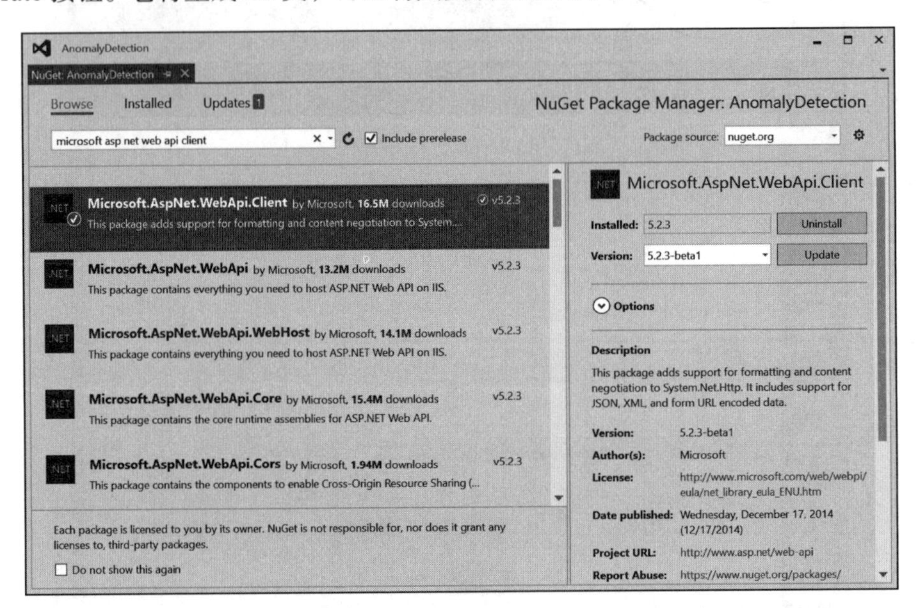

图 11-34 AnomalyDetection 应用程序的 NuGet 包管理器显示了 Microsoft.AspNet.WebApi.Client 包的已安装版本

代码清单 11-21 包含一个来自异常检测 [predictive exp.] Web 服务的示例请求（参见代码清单 11-22）生成的 json2csharp 结果。正如所见，C# 类反映了 JSON 结构。此后，异常检测 [predictive exp.] 网络服务将表示为预测性网络服务。

代码清单 11-21 预测实验 Web 服务请求的 C# 映射

```
public class TemperatureInput
{
    public List<string> ColumnNames { get; set; }
    public List<List<string>> Values { get; set; }
}

public class Inputs
{
    public TemperatureInput temperatureInput { get; set; }
}

public class GlobalParameters { }

public class RootObject
{
    public Inputs Inputs { get; set; }
    public GlobalParameters GlobalParameters { get; set; }
}
```

代码清单 11-22 预测实验的示例主体

```
{
  "Inputs": {
    "temperatureInput": {
      "ColumnNames": [
        "Temperature"
      ],
      "Values": [
        [
          "0"
        ],
        [
          "0"
        ]
      ]
    }
  },
  "GlobalParameters": {}
}
```

为了实现预测Web服务的REST客户端，我们开始使用json2csharp将JSON请求和响应转换为C#类。然后，稍微修改了自动生成的定义，具体请参阅Chapter 11/AnomalyDetection/PredictiveService中的配套代码。首先，在PredictionRequest.cs文件中保存了一个自动生成的请求类，然后将字符串列表中的TemperatureInput类型修改为字符串数组。随后，修改了Inputs类的TemperatureInput属性的名称，并将RootObject重命名为PredictionRequest。最后，实现了PredictionRequest类的构造函数，如代码清单11-23所示。这个构造函数有一个参数temperature用于准备请求。这是用户需要的唯一信息。用这种方式，用户不需要关心内部请求结构。此模式与Emotion API客户端中使用的模式类似：提供图像数据，客户端类执行请求并接收返回结果。

代码清单 11-23 PredictionRequest 类包装了 Web 服务请求主体

```
public class PredictionRequest
{
    public Inputs Inputs { get; set; }
    public GlobalParameters GlobalParameters { get; set; }

    public PredictionRequest(double temperature)
    {
        Inputs = new Inputs()
        {
            TemperatureInput = new TemperatureInput()
            {
                ColumnNames = new string[]
                {
                    "Temperature"
                },
                Values = new string[,]
                {
```

```
                        { temperature.ToString() },
                        { "0" },
                    }
                }
            };
        }
    }
```

包装Web服务响应的C#类位于PredictionResponse.cs文件中。和以前一样，我们将Value类的类型从List <string>更改为string []，将List <List <string>，更改为string [,]。然后，对名称做了一些调整。具体来说，我们将自动生成的类RootObject重命名为Prediction-Response，请参阅Chapter 11/AnomalyDetection/PredictiveService/PredictionResponse.cs中的配套代码。

预测性Web服务的响应是一个数据表，该数据表类似于Microsoft Azure Machine Learning Studio中的可视化的计分数据，如图11-27所示，即有3列：温度、计分标签和概率。这些数据打包在JSON字符串数组中，可以通过AnomalyDetectionResult.Value.Values属性访问这些数据。它是二维字符串数组。为了更容易地解释这个数组中的每一行，我们编写了PredictionScore类，参见代码清单11-24。该类实现一个构造函数，接受PredictionResponse类型的参数，然后自动从Web服务接收到的数据表的第一行获取温度、标签和概率。这些内容被依次转换，然后公布给PredictionScore类的相应属性。PredictionScore仅使用第一个数据行，因为我们的请求一次只能发送一个温度。但是，可以非常方便地将其推广到多个温度的情况。只需要扩展代码清单11-23中的构造函数即可将后续温度添加到Values数组，然后遍历接收到的数据表的各行。

PredictionScore还实现了IsNormal属性，该属性将计分标签转换为直观的信息并实现了可用于调试的ToString方法。我们使用了C#6.0的一个功能——字符串插值。

代码清单11-24 PredictionScore简化了Web服务响应

```
public class PredictionScore
{
    public double Temperature { get; set; }
    public double Label { get; set; }
    public double Probability { get; set; }

    public bool IsNormal
    {
        get { return !Convert.ToBoolean(Label); }
    }

    public PredictionScore() { }

    public PredictionScore(PredictionResponse predictiveServiceResponse)
    {
        Check.IsNull(predictiveServiceResponse);
```

```
        var values = predictiveServiceResponse.Results.AnomalyDetectionResult.Value.Values;

        if (values.Length > 0)
        {
            Temperature = Convert.ToDouble(values[0, 0]);
            Label = Convert.ToDouble(values[0, 1]);
            Probability = Convert.ToDouble(values[0, 2]);
        }
    }

    public override string ToString()
    {
       return $"Temperature: {Temperature:F2}, label: {Label}, Probability: {Probability:F3}";
    }
}
```

在上述示例中，我们实现了 PredictiveServiceClient 类，它是实际的 REST 客户端。该类基于 System.Net.Http 名称空间中声明的 HttpClient。HttpClient 提供了使用 HTTP 协议从 URI 标识的资源发送和接收数据的基本功能。在代码清单 11-25 中，展示了如何配置 HttpClient 以使用预测性 Web 服务。也就是说，首先将请求 URI（来自 Web 服务 API 帮助文档）写入 HttpClient 类的 BaseAddress 属性。请求 URI 具有以下形式：

```
https://ussouthcentral.services.azureml.net/workspaces/<workspaceId>/
services/<serviceId>/execute?api-version=2.0&details=true
```

其中 <workspaceId> 和 <serviceId> 分别是 Microsoft Azure Machine Learning Studio 工作空间和 Web 服务的 GUID。接下来，需要传递 API 密钥作为请求的不记名令牌。可以使用 AuthenticationHeaderValue 类的实例将其添加到 HTTP 请求的头部。

代码清单 11-25 用于访问预测性 Web 服务的最小 HttpClient 配置

```
private const string postAddress = "TYPE_YOUR_REQUEST_URI_HERE";
private const string apiKey = "TYPE_YOUR_API_KEY_HERE";

private HttpClient httpClient;

public PredictiveServiceClient()
{
    httpClient = new HttpClient()
    {
        BaseAddress = new Uri(postAddress),
    };

    httpClient.DefaultRequestHeaders.Authorization = new AuthenticationHeaderValue("Bearer",
        apiKey);
}
```

为了发送计分请求，我们通过异步方法 PredictAnomalyAsync 补充了 PredictiveService-Client 类，参见代码清单 11-26。它接受单一的参数 temperature。该值首先用于实例化 PredictionRequest 类，然后使用 PostAsJsonAsync（在 System.Net.Http.HttpClientExtensions 中

定义）作为 JSON POST 请求发送到 Web 服务。生成的响应会自动分析到 ReadAsAsync 扩展方法内的 PredictionResponse 类的实例（在 System.Net.Http.HttpContentExtensions 中定义）。PredictionResponse 类由 PredictionScore 包装并返回给调用者。

代码清单 11-26 使用预测性 Web 服务预测温度异常

```
public async Task<PredictionScore> PredictAnomalyAsync(double temperature)
{
    var predictionRequest = new PredictionRequest(temperature);

    var response = await httpClient.PostAsJsonAsync(string.Empty, predictionRequest);

    PredictionScore predictionScore;

    if (response.IsSuccessStatusCode)
    {
        var scoreResponse = await response.Content.ReadAsAsync<PredictionResponse>();

        predictionScore = new PredictionScore(scoreResponse);
    }
    else
    {
        throw new Exception(response.ReasonPhrase);
    }

    return predictionScore;
}
```

11.3.5 组合所有的内容

现在你拥有所有工具来动态探测 Sense HAT 传感器的温度读数并检测异常情况。要将它们放在一起，需要异步操作（Task），它将读取传感器的温度，将其发送到 Web 服务，并根据评分标签驱动 LED 阵列。

我们在 AnomalyDetection 应用程序的 MainPage 的代码隐藏中实现了这样的功能，请参阅 Chapter 11/AnomalyDetection/MainPage.xaml.cs 中的配套代码。

具体来说，代码清单 11-27 显示了 Start Temperature Monitoring 按钮的事件处理程序（见图 11-22）。我们使用这个处理程序来禁用一个按钮，然后创建并运行后台操作，后者处理来自传感器的数据。每次都会实例化相应的 temperatureMonitoringTask，只要用户单击 Stop Temperature Monitoring 按钮，相关的匿名方法就会处于活动状态。这将调用代码清单 11-28 中的事件处理程序，并且它发送信号以停止 temperatureMonitoringTask，并随后重新启用 Start Temperature Monitoring 按钮。

要发送信号来中断任务，我们使用 CancellationTokenSource 类。具体来说，IsCancellationRequested 用于控制匿名任务方法中的 while 循环（参见代码清单 11-27）。调用 CancellationTokenSource 类实例的 Cancel 方法后，IsCancellationRequested 从 false 更改为 true，参见代码清单 11-28。这个方法可以在检查 while 循环条件后调用，所以需要等待温度监控任务完成。然后，通过 AnomalyViewModel 的相应字段更新 UI。

代码清单 11-27 异步温度处理

```
private Task temperatureMonitoringTask;
private CancellationTokenSource temperatureMonitoringCancellationTokenSource;

private void ButtonStartTemperatureMonitoring_Click(object sender, RoutedEventArgs e)
{
    anomalyViewModel.IsTemperatureMonitoringEnabled = true;

    temperatureMonitoringCancellationTokenSource = new CancellationTokenSource();

    temperatureMonitoringTask = new Task(() =>
    {
        const int msDelay = 500;

        while (!temperatureMonitoringCancellationTokenSource.IsCancellationRequested)
        {
            GetAndProcessTemperature();

            Task.Delay(msDelay).Wait();
        }
    }, temperatureMonitoringCancellationTokenSource.Token);

    temperatureMonitoringTask.Start();
}
```

代码清单 11-28 停止温度监测

```
private void ButtonStopTemperatureMonitoring_Click(object sender, RoutedEventArgs e)
{
    temperatureMonitoringCancellationTokenSource.Cancel();
    temperatureMonitoringTask.Wait();

    anomalyViewModel.IsTemperatureMonitoringEnabled = false;
}
```

实际温度处理在代码清单 11-29 的 GetAndProcessTemperature 方法中实现。如果字段 isSensorEmulationMode 为 false 或随机产生，则从传感器获得温度，参见代码清单 11-30。这种简单的传感器仿真模式，能够将传感器读数测试与 Web 服务的通信调试独立开来。

使用 PredictiveServiceClient 的 PredictAnomalyAsync 方法将产生的温度发送到预测性 Web 服务。预测计分会用于更新 UI 和 LED 阵列。

代码清单 11-29 检测温度异常

```
private bool isSensorEmulationMode = false;
private TemperatureAndPressureSensor sensor = TemperatureAndPressureSensor.Instance;
private PredictiveServiceClient predictiveServiceClient = new PredictiveServiceClient();

private async void GetAndProcessTemperature()
{
```

```
    try
    {
        var temperature = GetTemperature();

        var result = await predictiveServiceClient.PredictAnomalyAsync(temperature);

        UpdateTemperatureDisplay(temperature, result.IsNormal);
    }
    catch(Exception ex)
    {
        Debug.WriteLine(ex.Message);
    }
}

private float GetTemperature()
{
    if (isSensorEmulationMode)
    {
        return GetRandomTemperature();
    }
    else
    {
        return sensor.GetTemperature();
    }
}

private float GetRandomTemperature(float baseTemperature = 36.55f)


{
    var random = new Random();

    const double scaler = 0.5;

    return (float)(baseTemperature + random.NextDouble() * scaler);
}
```

如代码清单11-30所示，UI在UI线程中通过AnomalyViewModel类的属性进行更新。温度显示在文本框中。前景颜色在正常情况下为绿色，在异常温度下为红色。使用UpdateLedArray类似地改变LED阵列颜色，仅当存在关联的Sense HAT连接时才起作用。这种情况下，isLedArrayAvailable为true。

代码清单 11-30 更新温度显示

```
private bool isLedArrayAvailable = false;

private async void UpdateTemperatureDisplay(float temperature, bool isNormalLevel)
{
    if (Dispatcher.HasThreadAccess)
    {
        anomalyViewModel.Temperature = temperature;
```

```
        anomalyViewModel.TemperatureStatusColorBrush =
            isNormalLevel ? normalTemperatureLevelColorBrush :
            abnormalTemperatureLevelColorBrush;

        UpdateLedArray();
    }
    else
    {
        await Dispatcher.RunAsync(CoreDispatcherPriority.Normal,
            () => { UpdateTemperatureDisplay(temperature, isNormalLevel); });
    }
}

private void UpdateLedArray()
{
    if (isLedArrayAvailable)
    {
        ledArray.Reset(anomalyViewModel.TemperatureStatusColorBrush.Color);
    }
}
```

如果现在重新运行应用程序并单击 Start Temperature Monitoring 按钮，将看到类似于图 11-22 所示的结果。请注意，通过更改 isSensorEmulationMode 的值，可以以两种模式测试应用程序：使用真实物联网设备（isSensorEmulationMode = false）和使用仿真器（isSensorEmulationMode = true）。在传感器仿真模式中，随机生成的温度被发送到预测服务。而在非模拟模式下，实际温度用传感器读取读数并被发送到预测服务。

可以通过将 GetRandomTemperature 方法的 baseTemperature 参数更改为训练数据集的平均值来调整训练数据集的非模拟模式。还可以修改 scaler，该 scaler 指定随机温度随时间变化的程度，请参阅代码清单 11-29 中的 GetRandomTemperature 方法。通过减少 scaler，可以使温度“更加正常”。相反，当增加 scaler 时，温度会变得“不太正常”。在非模拟模式下，可以拿东西覆盖物联网设备来引发温度变化，通常这会使温度上升。

最后请注意，设备在运行过程中会变热。因此，如果第二天使用已经冷却的物联网设备重新运行 AnomalyDetection，很可能需要重新训练 ML 模型，因为“正常”温度已经改变。要解决此问题，还可以修改 SVM 模型公差。另一个选择是为评分标签概率设置一些任意阈值。然后，可以忽略概率低于该阈值的异常。

11.4　总结

在本章中，学习了如何使用人工智能模块补充 UWP 应用程序。最开始我们使用微软认知服务的 AI 模块，即 Emotion API。然后，学习了如何使用 Microsoft Azure Machine Learning Studio 构建和训练自定义 AI。我们还开发了回归和分类模型，回归用于预测温度，而分类用于异常检测。最后使用 HTTP 将异常检测器与物联网应用组合在一起。

PART 3 · 第三部分

Azure IoT Suite

第 11 章中开发的机器学习解决方案需要手动获取训练数据集并将数据上传到云端。我们以 CSV 格式存储了一个训练数据集，从物联网设备下载，然后将其上传到云端。当使用单个设备或不经常重新训练 ML 模型时，此方法可以正常工作。但是，当设备数量增加（这是物联网系统的典型情况）或者希望频繁使用新数据更新 ML 模型时，可以自动化这些操作的服务将变得更具吸引力。

Azure IoT 提供多种服务，使我们可以从设备收集和聚合数据。具体来说，可以使用这些服务自动将数据从设备发送到云，然后更新 ML 模型。还可以使用 Azure IoT 服务实时可视化传感器数据，甚至可以远程控制智能设备。

Microsoft Azure IoT Suite 将多个 Azure IoT 服务与解决方案后端相结合。解决方案的后端是 Web 应用程序——物联网解决方案的控制面板。部署到 Azure 的控制面板可以从联网的任何地方访问，并且可以直接访问 Azure IoT 和 ML 服务，可以处理数据以查找趋势、可重复模式或预测设备故障。因此，Azure IoT Suite 是物联网定义中的 Internet 组件（请参阅第 1 章）。

在本书的最后这一部分，描述了 Microsoft Azure IoT Suite 提供的两个预配置的物联网解决方案，分别是远程监控和预测性维护。第 12 章主要介绍远程监控物联网解决方案，显示了如何从远程设备收集、处理和可视化数据。第 13 章主要介绍预测性维护解决方案，它基于机器学习智能地扩展了远程设备监控的功能。在第 14 章中，为了展示如何自行构建物联网解决方案，将更详细地介绍 Azure IoT 服务。

第 12 章 · CHAPTER 12

远程监控

在本章中，将创建用于监控远程设备的 Azure IoT Suite 解决方案，该解决方案包含一个基于云构建的系统，其中使用 Azure IoT Hub 和 Azure Storage 汇集来自远程设备的数据。基于 Azure Event Hub、Azure Stream Analytics 和 Microsoft Power BI 等其他几种 Azure 服务，远程设备可通过 Web 应用程序监控解决方案流程并可视化 Bing 地图上的传感器数据和设备位置（见图 12-1）。该解决方案还可以远程控制设备。我们可以将消息发送到远程设备，命令设备采取特定操作。

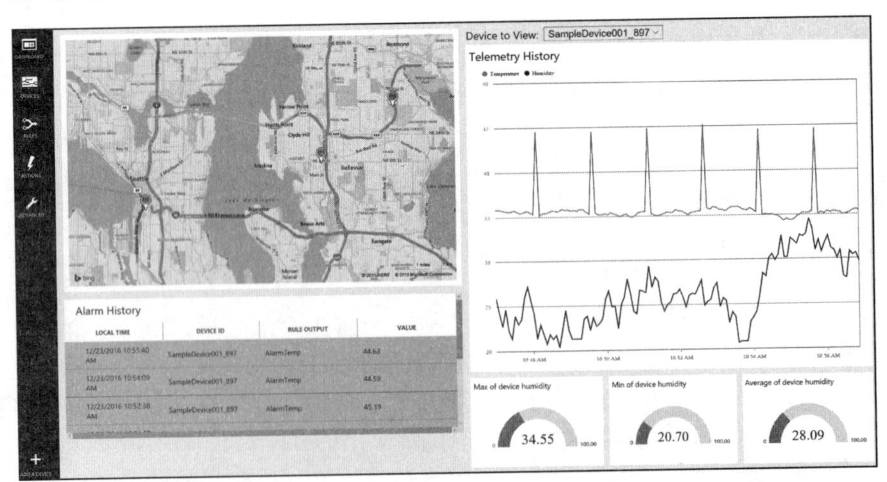

图 12-1　SenseHatRemoteMonitoring 解决方案的仪表盘

我们首先为远程设备监控设置了预先配置的 Azure IoT Suite 解决方案，然后开始编写客户端的程序。客户端程序将在装有 Sense HAT 扩展板的 RPi2/RPi3 上运行。云端的解决方案和客户端程序可以互相通信。客户端物联网设备将传感器数据发送到云端，云端将运行SenseHatRemoteMonitoring解决方案，实时处理和可视化传感器数据。我们还定义了用于远程控制Sense HAT的命令。

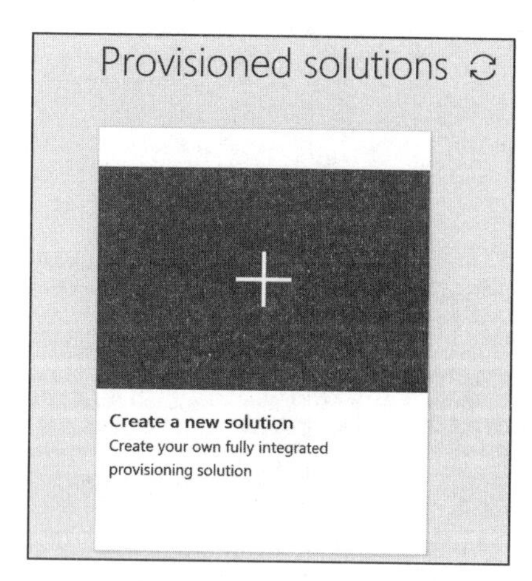

图12-2 Microsoft Azure IoT Suite Provisioned solutions页面

12.1 设置预先配置的解决方案

要在Microsoft Azure IoT Suite解决方案中创建预配置的解决方案，请访问http://azureiotsuite.com网站。登录并配置订阅后（可以使用免费试用版，可用一个月），将被重定向到一个页面，此时可以单击图12-2中所示的“+”图标。

单击Create a new solution按钮后，会出现两个选项：Predictive maintenance和Remote monitoring（见图12-3），选择第二个。

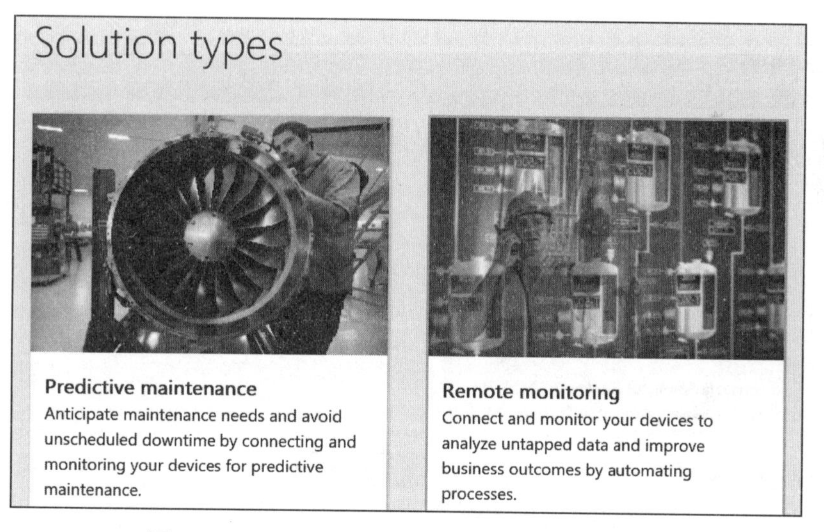

图12-3 Microsoft Azure IoT Suite解决方案类型

Azure IoT Suite将显示一个页面，可以在其中设置解决方案名称、Azure订阅类型和区域。如图12-4所示，将解决方案名称设置为SenseHatRemoteMonitoring，并使用Free Trial订阅类型。

你可根据所在位置选择地区。创建过程将相应地调整Azure物理服务器的位置。请注意，解决方案的名称是唯一的，因此需要使用与SenseHatRemoteMonitoring不同的解决方案名称。

单击Create Solution按钮（位于页面底部）后，将开始解决方案配置。完成此过程需要一段时间。成功创建后，将显示带有选中标记的Ready标签（见图12-5）。在此页面中，还可以预览有关刚刚创建的解决方案的所有详细信息，并导航到 GitHub 上的门户源代码进行查看。

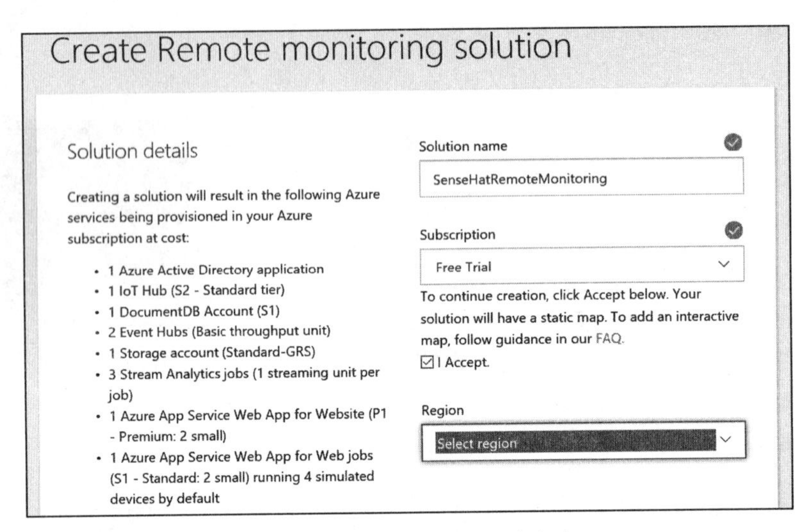

图 12-4　创建远程监控解决方案

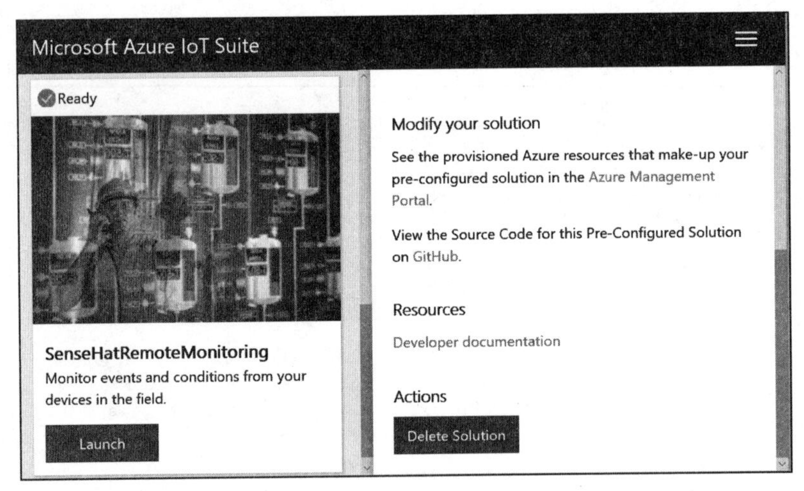

图 12-5　使用 Azure IoT Suite 预配置解决方案创建的 SenseHatRemoteMonitoring 解决方案

现在，只需要单击 Launch 按钮启动解决方案，然后单击解决方案仪表盘链接确认它正在运行。它具有以下形式：<your-solution-name>.azurewebsites.net。在我们的示例中，它是 sensehatremotemonitoring.azurewebsites.net。仪表盘 URL 也可以在解决方案详细信息窗格的顶部找到（图 12-5 的右侧部分）。

单击仪表盘 URL 后，解决方案门户网站将显示在默认 Web 浏览器中，与在图 12-1 中看到的类似。门户网站的每个标签介绍如下：

❑ DASHBOARD：显示已连接设备、警报和遥测数据的映射。

- DEVICES：显示远程设备的列表，包括其状态、标识符、硬件功能和描述。目前，应该有 4 个模拟设备。每个设备的详细信息都显示在右侧窗格中。请注意，此窗格还包含 Commands 链接。单击此链接会显示一个表单，允许将远程请求发送到特定设备。
- RULES 和 ACTIONS：这是用来定义报警规则的，例如当遥测值超过阈值时采取的行动。
- ADVANCED：这将启用可选功能。例如，它允许将解决方案连接到 Jasper 控制中心（http://www.jasper.com）。

12.2 预配设备

要使 Azure IoT Hub 能够从物联网硬件接收遥测数据，需要在 SenseHatRemoteMonitoring 仪表盘中预配设备。此后，物联网设备可以发送遥测数据。在下面的示例包含了该过程，其中，发送的遥测数据包括从 Sense HAT 扩展板获得的温度和湿度。

我们在 SenseHatTelemeter 应用程序中实现了这个功能（参见 Chapter 12/SenseHatTelemeter 的配套代码），基于 Blank App（Universal Windows）Visual C# 项目模板的基础构建了该代码。此应用程序的用户界面如图 12-6 所示。它由 4 个按钮和 2 个标签组成。按钮用于连接云、发送设备信息，并控制从适当的传感器读取温度和湿度的过程（启动遥测和停止遥测）。温度和湿度值以标签显示，也会发送到云端。在接下来的几节中，将介绍如何实现与按钮相关的功能。

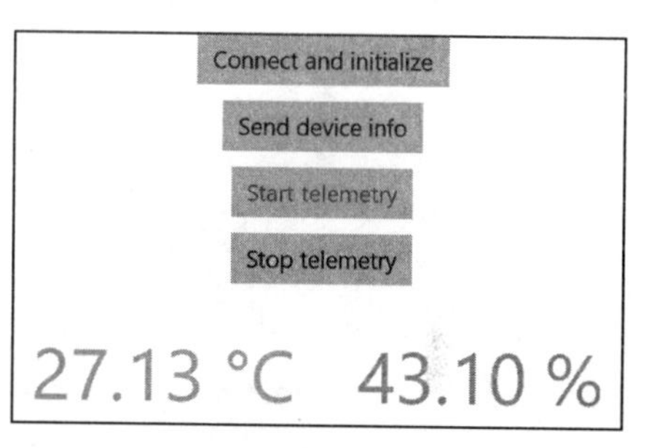

图 12-6 SenseHatTelemeter 应用程序的用户界面

12.2.1 注册新设备

首先，需要在 SenseHatRemoteMonitoring 仪表盘中注册设备。通过使用位于界面网站左下角的 ADD A DEVICE 按钮来执行此操作。单击此按钮后，将显示一个新页面。

这里可以选择模拟设备或自定义设备（见图 12-7）。因为需要使用物理硬件，所以选择 Custom Device 选项。

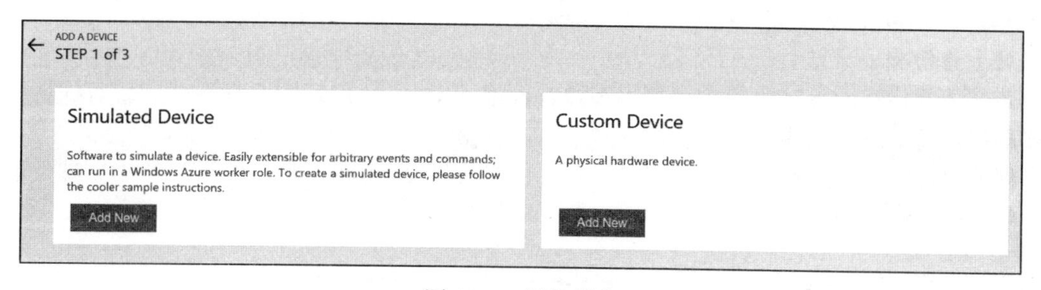

图 12-7 添加设备

然后，如图 12-8 所示，手动定义设备标识符或让 SenseHatRemoteMonitoring 自动生成设备标识符。我们将使用手动配置设备 ID，此处将其配置为 SenseHAT。验证此标识符可用后，单击 Create 按钮。设备凭证将在一段时间后显示。将设备凭证复制并保存，因为我们需要在代码中使用它们。最后，单击 Done 按钮。设备列表中将显示一个新设备（见图 12-9）。请注意，此设备具有“挂起”状态。将设备信息发送到云后，其状态将变为“正在运行”。

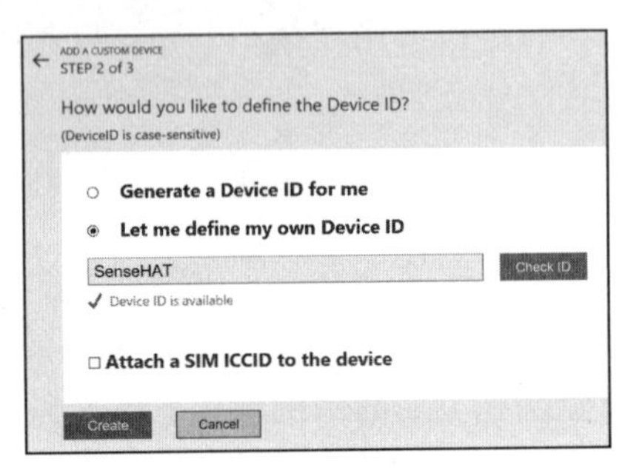

图 12-8 生成设备标识符

Device List (5)

STATUS	DEVICE ID	MANUFACTURER
Running	SampleDevice001_897	Contoso Inc.
Running	SampleDevice002_897	Contoso Inc.
Running	SampleDevice003_897	Contoso Inc.
Running	SampleDevice004_897	Contoso Inc.
Pending	SenseHAT	

图 12-9 设备列表现在包括新配置的 SenseHAT 设备

12.2.2 发送设备信息

当发送过描述硬件功能（设备信息）的消息时，在 SenseHatRemoteMonitoring 仪表盘中注册的设备将变为活动状态。要启用物联网设备和 Microsoft Azure 之间的通信，请使用 Microsoft.Azure.Devices.ClientNuGet 包。它提供了 DeviceClient 类，这用于与 IoT Hub 通信。

DeviceClient 不实现任何公共构造函数。要实例化 DeviceClient，请使用 Create 或 CreateFromConnectionString 方法的特定覆盖。在设备注册的最后一步中，SenseHatRemote-Monitoring 仪表盘提供了 3 个值：IoT Hub 主机名、设备标识符和设备密钥。读者可以使用 Create 方法的第一个版本实例化 DeviceClient 类：

```
public static DeviceClient Create(string hostname, IAuthenticationMethod
    authenticationMethod);
```

此方法接受实现 IAuthenticationMethod 接口的主机名和对象。对于主机名，只需要使用 IoT Hub 主机名传递该字符串，它具有以下形式：<iot-hub-identifier> .azure-devices.net，例如 sensehatremotemonitoring28a04.azure-devices.net。

对于身份验证方法，我们可以传递 DeviceAuthenticationWithRegistrySymmetricKey 类的实例。其公共构造函数接受两个字符串参数：deviceId 和 key。它们直接对应于设备注册期间提供的值。请注意，这些值大小写敏感。

创建 DeviceClient 后，通过调用 OpenAsync 方法打开连接。客户端与 IoT Hub 进行通信的完整代码片段类似于代码清单 12-1。

代码清单 12-1 连接到 Azure IoT Suite

```
private const string deviceId = "SenseHAT";
private const string hostname = "<TYPE_YOUR_IOT_HUB_ID_HERE>.azure-devices.net";
private const string deviceKey = "<TYPE_YOUR_KEY_HERE>";
```

```
private DeviceClient deviceClient;

private async Task InitializeDeviceClient()
{
    var authentication = new DeviceAuthenticationWithRegistrySymmetricKey(deviceId, deviceKey);

    deviceClient = DeviceClient.Create(hostname, authentication);

    await deviceClient.OpenAsync();
}
```

如代码清单12-2所示，在SenseHatTelemeter的Connect按钮的click事件处理程序中调用InitializeDeviceClient方法。可以看到我们还使用了两个对象：TelemetryViewModel和Telemetry。选择第一个对象的公共属性绑定到可视控件的属性，并用于更新用户界面。这里TelemetryViewModel的设计和用法类似于第11章中的AnomalyViewModel。第二个对象Telemetry实现了所有和周期性读取传感器读数相关的逻辑。与AnomalyDetection应用程序不同，我们将传感器处理功能委派给单独的类，以更好地区分与Azure IoT Suite相关的代码。在下一节中将详细讨论Telemetry类。此处我们将专注于发送设备信息代码的讲解。

代码清单12-2 连接到云并设置Telemetry类以从传感器读取数据

```
private const int secReadoutDelay = 5;

private TelemetryViewModel telemetryViewModel = new TelemetryViewModel();
private Telemetry telemetry;

private async void ButtonConnect_Click(object sender, RoutedEventArgs e)
{
    if (!telemetryViewModel.IsConnected)
    {
        try
        {
            // 连接到云
            await InitializeDeviceClient();

            // 设置 Telemetry 类
            telemetry = await Telemetry.CreateAsync(TimeSpan.
                FromSeconds(secReadoutDelay));
            telemetry.DataReady += Telemetry_DataReady;

            telemetryViewModel.IsConnected = true;
        }
        catch (Exception ex)
        {
            Debug.WriteLine(ex.Message);
        }
    }
}
```

要发送设备信息，可以按照与第 11 章类似的方法构造适当的 JSON 对象，即构造反映 JSON 对象结构的 C# 类，然后配置其属性，最后序列化这些对象并将结果数据发送到云。

代码清单 12-3 中显示了用 C# 抽象的设备信息对象表示。它由 5 个属性组成，前 2 个指定设备是真实的还是模拟的（IsSimulatedDevice）以及设备信息版本（Version）。对于第 3 个属性 ObjectType，使用常量字符串 DeviceInfo。这 3 个成员的意义非常直观。

代码清单 12-3 一个 C# 类映射的 JSON DeviceInfo 对象

```
public class DeviceInfo
{
    public bool IsSimulatedDevice;

    public string Version;

    public string ObjectType;

    public DeviceProperties DeviceProperties;

    public Command[] Commands;
}
```

对最后 2 个属性需要额外注意，第 1 个是 DeviceProperties，它是在同名的类中实现的（请参阅 Chapter 12/SenseHatTelemeter/AzureHelpers/DeviceProperties.cs 中的配套代码）。DeviceProperties 类映射完整的设备描述，该描述显示在 SenseHatRemoteMonitoring 仪表盘中，用于说明硬件的功能。在默认仪表盘中，它们仅用于演示目的。因此，可以指定所需的任何值，并注意需要使用纬度和经度在仪表盘地图上标记硬件的地理位置。

要配置 DeviceProperties 类的字段，需要编写 SetDefaultValues 方法，如代码清单 12-4 所示。在 DeviceProperties 类构造函数中调用此方法。对于大多数字段，SetDefaultValues 使用常量字符串。只有 3 个字段可以变化：Manufacturer、FirmwareVersion 和 Platform。Manufacturer 是制造商，取自发布者的显示名称。如图 12-10 所示，可以通过包清单编辑器（Packaging 选项卡）配置该值。为了确定 FirmwareVersion 和 Platform 属性，我们编写了一个静态类 VersionHelper。

代码清单 12-4 默认设备属性

```
private void SetDefaultValues()
{
    HubEnabledState = true;
    DeviceState = "normal";
    Manufacturer = Package.Current.PublisherDisplayName;
    ModelNumber = "Sense HAT #1";
    SerialNumber = "0123456789";
    FirmwareVersion = VersionHelper.GetPackageVersion();
    AvailablePowerSources = "1";
    PowerSourceVoltage = "5 V";
    BatteryLevel = "N/A";
    MemoryFree = "N/A";
```

```
        Platform = "Windows 10 IoT Core " + VersionHelper.GetWindowsVersion();
        Processor = "ARM";
        InstalledRAM = "1 GB";
        Latitude = 47.6063889;
        Longitude = -122.3308333;
    }
```

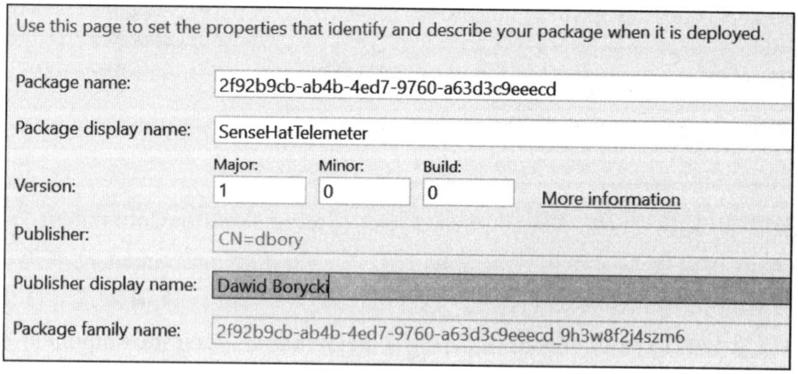

图 12-10　配置发布者显示名称

该 VersionHelper 类有 2 个公共方法：GetPackageVersion 和 GetWindowsVersion。代码清单 12-5 中给出的 GetPackageVersion 将结构体 PackageVersion 转换为字符串。PackageVersion 有 4 个成员，对应于每个版本组件：Major、Minor、Build 和 Revision。GetPackageVersion 将这些组合成一个单独的、以点分隔的字符串。可以使用包清单配置主要值（Major）、次要值（Minor）和构建值（Build）。如果要设置修订值（Revision），则需要使用 Assembly Information 窗口。可以通过导航到项目属性的 Application 选项卡（在 Visual Studio 中打开 Project 菜单并选择 Properties 命令），然后单击 Assembly Information 按钮来激活它。

代码清单 12-5　确定和格式化包版本

```
public static string GetPackageVersion()
{
    var packageVersion = Package.Current.Id.Version;

    return $"{packageVersion.Major}.{packageVersion.Minor}.{packageVersion.Build}.
        {packageVersion.Revision}";
}
```

VersionHelper 类的第 2 个公共方法 GetWindowsVersion 解析 DeviceFamilyVersion 字符串（参见代码清单 12-6）。DeviceFamilyVersion 是从 AnalyticsInfo 静态类的 VersionInfo 属性获得的。这里 DeviceFamilyVersion 串首先被转换为一个 64 位整数，然后使用按位 AND 和位移将其分为 4 个 16 位的整型数。根据想要获得的版本组件（主要版本、次要版本、构建版本或修订版本），可以区分相应的 16 位。例如，修订组件使用前 16 位（从 LSB 开始）进行编码，而构建组件可以从接下来的 16 位获得，依次类推。

代码清单 12-6　获取 Windows 版本

```
public static string GetWindowsVersion()
{
    var deviceFamilyVersion = AnalyticsInfo.VersionInfo.DeviceFamilyVersion;

    var version = ulong.Parse(deviceFamilyVersion);

    var major = GetWindowsVersionComponent(version, VersionComponent.Major);
    var minor = GetWindowsVersionComponent(version, VersionComponent.Minor);
    var build = GetWindowsVersionComponent(version, VersionComponent.Build);
    var revision = GetWindowsVersionComponent(version, VersionCompone.Revision);

    return $"{major}.{minor}.{build}.{revision}";
}
```

为了简化版本组件解码，我们编写了 GetWindowsVersionComponent 方法并定义了 VersionComponent 枚举类型（参见代码清单 12-7）。VersionComponent 枚举类型定义了 4 个元素：Major、Minor、Build 和 Revision。每个都分配一个值，该值对应于 LSB 的偏移量。然后使用该偏移量分离适当的 16 位，随后使用 GetWindowsVersionComponent 将其转换为有意义的整数值。

代码清单 12-7　用于解析 Windows 版本组件的辅助器枚举类型和方法

```
public enum VersionComponent
 {
    Major = 48, Minor = 32, Build = 16, Revision = 0
}

private static ulong GetWindowsVersionComponent(ulong version,
    VersionComponent versionComponent)
{
    var shift = (int)versionComponent;

    return (version & (0xFFFFUL << shift)) >> shift;
}
```

DeviceInfo 类的最后一个属性 Commands 允许定义设备接受的命令集合。根据此信息，SenseHatRemoteMonitoring 将创建一个用于发送远程消息的表单。如代码清单 12-8 所示，每个命令都包含命令名和一组命令参数。它们由名称 – 类型对组成，并指定命令参数列表。现阶段，我们不需要定义任何命令，因此请在 12.4 节中将其保留为空。

代码清单 12-8　用于命令配置的类

```
public class Command
{
    public string Name;

    public CommandParameter[] Parameters;
}
```

```
public class CommandParameter
{
    public string Name;

    public string Type;
}
```

给定 DeviceInfo 和 DeviceProperties 类，现在可以在 Azure IoT Suite 界面注册设备。这是在 SenseHatTelemeter 应用程序中，通过发送设备信息按钮的默认事件处理程序实现的（参见代码清单 12-9）。此方法首先实例化 DeviceInfo 类，然后将此对象序列化并包装到 Message 对象中（参见代码清单 12-10），然后使用 DeviceClient 类的 SendEventAsync 方法将其发送到 Azure IoT Hub。

代码清单 12-9 将设备信息发送到 Azure IoT Hub

```
private async void ButtonSendDeviceInfo_Click(object sender, RoutedEventArgs e)
{
    var deviceInfo = new DeviceInfo()
    {
        IsSimulatedDevice = false,
        ObjectType = "DeviceInfo",
        Version = "1.0",
        DeviceProperties = new DeviceProperties(deviceId)
    };

    var deviceInfoMessage = MessageHelper.Serialize(deviceInfo);

    try
    {
        await deviceClient.SendEventAsync(deviceInfoMessage);
    }
    catch(Exception ex)
    {
        Debug.WriteLine(ex.Message);
    }
}
```

代码清单 12-10 将对象序列化为 JSON 格式并将其包装到 Message 数据结构中

```
public static Message Serialize(object obj)
{
    Check.IsNull(obj)

    var jsonData = JsonConvert.SerializeObject(obj);

    return new Message(Encoding.UTF8.GetBytes(jsonData));
}
```

Message 类实现用于与 Azure IoT Hub 交互的数据结构。基本上，它补充了原始数据（正在传输的 JSON 文件）的其他属性。这些属性有助于跟踪消息（CorrelationId），监控服务器收到消息的时间（DeliveryCount），并设置消息到期时间（ExpiryTimeUtc）。

如果现在运行 SenseHatTelemeter 应用程序，那么单击 Connect 按钮，然后单击 Send Device Info 按钮，将向 SenseHatRemoteMonitoring 解决方案发送详细的设备描述信息。在设备列表的仪表盘中将看到对应的设备正在运行（见图 12-11）。

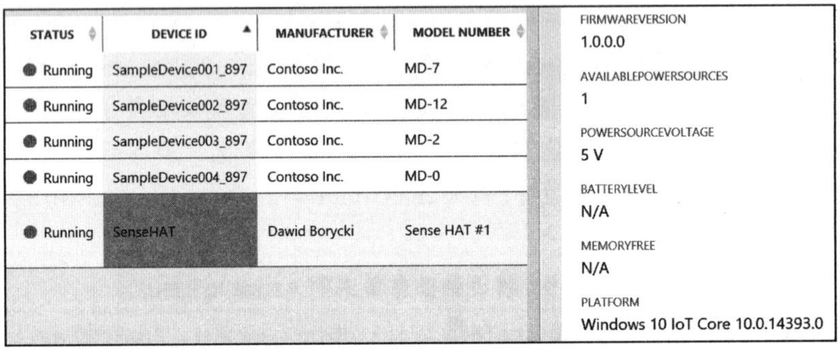

STATUS	DEVICE ID	MANUFACTURER	MODEL NUMBER
Running	SampleDevice001_897	Contoso Inc.	MD-7
Running	SampleDevice002_897	Contoso Inc.	MD-12
Running	SampleDevice003_897	Contoso Inc.	MD-2
Running	SampleDevice004_897	Contoso Inc.	MD-0
Running	SenseHAT	Dawid Borycki	Sense HAT #1

FIRMWAREVERSION
1.0.0.0
AVAILABLEPOWERSOURCES
1
POWERSOURCEVOLTAGE
5 V
BATTERYLEVEL
N/A
MEMORYFREE
N/A
PLATFORM
Windows 10 IoT Core 10.0.14393.0

图 12-11　SenseHAT 设备的更新状态。将此设备状态与图 12-9 中的设备状态进行比较

由于解决方案后端正确解释了设备信息，因此我们的自定义物联网硬件现在可以与云进行交互，将遥测数据发送到云并处理来自云的命令。

因为远程监控解决方案使用此值来区分设备信息和遥测数据，所以我们必须将 ObjectType 属性显式地设置为 DeviceInfo。更具体地说，从适当的 Stream Analytics 作业过滤从远程设备接收的数据流。登录 Azure 门户（https://portal.azure.com）后，可以看到此作业的查询。默认情况下，特定 Stream Analytics 作业的名称为 <solution-name> -DeviceInfo，此处为 SenseHatRemoteMonitoring-DeviceInfo。单击此作业后，右侧将显示一个选项列表。转到 Job Topology 窗格中的 Query 页面，然后单击 Inputs/DeviceDataStream，将出现以下查询：

```
SELECT * FROM DeviceDataStream Partition By PartitionId WHERE ObjectType = 'DeviceInfo'
```

12.3　发送遥测数据

要发送遥测数据，首先需要从 Sense HAT 传感器获取温度和湿度值。我们在 Telemetry 类中实现传感器数据采集（请参阅 Chapter 12/SenseHatTelemeter/TelemetryControl/Telemetry.cs 中的配套代码）。此类没有任何公共构造函数，但可以使用静态异步工厂方法 CreateAsync 对其进行实例化，如代码清单 12-11 所示。

代码清单 12-11　创建 Telemetry 对象

```
private TimeSpan readoutDelay;

public static async Task<Telemetry> CreateAsync(TimeSpan readoutDelay)
{
    Check.IsNull(readoutDelay);

    var telemetry = new Telemetry(readoutDelay);
```

```
        await telemetry.InitializeSensors();

        return telemetry;
    }

    private Telemetry(TimeSpan readoutDelay)
    {
        this.readoutDelay = readoutDelay;
    }
```

首先，CreateAsync 验证输入参数 readoutDelay，该参数指定连续传感器读数之间的延迟。然后，CreateAsync 调用私有 Telemetry 构造函数，然后调用 InitializeSensors 方法。后者将 I^2C 连接与温度和湿度传感器相关联（参见代码清单 12-12）。我们使用两个独立的传感器，但这里可以扩展 HumidityAndTemperatureSensor 类来处理温度读数，如第 5 章中所述，然后可以使用温度和湿度读数获得一个传感器。

代码清单 12-12 Telemetry 类中的传感器初始化

```
private TemperatureAndPressureSensor temperatureAndPressureSensor =
    TemperatureAndPressureSensor.Instance;
private HumidityAndTemperatureSensor humidityAndTemperatureSensor =
    HumidityAndTemperatureSensor.Instance;

private async Task InitializeSensors()
{
    await temperatureAndPressureSensor.Initialize();
    VerifyInitialization(temperatureAndPressureSensor,
        "Temperature and pressure sensor is unavailable");

    await humidityAndTemperatureSensor.Initialize();
    VerifyInitialization(humidityAndTemperatureSensor,
        "Humidity sensor is unavailable");
}

private void VerifyInitialization(SensorBase sensorBase, string exceptionMessage)
{
    if (!sensorBase.IsInitialized)
    {
        throw new Exception(exceptionMessage);
    }
}
```

要启动和停止定期传感器读数，Telemetry 类将实现代码清单 12-13 中的相应方法。根据 IsActive 属性的值，这些方法初始化并启动（Start）相应的后台操作或中断其执行（Stop）。

代码清单 12-13 启动和停止传感器数据采集

```
public bool IsActive { get; private set; } = false;

private Task telemetryTask;
```

```
private CancellationTokenSource telemetryCancellationTokenSource;

public void Start()
{
    if (!IsActive)
    {
        InitializeTelemetryTask();

        telemetryTask.Start();

        IsActive = true;
    }
}

public void Stop()
{
    if (IsActive)
    {
        telemetryCancellationTokenSource.Cancel();

        IsActive = false;
    }
}
```

要运行后台操作，我们使用类似于 AnomalyDetection 应用程序中的方法。这里创建了 while 循环，在其中获得温度和湿度读数。这些值包含在 TelemetryEventArgs 的实例中（请参阅 Chapter 12/SenseHatTelemetry/TelemetryControl/TelemetryEventArgs.cs 中的配套代码），并使用 DataReady 事件向侦听器报告（参见代码清单 12-14）。只要未发出取消信号，就会重复此过程。

代码清单 12-14 遥测背景操作的初始化

```
public event EventHandler<TelemetryEventArgs> DataReady = delegate { };

private void InitializeTelemetryTask()
{
    telemetryCancellationTokenSource = new CancellationTokenSource();

    telemetryTask = new Task(() =>
    {
        while (!telemetryCancellationTokenSource.IsCancellationRequested)
        {
            if (IsActive)
            {
                var temperature = temperatureAndPressureSensor.GetTemperature();
                var humidity = humidityAndTemperatureSensor.GetHumidity();

                DataReady(this, new TelemetryEventArgs(temperature, humidity));

                Task.Delay(readoutDelay).Wait();
```

```
            }
        }
    }, telemetryCancellationTokenSource.Token);
}
```

请注意，在 Start 和 Stop 方法中，我们可以使用 telemetryCancellationTokenSource.IsCancellationRequested 而不是 IsActive 标志。这样就需要额外的条件检查，验证 telemetryCancellationTokenSource 不为空。

然后将传感器读数发送到云端。这是在 Telemetry.DataReady 事件处理程序中的 SenseHatTelemeter 的 MainPage.xaml.cs 文件中实现的。如代码清单 12-15 所示，此事件处理程序首先使用 DisplaySensorReadings 方法在 UI 中本地显示传感器读数（参见代码清单 12-16），然后将温度和湿度值以及设备标识符包装到 TelemetryData 对象中（参见 Chapter 12/SenseHatTelemeter/AzureHelpers/TelemetryData.cs 中的配套代码），进行序列化、结构化，最后发送到云。收到数据后，它将在云中处理，并实时显示在 SenseHatRemoteMonitoring 仪表盘中，如图 12-12 所示。

代码清单 12-15 从传感器获取的数据显示在 UI 中并发送到云端

```
private void Telemetry_DataReady(object sender, TelemetryEventArgs e)
{
    DisplaySensorReadings(e);

    var telemetryData = new TelemetryData()
    {
        DeviceId = deviceId,
        Temperature = e.Temperature,
        Humidity = e.Humidity
    };

    var telemetryMessage = MessageHelper.Serialize(telemetryData);
    deviceClient.SendEventAsync(telemetryMessage);
}
```

代码清单 12-16 UI 通过 TelemetryViewModel 间接更新

```
private async void DisplaySensorReadings(TelemetryEventArgs telemetryEventArgs)
{
    await Dispatcher.RunAsync(CoreDispatcherPriority.Normal, () =>
        {
            telemetryViewModel.Temperature = telemetryEventArgs.Temperature;
            telemetryViewModel.Humidity = telemetryEventArgs.Humidity;
        });
}
```

我们会看到从本地传感器获取的数据已发送到云并在那里进行处理。该 SenseHatRemoteMonitoring 方案计算湿度的最小值、最大值和平均值，并展示遥测历史图表。最终用户无须担心数据的获取方式即可获得有用的信息。很容易想象，通过将此示例扩展到多个

Sense HAT 传感器，可以构建分布式传感器网络。来自这些传感器的数据可以传输到中央系统进行处理和存储，因此最终用户可以使用他们喜欢的 Web 浏览器访问这些数据。

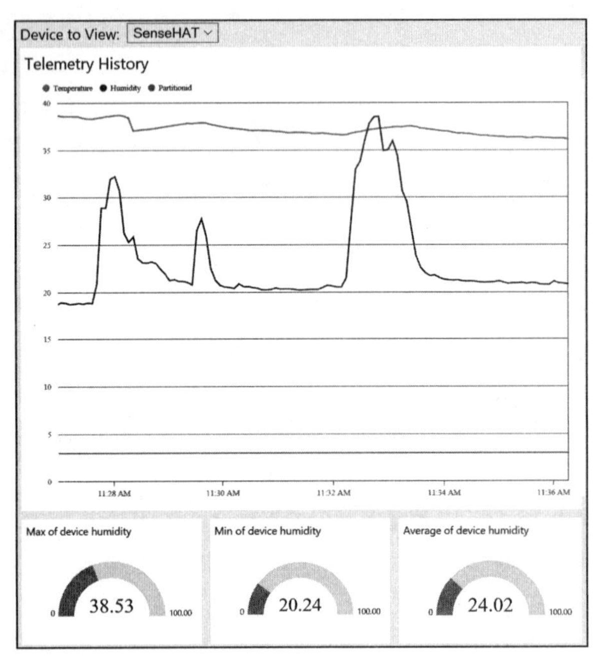

图 12-12 从 SenseHatRemoteMonitoring 仪表盘中显示的 Sense HAT 传感器获取的遥测数据

12.4 接收和处理远程命令

一个 SenseHatRemoteMonitoring 用户可以使用已定义的命令远程控制其物联网硬件。命令的定义分为两步：首先，重新发送扩展设备信息，其中包括设备接受的命令集合。然后编写其他逻辑，解析从云发送的请求。让我们看看如何在 SenseHatTelemeter 应用程序中执行此操作。

12.4.1 更新设备信息

单个命令 UpdateTelemetryStatus 使 SenseHatRemoteMonitoring 运算符能够远程调用 Telemetry 类的 Start 和 Stop 方法。UpdateTelemetryStatus 命令接受单个布尔参数 IsOn。根据其值，它可以启用（true）或禁用（false）SenseHatTelemeter 应用程序的遥测。

为了构造 UpdateTelemetryStatus 命令，我们编写了一个 CommandHelper 辅助类（请参阅 Chapter 12/SenseHatTelemeter/Helpers/CommandHelper.cs 中的配套代码）。此类实现一个公共方法 CreateUpdateTelemetryStatusCommand。如代码清单 12-17 所示，此方法实例化一个 Command 对象，并配置其 Name 和 Parameters 属性。Parameters 集合只有一个名为 IsOn 的布尔参数。

代码清单 12-17 定义 UpdateTelemetryStatusCommand

```
public static string UpdateTelemetryStatusCommandName { get; } = "UpdateTelemetryStatus";
private static string updateTelemetryStatusCommandParameterName = "IsOn";

public static Command CreateUpdateTelemetryStatusCommand()
{
    return new Command()
    {
        Name = UpdateTelemetryStatusCommandName,
        Parameters = new CommandParameter[] {
            new CommandParameter()
            {
                Name = updateTelemetryStatusCommandParameterName,
                Type = "Boolean"
            }
        }
    };
}
```

修改发送到 Azure IoT Suite 的 DeviceInfo 对象，该对象包含 UpdateTelemetryStatus 命令。代码清单 12-18 中突出显示了所有必要的更改。

代码清单 12-18 将命令集合作为 DeviceInfo 消息的一部分发送

```
private async void ButtonSendDeviceInfo_Click(object sender, RoutedEventArgs e)
{
    var deviceInfo = new DeviceInfo()
    {
        IsSimulatedDevice = false,
        ObjectType = "DeviceInfo",
        Version = "1.1",
        DeviceProperties = new DeviceProperties(deviceId),
        // 配置命令
        Commands = new Command[]
        {
            CommandHelper.CreateUpdateTelemetryStatusCommand()
        }
    };

    var deviceInfoMessage = MessageHelper.Serialize(deviceInfo);

    try
    {
        await deviceClient.SendEventAsync(deviceInfoMessage);
    }
    catch(Exception ex)
    {
        Debug.WriteLine(ex.Message);
    }
}
```

发送更新的 DeviceInfo 对象后，SenseHatRemoteMonitoring 门户将显示该表单，此表单

允许我们将命令发送到设备（见图 12-13）。命令列表显示在下拉列表中。选择其中一个可用命令后，其参数将显示在列表下方。

可以远程调用命令，唯一的要求是物联网设备和最终用户可以访问互联网。某种程度上说，SenseHatRemoteMonitoring 实现了物联网这个术语中“网”的这个部分。

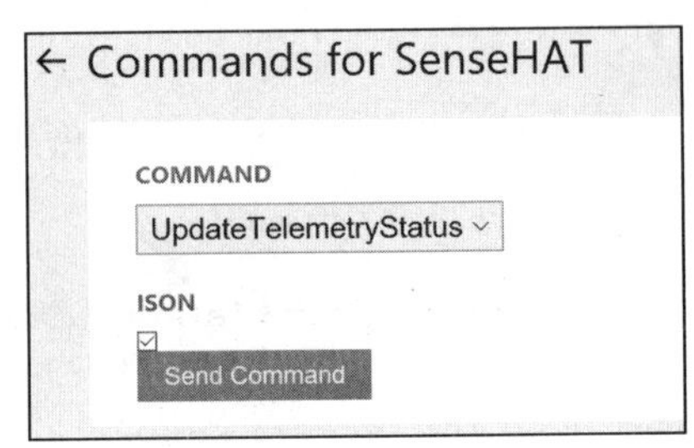

图 12-13　用于将命令发送到远程物联网设备的 SenseHatRemoteMonitoring 门户的一部分

12.4.2　响应远程命令

使用适当形式的 SenseHatRemoteMonitoring 调用的远程命令将传输到 Azure IoT Hub。要读取它们，需要使用与将数据发送到云相同的 DeviceClient 类。特别是我们可以使用 ReceiveAsync 方法。此方法返回 Message 类的实例，该类又包含 JSON 对象，包含远程命令和表征消息的其他值。要编写远程命令，需要做的就是将 JSON 对象映射到相应的 C# 类。

可以使用 Message 类实例的 GetBytes 方法获取 JSON 数据。首先，在调试期间使用 Watch 窗口在发送远程命令之后读取此方法的结果（在 Visual Studio 中，打开 Debug 菜单，选择 Windows，然后选择 Watch 1）。要查看任何变量的值，请在 Watch 窗口中输入其名称。我们也可以输入整个语句。

我们使用此功能来查看从云端收到的 JSON 结构。在调试 SenseHatTelemeter 时，在执行 ReceiveAsync 方法后立即放置一个断点，并使用以下语句读取 JSON 字符串：Encoding.UTF8.GetString（message.GetBytes()）。我们将 JSON 字符串复制到 json2csharp.com 网站的文本框中，并将生成的 C# 类保存在 SenseHatTelemeter 项目中（请参阅 Chapter 12/SenseHatTelemeter/AzureHelpers/RemoteCommand.cs 中的配套代码）。最后，将默认的 RootObject 类重命名为 RemoteCommand。

给定 RemoteCommand 类，通过代码清单 12-19 中所示的 Deserialize 方法扩展 MessageHelper 静态类。此方法读取从云接收的 JSON 字符串，并使用 JsonConvert 类的 DeserializeObject 静态方法将其转换为 RemoteCommand 类实例。后者来自 Newtonsoft.JsonNuGet 包，它与 Microsoft.Azure.Devices.Client 包一起安装。

代码清单 12-19　将从云接收的 JSON 数据转换为 RemoteCommand 类实例

```
public static RemoteCommand Deserialize(Message message)
{
    Check.IsNull(message);

    var jsonData = Encoding.UTF8.GetString(message.GetBytes());

    return JsonConvert.DeserializeObject<RemoteCommand>(jsonData);
}
```

我们现在拥有用于解释收到的命令的代码。更进一步，我们需要一个后台任务来侦听传入的请求。它可以实现为无限while循环。代码清单12-20中的示例实现中使用了这种方法。BeginRemoteCommandHandling方法运行Task实例，该实例重复调用DeviceClient类实例的ReceiveAsync方法。

代码清单12-20 云消息监听器

```
private void BeginRemoteCommandHandling()
{
    Task.Run(async () =>
    {
        while (true)
        {
            var message = await deviceClient.ReceiveAsync();

            if (message != null)
            {
                await HandleMessage(message);
            }
        }
    });
}
```

每次收到有效消息时，程序都会使用HandleMessage方法处理它。如代码清单12-21所示，该函数首先使用代码清单12-19中的Deserialize方法将Message类实例转换为RemoteCommand对象，然后解释RemoteCommand。如果一切正常，则使用DeviceClient类的CompleteAsync方法向云发送确认消息。如果发生错误，则拒绝该消息。云通过调用DeviceClient的RejectAsync方法来获知这样的事件。

代码清单12-21 远程命令处理

```
private async Task HandleMessage(Message message)
{
    try
    {
        // 将消息反序列化为远程命令
        var remoteCommand = MessageHelper.Deserialize(message);

        // 解析命令
        await ParseCommand(remoteCommand);

        // 将确认消息发送到云端
        await deviceClient.CompleteAsync(message);
    }
    catch (Exception ex)
    {
        Debug.WriteLine(ex.Message);

        // 如果没有正确解析，则拒绝消息
        await deviceClient.RejectAsync(message);
    }
}
```

远程命令解析的过程如代码清单 12-22 所示，实现过程如下：

1）通过将接收到的命令的名称与 CommandHelper 类的 UpdateTelemetryStatus-CommandName 静态属性进行比较来对其进行检查（参见代码清单 12-17）。

2）如果命令名称相同，将调用 Start Telemetry 或 Stop Telemetry 按钮的 click 事件处理程序，具体取决于 IsOn 命令参数值。

3）用户界面还将反映遥测过程的当前状态。请注意，因为从工作线程调用了 Parse-Command，我们在 UI 线程中调用按钮事件处理程序。

代码清单 12-22　远程命令可以启动或停止遥测，具体取决于 IsOn 参数值

```
private async Task ParseCommand(RemoteCommand remoteCommand) {
    // 验证远程命令名
    if (string.Compare(remoteCommand.Name, CommandHelper.
        UpdateTelemetryStatusCommandName) == 0)
    {
        // 根据 IsOn 参数值更新遥测状态
        await Dispatcher.RunAsync(CoreDispatcherPriority.Normal, () =>
        {
            if (remoteCommand.Parameters.IsOn)
            {
                ButtonStartTelemetry_Click(this, null);
            }
            else
            {
                ButtonStopTelemetry_Click(this, null);
            }
        });
    }
}
```

通过将 SenseHatTelemeter 部署到设备并发送远程命令来测试整个物联网解决方案。每个命令的状态将显示在 SenseHatRemoteMonitoring 门户的命令历史记录中（见图 12-14）。最初，每个命令的状态为 Pending。当物联网设备发送确认信息时，它将更改为 Success。

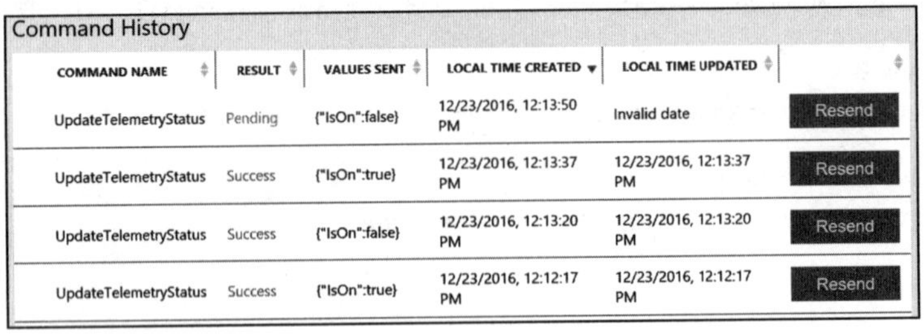

Command History

COMMAND NAME	RESULT	VALUES SENT	LOCAL TIME CREATED	LOCAL TIME UPDATED	
UpdateTelemetryStatus	Pending	{"IsOn":false}	12/23/2016, 12:13:50 PM	Invalid date	Resend
UpdateTelemetryStatus	Success	{"IsOn":true}	12/23/2016, 12:13:37 PM	12/23/2016, 12:13:37 PM	Resend
UpdateTelemetryStatus	Success	{"IsOn":false}	12/23/2016, 12:13:20 PM	12/23/2016, 12:13:20 PM	Resend
UpdateTelemetryStatus	Success	{"IsOn":true}	12/23/2016, 12:12:17 PM	12/23/2016, 12:12:17 PM	Resend

图 12-14　发送到远程物联网设备的命令列表。命令显示为 Pending，直到设备发送处理它的确认信息

12.5　Azure IoT 服务

我们在这里开发的解决方案背后有几个物联网服务，其中最重要的是 IoT Hub。它充当

网关，将设备与云连接起来。物联网中心接收遥测数据并将从云发送的命令分发到设备端点。

然后，Azure Stream Analytics 作业会过滤从设备收到的消息。在预配置的远程监控解决方案中，定义了 3 个作业：

- DeviceInfo 作业：处理包含设备信息对象的消息，这些对象用于注册新硬件或更新其状态。设备信息存储在 DocumentDB 数据库中，该数据库在此处定义为设备注册表。使用专用的 Azure Event Hub 更新设备注册表。
- Telemetry 作业：负责存储和聚合未开发的遥测数据。特别地，传感器读数保存在 Azure Storage 中，然后显示在解决方案门户（仪表盘选项卡）中。
- Rules 作业：分析遥测数据以查找超过阈值的异常值。此类数据将输出到 Azure Event Hub 并显示在警报历史记录表中，该表位于解决方案仪表盘的映射下。

来自 Azure Event Hub 的消息将传递到事件处理器。它要么更新设备注册表（DeviceInfo），要么更新 Web 应用程序显示（Rules）。

在第 14 章中将介绍如何将这些服务用于自定义解决方案。

12.6 总结

在本章中，我们了解了 Azure IoT Suite 的远程监控解决方案，设置了解决方案并配置了自定义硬件。然后介绍了将遥测数据发送到云端，并使用 Sense HAT 扩展板实现了用于远程控制 RPi2/RPi3 的逻辑。

第 13 章 · CHAPTER 13

预测性维护

在本章中，我们将讨论 Azure IoT Suite 的预测性维护预配置解决方案。该解决方案使用来自 4 个模拟传感器的遥测数据来预测飞机发动机的剩余使用寿命（RUL）。预测性维护预配置解决方案类似于远程监控解决方案，但通过机器学习回归模型扩展了功能，该机器学习模型预测模拟飞机发动机的故障。

我们可以使用物联网门户（或仪表板）创建和控制预测性维护解决方案，如图 13-1 所示。但如果不修改源代码，将没有简单的方法可以将自定义硬件整合到此解决方案中，因此，本章的讨论仅限于使用模拟设备。

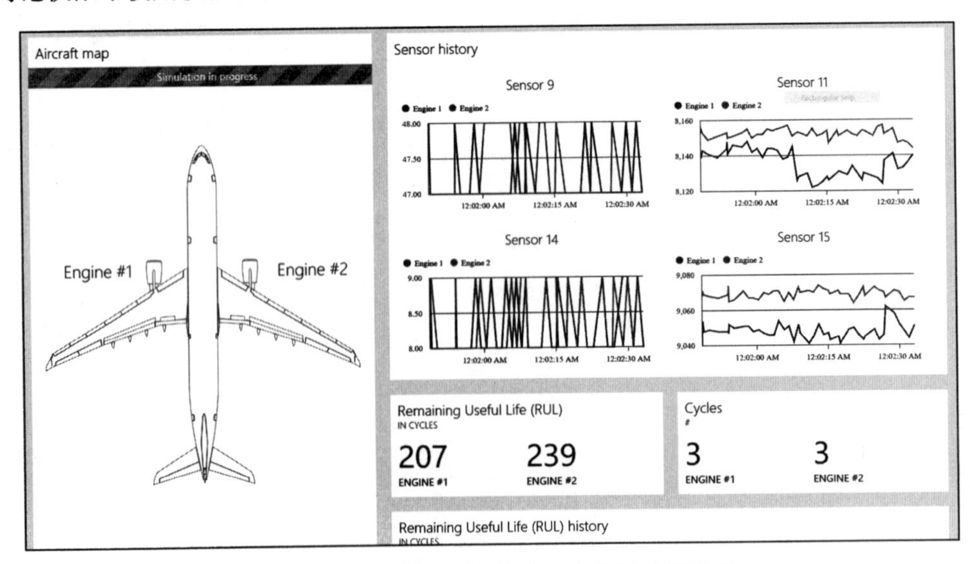

图 13-1　预配置预测性维护解决方案的仪表板

在展示如何创建并配置解决方案之后，我们将讨论解决方案组件并解释它们的工作原理，还将讨论方案的源代码，以便你可以根据需要修改解决方案。你也可以将本章学到的信息用于下一章，从头开始创建自定义物联网解决方案。

13.1　预配置解决方案

我们可以像远程监控解决方案一样设置预测性维护解决方案。首先，导航到 https://www.azureiotsuite.com，在其中单击 Create a new solution 按钮。接下来，选择 Predictive Maintenance 选项，然后使用向导设置解决方案名称（此处使用的是 PredictiveMaintenanceSolutionDemo），选择 Azure 订阅方式，然后选择区域。最后，单击 Create Solution 按钮并等待配置完成，确认后如图 13-2 所示。

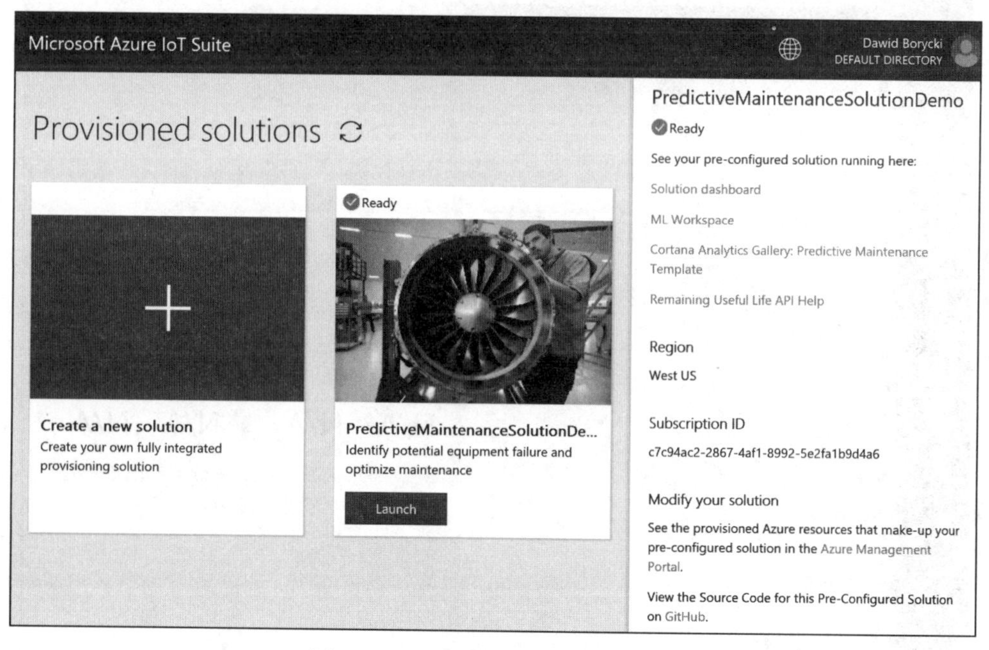

图 13-2　预配置预测维护解决方案

创建解决方案后，Azure IoT Suite 屏幕右侧面板上提供了几个链接：

- ❑ Solution dashboard：可以访问 Web 应用程序，该应用程序可用于控制遥测并显示模拟的传感器读数。
- ❑ ML Workspace：该链接可以访问机器学习的工作区，其中包含预测性维护实验。
- ❑ Cortana Analytics Gallery: Predictive Maintenance Template：会跳转至包含预测性机器学习模型的详细说明的网站，我们可以使用该网站构建用于预测资产故障的 ML 解决方案。
- ❑ Remaining Useful Life API Help：包含预测性维护模型的 REST API 文档。

除了前面的链接，我们还可以在修改解决方案下找到两个附加元素：

- Azure Management Portal：这是 Azure Portal 的链接，显示 PredictiveMaintenanceSolution-Demo 使用的 Azure 资源。
- GitHub：可以转到预测性维护预配置解决方案的源代码。

在接下来的部分中，将更详细地讨论上述元素和其中包含的内容。

13.1.1　解决方案仪表板

进入仪表板后，界面如图 13-3 所示。带有两个引擎的飞机示意图显示在左侧。在右侧，每个传感器都有遥测数据，两个引擎都有 RUL 信息。RUL 来自 ML 模型，随着传感器数据的累积，模型可以用于计算发动机何时失效。

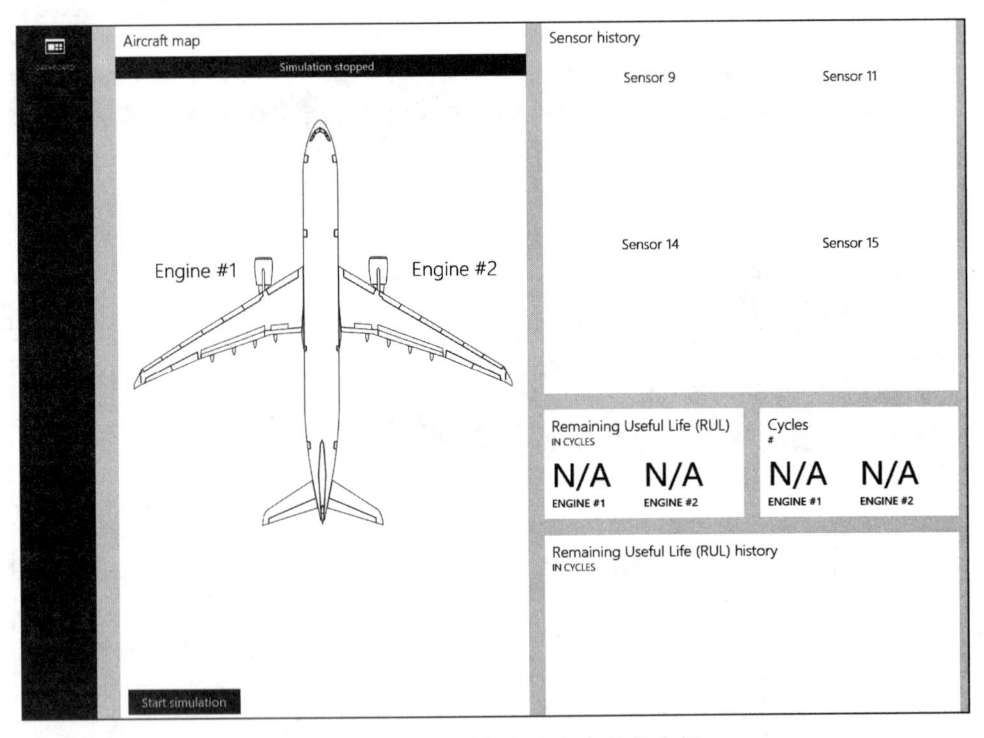

图 13-3　预测性维护解决方案的仪表板

每个引擎有两个传感器，分别标记为传感器 9、传感器 11、传感器 14 和传感器 15。传感器读数在飞行期间每半小时捕获一次，飞行持续 2 ～ 10 小时。总飞行持续时间表示为循环。用于模拟目的的数据来自真实的引擎传感器，这些数据以 CSV 的格式存储。

要运行解决方案并查看效果，只需要单击 Start simulation 按钮即可。片刻之后，我们将看到传感器读数和计算出的 RUL，如图 13-1 和图 13-4 所示。这些显示效果与远程遥测解决方案中相同。可以通过单击 Stop simulation 按钮随时停止模拟。如果将模拟运行持续大约半小时，就可以看到一个警告，指示其中一个引擎的 RUL 已达到其临界值。

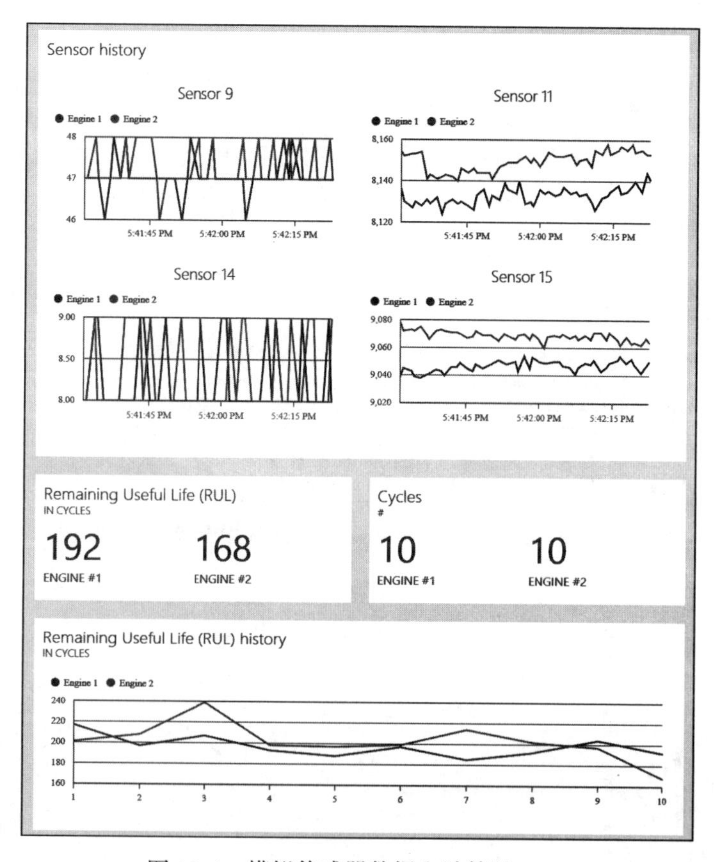

图 13-4 模拟传感器数据和计算的 RUL

13.1.2 机器学习工作区

如果单击 ML Workspace 链接，将打开 Microsoft Azure Machine Learning Studio。默认屏幕将显示 Experiments 选项卡，其中包含两个实验：剩余使用寿命引擎（Remaining Useful Life Engines）和剩余使用寿命（Remaining Useful Life [Predictive Exp.]）。

第一个实验使用以下电子表格中的 3 个数据集：CMAPPS_train.csv、CMAPPS_test.csv 和 CMAPPS_ground.csv，用于训练（CMAPPS_train.csv），然后评估机器学习模型。输入数据是具有多个数值的单个字符串列，使用多个 R 脚本进行预处理。我们可以使用 Properties 窗口查看这些脚本的源代码，单击 Restore 图标，将打开编辑器窗口，我们可以在其中查看和修改脚本的源代码（见图 13-5）。

通过分析每个脚本的描述和源代码，可以看到第一个脚本将每行解析为多个列，第二个脚本为训练数据添加标签，最后一个脚本生成其他数据功能，即计算最新传感器值的移动平均值。

数据处理完毕后，将用于训练两个机器学习回归模型：决策森林回归（Decision Forest Regression）和 Boosted 决策树回归（Boosted Decision Tree Regression），如图 13-6 所示。随

后，使用测试数据对模型进行评分和评估。可以通过运行实验来查看评估结果（如第 11 章所示），然后右击 Evaluate Model 组件，选择 Evalution 命令，然后选择 Visualize 命令，即可得到类似于图 13-7 中的结果。Boosted 决策树回归模型导致确定的决策系数略高于决策森林模型。如第 11 章所述，Boosted 决策树回归比决策森林回归更适合实际数据。

R Script

```
1 # This module parse the input data into multiple column data frame
2 # with appropriate column names
3
4 # Map 1-based optional input ports to variables
5 dataset <- maml.mapInputPort(1) # class: data.frame
6 names(dataset) <- "V1"
7
8 # delete the extra space at the end of the lines
9 dataset$V1 <- gsub(" +$","",dataset$V1)
```

图 13-5　Microsoft Azure Machine Learning Studio 中 R 脚本编辑器的一个片段

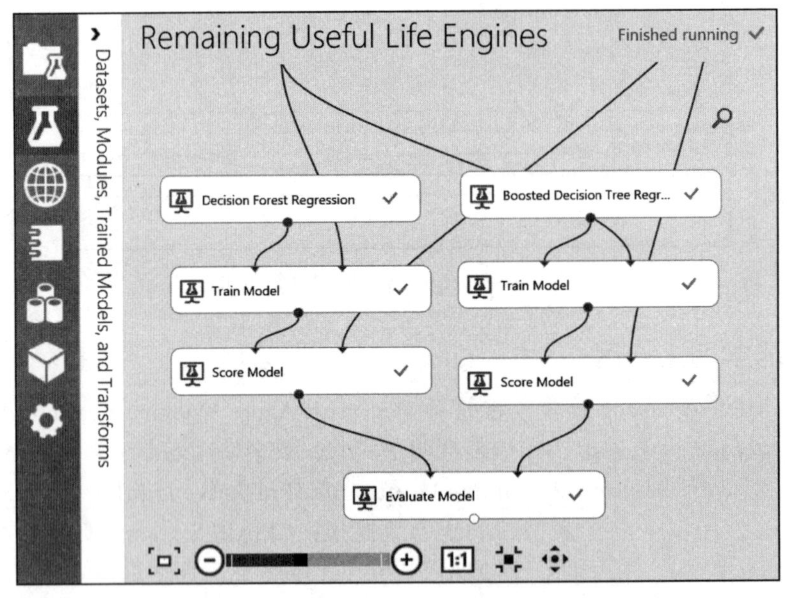

图 13-6　剩余使用寿命引擎实验的一个片段，此处省略了实验图的上半部分，包括数据集和 R 脚本，以提高可读性

我们现在看到剩余使用寿命引擎实验的构建方式与第 11 章的温度实验非常相似。训练数据集用于训练两个模型，然后进行评估并用于预测 RUL。

第二个 ML 实验——剩余使用寿命（在下文中称为 RUL web 服务）是 RUL 的训练版本。如图 13-8 所示，此预测实验由 Remaining Useful Life [Predictive Exp.]、Score Model、Web Service Input、Web Service Out、Enter Date Manually 以及数据格式化的两个组件（Select

Columns in Dataset 和 Edit Metadate）组成。

Remaining Useful Life Engines › Evaluate Model › Evaluation results

rows 2　columns 6

Negative Log Likelihood	Mean Absolute Error	Root Mean Squared Error	Relative Absolute Error	Relative Squared Error	Coefficient of Determination
468.264518	21.254563	29.140027	0.578085	0.491723	0.508277
Infinity	21.312586	28.892966	0.579663	0.48342	0.51658

图 13-7　模型对剩余使用寿命引擎实验的评估

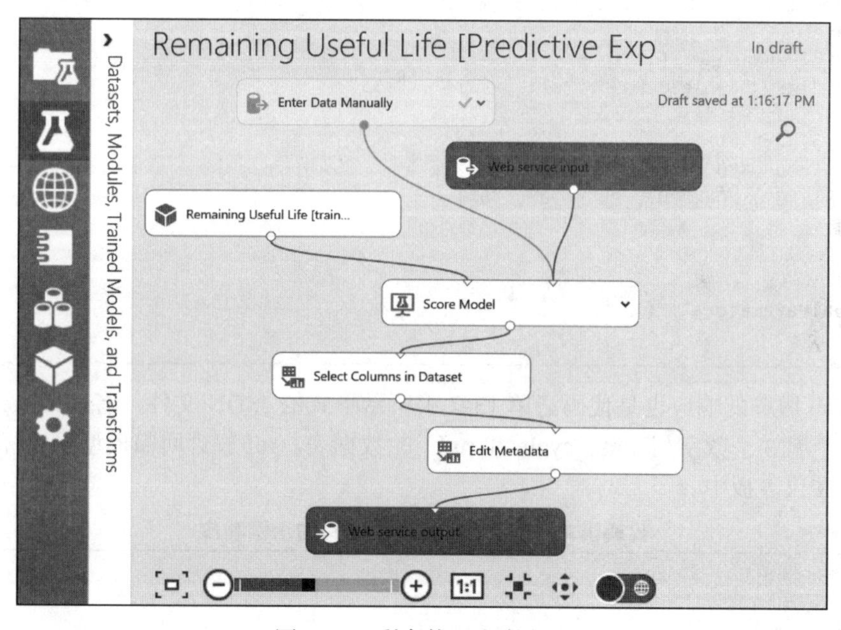

图 13-8　剩余使用寿命实验

与第 11 章一样，可以在实验视图中手动输入数据来为模型评分，或者换句话说，检查训练模型的输出。要查看测试数据，可以使用 Enter Data Manually 的 Properties 窗口。此时应该获得以下值：

```
id, cycle, s9, s11, s14, s15
36, 1,9060.36, 47.91, 8140.46, 8.451
```

第一个值 id 是唯一的标识符，cycle 是时间单位，而 s9、s11、s14 和 s15 是传感器测量值。运行实验后，我们将看到此测试数据的预测 RUL 大约为 180 个周期，这意味着发动机应该在接下来的 180 次航班中无故障运行。我们可以更改 s9、s11、s14 和 s15 的值以查看它们如何影响预测的 RUL。请注意，此处使用 Enter Data Manually 节点非常类似于第 11 章中的自定义实验。

在 Web 服务视图中，Enter Data Manually 节点变为非活动状态，而 Web Service Input 和 Web Service Output 节点处于活动状态。这些节点分别用于表示 Web 服务请求和响应。根据 Remaining Useful Life API Help，示例请求的格式如代码清单 13-1 所示。这是一个 JSON 文件，包含两个对象：Inputs 和 GlobalParameters。GlobalParameters 是空的，因此没有讨论。Inputs 对象有一个子对象，它是具有 6 列的数据表：id、cycle、s9、s11、s14 和 s15，它们代表每个传感器的唯一标识符、循环编号和数据。我们可以使用二维数组 Values 为这些列传递值。在示例请求中，所有传感器值都设置为 0。

代码清单 13-1　RUL 预测实验的示例请求

```
{
  "Inputs": {
    "data": {
      "ColumnNames": [
        "id", "cycle", "s9", "s11", "s14", "s15"
      ],
      "Values": [
        [ "0", "0", "0", "0", "0", "0" ],
        [ "0", "0", "0", "0", "0", "0"]
      ]
    }
  },
  "GlobalParameters": {}
}
```

RUL Web 服务的响应也是代码清单 13-2 中所示形式的 JSON 文件。有一个 Results 对象，其中包含一个有 3 个数字列（id、cycle 和 ru l）的数据表。rul 包含回归模型的实际预测结果，该结果显示在仪表板中。

代码清单 13-2　RUL 预测实验的示例响应

```
{
  "Results": {
    "[Default]": {
      "type": "DataTable",
      "value": {
        "ColumnNames": [
          "id", "cycle", "rul"
        ],
        "ColumnTypes": [
          "Numeric", "Numeric", "Numeric"
        ],
        "Values": [
          [ "0", "0", "0" ],
          [ "0", "0", "0" ]
        ]
      }
```

```
        }
      }
    }
```

13.1.3　Cortana Analytics Gallery

Cortana Analytics Gallery：Predictive Maintenance Template 链接可以跳转到带到包含预测性维护实验详细描述的网站，我们可以使用该网站预测资产故障。通常，此 Cortana 模板有 3 个预配置模型：

- Regression：预测 RUL 或失败时间（TTF）。此模型用于此处讨论的预测 Azure IoT 解决方案。
- Binary classification：可用于预测资产是否预期在特定时间内失败。
- Multi-class classification：专用于需要确定资产是否在不同时间窗口内失败的情况。其工作方式与二进制分类类似，但将总时间窗口划分为子窗口。

所有这些实验都展示了完整的机器学习过程，从使用 R 脚本的数据准备、特征工程，再到培训和评估模型。可以将这些预配置的模型用作自定义解决方案的起点。

13.2　Azure 资源

要查看 PredictiveMaintenanceSolutionDemo 使用的资源，请使用 Azure IoT Suite 中显示的专用链接。它会定向到 Azure Management Portal，如图 13-9 所示。这些资源分为以下几类：

- 映像存储账户 mlpredictivemainten 和 predictivemaintenan <n1>（其中 <n1> 在解决方案创建期间唯一生成）：这些存储数据用于预测实验（CSV）文件以管理 Event Hub 处理器的分区（稍后讨论），收集传感器数据并预测 RUL 值。
- IoT Hub predictivemaintenancesolutiondemo <n2>（其中 <n2> 在解决方案创建期间唯一生成）：提供双向通信通道。
- Stream Analytics 作业：即 PredictiveMaintenanceSolutionDemo-Telemetry。
- Event Hub：即 PredictiveMaintenanceSolutionDemo。
- App Services：包括 PredictiveMaintenanceSolutionDemo 和 PredictiveMaintenanceSolutionDemo-jobhost。
- App Service 计划：PredictiveMaintenanceSolutionDemo-plan 和 PredictiveMaintenance-SolutionDemo-jobsplan 确定 App Service 计划。如图 13-10 所示，我们可以使用 Scale Up（App Service plan）选项更改计划，并根据需要进行调整。可以在 https://bit.ly/azure_service_plans 中找到各种价格等级的比较。为了降低解决方案成本，我们将服务计划更改为 F1 Free。首先禁用 PredictiveMaintenanceSolutionDemo App Service Always On 功能。转到 PredictiveMaintenanceSolutionDemo App Service 的应用程序设置（SETTING 组），将 Always On 按钮切换为 Off，然后单击顶部的 Save 按钮保存更改。

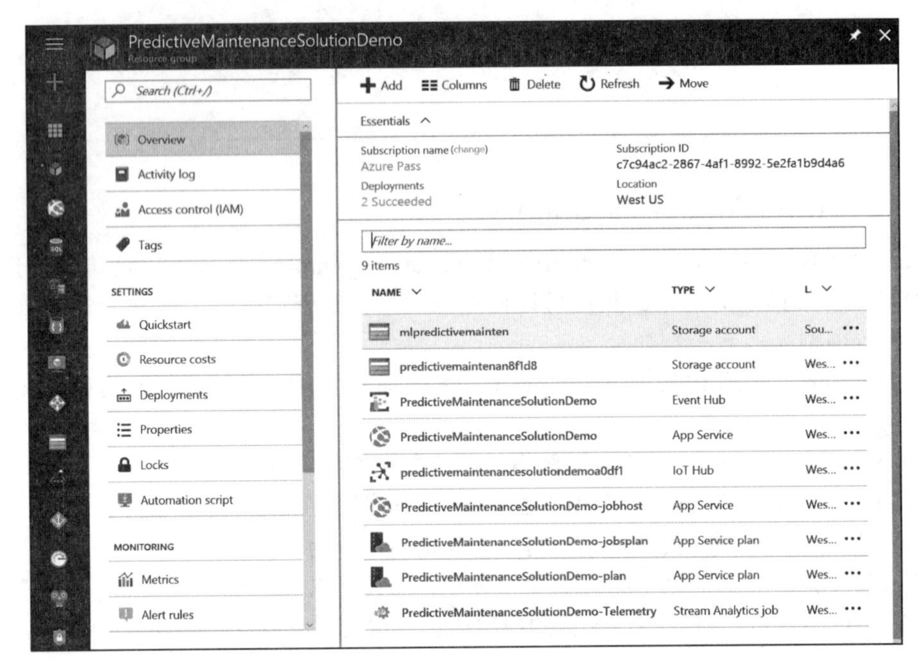

图 13-9　预测性维护解决方案使用的 Azure 资源

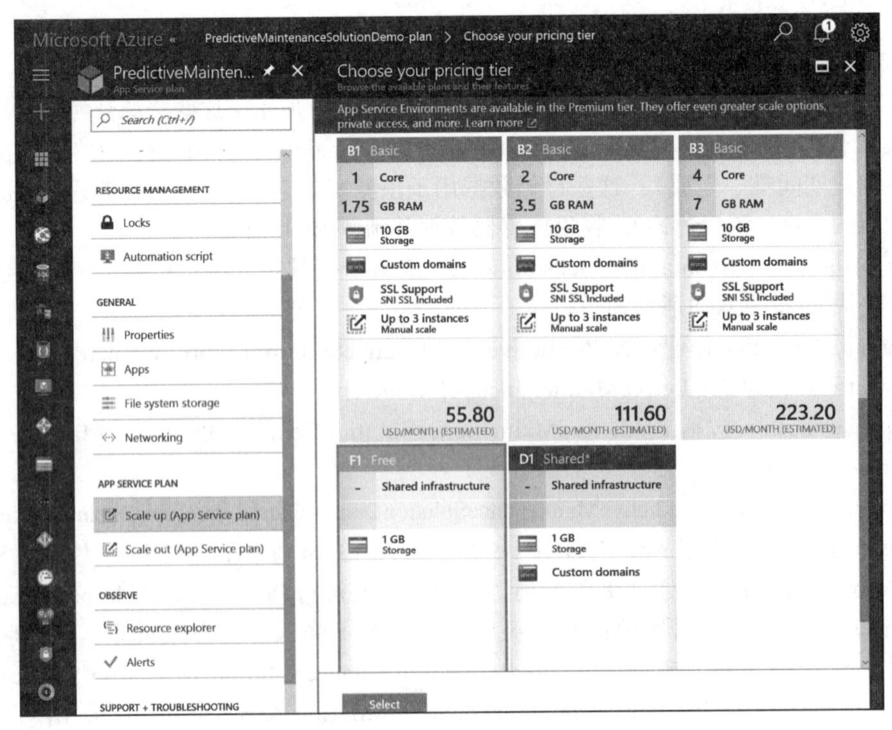

图 13-10　配置 App Service 计划的定价层

现在展示前面的元素如何构成整个解决方案——我们将使用 Visual Studio 中的 Cloud Explorer（见图 13-11）。

要激活 Cloud Explorer，可打开 View 菜单，然后选择 Cloud Explorer 命令。输入账户信息，然后选择 Azure Subscription。转到 Azure Account 选项卡（使用看起来像雪人上半部分的图标表示），然后单击 Add an Account 链接。提供凭据后，将显示可用的 Azure 订阅方式。选择正在使用的那一个，然后单击 Apply 按钮。稍后会显示 Azure 资源列表（见图 13-12）。该列表包含与图 13-9 中列出的元素相同的元素。但是现在我们可以实际查看存储数据以及 WebJobs 和 Web 应用程序使用的所有文件。

图 13-11　Cloud Explorer

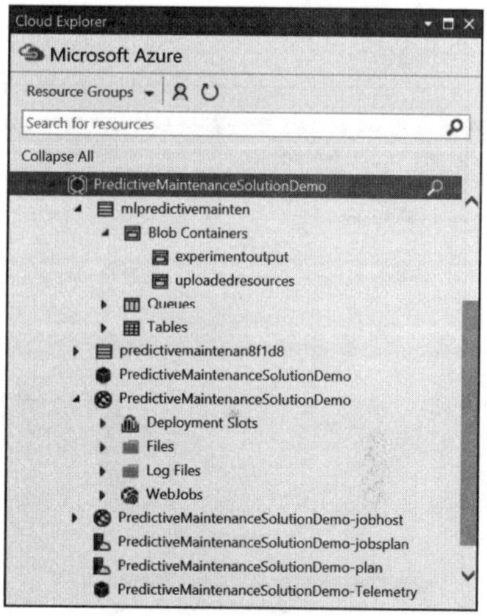

图 13-12　Cloud Explorer 中列出的 Azure 资源

13.3　Azure Storage

我们从检查存储资源开始。Azure Storage 是云存储解决方案，支持许多应用程序所需的大数据方案，包括物联网解决方案（请参阅 https://bit.ly/azure_storage）。可以通过专用客户端或 REST API 使用各种编程语言从联网的任意位置访问 Azure Storage。

有 4 种存储服务可用于访问 Azure Storage：

- Blob 存储：用于非结构化数据，例如文本或二进制文件。
- Table 存储：存储结构化数据。
- Queue 存储：专用于在各种应用程序组件之间异步传输数据。
- File 存储：提供基于云的 SMB 存储。

我们将很快看到，预测性维护解决方案仅使用 Blob 和 Table 存储。

13.3.1　预测性维护存储

第一个存储账户 mlpredictivemainten 专用于存储培训、测试数据集和实验输出。在 Cloud Explorer 中展开 mlpredictivemainten 的子节点后，将看到除 Blob Containers 节点以外的所有节点都为空。Blob Containers 有两个子节点：experimentoutput 和 uploadedresources。单击任一节点时，Visual Studio 将显示其内容。例如，experimentoutput 包含纯文本文件，而 uploadedresources 有两个 CSV 文件和一个纯文本文件。可以通过在 Visual Studio 中双击文件

名来打开每个文件。如果打开其中一个 CSV 文件，就会看到它们含有一个含有大量数字的列，这些由 R 脚本解析和预处理。

13.3.2 遥测和预测结果存储

第二个存储账户 predictivemaintenan <n1> 更有趣，因为它包含来自模拟传感器（设备遥测）的实际数据、已注册设备的列表以及 RUL Predictive Experiment Web 服务的输出。此数据可在 predictivemaintenan <n1> / Tables 节点下找到。有 4 个数据表：DeviceList、devicemlresult、devicetelemetry 和 simulatorstate。单击其中一个显示它们包含的数据。

如图 13-13 所示，Azure Storage 中的表包含数据行。但是，与关系数据存储不同，Azure Table 服务不会强制执行表的架构。因此，这种 NoSQL 表中的行可以具有不同的属性集。因此，水平表条目被定义为实体（或表实体）。每个属性都由其名称、值和值数据类型定义。

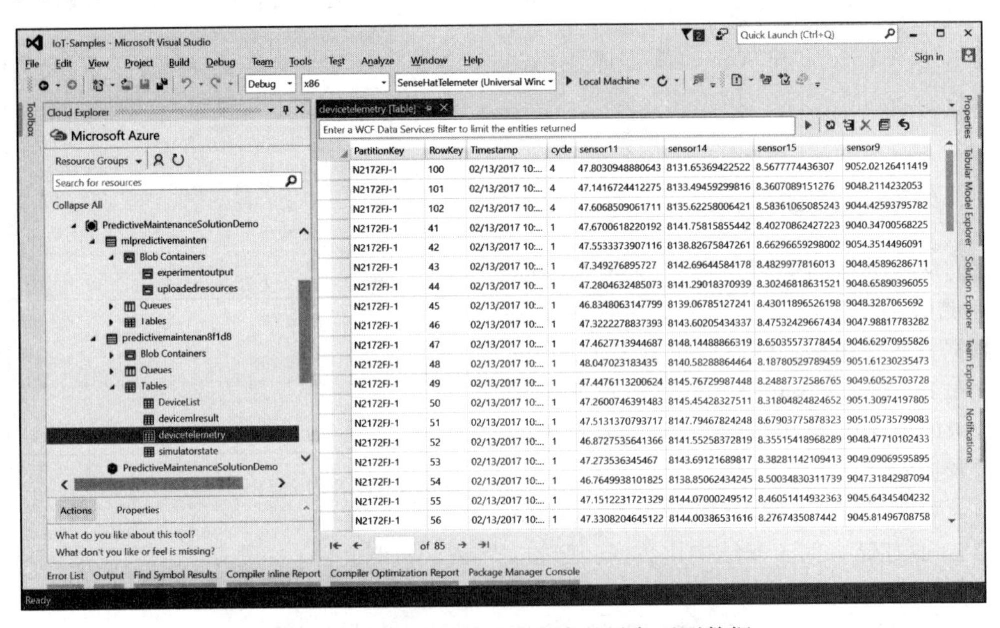

图 13-13 预测性维护解决方案的设备遥测数据

每个实体必须定义 3 个系统属性：PartitionKey、RowKey 和 TimeStamp。PartitionKey 和 RowKey 构成表主键，而 Azure Table 服务自动维护 TimeStamp 以标记上次修改实体的时间。TimeStamp 用于处理并发问题。

为了实现可伸缩性，整个 Azure Table 被划分为多个分区。分区中的每个实体都由 PartitionKey 唯一标识。然后，可以通过 RowKey 标识分区中的每个实体。我们需要这两个值来唯一地标识特定实体。

通过分析 devicetelemetrydata 表的 PartitionKey 属性，我们可以注意到其值为 N2172FJ-1 或 N2172FJ-2。这些直接对应于飞机的发动机。引擎数据相对于引擎标识符进行分区。然后，通过从 100 开始增加积分值来识别分区中的每个实体。最后，存在 5 个存储引擎循环和传感器数据的属性。在这种情况下，每个实体都具有相同的架构。但是通常情况下，Azure Table 可以处理不同模式的实体。唯一的要求是它们定义了 3 个系统属性：PartitionKey、RowKey 和 TimeStamp。

接下来我们将看到实际传感器数据的来源。现在，打开 devicemlresult 表。如图 13-14 所示，该表保存了每个引擎的预测 RUL 值。除了存储这些值的属性之外，devicemlresult 还具有 3 个 Azure 所需的属性：PartitionKey、RowKey 和 Timestamp。通过使用两个字符串 N2172FJ-1 和 N2172FJ-2 来识别分区，而 RowKey 是从 1 开始的整数。

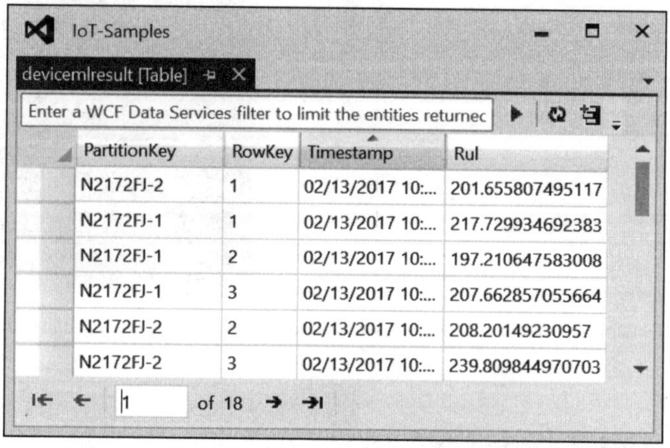

IoT-Samples

devicemlresult [Table]

Enter a WCF Data Services filter to limit the entities returnec

PartitionKey	RowKey	Timestamp	Rul
N2172FJ-2	1	02/13/2017 10:...	201.655807495117
N2172FJ-1	1	02/13/2017 10:...	217.729934692383
N2172FJ-1	2	02/13/2017 10:...	197.210647583008
N2172FJ-1	3	02/13/2017 10:...	207.662857055664
N2172FJ-2	2	02/13/2017 10:...	208.20149230957
N2172FJ-2	3	02/13/2017 10:...	239.809844970703

1 of 18

图 13-14　devicemlresult Azure Table 的一些实体

13.3.3　设备列表

DeviceList 中的实体代表已注册的设备（见图 13-15）。同样，有 3 个系统属性和一个附加属性 Key，Key 用于通过特定设备访问 IoT Hub。设备可以向云发送命令和从云接收命令。

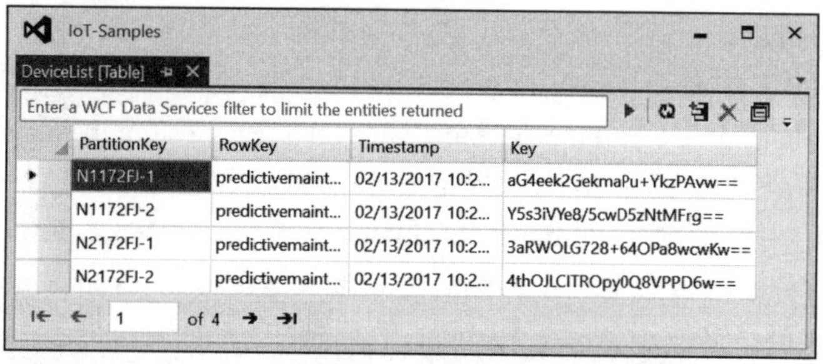

IoT-Samples

DeviceList [Table]

Enter a WCF Data Services filter to limit the entities returned

PartitionKey	RowKey	Timestamp	Key
N1172FJ-1	predictivemaint...	02/13/2017 10:2...	aG4eek2GekmaPu+YkzPAvw==
N1172FJ-2	predictivemaint...	02/13/2017 10:2...	Y5s3iVYe8/5cwD5zNtMFrg==
N2172FJ-1	predictivemaint...	02/13/2017 10:2...	3aRWOLG728+64OPa8wcwKw==
N2172FJ-2	predictivemaint...	02/13/2017 10:2...	4thOJLCITROpy0Q8VPPD6w==

1 of 4

图 13-15　DeviceList Azure Table 的内容

还可以通过 Azure Portal 访问已注册设备的列表。单击 Azure 资源列表中的预测性维护 IoT Hub，然后转到 Devices 选项卡（链接位于顶部 IoT Hub 名称下方）。已注册设备列表如图 13-16 所示。单击 Device Explorer 中的相应条目后，右侧面板中将显示特定设备的键和连接字符串。

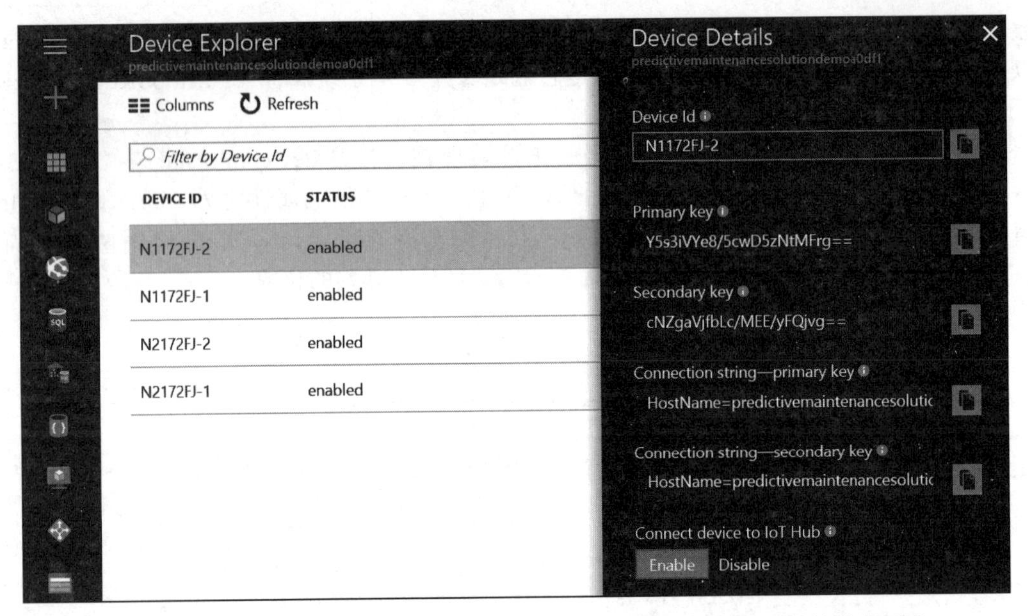

图 13-16　Azure Portal 的 Device Explorer，显示在 IoT Hub 中注册的设备列表

13.4　Azure Stream Analytics

Azure Stream Analytics 是指实时云流处理单元，旨在快速分析来自许多远程设备或传感器的数据，以获得有关受监控流程的实时分析（请参阅 https://bit.ly/azure_stream_analytics）。

在预测性维护解决方案中，有一个 Azure Stream Analytics 作业 PredictiveMaintenanceSolutionDemo-Telemetry。要分析此作业，可通过在 Azure Resources 列表中选择 PredictiveMaintenanceSolutionDemo-Telemetry，然后单击位于最底部的 Support + Troubleshooting 组中的 Job Diagram 来检查其拓扑。

如图 13-17 所示，PredictiveMaintenanceSolutionDemo-Telemetry 作业有一个输入（IoTHubStream）和两个输出（Telemetry Table Storage）和（TelemetrySummary Event Hub）。分析作业查询来自 IoT Hub 的数据流以提取传感器数据，该数据随后存储在遥测数据表（devicetelemetrydata）中。此外，PredictiveMaintenanceSolutionDemo-Telemetry Azure Stream 作业使用滑动窗口计算平均传感器数据，然后将结果数据传递到 Event Hub。

要过滤和处理数据，将使用 Azure Portal 右侧面板中显示的查询选项。要查看查询代码，只需单击使用括号（<>）标记的矩形。根据图 13-17，PredictiveMaintenanceSolutionDemo-Telemetry 作业有 3 个这样的查询：streamdata、telemetry 和 telemetrysummary。这些查询使用流分析查询语言（Stream Analytics Query Language，请参阅 https://bit.ly/stream_analytics_QL），它类似于 SQL 语法。

streamdata 查询显示如何过滤掉来自 IoT Hub 的非遥测数据。为此，where 子句检查 ObjectType 属性是否为 null。如果是，则将传入消息解释为遥测数据（参见代码清单 13-3）。

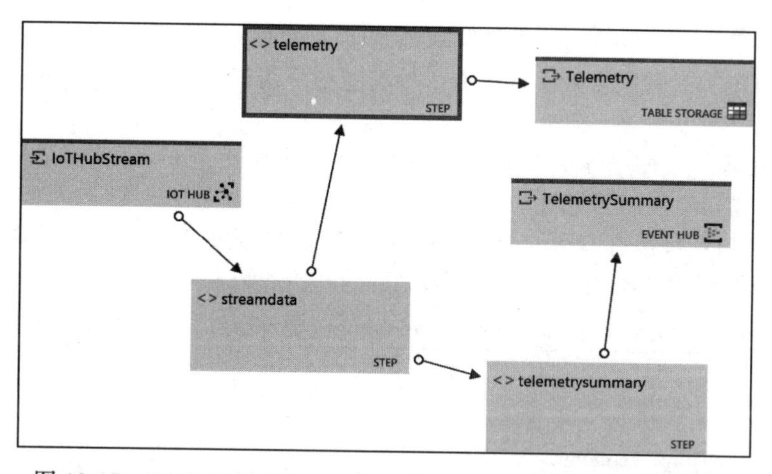

图 13-17　PredictiveMaintenanceSolutionDemo-Telemetry 的作业图

代码清单 13-3　streamdata 查询过滤掉非遥测数据

```
WITH
    [StreamData] AS (
        SELECT
            *
        FROM
            [IoTHubStream]
        WHERE
            [ObjectType] IS NULL -- Filter out device info and command responses
    )
```

如代码清单 13-4 所示，遥测查询从每个遥测命令中选择 7 个属性，并将它们插入 Telemetry 表中。这些属性包括 DeviceId、Counter、Cycle、Sensor9、Sensor11、Sensor14 和 Sensor15。我们在 devicetelemetry 表中看到了这些值，此处 DeviceId 为 PartitionKey，Counter 为 RowKey。

代码清单 13-4　遥测查询从遥测命令中选择 7 个属性，然后将它们插入遥测表中

```
SELECT
    DeviceId,
    Counter,
    Cycle,
    Sensor9,
    Sensor11,
    Sensor14,
    Sensor15
INTO
    [Telemetry]
FROM
    [StreamData]
```

最后，如代码清单 13-5 所示，telemetrysummary 的查询计算来自遥测事件的传感器数据的平均值，这些事件属于特定时间段（发动机循环）。要做到这一点，telemetrysummary 使用窗口，即窗口根据其时间戳排列事件。有 3 种类型的可用窗口（请参阅 https://bit.ly/window_functions）：

- Tumbling 窗口：使用固定大小，不重叠的事件系列。
- Hopping 窗口：使用固定大小但重叠的一系列事件。
- Sliding 窗口：仅当窗口中的值实际更改，进入或离开时间窗口时，才会输出一系列事件。在此演示中，滑动窗口用于捕获循环的开始和结束事件。

代码清单 13-5　telemetrysummary 查询聚合传感器数据

```
SELECT
    DeviceId,
    Cycle,
    AVG(Sensor9) AS Sensor9,
    AVG(Sensor11) AS Sensor11,
    AVG(Sensor14) AS Sensor14,
    AVG(Sensor15) AS Sensor15
INTO
    [TelemetrySummary]
FROM
    [StreamData]
GROUP BY
    DeviceId,
    Cycle,
    SLIDINGWINDOW(minute, 2) -- Duration must cover the longest possible cycle
HAVING
    SUM(EndOfCycle) = 2 -- Sum when EndOfCycle contains both start and end events
```

实时 Azure 流分析允许在不编写实际逻辑的情况下存储来自 Azure Table 中传感器的数据。我们可以定义输入和输出，然后声明查询，该查询告诉 Azure Stream Analytics 要存储哪些数据。我们还可以声明其他逻辑来预处理数据并将其进一步流式传输到 Event Hub 以进行额外处理。在下一章中，将展示如何将数据传输到 Power BI 以进行可视化。

13.5　解决方案源代码

本书将展示发送至 TelemetrySummary Event Hub 的实际数据以及遥测数据的来源。我们首先分析预配置解决方案的源代码。

可以从以下 GitHub 存储库下载 Azure IoT 预测性维护预配置解决方案的源代码：https://bit.ly/iot_predictive_maintenance，还使用第 13 章文件夹中包含所使用的代码版本的辅助代码。从 GitHub 下载源代码后，我们做了以下修改：

1）在原始名称中添加 PredictiveMaintenance 前缀来重命名项目和输出。使用 Solution Explorer 重命名项目。要更改程序集名称，可以使用 Assembly Name 文本框，在项目属性的 Application 选项卡下找到该文本框。

2）使用 NuGet 包管理器更新或重新安装相关的 NuGet 包。这是解决从存储库下载源代码时可能遇到的 NuGet 问题的最简单方法。

来自配套代码的 Azure IoT 预测维护预配置解决方案的源代码包括以下项目：

- PredictiveMaintenance.Common：此类库项目包含配置、设备模式、异常、模型等的常用帮助程序。此类库项目中实现的功能由预测性维护解决方案的其他组件引用。
- PredictiveMaintenance.EventProcessor.WebJob：此控制台应用程序处理 Event Hub 接收的事件。
- PredictiveMaintenance.Simulator.WebJob：另一个控制台应用程序，实现了模拟的传感器。该项目合成传感器读数并将其插入专用的 Azure Table Storage 中。
- PredictiveMaintenance.Web：此 ASP.NET MVC Web 应用程序实现解决方案仪表板。
- PredictiveMaintenance.WebJobHost：此控制台应用程序托管 PredictiveMaintenance.EventProcessor.WebJob 和 PredictiveMaintenance.Simulator.WebJob WebJobs。

13.6 Event Hub 和机器学习事件处理器

在 Azure 中，Event Hub 是一项专门用于大数据和物联网解决方案的大型服务（请参阅 https://bit.ly/azure_event_hubs）。Event Hub 收集、快速转换和处理大量信息。Event Hub 使用分区，分区定义了并发消费者和生产者可以访问数据管道的数量。

要处理 Event Hub 接收的数据，需要创建一个实现 IEventProcessor 接口的类，然后实例化承载事件处理器的 EventProcessorHost 类。EventProcessorHost 将事件处理器与特定的 Event Hub 相关联。IEventProcessor 接口和 EventProcessorHost 类都可以通过客户端获得，它们在 Microsoft.Azure.ServiceBus.EventProcessorHost NuGet 包中实现。总的来说，该包处理与分区相关的功能并简化事件处理器的实现。

在 Azure IoT 预测性维护示例中，Event Hub 接收预处理的遥测数据。要查看此数据发生了什么，让我们打开 PredictiveMaintenance.EventProcessor.WebJob 项目。此应用程序的入口点是 Program 类的静态 Main 方法（请参阅 Chapter 13 / PredictiveMaintenance.EventProcessor.WebJob / Program.cs 中的配套代码）。Main 方法使用在 Autofac NuGet 包之上实现的控制反转（IoC）设计模式来创建 MLDataProcessorHost，它们承载事件处理器。

IoC 设计模式广泛用于跨平台编程，其中应用程序依赖于组件或服务，具体实现在编译或运行时解析。该应用程序使用平台功能抽象，通过接口公开，然后映射到平台特定的功能（请参阅 https://bit.ly/code_sharing）。在 Autofac 中，此映射是使用 ContainerBuilder 类的实例执行的，可以使用该实例注册模块和抽象层的具体类型实现。

如代码清单 13-6 所示，Autofac IoC 容器是在 Program.Main 方法的 try catch 语句下创建的。接下来，注册 EventProcessorModule 类（代码清单 13-6 中的 BuildContainer 方法）。

代码清单 13-6 Main 方法的一个片段，其中创建了 IoC 容器

```
static readonly CancellationTokenSource CancellationTokenSource = new
```

```
CancellationTokenSource();
static IContainer eventProcessorContainer;

static void Main(string[] args)
{
    try
    {
        BuildContainer();
        eventProcessorContainer
            .Resolve<IShutdownFileWatcher>()
            .Run(StartMLDataProcessorHost, CancellationTokenSource);
    }
    catch (Exception ex)
    {
        CancellationTokenSource.Cancel();
        Trace.TraceError("Webjob terminating: {0}", ex.ToString());
    }
}

static void BuildContainer()
{
    var builder = new ContainerBuilder();
    builder.RegisterModule(new EventProcessorModule());
    eventProcessorContainer = builder.Build();
}
```

在代码清单13-7中，EventProcessorModule派生自Autofac的Module类，并覆盖其Load方法以注册3种类型：ShutdownFileWatcher、ConfigurationProvider和MLDataProcessorHost。它们分别实现了以下抽象：IShutdownFileWatcher、IConfigurationProvider和IMLDataProcessorHost。应用程序之后调用接口方法，而不是直接访问具体实现。接口和具体类型之间的实际映射由IoC容器完成。

代码清单13-7　EventProcessorModule注册了3种类型

```
public sealed class EventProcessorModule : Module
{
    protected override void Load(ContainerBuilder builder)
    {
        builder.RegisterType<ShutdownFileWatcher>()
            .As<IShutdownFileWatcher>()
            .SingleInstance();

        builder.RegisterType<ConfigurationProvider>()
            .As<IConfigurationProvider>()
            .SingleInstance();

        builder.RegisterType<MLDataProcessorHost>()
            .As<IMLDataProcessorHost>()
            .SingleInstance();
    }
}
```

ShutdownFileWatcher 和 ConfigurationProvider 类在 PredictiveMaintenance.Common 项目中实现。第一类用于监视云环境变量 WEBJOBS_SHUTDOWN_FILE 以侦听文件关闭信号。源代码中描述了此变量的详细用法（请参阅 PredictiveMaintenance.Common 项目的 ShutdownFileWatcher.cs）。

ConfigurationProvider 类用于确定环境和应用程序设置。更多详细信息请参阅 Predictive Maintenance.Common 的 ConfigurationProvider.cs。

此处最重要的部分是最后注册的类型——MLDataProcessorHost（请参阅 Chapter 13 / PredictiveMaintenance.EventProcessor.WebJob / Processors / MLDataProcessorHost.cs 中的配套代码）。此类型派生自通用 EventProcessorHost 类（请参阅 Chapter 13 / PredictiveMaintenance.EventProcessor.WebJob / Processors / Generic / EventProcessorHost.cs 中的配套代码）。后者在内部使用 Microsoft.Azure.ServiceBus.EventProcessorHost 中的 EventProcessorHost 类，因此与处理 Event Hub 的数据直接相关。

接下来，我们分析 EventProcessorHost.cs 文件以了解如何创建 EventProcessorHost 并注册特定的事件处理器。此功能在 StartProcessor 方法中实现，如代码清单 13-8 所示。此方法使用五参数构造函数实例化 EventProcessorHost。此构造函数采用主机名、Event Hub 的路径、事件的使用者组名称、Event Hub 的连接字符串以及用于分区分发的 Blob 存储的连接字符串。

代码清单 13-8　创建事件处理器主机和事件处理器注册

```
public async Task StartProcessor(CancellationToken token)
{
    try
    {
        //初始化
        _eventProcessorHost = new EventProcessorHost(
            Environment.MachineName,
            _eventHubName.ToLowerInvariant(),
            EventHubConsumerGroup.DefaultGroupName,
            _eventHubConnectionString,
            _storageConnectionString);

        _factory = Activator.CreateInstance(typeof(TEventProcessorFactory), _arguments)
            as TEventProcessorFactory;

        Trace.TraceInformation("{0}: Registering host...", GetType().Name);

        EventProcessorOptions options = new EventProcessorOptions();
        options.ExceptionReceived += OptionsOnExceptionReceived;
        await _eventProcessorHost.RegisterEventProcessorFactoryAsync(_factory);

        //处理循环
        while (!token.IsCancellationRequested)
        {
            Trace.TraceInformation("{0}: Processing...", GetType().Name);
            await Task.Delay(TimeSpan.FromMinutes(5), token);
        }
```

```
        //清除
        await _eventProcessorHost.UnregisterEventProcessorAsync();
    }
    catch (Exception e)
    {
        Trace.TraceInformation("Error in {0}.StartProcessor, Exception: {1}",
            GetType().Name, e.Message);
    }
    _running = false;
}

void OptionsOnExceptionReceived(object sender, ExceptionReceivedEventArgs
    exceptionReceivedEventArgs)
{
    Trace.TraceError("Received exception, action: {0}, message: {1}",
        exceptionReceivedEventArgs.Action, exceptionReceivedEventArgs.Exception.ToString());
}
```

在解决方案部署期间会自动设置这些参数的实际值。如果要查看连接字符串，请使用 Azure Portal。可以在 Shared Access Policies（Setting 组）下找到 Event Hub 连接字符串。默认情况下，只有一个策略 RootManageSharedAccessKey。可以看到此策略允许我们管理、发送和列出 PredictiveMaintenanceSolutionDemo Event Hub 的事件。单击 RootManageSharedAccessKey 策略后，可以看到访问键以及主连接字符串和辅助连接字符串，其形式如下：

```
Endpoint=sb://predictivemaintenancesolutiondemo.servicebus.windows.net
/;SharedAccessKeyName=RootManageSharedAccessKey;SharedAccessKey=xwCZgzjLhA
/KYIdq16ova4UFTyHzF/R4HhjBRa7R+jg=
```

blob 存储连接字符串的一般形式是：

```
DefaultEndpointsProtocol=https;AccountName=<your_storage_account_name>;AccountKey=<your_key>;
BlobEndpoint=<endpoint>
```

我们可以从 Azure Portal 获取账户名、账户密钥和 Blob 端点。在 PredictiveMaintenance SolutionDemo 中，对应的 Blob 存储是 predictivemaintenance-solutiondemo-ehdata。它包含在 Blob 下的 predictivemaintenan <n1> 存储账户中（见图 13-18）。此列表还显示端点，这些端点包含在 URL 列中。

要获取访问密钥，请单击 Azure Portal 中 predictivemaintenan <n1> 存储账户的 SETTINGS 组下的 Access Key 链接。两个键与存储账户名一起显示。

你可能想了解为什么需要这种 Blob 存储，乍一看，确实有些疑问。Blob 存储在 EventProcessorHost 内部使用，以管理对 Event Hub 的并发访问。

在实例化 EventProcessorHost 之后，StartProcessor 方法创建 TEventProcessorFactory 的实例——通用 EventProcessorHost 类的参数。它可以用于不同的对象。但是，在 PredictiveMaintenanceSolutionDemo 中，使用的实际类是 EventProcessorFactory <MLDataProcessor>（请参阅 MLDataProcessorHost.cs）。该对象实现了由 MLDataProcessor 类表示的事件处理器工厂。

如代码清单 13-8 所示，该工厂使用 EventProcessorHost.RegisterEventProcessorFactoryAsync 在事件处理器主机中注册。因此，我们看到使用 MLDataProcessor 处理实际事件数据，这将在下一节中进一步讨论。

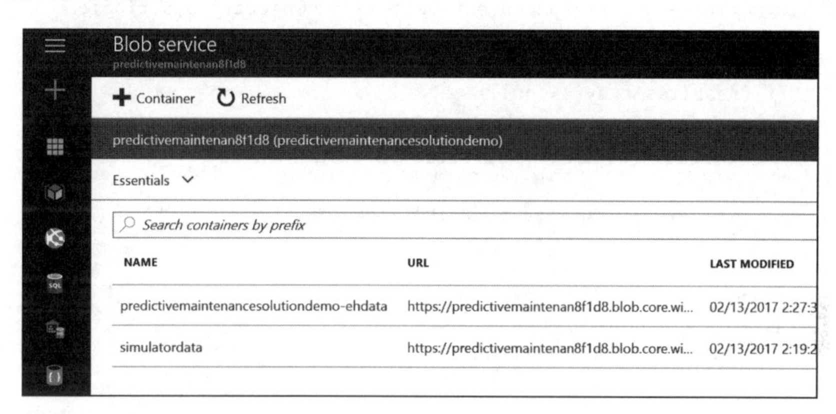

图 13-18 存储账户的 Blob 服务

13.6.1 机器学习数据处理器

我们可以在 PredictiveMaintenance.EventProcessor.WebJob 项目的 MLDataProcessor.cs 文件中找到机器学习数据处理器 MLDataProcessor 的实现。打开此文件后，将看到 MLDataProcessor 类派生自 EventProcessor，实现 IEventProcessor 接口。后者来自 Microsoft.Azure.ServiceBus.EventProcessorHost。

IEventProcessor 有 3 种方法：OpenAsync、CloseAsync 和 ProcessItemsAsync。事件处理器初始化时以及关闭或取消注册之前调用前两个。每当将新消息传递到 Event Hub 流时，都会调用最后一个方法 ProcessItemsAsync。ProcessItemsAsync 是消耗平均传感器数据的实际位置。

代码清单 13-9 中显示了 EventProcessor 类的 ProcessItemsAsync 方法。正如所见，ProcessItemsAsync 按顺序处理消息集合的元素。此集合的每个元素都是 EventData 类型，它表示发送到 Event Hub 和从 Event Hub 发送的数据。

代码清单 13-9 顺序消息处理

```
public async Task ProcessEventsAsync(PartitionContext context,
IEnumerable<EventData> messages)
{
    Trace.TraceInformation("{0}: In ProcessEventsAsync", GetType().Name);

    foreach (EventData message in messages)
    {
        try
        {
            // 写信息
            Trace.TraceInformation("{0}: {1} - Partition {2}", GetType().Name,
                message.Offset, context.Lease.PartitionId);
```

```
                LastMessageOffset = message.Offset;

                string jsonString = Encoding.UTF8.GetString(message.GetBytes());
                dynamic result = JsonConvert.DeserializeObject(jsonString);
                JArray resultAsArray = result as JArray;

                if (resultAsArray != null)
                {
                    foreach (dynamic resultItem in resultAsArray)
                    {
                        await ProcessItem(resultItem);
                    }
                }
                else
                {
                    await ProcessItem(result);
                }

                _totalMessages++;
            }
            catch (Exception e)
            {
                Trace.TraceError("{0}: Error in ProcessEventAsync -- {1}",
                    GetType().Name, e.Message);
            }
        }

        // 批处理完毕，检查点
        try
        {
            await context.CheckpointAsync();
        }
        catch (Exception ex)
        {
            Trace.TraceError(
                "{0}{0}*** CheckpointAsync Exception - {1}.ProcessEventsAsync ***{0}{0}{2}{0}{0}",
                Console.Out.NewLine,
                GetType().Name,
                ex);
        }

        if (IsClosed)
        {
            IsReceivedMessageAfterClose = true;
        }
    }

    public abstract Task ProcessItem(dynamic data);
```

与第12章中使用的Message类类似，EventData使用其他属性包装实际二进制数据，这有助于跟踪事件。要获取实际的事件数据，应使用GetBytes方法，然后根据需要对其进行解析。在 PredictiveMaintenanceSolutionDemo 中，原始字节数组是一个 JSON 对象，使用 JsonConvert 类进行反序列化。生成的对象将传递给抽象 ProcessItem 方法。

ProcessItem 方法的具体实现包含在 MLDataProcessor 类（代码清单 13-10 中的 ProcessItem 方法）中。MLDataProcessor.ProcessItem 方法的逻辑结构可以分为两部分。第一个验证事件数据的结构，以查看设备标识符、周期和传感器数据是否为空。如果是这样，它们将被包装到 MLRequest 对象中（请参阅 PredictiveMaintenance.EventProcessor.WebJob 项目的 MLRequest.cs 文件），然后将其作为 JSON 文件发布到 RUL Web 服务。然后，此请求的响应将用于构造 RulTableEntity 对象，该对象随后将插入专用的 Azure Table——devicemlresult 中。

代码清单 13-10 MLDataProcessor 类的 ProcessItem 方法

```
const string ML_ENDPOINT = "/execute?api-version=2.0&details=true";
readonly string[] ML_REQUEST_COLUMNS = { "id", "cycle", "s9", "s11", "s14", "s15" };
const int RUL_COLUMN = 2;

readonly IConfigurationProvider _configurationProvider;
public override async Task ProcessItem(dynamic eventData)
{
    // 确保这是一个正确格式化或 ML 的事件，否则忽略它
    if (eventData == null || eventData.deviceid == null || eventData.cycle == null ||
        eventData.sensor9 == null || eventData.sensor11 == null ||
        eventData.sensor14 == null || eventData.sensor15 == null)
    {
        return;
    }

    // 该实验理论上支持多个输入
    // 即使一次只能得到一个值，所以请求需要一个输入数组
    MLRequest mlRequest = new MLRequest(ML_REQUEST_COLUMNS, new string[,]
    {
        {
            // id 必须是数字，所以我们哈希实际的设备 ID
            eventData.deviceid.ToString().GetHashCode().ToString(),
            // 其余条目为数值的字符串表示形式
            eventData.cycle.ToString(),
            eventData.sensor9.ToString(),
            eventData.sensor11.ToString(),
            eventData.sensor14.ToString(),
            eventData.sensor15.ToString()
        }
    });

    HttpClient http = new HttpClient();
    http.DefaultRequestHeaders.Authorization = new AuthenticationHeaderValue("Bearer",
        _configurationProvider.GetConfigurationSettingValue("MLApiKey"));
    http.BaseAddress = new Uri(_configurationProvider.GetConfigurationSettingValue(
        "MLApiUrl") + ML_ENDPOINT);

    HttpResponseMessage response = await http.PostAsJsonAsync("", mlRequest);
```

```
    if (response.IsSuccessStatusCode)
    {
        MLResponse result = JsonConvert.DeserializeObject<MLResponse>(
            await response.Content.ReadAsStringAsync());

        RulTableEntity entry = new RulTableEntity
        {
            PartitionKey = eventData.deviceid.ToString(),
            RowKey = eventData.cycle.ToString(),
            // 从 JSON 输出中提取单个相关的 RDL 值
            Rul = result.Results["data"].value.Values[0, RUL_COLUMN],
            // 由于模拟器可能会重播数据，因此要确保能够覆盖表值
            ETag = "*"
        };

        // 我们不需要数据模型来表示这个操作的结果
        // 所以我们使用表 / 模型转换器
        await AzureTableStorageHelper.DoTableInsertOrReplaceAsync<object,
            RulTableEntity>(entry, (RulTableEntity e) => null,
            _configurationProvider.GetConfigurationSettingValue("eventHub.
            StorageConnectionString"),
            _configurationProvider.GetConfigurationSettingValue("MLResultTableName"));
    }
    else
    {
        throw new Exception(string.Format("The ML request failed with status code: {0}",
            response.StatusCode));
    }
}
```

对 ML Web 服务的访问和编程按照第 11 章介绍过的方法进行。但是，访问 Azure Table 存储需要额外注意。

13.6.2 Azure Table 存储

PredictiveMaintenanceSolutionDemo 使用两个辅助类 AzureRetryHelper 和 AzureTableStorage-Helper 来处理 Azure Table 存储。可以在 Chapter 13 / PredictiveMaintenanceDemo.Common / Helpers 的配套代码中找到这两个类的实现。

AzureRetryHelper 实现重试逻辑，该逻辑运行特定操作，如实体插入、更新或删除指定的次数。AzureRetryHelper 中实现了几种方法，但最重要的方法是 Operation WithBasicRetryAsync。如代码清单 13-11 所示，此方法调用在 while 循环中使用 async Operation 参数传递的异步操作。每次调用此方法后，都会递增本地 currentRetry 变量。当 currentRetry 达到 RETRY_COUNT 值时，while 循环终止。默认情况下，RETRY_COUNT 值为 2，因此 OperationWithBasicRetryAsync 方法尝试执行两次特定操作。在瞬态错误的情况下，OperationWithBasicRetryAsync 的内部 while 循环也会终止。AzureRetryHelper 使用 IsTransient 方法检查瞬态错误，该方法在源代码中有比较充分的注释。

代码清单 13-11　AzureRetryHelper 类的重试逻辑

```
const int RETRY_COUNT = 2;

public static async Task<T> OperationWithBasicRetryAsync<T>(Func<Task<T>> asyncOperation)
{
    int currentRetry = 0;

    while (true)
    {
        try
        {
            return await asyncOperation();
        }
        catch (Exception ex)
        {
            currentRetry++;

            if (currentRetry > RETRY_COUNT || !IsTransient(ex))
            {
                // 如果不是瞬时错误，则不抛出异常
                throw;
            }
        }

        // 等待重试操作
        await Task.Delay(100 * currentRetry);
    }
}
```

AzureTableStorageHelper 有 3 个公共方法：GetTableAsync、DoTableInsertOrReplaceAsync 和 DoDeleteAsync。它还有一个内部方法 PerformTableOperation。

代码清单 13-12 中显示了 GetTableAsync 方法的定义，并显示了如何使用 WindowsAzure.Storage NuGet 包（或 Azure Storage 客户端）中实现的类和方法访问 Azure Storage 中的表。首先使用存储连接字符串实例化 CloudStorageAccount 类，然后使用 CloudStorageAccount 类实例的适当方法创建 CloudTableClient，最后可以使用 CloudTableClient 类实例的 GetTableReference 方法访问所选表。如代码清单 13-12 所示，GetTableReference 按名称标识表。

代码清单 13-12　访问 Azure Table

```
public static async Task<CloudTable> GetTableAsync(string storageConnectionString,
    string tableName)
{
    CloudStorageAccount storageAccount = CloudStorageAccount.Parse(storageConnectionString);
    CloudTableClient tableClient = storageAccount.CreateCloudTableClient();
    CloudTable table = tableClient.GetTableReference(tableName);
    await table.CreateIfNotExistsAsync();
    return table;
}
```

DoTableInsertOrReplaceAsync（参见代码清单 13-13）将实体更新或插入 Azure Table。如

果实体已存在，则更新实体，否则将实体插入表中。为了区分表操作，Azure Storage 实现了 TableOperation 类。它公开了几个表示特定操作的静态方法，如 Delete、Insert、Replace、Merge 和 Retrieve。代码清单 13-13 中显示了如何使用 Replace 和 Insert 操作。Delete 操作用于代码清单 13-14 中的 DoDeleteAsync 方法。它只是取表，然后删除所选实体。Retrieve 操作用于 PerformTableOperation，如代码清单 13-15 所示。

代码清单 13-13　插入和替换实体

```
public static async Task<TableStorageResponse<TResult>> DoTableInsertOrReplaceAsync<
    TResult, TInput>(TInput incomingEntity,
    Func<TInput, TResult> tableEntityToModelConverter,
    string storageAccountConnectionString, string tableName) where TInput : TableEntity
{
    var table = await GetTableAsync(storageAccountConnectionString, tableName);

    // 根据 http://azure.microsoft.com/en-us/blog/managing-concurrency-in-microsoft-
    // azure-storage-2/，简单地做一个 InsertOrReplace 不会进行任何并发检查。所以我们不使用
    // InsertOrReplace。相反，我们会看看现在是否有这样的规则。如果有，那么将进行并发安全更新，
    // 否则只需要简单插入
    TableOperation retrieveOperation =
        TableOperation.Retrieve<TInput>(incomingEntity.PartitionKey, incomingEntity.RowKey);
    TableResult retrievedEntity = await table.ExecuteAsync(retrieveOperation);

    TableOperation operation = null;
    if (retrievedEntity.Result != null)
    {
        operation = TableOperation.Replace(incomingEntity);
    }
    else
    {
        operation = TableOperation.Insert(incomingEntity);
    }

    return await PerformTableOperation(table, operation, incomingEntity,
        tableEntityToModelConverter);
}
```

代码清单 13-14　删除操作

```
public static async Task<TableStorageResponse<TResult>> DoDeleteAsync<
    TResult, TInput>(TInput incomingEntity,
    Func<TInput, TResult> tableEntityToModelConverter,
    string storageAccountConnectionString, string tableName) where TInput : TableEntity
{
    var azureTable = await GetTableAsync(storageAccountConnectionString, tableName);
    TableOperation operation = TableOperation.Delete(incomingEntity);
    return await PerformTableOperation(azureTable, operation,
        incomingEntity, tableEntityToModelConverter);
}
```

指定表操作后，可以使用 CloudTable 类的 Execute 或 ExecuteAsync 方法执行它。代码清

单 13-15 中的粗体语句显示了如何使用这两种方法。

代码清单 13-15 执行表操作

```
static async Task<TableStorageResponse<TResult>> PerformTableOperation<
    TResult, TInput>(CloudTable table,
    TableOperation operation, TInput incomingEntity,
    Func<TInput, TResult> tableEntityToModelConverter) where TInput : TableEntity
{
    var result = new TableStorageResponse<TResult>();

    try
    {
        await table.ExecuteAsync(operation);

        var nullModel = tableEntityToModelConverter(null);
        result.Entity = nullModel;
        result.Status = TableStorageResponseStatus.Successful;
    }
    catch (Exception ex)
    {
        TableOperation retrieveOperation = TableOperation.
            Retrieve<TInput>(incomingEntity.PartitionKey, incomingEntity.RowKey);
        TableResult retrievedEntity = table.Execute(retrieveOperation);

        if (retrievedEntity != null)
        {
            //返回此规则的已找到的版本,
            //防止上次读取后被他人修改
            var retrievedModel = tableEntityToModelConverter(
                (TInput)retrievedEntity.Result);
            result.Entity = retrievedModel;
        }
        else
        {
            // 我们找不到存在的规则, 可能会创建一个新的,
            // 所以仅返回发送过来的内容
            result.Entity = tableEntityToModelConverter(incomingEntity);
        }

        if (ex.GetType() == typeof(StorageException)
            && (((StorageException)ex).RequestInformation.HttpStatusCode ==
            (int)HttpStatusCode.PreconditionFailed
                || ((StorageException)ex).RequestInformation.HttpStatusCode ==
                (int)HttpStatusCode.Conflict))
        {
            result.Status = TableStorageResponseStatus.ConflictError;
        }
        else
        {
            result.Status = TableStorageResponseStatus.UnknownError;
        }
    }
```

```
        return result;
    }
```

表操作执行的结果由TableResult类表示。它有3个属性：Result、HttpStatusCode和Etag。前两个是非常明显的，Result表示表操作的状态，而HttpStatusCode存储服务请求的HTTP状态，最后一个属性Etag用于处理并发。通常，云表可以由多个客户端同时访问。例如，可以使用Etag实现其他逻辑，以确保不会覆盖其他客户端所做的更改。各种并发方法的介绍请查看https://bit.ly/storage_concurrency。

13.7 WebJob模拟器

可以在PredictiveMaintenance.Simulator.WebJob项目中找到WebJob模拟器的源代码（参见Chapter 13文件夹中的配套代码）。该项目实现了模拟飞机发动机传感器读数的逻辑。仿真引擎由EngineDevice类表示，其完整实现可以在WebJob项目的以下文件中找到：Engine / Devices / EngineDevice.cs。

代码清单13-16中显示了EngineDevice类的三种方法。因此，我们看到该设备处理三个命令：Start、Stop和Ping。前两个用于启动或停止遥测，而最后一个用于验证与设备的连接。这些命令的实际结构和设备属性由SampleDeviceFactory类的方法控制（参见Chapter 13/PredictiveMaintenance.Common / Factory / SampleDeviceFactory.cs中的配套代码）。

代码清单13-16 EngineDevice类的一个片段

```
protected override void InitCommandProcessors()
{
    var pingDeviceProcessor = new PingDeviceProcessor(this);
    var startCommandProcessor = new StartCommandProcessor(this);
    var stopCommandProcessor = new StopCommandProcessor(this);

    pingDeviceProcessor.NextCommandProcessor = startCommandProcessor;
    startCommandProcessor.NextCommandProcessor = stopCommandProcessor;

    RootCommandProcessor = pingDeviceProcessor;
}

public void StartTelemetryData()
{
    var predictiveMaintenanceTelemetry = (PredictiveMaintenanceTelemetry)TelemetryController;
    predictiveMaintenanceTelemetry.TelemetryActive = true;
    Logger.LogInfo("Device {0}: Telemetry has started", DeviceID);
}

public void StopTelemetryData()
{
    var predictiveMaintenanceTelemetry = (PredictiveMaintenanceTelemetry)TelemetryController;
    predictiveMaintenanceTelemetry.TelemetryActive = false;
    Logger.LogInfo("Device {0}: Telemetry has stopped", DeviceID);
```

```
}
```

StartTelemetryData 和 StopTelemetryData 控制遥测过程的状态，该过程将模拟的传感器读数发送到云。该遥测在 PredictiveMaintenanceTelemetry 类（Engine / Telemetry / PredictiveMaintenanceTelemetry.cs）中实现。特别地，PredictiveMaintenanceTelemetry 实现了 SendEventsAsync 方法（参见代码清单 13-17）。它每秒都会向 IoT Hub 发送消息。PredictiveMaintenanceTelemetry 使用 IoC 设计模式，因此数据传输是在不同的类 IoTHubTransport（SimulatorCore / Transport / IoTHubTransport.cs）中实现的。

代码清单 13-17　实现 SendEventsAsync 方法

```
const int REPORT_FREQUENCY_IN_SECONDS = 1;

public async Task SendEventsAsync(CancellationToken token, Func<object, Task> sendMessageAsync)
{
    while (!token.IsCancellationRequested)
    {
        if (_active)
        {
            try
            {
                // 搜索包含此设备 ID 的下一行数据
                while (_data.MoveNext() && !_data.Current.Values.Contains(_deviceId)) { }

                if (_data.Current != null)
                {
                    _logger.LogInfo(_deviceId + " =>\n\t" + string.Join("\n\t",
                      _data.Current.Select(m => m.Key + ": " + m.Value.ToString()).ToArray()));

                    await sendMessageAsync(_data.Current);
                }
                else
                {
                    //数据的末尾，停止回放
                    TelemetryActive = false;
                }
            }
            catch (InvalidOperationException)
            {
                // 数据已修改，停止回放
                TelemetryActive = false;
            }
        }
        await Task.Delay(TimeSpan.FromSeconds(REPORT_FREQUENCY_IN_SECONDS), token);
    }
}
```

为了将消息发送到云，IoTHubTransport 使用了在第 12 章中用到的相同的 DeviceClient 类。如代码清单 13-18 所示，IoTHubTransport 的 SendEventAsync 方法调用 AzureRetryHelper.

OperationWithBasicRetryAsync 中的 DeviceClient.SendEventAsync 方法。请注意，IoTHubTransport 尝试发送两次消息。

代码清单 13-18　向云端发送事件

```
DeviceClient _deviceClient;

public async Task SendEventAsync(Guid eventId, dynamic eventData)
{
    string objectType = EventSchemaHelper.GetObjectType(eventData);
    var objectTypePrefix = _configurationProvider.GetConfigurationSettingValue(
        "ObjectTypePrefix");

    if (!string.IsNullOrWhiteSpace(objectType) && !string.IsNullOrEmpty(objectTypePrefix))
    {
        eventData.ObjectType = objectTypePrefix + objectType;
    }

    //  跟踪发送的原始 JSON 的示例代码
    //string rawJson = JsonConvert.SerializeObject(eventData);
    //Trace.TraceInformation(rawJson);

    byte[] bytes = _serializer.SerializeObject(eventData);

    var message = new Message(bytes);
    message.Properties["EventId"] = eventId.ToString();

    await AzureRetryHelper.OperationWithBasicRetryAsync(async () =>
    {
        try
        {
            await _deviceClient.SendEventAsync(message);
        }
        catch (Exception ex)
        {
            _logger.LogError(
                "{0}{0}*** Exception: SendEventAsync ***{0}{0}EventId: {1}{0}Event Data:
                {2}{0}Exception: {3}{0}{0}",
                Console.Out.NewLine,
                eventId,
                eventData,
                ex);
        }
    });
}
```

传感器数据存储在 CSV 文件中，该文件位于 Azure Storage 中的 Blob 容器下。在 EngineTelemetryFactory 类的构造函数中读取和解析 CSV 文件，如代码清单 13-19 所示。可以在 PredictiveMaintenance.Simulator.WebJob 项目的 Engine / Telemetry / Factory / EngineTelemetryFactory.cs 中找到此类的完整代码。代码清单 13-19 显示了如何从 Blob 对象读取数据——使用 CloudStorageAccount 类中的 CreateCloudBlobClient。获取 Blob 容器引

用（CloudBlobClient 类中的 GetContainerReference 方法），最后使用 CloudBlobContainer. GetBlockBlobReference 方法访问 Blob。后者返回 CloudBlockBlob 类的实例。要读取此 Blob 的二进制数据，应使用 Open 方法获取对基础流的引用，并将该流传递给 StreamReader 类构造函数，然后可以使用 StreamReader 类的方法解析此数据。

代码清单 13-19　获取模拟传感器数据

```
readonly IList<ExpandoObject> _dataset;

public EngineTelemetryFactory(ILogger logger, IConfigurationProvider config)
{
    _logger = logger;
    _config = config;

    // 这将从 Blob 存储中的指定文件加载 CSV 数据;
    // 任何访问或读取数据的失败将作为异常处理
    Stream dataStream = CloudStorageAccount
        .Parse(config.GetConfigurationSettingValue("device.StorageConnectionString"))
        .CreateCloudBlobClient()
        .GetContainerReference(config.GetConfigurationSettingValue("SimulatorDataContainer"))
        .GetBlockBlobReference(config.GetConfigurationSettingValue("SimulatorDataFileName"))
        .OpenRead();

    _dataset = ParsingHelper.ParseCsv(new StreamReader(dataStream)).ToExpandoObjects().ToList();
}
```

这里使用 ParsingHelper 类的 ParseCsv 方法解析二进制数据（参见 Chapter 13 / PredictiveMaintenance.Common / Helpers / ParsingHelper.cs 中的配套代码）。

13.8　预测性维护 Web 应用程序

预测性维护 Web 应用程序（请参阅 Chapter 13 / PredictiveMaintenance.Web 中的配套代码）实现解决方案的仪表板。如图 13-1 所示，该仪表板控制模拟器状态并显示遥测数据和 RUL 预测结果。为完成这些任务，Web 应用程序使用两种服务：模拟服务和预测服务。

13.8.1　模拟服务

模拟服务在 SimulationService 类（Services / SimulationService.cs）中实现。此类用于在用户单击相应按钮时远程启动和停止模拟。如代码清单 13-20 所示，通过向 IoT Hub 发送适当的命令来启动或停止模拟器。

代码清单 13-20　启动和停止模拟器

```
public async Task<string> StartSimulation()
{
    ClearTables();

    await WriteState(StartStopConstants.STARTING);
```

```
        await SendCommand("StartTelemetry");

        return StartStopConstants.STARTING;
    }

    public async Task<string> StopSimulation()
    {
        await WriteState(StartStopConstants.STOPPING);
        await SendCommand("StopTelemetry");

        return StartStopConstants.STOPPING;
    }

    async Task SendCommand(string commandName)
    {
        var command = CommandSchemaHelper.CreateNewCommand(commandName);

        foreach (var partitionKey in _deviceService.GetDeviceIds())
        {
            await _iotHubRepository.SendCommand(partitionKey, command);
        }
    }
```

此外，SimulationService 类使用遥测和预测数据（ClearTables）实现清除表的方法，并将模拟状态写入 Azure Table（WriteState）。

13.8.2　遥测服务

遥测服务，表示为 TelemetryService 类（Services / TelemetryService.cs），实现了两个公共方法：GetLatestTelemetry 和 GetLatestPrediction。

代码清单 13-21 中显示的 GetLatestTelemetry 通过使用 TableQuery 类查询 Azure 表以检索遥测实体。此类实现了允许创建属性滤波器的方法。这里使用两个滤波器。第一个过滤 PartitionKey 属性以使用 GenerateFilterCondition 方法获取特定设备的遥测数据。第二个采用时间戳不超过 2 分钟的遥测实体（TimeOffsetInSeconds 常量）。这是使用 Generate FilterConditionForDate 方法完成的。随后，使用 TableQuery.CombineFilters 方法组合两个滤波器。此外，LINQ 语法仅用于收集以下实体属性：sensor11、sensor14、sensor15 和 sensor9。使用 CloudTable.ExecuteQuery 方法对云表执行查询。然后，结果实体列表限制为 200 条记录（MaxRecordsToReceive），并转换为 Telemetry 对象的集合，之将数据传递到前端进行显示。

代码清单 13-21　检索遥测数据

```
const int TimeOffsetInSeconds = 120;
const int MaxRecordsToSend = 50;
const int MaxRecordsToReceive = 200;

public async Task<IEnumerable<Telemetry>> GetLatestTelemetry(string deviceId)
{
```

```
    var storageConnectionString = _settings.StorageConnectionString;
    var table = await AzureTableStorageHelper.GetTableAsync(storageConnectionString,
        _settings.TelemetryTableName);
    var startTime = DateTimeOffset.Now.AddSeconds(-TimeOffsetInSeconds).DateTime;

    var deviceFilter = TableQuery.GenerateFilterCondition("PartitionKey",
        QueryComparisons.Equal, deviceId);
    var timestampFilter = TableQuery.GenerateFilterConditionForDate("Timestamp",
        QueryComparisons.GreaterThanOrEqual, startTime);
    var filter = TableQuery.CombineFilters(deviceFilter, TableOperators.And,
        timestampFilter);

    TableQuery<TelemetryEntity> query = new TableQuery<TelemetryEntity>()
        .Where(filter)
        .Take(MaxRecordsToReceive)
        .Select(new[] { "sensor11", "sensor14", "sensor15", "sensor9" });

    var result = new Collection<Telemetry>();
    var entities = table.ExecuteQuery(query)
        .OrderByDescending(x => x.Timestamp)
        .Take(MaxRecordsToSend);

    foreach (var entity in entities)
    {
        var telemetry = new Telemetry
        {
            DeviceId = entity.PartitionKey,
            RecordId = entity.RowKey,
            Timestamp = entity.Timestamp.DateTime,
            Sensor1 = Math.Round(double.Parse(entity.sensor11, CultureInfo.InvariantCulture)),
            Sensor2 = Math.Round(double.Parse(entity.sensor14, CultureInfo.InvariantCulture)),
            Sensor3 = Math.Round(double.Parse(entity.sensor15, CultureInfo.InvariantCulture)),
            Sensor4 = Math.Round(double.Parse(entity.sensor9, CultureInfo.InvariantCulture))
        };
        result.Add(telemetry);
    }

    return result.OrderBy(x => x.Timestamp);
}
```

GetLatest Prediction 的工作原理与此类似，但会查询包含预测数据的表（参见代码清单 13-22），并将结果数据包装到预测对象集合中。

代码清单 13-22　检索 URL 预测数据

```
public async Task<IEnumerable<Prediction>> GetLatestPrediction(string deviceId)
{
    var storageConnectionString = _settings.StorageConnectionString;
    var table = await AzureTableStorageHelper.GetTableAsync(storageConnectionString,
        _settings.PredictionTableName);
    var startTime = DateTimeOffset.Now.AddSeconds(-TimeOffsetInSeconds).DateTime;
```

```
    var deviceFilter = TableQuery.GenerateFilterCondition("PartitionKey",
        QueryComparisons.Equal, deviceId);
    var timestampFilter = TableQuery.GenerateFilterConditionForDate("Timestamp",
        QueryComparisons.GreaterThanOrEqual, startTime);
    var filter = TableQuery.CombineFilters(deviceFilter, TableOperators.And,
        timestampFilter);

    TableQuery<PredictionRecord> query = new TableQuery<PredictionRecord>()
        .Where(filter)
        .Take(MaxRecordsToReceive)
        .Select(new[] { "Timestamp", "Rul" });

    var result = new Collection<Prediction>();
    var entities = table.ExecuteQuery(query)
        .OrderByDescending(x => x.RowKey)
        .Take(MaxRecordsToSend);

    foreach (var entity in entities)
    {
        var prediction = new Prediction
        {
            DeviceId = entity.PartitionKey,
            Timestamp = entity.Timestamp.DateTime,
            RemainingUsefulLife = (int)double.Parse(entity.Rul, CultureInfo.InvariantCulture),
            Cycles = int.Parse(entity.RowKey, CultureInfo.InvariantCulture)
        };
        result.Add(prediction);
    }

    return result.OrderBy(x => x.Cycles);
}
```

13.9　总结

本章探讨了 Azure IoT 预测性维护预配置解决方案的功能和源代码。我们首先创建了解决方案，然后分析了其组件和 Azure 资源，包括 Azure Storage，Azure Stream Analytics 和 Azure Event Hub。我们分析了解决方案的源代码，并学习了如何以编程方式访问 Event Hub 接收的云数据存储和处理数据。最后，解释了遥测数据是如何由 WebJob 模拟器生成并且传递给解决方案的仪表板。在这些知识的推动下，我们将在下一章中构建自己的物联网解决方案。

CHAPTER 14 · 第 14 章

自定义解决方案

在本章中，我们结合了前几章中实现的多种功能来创建自定义物联网解决方案。该解决方案将使用在远程设备上运行的 Windows 10 IoT Core 应用程序，用于桌面和移动 Windows 10 平台的 UWP、Azure IoT Hub，Azure Stream Analytics，Azure Event Hub、Power BI 和 Azure Notification Hub。我们将从头开始，指导你完成详细的实施过程。此过程以及预配置的 Azure IoT 解决方案使用的高级内容将使你能够构建完整、复杂的物联网系统。

在此开发的解决方案将按如下方式工作：远程设备将通过 IoT Hub 将传感器数据传输到云。Azure Stream Analytics 作业将实时分析此数据。这项作业将有 3 个输出。第一个输出定向到 Azure Table 存储以存储遥测数据，第二个输出包含平均时间的传感器数据，将由 Azure Event Hub 处理器传输和分析。如果此处理器确定传感器读数异常，它将使用 Azure Notification Hub 向移动 UWP 发送一系列通知。基于此，即使应用程序未运行，有关异常值的信息也将直接传递给移动设备。此外，移动应用程序将能够获取最新的传感器读数以及具体是哪一个设备发出了警报信息（见图 14-1）。分析作业的最后一个输出将传感器数据传输到 Power BI 仪表板，用于

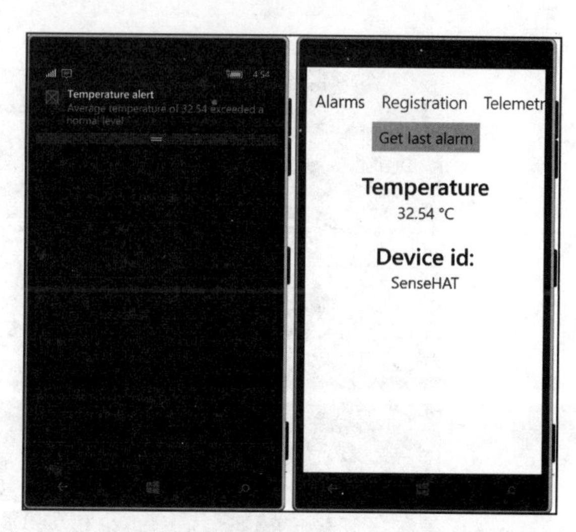

图 14-1　移动应用程序从 Event Hub 接收有关异常传感器读数的通知。移动客户端还从云中读取传感器数据和警报历史记录

实时显示，如图 14-2 所示。

图 14-2 自定义物联网解决方案在 Power BI 仪表板中显示远程传感器读数。请注意，数据是实时分析的，因此传感器读数在从远程客户端应用程序发送到云后几乎立即显示

14.1 IoT Hub

我们首先创建 IoT Hub，它就像设备连接到云的大门。可以使用 Azure Portal 创建 IoT Hub，单击 New 按钮（用一个加号表示），然后转到物联网节点，可以在其中选择 IoT Hub。（见图 14-3）。

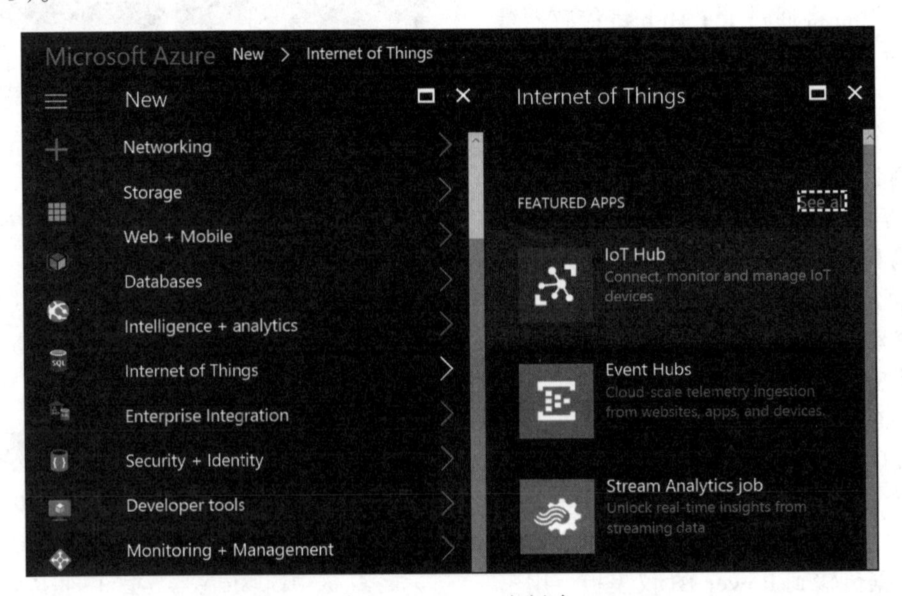

图 14-3 在 Azure Portal 中创建 IoT Hub

在弹出的界面中可以指定 IoT Hub 的基本参数，例如名称、定价、规模层、订阅、资源组和位置。如图 14-4 所示，将 IoT Hub 的名称设置为 sense-hat-iot-hub，选择 S1 Standard 定价层，创建新资源组 Sense-HAT，并选择 West US 作为示例位置。

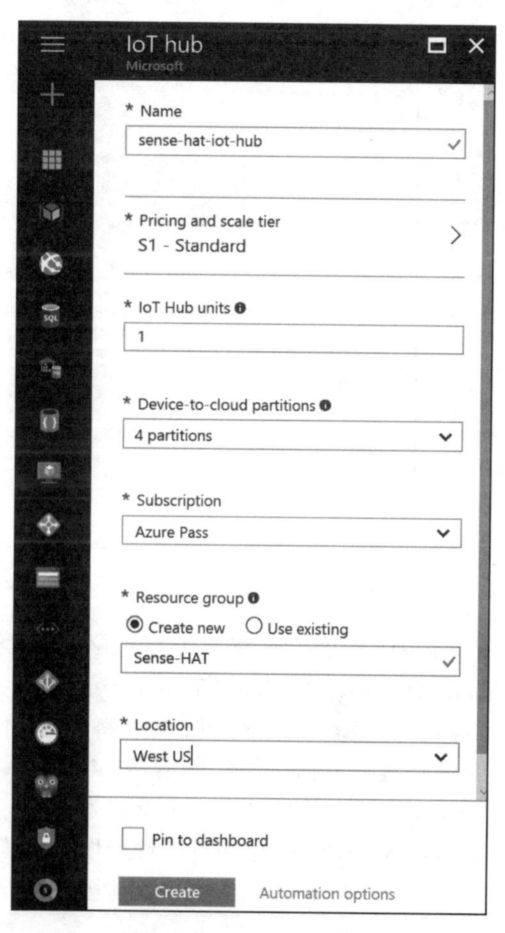

图 14-4　IoT Hub 配置

根据定价层，还可以指定 IoT Hub 单元和设备到云分区的数量。可以根据解决方案的比例调整这两个数字。IoT Hub 单元取决于远程设备数量的大小。发送的消息越多，需要的单位就越多。同样，如果要在多个并行通道中流式传输数据，则可以使用更多的设备到云分区。它们指定了许多用于流式传输数据的并行通道。

单击 Create 按钮时，将验证你的配置，并启动 IoT Hub 部署。你将收到有关此过程完成情况的通知。通知显示在 Azure 窗口的右上角（见图 14-5）。等待 IoT Hub 部署完成。

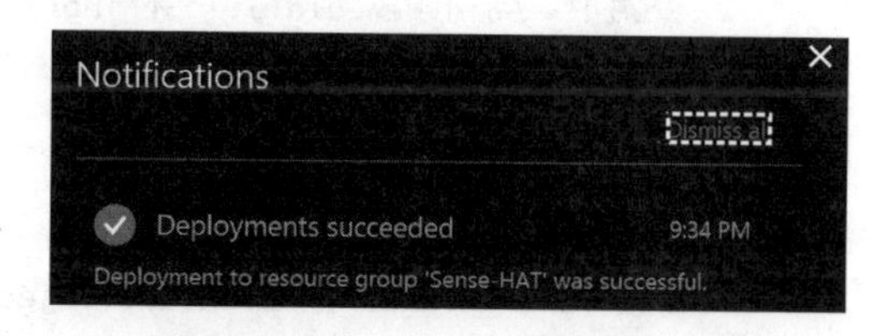

图 14-5　Azure Portal 的通知区域

14.1.1　客户端应用

IoT Hub 准备就绪后，可以开始编写客户端应用程序。该程序将在远程物联网设备上运行，并将数据流传输到云。要创建客户端应用程序 CustomIoTSolution.RemoteClient，应使用 Blank App（Windows Universal）Visual C# 项目模板。此应用程序的完整源代码与 Chapter 14 / CustomIoTSolution.RemoteClient 中的配套代码相同。

如图 14-6 所示，应用程序的 UI 包含两个选项卡。第一个是 Register 选项卡，该选项卡包括两个按钮，用于注册和注销，并且有一个文本框用于输入设备密钥。注册设备时，其主要身份验证密钥将显示在文本框中。第二个选项卡是 Telemetry 选项卡，包含 3 个按钮。与第 12 章一样，它们用于将连接与云和传感器（连接和初始化）相关联，然后启动（Start telemetry）或停止（Stop telemetry）后台操作，定期读取然后将传感器数据发送到云端。

客户端应用程序的逻辑层是使用其他章节或附录中开发的几个块实现的。具体来说，为了与传感器进行交互，我们使用了引用类库 SenseHat.Portable 和 SenseHat.UWP 中的传感器类（参见附录D）。为了定期读取和报告传感器数据，我们使用了第12章中Telemetry类的扩展版本。我们扩展此类以获得除温度和湿度之外的气压数据（参见Chapter 14 / CustomIoTSolution.RemoteClient / TelemetryControl / Telemetry.cs中的配套代码）。

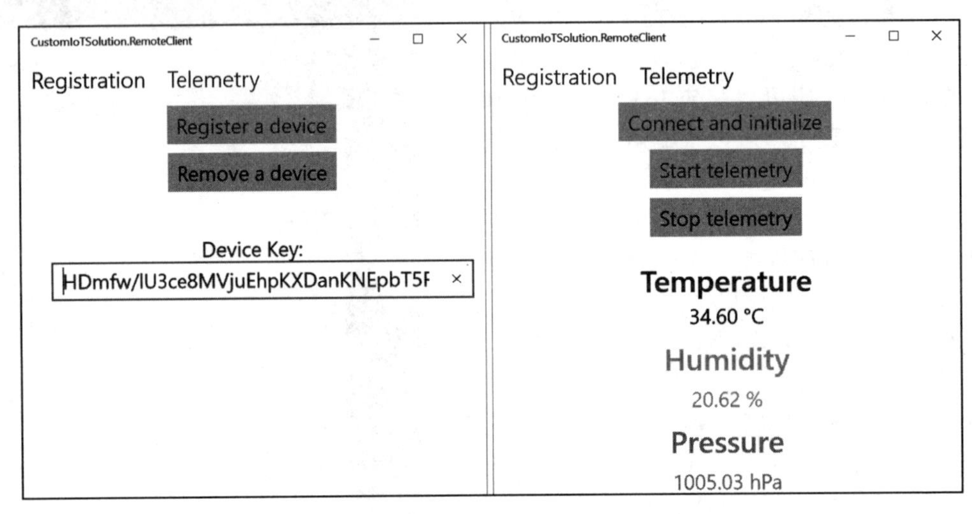

图14-6 Remote Client应用程序的用户界面

因此，我们补充了TelemetryData类的定义（请参阅Chapter 14 / CustomIoTSolution.RemoteClient / Models / TelemetryData.cs中的对应代码），其中包含3个属性：RowId、Time和Pressure.RowId。RowId属性将用于填充相应Azure Table存储的RowKey属性，该表用以存储遥测数据。如代码清单14-1所示，RowId是全局唯一的，并使用System.Guid类的NewGuid静态方法生成。RowId和Time在TelemetryData类构造函数中设置。其他属性在Telemetry_DataReady事件处理程序中设置，如代码清单14-2所示。

代码清单14-1 TelemetryData类构造函数

```
public TelemetryData()
{
    RowId = Guid.NewGuid().ToString();
    Time = DateTime.Now;
}
```

代码清单14-2 发送遥测数据

```
private void Telemetry_DataReady(object sender, TelemetryEventArgs e)
{
    DisplaySensorReadings(e);

    var telemetryData = new TelemetryData()
    {
        DeviceId = deviceId,
        Temperature = e.Temperature,
        Humidity = e.Humidity,
```

```
            Pressure = e.Pressure
        };

        var telemetryMessage = MessageHelper.Serialize(telemetryData);
        deviceClient.SendEventAsync(telemetryMessage);
    }
```

为了将设备连接到云，我们使用了 Azure IoT Device SDK 中的 DeviceClient 类。DeviceClient 的主要 API 在第 12 章中出现过。此处以完全相同的方式使用 DeviceClient 和其他辅助类（如 MessageHelper 和 RemoteCommand）。

与前面的示例一样，我们使用数据绑定来控制 UI 并显示传感器读数。此处使用从 INotifyPropertyChanged 接口派生的 ClientViewModel 类。ClientViewModel 实现了几个属性，这些属性在几个转换器的帮助下绑定到 UI：TemperatureToStringConverter、HumidityToStringConverter、PressureToStringConverter 和 LogicalNegationConverter。前 3 个转换器在 SenseHat.UWP 类库中实现（参见附录 D），用于格式化传感器值。最后一个转换器——LogicalNegationConverter 在 CustomIoTSolution.RemoteClient 中实现。（请参阅 Chapter 14 / CustomIoTSolution.RemoteClient / Converters / LogicalNegationConverter.cs 中的配套代码）。当 ClientViewModel 的 IsDeviceRegistered 属性为 true 时，使用此转换器禁用 Register a device 按钮：

```
<Button x:Name="ButtonRegisterDevice"
        Content="Register a device"
        Click="ButtonRegisterDevice_Click"
        IsEnabled="{x:Bind clientViewModel.IsDeviceRegistered, Mode=OneWay,
            Converter={StaticResource LogicalNegationConverter}}" />
```

要从类库中导入转换器和其他资源，请像使用本地转换器一样进行使用。如代码清单 14-3 所示，使用 xmlns 属性，指向相应的命名空间，然后在资源字典中声明转换器。

代码清单 14-3 CustomIoTSolution.RemoteClient 的应用程序作用域资源

```
<Application
    x:Class="CustomIoTSolution.RemoteClient.App"
    xmlns="http://schemas.microsoft.com/winfx/2006/xaml/presentation"
    xmlns:x="http://schemas.microsoft.com/winfx/2006/xaml"
    xmlns:converters="using:CustomIoTSolution.RemoteClient.Converters"
    xmlns:contertersSenseHat="using:SenseHat.UWP.Converters"
    RequestedTheme="Light">

    <Application.Resources>
        <converters:LogicalNegationConverter x:Key="LogicalNegationConverter" />
        <contertersSenseHat:HumidityToStringConverter x:Key="HumidityToStringConverter" />
        <contertersSenseHat:PressureToStringConverter x:Key="PressureToStringConverter" />
        <contertersSenseHat:TemperatureToStringConverter x:Key="TemperatureToStringConverter" />
    </Application.Resources>
</Application>
```

14.1.2　设备注册表

要将客户端应用程序连接到云，需要在 IoT Hub 注册设备。在第 12 章中，我们使用了 IoT 门户来注册设备。在这里，将介绍如何使用 Microsoft.Azure.Devices NuGet 包中实现的 Azure IoT Devices Service SDK 以编程方式注册设备。此包提供 RegistryManager 类并实现两个方法：AddDeviceAsync 和 GetDeviceAsync。使用第一个方法将 IoT 单元添加到 IoT Hub 的设备注册表（或身份注册表）。第二个方法 GetDeviceAsync 用于从注册表中检索设备。通常，首先调用 GetDeviceAsync 方法来检查注册表中是否已存在特定标识符的设备。然后，如有必要，可以调用 AddDeviceAsync 方法。

RegistryManager 不实现公共构造函数。要实例化此类，应使用静态 CreateFromConnectionString 方法。它需要一个参数 connectionString。要获取连接字符串，则使用 Azure Portal，转到 IoT Hub 的共享访问策略（在 SEETINGS 组下）。这里会显示策略列表。策略定义 IoT Hub 端点的权限级别，即客户端可以执行哪些操作（有关详细信息，请参阅 https://bit.ly/iot_hub_security）。如图 14-7 所示，有 5 种默认策略：

- iothubowner：该权限提供了完整的权限集。IoT Hub 端点可以读取和写入身份注册表，从云端点（例如 Event Hub 处理器）发送和接收消息，并从设备端点执行相同操作。
- service：该权限启用了服务连接权限，可以从云端点发送和接收消息。
- device：该权限启用设备连接权限，可以从设备端点发送和接收消息。
- registryRead：该权限启用注册表读取权限，因此端点只能列出已注册的设备。
- registryReadWrite：该权限使注册表读 / 写权限能够列出和注册新设备。

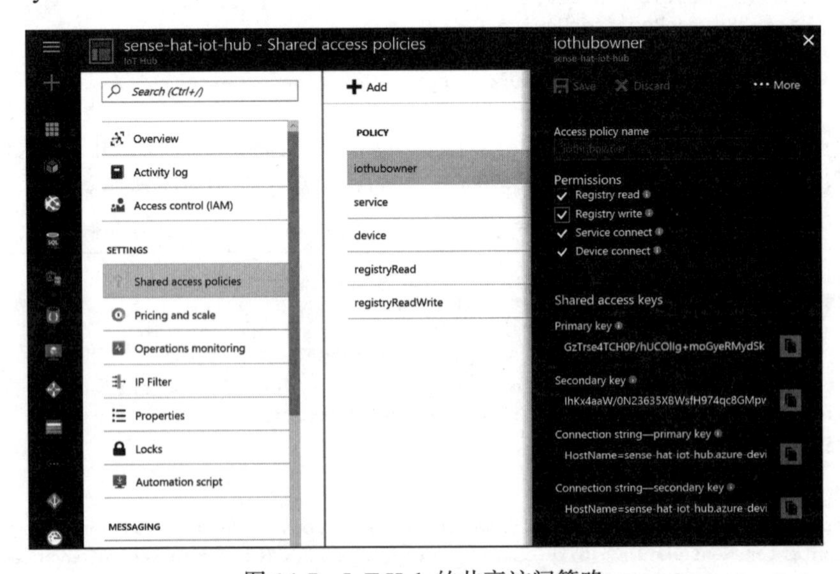

图 14-7　IoT Hub 的共享访问策略

单击每个策略时，权限集、访问键和连接字符串将显示在右侧。此处将使用 iothubowner 连接字符串来完全访问 IoT Hub。

代码清单 14-4 中描述了 DeviceRegistrationHelper 静态类的 RegisterDevice 方法（请参阅 Chapter 14 / CustomIoTSolution.RemoteClient / Helpers / DeviceRegistrationHelper.cs 中的配套代码）。RegisterDevice 显示设备注册过程的完整示例。首先使用提供的连接字符串实例化 RegistryManager 类，然后调用 GetDeviceAsync 方法来检查设备是否已存在于身份注册表中。如果没有，可以使用 AddDeviceAsync 方法注册设备。

代码清单 14-4 注册设备

```
public static async Task<Device> RegisterDevice(string connectionString, string deviceId)
{
    // 与 IoT Hub 建立连接
    var registryManager = RegistryManager.CreateFromConnectionString(connectionString);

    Device device;

    try
    {
        // 检查设备是否已经存在
        device = await registryManager.GetDeviceAsync(deviceId);
    }
    catch(DeviceAlreadyExistsException)
    {
        // 如果不存在，注册一个新设备
        device = await registryManager.AddDeviceAsync(new Device(deviceId));

        // 并把设备密钥存储在本地设置中
        StoreDeviceKey(device.Authentication.SymmetricKey.PrimaryKey);
    }

    return device;
}
```

可以使用 RegistryManager 类的 RemoveDeviceAsync 方法取消注册设备。后者可以在身份注册表上执行批处理操作。可以分别使用一种特定的方法获取、添加和删除多个设备，即 GetDevicesAsync、AddDevicesAsync 和 RemoveDevicesAsync。

设备注册成功后，将设备密钥存储在本地应用程序设置中。因此，我们可以在重新启动应用程序后检索此密钥。如代码清单 14-5 所示，要访问应用程序设置，请使用 ApplicationDataContainer 类的 Values 属性。Values 属性实现 IPropertySet 接口，并且是键值对的集合。因此，可以使用其密钥访问每个设置。要获取包含本地应用程序设置的 ApplicationDataContainer 实例，请访问当前应用程序数据的 LocalSettings 属性 ApplicationData.Current.LocalSettings。

代码清单 14-5 在本地应用程序设置中存储值

```
private static string DeviceKeyString = "DeviceKey";

public static string RetrieveDeviceKey()
{
```

```
    var localSettings = ApplicationData.Current.LocalSettings;

    return localSettings.Values[DeviceKeyString] as string;
}

private static void StoreDeviceKey(string deviceKey)
{
    var localSettings = ApplicationData.Current.LocalSettings;

    localSettings.Values[DeviceKeyString] = deviceKey;
}
```

要使用 CustomIoTSolution.ClientApp 注册设备，单击 Register a device 按钮。它调用代码清单 14-6 中的事件处理程序。此方法首先注册设备，然后在文本框中显示生成的主访问密钥。还可以在 Azure Portal 中使用 IoT Hub 属性的 Devices 选项卡查看此密钥。

代码清单 14-6 CustomIoTSolution.ClientApp 中的设备注册

```
private const string connectionString = "<TYPE_YOUR_CONNECTION_STRING_HERE>";
private const string deviceId = "SenseHAT";

private ClientViewModel clientViewModel = new ClientViewModel();

private async void ButtonRegisterDevice_Click(object sender, RoutedEventArgs e)
{
    var device = await DeviceRegistrationHelper.RegisterDevice(connectionString, deviceId);

    UpdateDeviceRegistrationDisplay(device.Authentication.SymmetricKey.PrimaryKey);
}

private void UpdateDeviceRegistrationDisplay(string deviceKey)
{
    // 假设设备在 deviceKey 有效时注册
    if (!string.IsNullOrEmpty(deviceKey))
    {
        clientViewModel.IsDeviceRegistered = true;
    }
    else
    {
        clientViewModel.IsDeviceRegistered = false;
    }

    clientViewModel.DeviceKey = deviceKey;
}
```

如代码清单 14-7 所示，每次创建 MainPage 时，都会从本地设置恢复设备密钥。如果设备密钥已成功还原，则 Register a device 按钮将被禁用，而 Remove a device 按钮将变为活动状态。可以使用第二个按钮从身份注册表中删除设备。

代码清单 14-7　从应用程序设置中检索设备密钥

```
public MainPage()
{
    InitializeComponent();

    CheckDeviceRegistration();
}

private void CheckDeviceRegistration()
{
    var deviceKey = DeviceRegistrationHelper.RetrieveDeviceKey();

    UpdateDeviceRegistrationDisplay(deviceKey);
}
```

代码清单 14-8 中显示了 Remove a device 按钮的单击事件处理程序。此方法从身份注册表中删除设备，从本地设置中清除设备密钥，然后更新视图。Remove a device 按钮变为禁用状态，另一个按钮变为启用状态。因此，清除显示设备密钥的文本框并停止遥测。最后，将 ClientViewModel 的 IsConnected 标志设置为 false，这意味着无法使用先前的设备密钥建立与云的连接。

代码清单 14-8　Remove a device 按钮的 Click 事件处理程序

```
private async void ButtonRemoveDevice_Click(object sender, RoutedEventArgs e)
{
    await DeviceRegistrationHelper.RemoveDevice(connectionString, deviceId);

    UpdateDeviceRegistrationDisplay(null);

    if(telemetry != null)
    {
        telemetry.Stop();
    }

    clientViewModel.IsConnected = false;
}
```

要删除设备，通过 RemoveDevice 方法扩展 DeviceRegistrationHelper 类的定义，如代码清单 14-9 所示。

代码清单 14-9　从身份注册表中删除设备

```
public static async Task RemoveDevice(string connectionString, string deviceId)
{
    // 与 IoT Hub 建立连接
    var registryManager = RegistryManager.CreateFromConnectionString(connectionString);

    // 检查设备是否已经存在
    var device = await registryManager.GetDeviceAsync(deviceId);
    if (device != null)
```

```
    {
        // 如果存在，则删除设备
        await registryManager.RemoveDeviceAsync(deviceId);

        // 在应用设置中清除设备密钥
        StoreDeviceKey(null);
    }
}
```

14.1.3　发送遥测数据

要使用 CustomIoTSolution.RemoteClient 开始向 IoT Hub 发送数据，请将此应用程序部署到物联网设备，并在应用程序运行时单击 Register a device 按钮。在设备注册后，将转到 Telemetry 选项卡。可以使用 Connect and initialize 选项连接到 IoT Hub 并配置传感器，并可以使用 Start Telemetry 按钮进行遥测。要确认 IoT Hub 收到消息，请转到 Azure Portal，此处选择 IoT Hub 的 Overview 选项（见图 14-8）。Usage 窗格中会显示已接收消息和已注册设备的数量。

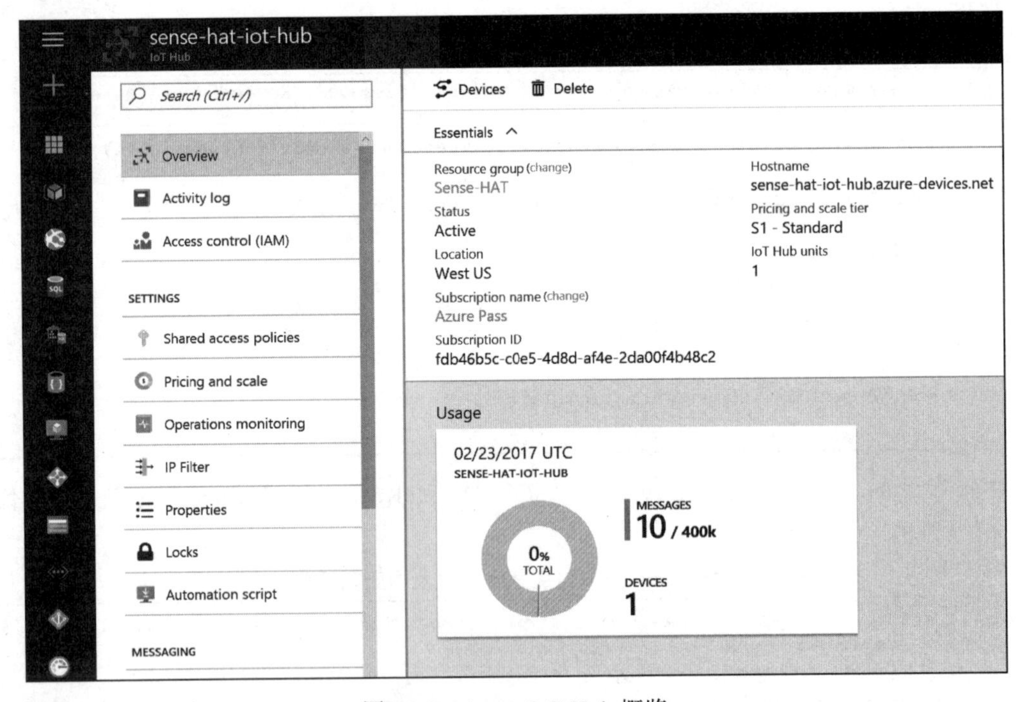

图 14-8　Azure IoT Hub 概览

我们还可以使用 CustomIoTSolution.RemoteClient 模拟传感器读数。将 Telemetry 类的 isEmulationMode 标志更改为 true。传感器值将围绕硬编码值随机波动（参见代码清单 14-10）。可以在开发 PC 上运行客户端应用程序，以快速测试此处显示的所有示例。

代码清单 14-10　使用 CustomIoTSolution.RemoteClient 模拟传感器读数

```
private bool isEmulationMode = true; // Set this value to false to get data from real sensors

private TelemetryEventArgs GetSensorReadings()
{
    if (!isEmulationMode)
    {
        var temperature = temperatureAndPressureSensor.GetTemperature();
        var humidity = humidityAndTemperatureSensor.GetHumidity();
        var pressure = temperatureAndPressureSensor.GetPressure();

        return new TelemetryEventArgs(temperature, humidity, pressure);
    }
    else
    {
        var random = new Random();

        var temperature = (float)(30.0 + random.NextDouble() * 5.0);
        var humidity = (float)(20.0 + random.NextDouble() * 10.0);
        var pressure = (float)(1005.0 + random.NextDouble() * 2.5);

        return new TelemetryEventArgs(temperature, humidity, pressure);
    }
}
```

14.2　流分析

在客户端应用程序就绪并正常工作的情况下，可以创建 Azure Stream Analytics 作业，该作业将遥测数据存储在专用 Azure Table 中，并使用跳跃窗口（Hopping Window）计算平均传感器值，然后将这些值发送到 Azure Event Hub。首先，需要创建存储账户和 Event Hub。

14.2.1　存储账户

要创建 Azure Table，首先需要一个存储账户。我们可以在 Azure Portal 中创建，如图 14-9 所示，单击 New 按钮，展开 Storage 节点，然后选择 Storage Account 选项。

出现 Create storage account 窗口（见图 14-10），使用此窗口定义存储账户。先设置其名称，然后选择部署模型、性能、复制、加密、Azure 订阅方式、资源组和位置。单击 Create 按钮，等待部署存储账户。

将存储账户的名称设置为 sensehatstorage ，将 Resource Manager 用作部署模型，选择通用账户类型，将性能设置为标准，使用本地冗余存储（LRS）和禁用存储加密。此外，我们正在使用 Azure Pass（订阅）、以前创建的资源组（Sense HAT）和美国西部位置。

虽然名称、位置、资源组和订阅不需要特别注意，但有必要讨论存储账户的其他参数。

部署模型（Resource Manager 或 Classic）指定如何部署和管理资源。Azure Portal 建议将 Resource Manager 用于新应用程序。Classic 模型保留了与 Classic 虚拟模型中部署的 Azure 资

源的兼容性。这两个模型在这里进行了比较和讨论：https://bit.ly/azure_deployment_models。

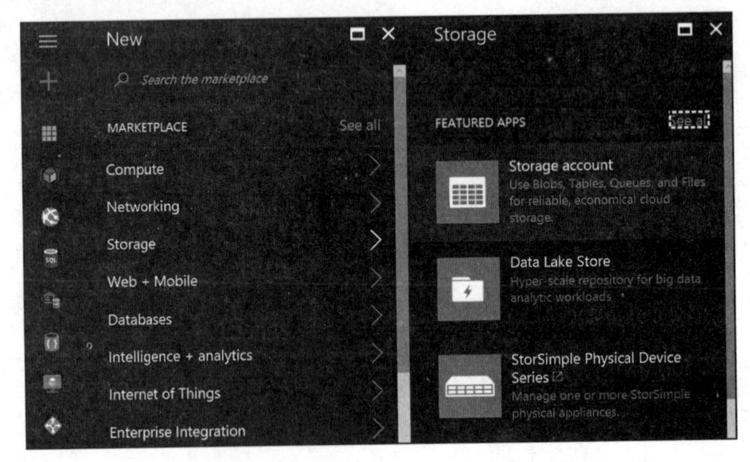

图 14-9　在 Azure Portal 中创建存储账户

可以从两种账户类型中进行选择：通用和 blob 存储。通用存储账户为 blob、文件、表和队列提供了一个统一账户，而 blob 存储账户仅针对 blob 进行了优化。如果将账户类型设置为 blob 存储，则可以选择以下两个访问层之一：cool 或 hot。cool 访问层针对不常访问的 blob 进行优化，hot 访问层专门用于经常访问的 blob。cool 访问层比 hot 访问层便宜。https://bit.ly/storage_account_kind 中提供了各种存储类型的更详细说明。

可以使用 Storage Performance 选项在磁性（标准）或固态（高级）驱动器上存储数据。高级存储只能与 Azure 虚拟机磁盘一起使用，专用于 I / O 密集型应用程序。

复制用于将存储账户数据复制到其他物理位置，具体取决于所选择的复制选项。有 4 种可用的复制选项（https://bit.ly/storage_replication）：

- 本地冗余存储（Locally Redundant Storage，LRS）：这会在指定位置的数据中心内复制数据 3 次。
- 区域－冗余存储（Zone-Redundant Storage，ZRS）：这会将数据作为 LRS 复制到本地数据中心。此外，数据将复制到不同区域中的一个或两个数据中心，这些数据中心与主数据中心相对而言位置更近。
- 地理冗余存储（Geo-Redundant Storage，GRS）：这与 ZRS 类似，但将数据复制到远离主要区域的次要区域。这可确保数据即使无法从主要区域恢复也是安全的。
- 读取访问地理冗余存储（Read-Access Geo-Redundant Storage，RA-GRS）：除了 GRS 之外，它还提供对辅助位置中数据的只读访问。

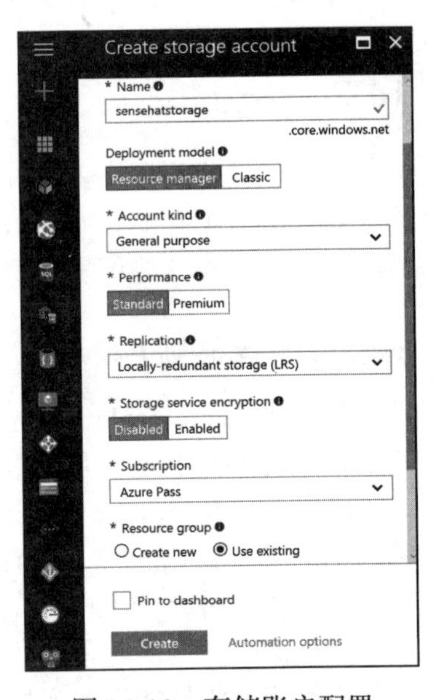

图 14-10　存储账户配置

14.2.2　Azure Table

创建的存储账户尚未包含任何 Azure Table。现在创建两个表：telemetrydata 和 alerthistory。第一个存储遥测数据，第二个包含警报历史。

要创建 Azure Table，请使用 Cloud Explorer，在其中导航到相应的存储（本例中为 sensehatstorage），然后单击 Tables 节点（见图 14-11）。之后使用 Cloud Explorer 的 Actions 窗格中显示的 Create Table 链接。单击此链接时，将出现一个文本框，可以在其中输入表名称 telemetrydata。用同样的方法创建第二个表并命名为 alerthistory。

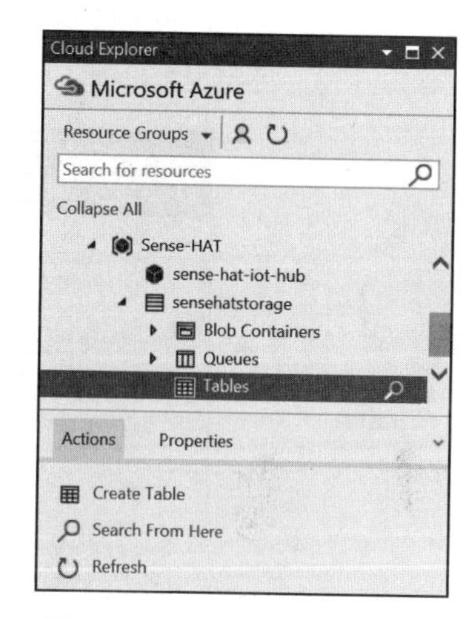

图 14-11　Cloud Explorer 显示 SenseHAT Azure 资源组的项目

14.2.3　Event Hub

要创建 Event Hub，请按照与 IoT Hub 类似的方式进行操作。转到 Azure Portal，单击 New 按钮，选择 Internet of Things 节点，然后选择 Event Hub 应用程序（见图 14-3），将出现一个用于创建 Event Hub 命名空间的界面，如图 14-12 所示。可以使用此界面为 Event Hub，Pricing tire、Subscription 和 Resource group 用于指定命名空间。此处使用了 sense-hat-event-hub 作为命名空间，Sense HAT 用于资源组以及 Basic 定价层。

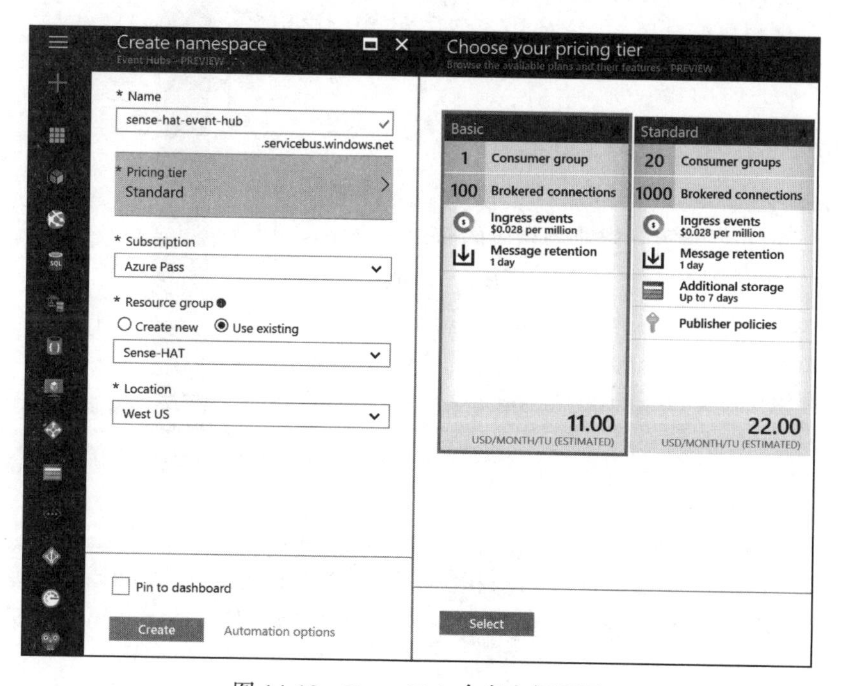

图 14-12　Event Hub 命名空间配置

可以通过导航到刚刚创建的 Event Hub 命名空间来创建实际的 Event Hub（可以在 Azure Portal 中的 Sense-HAT 资源组下找到它）。单击 Overview 窗格中的 + Event Hub 按钮（见图 14-13），将出现 Create Event Hub 界面。

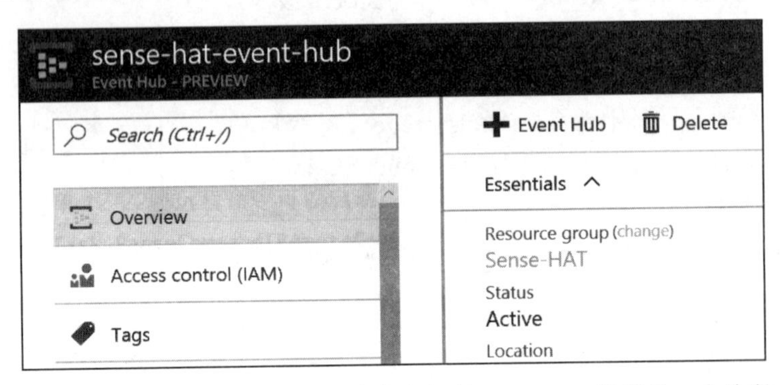

图 14-13 sense-hat-event-hub 命名空间的 Overview 窗格的一个片段

如图 14-14 所示，要创建 Event Hub，需要指定其名称和分区计数，并最终配置如何保留和存档消息，这些消息可在标准定价层中更改。Retention 中指定了发送到 Event Hub 的消息的生存期。默认情况下，每条消息在一天后过期。此时间后消息将不再可用。使用标准定价层时，可以增加消息的保留（见图 14-10）。可以使用 Event Hub 存档自动备份 blob 存储中的已接收数据（详细信息请参阅 https://bit.ly/event_hub_archive）。你很可能会考虑为数据关键型应用程序启用此功能。

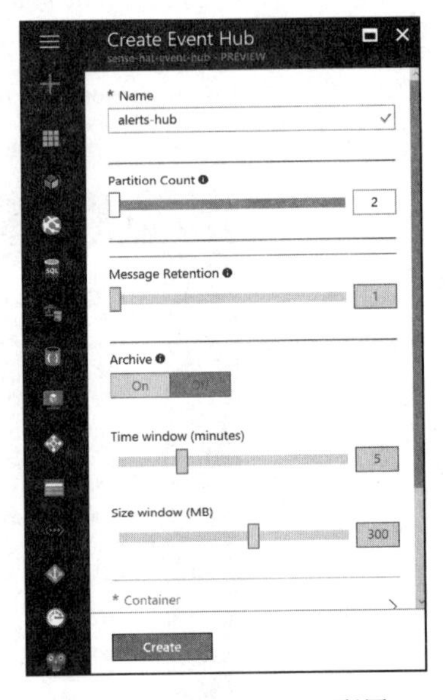

图 14-14 Event Hub 配置

14.2.4 Stream Analytics Job

Stream Analytics Job 所需的组件已准备就绪，因此可以使用 Azure Portal 创建实际作业。相应的应用程序模板可以在物联网节点下找到（见图 14-3）。选择 Stream Analytics Job 后，会出现一个新界面（见图 14-15）。使用此界面设置作业名称（Job name），配置 Azure 订阅方式（Subscription），然后选择资源组（Resource group）。最后，单击 Create 按钮，等待流分析作业部署完成。

1. 输入

如第 13 章所述，Stream Analytics Job 使用查询处理输入数据，其结果将定向到作业输出。换句话说，输出与通过查询的输入相关。这 3 个对象构成作业拓扑，可以使用 Stream Analytics Job 的 Overview 窗格定义（见图 14-16）。此窗格还允许在定义拓扑后使用专用按钮（顶部面板）启动和停止作业。

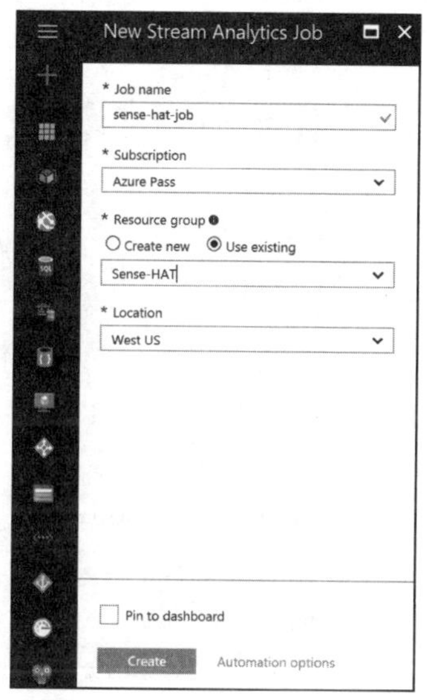

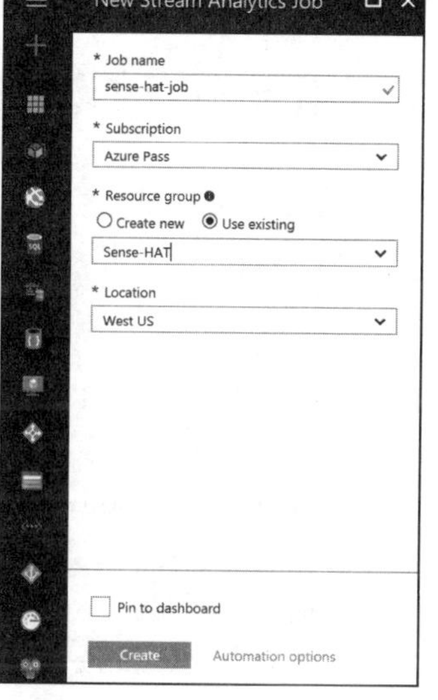

图 14-15　Stream Analytics Job 配置

图 14-16　sense-hat-job 概述

现在创建输入。单击 Job Topology 窗格中的 Inputs 链接。出现输入列表时，单击 Add 按钮。出现一个新的输入界面。在此界面中可通过指定以下选项配置输入（见图 14-17）：

- ❑ Input alias：标识作业查询中的输入，我们将其值设置为 datastream。
- ❑ Source Type ：这可以是数据流或参考数据。数据流是由作业读取或转换的连续消息序列。参考数据是可选的，用于关联和查找，因此这里使用数据流。
- ❑ Source：指定输入接收器。这里有 3 个选项：Event Hub、Blob Storage 和 IoT Hub。选择最后一个选项，因为我们的输入将来自 sense-hat-iot-hub。完成此操作后，将自动填充另外 2 个列表框 Subscription 和 IoT Hub。使用 Current Subscriptions 中的 IoT Hub。然后选择 sense-hat-iot-hub。
- ❑ Endpoint ：可能是两个值——Messaging 或 Operations Monitoring 中的一个。可以使用 Messaging 将设备遥测和设备信息发送到云。Operations Monitoring 用于将远程命令从云端发送到设备。在这里，我们分析从远程设备发送的数据，所以使用 Messaging。
- ❑ Shared access policy name：使你可以选择访

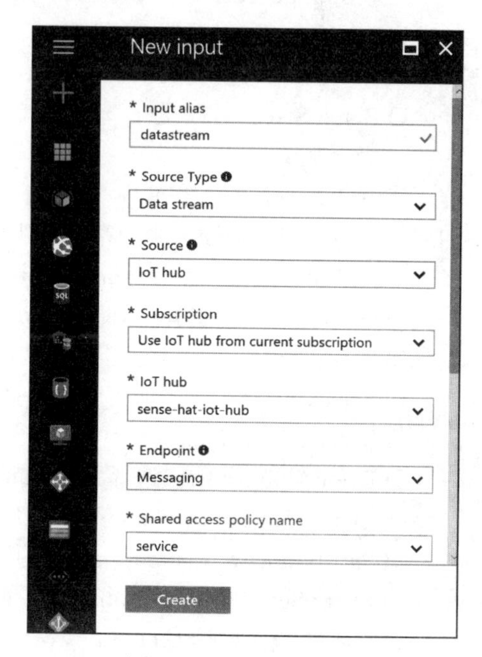

图 14-17　新输入配置

问策略。有两种选择：iothubowner 和 Service。我们不需要完全访问权限，因此请选择 Service。

- ❑ Event serialization format：定义数据流的输入格式。这里我们使用 JSON，因为 DeviceClient 使用这种格式将消息从远程设备传输到云。
- ❑ Encoding：指定编码格式。至编写到这一章节时，只有 UTF-8 编码可用。

配置输入后，单击 Create 按钮。新输入将显示在输入列表和 Overview 窗格中。

2. 输出

现在需要创建两个输出：一个与遥测数据存储表相关联，因此查询结果可以直接存储在此 Azure Table 中，另一个输出传输到 Event Hub，用于计算平均温度。

要创建输出作业，请按照与输入相同的方式继续操作。单击 Job Topology 窗格中的 Outputs 链接，将显示作业输出列表，然后单击 Add 按钮。将显示 New Output 界面。可以使用此界面创建和配置第一个作业输出 telemetrydata。选项列表包括以下项目：

- ❑ Output Alias：标识作业查询中的输出。我们将此值设置为遥测表（telemetry table）。
- ❑ Sink：指定输出接收器，即查询结果的定向位置。这里有多个选项：SQL Database、Blob Storage、Event Hub、Table Storage、Service Bus Queue、Service Bus Topic、DocumentDB，Power BI 和 Data Lake Store。在这里，我们将查询输出定向到表存储，因此选择 Table Storage。选择该选项后，将填充另外两个列表框。配置如下：
  - Subscription：选择 Use Table Storage from Current Subscription。
  - Storage Account：选择 sensehatstorage。
- ❑ Partition Key：选择 DeviceId。
- ❑ Row Key：选择 RowId。
- ❑ Batch Size：可以是介于 1 ～ 100 之间的值。它指定批处理事务的数量，我们将其设置为最大值 100。

使用 Partition Key 和 Row Key 文本框可以输入包含实体的分区和行键的输出列的名称。如果指定的值与查询输出之间存在不匹配，则作业将输出错误。

可以以相同的方式创建第二个输出。我们使用以下配置：

- ❑ Output Alias：选择 averagetemperature。
- ❑ Sink：选择 Event Hub。
- ❑ Subscription：从当前订阅中选择 Use Event Hub from Current Subscription。
- ❑ Service Bus Namespace：空间选择 sense-hat-event-hub。
- ❑ Event Hub Name：选择 alerts-hub（或在图 14-13 所示界面中输入的内容）。
- ❑ Event Hub Policy Name：选择 RootManageSharedAccessKey。
- ❑ Partition Key Column：要么将其留空，要么将其设置为 DeviceId。
- ❑ Event Serialization Format：选择 JSON。
- ❑ Encoding：选择 UTF-8。
- ❑ Format：选择 Line Separated。

更改接收器类型也会更改可用选项列表。Event Hub 与表存储不同，它现在可以定义序列化格式、编码和样式。在这里，将这些选项保留为最常见的默认值。

定义输入和输出后，我们的 Job Topology 应如图 14-18 所示。请注意，Azure Stream Analytics 作业的 Overview 窗格将通过其他图表 Monitoring 进行补充。它显示过去一小时的输入和输出事件指标。此外，Start 按钮将被启用。

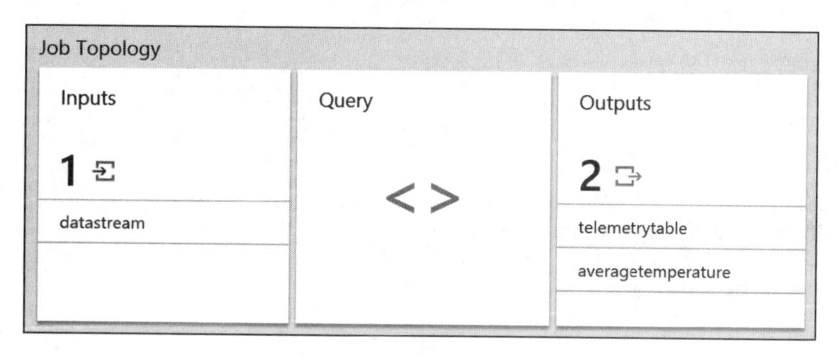

图 14-18　更新的作业拓扑

3. 查询

定义了输入和输出后，让我们编写第一个查询，它将从传入的数据流中提取传感器数据，然后将它们写入 Azure Table。温度值将使用跳跃窗口（hopping Window）进行平均，并传输到 Event Hub 接收器。

要定义该查询，请单击 Job Topology 窗格中的 Ruery 链接。将出现查询编辑器，如图 14-19 所示。可用输入和输出列表显示在左侧，而右侧显示查询代码。将默认查询替换为代码清单 14-11 中的查询。

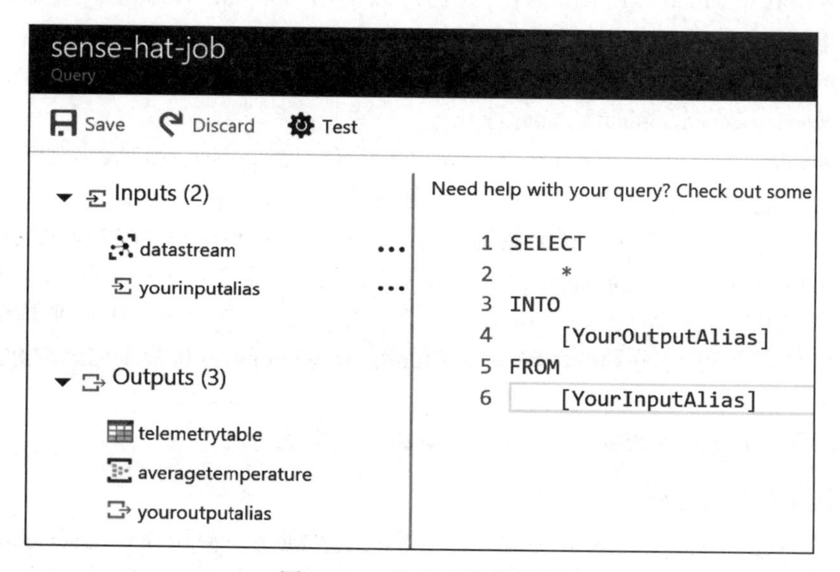

图 14-19　作业查询编辑器

代码清单 14-11 查询定义

```
SELECT
    DeviceId,
    RowId,
    Temperature,
    Humidity,
    Pressure
INTO
    [telemetrytable]
FROM
    [datastream]

SELECT
    DeviceId,
    AVG(Temperature) AS AvgTemperature
INTO
    [averagetemperature]
FROM
    [datastream]
GROUP BY
    DeviceId,
    HOPPINGWINDOW(minute, 10, 5)
```

让我们分析一下查询如何转换 IoT Hub 收到的每条消息。首先，查询从每条消息中选择 DeviceId，RowId、Temperature、Humidity 和 Pressure 值，然后将它们组合成实体，这些实体将插入遥测数据 Azure Table 中。我们无须编写任何代码用于更新 Azure Table 的代码，只需要配置输出，以便查询知道用于行和分区键的值。

查询的第二部分计算平均温度值并按 DeviceId 对它们进行分组。该查询使用跳跃窗口（请参阅 https://bit.ly/window_functions）。我们可以使用 HoppingWindow 函数定义这样的窗口。此函数接受 3 个参数：

- timeunit：用于描述窗口和跃点大小的时间单位。它可以采用以下值之一——microsecond、millsecond、second、minute、hour 或 day。
- windowsize：这是 timeunit 中给出的窗口大小（长度）。最大窗口大小为 7 天。
- hopsize：它确定了生成事件之间的时间延迟。

我们使用 windowsize 指定分析流数据的时间长度，而 hopsize 指定窗口之间的重叠。例如，假设 windowsize 为 10，hopsize 为 5 分钟（参见代码清单 14-11），查询将为你提供依据过去 10 分钟收到的消息计算出的平均温度。由于 hopsize 是 5 分钟，因此平均值将每 5 分钟生成一次。如果使用 10 分钟的翻滚窗口（tumbling window），将每 10 分钟报告一次平均温度。

我们刚刚创建的作业的数据流总结在图 14-20 中的图表中。

4. 运行作业和流数据

现在让我们看看 Azure Stream Analytics Job 的工作原理。使用作业 Overview 窗格上的相应按钮启动作业。然后运行 CustomIoTSolution.RemoteClient 应用程序，注册设备（如有必要），连接到云，然后启动遥测。流数据至少几分钟，因此可以输出平均温度。

我们可以使用 Cloud Explorer 随时预览流数据。如果打开遥测数据，我们将看到它包含多个含有传感器数据的实体（见图 14-21）。这明确了代码清单 14-11 中查询的第一部分正常工作。

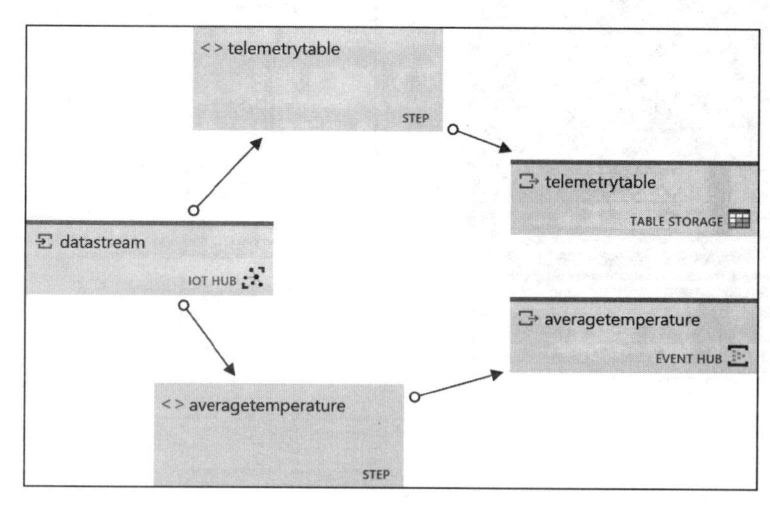

图 14-20　作业图

IoT-Samples

telemetry [Table]

Enter a WCF Data Services filter to limit the entities returned

PartitionKey	RowKey	Timestamp	humidity	pressure	temperature
SenseHAT	025aa5f9-8...	02/23/2017 1...	25.8257579803467	1007.42034912109	30.0019836425...
SenseHAT	0932a684-...	02/23/2017 1...	22.2770195007324	1005.82342529297	30.8790836334...
SenseHAT	0c2e0423-7...	02/23/2017 1...	22.941478729248	1007.05651855469	30.4680995941...
SenseHAT	0d4f042a-7...	02/23/2017 1...	20.4152603149414	1006.12365722656	34.6133766174...
Sensel IAT	1d2f691d-...	02/23/2017 1...	22.5248775482178	1006.85162353516	33.8375473022...
SenseHAT	29aab19a-...	02/23/2017 1...	25.0718040466309	1006.92663574219	34.0382804870...
SenseHAT	2c9dbae2-...	02/23/2017 1...	27.8830051422119	1006.56481933594	34.0222206115...
SenseHAT	31e4576b-...	02/23/2017 1...	26.2483959197998	1006.25115966797	31.3689651489...
SenseHAT	31e89a38-a...	02/23/2017 1...	23.9639987945557	1005.22058105469	33.7362747192...
SenseHAT	34309fc7-f...	02/23/2017 1...	28.1308631896973	1005.09307861328	31.9806842803...
SenseHAT	3d4b747e-...	02/23/2017 1...	29.5699844360352	1005.96203613281	31.8794116973...

1 of 50

图 14-21　有传感器数据的遥测表

现在让我们确保查询的第二部分也有效。转到 Azure Portal 并导航到 sense-hat-event-hub 的 Overview 窗格。我们将看到一个显示指标的图表。可以使用位于指标图表右上角的 Edit 链接自定义此图表。激活 Edit Chart 窗格后，可以调整时间范围和数据，这些数据将在度量标准图表中绘制。我们用它来显示过去一小时的传入消息（见图 14-22）。

我们的指标图如图 14-23 所示。根据作业的查询，传入消息每 5 分钟精确显示一次。自定义 Azure Stream Analytics 作业可以正常工作，你可以继续编写自定义事件处理器，该处理器将分析平均温度。

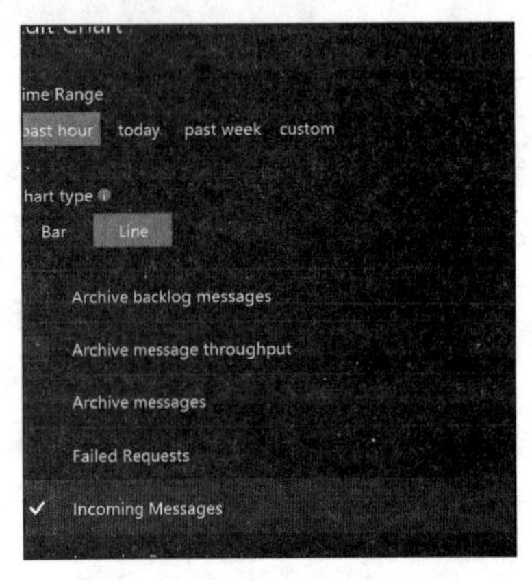

图 14-22　使用 Edit Chart 窗格可以指定时间范围和图表类型以及选择要显示的度量标准

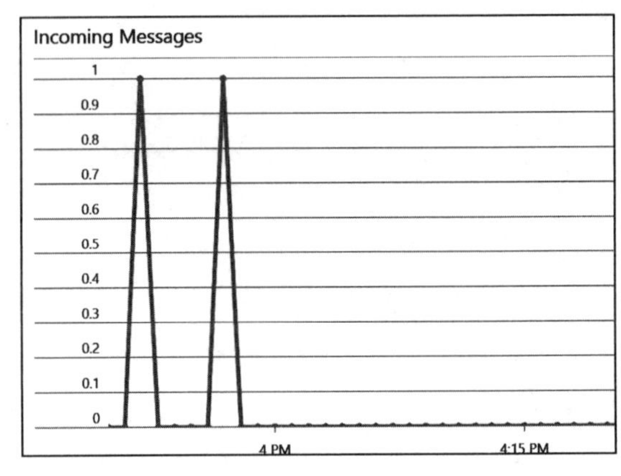

图 14-23　Event Hub 收到的消息数的图表

14.3　事件处理器

为了实现处理传输到 Event Hub 的平均温度读数的自定义事件处理器，我们创建了 CustomIoTSolution.EventProcessor。这里使用 Console Application Visual C# 项目模板制作此应用程序（见图 14-24）。然后引用 SenseHat.Portable 类库并安装 Microsoft.Azure.ServiceBus.EventProcessorHost NuGet 包。

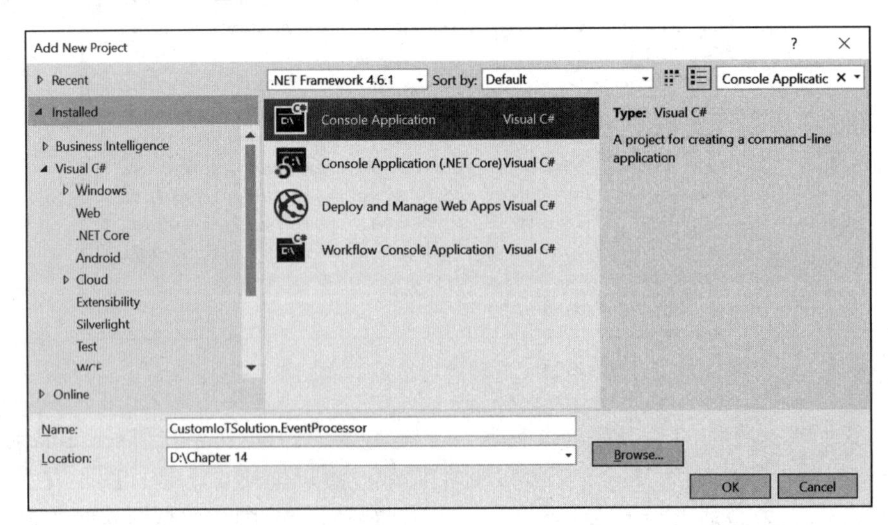

图 14-24　Add New Project 对话框显示了 Console Application Visual C# 项目模板

随后，我们编写了辅助类 Configuration，它存储了将连接与 Event Hub 和依赖资源（如表存储）相关联所需的若干值。由于其中一些值（如 Azure Table 名称或 Azure Storage 的凭据）也将用于后续项目，因此将 Configuration 类保存在 PCL 项目 CustomIoTSolution.Common 中。请注意，此项目引用了 WindowsAzure.Storage NuGet 包。在 PCL 中安装此软件包之前，需要安装另外两个软件包：Microsoft.NETCore.Platforms 和 System.Runtime.InteropServices.RuntimeInformation。

Configuration 类（请参阅 Chapter 14 / CustomIoTSolution.Common / Config / Configuration.cs 中的配套代码）具有以下公共属性，可以根据从 Azure Portal 获取的值进行调整：

- AccountName：这是存储账户的名称（sensehatstorage）。
- AccountKey：这是存储账户的主键或辅助键。
- BlobEndPoint：这是 blob 存储的端点 URL（https:// <storage_account_name> .blob.core.windows.net /）。
- EventHubPath：这是在 alerts-hub 中配置的 Event Hub 的名称。
- ConsumerGroupName：这是用户组名称，其默认值为 $Default。可以在 alert-hub Overview 窗格的 Azure Portal 中对其进行验证。
- EventHubConnectionString：这是 Event Hub 的连接字符串。可以从 sense-hat-event-hub 的 RootManageSharedAccesKey 策略中获取此值（在 Shared Access Policies 窗格中）。
- AlertsTableName：这是 Azure Table 的名称，将插入警报数据。之前我们将此名称设置为 alerthistory。

此外，Configuration 类实现 GetStorageCredentials 方法，该方法将 AccountName 和 AccountKey 组合在一起，并将它们作为 StorageCredentials 类的实例返回。稍后将使用它来连接 Azure Table。

为了简化 EventProcessorHost 所需的 blob 连接字符串的创建（参见第 13 章），我们实现了 ConnectionStringHelper 类（存储在 Helpers 文件夹下的 CustomIoTSolution.Common 项目中）。代码清单 14-12 中显示了该类的完整源代码。ConnectionStringHelper 有 4 个公共属性，它们与连接字符串的特定组件相关：DefaultEndpointsProtocol、AccountName、AccountKey 和 BlobEndpoint。最后 3 个组件的值是根据传递给 GetBlobConnectionString 方法的参数配置的。最后，我们使用 System.Text.StringBuilder 类将连接字符串的特定组件与其参数合并。

代码清单 14-12　ConnectionStringHelper 的定义

```
public static class ConnectionStringHelper
{
    public static string EndpointsProtocolProperty { get; private set; } =
        "DefaultEndpointsProtocol=https;";
    public static string AccountNameProperty { get; private set; } = "AccountName=";
    public static string AccountKeyProperty { get; private set; } = "AccountKey=";
    public static string BlobEndpointProperty { get; private set; } = "BlobEndpoint=";

    public static string GetBlobConnectionString(string accountName,
        string accountKey, string blobEndpoint)
```

```
    {
        Check.IsNull(accountName);
        Check.IsNull(accountKey);
        Check.IsNull(blobEndpoint);

        var stringBuilder = new StringBuilder(EndpointsProtocolProperty);

        // 设置账户名称
        stringBuilder.Append(AccountNameProperty);
        stringBuilder.Append(accountName);
        stringBuilder.Append(";");

        // 设置账户密码
        stringBuilder.Append(AccountKeyProperty);
        stringBuilder.Append(accountKey);
        stringBuilder.Append(";");

        // 设置 Blob 端
        stringBuilder.Append(BlobEndpointProperty);
        stringBuilder.Append(blobEndpoint);
        stringBuilder.Append(";");

        return stringBuilder.ToString();
    }
}
```

在下一步中，实现了 AlertEntity 类，如代码清单 14-13 所示（CustomIoTSolution.Common / Models）。AlertEntity 是存储在 alerthistory Azure Table 中的实体的抽象表示。除了从 TableEntity 类派生的系统属性外，它只有一个额外的公共属性 AlertTemperature。它带有超过 normal 值的温度值。请注意，AlertTemperature 的类型为 double，这是因为 Azure Tables 仅支持以下类型：byte []、bool、DateTime、double、Guid、int、long 和 string。Azure Storage 服务会忽略不同类型的属性，因此不会将其插入 Azure Table。

代码清单 14-13 alerthistory Azure Table 实体的抽象表示

```
public class AlertEntity : TableEntity
{
    public double AlertTemperature { get; set; }
}
```

如第 13 章所述，Event Hub 处理器接收的消息表示为原始字节数组。但是，根据 averagetemperature Stream Analytics 输出的配置，Stream Analytics 查询生成的数据将具有 JSON 格式。因此，为了轻松反序列化 JSON 对象，我们定义了 TemperatureEventData 类（参见代码清单 14-14）。它将 avgtemperature 和 deviceid 字段分别从 Stream Analytics 输出映射到 AverageValue 和 DeviceId 属性。TemperatureEventData 还实现了静态方法 FromEventData，它将 EventData 的实例转换为 TemperatureEventData 对象。

代码清单 14-14　TemperatureEventData 类的定义

```
public class TemperatureEventData
{
    [JsonProperty(PropertyName = "avgtemperature")]
    public float AverageValue { get; set; }

    public string DeviceId { get; set; }

    public static TemperatureEventData FromEventData(EventData eventData)
    {
        Check.IsNull(eventData);

        TemperatureEventData result = null;

        try
        {
            var jsonString = Encoding.UTF8.GetString(eventData.GetBytes());

            result = JsonConvert.DeserializeObject<TemperatureEventData>(jsonString);
        }
        catch (Exception) { }

        return result;
    }
}
```

最后，我们创建了 TemperatureEventDataProcessor 类，负责处理 Event Hub 接收的事件（请参阅 Chapter 14 / CustomIoTSolution.EventProcessor / Processors / TemperatureEventDataProcessor.cs 中的配套代码）。如第 13 章所述，TemperatureEventDataProcessor 必须实现 IEventProcessor 接口。因此，TemperatureEventDataProcessor 有 3 个公共方法：OpenAsync、CloseAsync 和 ProcessEventAsync。前 2 个方法如代码清单 14-15 所示，它们不实现任何重要逻辑，只输出到表示 Event Hub 分区的 PartitionContext 类实例的属性中选择的控制台。

代码清单 14-15　TemperatureEventDataProcessor 类的 OpenAsync 和 CloseAsync 方法

```
public Task OpenAsync(PartitionContext context)
{
    Console.WriteLine($"Open: {context.EventHubPath}, Partition Id: {context.Lease.
        PartitionId}");

    return Task.FromResult<object>(null);
}

public Task CloseAsync(PartitionContext context, CloseReason reason)
{
    Console.WriteLine($"Close: {context.EventHubPath}, Reason: {reason}");

    return Task.FromResult<object>(null);
}
```

ProcessEventsAsync 中包含更多逻辑，如代码清单 14-16 所示。此方法遍历 EventData 对象的集合。它们中的每一个都转换为控制台中显示的 TemperatureEventData 实例。最后，检查温度值是否高于阈值，如果是，则创建警报实体并将其写入 alerthistory Azure Table 中。

代码清单 14-16　处理 Event Hub 收到的消息

```
public Task ProcessEventsAsync(PartitionContext context, IEnumerable<EventData> messages)
{
    foreach (var message in messages)
    {
        try
        {
            var temperatureEventData = TemperatureEventData.FromEventData(message);

            DisplayTemperature(temperatureEventData);

            CheckTemperature(temperatureEventData);
        }
        catch (Exception ex)
        {
            Console.WriteLine(ex.Message);
        }
    }

    return Task.FromResult<object>(null);
}
```

要在控制台中显示温度值，我们使用 DisplayTemperature 方法，如代码清单 14-17 所示。此方法检查作为参数传递的 TemperatureEventData 实例是否不为 null。如果是，则显示存储在 AverageValue 属性中的值，否则输出事件数据的常量字符串 Unknown 结构。

代码清单 14-17　显示平均温度值

```
private void DisplayTemperature(TemperatureEventData temperatureEventData)
{
    if (temperatureEventData != null)
    {
        Console.WriteLine(temperatureEventData.AverageValue);
    }
    else
    {
        Console.WriteLine("Unknown structure of the event data");
    }
}
```

在本例中，为了检查平均温度是否处于正常水平，我们只需要将其与存储在 temperatureThreshold 常量中的固定值进行比较（参见代码清单 14-18）。可以通过向第 11 章中开发的异常检测 Web 服务发送请求来轻松扩展此应用程序。

代码清单 14-18　检查平均温度是否高于指定的阈值

```
private const double temperatureThreshold = 32.5;
```

```
private async void CheckTemperature(TemperatureEventData temperatureEventData)
{
    if (temperatureEventData.AverageValue >= temperatureThreshold)
    {
        await AzureStorageHelper.WriteAlertToAzureTable(new AlertEntity()
        {
            AlertTemperature = temperatureEventData.AverageValue,
            PartitionKey = temperatureEventData.DeviceId,
            RowKey = Guid.NewGuid().ToString(),
            Timestamp = DateTime.Now,
            ETag = "*"
        });

        NotificationHelper.SendToast(temperatureEventData.AverageValue);
    }
}
```

如果检测到平均温度异常，则会将其与在 alerthistory Azure Table 中报告该值的设备的标识符一起存储。要将实体写入该表，我们实现了 AzureStorageHelper 类（CustomIoTSolution.Common / Helpers / AzureStorageHelper.cs ）。该类有一个静态构造函数，我们在其中创建了一个 CloudTableClient 类的实例，用于在 Azure Table 上执行操作。具体来说，我们使用此对象将数据写入 alerthistory 表，如代码清单 14-19 所示。

代码清单 14-19　将实体写入 alerthistory Azure Table

```
public static async Task WriteAlertToAzureTable(AlertEntity alertEntity)
{
    // 验证输入参数
    Check.IsNull(alertEntity);

    // 获取表的引用
    var cloudTable = cloudTableClient.GetTableReference(Configuration.AlertsTableName);

    // 配置表操作以插入 AlertEntity
    var tableOperation = TableOperation.Insert(alertEntity);

    // 执行请求
    await cloudTable.ExecuteAsync(tableOperation);
}
```

TemperatureEventDataProcessor 与 Program 类的 Main 方法中的 alerts-hub 相关联（参见代码清单 14-20）。首先，准备 blob 存储连接字符串，然后实例化 EventProcessorHost，最后，使用 EventProcessorHost 类的 RegisterEventProcessorAsync 方法注册 TemperatureEventDataProcessor。

代码清单 14-20　CustomIoTSolution.EventProcessor 的入口点

```
static void Main(string[] args)
{
    try
    {
        // 准备存储连接字符串
```

```
        var storageConnectionString = ConnectionStringHelper.GetBlobConnectionString(
            Configuration.AccountName,
            Configuration.AccountKey,
            Configuration.BlobEndPoint);

        // 实例化EventProcessorHost
        var eventProcessorHost = new EventProcessorHost(
            Configuration.EventHubPath,
            Configuration.ConsumerGroupName,
            Configuration.EventHubConnectionString,
            storageConnectionString);

        // 注册事件处理器
        // 请注意，此外需要等待，
        // 因为入口点方法无法标记为异步
        eventProcessorHost.RegisterEventProcessorAsync<TemperatureEventDataProcessor>().
            Wait();
    }
    catch (Exception ex)
    {
        Console.WriteLine(ex.Message);
    }

    Console.Read();
}
```

要测试事件处理过程，可在开发 PC 上运行 CustomIoTSolution.EventProcessor。包含分区标识符的字符串将在一段时间后显示，然后是一系列具有平均温度值的字符串（见图 14-25）。这些项目的数量取决于之前使用 CustomIoTSolution.RemoteClient 发送的遥测消息的数量。

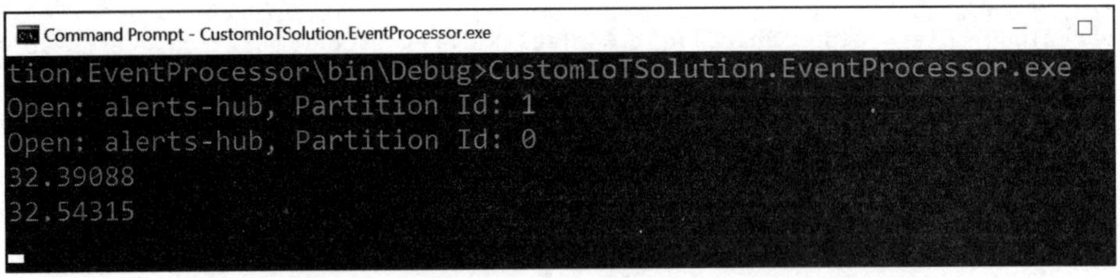

```
Command Prompt - CustomIoTSolution.EventProcessor.exe
tion.EventProcessor\bin\Debug>CustomIoTSolution.EventProcessor.exe
Open: alerts-hub, Partition Id: 1
Open: alerts-hub, Partition Id: 0
32.39088
32.54315
```

图 14-25　CustomIoTSolution.EventProcessor 的示例输出

我们现在可以使用 Cloud Explorer 查看 alerthistory Azure Table 是否包含任何新值。如果没有，可以尝试将 temperatureThreshold（参见代码清单 14-18）值调整为真实或模拟的传感器读数。

只要按 Enter 键，CustomIoTSolution.EventProcessor 应用程序就可以工作，并关闭事件处理器。

有关消息保留的最后说明：Azure Event Hub 将消息存储指定的时间，直到它们过期。因此，如果重新运行 CustomIoTSolution.EventProcessor，将再次处理所有未到期的消息。要跳过已处理的消息，可以使用 EventData 类实例的 Offset 属性。偏移量是 Event Hub 流中事件的标记，具有唯一值。

14.4　使用 Microsoft Power BI 进行数据可视化

在前两章中，我们讨论过的两个预先配置的 Azure IoT Suite 解决方案都以图形形式显示数据，非常漂亮。在本章中，将向展示如何使用 Microsoft Power BI 实现此类功能。

Microsoft Power BI 是一组用于数据分析和可视化的工具。可以使用 Power BI 快速创建仪表板，显示传感器的数据及其指标。仪表板可以实时更新，并可从任何地方用于任何设备。

在这里，将展示如何使用 Azure Stream Analytics 作业将数据从远程设备传输到 Power BI。然后，我们会创建一个仪表板，用于显示如何使用 Raspberry Pi 的 Sense HAT 扩展板获得的温度、湿度和压力值。

首先，需要注册免费的 Power BI 账户，网址为 https://bit.ly/power_BI。创建账户后，可以登录 Power BI。然后，应该看到如图 14-26 所示的界面，其中除了空的工作空间之外什么也没有。为了准备仪表板，我们需要一个数据流。

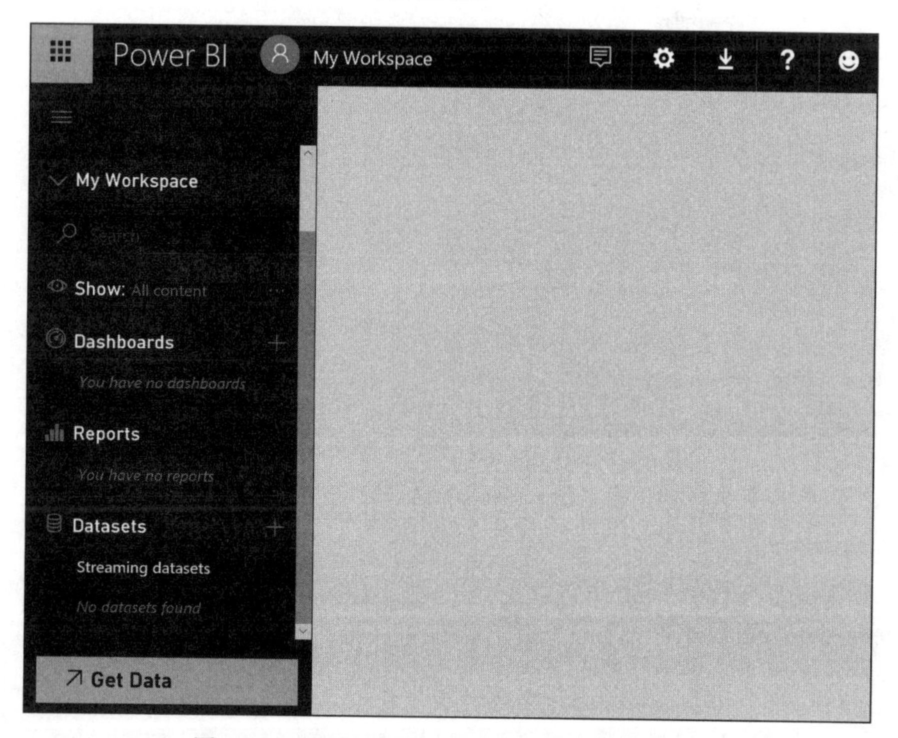

图 14-26　登录后立即查看 Power BI 的默认界面

要为 Power BI 准备数据源，返回 Azure Portal 并导航到停止作业的 Azure Stream Analytics 作业。然后，为 Power BI 接收器定义新输出，并将其别名设置为 telemetry plots（见图 14-27）。

我们需要授权 Azure 账户访问 Power BI，因此单击 Authorize 按钮。它将显示一个新的浏览器窗口，用户可以在其中输入 Power BI 账户的信息。之后，将出现一个列表框和两个文本框，使用列表框选择 Power BI 工作区。默认情况下，只有一个这样的工作区，即 My Workspace，因此请选择默认选项。然后，在 Dataset and Table Names 文本框中，分别输入 Sense HAT 和 Telemetry。最后，单击 Create 按钮，让 Azure Portal 验证新输出。

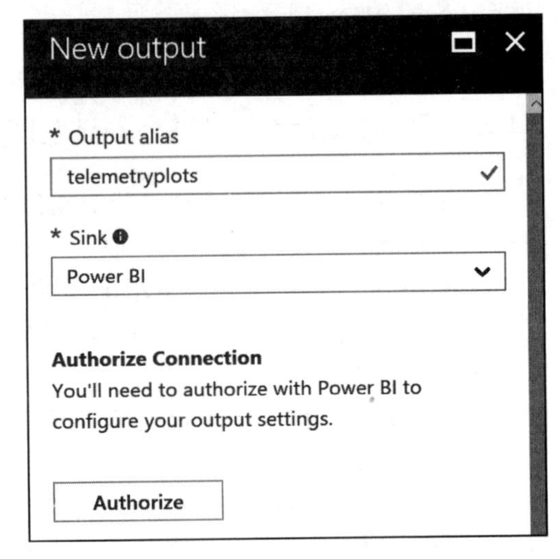

图 14-27　Power BI 输出

我们刚刚创建了与 Power BI 数据集关联的新输出，告诉流分析作业你要将哪些数据传输到输出接收器。我们需要更新查询，因此导航到查询编辑器，并使用代码清单 14-21 中加粗显示的语句补充查询。保存查询后，将更新作业拓扑，如图 14-28 所示。

代码清单 14-21　将遥测数据发送到 Power BI 接收器

```
SELECT
    DeviceId,
    RowId,
    Temperature,
    Humidity,
    Pressure
INTO
    [telemetrytable]
FROM
    [datastream]

SELECT
    DeviceId,
    AVG(Temperature) AS AvgTemperature
INTO
    [averagetemperature]
FROM
    [datastream]
GROUP BY
    DeviceId,
    HOPPINGWINDOW(minute, 10, 5)

SELECT
    Time,
    DeviceId,
    Temperature,
    Humidity,
    Pressure
INTO
```

```
    [telemetryplots]
FROM
    [datastream]
```

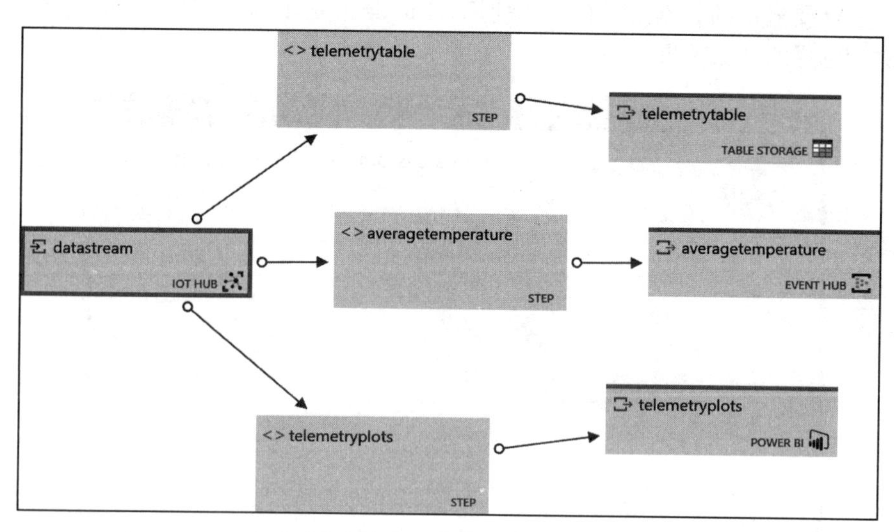

图 14-28　更新的作业拓扑

配置拓扑后，我们需要流式传输新数据。重新启动 Stream Analytics 作业。然后，运行 CustomIoT-Solution.RemoteClient，连接到云并开始遥测。保持应用程序运行，以确保有足够的数据点显示在 Power BI 仪表板中。

导航回 Power BI，使用左侧菜单创建一个名为 Sense HAT 的新仪表板，然后单击仪表板窗口右侧的加号（+），将显示 Add Tile 界面。向下滚动到 Real-Time Data 组，然后选择 Custom Streaming Data（见图 14-29），将显示可用数据集列表。根据输出接收器配置，此时应该有一个项目：Sense HAT。选择它并单击 Next 按钮，将打开 Add a custom streaming data tile 界面，如图 14-30 所示。

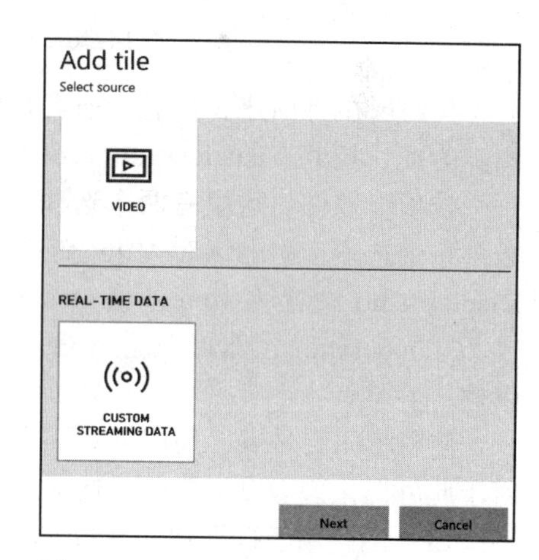

图 14-29　Add Tile 界面突出显示自定义流数据源

我们可以使用新屏幕选择要显示的数据，并确定数据的格式和可视化方式。首先，使用 Visualization Type 列表框从以下选项中进行选择：

- Card：显示单个值。我们通常使用它来描绘某些传感器的最新值，例如，当前温度读数。
- Line Chart：这是一个二维图，显示数据系列。可以使用此类可视化方式来绘制数据集中列的时间变化，例如，温度如何随时间变化。

- Clustered Bar 和 Column Charts：可以使用这些图表来显示不同设备（或不同类别）的传感器数据。
- Gauge：显示计量表，通常用于显示聚合值，例如，平均温度以及其最小和最大可能值。

然后，选择要显示的数据及其格式。使用 Visualization Type 列表框下方显示的控件。具体选项取决于选择的视觉效果。

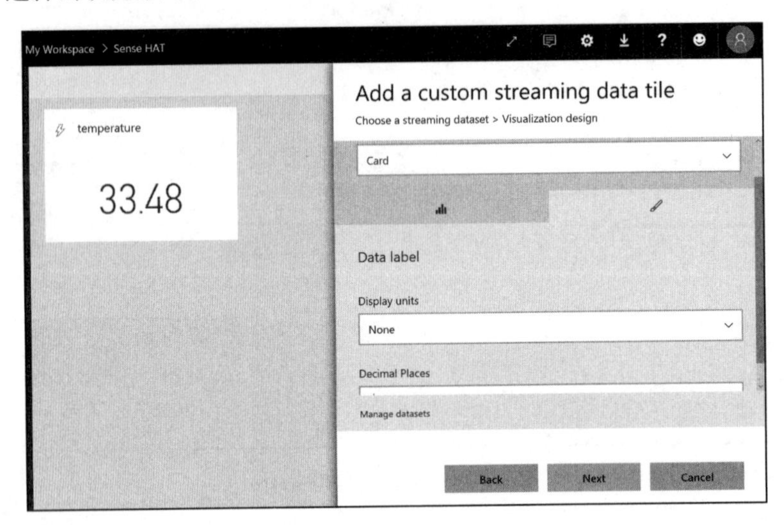

图 14-30 Add a custom streaming data tile 界面

我们现在将创建 3 张卡片来实时显示传感器读数，并创建一张用于显示历史温度的折线图。为此，请将 Visualization Type 设置为 Card。你将在 Visualization Type 列表框下方看到一个选项卡控件。这里有两个选项卡，一个用于选择要显示的值，另一个用于格式配置。单击第一个选项卡中的 Add Value 链接，然后选择 Temperature。然后，转到第二个选项卡，将 Display Unti 设置为 none，将 Decimal Places 设置为 2。单击 Next 按钮，将图块的标题设置为 Temperature，然后单击 Appy 按钮。图块现在将在 Sense HAT 仪表板中显示当前温度读数。

使用相同的步骤，为湿度和压力值创建两个额外的磁贴（tile）。最后，创建折线图图块。对于此可视化，可以配置以下选项：

- Axis：用于选择列，其数据将用于横坐标。将其设置为 Time。
- Legend：这是数据集的图例。当在单个图表上显示多条线时（例如，来自不同设备的温度），这非常有用。将此值设置为 deviceid。
- Values：用于选择纵坐标的数据。将其设置为温度。
- Time Window：用于指定显示数据的时间间隔。将其设置为 1min。

配置这些参数后，单击 Next 按钮。可以设置图表的标题，我们将标题更改为 Temperature History，然后单击 Apply 按钮。折线图将显示在 Sense HAT 仪表板中。请注意，可以轻松地在仪表板周围移动磁贴。我们将卡片放在一起，并将它们放在下面的折线图上。因此，最终的仪表板如图 14-2 所示。

Power BI 的功能比此处提及的要先进得多。可以使用此工具构建真正全面的报告。Power BI 有非常详细的文档（参见 https://bit.ly/power_BI_docs），包括许多播客和教程，因此这里省略了详细的讨论。

14.5 Notification Hub

在最后一步中，我们实施了 UWP 应用程序，使移动客户端能够获得最新的传感器读数和温度警报，如图 14-1 所示。我们还将创建 Azure Notification Hub，每当 Event Hub 处理器检测到异常温度时，它将向移动客户端发送通知。此过程需要几个元素：首先，要使我们的应用程序能够从云端接收通知，需要将应用程序与 Windows Store 关联，然后使用此特定的 Notification Hub 实例注册应用程序；其次，使用创建的名为 CustomIoTSolution.NotificationClient 的 UWP 应用程序来接收通知并读取存储在云中的传感器读数；然后，在 Azure Portal 中创建和配置通知中心。最后，将通过 Event Hub 处理器向有此类集线器的移动客户端发送 Toast 通知。

图 14-31 显示了自定义物联网解决方案的结构。远程物联网设备由 CustomIoTSolution.RemoteClient 应用程序控制，该应用程序通过 Azure IoT Hub 将传感器读数传输到云。然后，Azure Stream Analytics 作业在云端分析传入的数据流，该作业将数据转换并输出到 3 个接收器：Power BI、Azure Table Storage 和 Azure Event Hub。Power BI 在专用仪表板上实时显示传感器数据。Azure Table Storage 用于存储传感器数据和有关异常传感器读数的信息。Azure Event Hub 会检测这些内容，它会分析从 Azure Stream Analytics 作业收到的平均温度。虽然在这种情况下使用固定的温度阈值来检测异常，但你也可以通过第 11 章开发的自定义机器学习 Web 服务扩展此解决方案。

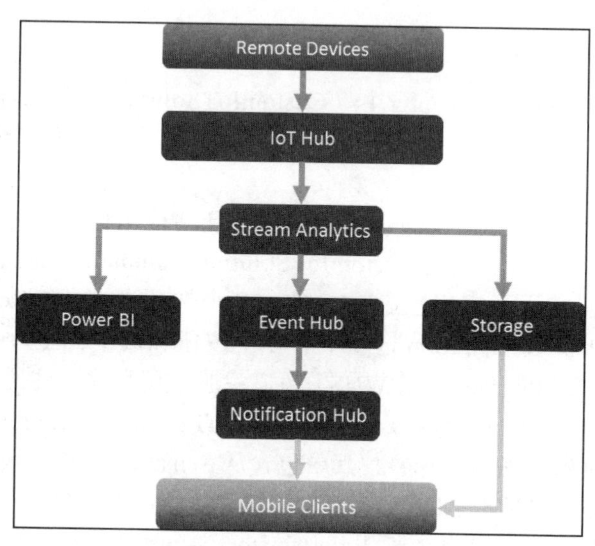

图 14-31 总结了自定义物联网解决方案的数据流和结构的图表

解决方案图的底部是移动客户端。这些是运行 CustomIoTSolution.NotificationClient 的 UWP 设备。移动客户端可以向云发送请求以获取最近的传感器读数和温度警报。此外，移动客户端会自动接收有关异常读数的通知。

Azure IoT Suite 对象用于从远程传感器获取数据，然后实时处理。此外，Azure 用于存储数据甚至向移动客户端发送通知。这是一个令人兴奋的强大的数据流。虽然这里使用简单的传感器数据，但可以轻松调整此解决方案以监控几乎所有过程。举例来说，可以将信号处理功能移动到事件处理器并分析云中的数据，并使用机器学习算法。

14.5.1 关联 Windows Store

要将应用程序与 Windows Store 相关联，请先注册为应用开发人员（请参阅 http://bit.ly/app_dev_registration），然后创建一个名为 CustomIoTSolution.NotificationClient 的新的 Blank App（Universal Windows）Visual C# 项目。接下来，导航到 Solution Explorev，右击项目，选择 Store 命令，然后从子菜单中选择 Associate App with the Store 命令。这将使用 Windows Store 向导关联你的应用程序。在此向导的第一个选项卡中，单击 Next 按钮。然后，需要登录以前注册为应用程序开发人员的 Microsoft 账户。最后，在 Reserve a New App Name 文本框中输入应用程序名称，然后单击 Next 按钮，进入最后一个向导步骤，该步骤显示包信息。单击 Associate 按钮。

存储应用的两个参数：包 SID 和应用密码。可以从 https://apps.dev.microsoft.com 获取这两者，然后单击右上角的 My Application 按钮。然后需要输入凭据，注册的应用程序将显示在 Live SDK 应用程序列表中。单击带有你的应用名称的链接，在下一个页面上将看到应用程序密码和软件包 SID（在 Windows Store 组中）。保存这些值。稍后你将需要用它们来配置 Notification Hub。

14.5.2 通知客户端应用

要实现通知客户端（请参阅 Chapter 14 / CustomIoTSolution.NotificationClient 中的配套代码），我们引用了两个解决方案项目：CustomIoTSolution.Common 和 SenseHAT.UWP。然后，安装了两个 NuGet 包：

- ❑ WindowsAzure.Messaging.Managed：实现了用于将应用程序订阅到通知通道的 API。
- ❑ WindowsAzure.Storage：这是 CustomIoTSolution.Common 所必需的。

基于此框架，我们定义了应用程序 UI，它由 3 个选项卡组成：Registration、Telemetry 和 Alarms（见图 14-32）。Registration 选项卡有一个按钮和两个标签。我们可以使用该按钮为 Windows Push Notification Service（WNS）频道注册应用程序。注册完成后，标签会显示注册标识符。Telemetry 选项卡看起来类似于 CustomIoTSolution.RemoteClient 的相应选项卡。它有一个获取传感器读数的按钮和标签，其中包含从 Sense HAT 扩展板获得的最新温度、湿度和压力读数。最后一个选项卡 Alarms 有一个按钮和 4 个标签。单击按钮后，会向云发送请求以检索有关温度警报的最新信息（来自 alertshistory Azure Table）。然后，来自此实体的适当值将显示在标签中。

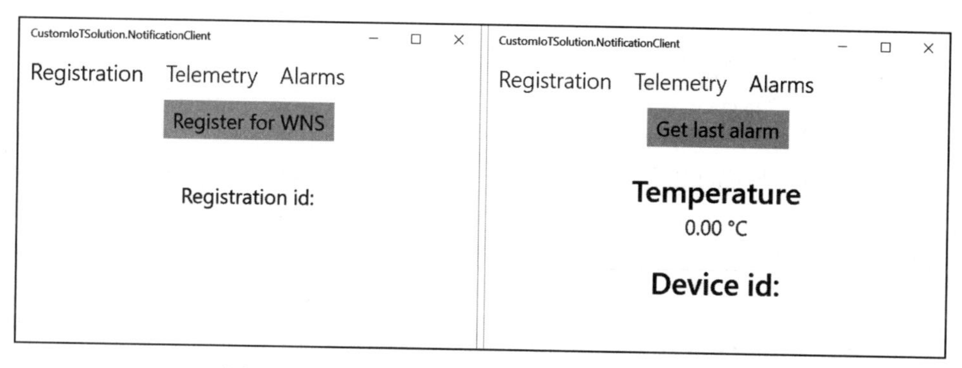

图 14-32 通知客户端应用程序的 UI 的选定元素

要更新 UI 中显示的值，我们实现了 NotificationClientViewModel 类（请参阅 Chapter 14/ CustomIoTSolution.NotificationClient / ViewModels / NotificationClientViewModel.cs 中的配套代码）。此类的公共成员绑定到 UI 的适当对象。

然后，我们为按钮编写事件处理程序。Register for WNS 按钮的事件处理程序如代码清单 14-22 所示，它显示了如何为 WNS 通知渠道注册应用程序。也就是说，首先使用 PushNotificationChannelManager 类的专用静态方法为应用程序创建推送通知通道。然后，使用 NotificationHub 类实例的 RegisterNativeAsync 方法将此通道与 Notification Hub 相关联。后者来自 WindowsAzure.Messaging.Managed NuGet 包。

代码清单 14-22 为 WNS 通知注册应用程序

```
private PushNotificationChannel pushNotificationChannel;

private async void ButtonRegister_Click(object sender, RoutedEventArgs e)
{
    try
    {
        pushNotificationChannel = await PushNotificationChannelManager.
            CreatePushNotificationChannelForApplicationAsync();

        var notificationHub = new NotificationHub(Configuration.NotificationHubPath,
            Configuration.DefaultListenSharedAccessSignatureConnectionString);

        var registration = await notificationHub.RegisterNativeAsync(
            pushNotificationChannel.Uri);

        notificationClientViewModel.RegistrationId = registration.RegistrationId;
    }
    catch (Exception ex)
    {
        await DisplayMessage("Registration error: " + ex.Message);
    }
}

private async Task DisplayMessage(string message)
{
```

```
        var messageDialog = new MessageDialog(message, Name);
        await messageDialog.ShowAsync();
    }
```

PushNotificationChannelManager 实现另一个公共方法 CreatePushNotificationChannelForSecondaryTileAsync。它使你可以为应用的辅助磁贴创建通知通道。此磁贴显示在移动或桌面设备的开始菜单中。当然，此功能不适用于没有开始菜单的 Windows IoT 10 Core 设备。

要实例化 NotificationHub 类，需要一个到 Notification Hub 的路径和一个带有 listen 访问策略的连接字符串。正如在本章后面看到的，Azure Notification Hub 有两个默认连接字符串：DefaultListenSharedAccessSignatureConnectionString 和 DefaultFullSharedAccessSignatureConnectionString。我们使用客户端应用程序中的第一个来收听通知。在服务器或云端应用程序中使用另一个连接字符串来发送通知。

为了存储 Notification Hub 路径和连接字符串，我们使用以下属性扩展 Configuration 类的定义：NotificationHubPath、DefaultListenSharedAccessSignatureConnectionString 和 DefaultFullSharedAccessSignatureConnectionString。我们将展示在哪里找到这些属性的值。

如代码清单 14-23 所示，其他两个按钮的事件处理程序非常相似。两者都使用 Azure StorageHelper 类的 GetMost RecentEntity 方法（请参阅 Chapter 14 / CustomIoTSolution.Common / Helpers / AzureStorageHelper.cs 中的配套代码），然后将 Azure 实体转换为 SensorReadings 或 TemperatureAlertInfo。这两个类的实例绑定到应用程序 UI 的 Telemetry 和 Alerts 选项卡的标签。

代码清单 14-23 从 Azure Storage 中获取传感器读数和警报信息

```
private async void ButtonGetSensorReadings_Click(object sender, RoutedEventArgs e)
{
    var mostRecentEntity = await AzureStorageHelper.GetMostRecentEntity(
        Configuration.TelemetryTableName, notificationClientViewModel.Offset);

    notificationClientViewModel.SensorReadings =
        EntityConverter.DynamicTableEntityToSensorReadings(mostRecentEntity);
}

private async void ButtonGetLastAlarmInfo_Click(object sender, RoutedEventArgs e)
{
    var mostRecentEntity = await AzureStorageHelper.GetMostRecentEntity(
        Configuration.AlertsTableName, notificationClientViewModel.Offset);

    notificationClientViewModel.TemperatureAlertInfo =
        EntityConverter.DynamicTableEntityToTemperatureAlertInfo(mostRecentEntity);
}
```

代码清单 14-24 中出现的 GetMostRecentEntity 方法如下所示。验证输入参数后，我们获取了 Azure Table 引用并创建一个筛选器，该筛选器仅用于选择最新的实体。因此，此筛选器使用大于指定日期时间偏移量的 timestamp 属性。可以使用 NotificationClientViewModel 类的 Offset 属性更改此偏移量。默认情况下，将此值设置为 DateTime.Now.AddDays(-1)。仅选择在过去 24 小时内更新的实体。

代码清单 14-24　从 Azure Table 中检索最新实体

```
public static async Task<DynamicTableEntity> GetMostRecentEntity(string tableName,
    DateTimeOffset dateTimeOffset)
{
    // 验证输入参数
    Check.IsNull(tableName);
    Check.IsNull(dateTimeOffset);

    // 获取云表客户端
    var cloudTable = cloudTableClient.GetTableReference(tableName);

    // 创建时间戳滤波器
    var timestampFilter = TableQuery.GenerateFilterConditionForDate("Timestamp", "gt",
        dateTimeOffset);

    // 创建和执行查询
    var tableQuery = new TableQuery()
    {
        FilterString = timestampFilter.ToString()
    };

    // 执行查询和筛选以获取最新的实体
    return (await cloudTable.ExecuteQuerySegmentedAsync(tableQuery,
        dynamicTableEntityResolver, null))
        .OrderByDescending(x => x.Timestamp)
        .FirstOrDefault();
}

private static EntityResolver<DynamicTableEntity> dynamicTableEntityResolver =
    (partitionKey, rowKey, timestamp, properties, etag) =>
{
    return new DynamicTableEntity(partitionKey, rowKey, etag, properties);
};
```

然后使用此过滤器创建表查询，随后使用 CloudTable 类实例的 ExecuteQueryAsync-Segmented 方法执行该查询。要使用此方法，需要提供 EntityResolver 对象。它用于将实体属性投影到 C# 对象。在这里，我们创建了一个简单的 EntityResolver，它将实体属性映射到 DynamicTableEntity 对象，然后使用 EntityConverter 的静态方法执行转换（参见代码清单 14-25）。使用这种方法，是因为 SensorReadings 类是在 UWP 项目中定义的，而 CustomIoTSolution.Common 是一个可移植的类库，稍后将在 CustomIoTSolution.EventProcessor 中引用它。

代码清单 14-25　将 DynamicTableEntity 转换为 SensorReadings 和 TemperatureAlertInfo

```
public static SensorReadings DynamicTableEntityToSensorReadings(
    DynamicTableEntity dynamicTableEntity)
{
    SensorReadings sensorReadings = null;

    if (dynamicTableEntity != null)
```

```
    {
        sensorReadings = new SensorReadings()
        {
            Temperature = Convert.ToSingle(dynamicTableEntity.Properties["temperature"].
                PropertyAsObject),
            Humidity = Convert.ToSingle(dynamicTableEntity.Properties["humidity"].
                PropertyAsObject),
            Pressure = Convert.ToSingle(dynamicTableEntity.Properties["pressure"].
                PropertyAsObject)
        };
    }

    return sensorReadings;
}

public static TemperatureAlertInfo DynamicTableEntityToTemperatureAlertInfo(
    DynamicTableEntity dynamicTableEntity)
{
    TemperatureAlertInfo temperatureAlertInfo = null;

    if (dynamicTableEntity != null)
    {
        temperatureAlertInfo = new TemperatureAlertInfo()
        {
            DeviceId = dynamicTableEntity.PartitionKey,
            Temperature = dynamicTableEntity.Properties["AlertTemperature"].DoubleValue.
                Value
        };
    }

    return temperatureAlertInfo;
}
```

WindowsAzure.Storage NuGet 包的特定 API 取决于使用此包的项目的目标。此处，PCL 目标设置为 .NET Framework、Windows 8.1 和 Windows Phone 8.1（参见附录 D）。如果应用程序或类库以 UWP 为目标，则 ExecuteQueryAsyncSegmented 不要求您使用 EntityResolver。相反，它返回 DynamicTableEntity 对象的集合。此外，在专用于 PCL 的 WindowsAzure.Storage NuGet 包中，需要使用表示查询比较的字符串，而在前一章讨论的 PredictiveMaintenance.Web 项目中使用的相应 NuGet 包中，这些比较是在 QueryComparisons 类中定义的，如代码清单 14-26 所示。我们解释了这些差异，这也表明 NuGet 包的各种 API 可能无法在平台之间统一。

代码清单 14-26 来自 WindowsAzure.Storage 目标的 QueryComparisons 类

```
public static class QueryComparisons
{
    //
    // Summary:
    //     Represents the Equal operator.
```

```
        public const string Equal = "eq";
        //
        // Summary:
        //     Represents the Greater Than operator.
        public const string GreaterThan = "gt";
        //
        // Summary:
        //     Represents the Greater Than or Equal operator.
        public const string GreaterThanOrEqual = "ge";
        //
        // Summary:
        //     Represents the Less Than operator.
        public const string LessThan = "lt";
        //
        // Summary:
        //     Represents the Less Than or Equal operator.
        public const string LessThanOrEqual = "le";
        //
        // Summary:
        //     Represents the Not Equal operator.
        public const string NotEqual = "ne";
    }
```

现在可以运行该应用程序来读取最近的传感器读数和温度警报信息。该应用程序可以在我们的开发PC、移动电话或模拟器上运行。可使用图 14-33 中的下拉列表选择目标设备（请注意，如果没有可用的仿真器，则可以使用 Download New Emulators 选项安装）。

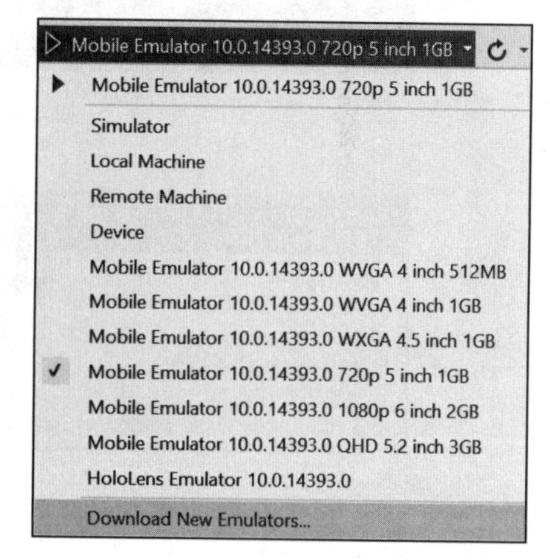

图 14-33　Target Machine 下拉列表

当我们尝试为推送通知注册应用程序时，它将无法工作，因为尚未创建 Notification Hub，在下一节中，我们会创建一个。

14.5.3　Notification Hub 的创建和配置

使用 Azure Portal 创建 Notification Hub 的方式与执行其他 Azure IoT Suite 对象的方式相同。如图 14-34 所示，单击 New 按钮（带加号的按钮），选择 Internet of Things 节点，然后选择 Notification Hub 选项。将出现 New Notification Hub 界面。

使用 New Notification Hub 界面可以配置通知中心的基本属性，例如名称、命名空间、位置等。如图 14-35 所示，我们将 hub 名称更改为 sense-hat-notification-hub，将其名称空间更改为 sense-hat-notifications。选择 Sense-HAT 作为资源组，然后选择 Free 定价层。最后，单击 Create 按钮。

我们刚刚创建的通知中心可以向在各种平台上运行的应用程序发送通知，包括 iOS、

Android、Windows Universal 和 Windows Phone。每个平台都有自己的本机通知系统，需要特定的配置。在这里，我们正在使用 WNS，它需要一个包 SID 和之前通过应用程序开发人员门户获得的安全密钥。

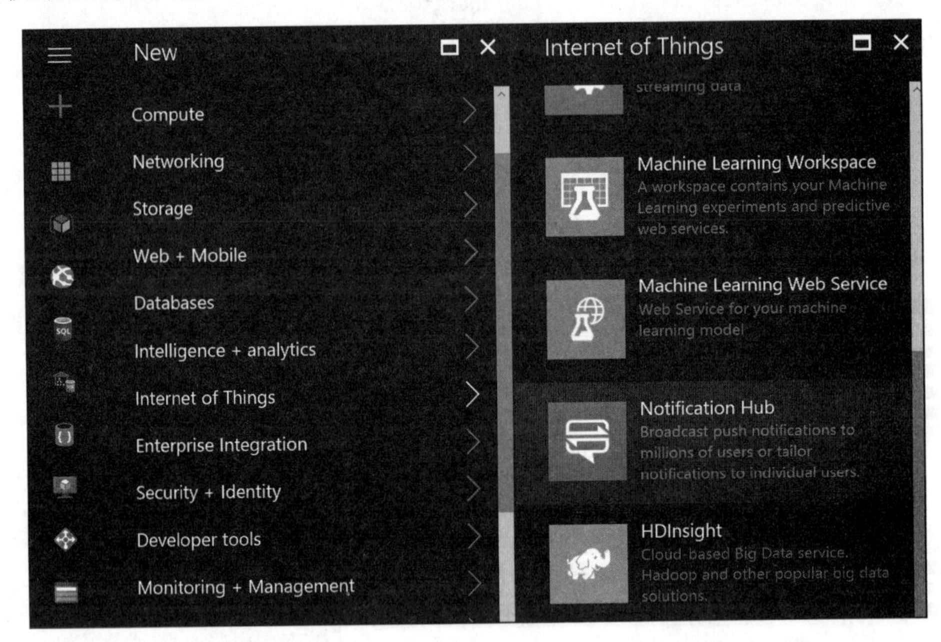

图 14-34　创建 Notification Hub

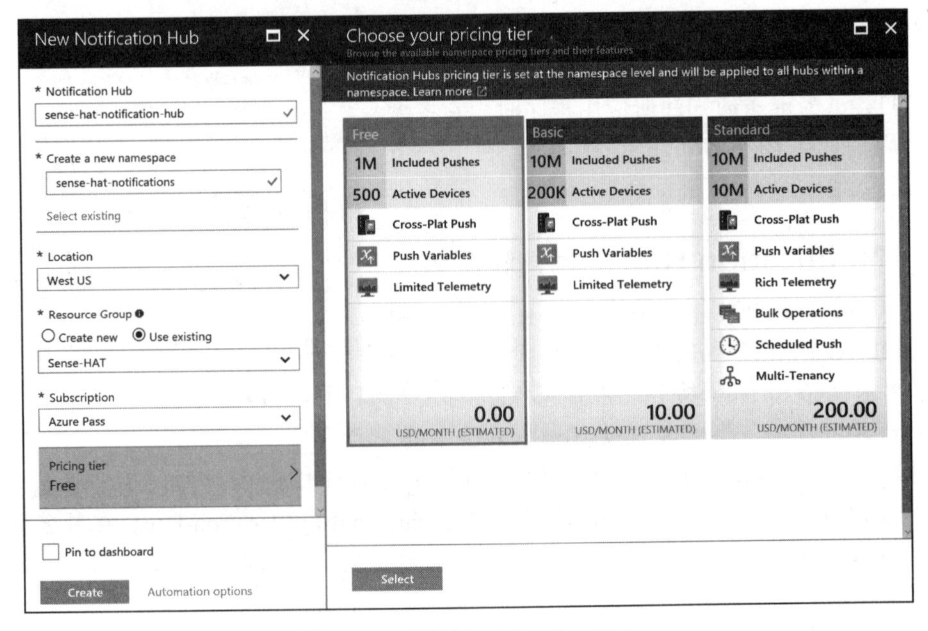

图 14-35　配置 Notification Hub

要配置通知服务，请单击 sense-hat-notification-hub 概述窗格中的推送通知服务，然后选择 Windows（WNS）。最后，在相应的文本框中输入包 SID 和安全密钥，并保存更改（见图 14-36）。

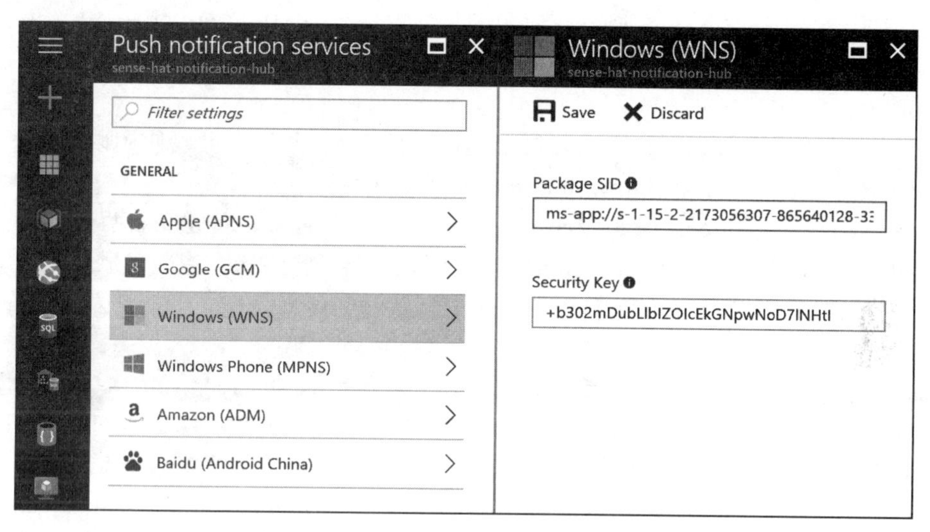

图 14-36　Windows 推送通知服务配置

使用 Notification Hub 注册应用程序所需要做的最后一件事是连接字符串。如图 14-37 所示，我们可以从 sense-hat-notification-hub 的 Access Policies 窗格中获取它们。随后，可以使用它们从 CustomIoTSolution.Common 项目中设置 Configuration 类的相应属性。

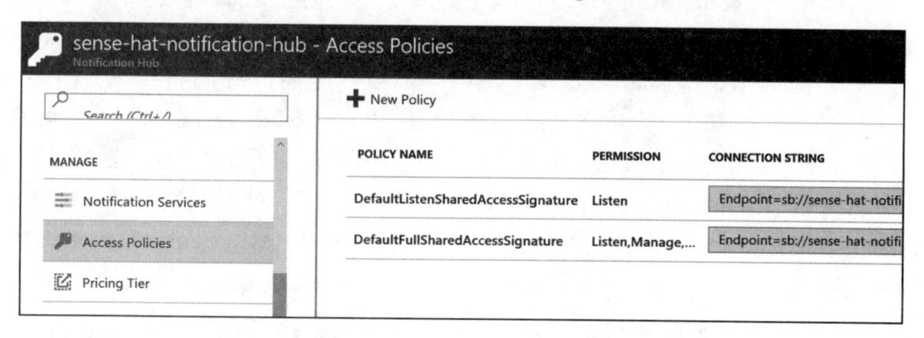

图 14-37　sense-hat-notification-hub 的访问策略列表

14.5.4　使用事件处理器发送 Toast 通知

准备好并配置了 Notification Hub 后，可以通过添加向移动客户端发送 Toast 通知的方法来扩展 CustomIoTSolution.EventProcessor 项目。在 UWP 中，Toast 通知的视觉外观取决于运行应用程序的实际设备。在桌面上，通知将从屏幕右侧推送；在移动电话上，通知从屏幕的顶部推送。然后，Toast 通知在中心保持活动状态。通常，当单击 Toast 通知时，应用程序将被激活。可以编写可能会改变应用程序正常启动的逻辑以响应通知。要检查应用是否已从

Toast 通知激活，请阅读 LaunchActivatedEventArgs 类的 Kind 属性，其实例传递给 App 类的 OnLaunched 事件（请参阅第 4 章）。例如，我们可以自动导航到 Alarms 选项卡并检索有关温度警报的最新信息。

要创建 Toast 通知，请准备通知有效负载。这是一个 XML 文件，用于定义 Toast 通知的可视外观。可以手动或使用专门的 NuGet 包安装有效内容文件：Microsof.Toolkit.Uwp.Notifications。

此处将展示如何使用标题和文字内容创建简单的 Toast 通知。可以使用以下文章中的详细语法说明进一步扩展 Toast：https://bit.ly/toast_payload。

要从 CustomIoTSolution.EventProcessor 项目发送 Toast 通知，首先安装两个包：

- Microsoft.Toolkit.Uwp.Notifications：这有助于动态创建 Toast 有效负载。
- Microsoft.Azure.NotificationHubs ：这用于连接到 Notification Hub 并发送实际的推送通知。

随后，我们实现了 NotificationHelper 类，其完整定义如代码清单 14-26 所示。此类的静态构造函数创建 NotificationHubClient 的实例。与代码清单 14-22 不同，我们使用的是 DefaultFullSharedAccesssSignature 策略，这是因为我们需要向客户端发送通知。还应注意，此处使用的 NotificationHubClient 类实现的 API 与 CustomIoTSolution.NotificationClient 中使用的 API 不同。两个应用程序使用不同的 NuGet 包，是因为它们针对不同的平台。CustomIoTSolution.NotificationClient 是 通 用 Windows 应 用 程 序， 而 CustomIoTSolution.EventProcessor 是控制台应用程序，使用完整的 .NET Framework。

要创建和发送通知，我们使用 NotificationHelper 类的 SendToast 方法。SendToast 使用 Microsoft.Toolkit.Uwp.Notifications NuGet 包中的多个对象创建 Toast 有效负载。

有效负载具有层次结构，其中 <toast> 元素位于顶部。此元素是使用 ToastContent 类创建的。然后，使用 ToastVisual 类定义 <visual> 节点。随后，我们将定义一个绑定模板，该模板确定了 Toast 通知的结构，为此，我们使用 ToastBindingGeneric 类。最后，设置 ToastBindingGeneric 类实例的 Children 属性以设置 Toast 标题及其内容。创建 ToastContent 对象后，将使用 GetContent 方法获取其基础 XML 有效内容。对于代码清单 14-27 中创建的 ToastContent，GetContent 方法输出代码清单 14-28 中所示的 XML。ToastContent 类的层次结构直接对应于 XML 有效负载的结构。

代码清单 14-27　NotificationHelper 类的完整定义

```
public static class NotificationHelper
{
    private static NotificationHubClient notificationHubClient;

    static NotificationHelper()
    {
        notificationHubClient = NotificationHubClient.CreateClientFromConnectionString(
            Configuration.DefaultFullSharedAccessSignatureConnectionString,
            Configuration.NotificationHubPath);
    }
```

```
    public static void SendToast(float temperature)
    {
        // 创建 Toast 通知
        var toastContent = new ToastContent()
        {
            Visual = new ToastVisual()
            {
                BindingGeneric = new ToastBindingGeneric()
                {
                    Children =
                    {
                        new AdaptiveText()
                        {
                            Text = "Temperature alert"
                        },
                        new AdaptiveText()
                        {
                            Text = $"Average temperature of {temperature:F2} exceeded a
                                normal level"
                        }
                    }
                }
            }
        };

        // 向移动客户端发送 Toast
        notificationHubClient.SendWindowsNativeNotificationAsync(toastContent.
            GetContent()).Wait();
    }
}
```

代码清单 14-28 根据代码清单 14-27 中 SendToast 方法创建的有效负载

```
<?xml version="1.0" encoding="utf-8"?>
<toast>
    <visual>
        <binding template="ToastGeneric">
            <text>Temperature alert</text>
            <text>Average temperature of 32.54 exceeded a normal level</text>
        </binding>
    </visual>
</toast>
```

有效负载准备好后，将其作为 NotificationHubClient 类实例的 SendWindowsNativeNotificationAsync 方法的参数传递。这将在检测到温度异常时将实际的通知发送到注册的应用程序。因此，在 TemperatureEventDataProcessor 的 CheckTemperature 方法中调用 NotificationHelper.SendToast（参见代码清单 14-29）。

代码清单 14-29 从事件处理器发送 Toast 通知

```
private async void CheckTemperature(TemperatureEventData temperatureEventData)
```

```
    {
        if (temperatureEventData.AverageValue >= temperatureThreshold)
        {
            await AzureStorageHelper.WriteAlertToAzureTable(new AlertEntity()
            {
                AlertTemperature = temperatureEventData.AverageValue,
                PartitionKey = temperatureEventData.DeviceId,
                RowKey = Guid.NewGuid().ToString(),
                Timestamp = DateTime.Now,
                ETag = "*"
            });

            NotificationHelper.SendToast(temperatureEventData.AverageValue);
        }
    }
```

要运行该解决方案，需要运行 CustomIoTSolution.NotificationClient，通过单击 Registration 选项卡上的 Register for WNS 按钮将其与 Notification Hub 关联，然后运行 CustomIoTSolution.EventProcessor。如果后者发现异常温度，将向 UWP 应用程序发送适当的通知，如图 14-1 所示。

我们仍然需要独立运行事件处理器。但是，它可以部署到云中并持续运行。下一节将展示如何实现这一目标。

14.6 将 Event Hub 处理器部署到云端

要将 Event Hub 处理器部署到云，需要创建 Azure Web 应用程序。这样的应用程序在由 Windows Server 操作系统托管的虚拟机中运行，并且通常使用 ASP.NET MVC 编写。除此之外，Web 应用程序可以运行称为 WebJobs 的后台操作。这些可以实现为使用 Windows 命令行(批处理文件)、Windows PowerShell、Bash、PHP、Python 或 Java 脚本（ Node.js ）编写的可执行文件或脚本。此外，WebJobs 可以执行 Java jar 文件。

基于上述这些特性，将 CustomIoTSolution.EventProcessor（一个可执行文件）部署为 WebJob。首先要准备部署的程序包，构建该项目，然后构建通常位于 bin 文件夹下的构建输出目录。根据我们的构建配置，将找到两个子文件夹：Debug 和 Release。打开相应的文件并使用以下文件创建 ZIP 存档 CustomIoTSolution.EventProcessor.zip：

- CustomIoTSolution.EventProcessor.exe
- CustomIoTSolution.Common.dll
- Microsoft.Azure.KeyVault.Core.dll
- Microsoft.Azure.NotificationHubs.dll
- Microsoft.Data.Edm.dll
- Microsoft.Data.OData.dll
- Microsoft.Data.Services.Client.dll

- ❑ Microsoft.ServiceBus.dll
- ❑ Microsoft.ServiceBus.Messaging.EventProcessorHost.dll
- ❑ Microsoft.Toolkit.Uwp.Notifications.dll
- ❑ Microsoft.WindowsAzure.Configuration.dll
- ❑ Microsoft.WindowsAzure.Storage.dll
- ❑ Newtonsoft.Json.dll
- ❑ SenseHat.Portable.dll
- ❑ System.Spatial.dll

此列表中的第一个文件是可执行文件，其他文件都是 CustomIoTSolution.Common、SenseHat.Portable 项目或 NuGet 包提供的依赖。

WebJob 包准备好后，将创建实际的 Web 应用程序。导航到 AzurePortal，单击 Next 按钮，然后选择 Web App 模板。如图 14-38 所示，将应用程序名称设置为 sense-hat，选择 Sense-HAT Resource Group 选项，然后使用 Free-F1 定价层创建新的应用程序服务计划。完成后，单击 Create 按钮。

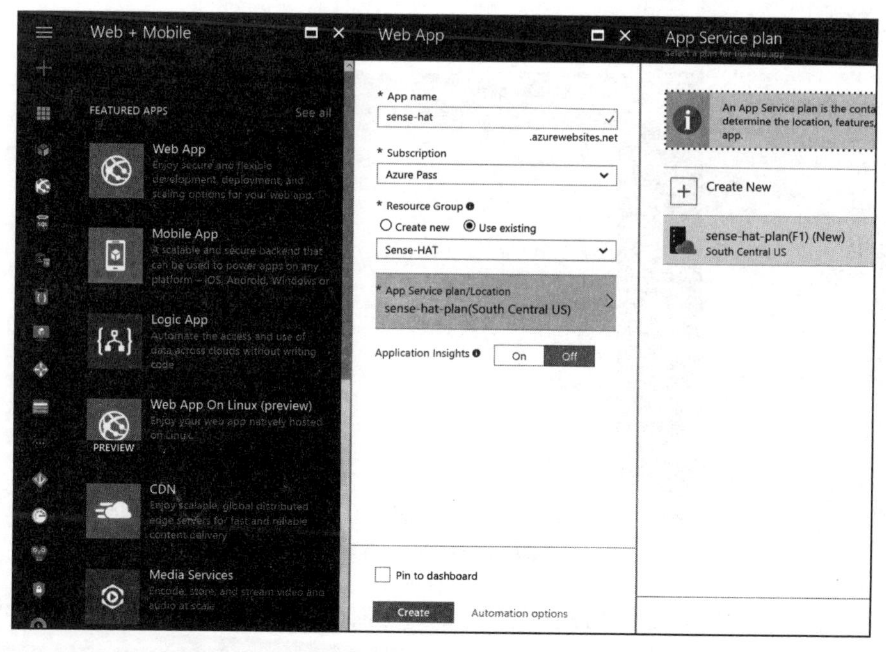

图 14-38　创建将托管 WebJob 的新 Web 应用程序

部署 Web 应用程序后，导航到其 WebJobs 窗格。如图 14-39 所示，此窗格有几个按钮，可用于创建和控制 WebJobs。目前还没有 WebJob。单击 Add 按钮，将出现 Add WebJob 界面，如图 14-40 所示。

在 Add WebJob 界面中，将 WebJob 名称设置为 sense-hat-web-job，上传 CustomIoT-Solution.EventProcessor.zip 文件，然后选择 WebJob 的类型。这里有两个选择：

- 连续：WebJob 持续运行，直至崩溃或手动停止。在等待数据处理时，通常使用连续的 WebJobs，并且你不知道何时可以传送数据。
- 计划：WebJob 在指定时间执行。此类 WebJobs 用于运行计划的操作（如备份），或按需触发。

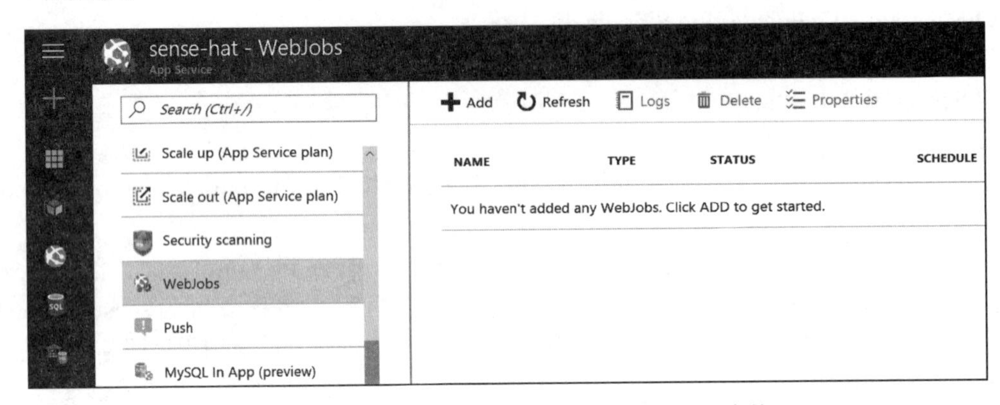

图 14-39　sense-hat Web 应用程序的 WebJobs 窗格

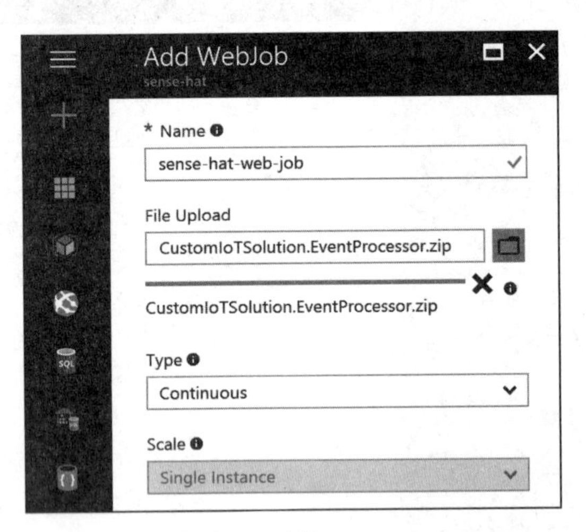

图 14-40　添加 WebJob

事件处理器应在数据传递到 Event Hub 时处理数据，因此 WebJob 应在后台运行并等待数据，所以，我们将 WebJob 类型设置为 Continuous。使用 OK 按钮确认 WebJob 配置。sense-hat-web-job WebJob 将出现在 WebJobs 列表中，也可以使用 Start 按钮运行它。接下来将执行 CustomIoTSolution.EventProcessor.exe 文件。要查看其输出，可单击 Logs 按钮。它将打开一个新窗口，显示 WebJob 的输出（见图 14-41）。

事件处理器现在在 Azure 云中运行。可以同时运行 CustomIoTSolution.RemoteClient 和 CustomIoTSolution.NotificationClient 应用程序来流式传输数据，并在检测到异常温度时接收通知。

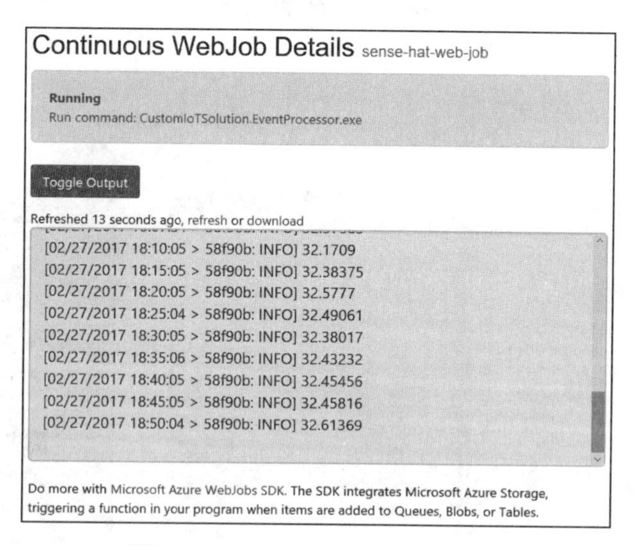

图 14-41　sense-hat-web-job 的输出

14.7　总结

在本章中，介绍并实现了使用 Windows 10 IoT Core、UWP 和 Azure IoT Suit 创建完全自定义的物联网解决方案的详细过程。我们创建了一个全面的解决方案，远程物联网设备将数据流式传输到 Azure 云，Azure 云存储、呈现、转换和处理数据以检测异常读数。还通过 Windows 推送通知服务向 UWP 应用程序提供了有关异常检测的信息。

如本书中所示，Windows 10 IoT Core、UWP 和 Azure 云提供了一个非常令人兴奋的工具组合，可以使用它们构建复杂的物联网系统，其功能仅受你的想象力限制。

大多数示例通过易于使用的扩展板用于流行的 Raspberry Pi IoT 设备。我们从头开始，然后开发了从传感器读取数据的相对简单的功能。然后，使用了更先进的信号和图像处理，这有助于开发人工听觉和视觉系统。之后，学习了如何实现各种电机的通信和控制方法，可以使用它们来构建人工电机功能。我们还介绍了 Microsoft 认知服务和 Azure 机器学习工具，以展示如何使用它们为物联网设备创建人工智能模块。

在本书的最后一部分，讨论了两个预先配置的 Azure IoT 解决方案，用于远程设备监控和预测性维护。在这些知识的推动下，我们创建了一个完全自定义的物联网解决方案。

前面的材料由 6 个附录补充，其中展示了如何使用 JavaScript 和 Visual Basic 开始物联网开发，解释位编码的基本属性，可移植类库的创建以及不同项目之间的代码共享策略，还介绍了 C++ 组件扩展（C++ / CX），并展示如何为物联网开发设置 Visual Studio 2017。这些附录可在 https://aka.ms/IoT/downloads 上在线获取。

希望你在这里学到的知识将有助于推动你的物联网解决方案的发展，我坚信你将能够轻松实现能想象到的任何物联网解决方案。期待看到你的下一个物联网解决方案。

推荐阅读

解读物联网

作者：吴功宜 吴英 ISBN：978-7-111-52150-1 定价：79.00元

本书采用“问/答”形式，针对物联网学习者常见的困惑和问题进行解答。通过全书300多个问题，辅以400余幅插图以及大量的数据、表格，深度解析了物联网的背景知识和疑难问题，帮助学习者理解物联网的方方面面。

物联网设备安全

作者：Nitesh Dhanjani 等 ISBN：978-7-111-55866-8 定价：69.00元

未来，几十亿互联在一起的“东西”蕴含着巨大的安全隐患。本书向读者展示了恶意攻击者是如何利用当前市面上流行的物联网设备（包括无线LED灯泡、电子锁、婴儿监控器、智能电视以及联网汽车等）实施攻击的。

从M2M到物联网：架构、技术及应用

作者：Jan Holler 等 ISBN：978-7-111-54182-0 定价：69.00元

本书由长期从事M2M和物联网领域研发的技术和商务专家撰写，他们致力于从不同视角勾画出一个完整的物联网技术体系架构。书中全面而又详实地论述了M2M和物联网通信与服务的关键技术，以及向物联网演进的过程中所要应对的挑战与需求，同时还介绍了主要的国际标准和一些业界最新研究成果。本书在强调概念的同时，通过范例讲解概念和相关的技术，力求进行深入浅出的阐明和论述。